TRAUNER VERLAG
UNIVERSITÄT

SCHRIFTENREIHE
PUBLIC & NONPROFIT MANAGEMENT
HERAUSGEGEBEN VON
REINBERT SCHAUER

LUDWIG THEUVSEN ■ REINBERT SCHAUER ■
MARKUS GMÜR (HRSG.)

Stakeholder-Management in Nonprofit-Organisationen

Theoretische Grundlagen, empirische Ergebnisse und praktische Ausgestaltungen

9. Internationales NPO-Forschungscolloquium 2010
Georg-August-Universität Göttingen
18. und 19. März 2010

Eine Dokumentation

Impressum

Ludwig Theuvsen ■ Reinbert Schauer ■ Markus Gmür (Hrsg.)
Stakeholder-Management in Nonprofit-Organisationen
Theoretische Grundlagen, empirische Ergebnisse
und praktische Ausgestaltungen
9. Internationales NPO-Forschungscolloquium 2010
Georg-August-Universität Göttingen
18. und 19. März 2010
Eine Dokumentation

Institut für Betriebswirtschafts-
lehre der gemeinwirtschaftlichen
Unternehmen
Johannes Kepler Universität Linz
4040 Linz
Österreich/Austria

Die Veröffentlichung erfolgt mit
finanzieller Unterstützung durch
folgende Institutionen:

Verband der Öffentlichen Wirt-
schaft und Gemeinwirtschaft, Wien
Wissenschaftshilfe der Wirtschafts-
kammer Oberösterreich, Linz.

Herstellung:
TRAUNER DRUCK GmbH & Co KG,
4020 Linz, Köglstraße 14,
Österreich/Austria

Kommissionsverlag:
TRAUNER
Verlag + Buchservice GmbH
4020 Linz, Köglstraße 14,
Österreich/Austria

ISBN 978-3-85499-744-3
www.trauner.at

Inhaltsverzeichnis

Management interner Stakeholder-Beziehungen

Management externer Stakeholder-Beziehungen

Netzwerkbildung und Kooperationen

NPO-Marketing und Kundenorientierung

Stakeholder-Management in Stiftungen und Genossenschaften

Vorwort

Vom 18. bis 19. März 2010 fand an der Georg-August-Universität Göttingen das 9. Internationale NPO-Forschungscolloquium statt. Behandelt wurde das Rahmenthema „Stakeholder-Management in Nonprofit-Organisationen: Theoretische Grundlagen, empirische Ergebnisse und praktische Ausgestaltungen“, dem in insgesamt 40 wissenschaftlichen Vorträgen vielfältige neue Facetten abgewonnen wurden.

Nonprofit-Organisationen haben die Erbringung (sozialer) Dienstleistungen für ihre Mitglieder oder Dritte, nicht jedoch die Erwirtschaftung verteilungsfähiger Überschüsse für Anteilseigner zum Ziel. Für das Stakeholder-Management in Nonprofit-Organisationen haben ihre bedarfswirtschaftliche Arbeitsweise, die Mobilisierung ehrenamtlicher Arbeit, der hohe Finanzierungsanteil des Staates und weitere Spezifika weitreichende Konsequenzen. Nonprofit-Organisationen gelten allgemein als äußerst legitimationsempfindliche Organisationen, die unter den Augen einer breiten Öffentlichkeit agieren und sich an den teilweise konfliktären Anforderungen sehr verschiedenartiger Anspruchsgruppen messen lassen müssen. Das Management von Stakeholder-Beziehungen ist daher für Nonprofit-Organisationen ein vielgestaltiges, in hohem Maße erfolgsrelevantes Aufgabengebiet, das besondere Herausforderungen stellt und zum Teil eigenen Regeln folgt.

Dem facettenreichen Thema entsprechend, wurden aus unterschiedlichen disziplinären Perspektiven verschiedenste Aspekte des Rahmenthemas behandelt. In mehreren wissenschaftlichen Vorträgen standen die Besonderheiten des Umgangs mit wichtigen internen und externen Stakeholdern von Nonprofit-Organisationen im Vordergrund. Ehren- und hauptamtliche Mitarbeiter sowie Mitglieder erfuhren dabei besondere Aufmerksamkeit, doch wurden auch allgemeinere Fragen wie etwa die nach der Legitimierung von Nonprofit-Organisationen gegenüber externen Stakeholdern aufgeworfen. In einem weiteren Teil der Vorträge wurde das Stakeholder-Management in Nonprofit-Organisationen als ein Governance-Problem gedeutet; von Fragen der ethikbasierten Führung über die Stakeholder-Priorisierung bis zu den Steuerungsmechanismen in Organisationen des Dritten Sektors reichte das Spektrum der Beiträge. Möglichkeiten (und Grenzen) von Kooperationen und Netzwerkbildung sowie die Marketing- und Kundenorientierung von Nonprofit-Organisationen und damit ihre Kommunikation vor allem mit Klienten und der breiteren Öffentlichkeit bildeten weitere Schwerpunkte der Analysen. Schließlich fanden auch Stakeholder-Fragen spezieller Organisationstypen, namentlich von Stiftungen und Genossenschaften, Aufmerksamkeit.

Als Veranstalter fungierten – zum ersten Mal in dieser Konstellation – der Lehrstuhl für Betriebswirtschaftslehre des Agribusiness der Georg-August-Universität Göttingen (Leitung: Prof. Dr. Ludwig Theuvsen), das Institut für Betriebswirtschaftslehre der gemeinwirtschaftlichen Unternehmen (IBGU) der Johannes Kepler Universität Linz (Vorstand: Prof. Dr. Reinbert Schauer) sowie das Institut für Verbands-, Stiftungs- und Genossenschaftsmanagement (VMI) aus Fribourg (Forschungsdirektor: Prof. Dr. Markus Gmür).

Mit dem 9. NPO-Forschungscolloquium wurde eine bereits 1994 auf Anregung von Prof. Dr. Dr. h.c. Ernst-Bernd Blümle begründete Reihe wissenschaftlicher Tagungen fortgesetzt, die seither mit Erfolg den Anspruch erhebt, einen breiten Überblick über verschiedene Zweige der Nonprofit-Forschung im deutschsprachigen Raum zu geben. Regelmäßig mehr als 100 Teilnehmer an den Colloquien in Linz, München-Freising, Fribourg und – erstmals 2010 – Göttingen sind ein untrügliches Zeichen dafür, dass Bedarf an einer entsprechenden Veranstaltung besteht und die mit den Colloquien eröffnete Möglichkeit zum wissenschaftlichen Austausch rege genutzt wird. Der Erfolg auch des jüngsten NPO-Forschungscolloquiums machte den Veranstaltern die Entscheidung leicht, die Veranstaltungsreihe turnusmäßig 2012 in Fribourg fortzusetzen. Das Themenspektrum der vergangenen mehr als anderthalb Jahrzehnte wird dann um eine weitere Facette bereichert werden:

29. – 30.09.1994, Fribourg: Nonprofit-Organisationen – dritte Kraft zwischen Markt und Staat?

26. – 27.09.1996, Linz: Der Nonprofit-Sektor im Aufwind – zur wachsenden Bedeutung von Nonprofit-Organisationen auf nationaler und internationaler Ebene

16. – 17.03.1998, Freising-Weihenstephan: Ehrenamt und Modernisierungsdruck in Nonprofit-Organisationen

16. – 17.03.2000, Fribourg: Nonprofit-Organisationen im Wandel: Herausforderungen, gesellschaftliche Verantwortung, Perspektiven

17. – 19.04.2002, Linz: Nonprofit-Organisationen und gesellschaftliche Entwicklung: Spannungsfeld zwischen Mission und Ökonomie

25. – 26.03.2004, München: Funktion und Leistungen von Nonprofit-Organisationen

16. – 17.03.2006, Fribourg: Nonprofit-Organisationen und Märkte

17. – 18.04.2008, Linz: Steuerung und Kontrolle von Nonprofit-Organisationen

18. – 19.03.2010, Göttingen: Stakeholder-Management in Nonprofit-Organisationen: Theoretische Grundlagen, empirische Ergebnisse und praktische Ausgestaltungen

Wie im Nachgang zu jedem der vorangegangenen NPO-Forschungscolloquien, so werden auch 2010 die Tagungsbeiträge in schriftlicher Form dokumentiert. Allen Autorinnen und Autoren gebührt der Dank der Herausgeber für die sorgfältige und rechtzeitige Fertigstellung ihrer Manuskripte. An der Georg-August-Universität Göttingen haben Herr Hauke Bronsema, M. Sc. und Frau Martina Reichmann wesentlich zum Gelingen des Colloquiums und der Fertigstellung des Tagungsbandes beigetragen. An der Johannes Kepler Universität Linz wurden von Frau Mag. Marietta Hainzer und Frau Doris Holzmann weitere redaktionelle Arbeiten übernommen. Unser besonderer Dank gilt dem Trauner Verlag für die gute Zusammenarbeit und dem Verband der öffentlichen Wirtschaft und Gemeinwirtschaft Österreichs sowie der Wissenschaftshilfe der Wirtschaftskammer Oberösterreich, ohne deren großzügige finanzielle Unterstützung die Drucklegung der Beiträge zum 9. NPO-Forschungscolloquium nicht möglich gewesen wäre.

Göttingen, Linz, Fribourg, im August 2010

Ludwig Theuvsen

Reinbert Schauer

Markus Gmür

Herausgeber

Von „Ekel Alfred“ zu „Multikulti“: Mitgliederbindung als Stakeholder-Management

Annette Zimmer, Münster

1 Mitglieder als Stakeholder

Vor dem Hintergrund des zentralen Themas Stakeholder-Management (Friedman/Miles 2006) wendet sich der folgende Beitrag einer speziellen Gruppe von Stakeholdern zu, die typisch ist für Nonprofit-Organisationen, nämlich Mitglieder. Die Organisationsform von und für Mitglieder ist hierzulande der Verein, als ein Klassiker des Nonprofit-Bereichs. Mehr als 554 000 Vereine (Alscher et al. 2009: 71) sind mittlerweile in Deutschland registriert. Ihre Handlungslogik beruht auf Reziprozität als gegenseitiges Mit- und Füreinander von und für Mitglieder.

Der Verein bzw. die Mitgliederorganisation ist eine traditionsreiche Einrichtung. Wie vielfach in der Literatur beschrieben, ist die Mitgliederorganisation eine der großen Erfindungen der klassischen Moderne. Der Verein oder die „voluntary organization“ im angelsächsischen Raum gilt als das gesellschaftliche Strukturprinzip seit den frühen Anfängen im 19. Jahrhundert (Zimmer 2009). Und dies nicht nur in Deutschland und Mitteleuropa, sondern weltweit wie die Arbeiten von Alexis de Tocqueville (1963), Max Weber (1924) und in jüngerer Zeit auch die von Robert Putnam (1994) oder Theda Skocpol (2003) zeigen.

Traditionsreiche Organisationen klagen heute jedoch darüber, dass ihre Mitgliederzahlen sinken (Abb. 1). So gehen Parteien und Gewerkschaften die „Stammkunden“ (Streeck 1987) verloren. Entsprechendes gilt für die Kirchen und auch die Gesangsvereine. Eine Ausnahme fällt auf: In den 90.000 Sportvereinen sind mehr als 27 Millionen Mitglieder eingeschrieben (Breuer 2008). Danach haben die Sportvereine mehr Mitglieder als die Katholische Kirche in Deutschland (26 Millionen) (Destatis 2008); sie haben die sechsfache Anzahl an Mitglieder als Gewerkschaften (DGB 2008). Die Parteien haben nur noch rund 2 Millionen Mitglieder (Niedermayer 2008).

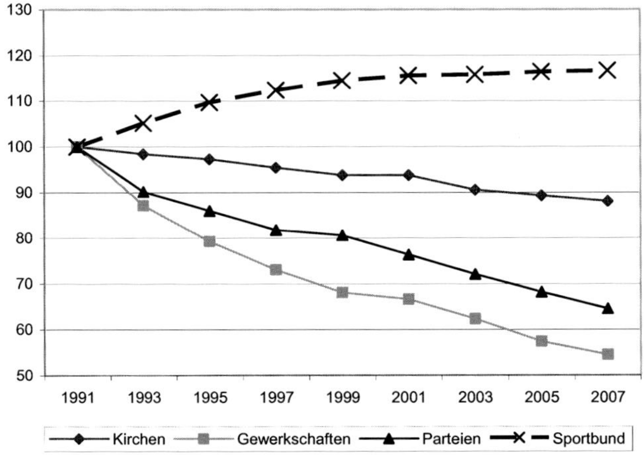

Abb.1: Entwicklung der Mitgliederzahlen (Alscher et al. 2009: 51)

Bis in die jüngste Vergangenheit wiesen Sportvereine in punkto Mitgliedergewinnung kontinuierliche Zuwachsraten auf. Was macht den Sportverein für Mitglieder so attraktiv? Wie wurden die Mitglieder als Stakeholder der Sportvereine so erfolgreich bei der Stange gehalten? Diesen Fragen wendet sich der Beitrag im Folgenden zu, wobei trotzdem festzustellen ist: Auch bei den Sportvereinen sind die sehr guten Jahre als Mitgliederorganisation vorbei! Bei dem Ansatz der Mitgliederbindung handelt es sich um ein fragiles Modell, weil das Stakeholder-Management oft an der gesellschaftlichen Realität der 60er und frühen 70er Jahre ausgerichtet ist. Wollen die Sportvereine ihren Erfolgskurs beibehalten, müssen sie sich stärker öffnen und auf Wertorientierung und veränderte Bindungsmuster ihrer Mitgliedschaft eingehen. Um dies zu verdeutlichen, wird zunächst die Mitgliederorganisation als spezifische Form der NPO vorgestellt. Daran anschließend werden die unterschiedlichen Formen der Mitgliederbindung der Sportvereine im Zeitverlauf behandelt. Abschließend wird auf eine Gruppe von Mitgliedern im Besonderen eingegangen: Frauen im Sportverein.

2 Mitgliederorganisation als spezifische Form der NPO

Im Allgemeinen wird zwischen drei Großgruppen von NPOs unterschieden:

- Dienstleister,
- Unterstützung zur Verfügung stellende Organisationen,
- Mitgliederorganisationen (Zimmer 2004a).

Die betriebswirtschaftliche NPO-Forschung ist mehrheitlich auf die in der Regel im karitativen Bereich tätigen NPO-Dienstleister fokussiert (Badelt 2007). Viele dieser Organisationen verfügen nur über korporative Mitglieder (Deutscher Paritätischer Wohlfahrtsverband, DPWV); bei einer Reihe von Organisationen (Arbeiterwohlfahrt, AWO; Deutsches Rotes Kreuz, DRK) ist aber auch individuelle Mitgliedschaft möglich. Die großen den Kirchen nahe stehenden NPO-Dienstleister organisieren die Mitgliedschaftseinbindung (Boeßenecker 2005). Mit den Unterstützung zur Verfügung stellenden NPOs sind primär Stiftungen angesprochen. Zentral für die Stiftung ist jedoch nicht die Mitgliedschaft, sondern vor allem der Stifterwille (zu Rechtsformen vgl. Zimmer et al. 2004b).

Die Mitgliederorganisation ist hierzulande der Verein, der nicht de jure, aber umgangssprachlich mit Mitgliederorganisation gleichgesetzt wird. Wir finden Mitgliederorganisationen vor allem in den lebensweltlichen Bereichen Sport und Freizeit und in der Interessenvertretung. Eine besondere Form der Mitgliederorganisation ist aufgrund ihrer Zielsetzung ferner die Genossenschaft (Alscher 2008). Der Mitgliederorganisation liegt die Idee zugrunde, dass man sich zusammenschließt, um spezifische Ziele zu unterstützen.

In Mitgliederorganisationen werden zwecks Zielerreichung Ressourcen gepoolt. Es handelt sich aus Sicht der ökonomischen Theorie um Clubs, die Clubgüter erzeugen (Buchanan 1965; Sandler/Tschirhart 1980), wobei im Idealfall die Produzenten und Nutzer der Güter, zumindest in zeitlicher Streckung, identisch sind (Horch 1983; 1992). Dabei ist die Größe der Organisation entscheidend hinsichtlich des Kosten-Nutzen-Verhältnisses zwischen Einsatz und Ertrag und zum anderen hinsichtlich der Vermeidung von Free-Riding. Mit Ersterem hat sich insbesondere Buchanan (1965) in der Clubgüter-Theorie beschäftigt. Clubs haben danach eine ideale Größe, wenn von jedem Mitglied ein mit dem Einsatz an Ressourcen identischer Nutzen aus der Organisation gezogen werden kann.

Heinz-Dieter Horch hat in gewisser Weise die demokratietheoretische Variante des Clubgüter-Ansatzes diskutiert und diesen mit der Ressourcenabhängigkeitstheorie verbunden. Aktive Mitgestaltung ist für ihn das konstitutive Moment des Vereins und damit die Münze der Reziprozität. Wird dieses durch Ressourcenverschiebung – infolge von zunehmendem Staats- oder Markteinfluss – in Frage gestellt, sinken die Mitgliederzahlen.

Ein Stakeholder-Management sollte danach ausgerichtet werden, dass zum einen jeder den Anteil an der Organisation erhält, der ihm oder ihr zusteht, bzw. zum anderen jedem Mitglied die Mitsprache gesichert und zugestanden wird, die für die Beibehaltung von Reziprozität notwendig ist. Ersteres ist u.a. bei Genossenschaften und der aktuell wachsenden Bewegung der Wohngenossenschaften der Fall. Die lange Zeit geringe Popularität der Genossenschaft als Organisationsform hatte u.a. damit zu tun, dass durch die gesetzlich festgelegte Zwangsmitgliedschaft bei Prüfverbänden das ausgewogene Verhältnis zwischen individuellem Einsatz und Ertrag konterkariert wurde und es insofern nicht mehr zu Neugründungen kam (Alscher 2008). Ein gutes Beispiel für Stakeholder-Management im Sinne von Horch sind u.a. Elternvereine sowie Selbsthilfegruppen, die in der Regel als kleine Organisationen ein hohes Mitspracherecht für Mitglieder garantieren (Anheier/Ben-Ner 2003).

Mit dem Phänomen des Free-Riding, des Trittbrettfahrens, hat sich Mancur Olsen (1985) auseinandergesetzt. Ohne face-to-face-Kontakte und sog. Sozialkontrolle neigt man zu Free-Riding anstatt zu Reziprozität. Olsons Rezept im Hinblick auf ein erfolgreiches Stakeholder-Management in großen Mitgliederorganisationen war die Einführung „selektiver Anreize“ als exklusiv an den Mitgliedschaftsstatus gekoppelte Zurverfügungstellung von Individualgütern. Auch dieses Tool der Mitgliederbindung hat seine Grenzen, da inzwischen alle Organisationen „Sonderkonditionen“ exklusiv für Mitglieder zur Verfügung stellen. Zudem garantieren diese Sonderkonditionen keinen Zugewinn an Mitgliederbindung und steigern auch nicht die Bereitschaft zur Verantwortungsübernahme.

Jenseits der ökonomischen Theorie wurde ein weiterer Mechanismus des Stakeholder-Management in Mitgliederorganisationen gezeigt: Die Identifikation der Mitglieder mit den Zielsetzungen der Organisation. Mitgliedschaft ist ein Ausdruck von Gruppenzugehörigkeit (James 1986). Die Organisation steht für eine spezifische normative oder auch politisch-ideologische Richtung. Unter dieser Prämisse stellt die Größe der Organisation keine Gefahr mehr für das Stakeholder-Management dar. Je mehr Mitglieder, desto stärker sind die Ziele und Anliegen der Organisation in der allgemeinen Öffentlichkeit vertreten und desto attraktiver wird die NPO (Klandermans 1989; Porta della/Diani 2006). Obgleich von der NPO-Literatur bisher wenig beachtet, bietet auch der Sport hierfür interessantes Anschauungsmaterial (Evers/Zimmer 2010). Ideen und normative Konzepte waren und sind ein sehr wirksames Tool der Mitgliederbindung bei großen Mitgliederorganisationen. Die Mitgliederwerbung und -bindung erfolgte über die „Mission" der Organisation, über ihre politische oder normativ-ideologische Zielsetzung.

3 Von „Turnvater Jahn" zur „Gemeinschaft im Sport": Mitgliederbindung im Zeitverlauf

In seinen Anfängen war der Sport in Kontinentaleuropa und in Skandinavien in hohem Maße politisiert und mit nationalstaatlich-konnotierten Zielsetzungen verbunden. Im deutschen Kontext ist hier Turnvater Jahn anzuführen. „Turnen" war eine gemeinschaftlich ausgeübte Tätigkeit, deren weitergehende politische Zielsetzung der Überwindung der sog. Kleinstaaterei und damit der Etablierung eines Nationalstaates in Deutschland diente (Eisenberg 1999). Doch die „Turnplätze" standen im Gegensatz zum damaligen Zeitgeist der Restauration und wurden frühzeitig von der preußischen Regierung verboten. Nicht zuletzt trug dies zur Popularisierung und Nachhaltigkeit der Zielsetzung des Turnens bei.

Entsprechendes traf mit Ausnahme von Großbritannien auf mehr oder weniger alle europäischen Länder zu. Interessant sind diesbezüglich die osteuropäischen Ländern und insbesondere Polen. Sportvereine waren hier, wie viele zivilgesellschaftliche Organisationen, ein Hort des Widerstandes gegen die „Besatzer": Preussen, Österreich und Russland (Domaradzka 2010). In den skandinavischen Ländern waren Sportvereine damals ein wichtiger Teil einer umfassenden Volksbewegung. Der demokratische Zugang und die flache Hierarchie waren Symbole der „Volksheimmentalität" als Schulterschluss zwischen den „alten Eliten" des Agrarstaates und der Arbeiterschaft in den industriellen Zentren (Norberg 2010).

In der Folge des 19. Jahrhunderts wurde der dominante Gegensatz zwischen Kapital und Arbeit in den Sport übertragen. Der Sport war in „bürgerliche“ und in „linke“ Sportvereine organisiert. Nicht nur in Italien standen sich „Don Camillo und Pepone“ – der Priester und der kommunistische Bürgermeister – mit ihren Mannschaften gegenüber (Baglioni 2010). In Deutschland waren in den 1920er Jahren mehr als fünf Millionen Mitglieder der konservativ-bürgerlichen Sportbewegung. Diesem bürgerlich-konservativ und klerikalen Block standen etwa eine Million Mitglieder der sozialdemokratischen und kommunistischen Arbeitersportvereine gegenüber (Eisenberg 1999).

Eine weitere Identifikationsfolie sah anders aus und war ein Importprodukt aus Großbritannien. Wie wir heute Sport – als Auseinandersetzung um Sieg oder Niederlage – verstehen, war damals nur in England üblich. Ausgehend von England verbreitete sich die Wettkampfidee und der Transmissionsriemen war der Fußball. Fußball wurde zum Freizeitvergnügen zunächst der Angestellten und dann der Facharbeiter als Elite der Arbeiterschaft. In kürzester Zeit entwickelte sich die Dachorganisation der Fußballvereine, der Deutsche Fußballbund, zu einer äußerst mitgliederstarken Organisation, der schon in der Weimarer Republik knapp unter eine Million Mitglieder zählte (Langenfeld 1988). Zunächst standen sich „bürgerliche“ und „linke“ bzw. Arbeiterfußballclubs gegenüber. Die Mitgliederbindung erfolgte aber bald nicht mehr über eine politisch-ideologische Orientierung, sondern war bestimmt durch den „Willen zum sportlichen Erfolg“. Die „vereinsinterne Solidarität“ wurde zum „Kitt“, der den Verein zusammenhielt. Mit Blick auf Sieg und Platz wurden auch die Cleavages zwischen bürgerlichen und linken Vereinen überwunden.

Sport und gerade Fußball entwickelte sich zur Massenkultur. Die Sportberichterstattung trieb den Starkult der Vereine voran. Entgegen dem Trend zur Professionalisierung insbesondere des Fußballs hielt der Deutsche Fußballbund zunächst am Amateurprinzip fest. Dies war schon in den 1930er Jahren mit der Legalisierung des Profi-Fußball nicht mehr aufzuhalten (Eisenberg 1990). Die Profiabteilungen sind heute aus dem „normalen“ Treiben der Mitgliederorganisation Sportverein ausgeklinkt.

Damit wurde jedoch gleichzeitig dem Sportverein als Mitgliederorganisation ein Moment der Mitgliederbindung und -rekrutierung entzogen. Im Wesentlichen greift heute nur noch im Jugendbereich eine vereinsinterne Solidarität. Als Tool des Stakeholder-Managements eignet sich Solidarität im Hinblick auf Wettkampf nur noch bedingt, da bei den großen Vereinen diese emotionale Bindung jetzt indirekt über die Profiabteilungen erfolgt. An die Stelle der auf Wettkampf ausgerichteten „Solidaritätslogik“ trat in der Folge die Orientierung an der „Gemeinschaft“ im Rahmen der Breitensportbewegung. Die Öffnung der Vereine für Personengruppen, die nicht an der Teilnahme von Wettkämpfen interessiert sind, sondern „Gemeinschaft“ suchen und einer „sinnvollen Freizeitbeschäftigung“ nachgehen wollen, sollte den Sportvereinen bisher nicht gekannte Zuwächse an Mitgliedern zuführen. Wie ist dieser Erfolg zu erklären? Warum wurde „Sport für Alle“ ein derart wirksames Instrument des Stakeholder-Managements? Der Grund ist in engem Bezug zur Entwicklung der deutschen Nachkriegsgesellschaft zu sehen.

Der Rückzug ins Private, die Befriedung gesellschaftlicher Gegensätze und eine konservativ-konventionelle Grundhaltung waren Grundzüge der Bundesrepublik zu Zeiten des Wirtschaftswunders und darüber hinaus. Typisch war ein konservatives Familienmodell: die Frau als Hausfrau und Mutter, der Ehemann als Ernährer und Patriarch der Familie, der sich durch eine konventionalistische Werteorientierung auszeichnet. Hier hat „Ekel Alfred“ seinen Platz. Aber es gehörten auch Ansehen und Erfolg dazu. Wichtige Indikatoren für Ansehen und Erfolg waren die „Ehrenämter“. Die zentrale Rolle der Vereine im gesellschaftlichen Gefüge der Bundesrepublik und ihre wichtige Bedeutung für die Politikgestaltung vor Ort ist von der Gemeindesoziologie (Mayntz 1961) und mit Abstrichen von der Politikwissenschaft (Lehmbruch 1975; Siewert 1977) herausgearbeitet worden. Insofern gehörte es einfach dazu, im Verein Leitungsaufgaben zu übernehmen.

Doch dieses Modell scheint brüchig geworden zu sein. Der Wertewandel, die zunehmende Heterogenisierung und nicht zuletzt die veränderte Rolle der Frau in der Gesellschaft stellen das Bindungsmuster des Vereins als „starke Gemeinschaft“ in Frage. Während die Männer im Sportverein hieran noch festhalten, sind die Frauen im Sport über diese Orientierung insbesondere für die Übernahme von Leitungsaufgaben nicht zu gewinnen. Damit ist jedoch die Logik der Mitgliederorganisation in Frage gestellt.

4 Mitgliedschaft und Mitgliederbindung im Sport

Nach den Ergebnissen des Freiwilligensurveys stellt der Sport den größten Engagementbereich dar (Tab. 1). Allerdings weisen die Ergebnisse eine leicht abnehmende Attraktivität des Sports auf (BMFSFJ 2010).

Frauen und Männer unterscheiden sich hinsichtlich des Engagements im Sport. Sowohl hinsichtlich des „nur“ Sporttreibens, aber vor allem im Hinblick auf die Übernahme von Aufgaben bzw. Ehrenämtern im Verein sind Männer bisher aktiver als Frauen (Tab. 2).

Engagementbereiche	**1999**	**2004**
Sport und Bewegung	21,9	19,8
Schule/Kindergarten	21,9	13,0
Kirche/Religion	10,7	10,4
Sozialer Bereich	8,2	10,0
Kultur und Musik	9,8	9,8
Freizeit/Geselligkeit	10,8	8,9
Politische Interessenvertretung	5,4	5,0
Unfall-, Rettungsdienste/Feuerwehr	4,5	5,0
Umwelt-, Naturschutz/Tierschutz	3,1	4,5
Jugendarbeit/Erwachsenenbildung	3,1	4,0
Berufliche Interessenvertretung	4,7	3,9
Gesundheitsbereich	2,1	1,6
Justiz/Kriminalitätsprobleme	1,6	0,8
Sonstiges	2,7	3,3
Gesamt	**100**	**100**

Tab. 1: Verteilung der Engagementbereiche (Alscher et al. 2009: 29)

Gewähltes Amt	**Gesamt**	**Mann**	**Frau**
1999	39,0	43,4	27,1
2004	35,4	41,1	30,8
Differenz	-3,6	-2,3	+3,7

Tab. 2: Amtsübernahme im Sport 1999 und 2004 nach Geschlecht in %
(Rittner et al. 2006: 43)

Gleichzeitig weisen die Ergebnisse der Freiwilligensurveys einen leicht stärkeren Anstieg des Interesses am Sport bei Frauen als bei Männern aus, und zwar sowohl bezogen auf die Aktivität des regelmäßig Sporttreibens wie auch auf die Übernahme von Aufgaben bis hin zur Amtsübernahme auf Vorstandsebene. „Die Sportvereine in Deutschland sind in den letzten Jahren weiblicher geworden. Es ist ihnen gelungen, in nahezu allen Altersklassen den Anteil an weiblichen Mitgliedern signifikant zu steigern" (Breuer/Wicker 2008: 171).

Der Sportentwicklungsbericht kommt gerade für das Thema Stakeholder-Management noch zu einem weiteren wichtigen Ergebnis: Vereine mit vielen Frauen haben geringere Probleme (Breuer/Wicker 2008). Wenn Frauen im Vorstand stark vertreten sind, so haben die Sportvereine weniger finanzielle Probleme, keine Rekrutierungsschwierigkeiten bei Mitgliedern und ÜbungsleiterInnen sowie auch keine Managementprobleme im Hinblick auf den Wettkampfbetrieb. Der Bericht resümiert: „Ein hoher Anteil weiblicher Vereins- und Vorstandsmitglieder scheint somit eine Art Schutzfaktor gegenüber zahlreichen Problemen der Vereinsentwicklung darzustellen" (Breuer/Wicker 2008: 185 f.).

Frauen auf der Vorstandsebene stellen in allen traditionellen Mitgliederorganisationen aber nach wie vor eine Seltenheit dar. Gemäß den Ergebnissen des Sportentwicklungsberichtes waren 670.000 Frauen 2007/8 ehrenamtlich engagiert, davon aber nur 260.000 auf der Vorstandsebene. Nur gut jede dritte Frau, die mehr als „nur" im Verein sportelt, war in einem Vorstand aktiv; und dann auch nicht als Vorsitzende, sondern eher als Schriftführerin (47%), Schatzmeisterin (33%) oder Jugendleiterin (32%). Und sehr selten sind die engagierten Frauen

Vorsitzende (10%) oder stellvertretende Vorsitzende (17%) (Breuer/Wicker 2008). Die Ergebnisse entsprechen denen lokaler Vereinsuntersuchungen, die ebenfalls einen Frauenanteil bei Vorstandsämtern von um die 30% ausweisen (Zimmer 2007).

Warum ist jedoch dieser Befund für die Zukunft der Sportvereine derart zentral? Der Grund besteht darin, dass sich die Mitgliederorganisationen einer Krise der Besetzung ihrer Leitungsämter gegenüber sehen. Gemäß dem aktuellen Sportentwicklungsbericht haben die Sportvereine in den letzten fünf Jahren mehr als 21% ihres ehrenamtlichen Leitungspersonals verloren (Alscher et al. 2009). Schwierigkeiten bei der Rekrutierung ehrenamtlichen Leitungspersonals wurden in lokalen Vereinsuntersuchungen schon 2004 bei einem guten Drittel der Vereine festgestellt (Zimmer 2007). In einer aktuellen Studie wurde ermittelt, dass inzwischen jeder zweite lokale Verein Probleme bei der Besetzung von Vorstandsämtern hat. Die Gründe sind Mangel an Zeit (42%) und eine mangelnde Bereitschaft, sich langfristig und verbindlich an eine solche Aufgabe zu binden (36%) (npm 2009).

Die Sportvereine sind daher mit einer Situation konfrontiert, in der sie die Gunst der weiblichen Mitglieder im Sinne eines zukunftsorientierten Stakeholder-Managements für sich gewinnen sollten. Frauen sind auf der Vorstandsebene im Sport – vor allem in den zentralen Positionen – jedoch nach wie vor stark unterrepräsentiert (Breuer/Wicker 2009). Es sind vielfältige Gründe, warum Männer bisher stärker in Sportvereinen engagiert sind als Frauen. Aber die vereinsengagierten Männer und Frauen scheinen sich vor allem hinsichtlich ihrer Lebensentwürfe und -lebensstile zu unterscheiden. Dies zeigt sich anhand der Ergebnisse der sog. Wertefrage, die sowohl in den Freiwilligensurveys wie auch im Rahmen der Untersuchung „Bürgerschaftliches Engagement und Management" (BEM) gestellt wurde (Beher et al. 2008). Im Rahmen der Untersuchung (BEM) wurden die Werteeinstellungen der männlichen und weiblichen Vereinsmitglieder erhoben. Dabei wurde eine Einteilung von Werttypen in Anlehnung an Klages und Gensicke (Gensicke et al. 2006) in fünf unterschiedliche Werttypen übernommen: Während die „Konventionalisten" sich an Werten der gesellschaftlichen Konvention wie etwa „Recht und Ordnung achten" orientieren, zielen die Hedomaterialisten („Hedomats") vor allem nach individuellem Genussstreben und materiellen Gütern. Für die „Idealisten" stehen insbesondere moralische und politische Werte im Zentrum, während „Realisten" eine Wertsynthese konventioneller, materialistischer und idealistischer Werte anstreben. Zur Gruppe der „Resignierten“ zählen Personen, die in keinem Bereich des Wertespektrums über ausgeprägte Wertbindungen verfügen.

	Konventionalisten	**Resignierte**	**Realisten**	**Hedomats**	**Idealisten**
Nicht engagierte Bevölkerung	25	11	27	21	16
Vereinsmitglieder insgesamt	24	12	24	18	22
Vereinsmitglieder: **Frauen**	16	16	21	**31**	16
Vereinsmitglieder: **Männer**	**31**	10	**26**	9	**24**

Tab. 3: Zuordnung zu Werttypen: Nicht-Engagierte, Vereinsmitglieder (in %) (auf der Basis der Daten von BEM und des Freiwilligensurveys 2004)

Frauen im Sportverein orientieren sich meist an einem hedonistischen Lebensstil. Demgegenüber sind die sporttreibenden Männer eher konventionalistisch geprägt – also im Sinne eines „Ekel Alfred“ –, für den Recht und Ordnung, die Familie sowie „fleißig und ehrgeizig sein“ seinen Lebensstil prägende Werte darstellen. Aber ein Großteil der sporttreibenden Männer ist im Gegensatz zu den sporttreibenden Frauen auch durch idealistische Wertorientierungen und damit durch Veränderungswillen geprägt. Frauen bemühen sich entweder um einen Lebensstil, der unterschiedliche Orientierungen in sich vereint und sich daher an der Realität ausrichtet, oder aber ihre Werthaltungen sind im Vergleich zu den sporttreibenden Männern – mit der bemerkenswerten Ausnahme der starken Dominanz der Hedomats – insgesamt eher gleich verteilt.

Für das Stakeholder-Management bedeutet dies: Es gilt die hedonistischen Frauen für Vorstandsarbeit zu gewinnen. Ein wichtiger Hinderungsgrund für ein Mehrengagement im Vereinsvorstand besteht bei den Frauen in dem Sachverhalt, dass sie hier auf einen Überhang von Konventionalisten unter ihren Vorstandskollegen treffen. Dies ist aber ein Szenario, das sie aufgrund ihrer Wertorientierung und Lebenseinstellung auf jeden Fall vermeiden möchten: Als Frau allein unter Konventionalisten – eine in der Tat abschreckende Vorstellung!

5 Resümee

Ziel des Beitrages war es, Mitglieder als eine für NPOs wichtige, aber von der Management Literatur bisher wenig beachtete Stakeholder-Gruppe in den Blick zu nehmen. Die Bindung der Mitglieder erfolgt vermittelt über die Identifikation mit den spezifischen von der Organisation vertretenen Zielen, normativen, politischen Anliegen oder gesellschaftlichen Vorstellungen und Idealen. Gruppenzugehörigkeit ist damit ein wichtiges Bindungsmuster. Wie sich das normativideologische Bindungsmuster über die Zeit verändert hat, wurde am Beispiel des Sports bzw. der Sportvereine illustriert.

Diesen ist es im Gegensatz zu anderen traditionellen mitgliederbasierten NPOs bisher erfolgreich gelungen, Mitglieder zu gewinnen, dauerhaft zu halten und auch im Sinne der Reziprozität in die ehrenamtliche Leitung und Führung der Vereine einzubinden. Aber auch die Sportvereine klagen inzwischen über Besetzungsprobleme ihrer Führungsgremien. Es ist vor allem eine Gruppe, die in den Sportvereinen in den letzten Jahren an Bedeutung gewonnen hat, die aber gleichzeitig nach wie vor äußerst unzulänglich in den Leitungsgremien der Vereine repräsentiert ist: die Frauen. Ein in die Zukunft gerichtetes Stakeholder-Management für die Mitgliederorganisation Sportverein müsste sich daher insbesondere der Gruppe der Frauen annehmen.

Es konnte auch gezeigt werden, dass ein auf die Gruppe der Frauen im Verein zugeschnittenes Stakeholder-Management insofern eine Herausforderung darstellt, als zwischen den im Verein sporttreibenden Männern und Frauen Unterschiede hinsichtlich der Wertorientierung bestehen. Die sporttreibenden Frauen im Verein sind hinsichtlich ihres Lebensstils und ihrer Werthaltungen eher hedonistisch eingestellt, während bei den Männern Konvention oder Idealismus dominieren. Wollen die Sportvereine Frauen verstärkt für die Vorstandsarbeit gewinnen, haben sie ihr Stakeholder-Management neu auszutarieren. Der Sportverein als große Mitgliederorganisation ist in seinem Stakeholder-Management bei „Ekel Alfred“ als Beispiel für den männlichen Konventionalisten stehengeblieben. Angesagt sind aber inzwischen eher hedonistische oder zumindest realistische Lebensstile und Wertorientierungen. Auf diese neue Situation hat sich ein gezieltes Stakeholder-Management der Mitgliederorganisation Verein einzustellen. Nur so kann es gelingen, auch bisher auf der Leitungsebene kaum vertretene Gruppen anzusprechen und für die Arbeit im Verein zu gewinnen.

Eine dieser Gruppen sind sicherlich die Frauen, doch auch Bürger und Bürgerinnen mit Migrationshintergrund sind hier zu nennen. Eine Modernisierung des Stakeholder-Managements von Sportvereinen müsste daher den Schritt von „Ekel Alfred“ zu „Multi-Kulti“ und Diversity Management wagen und sich bewusst werden, dass die „Konventionalisten“ nicht die Zukunft darstellen, sondern diese eher mit den Hedonisten sowie den Realisten zu meistern sein wird.

Literatur

Alscher, Mareike (2008): Genossenschaften und Engagement: Ein erfolgreiches Zusammenspiel zweier Konzepte. Saarbrücken.

Alscher, Mareike et al. (2009): Bericht zur Lage und zu den Perspektiven des bürgerschaftlichen Engagements in Deutschland. Berlin.

Anheier, Helmut/Ben-Ner, Avner (Hrsg.) (2003): The Study of Nonprofit Enterprise: Theories and Approaches. New York.

Badelt, Christoph (Hrsg.) (2007): Handbuch der Nonprofit-Organisation. Strukturen und Management. Stuttgart.

Baglioni, Simone (2010): Third Sector Organizations: The Case of Sports in Italy. In: Third Sector Organizations Facing Turbulent Environments, hrsg. v. Adalbert Evers und Annette Zimmer. Baden-Baden (im Erscheinen).

Beher, Karin et al. (2008): Die vergessene Elite. Führungskräfte in gemeinnützigen Organisationen. Weinheim u.a.

Boeßenecker, Karl-Heinz (2005): Spitzenverbände der Freien Wohlfahrtspflege. Eine Einführung in die Organisationsstrukturen und Handlungsfelder der deutschen Wohlfahrtsverbände. Weinheim u.a.

BMFSFJ – Bundesministerium für Familie, Senioren, Frauen, Jugend (2010): Informationen zum Dritten Freiwilligensurvey. Berlin.

Breuer, Christoph (Hrsg.) (2008): Sportentwicklungsbericht 2007/2008. Köln.

Breuer, Christoph/Wicker, Pamela (2008): Mädchen und Frauen im Sportverein. In: Sportentwicklungsbericht 2007/2008, hrsg. v. Christoph Breuer, Köln, S. 170-192.

Buchanan, James M. (1965): An Economic Theory of Clubs. In: Economica, 32, S. 1-14.

Destatis (2008): Auszug aus dem Datenreport 2008. Ein Sozialbericht für die Bundesrepublik Deutschland. http://www.gesis.org/fileadmin/upload/forschung/publikationen/datenreport/2008/14-Partizipation.pdf, 02.10.2010.

DGB (2008): Mitglieder in den DGB-Gewerkschaften. http://www.dgb.de/dgb/mitgliederzahlen/mitglieder.htm, 02.10.2010.

Domaradzka, Anna (2010): Panem et Circenses? Sport Organizations in Poland from Historical and Political Perspective. In: Third Sector Organizations Facing Turbulent Environments, hrsg. v. Adalbert Evers und Annette Zimmer, Baden-Baden (im Erscheinen).

Eisenberg, Christiane (1999): „English Sports" und deutsche Bürger. Eine Gesellschaftsgeschichte 1800-1939. Paderborn.

Eisenberg, Christiane (1990): Vom „Arbeiter- zum „Angestelltenfußball"? Zur Sozialstruktur des deutschen Fußballsports 1890 - 1950. In: Sozial- und Zeitgeschichte des Sports 4 (3), S. 20-46.

Evers, Adalbert/Zimmer, Annette (Hrsg.) (2010): Third Sector Organizations Facing Turbulent Environments. Sports, Culture and Social Services in Germany, Italy, the U.K., Poland, and Sweden. Baden-Baden (im Erscheinen).

Friedman, Andrew L./Miles, Samantha (2006): Stakeholders: Theory and Practice. Oxford.

Gensicke, Thomas et al. (2006): Freiwilliges Engagement in Deutschland 1999 - 2004. Wiesbaden.

Horch, Heinz-Dieter (1983): Strukturbesonderheiten freiwilliger Vereinigungen. Analyse und Untersuchung einer alternativen Form menschlichen Zusammenarbeitens. Frankfurt a. Main u.a.

Horch, Heinz-Dieter (1992): Geld, Macht und Engagement in freiwilligen Vereinigungen. Grundlagen einer Wirtschaftssoziologie von Non-Profit Organisationen. Berlin.

James, Estelle (1986): How Nonprofits Grow: A Model. In: The Economics of Nonprofit Institutions. Studies in Structure and Policy, hrsg. v. Susan Rose-Ackerman. New York, S. 185-195.

Klandermans, Bert (Hrsg.) (1989): International Social Movement Research. A Research Annual. Organizing for Change: Social Movement Organizations in Europe and the United States. Vol. 2, Greenwich.

Langenfeld, Hans (1988): Wie sich der Sport in Deutschland seit 200 Jahren organisatorisch entwickelt hat. In: Sport im Verein und im Verband, hrsg. v. Helmut Digel, Schorndorf, S. 18-34.

Lehmbruch, Gerhard (1975): Der Januskopf der Ortsparteien. Kommunalpolitik und das lokale Parteiensystem. In: Bürger im Staat, 25, 1 Bildung, S. 310-334.

Mayntz, Renate (1961): Die Vereine als Produkt und Gegengewicht sozialer Differenzierung. In: Das Dorf im Spannungsfeld industrieller Entwicklung, hrsg. v. Gerhard Wurzbacher, Stuttgart, S. 151-182.

Niedermayer, Oskar (2008): Parteimitgliedschaften im Jahre 2007. In: Zeitschrift für Parlamentsfragen, 2/2008, S. 379-386.

Norberg, Johan (2010): The Development of the Swedish Sports Movement between State, Market, and Civil Society. In: Third Sector Organizations Facing Turbulent Environments, hrsg. v. Adalbert Evers und Annette Zimmer. Baden-Baden (im Erscheinen).

npm (Zentrum für Nonprofit Management) (2009): Vereine ohne Vorstand. Eine Studie im Auftrag der Robert Bosch Stiftung. Münster.

Olson, Mancur (1985): Die Logik des kollektiven Handelns. Tübingen. (englische Erstausgabe von 1965 unter dem Titel: The Logic of Collective Action. Public Goods and the Theory of Groups).

Porta della, Donatella/Diani, Mario (2006): Social Movements. Oxford.

Putnam, Robert (1994): Making Democracy Work. Princeton.

Rittner, Volker et al. (2006): Freiwillige Tätigkeit im Sport. Sportbezogene Auswertung der Freiwilligensurveys des BMFSFJ 1999 und 2004. Köln.

Sandler, Todd/Tschirhart, John T. (1980): The Economic Theory of Clubs: An Evaluative Survey. In: Journal of Economic Literature, XVIII, S. 1481-1521.

Siewert, Hans-Jörg (1977): Verein und Kommunalpolitik. In: Kölner Zeitschrift für Soziologie und Sozialpsychologie, 29, S. 487-510.

Skocpol, Theda (2003): Diminished Democracy. Oklahoma.

Streeck, Wolfgang (1987): Vielfalt und Interdependenz. Überlegungen zur Rolle von intermediären Organisationen in sich verändernden Umwelten. In: Kölner Zeitschrift für Soziologie und Sozialpsychologie, 39, S. 471-495.

Tocqueville, Alexis de (1963): De la Démocratie en Amérique. Paris.

Weber, Max (1924): Rede auf dem deutschen Soziologentag in Frankfurt. In: Weber, Max: Gesammelte Aufsätze zur Soziologie und Sozialpolitik. Tübingen, S. 431-449.

Zimmer, Annette (2009): Associations, Definition and History. In: International Encyclopedia of Civil Society, hrsg. v. Helmut K. Anheier und Stefan Toepler, New York, S. 40-47.

Zimmer, Annette (2007): Vereine – Zivilgesellschaft konkret. Wiesbaden.

Zimmer, Annette (2004a): Introduction and Terminology. In: Future of Civil Society. Making Central European Nonprofit-Organizations Work, hrsg. v. Annette Zimmer und Eckhard Priller, Wiesbaden, S. 11-27.

Zimmer, Annette et al. (2004b): The Legacy of Subsidiarity: The Nonprofit Sector in Germany. In: Future of Civil Society. Making Central European Nonprofit-Organizations Work, hrsg. v. Annette Zimmer und Eckhard Priller, Wiesbaden, S. 681-711.

Leadership in NPO – das Führungspuzzle als Orientierung

Ruth Simsa, Wien

1 Einleitung und Überblick

Führung von NPOs ist aufgrund typischer Merkmale dieser Organisationen oft besonders anspruchsvoll. Dazu gehören z.B. die große Bedeutung von Werten und Ideologien, die hohe Emotionalisierung, ein hoher Grad an Widersprüchlichkeit, Organisationsabwehr und Resistenz gegenüber Führungsentscheidungen, sehr verschiedene Mitarbeitergruppen wie hauptberufliche, ehrenamtliche, freiwillige, Zivildiener sowie unerreichbare oder schwer messbare Ziele (Simsa 2002). Im Dschungel dieser Anforderungen kann man sich leicht verlieren, zumal auch die Ausbildung von Führungskräften im NPO-Bereich oft nicht systematisch erfolgt.

In dieser Situation soll das Führungspuzzle Orientierung geben (Simsa/Patak 2008). Es beschreibt die wesentlichen Felder der Führung und bietet damit ein Raster für die vielfältigen Aufgaben jeder Führungskraft. Damit wird die gesamte Landkarte der Führung in den Blick gebracht und die Aufmerksamkeit auf die vielfältigen Aspekte der Tätigkeit sowie auf die Einbettung in die jeweilige Situation gelenkt. So geraten auch vernachlässigte Aufgaben bzw. Einflussfaktoren stärker in den Blick.

Im Zentrum finden wir den Kern allen Führens, nämlich die Persönlichkeit der Führungskraft, das Führen der eigenen Person. Rund um diesen Kern gruppieren sich die vier Aufgabenfelder der operativen Führung, die den Alltag jeder Führung ausmachen, nämlich Mitarbeiterführung, Gestaltung der Zusammenarbeit, Erfüllung der inhaltlichen Aufgabe und Organisationsentwicklung. Das Ganze findet im Rahmen eines sechsten Feldes statt, dem strategischen Führungshandeln. Das letzte Feld schließlich verweist auf das jeweils relevante Umfeld, auf den Kontext, in dem Führung stattfindet (Abb. 1).

Abb. 1: Das Führungspuzzle (Simsa/Patak 2008)

Ein Ausgangspunkt für die Entwicklung des Modells war die langjährige Beobachtung, dass Führung in Nonprofit-Organisationen immer noch hoch tabuisiert wird. Daher wird den Führungskräften in vielen NPOs auch vergleichsweise wenig Unterstützung und Ausbildung zuteil. Gleichzeitig handelt es sich um ein Tabu, über das doch häufig gesprochen wird, da die Führung den Arbeitsalltag vieler MitarbeiterInnen stark beeinflusst. Nachdem NPOs extrem wichtige gesellschaftliche Aufgaben erfüllen, wird professionelle Führung dieser Organisationen zu einem wichtigen Thema – verstanden als Dienst an den MitarbeiterInnen und der Organisation.

Im Folgenden wird zunächst in Stichworten erläutert, was denn unter Professionalisierung der Führung verstanden werden kann, danach werden die einzelnen

Aufgabenfelder der Führung – also die einzelnen Puzzlesteine – kurz erörtert und in Hinblick auf ihre Besonderheiten für NPOs diskutiert.

2 Professionalisierung der Führung

Am häufigsten ist mit Professionalisierung der Einsatz betriebswirtschaftlicher Methoden gemeint (Maier et al. 2009). Dafür bietet sich der Einsatz bestimmter Führungsinstrumente an, ist allerdings mit Sicherheit nicht ausreichend. Die im Folgenden angeführten Merkmale eines professionellen Managements sind zudem in NPOs von besonderer Bedeutung:

1. Die Führungsrolle akzeptieren und strukturell absichern: Führen ist zum einen eine eigene Profession, zum anderen auch ein Dienst an der Organisation. Dies kann nur dann effektiv geschehen, wenn Führungskräfte Wirkung erzielen wollen, Entscheidungen treffen, nicht wegsehen bei unangenehmen Situationen. Das heißt, wenn sie die Rolle wirklich als solche akzeptieren.

2. Ein effektiver Umgang mit Ressourcen: Dies bedeutet, die Ressourcen der Organisation nachhaltig, effizient und langfristig dem Ziel der Organisation entsprechend einzusetzen, diesen Einsatz immer wieder zu reflektieren und gegebenenfalls zu ändern.

3. Ein reflektierter Umgang mit Werten und Ideologien: Dies verlangt eine klare Trennung von Bereichen, die über Werte gesteuert werden sollen, und jenen, wo reines Kalkül erforderlich ist – sprich, eine Gratwanderung zwischen Wirtschaft und Werten, d.h. einen guten Umgang mit Ressourcenknappheit ohne einseitig-ökonomisches Denken. In manchen Organisationen muss dafür die Organisation vor ideologischen Denkverboten und „Killerphrasen" geschützt werden, in anderen dagegen die Werte vor Kolonialisierungsversuchen.

4. Ein Management des Widerspruchs von Person und Organisation: Es braucht Respekt vor dem Einzelnen bei gleichzeitiger Akzeptanz der Anforderungen der Organisation, die über individuelle Interessen hinausgehen.

5. Die Wahrnehmung eines strategischen Personalmanagements: Dies betrifft die Frage der Karriereplanung und Entwicklung des haupt- und ehrenamtli-

chen Personals sowohl insgesamt wie auch in Bezug auf einzelne Mitarbeiter.

6. Das Management von Informationen professionalisieren: Das Verteilen von Informationen ist aufgrund technischer Möglichkeiten rascher und billiger geworden. Die technischen Informationsmöglichkeiten verkehren sich über die damit erzeugte Informationsmenge auf paradoxe Weise in ihr Gegenteil – es ist kaum mehr möglich, angesichts der Informationsflut den Überblick zu bewahren. Die kluge Organisation und Selektion von Informationen und deren Absicherung durch entsprechende Spielregeln und Verfahren wird damit zunehmend zu einer zentralen Gestaltungsaufgabe.

7. Kooperation mit Konkurrenten: Da in vielen Bereichen die finanzielle Situation schlechter wird, die Konkurrenz wächst und gleichzeitig Versuche von Seiten der öffentlichen Hand zu sehen sind, insbesondere im Sozialbereich die NPOs stärker gegeneinander auszuspielen, braucht professionelle Führung auch gezieltes Gestalten der Beziehungen zu Organisationen des gleichen Tätigkeitsbereichs.

3 Das Führungspuzzle

3.1 Sich selbst führen

Nur wer bewusst reflektiert wie er sich selbst führt und sich kontinuierlich weiterentwickelt, kann anderen zum Vorbild werden, kann fair und angemessen mit anderen Personen umgehen und die Führungsaufgabe als Dienstleistung an den Menschen und der Organisation sinnvoll gestalten. Ein Teil des Erfolgs vieler Führungskräfte resultiert sicher aus der persönlichen Ausstrahlung, starken Visionen, der persönlichen Note und Vertrauenswürdigkeit.

Diese Thematik spielt im Nonprofit-Bereich eine noch ausgeprägtere Rolle als in der Wirtschaft. Ich muss als Führungskraft in einer NPO persönlich glaubwürdig sein, es wird noch stärker als in der Wirtschaft von mir erwartet, dass ich das, was ich fordere, auch selbst lebe.

Selbstführung bedeutet auch, den Umgang mit sich selbst auf der körperlichen, der psychischen und der geistigen Ebene zu reflektieren und gesund zu gestalten. Wer nicht auf seine eigene Gesundheit achtet, wird dies auch kaum für seine Mitarbeiter tun. Und die Bedrohung der eigenen psychischen und physischen Gesundheit durch Überforderung und Überbeanspruchung ist aufgrund der Tendenzen zur Selbstausbeutung in sozialen oder hoch ideologischen Organisationen sicher größer als in der Wirtschaft. Psychosoziale Kompetenz als Selbstschutz gegenüber der Organisation ist im NPO-Bereich also besonders bedeutsam.

Sich selbst führen bedeutet auch, die eigene Arbeitsorganisation im Griff zu haben, professionell und mit der nötigen Selbst-Disziplin verlässlich und berechenbar zu agieren. Dies gibt Mitarbeitern Sicherheit.

Weiters wird gerade in NPOs von Führungskräften die Fähigkeit, mit Konflikten konstruktiv umzugehen, stark gefordert. Und das bedeutet zuallererst, mit meinen eigenen inneren Konflikten und Widersprüchen, mit Nähe und Distanz, mit Veränderungen produktiv und reflektiert umgehen zu können. NPOs konfrontieren Menschen häufig mit Situationen die sich durch einen besonders hohen Grad an Widersprüchlichkeit auszeichnen, innere Stabilität wird hier besonders wichtig.

Wichtige Führungsinstrumente in diesem Feld sind persönliche Reflexion, sich Feed-Back organisieren und es annehmen können, Selbsterfahrung, die Entwicklung persönlicher Disziplin, Coaching, aber auch die persönliche Arbeitsorganisation.

Im Wissen um die Notwendigkeit von Persönlichkeitsentwicklung sind viele NPOs anderen Organisationen einen Schritt voraus, in der Praxis scheitert es allerdings häufig an Ressourcen.

3.2 Die Mitarbeiter führen

Hier geht es um die Fähigkeit, Menschen einschätzen zu können, mit Menschen umgehen zu können, deren Fähigkeiten und Potenziale, aber auch deren Grenzen zu erkennen, um sie letztlich optimal fördern und auch fordern zu können.

Neben der Auswahl und dem richtigen Einsatz von Personal bedeutet Mitarbeiterführung, die Entwicklung jedes einzelnen aufmerksam zu beobachten, zu thematisieren und mitzusteuern. Hier sind Führungskräfte in NPOs aus unserer Erfahrung oft besonders gefordert, denn Karriere- und Entwicklungsmöglichkeiten in vielen NPOs sind häufig eingeschränkt.

Oft gilt es hier auch, Mitarbeiter nach langen Jahren des Engagements aus der NPO „hinauszubewegen“, denn anders als in der Wirtschaft sind vor allem kleine NPOs viel weniger auf Dauer und Sicherheit gestellt als profitorientierte Firmen.

Der Kern dieses Aufgabenfeldes liegt also im Fördern und Fordern. Hier findet sich wohl eine der größten Differenzen zwischen NPOs und Profitorganisationen: Führungskräfte in NPOs tun sich häufig schwerer mit dem Fordern als jene in Unternehmen bzw. auch mit dem Einsatz von Sanktionen.

Die Herausforderung beim Widerspruch von Person und Organisation liegt darin, einerseits Menschen in ihrer Einzigartigkeit zu würdigen, zu unterstützen und auf ihre spezifischen Bedürfnisse einzugehen, andererseits aber auch deutlich zu machen, dass eben diese Menschen für die Organisation zuerst einmal Mittel sind und nicht mehr, dass diese Instrumentalisierung der Kern des „Arbeitsvertrages“ zwischen der Organisation und dem Mitarbeiter ist (und das gilt auch für ehrenamtliche oder freiwillige Mitarbeiter), und es Aufgabe der Führungskraft ist die Einhaltung dieses Vertrages zu thematisieren und zu überprüfen.

Eine besondere Herausforderung in diesem Führungsbereich ist in NPOs zum einen die Führung höchst unterschiedlicher MitarbeiterInnengruppen, neben hauptberuflichen Mitarbeitern sind dies unbezahlte (ehrenamtliche oder freiwillige) MitarbeiterInnen, Zivildiener sowie auch Mischformen. Zum anderen sind auch die Führung „nach oben“, z.B. von ehrenamtlichen Vorständen oder Aufsichtsräten, die oft wenig ins fachliche Tagesgeschäft involviert sind, aber viele Entscheidungsspielräume haben, weiters das Führen von „übermotivierten“ Personen und damit der Schutz der Mitarbeiter vor Selbstausbeutung zu gestalten.

Das wichtigste Führungsinstrument ist in diesem Feld das Mitarbeitergespräch. Darauf aufbauend geht es um Entwicklungs- und Bildungsmaßnahmen, Zielvereinbarungen, Karrierepläne wie auch die Gestaltung von Sanktionen.

3.3 Die Zusammenarbeit gestalten

Viele gute Solisten geben noch lange kein gutes Orchester und auch in der Führung einer NPO hat man es in der Regel mit mehr als einem Mitarbeiter zu tun. Damit geht es um die Frage, wie die Zusammenarbeit am besten zu organisieren ist, um die Gestaltung und Organisation von Meetings und Kooperationen, um die Zusammensetzung von Teams.

Im Führungsalltag beginnt dies mit der Frage, wie die räumliche Gestaltung der Büros organisiert wird. Wer sitzt wo mit wem in einem Zimmer, ist in vielen Fällen schon eine entscheidende Frage gewesen. Dann geht es hier darum, Regeln der Zusammenarbeit zu definieren und gemeinsam deren Einhaltung zu thematisieren. Es geht weiters um die Gestaltung der Kultur: Was gilt als pünktlich, wie geht man mit Fehlern um, wie persönlich können sich einzelne einbringen, was gilt als unfreundlich, was als angemessen, etc.? Eine zentrale Führungsaufgabe in diesem Feld ist die Organisation von Feedback und Reflexion im Team, also die Rückmeldung der Mitarbeiter an die Führungskraft und umgekehrt sowie auch der Mitarbeiter untereinander.

Wenn sich der Fokus der Aufmerksamkeit von der Betrachtung der Individuen auf die Betrachtung ihrer Relationen verschiebt, also auf die Optimierung von Beziehungen zwischen Mitarbeitern im Sinne des Gesamterfolges, dann kommen rasch völlig neue Ideen in den Blick.

Aufgrund ihrer Tradition der Teamorientierung und der demokratischen Strukturen haben viele NPOs hier wohl einen „Wettbewerbsvorteil“ gegenüber Unternehmen. Sie sind es eher gewohnt, auch an Gruppen und deren Bedingungen und Strukturen zu denken, die in Teams mögliche hohe emotionale Nähe ist ihnen weniger fremd als anderen Organisationen. Und gerade Sozialorganisationen haben oft viel Bereitschaft zur Diskussion und Reflexion der eigenen Kultur und Zusammenarbeit, und auch Teamsupervision gehört oft zum Alltag. Wer gut führt, dem gelingt es dann auch, Abteilungs- und Bereichsegoismen zu überbrücken, Teamgeist zu fördern und Zusammenarbeit zu unterstützen.

Führungsinstrumente in diesem Bereich sind die Moderation und Gestaltung von Teamsitzungen, von Reflexion und Feedback im Team, die bewusste Zusammensetzung von Teams nach inhaltlichen und sozialen Kriterien, die Gestaltung der Büroräume, das Design von Telekonferenzen.

3.4 Die Organisation entwickeln

In diesem Feld steht das Erkennen von und das Denken in Strukturen und Prozessen im Vordergrund. Jede Führungskraft steuert und führt nicht nur über direkte Einflussnahme auf Personen, sondern auch über Regeln, Strukturen, Prozessbeschreibungen etc.

Zuvorderst geht es hier darum, eine der Organisation und der Situation angemessene Form zu finden, die Tätigkeitsbereiche jedes einzelnen zu beschreiben, also Aufgaben, Kompetenzen und Verantwortungen (AKV) zu definieren. In allen Organisationen gibt es hier nur einen schmalen Grat zwischen einem Zuviel – alles wird ins Detail geregelt und die ständigen Regelungen hinken der Praxis immer hinten nach – und einem Zuwenig – viele wissen nicht genau, wofür sie zuständig und vor allem nicht wofür andere zuständig sind.

Wenn es also überall dieses Pendeln zwischen Über- und Untersteuerung gibt, so haben NPOs sicher im Schnitt eher das Problem der zu geringen Klarheit über AKVs. Aus Sorge vor zu viel Bürokratie und auch Einengung wird häufig zu viel Freiraum gelassen, der dann auch zu Überforderung und Unproduktivität führt. Führungskräfte von NPOs sind also tendenziell stärker gefordert, klarere Regeln, Strukturen und AKVs aufzustellen und einzufordern als ihnen oft selbst lieb ist.

In diesem Aufgabenfeld sollten sich Führungskräfte auch die Frage stellen, wo hier ihre eigenen Stärken und Schwächen liegen und wo es ihnen gelingen kann, Potenziale ihrer Mitarbeiter gezielt einzusetzen.

Besonderheiten von NPOs in diesem Führungsbereich liegen in einer häufig auftretenden Untersteuerung (zu geringe Klarheit über AKVs), im größeren Bedürfnis vieler MitarbeiterInnen an Mitgestaltung, in der geringeren Bereitschaft vieler MitarbeiterInnen sich organisatorischen Notwendigkeiten unterzuordnen und häufig auch im geringeren Verständnis der Aufsichtsorgane (z.B. Vorstände) für organisatorischen Aufwand.

Führungsinstrumente sind hier z.B. die Definition und Vermittlung von Aufgaben, Kompetenzen und Verantwortungsbereichen, das Erstellen von Organigrammen, Maßnahmen des Veränderungsmanagements, die Gestaltung von

Leistungsmessungen und Sanktionen, das Einrichten von Strukturen und die Gestaltung von Prozessen.

3.5 Die Aufgaben und Ziele erfüllen

Mit dem Fokus der Aufmerksamkeit auf die Erfüllung der Aufgabe taucht zuvorderst die Frage auf, wie Ziele definiert werden und wie das Erreichen von Zielen erkannt und gemessen werden kann. Also die klassische Frage aus der Beratungspraxis: Und woran werden Sie nachher erkennen, dass Sie gut gearbeitet haben? Die wesentliche Führungsaufgabe besteht hier also darin, Messgrößen, Kennziffern und Indikatoren zu identifizieren, entsprechende Erfassung zu organisieren und dann regelmäßige Evaluation sicherzustellen. Und hier sind wieder NPOs oft stärker gefordert als Wirtschaftsunternehmen, denn die unmittelbare Messbarkeit ist in diesen Organisationen oft deutlich schwieriger als in gewinnorientierten Dienstleistungs- oder Produktionsbetrieben. Darüber hinaus umfasst dieses Aufgabenfeld auch die Frage der technischen Ausrüstung und Ausstattung der Mitarbeiter.

Relevante Fragen in diesem Aufgabefeld sind:

- Die Definition fachlicher Standards für die Aufgaben der Mitarbeiter.
- Für wen erbringen wir unsere Leistungen? (In wenigen Fällen ist hier der Kundenbegriff hilfreich, sondern es empfiehlt sich mehr der Stakeholder-Ansatz: Welche Anspruchsgruppen stellen welche Erwartungen an die NPO? Was sind aus deren Sicht die wichtigsten Erfolgskriterien?) Und auch hier ist Führung einer NPO vermutlich eher komplexer als jene eines Wirtschaftsunternehmens, da sehr unterschiedliche Anspruchsgruppen oft einander widersprechende Anforderungen an die Organisation stellen, die selten eindeutig priorisiert werden können (Hermann/Renz 1997).
- Mit wem vergleichen wir uns? (Wer sind relevante Andere? Und wo liegen die Benchmarks?)
- Wie ist der Umgang mit Fehlern? Wie gehe ich als Führungskraft mit eigenen Fehlern um und wie mit jenen meiner Mitarbeiter? Welche Prozesse initiiere ich, um das Erkennen von und das Lernen aus Fehlern zu ermöglichen?

Eine Besonderheit von NPOs ist, dass Spiegel- bzw. Resonanzphänomene hier stärker ausgeprägt sind – die inhaltliche Tätigkeit bzw. die Einflussstrategien der Organisation wirken – z.T. in dysfunktionaler Weise – auf die Organisation und ihre Kultur zurück (Gössler/Schweinschwaller 2008). Neben widersprüchlichen Aufgaben gibt es weiters häufig weniger klare Aufgaben und Ziele oder auch unerreichbare Ziele.

Führungsinstrumente in diesem Bereich sind die Entwicklung und Definition von Zielen, Kennziffern und Leistungsindikatoren, Evaluation und Fehler-Management und jede Art von Controllingberichten.

3.6 Den strategischen Rahmen für Führungsaktivitäten setzen

In diesem Aufgabenfeld steht die grundlegende Orientierung der Organisation bzw. der eigenen Abteilung im Vordergrund – die Strategie. Es geht darum, welche Wege die Organisation einschlagen soll, welche Produkte oder Leistungen angeboten werden, für welche Zielgruppen gearbeitet werden soll, was die Besonderheiten des jeweiligen Leistungsangebots sein sollen, etc. Genauso wichtig: Ebenso zu definieren was nicht (mehr) gemacht werden soll, welche Erwartungen an die Organisation nicht berücksichtigt werden sollen, wo Grenzen gesetzt werden. Diese (gemeinsame) Ausarbeitung und Definition von Leitbildern, Visionen, Strategien, Werten oder Ähnlichem in einer Form, die allen Beteiligten im täglichen Handeln klare Orientierung gibt, spricht eine viel indirektere Form der Führung an. Wenn es gelingt, über Leitbilder oder Strategien eine klare Richtung vorzugeben, wird viel operative Führung im Einzelnen obsolet.

Und auch in diesem Zusammenhang sind NPOs häufig besonders anspruchsvolle Systeme. NPOs sind von ihrer Grundkonstruktion her Organisationen, die es oft mit widersprüchlichen Anforderungen einzelner Stakeholder zu tun haben. Es verlangt viel Fingerspitzengefühl, eine Vision und Strategie zu entwickeln, die einerseits ausreichend Orientierung für die Mitarbeiter verschafft, aber andererseits auch keinem wesentlichen Stakholder widerspricht (Eckardstein/Simsa 2003).

Führungsinstrumente in diesem Bereich sind Strategieworkshops, strategische Pläne, die Gestaltung von Prozessen der Leitbildentwicklung, das Visualisieren von Leitbildern, Mission-Statements oder Visionen.

3.7 Das Umfeld beobachten, relevante Trends erkennen und Rahmenbedingungen wahrnehmen und deren Bedeutung für den eigenen Verantwortungsbereich einschätzen

Zu guter Letzt muss jede Führungskraft in der Lage sein, das relevante Umfeld zu beobachten, zu interpretieren, all das herauszufiltern, was für den eigenen Verantwortungsbereich von Bedeutung ist oder sein könnte und es auf passende Weise in die Organisation hineinzutragen. Hier geht es um eine Vielfalt von Themen, denen Aufmerksamkeit geschenkt werden sollte, teilweise stehen diese in Zusammenhang mit dem Aufgabenfeld, teilweise sind sie davon aber auch unabhängig. Führungsaufgabe ist z.B. die Beobachtung und Interpretation:

- des Personalmarktes;
- der Entwicklungen in der eigenen Organisation;
- von relevanten technologischen Entwicklungen;
- von demographischen Trends, von Trends in den Lebensgewohnheiten;
- von gesellschaftliche Entwicklungen wie z.B. Individualisierung, Flexibilisierung;
- von Rahmenbedingungen ehrenamtlicher Tätigkeit;
- von Entwicklungen im relevanten Umfeld, oder auch Mitbewerb;
- von Entwicklungen auf den Spendenmärkten oder im Subventionsbereich etc.

Je mehr es gelingt, sich von operativen Aufgaben freizuspielen und vielleicht auch manch strategische Aufgabe zu delegieren, desto intensiver kann eine Führungskraft sich dieser Beobachtungs- und Auswertungsaufgabe widmen. Jede Führungskraft ist hier also gefordert, sich ihre eigene „Landkarte" zu erstellen und für sich und ihren Job zu definieren, welche Themen, welche Informationen sie regelmäßig erfassen sollte.

Es ist anzunehmen, dass tendenziell ein großes Interesse der NPO-ManagerInnen an gesellschaftlichen Themen besteht, oft besteht auch ein stärkeres Zusammenspiel mit politischen Entwicklungen. Weiters lässt ein häufig (noch?) etwas geringerer Zeitdruck in NPOs als in gewinnorientierten Unternehmen auch mehr Zeit für das Beobachten längerer Zeiträume. Auf der anderen Seite gibt es weniger Hilfestellung durch öffentliche oder halböffentliche Einrichtungen wie Kammern oder Interessensvertretungen als in der Profitwelt.

Ein Führungsinstrument könnte somit die Erstellung eines eigenen „Radars“ oder „Cockpits“ mit den relevanten Umweltfaktoren sein, weiters aber auch einfach der regelmäßige Blick über den Tellerrand in Form des Lesens von Literatur, wissenschaftlichen Analysen oder sonstigen Publikationen über relevante gesellschaftliche Entwicklungen.

Literatur

Eckardstein, Dudo v./Simsa, Ruth (2003): Der stakeholder-orientierte Prozeß der integrierten Strategieentwicklung und Erfolgsbestimmung. In: Führung der Nonprofit-Organisation. Bewährte Instrumente im praktischen Einsatz, hrsg. v. Rolf Eschenbach und Christian Horak, Stuttgart, S. 355-363.

Gössler, Martin/Schweinschwaller, Thomas (2008): Spezifika von Nonprofit Organisationen und deren Beratung. In: Zeitschrift für Organisationsentwicklung, 2/2008, S. 48-56.

Herman, Robert D./Renz, David O. (1997): Multiple Constituencies and the Social Construction of Nonprofit Organization Effectiveness. In: Nonprofit and Voluntary Sector Quarterly, 26, S. 185-206.

Maier, Florentine/Leitner, Johannes/Meyer, Michael/Millner, Reinhard (2009): Managerialismus in Nonprofit Organisationen. In: Kurswechsel, 4, S. 94-101.

Simsa, Ruth (2002): NPOs im Lichte gesellschaftlicher Spannungsfelder: Aktuelle Herausforderungen an das strategische Management. In: Nonprofit-Organisationen und gesellschaftliche Entwicklung: Spannungsfeld zwischen Mission und Ökonomie, hrsg. v. Reinbert Schauer, Robert Purtschert und Dieter Witt, Linz, S. 39-61.

Simsa, Ruth/Patak, Michael (2008): Leadership in Nonprofit-Organisationen. Die Kunst der Führung ohne Profitdenken. Wien.

Efficiency and quality as measures of performance in non-profit hospitals

Jonas Schreyögg und Oliver Tiemann, München

1 Background

From a theoretical perspective non-profit hospitals can be expected to behave and perform differently from other ownership types. There is empirical evidence from the US that non-profit hospitals outperform for-profit and public hospitals. However, empirical studies on the performance of non-profit hospitals versus other ownership types on Germany are lacking. We rely on efficiency and quality as measures of performance as standard performance measures such as return on investment and profitability were found to be inappropriate for comparisons between different ownership types. The objective of this presentation is to investigate the following research questions: 1) Do characteristics of non-profit hospitals differ from those of other ownership types? 2) Do non-profit hospitals differ in terms of efficiency and quality? 3) How do strategies and performance of non-profit hospitals differ from for-profit hospitals when privatizing public hospitals?

2 Do non-profit hospitals differ in terms of efficiency and quality?

We used data of the Federal Statistical Office of Germany. After a descriptive overview of characteristics of non-profit versus other ownership types, bootstrapped data envelopment analysis (DEA) was used to evaluate the efficiency of a panel (n = 1,046) of public, private for-profit, and private non-profit hospitals between 2002 and 2006. For the purposes of the data envelopment analysis six inputs and two outputs were considered. The first input variable (SUPPLIES) is the amount spent on supplies per year, including operational expenses, but excluding payroll, capital, and depreciation expenses. Taking into account the relative importance of resource use in terms of labor in the hospital production process, additional input variables were the number of full-time equivalents (FTE) for the following personnel categories: clinical staff (CLIN), nursing staff (NURS), medical-technical staff (MEDTECH), administrative staff (ADMIN), and other staff members (OTHER). The first output variable (INPATIENT) reflects the number of treated inpatient cases per year in each hospital. To adjust for variations in the quality of care between hospitals, we used the average mortality rates per year in each hospital. Therefore, the second output represents 1 minus the average hospital mortality rate per year (1 - MORTALITY). This was followed by a second-step truncated linear regression model with bootstrapped DEA efficiency scores as dependent variable (Tiemann/Schreyögg 2009).

The results show that public hospitals performed significantly better than non-profit hospitals which had a similar performance as private for-profit hospitals. We obtained similar results when quality-adjusted efficiency was used instead of efficiency. In addition, we found that non-profit hospitals tended to outperform other ownership types in very competitive regions and in the segment of very large hospitals.

Indeed the result, that for-profit and non-profit status was associated with lower efficiency may be explained by the fact that for-profit and non-profit hospitals may pursue a different way to maximize their profits (i.e. financial surplus) than hospitals with other forms of ownership. Indeed, they may seek to maximize their profits by maximizing revenues instead of minimizing inputs at a given output, which was defined as a measure of efficiency in our study. Wörz (2008) supports this view, having found that private for-profit hospitals (and especially hospital chains) were able to generate significantly higher revenues per case on the average than hospitals with other forms of ownership. However, as the DRG-system with almost uniform reimbursement rates is now fully implemented, there are less opportunities for for-profit and non-profit hospitals to generate higher revenues per case than public hospitals.

3 How do strategies and performance of non-profit hospitals differ from for-profit hospitals in privatizing public hospitals?

To investigate behavior in privatization processes we again used data from the Federal Statistical Office of Germany (1996-2007). After determining DEA-efficiency scores we used a difference-in-difference specification within a truncated regression model to examine whether privatization improved hospital performance while controlling for patient heterogeneity and the impact of hospital organizational and environmental characteristics. Furthermore, a propensity score matching (PSM) approach was used to ensure the comparability (i.e. hospital organizational and environmental characteristics) between the group of privatized public hospitals and the comparator group of non-privatized public hospitals. For sensitivity purposes and to check the robustness of our findings we allowed four alternative post-privatization periods (i.e. 1, 2, 3 and 4 years).

The results of our analysis show that there was a significant positive impact of privatization on hospital efficiency and quality of care. However, we found that public hospitals acquired by for-profit organizations outperformed hospitals acquired by non-profit organizations, both in terms of efficiency and quality-adjusted efficiency. We observed that non-profit hospitals are less aggressive in terms of workforce reduction after privatization. However, we could not find any evidence that this strategy increased the quality of care compared to for-profit privatizations. Taking the effect of the introduction of yardstick competition, implemented as diagnosis-related groups (per-case payments based on the average costs of hospitals in Germany) in 2003, into account it is striking that the efficiency gains of privatized hospitals, especially in case of for-profit hospitals, were significantly larger in the post-DRG era. Thus, yardstick competition has led to more aggressive privatization strategies.

4 Conclusion

We conclude that non-profit hospitals in Germany are advised to improve their strategic direction in line with their overall goals. They may strengthen their focus on larger hospitals. At the same time non-profit hospitals may be advised to take a lead in quality improvement initiatives currently dominated by for-profit hospitals, but would be clearly in line with the general goals of non-profit hospitals. Another important implication is that hospitals' behavior is highly affected by environmental characteristics (i.e. regional competition and the reimbursement scheme) in the hospital sector. Thus, studies investigating the performance of organisations with different ownership types should not only focus on the ownership status, but also consider potential interaction effects with other organisational or environmental characteristics. Generally, additional longitudinal studies are needed to measure and compare the performance of non-profit organizations to other ownership types in other sectors. This could be a fruitful way to gain a better understanding of the strategies non-profit organizations pursue and to reveal ways to improve their performance.

Literatur

Tiemann, Oliver/Schreyögg, Jonas (2009): Effects of Ownership on Hospital Efficiency in Germany. In: Business Research, 2 (2), S. 115-145.

Wörz, Markus (2008): Erlöse – Kosten – Qualität: Macht die Krankenhausträgerschaft einen Unterschied? Wiesbaden.

Effektivität und Legitimität – in Nonprofit-Organisationen ein Widerspruch?

Markus Gmür, Fribourg

1 Effektivität als Organisationsziel

Dass Organisationen gegründet werden um Ziele zu erreichen, ist ein Axiom der betriebswirtschaftlichen Organisationslehre. Dementsprechend ist die Effektivität einer Organisation ein Schlüsselkriterium zur Beurteilung ihrer Aktivitäten. Die Effektivität von Wirtschaftsunternehmen bemisst sich in der Regel am Formalziel der Kapitalwertsteigerung, dem Nutzen, welcher für die Kapitalgeber als Ertrag aus der wirtschaftlichen Betätigung des Unternehmens erzeugt wird. Die empirische Erfolgsfaktorenforschung konzentriert sich aus diesem Grund in erster Linie auf die Identifikation derjenigen Merkmale des Managementsystems, welche mit der Steigerung des Unternehmenswerts korrelieren. Bei Nonprofit-Organisationen wird von einer Dominanz der Sach- über die Formalziele ausgegangen. Deshalb sind finanzwirtschaftliche Kennzahlen (z.B. der finanzielle Ertrag insgesamt oder das Spendenaufkommen) für die Beurteilung der Effektivität von NPO umstritten, obwohl sie entsprechenden Erfolgsfaktorenstudien häufig zugrunde gelegt werden. Die Effektivität einer Eigenleistungs-NPO (z.B. eines Berufsverbands oder einer Genossenschaft) bemisst sich am Nutzen, den diese Organisation für ihre Mitglieder schafft; bei einer Drittleistungs-NPO (z.B. einem Wohlfahrtsverband oder einer Organisation der Gesundheitsförderung) steht hingegen die Zielerreichung bei den Adressaten der Hilfsleistung über dem Nutzen, welcher für die Träger der Organisation, d.h. Stifter oder Sponsoren, resultiert.

1.1 Die Effektivitätsforschung zum NPO-Management

Die Messung der organisationalen Effektivität und die Erforschung ihrer Einflussfaktoren nimmt inzwischen auch in der NPO-Forschung beträchtlichen Raum ein (Herman/Renz 2008; Greiling 2009) und hat eine wachsende Zahl von empirischen Studien hervorgebracht. Zwischen 1980 und 2009 lassen sich in internationalen wissenschaftlichen Zeitschriften 45 Studien nachweisen, in denen mit größerzahligen Stichproben der Zusammenhang zwischen Merkmalen des Managementsystems und der Effektivität und Effizienz von Nonprofit-Organisationen untersucht wurde. Im Vergleich zu Studien mit ähnlichen Fragestellungen im Wirtschaftssektor ist das zwar eine verschwindende Zahl, aber die Erforschung von Dimensionen der Effektivität und ihrer Einflussfaktoren hat doch merklich an Bedeutung gewonnen (Abb. 1).

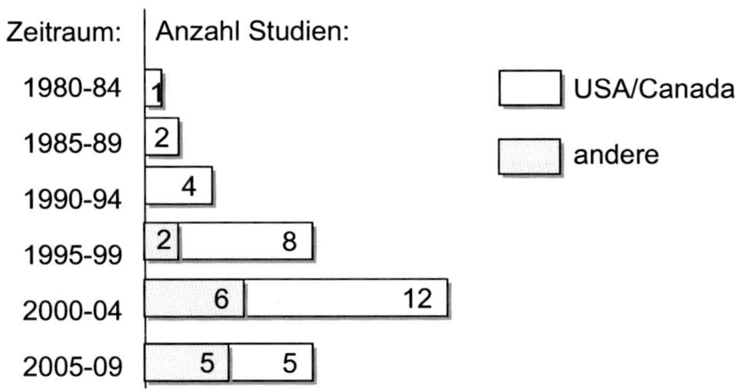

Abb. 1: NPO-Erfolgsfaktorenstudien in internationalen Zeitschriften

In 15 der 45 Studien wird der Einfluss des Vorstands (Zusammensetzung oder Aufgabenwahrnehmung) auf den Erfolg der Organisation untersucht und in weiteren neun Studien die Bedeutung der Markt- und Stakeholder-Orientierung. Weitere Einflussfaktoren sind die Ausgestaltung der strategischen Planung und daraus abgeleitete Positionierungsentscheidungen (13%), die Ausgestaltung des Personalmanagement (11%), Merkmale der Organisationsstruktur (9%), das Führungsverhalten der obersten Leitungskräfte (7%) oder die Finanzierungsstruktur (7%). Die Effektivitätsmessung beruht in jeder dritten Studie auf finanziellen Erfolgskriterien, wie dem Wachstum an Spendenaufkommen oder anderer finanzieller Zuflüsse. Weitere 15% der Studien legen als Erfolgsgröße das Organisationswachstum oder die Überlebenswahrscheinlichkeit in einer Population zugrunde. Nur jeweils 7% der Untersuchungen verwenden Effektivitätsmaße, die einen unmittelbaren Bezug zu den Sachzielen aufweisen: die Anzahl der Leistungsnehmer, die Zufriedenheit der Stakeholder oder die Leistungsqualität. 45% aller Erfolgsfaktorenstudien stützt sich in Ermangelung geeigneter Erfolgskennzahlen auf subjektive Einschätzungen der befragten Organisationsmitglieder (eine vollständige Auflistung der Studien kann über den Autor bezogen werden).

Insbesondere die Erfolgsmessung zeigt deutlich, dass die Effektivitätsforschung im NPO-Sektor gegenwärtig noch weitgehend dem Vorbild der entsprechenden Forschungsarbeiten im For-Profit-Sektor folgt. In der Regel werden Formalziele (Wachstum oder Höhe der finanziellen Zuflüsse) zugrunde gelegt. Die Erfolgsmessung wird damit der Komplexität der Effektivitätsmessung von sachzielorientierten Organisationen im Dritten Sektor nicht gerecht.

1.2 Grenzen der Effektivitätsorientierung in NPO

Die Effektivität einer Organisation bemisst sich in der wirtschaftswissenschaftlichen Forschung am Grad der Zielerreichung. Je nach Organisationstyp stehen dabei Formal- oder Sachziele im Vordergrund. Unabhängig von den konkreten Zielen wird angenommen, dass eine Organisation diese umso besser erreicht, je enger die Kopplung aller Aktivitäten der Organisation und ihrer Mitglieder an die Zielverfolgung ist. Fehlt eine solche Kopplung bzw. richten sich die Aktivitäten an anderen Kriterien aus, ist die Effektivität beschränkt. Als wesentliche Ursache dafür haben Meyer/Rowan (1977) institutionalisierte Umwelten identifiziert: Sie verstehen darunter organisational oder gesellschaftlich verankerte Normen, an die sich Organisationen (unter anderem) in ihren Managementpraktiken anpassen, auch wenn diese Anpassung nicht zur Zielerreichung beiträgt, aber dafür die Legitimierung gewährleistet: „Organizations whose structures become isomorphic with the myths of the institutional environment – in contrast with those primarily structured by the demands of technical production and exchange – decrease internal coordination and control in order to maintain legitimacy.“ (Meyer/Rowan 1977: 340). Die institutionalisierten Normen haben Mythencharakter, weil ihnen ein Effektivitätsbeitrag zugesprochen wird, für den es aber keine gültigen und zuverlässigen Belege gibt. Isomorphismus entsteht nach DiMaggio/Powell (1983) auf drei verschiedenen Wegen: durch erzwungene Anpassung an einflussreiche Stakeholder, durch Normung (wenn Experten in der Organisation tätig werden, die neue Praktiken aus ihrem Erfahrungshintergrund in einem fremden Setting in die Organisation quasi importieren) und schließlich durch Mimese (wenn die Praktiken anderer, als besonders erfolgreich geltender Organisationen kopiert werden).

Die Legitimität einer Organisation beruht darauf, dass sie in Einklang mit Regeln steht (Weber 1922), die sie nicht selbst setzt. Sie ist die Grundlage für den Erwerb von Ressourcen (Oliver 1991) und das Ausmaß an kultureller Unterstützung, das ihr entgegen gebracht wird. Aus einer institutionalistischen Perspektive besteht ein prinzipieller Widerspruch zwischen der Effektivität einer Organisation und ihrer Legitimierungsbemühungen gegenüber einem breiten Spektrum von Stakeholdern. Obwohl die Vertreter von einem eng gefassten Effektivitätsverständnis ausgehen, das sich vor allem auf den effizienten Ressourceneinsatz zur Erreichung der Organisationsziele bezieht, belegen sie ihre Argumente häufig auch mit Beispielen aus dem Dritten Sektor: DiMaggio/Powell (1983) führen eine Reihe von Illustrationsbeispielen von Schulen und Hilfsorganisationen an. Mehrere nordamerikanische Untersuchungen zeigen zudem, wie die Zusammensetzung ehrenamtlicher Vorstände und die Entfaltung organisationaler Aktivitäten in NPO institutionalisierte externe Erwartungen widerspiegeln (Morrill/McKee 1993; Abzug/Galaskiewicz 2001; Lune/Oberstein 2001). Ihnen stehen jüngere Studien aus Indien (Ramanath 2009) bzw. Spanien (Martinez 2009) gegenüber, in denen die Forscher entgegengesetzt argumentieren, dass sich Nonprofit-Organisationen stärker als marktgetriebene Wirtschaftsunternehmen aufgrund einer ausgeprägten Wertebindung und Pfadabhängigkeit dem Druck zum strukturellen Isomorphismus entziehen.

Nachfolgend soll ein Beitrag zur Frage geleistet werden, in welchem Zusammenhang die Legitimität einer Organisation zu ihrer Effektivität steht, welche Dimensionen des Legitimitätskonstrukts zu unterscheiden sind und wie sie in der Organisation strukturell verankert werden. Dabei werden insbesondere die Besonderheiten von Nonprofit-Organisationen gegenüber Wirtschaftsunternehmen hervorgehoben.

2 Legitimation als Organisationsziel

Suchman (1995) hat die Unterscheidung zwischen pragmatischer, moralischer und kognitiver Legitimität eingeführt. Eine Organisation ist dadurch kognitiv legitimiert, dass sie für einen Personenkreis die Welt sinnvoll erscheinen lässt und zum unverzichtbaren Teil dieser Welt wird. Als Beispiel ließe sich das Internationale Rote Kreuz im Einsatz für Kriegsverwundete und -gefangene nennen. Auf dem Weg zur kognitiven Legitimität muss sich eine Organisation aber über einen längeren Zeitraum nachhaltig pragmatisch oder moralisch legitimieren können (Jäger/Kreuzer 2009). Pragmatische Legitimität beruht darauf, dass die Organisation für einen Personenkreis einen unmittelbaren Nutzen stiftet oder eigennützige Bestrebungen dieser Personen ihrerseits legitimiert. Dies gilt im besonderen Maße für Eigenleistungs-NPO, die etwa im Kultur- und Sportbereich für ihre Mitglieder expressive Bedürfnisse abdecken. In dem Maße, wie die Organisation über den Mitgliedernutzen hinaus auch einen Beitrag für die Allgemeinheit leistet oder mehr oder weniger institutionalisierte Anstrengungen unternimmt, kann sie moralische Legitimität erlangen. Das Kriterium für die Abgrenzung zwischen pragmatischer und moralischer Legitimität ist demnach der Nutzerkreis und deckt sich weitgehend mit der Unterscheidung zwischen Eigen- und Fremdleistungs-NPO: Während erstere ihre Legitimierung aus dem unmittelbaren Nutzen für ihre Mitglieder beziehen und sich dementsprechend vor allem über Mitgliederbeiträge oder Serviceentgelte finanzieren, haben Fremdleistungsorganisationen, beispielsweise im Bereich der sozialen Dienste, der Forschung oder der Gesundheitsförderung, die Möglichkeit für ihre gemeinnützigen Leistungen private Spenden oder staatliche Subventionen als Gegenleistung für moralische Legitimität einzuwerben.

Obwohl die Terminologie von Suchman suggeriert, dass eine Legitimierung entweder auf Ergebnissen (pragmatisch) oder auf der Einhaltung normativer Standards (moralisch) beruhen kann, zeigt sich bei näherer Betrachtung, dass beide Legitimierungsformen sich auf Effekte beziehen, und Moralität am Ende utilitaristisch begründet wird: Moralität begründet sich aus dem Prinzip des größten Nutzens für die größte Zahl (Bentham 1780). Das widerspiegelt ein angelsächsische Verständnis, von dem sich kontinentaleuropäische Vorstellung in der Tradition eines kategorischen Imperativs grundlegend unterscheidet: Die Moralität des Handelns liegt in den Grundsätzen, von denen es ausgeht, und ist unabhängig von den damit erzielten Ergebnissen (Kant 1788). Nonprofit-Organisationen unterscheiden sich von Wirtschaftsbetrieben aber nicht nur durch ihre Sachzielpriorisierung, sondern auch dadurch, dass ihre Aktivitäten sich häufig an Grundwerten orientieren, die nur einen allenfalls lockeren Bezug zu den Sachzielen aufweisen. Beispiele für solche Grundwerte sind Solidarität, Christlichkeit oder basisdemokratische Entscheidungsfindung. Somit erfordert das Legitimitätskonzept von Suchman eine Erweiterung, um die für Nonprofit-Organisationen relevanten Aspekte vollumfänglich abzudecken.

2.1 Typologie der organisationalen Legitimierung

Soziales Handeln von Personen oder Organisationen kann verschiedene Bezugspunkte haben, die dazu geeignet sind, Legitimation zu begründen. Weber (1922) unterscheidet vier Bestimmungsgründe sozialen Handelns: Affekt, Tradition, Zweckrationalität und Wertrationalität. Besonders bedeutsam erscheint dabei die Unterscheidung zwischen der Zweckrationalität und der Wertrationalität: „Rein wertrational handelt, wer ohne Rücksicht auf die vorauszusehenden Folgen handelt im Dienst seiner Überzeugung von dem, was Pflicht, Würde, Schönheit, religiöse Weisung, Pietät, oder die Wichtigkeit einer »Sache« gleichviel welcher Art ihm zu gebieten scheinen" (Weber 1922: 12). Wertrationalität ist aber nicht nur ein Bezugspunkt für Handlungsentscheidungen, sondern sie ist auch ein Attribut zur Beschreibung und Beurteilung sozialen Handelns durch Dritte und deshalb eine mögliche Quelle für die Legitimation.

Ergänzt man die Formen der organisationalen Legitimität von Suchman (1995) um den Aspekt der Wertrationalität und passt die Begriffe der Weber'schen Unterscheidung an, so lässt sich daraus die folgende Typologie ableiten:

- Die **direkte Zwecklegitimierung** entspricht der pragmatischen Legitimierung nach Suchman und beruht darauf, dass die Organisation für einen bestimmten Personenkreis Leistungen erbringt, welche einen unmittelbaren Nutzen darstellen (Beispiel: Interessenvertretung durch einen Berufsverband).

- Die **indirekte Zwecklegitimierung** entspricht der moralischen Legitimierung nach Suchman. Sie ist typisch für Fremdleistungs-NPO, deren Ressourcengeber nicht identisch mit den Nutzern der primären Organisationsleistungen sind. Die Legitimierung beruht darauf, dass die Organisation einen Nutzen für Personen stiftet, denen Andere die Berechtigung zur Nutzung zusprechen (Beispiel: Legitimierung gegenüber Spendern, welche die Organisation im Bemühen um hilfsbedürftige Dritte zu unterstützen).

- Die **Wertlegitimierung** besteht darin, dass eine Organisation ihre Ziele auf eine Art und Weise verfolgt, die Wertvorstellungen der legitimierenden Personenkreise entspricht. Die Legitimierung ist unabhängig von den erzielten Ergebnissen (Beispiel: Breite Anerkennung für eine Organisation, deren Mitglieder sich unter großen persönlichen Opfern für ein Ziel engagieren).

- Die **Traditionslegitimierung** entspricht weitgehend der kognitiven Legitimierung nach Suchman. Sie ist das Ergebnis eines in aller Regel mehrjährigen Institutionalisierungsprozesses, bei dem eine Organisation mit ihren Aktivitäten zu einem festen Bestandteil der gesellschaftlichen Realität wird. Diesen Prozess haben Berger und Luckmann (1966) in ihrem Hauptwerk zur gesellschaftlichen Konstruktion von Wirklichkeit beschrieben.

Organisationen unterscheiden sich nicht nur dadurch voneinander, in welchem Ausmaß ihre Aktivitäten legitimiert sind, sondern auch durch die Art und Weise, wie sie sich gegenüber ihren Stakeholdern legitimieren. Dazu schaffen sie Strukturen, die ihre Legitimierungsbemühungen dokumentieren. Ob diese eine effektive und effiziente Zielerreichung unterstützen oder behindern, hängt vom jeweiligen Legitimierungsanker ab.

2.2 Anker der organisationalen Legitimierung

Legitimierungsanker sind Bezugspunkte für die Legitimierung von Organisationen. Einzelne oder Gruppen von Organisationen geben sich Strukturen oder unterwerfen sich Regelwerken, mit denen sie ihre Legitimität zu erhalten oder gar zu steigern versuchen. Ein Beispiel für solche Regelwerke sind die in den letzten Jahren im deutschsprachigen Raum entstandenen Governance Codes für Verbände und Stiftungen (Gmür/Bächtold 2009). Sie wurden geschaffen, um Ordnungsmäßigkeit und Transparenz und damit letzten Endes die Vertrauenswürdigkeit von Nonprofit-Organisationen zu sichern. Die nähere Betrachtung der Regelungen zeigt aber ganz unterschiedliche Legitimierungsanker:

- *Rechtliche Legitmierungsanker* (Legalität): Gesetzestexte und die Aktivitäten von Aufsichtsbehörden widerspiegeln die Rechtsordnung. Sie beschränken die Handlungsspielräume, wobei oft zwischen kleineren und größeren Organisationen differenziert wird. Ein Beispiel dafür sind abgestufte Revisionspflichten für Vereine und Stiftungen in Abhängigkeit von Bilanzsumme, Beschäftigtenzahl oder Kapitalstock. NPO-spezifische Kodizes formulieren Empfehlungen für die Struktur- und Prozessgestaltung von Organisationen, welche nach allgemeiner Erfahrung die Rechtmäßigkeit im Handeln gewährleisten. Beispiele dafür sind Ausschlusskriterien für ehrenamtliche Leitungspersonen aufgrund verwandtschaftlicher Beziehungen zu hauptamtlichen Führungskräften.

- *Gesellschaftspolitische Legitimierungsanker:* Über die gesetzlichen Regelungen hinaus beruhen Gesellschaften auf ungeschriebenen Normen und Werten, welche das Management von NPO berühren und in entsprechenden Kodizes zum Ausdruck kommen. Sie sind historisch gewachsen und widerspiegeln Aushandlungsprozesse zwischen gesellschaftlichen Gruppierungen. So spielen z.B. die Repräsentativität nach Landesteilen oder die Anteile von Männern und Frauen eine wichtige Bedeutung bei der Beurteilung von NPO.

- *Demokratische Legitimierungsanker:* Kennzeichnendes Merkmal von Vereinen, Verbänden oder Genossenschaften ist die demokratische Willensbildung. Eine Organisation legitimiert sich demokratisch, indem sie gewährleistet, dass alle berechtigten Interessenträger der Organisation die Möglichkeit erhalten, ihre Rechte geltend zu machen. Beispiele dafür sind die Erwartung, dass eine Organisation für vollständige Transparenz in finanziellen Belangen gegenüber ihren Mitgliedern oder Geldgebern zu sorgen habe oder als Voraussetzung für öffentliche Subventionierung Wirkungen nachweisen können soll.

- *Professionelle Legitimierungsanker:* Die professionelle Legitimierung erfolgt gegenüber den Mitgliedern einer Profession, also den Ausübenden eines Berufs, der durch einen im weitesten Sinne akademischem Abschluss, einen gewissen gesellschaftlichen Status sowie signifikante Haltungen und

Verhaltensnormen gekennzeichnet ist. Professionen sind sektorspezifisch (z.B. Ärzte und Pflegekräfte in Krankenhäusern) oder funktionsspezifisch (z.B. Fundraiser mit zertifizierter Fachausbildung). Berufsverbände und Dachorganisationen für soziale Einrichtungen spielen eine wichtige Rolle in der selbst organisierten Aufsicht, indem sie Standards für die Aus- und Weiterbildung, Leitsätze für die individuelle Berufsausübung oder Anforderungen an individuelle Leistungsanbieter unter dem gemeinsamen institutionellen Dach anbieten. Auf die Bedeutung professioneller Legitimierung weist die ‚worker control' Theorie (Pauly/Redisch 1973): Der Wettbewerbsvorteil von NPO gegenüber gewinnorientierten Unternehmen besteht darin, dass der Nonprofit-Status signalisiert, dass professionelle Standards größeres Gewicht haben als ökonomische Interessen.

- *Wirtschaftliche Legitimierungsanker:* Wie bei der professionellen Legitimierung setzt auch die wirtschaftliche Legitimierung auf der Programmebene an. Die relevante Interessengruppe sind in diesem Fall aber nicht die Peers innerhalb der eigenen Profession, sondern wirtschaftliche Austauschpartner, die an die Organisation die Erwartung richten, dass sie die Ziele mit einem möglichst sparsamen Mitteleinsatz erfüllt. Das Kriterium der Effizienz findet sich auch in den meisten Governance Codes des Dritten Sektors. Seine Stellung ist als Hinweis darauf zu werten, welche Bedeutung formalen ökonomischen Kriterien in Relation zu den traditionellen Sachzielen zugesprochen wird.

- *Pragmatische Legitimierungsanker:* Es ist weit verbreitete Praxis, Effizienz und Effektivität oder Wirksamkeit an gleicher Stelle als Kriterium guter Praxis im Management von NPO zu nennen. Die pragmatische Legitimierung durch Effektivität geht über eine enge ökonomische Perspektive hinaus. Organisationen sind effektiv, indem sie Wirkungen in ihrem Handlungsfeld erzeugen, welche den Erwartungen der Sponsoren entsprechen. Indem der Begriff der Wirksamkeit die Effektivität verdrängt, wird verdeutlicht, dass die organisationsexterne Bewertung über dem organisationsinternen Kalkül steht.

Die Legitimierungsanker tragen in unterschiedlicher Weise zur Legitimierung von NPO bei. Während die Zwecklegitimierung vor allem pragmatisch verankert ist, dienen die übrigen Anker vor allem zur Wertelegitimierung, weil sie in erster Linie auf die Prozesse der Entscheidungsfindung und Leistungserstellung in NPO zielen. Der Bezug zu den damit erreichbaren Ergebnissen ist dagegen unklar. Daraus ergibt sich das eingangs zur Diskussion gestellte Spannungsfeld zwischen Effektivität und Legitimität: Die meisten der genannten Legitimierungsanker sichern den Bestand der Organisation durch Wertelegitimierung auf Kosten ihrer Fähigkeit zur Zielerreichung.

3 Ein Ausweg aus dem Spannungsfeld

Orientiert sich das Management einer NPO daran, im Einklang mit Rechtsordnung und Aufsichtsbehörden zu agieren, wird das zu einer ausgeprägten Regelorientierung in den Prozessen der Entscheidung und Leistungserbringung führen. Rechtsordnungen insbesondere kontinentaleuropäischer Tradition regulieren das Verhalten von Individuen und Organisationen in der Erwartung, dass ihre Befolgung zu erwünschten Ergebnissen führt, ohne dass diese Ergebnisse noch reflektiert werden müssen. Auch die Kriterien der demokratischen, gesellschaftspolitischen oder professionellen Legitimierung erfolgen überwiegend durch die Replikation von Verhaltensregeln. Inwiefern sie tatsächlich zur Erreichung der Sachziele der Organisation dienen und damit Zwecke erfüllen, wird nicht geprüft.

In dem Maße, wie sich Organisationen zunehmend über ihre wirtschaftliche Leistung und insbesondere die erzielten Wirkungen in ihrem Handlungsfeld legitimieren müssen, kommt es zu einer verstärkten Zweckorientierung: Die von der Organisation erzielten Wirkungen bilden den Ausgangspunkt für die Gestaltung des Leistungsprogramms, und dieses orientiert sich mehr oder weniger stark an den bestehenden Prozessen und den dahinter stehenden Normen und Werten. Die spannende Frage bei einer zunehmend wirkungsorientierten Steuerung ist, wie sie beispielsweise beim gegenwärtigen Übergang von traditioneller Subventionierung zu Leistungsverträgen zu beobachten ist, ob und in welchem Maße NPO als Leistungserbringer ihre Werteorientierung zugunsten einer verbesserten Wirksamkeit abzuschwächen bereit sind.

Die betriebswirtschaftliche Erfolgsfaktorenforschung verfolgt das Ziel, Zusammenhänge zwischen Organisationsmerkmalen und Managementhandeln auf der einen Seite und organisationalem Erfolg auf der anderen Seite nachzuweisen.

Damit lässt sich zeigen, ob Praktiken, die primäre wertelegitimiert sind, auch einen Beitrag zur Effektivität einer Organisation leisten können. In der NPO-Forschung spielt diese Fragestellung noch eine eher untergeordnete Rolle. Das ist vor allem in der schwierigen Erfolgsmessung von NPOs begründet und hat zur Folge, dass Untersuchungen über Einflussfaktoren des Organisationserfolgs von vorne herein mit methodischen Problemen bei der Messung der abhängigen Variable zu kämpfen haben. Trotz dieser Schwierigkeiten sollte sich betriebswirtschaftliche NPO-Forschung der Herausforderung stellen empirisch aufzuzeigen, welche der bislang zu Legitimierungszwecken etablierten Praktiken und Prinzipien geeignet wären, auch die Effektivität von Organisationen in Hinblick auf ihre Sachziele zu sichern. Im Umkehrschluss könnte dann auch gezeigt werden, wo Legitimierungsbemühungen die Wirksamkeit organisationaler Aktivitäten übergehen oder gar beeinträchtigen.

Literatur

Abzug, Rikki/Galaskiewicz, Joseph (2001): Nonprofit Boards: Crucibles of Expertise or Symbols of Local Identities? In: Nonprofit and Voluntary Sector Quarterly, 30, S. 51-73.

Bentham, Jeremy (1780): An Introduction to the Principles of Morals and Legislation. Oxford.

Berger, Peter L./Luckmann, Thomas (1966): The Social Construction of Reality. New York.

DiMaggio, Paul J./Powell, Walter W. (1983): The Iron Cage Revisited: Institutional Isomorphism and Collective Rationality in Organizational Fields. In: American Sociological Review, 48, S. 147-160.

Gmür, Markus/Bächtold, Stefan (2009): Einfluss von Leitungsstrukturen auf den Erfolg von NPO. In: Verbandsmanagement 2/2009, S. 16-27.

Greiling, Dorothea (2009): Performance Measurement in Nonprofit-Organisationen. Wiesbaden.

Herman, Robert D./Renz, David O. (2008): Advancing Nonprofit Organizational Effectiveness Research and Theory: Nine Theses. In: Nonprofit Management and Leadership, 18, S. 399-415.

Jäger, Urs/Kreutzer, Karin (2009): Legitimizing Strategies in Nonprofit Organizations: A Case Study of How Central Strategists Realize Strategies Without Formal Authority. Arbeitspapier Universität St. Gallen.

Kant, Immanuel (1788): Kritik der praktischen Vernunft. Riga.

Lune, Howard/Oberstein, Hillary (2001): Embedded Systems: The Case of HIV/AIDS Nonprofit Organizations in New York City. In: Voluntas, 12, S. 17-33.

Martínez, Beltrán Roca (2009): Structure, Power, and Discourses of Development in Spanish NGOs. In: Nonprofit Management and Leadership, 20, S. 203-218.

Meyer, John W./Rowan, Brian (1977): Institutionalized Organizations: Formal Structure as Myth and Ceremony, in: American Journal of Sociology, 83, S. 340-363.

Morrill, Calvin/McKee, Cindy (1993): Institutional Isomorphism and Informal Social Control: Evidence from a Community Mediation Center. In: Social Problems, 40, S. 445-463.

Oliver, Christine (1991): Strategic Responses to Institutional Processes. In: Academy of Management Review, 16, S. 145-179.

Pauly, Mark/ Redisch, Michael (1973): The Nonprofit Hospital as a Physician's Cooperative. In: American Economic Review, 63, S. 87-99.

Ramanath, Ramya (2009): Limits to Institutional Isomorphism: Examining Internal Processes in NGO-Government Interactions. In: Nonprofit and Voluntary Sector Quarterly, 38, S. 51-76.

Suchman, Mark C. (1995): Managing Legitimacy: Strategic and Institutional Approaches. In: Academy of Management Review, 20, S. 571-610.

Weber, Max (1922): Wirtschaft und Gesellschaft. Tübingen 1922 (zitiert nach der 5. Aufl. der Studienausgabe von 1985).

Ethikbasierte Führung als Basis eines Stakeholder-Managements für Nonprofit-Organisationen

Ariane Westphal, Fribourg

1 Einleitung

Da Nonprofit-Organisationen (NPOs) keine *Shareholder* haben, wurden auf NPOs bis dato auch erst geringfügig *Stakeholder*-Theorien angewendet, und wenn, dann meistens nur in deskriptiver Hinsicht (Keating/Frumkin 2003). In der organisationalen Praxis von NPOs nimmt das Stakeholder-Management hingegen eine bedeutende Rolle ein (Horak 1995; Purtschert 1995; Stötzer 2009). Dies lässt sich allein schon daran veranschaulichen, dass bei NPO – im Gegensatz zu Unternehmen – die Leistungsempfänger für die erhaltenen Leistungen nicht immer ein Entgelt an die Organisationen entrichten, und dass die NPOs daher um finanzielle Mittel von i.d.R. verschiedenen, sowohl privaten wie institutionellen Donatoren bemüht sind. Empirischen Befunden zufolge konzentriert sich die Stakeholder-Orientierung in NPO daher vor allem auf die Stakeholder-Gruppe der Leistungsempfänger einerseits und die der Donatoren andererseits, wobei sich bei NPOs jedoch auch zunehmend die Erkenntnis durchgesetzt hat, dass das Management der Beziehungen zu weiteren Stakeholdern, z.B. den Mitgliedern (z.B. Zimmer 2010), den Mitarbeitern, Freiwilligen und Ehrenamtlichen (z.B. Bürgisser/Helmig 2009) ebenfalls von großer Bedeutung ist (Schwarz et al. 2009).

Nur, indem eine Organisation die Beziehungen zu sämtlichen ihrer Anspruchsgruppen aufrechterhält und in deren Sinne adäquat gestaltet, wird sie von diesen als legitim (hier: gesellschaftlich anerkannt) erachtet und kann so langfristig erfolgreich ihre Mission erfüllen; mit Homann und Suchanek (2000) gesprochen: ihre *licence to operate and to grow* erhalten.

Die Alltagspraxis zeigt, dass verschiedene Anspruchsgruppen heute eine ethische Führung von Profit- und Nonprofit-Organisationen fordern: Beispielsweise verlangt die kritische Öffentlichkeit, dass Organisationen ethische Werte tatsächlich leben, um zur Stabilisierung der sozialen und ökologischen Verhältnisse beizutragen (Moser 1996; Hengsbach 1998; Habermas 1981); Freiwillige und Mitarbeiter fordern eine ethische Führung, die ihnen den Sinn für ihre Arbeit und für das Ganze aufzeigt.

Diese Forderungen sind für NPOs einerseits nichts Neues – sind sie doch schon per definitionem nicht wie Profit Organisationen auf Gewinn und strategische Überlebensfähigkeit im Wettbewerb (Rusche 1992) ausgerichtet, sondern primär auf die Realisierung ihres spezifischen Sachziels, welches eine ausgeprägt normative (ethische) und damit sinnstiftende Komponente hat. (Für die Sinnstiftung sind insbesondere philosophisch-ethische und nicht nur zweckrationale Werte von Relevanz; Rusche 1992, 2004). Abb. 1 veranschaulicht diesen Zusammenhang.

Management-Ebene	**Methodischer Ansatz**	**Paradigma**	**Zielsetzung, Imperativ**		
Operatives Management	Mechanistik	Maschine	Gewinn-Erzielung		**Bei NPO: Sachziel effektiv und effizient erreichen**
Strategisches Management	Kybernetik	Organismus	Erhalt der Lebensfähigkeit		
Normatives Management	Unternehmens-Kultur	Menschliches Sozialsystem	Werte-Vermittlung	Sinnstiftung	**Sachziel bei NPO**
	Unternehmens-Ethik		Werte-Begründung		

Abb. 1: Ökonomische Imperative für Profit-Organisationen und ergänzt für NPOs (in Anlehnung an Rusche 1992: 36).

Andererseits sind NPOs mit den an sie herangetragenen Stakeholder-Forderungen nach ethischer Führung jedoch auch vor grosse Herausforderungen gestellt. Nicht selten nehmen NPO-Verantwortliche einen Konflikt zwischen werteorientiertem Sachziel bzw. Sinnstiftung einerseits und der organisationalen Effizienz andererseits an. Ein Ziel des vorliegenden Beitrags ist es aufzuzeigen, dass dieser Konflikt nicht notwendigerweise gegeben ist. Folgende Forschungsfragen stehen im Zentrum des Interesses:

- Was bedeutet *ethikbasiert* im Umgang mit Stakeholdern?
- Welche ethikbasierten Positionen lassen sich unterscheiden?
- Wie wirkt ethikbasierte Führung auf die Stakeholder-Beziehung?
- Welche Handlungsempfehlungen können für das Stakeholder-Management in NPOs abgeleitet werden?

Zur Beantwortung der Forschungsfragen werden zwei Zugänge verwendet: Zum einen wird eine theoretische Analyse durchgeführt, bei der Aussagen logisch-deduktiv generiert werden (bzw. ein Resümee derselben gegeben); zum anderen werden aus bisherigen und eigenen Forschungsbefunden Erkenntnisse empirisch-induktiv hergeleitet.

2 Was bedeutet ethikbasierte Führung im Umgang mit Stakeholdern?

Verschiedene Philosophien und Ethiken proklamieren je eigene ethische Werte (Angebote sinnvollen Handelns). Diese beziehen sich in der Regel entweder auf den zwischenmenschlichen Umgang und/oder auf das Verhältnis zwischen Institution und Individuum. Beispielsweise entwickelt Kant seinen kategorischen Imperativ als „formales Prinzip", mit Hilfe dessen der einzelne Mensch für sich die Moralität einer Handlung bestimmen kann. Die christliche Soziallehre entwickelt in verschiedenen Enzykliken sozialethische Prinzipien wie Personalität (Menschenwürde), Solidarität, Subsidiarität und Gerechtigkeit, die als Richtschnur dienen sollen für die Gestaltung der Beziehung der Menschen untereinander, und z.B. auch für die der Organisation zu den in ihr arbeitenden Menschen.

Bei einer genauen Analyse der philosophisch-ethischen Werte („philosophische Imperative"; Rusche 1992) fällt auf, dass einige Werte in *sämtlichen* Philosophien und Ethiken ähnlich vertreten sind – z.B. Gerechtigkeit (Kohlberg 1981; Küng 1997). Andere Werte wiederum, z.B. die Zukunftsverantwortung von Hans Jonas (1988), scheinen nur für eine bestimmte Philosophie oder Ethik charakteristisch. Die Verfasserin leitet argumentativ her, dass es folglich *generell-ethische* und *distinkt-ethische* Werte gibt (ausführlich Westphal 2010). Diese sollen im Folgenden näher betrachtet werden.

Nähert man sich dem Begriff der „Führung“, so stellt man fest, dass dieser Themenbereich in der personalwirtschaftlichen Forschung einen bedeutenden Platz einnimmt (Neuberger 2002); ebenfalls in der NPO-Forschung, in der z.B. die „Nonprofit Governance“ (Schauer et al. 2008; Proeller et al. 2008; Cornforth 2003; von Schnurbein 2008) und Nonprofit-Führungsprozesse (Schwarz 2006) beleuchtet werden.

„Führung“ im Sinne von Mitarbeiterführung ist ein vielschichtiger Begriff, dem in Theorie und Praxis unterschiedliche Inhalte zugeordnet werden (Wunderer 1996; Weibler 1996). Eine gewisse grundsätzliche Übereinstimmung besteht darin, dass Führung eine an betrieblichen Zielen und Aufgaben sowie an Mitarbeiterqualifikationen und -bedürfnissen orientierte Beeinflussung des Verhaltens von Mitarbeitern bezeichnet. Dieser auch als Prozess der Mitarbeiterführung bezeichnete Vorgang vollzieht sich zwischen Vorgesetzten und Untergebenen und beinhaltet Wechselwirkungen zwischen beiden Ebenen (Büdenbender/Strutz 2005).

Die Verfasserin greift dies auf, wenngleich sie annimmt, dass NPOs wie Unternehmen i. d. R. hierarchisch strukturierte Gebilde sind und als solche eine Form effizienter Herrschaftsausübung darstellen, das heißt, Vorgesetzte mehr Führungspotential als Untergebene haben (Ulrich 1999; Matthies 1999). Ebenfalls aufgegriffen wird die theoretische Annahme, dass Führung eine *strukturelle* und eine personell-interaktive (*kulturelle*) Dimension hat, das heißt, einerseits sowohl Regelungen, Führungsgrundsätze, Mitarbeiterbeurteilungen, Zielvereinbarungen und Anreizsysteme umfasst; als auch das konkrete Führungsverhalten des Vorgesetzten (Wunderer 1996; Büdenbender/Strutz 2005). Darauf, und auf den obigen Ausführungen aufbauend, wird eine eigene Definition von ethikbasierter Führung entwickelt: Ethikbasierte Führung umfasst verschiedene Führungsarten (Arten der Einflussnahme der Organisationsleitung auf die Personen in der Organisation); diese Führungsarten basieren – bewusst oder unbewusst – auf *generellen* und *distinkt-ethischen* Werten und manifestieren sich jeweils in der Organisations*kultur* und teilweise auch in der Organisations*struktur*, zusammengenommen also in der Organisationsmoral.

Eine so definierte ethikbasierte Führung scheint förderlich für das Management der Stakeholder-Beziehungen bzw. kann sogar eine Basis für das Stakeholder-Management in Profit- und Nonprofit-Organisationen darstellen: Nicht nur, weil – wie dargelegt – Anspruchsgruppen zunehmend Führung nach ethischen Werten fordern oder so die *licence to operate und to grow* der NPO erhalten werden kann (Homann/Suchanek 2000), sondern eben auch, da alle Menschen existenziell nach Sinn streben (Frankl 1979) und die philosophisch-ethischen Werte bei der Sinnstiftung eine entscheidende Rolle spielen (Frankl 1979; Rusche 1992) – und somit auch eine ethikbasierte Führung dies tun sollte. Ferner sind die philosophisch-ethischen Werte *per se* ethisch geboten, das heißt sie besitzen einen Eigenwert (Thielemann/Ulrich 2009), weshalb sie es *wert* sind, verwirklicht zu werden – z.B. in der Führung der NPO allgemein und im Stakeholder-Management im besonderen.

3 Welche ethikbasierten Positionen lassen sich unterscheiden?

Es existiert nicht nur die *eine* ethikbasierte Führung, sondern es lassen sich inhaltlich verschiedene ethikbasierten Positionen unterscheiden – eben je nach Philosophie oder Ethik. Wie sehen jedoch die verschiedenen ethikbasierten Führungsarten im organisationalen Alltag aus, und können sie in ihrer Ausprägung gemessen werden?

Verschiedene Autoren sind der Ansicht, dass ein Transfer der philosophisch-ethischen Werte auf das alltägliche Handeln – also auch auf die Führung in Organisationen – schwer möglich ist. Im lebensweltlichen insbesondere im unternehmerischen Kontext werde oft die Praktikabilität der philosophischen Prinzipien in Frage gestellt (Thommen 1990): “They seem […] too general, like high-level major premises […] The magnitude of the ‚gap’ between principle and practice seems overwhelming.” (Goodpaster 1985: 228).

Das vermeintliche praktische Unvermögen sollte jedoch nicht vorgeschützt werden, die von den Philosophien und Ethiken für die Lebenswelt konzipierten Werte nicht auf diese anzuwenden. Gemäß MacIntyre (1995: 41), der feststellt, dass „[...] wir die Forderungen einer Moralphilosophie erst dann restlos verstanden haben, wenn wir dargelegt haben, was ihre soziale Umsetzung wäre", entwickelte die Verfasserin ein eigenes logisch-deduktives Verfahren, um die philosophisch-ethischen Werte (wie z.B. Solidarität) auf die Führung in der Organisation zu transferieren, das heißt auch auf die Organisationskultur und die Organisationsstruktur. Das Verfahren beinhaltet unter anderem ein Literaturreview bisheriger Transferarbeiten, als auch detaillierte Analyse- und Prüfungsschritte (letztere anhand von Lienert/Raatz 1994; ausführlich Westphal 2010).

Das Ergebnis sind sieben Führungsarten basierend auf distinkt-ethischen Werten und vier Führungsarten basierend auf generell-ethischen Werten, deren Teilkonstrukte sich in Faktorenanalysen größtenteils als empirisch-distinkte Konstrukte erwiesen. Abb. 2 und 3 stellen diese übersichtlich dar.

Führungsarten basierend auf distinkt-ethischen Werten		
	**Tugendethik-basierte Führung**	• Wirtschaften für ein „Gutes Leben" • Höflichkeit/Freundlichkeit
	**Christlich-sozialethik-basierte Führung**	• Personalität • Sozialität/Solidarität
	**Pflichtenethik-basierte Führung**	• Kategorischer Imperativ – Vernünftige Selbstbestimmung
	**Zukunftsethik-basierte Führung**	• Nachhaltigkeit • Heuristik der Furcht
	**Diskursethik-basierte Führung**	• Gleichberechtigung der Diskurspartner • Teleologisches Regulativprinzip • Deontologisches Universalisierungsprinzip
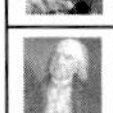	**Utilitarismus-basierte Führung**	• Maximierung des Eigennutzens – gesamtgesellschaftlich • Maximierung des Eigennutzens – unternehmensintern
	**Gerechtigkeitsethik-basierte Führung**	• Maximin-Regel

Abb. 2: Führungsarten basierend auf distinkt-ethischen Werten

Führungsarten basierend auf generellen Werten	
Unterstützungsbasierte Unternehmensführung	• Unterstützung (kulturell) • Unterstützung (strukturell)
Partizipationsbasierte Unternehmensführung	• Partizipation (kulturell) • Partizipation (strukturell)
Autonomiebasierte Unternehmensführung	• Autonomie (kulturell) • Autonomie (strukturell)
Gerechtigkeitsbasierte Unternehmensführung	• Interpersonelle Gerechtigkeit (kulturell) • Interpersonelle Gerechtigkeit (strukturell) • Distributive Gerechtigkeit (kulturell) • Distributive Gerechtigkeit (strukturell)

Abb. 3: Führungsarten basierend auf generellen Werten

4 Ethikbasierte Führung: Wie wirkt sie auf die Stakeholder-Beziehung?

Die Analyse der Wirkung der ethikbasierten Führung – das heißt der einzelnen ethikbasierten Positionen – auf die Stakeholder-Beziehung soll beispielhaft anhand der Stakeholder-Beziehung *Organisationsleitung – Mitarbeiter* vorgenommen werden (ähnlich Zimmer 2010, die die Stakeholder-Gruppe *Mitglieder* fokussiert).

Als Indikator für die Qualität dieser Stakeholder-Beziehung wird das organisationale Commitment herangezogen (ähnlich Zimmer 2010: *Mitgliederbindung*). Organisationales Commitment ist eine Einstellung des Mitarbeiters – in Form einer psychologischen, relativ stabilen Selbstbindung des Mitarbeiters an seine Organisation – welche konsistentes Verhalten des Mitarbeiters zur Folge hat (Meyer et al. 2002). Gemeinhin wird davon ausgegangen, dass dieses für die Effektivität und Effizienz von Organisationen förderlich ist: Empirische Untersuchungen bestätigen, dass organisationales Commitment in signifikant negativer Beziehung zu Kündigungsabsicht und tatsächlicher Kündigung der Mitarbeiter steht (Mathieu/Zajac 1990; Randall 1990; Cohen 1993) und dass eine bestimmte Komponente des organisationalen Commitments, die affektive Komponente (und in etwas geringerem Maße auch die normative Komponente), darüber hinaus mittlere bis starke signifikante positive Korrelationen mit organisationsrelevanten Erfolgsfaktoren wie Arbeitsleistung, innovativen Ideen und *Organizational Citizenship Behavior* der Mitarbeiter aufweist (Meyer et al. 2002; Westphal/Gmür 2009).

Im Folgenden sollen zunächst bisherige theoretische Arbeiten und empirische Studien zum Transfer ethischer Aspekte auf die Organisationsführung und zur Wirkung ethischer Aspekte auf die Stakeholder-Beziehung (hier: das organisationale Commitment der Mitarbeiter) resümiert werden. Anschließend wird auf die Befunde der eigenen empirischen Studie eingegangen.

4.1 Theoretische Arbeiten

Verschiedene Autoren denken in theoretischen Arbeiten einen Transfer ethischer Kerninhalte auf die Organisationsführung an: Rusche (1992, 2002) skizziert anhand von Beispielen, wie sich philosophische Imperative in der Unternehmensführung manifestieren können; der amerikanische Business-Ethiker Solomon (1992, 2004) entwirft einen „Aristotelian Approach to Business"; Krupinski (1992) entwickelt aus den Kerninhalten westlicher Philosophien und Ethiken „Leitideen normativer Führung"; und Klimecki/Gmür (2007) leiten aus philosophisch-ethischen Kerninhalten Implikationen für das normative Personalmanagement ab. Frey et al. (2004) beziehen sich auf „Philosophen der Weltgeschichte", um Menschenbild, Werte und Verhaltensregeln für den unternehmerischen Kontext zu entwickeln. Sie weisen darauf hin, dass es für ihren entwickelten (ethischen) Orientierungsrahmen noch keine ausreichende empirische Unterstützung gibt.

Nur wenige Arbeiten stellen theoretisch einen Bezug zwischen ethischen Aspekten und organisationalem Commitment her. Beispielsweise erörtert Etzioni (1965, 1973), dass eine „normativ-soziale Einbindung" der Mitarbeiter durch die Vorgesetzten bei den Mitarbeitern „ausgeprägtes Commitment" zur Folge hat. Grant et al. (2008) verbinden organisationales Commitment mit einem gesellschaftlichen *„Prosocial-sensemaking Process"*.

4.2 Empirische Studien

Trotz der verstärkten Aufmerksamkeit, die die Themenbereiche ethische Führung und organisationales Commitment in der wissenschaftlichen Forschung erfahren, wurden beide Themenbereiche bisher weitestgehend unabhängig voneinander untersucht: "To date, only a small number of studies have examined the relationship between issues related to ethics and organizational commitment." (Cullen et al. 2003: 127).

Hierzu zählen die Folgenden: Abbot et al. (2005) fanden heraus, dass die Werte Humanität, Vision und Konservatismus positiv mit dem organisationalen Commitment korrelieren, und dass die positiven Korrelationen für eine Wohlfahrtsorganisation noch stärker und signifikanter ausfallen als für ein Kommunikationsunternehmen. Brow et al. (2005) ermittelten für *ethical leadership* eine mittelstark positive Korrelation mit Zufriedenheit mit dem Vorgesetzten (kovariierende Variable des organisationalen Commitments) und mit der Bereitschaft zu zusätzlichem Arbeitseinsatz sowie mit dem Willen, Probleme anzusprechen (potentielle Ergebnisfaktoren des organisationalen Commitments). Erben und Güneser (2008) fanden heraus, dass *ethical climate* stark positiv auf affektives Commitment wirkt. Schminke et al. (2005) stellten fest, dass die Kongruenz zwischen dem *moral development* der Führungskraft und dem *moral devolopment* des Mitarbeiters positiv mit dem organisationalen Commitment und negativ mit Kündigungsabsichten (Ergebnisvariable des organisationalen Commitments) in Beziehung steht. Cullen et al. (2003) ermittelten, dass sich ein ethisches Klima des Wohlwollens positiv auf das organisationale Commitment auswirkt, ein ethisches Klima des Egoismus [hier bleibt zu fragen, inwieweit ein Klima des Egoismus als „ethisch" einzustufen ist] hingegen negativ. Für ein ethisches Klima der Prinzipienorientierung wurde nur für *professionals*, nicht für *non-professionals*, eine positive Beziehung zum organisationalen Commitment ermittelt. Weaver und Trevino (2001) fanden heraus, dass sowohl Ethikprogramme mit *value orientation* als auch mit *compliance orientation* unethisches Verhalten der Mitarbeiter reduzieren; jedoch nur Ethikprogramme mit *value orientation* positiv auf das organisationale Commitment der Mitarbeiter wirken und auf den Willen der Mitarbeiter, Probleme mitzuteilen.

4.3 Eigene empirische Studie zur Wirkung der ethikbasierten Führung auf das organisationale Commitment der Mitarbeiter

Zusammenfassend kann festgehalten werden: Einerseits existierenden theoretischen Arbeiten, die einen Transfer ethischer Kerninhalte auf die Organisationsführung andenken, jedoch keine empirische Überprüfung vornehmen – insbesondere nicht in Zusammenhang zum organisationalen Commitment der Mitarbeiter. Andererseits bestehen empirische Studien, die zwar ethische Aspekte in Bezug auf das organisationale Commitment untersuchen, jedoch nicht auf den philosophisch-ethischen Ursprung ihrer sogenannten «ethischen» Konstrukte eingehen.

Hieraus leitet sich der besondere Forschungsbedarf ab für die eigene systematische Entwicklung der ethikbasierten Führung von ihrem philosophisch-ethischen Ursprung her, die statistische Prüfung der empirischen Distinktheit der ethikbasierten Positionen (siehe bereits Abschnitt 3) und die eigene empirische Studie zur Analyse der Wirkungsbeziehung zwischen den ethikbasierten Positionen und dem organisationalen Commitment der Mitarbeiter.

Im Vorfeld der eigenen Studie wurde eine Metaanalyse zu den Beziehungsvariablen des organisationalen Commitments (1990-2009) durchgeführt (Westphal/ Gmür 2009), welche unter anderem ergab, dass die Mehrzahl der Faktoren, die das organisationale Commitment stark positiv beeinflussen, den *generell-ethischen* Werten Unterstützung, Autonomie, Partizipation und Gerechtigkeit zuzurechnen sind; und dass ein großes Forschungspotential bzgl. *distinkt-ethischer* Faktoren besteht. (Drei besonders stark positiv wirkende Faktoren, die keinen ethischen Bezug aufwiesen, *innovative Kultur*, *charismatische Führung des Unternehmenschefs* und *eigene Kompetenzeinschätzung des Mitarbeiters*, wurden als Kontrollfaktoren für die eigene empirische Studie identifiziert).

Für die Analyse der Wirkungsbeziehung zwischen den ethikbasierten Positionen und dem organisationalen Commitment der Mitarbeiter wurde ein großzahliges, länderübergreifendes Datenset generiert, welches Daten von 23 Unternehmen, die ihren Hauptsitz in Deutschland bzw. der Deutschschweiz haben, umfasste. Insgesamt wurden über 391 Mitarbeiter und 23 Unternehmensverantwortliche befragt. Die quantitativ-statistischen Analysen wurden in Form von verschiedenen Modellen unabhängiger Variablen mit SPSS anhand von Faktorenanalysen, Itemanalysen, Korrelations- und Regressionsanalysen durchgeführt. Abb. 4 veranschaulicht die Modellanalyse inklusive des Commitment-Erklärungsgehalts je Modell.

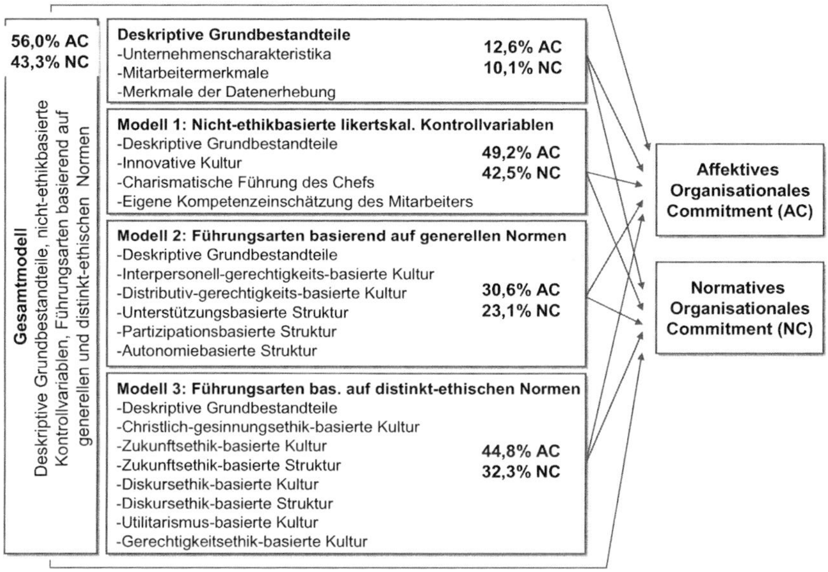

Abb. 4: Modell-Analyse der eigenen empirischen Studie inkl. Commitment-Erklärungsgehalt je Modell

Kernergebnisse der eigenen empirischen Studie sind, dass das Gesamtmodell, welches 25 unabhängige Variablen umfasste, fast 60% der Varianz des organisationalen Commitments erklärt; das Modell der nicht-ethikbasierten Kontrollvariablen ca. 50%; das Modell der Führungsarten basierend auf distinkt-ethischen Werten fast 45%, und das Modell der Führungsarten basierend auf generellen Werten lediglich ca. 30%. Damit erscheint der zusätzliche Erklärungsgehalt der ethikbasierten Führung vorerst gering (7%), ist jedoch nachgewiesen. Außerdem stellt allein das Modell der Führungsarten basierend auf distinkt-ethischen Werten fast eine angemessene *Alternative* zum Modell der nicht-ethikbasierten Kontrollvariablen dar: Es erklärt fast genauso viel Varianz im organisationalen Commitment.

Dass insbesondere die christlich-gesinnungsethik-basierte Kultur und die diskursethik-basierte Kultur positiv auf das organisationale Commitment wirkten, ist neben ihrer inhaltlichen Ausrichtung möglicherweise auch dadurch zu erklären, dass sie den persönlichen Umgang und damit die Person des Mitarbeiters direkter betreffen.

Der Nachweis der positiven Wirkung der Kontrollvariablen *charismatische Führung des Unternehmenschefs* und *eigene Kompetenzeinschätzung* ist eine Reproduktion bisheriger Forschungsbefunde (Kent/Chelladurai 2001; Chen 2004).

Dass über alle Modelle hinweg die kulturellen Ausprägungen der Führungsarten stets stärker positiv auf das organisationale Commitment wirkten als die strukturellen Ausprägungen entspricht theoretischen Annahmen (Witt 1995; Dubs et al. 2004) und kann damit erklärt werden, dass Strukturen Leistungen der Organisation darstellen, die man erhält, ohne notwendigerweise emotional an die Organisation gebunden zu sein, und/oder, die schon als gegeben vorausgesetzt werden.

Korrelationsanalysen nach Datasplit *Region* ergaben, dass nur im norddeutschen und deutschschweizer Datensatz auch die Utilitarismus-basierte Kultur positiv auf das organisationale Commitment wirkte; im süddeutschen Datensatz war dies nicht der Fall. Dort – und nur dort – wirkte hingegen die Gerechtigkeitsethik-basierte Kultur stark positiv auf das organisationale Commitment. Dieser empirische Befund liefert Plausibilität für die theoretische Annahme, dass das ökonomische Erfolgsstreben – da in protestantischen Gesellschaften als moralisch positiv erachtet (Weber 1904/2004) – dort eine positive Wirkung auf das Commitment entfaltet. Dass gerade im süddeutschen Raum stattdessen die Gerechtigkeitsethik-basierte Kultur – also Fragen der sozialen Gerechtigkeit – positiv auf das Commitment wirkte, kann möglicherweise damit erklärt werden, dass süddeutsche Mitarbeiter – geprägt durch die Tradition der katholischen Soziallehre, in der neben Subsidiarität (Hilfe zur Selbsthilfe) auch ausgleichende Gerechtigkeit und Verteilungsgerechtigkeit betont werden – eher unternehmerische Maßnahmen, die auf Unterstützung der sozial relativ Unterpriviligierten beim Einstellungsprozess zielen (Items der Gerechtigkeitsethik-basierten Kultur), positiv einschätzen.

Modellübergreifend wurde festgestellt, dass die Führungsarten basierend auf *distinkt-ethischen* Werten stärker positiv auf die Commitment-Komponenten wirkten und auch mehr von deren Varianz erklärten als die Führungsarten basierend auf *generellen* Werten (und damit der Mehrzahl der bis dato empirisch untersuchten Einflussfaktoren des organisationalen Commitments!). Letztere setzten sich im Gesamtmodell interessanterweise *überhaupt nicht* als signifikante Einflussfaktoren durch. Dieser Befund bedeutet, dass Mitarbeiter anscheinend Führungsarten basierend auf distinkt-ethischen Werten (insbesondere die christlich-pflichtenethik-basierte Kultur und die Diskursethik-basierte Kultur) besonders schätzen und mit höherem Commitment honorieren.

Hieraus, und aus dem Befund, dass distinkt-ethische und generelle Kulturen teilweise recht hoch korrelierten, kann geschlossen werden, dass die verschiedenen Führungsarten nicht in einem *konfliktären*, sondern *komplementären* Verhältnis zu stehen scheinen: Die Verfasserin folgert, dass die Führungsarten basierend auf distinkt-ethischen Werten den *philosophisch-ethischen Ursprung* der Führungsarten basierend auf generellen Werten (und damit der Mehrzahl der bis dato empirisch untersuchten Einflußfaktoren des organisationalen Commitments) darstellen, und dass sie zur *Herkunftsbestimmung* und *Konkretisierung* der Führungsarten basierend auf generellen Werten herangezogen werden können.

5 Handlungsempfehlungen für das Stakeholder-Management in Nonprofit-Organisationen

Für eine gewisse Übertragbarkeit der Befunde auf Nonprofit-Organisationen spricht, dass die Befunde relativ unabhängig zu sein scheinen von Charakteristika, die Profit- von Nonprofit-Organisationen unterscheiden: z.B. Sachziel- vs. Formalziel-Orientierung; vielfältige Mitgliederrollen; Angebot von Kollektivgütern/-leistungen; heterogene Anspruchsgruppen; und heterogene Arbeitskräfte wie Freiwillige, Ehrenamtliche und Mitarbeiter. Jedoch wird gemeinhin angenommen, dass sich Mitarbeiter von Profit- und Nonprofit-Organisationen in ihrer Motivationsstruktur unterscheiden (letztere tendenziell höher intrinsisch motiviert sind). Dies könnte ggfs. dazu führen, dass die ethikbasierten Positionen ggfs. noch stärker positiv auf das organisationale Commitment bei Nonprofit-Mitarbeitern wirken (wie bereits in der Studie von Abbot et al. (2005) ethische Werte stärker positiv auf das organisationale Commitment bei Mitarbeitern einer Wohlfahrtsorganisation wirkten als bei Mitarbeitern eines marktwirtschaftlichen Unternehmens).

Eine Übertragbarkeit der Erkenntnisse über die Stakeholder-Gruppe *Mitarbeiter* hinaus auf weitere Stakeholder-Gruppen, z.B. Nonprofit-Donatoren, Leistungsempfänger oder Kooperationspartner, scheint insofern unproblematisch, da gemäß Frankl (1979) *alle* Menschen nach Sinn – weiterführend: philosophisch-ethischen Werten – streben. Allerdings ist das Instrumentarium der ethikbasierten Führungsarten (ausführlich Westphal 2010) wenn nötig bzgl. des spezifischen Kontextes der jeweiligen Stakeholder-Beziehung anzupassen: Beispielsweise könnte in den Items der Gerechtigkeitsethik-basierten Führung nach John Rawls nicht der Einstellungsprozess von Mitarbeitern, sondern die Auftragsvergabe an Zulieferer fokussiert werden.

Aus den Erkenntnissen der eigenen Studie werden folgende prägnante Handlungsempfehlungen für das Stakeholder-Management in NPOs abgeleitet:

- NPO-Verantwortliche sollten eine christlich-pflichtenethik-basierte Kultur in der Organisation etablieren, das heißt unter anderem den Menschen in den Mittelpunkt des organisationalen Handelns stellen, sich zur Entwicklung der menschlichen Potentiale durch kreative Arbeit verpflichten, und sich nach der Goldenen Regel verhalten. Ferner sollte sie eine Diskursethik-basierte Kultur fördern, das heißt unter anderem freie Meinungsäußerung ohne Nachteile zulassen und das beste Argument entscheiden lassen; sowie eine Zukunftsethik-basierte Kultur, das heißt unter anderem das Thema *Nachhaltigkeit* thematisieren und die sozialen und ökologischen Folgen von Produkten, Verfahren und Technologien vorher abschätzen.
- Ferner sollten sie charismatisch führen, das heißt erreichen, dass die Stakeholder sie als Vorbild sehen, Vertrauen zu ihnen entwickeln, und das Gefühl haben, dass sie sie für die anstehende Arbeit motivieren; und darauf hinwirken, dass sich der einzelne Stakeholder selbst als kompetent einschätzt.
- NPO-Verantwortliche sollten sich mit den Philosophien und Ethiken auseinandersetzen, insbesondere mit den distinkt-ethischen Werten. So können sie selbst beschließen, welche Werte sie in ihrer Organisation schaffen und erhalten wollen.

- Es erscheint förderlich, zunächst die oben genannten *Kulturen* zu fördern. Strukturen können, wenn sie vom Stakeholder als unangemessen oder unfair empfunden werden, u. U. sogar eine negative Wirkung auf das organisationale Commitment entfalten.
- In norddeutschen und deutschschweizer Organisationen können zudem die Utilitarismus-basierte Kultur, das heißt Kosten-Nutzen-Abwägungen vor Entscheidungsfindungen, gefördert werden; in süddeutschen Organisationen empfiehlt sich die Förderung der Gerechtigkeitsethik-basierten Kultur, das heißt der bevorzugten Einstellung von Benachteiligten, wenn diese sonst gleiche Qualifikationen aufweisen.
- Um Kulturen und Strukturen erfolgreich zu etablieren, wird den NPO-Verantwortlichen empfohlen, diese nicht nur zu proklamieren, sondern auch tatsächlich *einheitlich (vor) zu leben*. So werden menschliche Sehnsüchte nach klaren Grundwerten und Verhaltensrichtlinien erfüllt; die Orientierung an bestimmten Sollwerten gibt Handlungssicherheit; und man setzt hohe Standards des zwischenmenschlichen Umgangs, die positiv für sämtliche Stakeholder und die Gesellschaft insgesamt sind (Frey et al. 2004).
- Ferner sollte darauf geachtet werden, dass die Kulturen und Strukturen in der Organisation *nicht widersprüchlich* sind (Wieland 1999).
- Höchstwahrscheinlich merken Stakeholder sehr wohl, ob ethische Werte (z.B. die Werte der christlichen Sozialethik und der Pflichtenethik Immanuel Kants) nur des Profits willen eingesetzt werden, oder ob die NPO-Leitung wirklich dahintersteht und auch den *Eigenwert* der philosophisch-ethischen Werte schätzt.

Die Verfasserin plädiert für eine ganzheitliche Sicht des Stakeholder-Managements: ein Stakeholder-Management, das sowohl erfolgsstrategische Aspekte als auch normative Aspekte – das heißt die Sinnstiftung in Form der philosophisch-ethischen Werte – berücksichtigt.

Die ethikbasierte Führung kann als Basis eines Stakeholder-Managements verstanden werden, nicht nur, weil sich durch sie erwiesenermaßen das organisationale Commitment erhöhen und somit die Stakeholder-Beziehung und damit der Organisationserfolg positiv beeinflussen lässt, sondern insbesondere aufgrund des *Eigenwertes* der philosophisch-ethischen Werte und ihrer Bedeutung für die

Sinnstiftung. NPO-Verantwortliche können mithilfe der ethikbasierten Führung kreative Lösungen zur Überwindung von Sachzwängen entwickeln und gleichzeitig ihre eigene ethische Reflexion und die ihrer Stakeholder fördern.

Literatur

Abbot, Geoffrey N./White, Fiona A./Charles, Margaret A. (2005): Linking Values and Organizational Commitment. A Correlational and Experimental Investigation in two Organizations. In: Journal of Occupational and Organizational Psychology, 78 (4), S. 531-551.

Brown, Michael E./Trevino, Linda. K./Harrison, David A. (2005): Ethical Leadership. A Social Learning Perspective for Construct Development and Testing. In: Organizational Behaviour and Human Decision Process, 97 (2), S. 117-134.

Büdenbender, Ulrich/Strutz, Hans (2005): Gabler Kompakt-Lexikon Personal. Wiesbaden.

Bürgisser, Sarah/Helmig, Bernd (2009): Interessenskonflikte zwischen Ehrenamt und Hauptamt. In: Verbands-Management, 2/2008, S. 36-45.

Chen, Li Yueh (2004): Examining the Effect of Organization Culture and Leadership Behaviors on Organizational Commitment, Job Satisfaction, and Job Performance at Small and Middle-sized Firms of Taiwan. In: Journal of the American Academy of Business, 5 (1/2), S. 432-438.

Cohen, Aaron (1993): Organizational Commitment and Turnover. A Meta-Analysis. In: Academy of Management Journal, 36 (5), S. 1140-1157.

Cornforth, Chris (Hrsg.) (2003): The Governance of Public and Non-Profit Organisations. What do Boards do? London, New York.

Cullen, John B./Parboteeah, K. Parveen/Victor, Bart (2003): The Effects of Ethical Climates on Organizational Commitment: A Two-Study Analysis. In: Journal of Business Ethics, 46 (2), S. 127-141.

Dubs, Rolf/Euler, Dieter/Rüegg-Stürm, Johannes/Wyss, Christina (Hrsg.) (2004): Einführung in die Managementlehre, Bd. 1. Bern.

Erben, Gül Selin/Güneşer, Ayşe Begüm (2008): The Relationship Between Paternalistic Leadership and Organizational Commitment. Investigating the Role of Climate Regarding Ethics. In: Journal of Business Ethics, 82 (4), S. 955-968.

Etzioni, Amitai (1965): A Comparative Analysis of Complex Organizations: On Power, Involvement, and their Correlates. New York.

Etzioni, Amitai (1973): Soziologie der Organisation. München.

Frankl, Viktor E. (1979): Der Mensch vor der Frage nach dem Sinn. München.

Frey, Dieter/Kerschreiter, Rudolf/Winkler, Martin/Gaska, Anne (2004): Wieviel Moral braucht der Mensch? Die Bedeutung von Werten und ethischen Prinzipien bei der Führung von Mitarbeitern. In: Werte im Unternehmens-Alltag erkennen und gestalten, hrsg. v. Hanswalter Bohlander und Martin Büscher, München, o. S.

Goodpaster, Kenneth E. (1985): Business Ethics, Ideology, and the Naturalistic Fallacy. In: Journal of Business Ethics, 4 (4), S. 227-232.

Grant, Adam M./Dutton, Jane E./Rosso, Brent D. (2008): Giving Commitment. Employee Support Programs and the Prosocial Sensemaking Process. In: Academy of Management Journal, 51 (5), S. 898-918.

Habermas, Jürgen (1981): Theorie kommunikativen Handelns, Bd. 2. Frankfurt a. Main.

Hengsbach, Friedrich (1998): Globalisierung aus wirtschaftsethischer Perspektive. 4. Aufl., Heidelberg.

Homann, Karl/Suchanek, Andreas (2000): Ökonomik. Eine Einführung. Tübingen.

Horak, Christian (1995): Stakeholder-Management für Nonprofit-Organisationen. In: Verbands-Management, 3/1995, S. 16-26.

Keating, Elizabeth K./Frumkin, Peter (2003): Reengineering Nonprofit Financial Accountability: Toward a More Reliable Foundation for Regulation. In: Public Administration Review, 63 (1), S. 3-15.

Jonas, Hans (1988): Das Prinzip Verantwortung. 8. Aufl., Frankfurt a. Main.

Kent, Aubrey/Chelladurai, Packianathan (2001): Perceived Transformational Leadership, Organizational Commitment, and Citizenship Behavior: A Case Study in Intercollegiate Athletics. In: Journal of Sport Management, 15, S. 135-159.

Klimecki, Rüdiger/Gmür, Markus (2007): Personalmanagement: Strategien, Erfolgsbeiträge, Entwicklungsperspektiven. 3. Aufl., Stuttgart.

Kohlberg, Lawrence (1981): Essays on Moral Development, 1. The Philosophy of Moral Development. San Francisco.

Krupinski, Guido (1992): Führungsethik für die Wirtschaftspraxis Grundlagen – Konzepte – Umsetzung. Wiesbaden.

Küng, Hans (1997): Weltethos für Weltpolitik und Weltwirtschaft. München.

Lienert, Gustav A./Raatz, Ulrich (1994): Testaufbau und Testanalyse. 5. Aufl., Weinheim.

MacIntyre, Alasdair (1995): Der Verlust der Tugend. Zur moralischen Krise der Gegenwart. Frankfurt a. Main.

Mathieu, John E./ Zajac, Dennis M. (1990): A Review and Meta-Analysis of the Antecedents, Correlates, and Consequences of Organizational Commitment. In: Psychological Bulletin, 108 (2), S. 171-194.

Matthies, Hildegard (1999): Diskurs im Betrieb. Möglichkeiten und Grenzen einer konsensorientierten Gestaltung des Arbeitsverhältnisses. Opladen.

Meyer, John P./Stanley, David J./Herscovitch, Lynne/Topolnytsky, Laryssa (2002): Affective, Continuance and Normative Commitment to thc Organization. A Meta-analysis of Antecedents, Correlates, and Consequences. In: Journal of Vocational Behaviour, 61 (1), S. 20-52.

Moser, Klaus (1996): Commitment in Organisationen. Bern.

Neuberger, Oswald (2002): Führen und führen lassen. 6. Aufl., Stuttgart.

Proeller, Isabella/Siebart, Patricia/Polzer, Tobias (2008): Corporate Governance von NPOs. In: Steuerung und Kontrolle in Nonprofit Organisationen, hrsg. v. Reinbert Schauer et al., Linz, S. 253-268.

Purtschert, Robert (1995): Stakeholder-Management im Freiburger Management-Modell für Nonprofit-Organisationen (NPO). In: Verbands-Management 3/1995, S. 27-30.

Randall, Donna M. (1990): The Consequences of Organizational Commitment. Methodological Investigation. In: Journal of Organizational Behaviour, 11 (5), S. 361-378.

Rusche, Thomas (1992): Philosophische versus ökonomische Imperative einer Unternehmensethik. Münster.

Rusche, Thomas (2002): Aspekte einer Dialogbezogenen Unternehmensethik . Dialogbezogene Begründung – Christliche Motivation – Verantwortungsvernünftige Praxis. Münster.

Rusche, Thomas (2004): Ethik und Wirtschaft im Dialog. Die Spannung von Moralität und Rentabilität in der kommunikativen Unternehmensethik. In: Ethik im Management. Ethik und Erfolg verbünden sich, hrsg. v. Hans Ruh und Klaus M. Leisinger, Zürich, S. 43-58.

Schauer, Reinbert/Helmig, Bernd/Purtschert, Robert/Witt, Dieter (Hrsg.) (2008): Steuerung und Kontrolle in Nonprofit Organisationen. Linz.

Schminke, Marshall/Ambrose, Maureen L./Neubaum, Donald O. (2005): The Effect of Leader Moral Development on Ethical Climate and Employee Attitudes. In: Organizational Behavior and Human Decision Processes, 97 (2), S. 135-151.

Schwarz Peter (2006): Management-Prozesse und -Systeme in Nonprofit-Organisationen. Entscheidung, Steuerung / Planung, Kontrolle. Bern.

Schwarz, Peter/Purtschert, Robert/Giroud, Charles/Schauer, Reinbert (2009): Das Freiburger Management-Modell für Nonprofit-Organisationen. 6. Aufl., Bern.

Solomon, Robert C. (1992): Corporate Roles, Personal Virtues: An Aristotelian Approach to Business Ethics. In: Business Ethics Quarterly, 2 (3), S. 317-339.

Solomon, Robert C. (2004): Aristotle, Ethics and Business Organizations. In: Organization Studies, 25 (6), S. 1021-1043.

Stötzer, Sandra (2009): Stakeholder Performance Reporting von Nonprofit-Organisationen. Wiesbaden.

Thielemann, Ulrich/Ulrich, Peter (2009): Standards guter Unternehmensführung: Zwölf internationale Initiativen und ihr normativer Orientierungsgehalt. Bern.

Thommen, Jean-Paul (1990): Glaubwürdigkeit als Grundlage des Strategischen Managements. In: Gesellschaftsbewusste Unternehmenspolitik – „Societal Strategy“, hrsg. v. Edwin Rühli und Jan Krulis-Randa, Bern, S. 121-149.

Ulrich, Peter (1999): Führungsethik. In: Handbuch der Wirtschaftsethik, Bd. 4, hrsg. v. Wilhelm Korff, Gütersloh, S. 230-247.

von Schnurbein, Georg (2008): Nonprofit Governance in Verbänden: Theorie und Umsetzung am Beispiel von Schweizer Wirtschaftsverbänden. Bern.

Weaver, Gary R./Trevino, Linda K. (2001): Outcomes of Organizational Ethics Programs. Influences of Perceived Values, Compliance, and Distrust Orientations. In: Academy of Management Proceedings, SIM, B1-B6.

Weber, Max (1904/2004): Die Protestantische Ethik und der Geist des Kapitalismus. München.

Weibler, Jürgen (1996): Führungslehre – Ursachensuche für die Heterogenität einer Disziplin. In: Grundlagen der Personalwirtschaft. Theorien und Konzepte, hrsg. v. Wolfgang Weber, Wiesbaden, S. 185-221.

Westphal, Ariane (2010): Ethikbasierte Unternehmensführung und ihre Wirkung auf das Organisationale Commitment der Mitarbeiter. Diss. European Business School.

Westphal, Ariane/Gmür, Markus (2009): Organisationales Commitment und seine Einflußfaktoren: Eine qualitative Metaanalyse. In: Journal für Betriebswirtschaft, 59 (4), S. 201-230.

Wieland, Josef (1999): Ethik der Governance. Marburg.

Witt, Frank H. (1995): Theorietraditionen der betriebswirtschaftlichen Forschung. Wiesbaden.

Wunderer, Rolf (1996): Führungstheorien. In: Grundlagen der Personalwirtschaft. Theorien und Konzepte, hrsg. v. Wolfgang Weber, Wiesbaden, S. 139-183.

Zimmer, Annette (2010): Von „Ekel Alfred“ zu „Multikulti“: Mitgliederbindung als Stakeholder-Management (in diesem Band).

Ethisch-strategische Abwägungskompetenz im professionellen Management zur Bewältigung konfligierender Stakeholder-Ansprüche

Andreas Langer, Hamburg

1 Einleitung

Trägerorganisationen und Einrichtungen Sozialer Dienste gehören zum Kernbestand der Nonprofit-Organisationen im deutschsprachigen Bereich. Im mittlerweile privatisierten, deregulierten, durch die Einführung von marktbezogenen Steuerungselementen und die weitgehende Abschaffung des Kostendeckungsprinzip im Korporatismus sind Trägerkonstellationen entstanden, die durch eine hohe Heterogenität und Komplexität gekennzeichnet sind. Um die spezifischen Stakeholder-Konstellationen zu bestimmen, müssen also lokale Governance-Analysen durchgeführt werden, um empirisch belastbar genauer zu bestimmen, welcher Stakeholder über die Klientengruppen hinaus für die Entwicklung und die Steuerung von Nonprofit-Organisationen als relevant gelten können.

Stakeholder-Management als eine singuläre Kernkompetenz von NPO kann also nicht nur auf der Ebene eines Vorstandsmanagements in den Dachorganisationen – wie z.B. in Wohlfahrtsorganisationen – betrachtet werden, sondern muss auch auf der Ebene des mittleren Managements untersucht werden. Denn genau hier werden die regionalen und lokalen Konstellationen entscheidender Stakeholder steuerungswirksam, die folgend als offene Liste aufgezählt werden:

- Anzahl und Problemstellungen bestimmter Klientengruppen und deren Bezugspersonen in spezifischen Sozialräumen
- Organisation und Akteure der öffentlichen Träger als Leistungsfinanziers,

zentrale Akteure im Hilfesteuerungsgeschehen und Auftragsvergebende an die Dienstleistungserbringer
- Die spezifische Trägerkonstellation und regionale Aufteilung der leistungserbringenden freien, privaten oder gewerblichen Träger und Einrichtungen
- Das Netzwerk der interessenbezogener Gruppierungen und Einzelpersonen
- Das erweiterte Netzwerk sozialräumlich relevanter Institutionen
- Die spezifische kommunalpolitische Konstellation von Akteuren und Gruppierungen
- Die zivilgesellschaftlichen Akteure
- Die relevanten Akteurgruppen in der Einbettung der Leistungsorganisation in der Dachorganisation
- Die stark ausdifferenzierte Personalkonstellation in der Leistungsorganisation usw.

Betrachtet man nun das ‚Sozial'-Management (die Planung, Organisation und Kontrolle der Erbringung sozialer Dienstleistungen als eine Spielart des NPO-Management) vor dem Hintergrund dieser Stakeholder-Konstellationen so wird deutlich, dass einerseits die Gruppe des mittleren Managements (Führungskräfte auf der Ebene einer Einrichtungs-/Dienststellenleitung sowie Bereichs-/Abteilungsleitung) im Zentrum der Aufmerksamkeit stehen müssten, wenn es um die Kernkompetenz des Stakeholder-Managements gehen sollte. Andererseits ist jedoch festzustellen, dass eben diese Akteurgruppe bislang kaum zum Gegenstand empirischer Forschung gemacht worden ist.

Im Folgenden soll die These vertreten werden, dass Stakeholder-Management in NPO nicht nur Wertemanagement ist, sondern grundsätzlich in der Abwägung konfligierender Interessen, Ansprüche oder Zwecksetzungen besteht. Diese These soll in vier Schritten expliziert werden: Einerseits ist der grundlegende Wertbezug von NPO darzulegen (2), bevor im Begriff der Ökonomisierung wesentliche Veränderungen in den Rahmenbedingungen sozialer Dienstleistungsunternehmen aufgenommen werden (3). Erst von hier werden die Anlässe ethischer Abwägungskompetenz deutlich (4), zu denen NPO-Management Lösungsperspektiven bereitstehen (5).

2 Ethik und Wertorientierung in NPO

Zur Erklärung von Nonprofit-Organisationen sollte auch eine historisch-genetische Theorie angesetzt werden, eine rein funktionalistische Erklärung von NPO genüge nicht. Zu diesem Ergebnis kommt Finis-Siegler (2001) mit Schulz-Nieswandt (1993) vor dem Hintergrund der Auseinandersetzung um Effizienzorientierungen und Transaktionskostenanalyse für NPO. „Die Wahl einer institutionellen Struktur folgt aber nicht nur ökonomischen Effizienzüberlegungen, sondern bringt auch Wertentscheidungen zum Ausdruck" (Finis-Siegler 2001). „So betrachtet sind NPOs kollektive Antworten auf soziale Probleme, deren konkrete Ausgestaltung sowohl von den historisch jeweils gegebenen Rahmenbedingungen abhängt als auch von den gemeinsam geteilten Überzeugungen der Akteure" (Finis-Siegler 2001: 26). Zur Erklärung der Genese und Entwicklung sind demnach ökonomische, politische, soziale und kulturelle Hintergründe der Entstehung von NPO sowie ihre „internen und externen Entwicklungsbedingungen" (Finis-Siegler 2001: 26) zu integrieren.

Als Konsequenz dieser Feststellung müssen zum Verstehen und zur Erklärung von NPO im sozialen Dienstleistungssektor also auch Konzepte der Verwaltungsmodernisierung, des Sozialmanagements herangezogen werden, aber es muss auch eine außerordentlich komplexe und heterogene institutionelle Struktur von Nonprofit-Unternehmen und deren Rahmenbedingungen berücksichtigen werden. Denn Verwaltungsmodernisierung greift vor allem im Sektor sozialer Dienstleistungen nicht nur in innerbetriebliche Organisationsabläufe (im öffentlichen Träger) ein: „Für den Sozialbereich erfolgt die Aufgabenerfüllung jedoch nicht allein durch die Verwaltung, sondern im Zusammenspiel von Verwaltung und freien Trägern, also in einer von Trägerpluralität gekennzeichneten Struktur, innerhalb derer die nicht-behördlichen Träger mit einem durch Sozialgesetze legitimierten Status („Trägerautonomie") agieren können." (Merchel 1996).

Unter Entwicklungsbedingungen der NPO im Sozialbereich werden derzeit Steuerungsinstrumente diskutiert, die einen Rahmen darstellen, „der zu einer Freisetzung von Effizienzpotentialen führen kann und soll. Eine nennenswerte Effizienzsteigerung wird jedoch nur dann eintreten, wenn für den einzelnen Betrieb hinreichend Druck besteht, effizient zu handeln" (Kulosa 2003). Verfolgt man diese Sichtweise, dann müssen NPO im System der Erstellung sozialer Dienstleistungen aktuell vor dem Hintergrund wesentlicher politischer Entscheidungen betrachtet werden. Dies lässt sich hervorragend an der Kinder- und Jugendhilfe nachvollziehen (Bahle 2007; Langer 2007). Sie kann als ein Modellbereich der Umstrukturierung des bundesdeutschen Wohlfahrtsregimes betrachtet werden, mit ihren Etappen der Fürsorgeorientierung, bundesweiten Standardisierung durch die Einführung eines separaten Sozialgesetzes (des SGB VIII (KJHG)), Implementierung der Modelle der Neuen Steuerung sowie der Herauslösung aus dem Korporatismus hin zu Trägerpluralität, Privatisierung, Wettbewerbs- und Effizienzorientierung und zur wesentlichen Veränderung der Finanzierungssysteme (vom Kostendeckungsprinzip bis hin zur Leistungsfinanzierung). Die Kinder- und Jugendhilfe kann als Vorreiter von Entwicklungen verstanden werden, die mittlerweile, teils in radikalerer Form, auch in der Behindertenhilfe oder Sozialpsychatrie vollzogen werden (hier z.B. das Modell des persönlichen Budgets oder die gemeinwesenbezogenen Ansätze der Sozialpsychiatrie).

3 Ökonomisierung

Ökonomisierung stellt einen zentralen Begriff dar, unter dem veränderte Stakeholder-Ansprüche einer bestimmten Qualität subsumiert werden können. Gleichzeitig ist Ökonomisierung ein schillernder Begriff, der außerordentlich unterschiedliche definiert wird. Im Folgenden schlüssele ich einige Stakeholder-Ansprüche unter dem Begriff der Ökonomisierung auf:

- Ökonomisierung kann als ein Phänomen gesellschaftlichen Wandels begriffen werden. Vor diesem Hintergrund definieren Uwe Schimank und Ute Volkmann (2006: 1): „Ökonomisierung bezeichnet einen Vorgang, durch den Strukturen, Prozesse, Orientierungen und Effekte, die man gemeinhin mit einer modernen kapitalistischen Wirtschaft verbindet, gesellschaftlich wirkmächtiger werden.“ Die beiden Soziologen analysieren unter diesem Begriff Phänomene, die Habermas mit der ‚Kolonialisierung der Lebenswelt’ bezeichnet.
- Besonders im Zuge politischer Reformansätze muss Ökonomisierung mit Sparprogramm gleichgesetzt werden. So verortet Franz Müntefering die Reform der Behindertenpolitik unter dem Stichwort Ambulantisierung als das

Potential, um den Ausgabensteigerungen in der Eingliederungshilfe zu begegnen, die „die Finanzkraft der Länder und Kommunen übersteigen werden" (Aussage im Rahmen der Diskussion um ein Bundesteilhabegeld in der Großen Koalition).

- Unter Ökonomisierung wird auch der vielgestaltige Umbau der Wohlfahrtspflege zusammengefasst. Michael Buestrich et al. (2008) sagen dazu: „Das Verhältnis von öffentlicher und freier Wohlfahrtspflege hat sich durch die sog. Effizienzpolitik, d.h. die Ökonomisierungstrends im sozialen Dienstleistungssektor, grundlegend gewandelt. Aus der partnerschaftlichen Zusammenarbeit auf Augenhöhe (Korporatismus ...) hat sich eine Auftraggeber/Auftragnehmer-Beziehung entwickelt." Ökonomisierung bedeutet hier also Privatisierung, Pluralisisierung, Postkorporatismus, kurz gesagt neue Steuerung, die sich an Effizienz und Effektivität orientiert, an der Kritik an Organisations- und Angebotsformen, an Qualität und Wirkung sozialer Arbeit, der Kostenentwicklung usw.
- Aus Sicht der Akteure, die eine betriebswirtschaftliche Aufrüstung in der sozialen Arbeit für nötig halten, bedeutet Ökonomisierung die Einführung und Durchsetzung betriebswirtschaftlicher Unternehmensführung: „Das System sozialer Arbeit leidet jedoch trotz dieser Prozesse nicht unter einer „Ökonomisierung", sondern unter Ökonomiedefiziten. Erst wenn die wirtschaftlichen Instrumente zum routinisierten Standardrepertoire gehören, wenn die wirtschaftlichen Konsequenzen von Entscheidungen transparent sind, lässt sich die Ökonomie relativieren. Erst wenn die ökonomischen Instrumente zu Hilfeinstrumenten in der fachlichen Entscheidungslogik der sozialen Arbeit regrediert werden, wird der Primat der Logik sozialer Hilfe dominieren können." (Halfar 1999: 29). Instrumente dieses Ansatzes sind dann auch die Abschaffung des Kostendeckungsprinzips und die potenzielle Insolvenzgefahr der Unternehmen, kaufmännische Buchführung, betriebswirtschaftliche Elemente der Unternehmensführung und die Professionalisierung des Managements.

Es müsste deutlich geworden sein, dass Ökonomisierung einen stark normativen Gehalt mittransportiert, mit dem kausale Attribuierungen und Wandlungspotentiale externalisiert werden. Aus diesem Grund soll im Weiteren unter Ökonomisierung ein eher wertbefreites Phänomen des übergreifenden Bedeutungszuwachses ökonomischer Rationalität, des Steuerungsmediums Geld sowie der Wertgrundlagen kapitalistischer Gesellschaftsformen verstanden werden.

4 Anlässe zu ethisch strategischer Reflexion im NPO-Management – Wertkonflikte und Steuerungsparadoxien

Ethische Reflexion in sozialen Unternehmen wird als „normatives Management“ zumeist auf der Ebene des Vorstandshandelns verortet und bedient sich Instrumenten der Vision, Mission, Leitbildentwicklung bis zur Entwicklung und Implementierung ethischer Codizes.

Unter dem Fokus des Stakeholder-Managements soll vor allem das ethisches Management als Abwägungskompetenz in dilemmatischen Entscheidungssituationen zur Diskussion gestellt werden. Im Führungshandeln der Sozialmanager werden (neue) Dilemmata sichtbar, die für die betreffenden Akteure unvermeidbar und unauflöslich sind, die jedoch im Handeln bearbeitet werden müssen. Die Entscheidungsfindung der Managementakteure referiert jeweils auf mehr als einen Orientierungsrahmen und damit auch auf sich ergänzende oder auch sich widersprechende Zielvorstellungen.

4.1 Widersprüchliche Stakeholder-Interessen in wesentlichen Handlungskontexten

Ein NPO-Management im Bereich sozialer Dienste ist herausgefordert, in einer ständigen Abwägung unterschiedlicher Handlungslogiken in sieben wesentlichen ‚Managementarenen’ zu entscheiden. Zu diesem Ergebnis kommt das Projekt „Professionelles Sozialmanagement zwischen Akademisierung und diakonischer Identität“, welches unter professionstheoretischen Vorannahmen von April 2007 bis September 2009 durchgeführt wurde und eine qualitative Datengrundlage teilnehmender Beobachtung und narrativer Interviews des ‚mittleren’ Managements (Führungsebene 2 und 3; Dienststellenleitungen, Bereichsleitungen) bereitstellt. Für die Führungspersonen auf der genannten Ebene zeichnet sich konkret ein Kompetenzprofil ab, welches auf Interaktionen in spezifischen Stakeholder-Konstellationen referiert:

- Leitung einer Dienstleistungs- und Kommunikationsorganisation,
- Führung und Organisation von Professionalität als personelle Ressource,

- Umsetzung spezifischen (methodischen und konzeptionellen) Fachwissens in Beratungs-, Supervisions- bis Interventionskontexten,
- Sozial-, Leistungs- und Hilfeplanung,
- Politischen Handeln als lokale Governance-Gestaltung,
- Kontextualisierung der Finanzierung sowie
- Steuerung / Kontrolle im Kontext von operationalisierten Managementinstrumenten

Aufgrund der Kürze der Darstellung soll hier nicht auf die einzelnen idealtypisch systematisierten ‚Managementarenen' eingegangen werden. Es wird aber deutlich, dass die jeweiligen Handlungskontexte dadurch zu differenzieren sind, dass sie jeweils durch einen je eigenen Stakeholder-Bezug auch je unterschiedliche Zwecksetzung und Wertvorstellungen implizieren.

Exemplarisch soll hier ein Dilemma angeführt werden, welches sich in der Abwägung zwischen ökonomischen und fachlichen Kriterien abspielt. Sichtbar werden diese Dilemmata beispielsweise dort, wo eine Abteilung / ein Bereich fachlich hervorragende Leistung erbringt (Umsetzung von Fachlichkeit), jedoch ökonomisch vor dem Hintergrund gesetzlicher Rahmenbedingungen, von Leistungsverträgen und Klientenkonstellationen kaum in die ‚Gewinnzone' kommen kann (solange auch alle Abschreibungen und Investitionskosten zugeordnet werden) (Finanzierung). In einem Mitarbeiterjahresgespräch war die Führungskraft zu einer paradoxen Botschaft gezwungen: Zum einen konnte sie ihrer Mitarbeiterin sagen, dass sie alles ‚richtig' gemacht hat und fachlich wie ökonomisch hervorragend und ressourcenschonend gearbeitet hat. Gleichzeitig musste sie sie damit konfrontieren, dass der Bereich nicht rentabel arbeitet, weil aus unterschiedlich anzunehmenden Gründen kaum ‚auskömmlich' gewirtschaftet werden kann. Die ökonomische Situation muss aber verbessert werden, sonst drohen aus dem Gleichbehandlungsgrundsatz Personaleinsparungen, denn die Ausstattung mit Personal richtet sich – nach dem etablierten Führungsstil – nach der wirtschaftlichen Lage (Personalmanagement). Der Geschäftszweig soll aber ebenso auch aus strategischen Gründen nicht aufgegeben werden (Organisationsmanagement). Die Paradoxie der Situation wird in der Gegensätzlichkeit der Botschaften deutlich. Eine scheinbare Lösung des genannten Dilemmas könnte darin bestehen, das ökonomische Kriterium weniger schwach zu gewichten bzw. nicht heranzuziehen. Dies verbietet sich jedoch, weil es um ein internes Verteilungsproblem geht, die Umverteilung aus einem anderen Bereich würde dort ebenso neue Knappheitssituationen schaffen und unterläge dem identischen Legitimationsproblem.

Die ‚neuen' Dilemmasituationen des NPO-Managements lassen sich vor dem Hintergrund sich widersprechender Wert- und Zwecksetzungen der sieben ‚Managementarenen' dekonstruieren und analysieren.

4.2 Managementparadoxien ökonomisierter Handlungsbedingungen

Im Zuge dieser Transformation hat das Steuerungsmedium Geld einen Bedeutungszuwachs erlangt. Ökonomischer Druck – oder ökonomisch gesprochen spezifische Anreizsetzungen und Sanktionen – hat jedoch nicht nur die gewünschten Verhaltensweisen und Effekte zur Folge. Den Anreiz- und Sanktionssystemen ist auch eine ‚Anreizmoral' inhärent, die nicht selten zu unintendierten Nebeneffekten – zu Fehlern und Effizienzverlusten – führt. Über die institutionelle Seite der Dilemmata, Fehler und Paradoxien wurde bislang im Kontext sozialer Institutionen nur wenig geforscht, obwohl bereits Ergebnisse aus der ökonomischen Theorie in die Soziologie und Politikwissenschaften eingeflossen sind (Putnam 1993). Jede Art der Steuerung erscheint demnach, sei sie ökonomisch orientiert oder traditionell hierarchisch-administratorisch, als der Gefährdung ausgesetzt, negative Anreizwirkungen der eigenen Instrumente zu implizieren. Exemplarisch sollen hier einige Steuerungsparadoxien auf der Ebene der NutzerInnen sozialer Dienstleistungen genannt werden.

4.2.1 Opportunismus I: der schicke Patient

Verschickende Dienstleistungserbringung: Risikoselektion

Was auch schon in den siebziger Jahren zu beobachten war, die ‚Verschickung' von Leistungsempfängern aus finanzschwachen ländlichen Gegenden in leistungsstarke Stadtkommunen, taucht nun wieder unter anderen Vorzeichen auf: Verteilungspraxis von Klienten unter eingeschränkten Ressourcen. Dies wird gestützt durch die Monopolstellung großer Institutionen und Weitergabe schwerer Fälle unter unzureichenden Fallstunden an Sekundäranbieter. Auch wenn der

Versorgungsauftrag der Dienstleister „eine konsequente Risikoselektion nicht zulässt, so ist doch spürbar, dass man – aus betriebswirtschaftlichen Gründen sofort nachvollziehbar – die ‚schicken' Patienten (gute Risiken) ins eigene Haus bekommen, die Aufnahme ‚unschicker' Patienten (schlechte Risiken) dagegen minimieren möchte" (Kretschmer/Nass 2005: 255). Unter Rationalitätszwang besteht ein hoher Anreiz zum Opportunismus in Form der Weitergabe hoher Risiken.

Creaming up (auch cream-skimming)

Eine Art der verdienstlichten Variante des Subsidiaritätsprinzips stellen negative Auswahleffekte über die Zahlungsbereitschaft dar. Erweitert in die Ressourcensemantik bedeutet dies, dass eine Auslese der „Kunden" nach vorrechtlichen Kriterien erfolgt, es gibt eine „Spaltung der Gruppe der Kunden" (Herrmann 2002: 23). Profiling-Maßnahmen innerhalb Hartz IV (JobCenter für U25) müssen in ihrer stigmatisierenden Wirkung betrachtet werden. Wer sich nicht ausreichend darstellen kann, dem stehen bestimmte Leistungen nicht zur Verfügung (Liga 2005). „Weiterhin wird zunehmend zwischen ‚Kunden' unterschieden. Attraktive, die ihr Geld einbringen, und die übrigen: eine Strategie des ‚creaming-up' schafft sich Raum" (Rose 2003: 8). *Creaming up* kann aber auch bedeuten, dass bestimmte Kundengruppen sich aufgrund von Erfahrung durchsetzen können, sich also verstärkt in Leistungen einkaufen. „Der Wunschklient weist Eigenschaften auf: Hilfeberechtigung, Hilfebedürftigkeit und die Bereitschaft des aktiven Mit-Tuns" (Rose 2003: 9). Es bildet sich so eine Leistungsempfängerelite heraus.

4.2.2 Opportunismus II: Leistungen strategisch interpretieren

Die ‚schicke' Leistung

Ein typischer Effekt der Fallpauschalisierung stellen Uminterpretationen dar. Dienstleistungsakteure sehen sich gezwungen, den individuellen Fall in vordefinierte Leistungsangebote zu zwängen und auf der anderen Seite ihre Leistungen interpretationsfähig gegenüber der Organisation darzustellen. Es werden tendenziell mehr Leistungen dargestellt als tatsächlich erbracht worden sind. Typisch für die stationäre Unterbringung im Rahmen der Hilfen zur Erziehung ist dabei die Belegungspraxis von Gruppen unter fallbezogener Finanzierung. Die oberste Priorität zur Belegung bzw. Entlassung von Adressaten scheint nicht mehr der persönliche Bedarf zu sein, sondern die Auslastung freier Kapazitäten. Entlassen wird also nur, wenn der freiwerdende Platz wieder besetzt werden kann. Aufgrund hoher Vorhaltekosten besteht ein ständiger Anreiz, Betreuungsgruppen voll besetzt zu halten.

Implizites Streamlining: Priorisierung der Leistungen nach Finanzierbarkeit

Ein weiteres Problem differenzierter Standardisierungen besteht darin, dass kaum das gesamte Leistungsspektrum personenbezogener Dienstleistungen erfasst werden kann. Im Rahmen des KJHG besteht durchaus der Anreiz, bestimmte „Leistungen mit zusätzlicher Priorität zu versehen" (Merchel 1996: 302). Demgegenüber besteht der Anreiz, solche Dienstleistungen, die nicht so eindeutig als „Produkte" definiert werden können oder eine geringere Kosten-Nutzen-Relation versprechen, aus dem Leistungsportfolio zu streichen. Für den Bereich der freien Wohlfahrtspflege ergibt sich hier der implizite ‚streamlining'-Effekt, unter dem z.B. „die Mitwirkung in der kommunalen Sozialpolitik, die Förderung von Selbsthilfe oder Unterstützung von Initiativgruppen, das Einbringen sozialpolitischer Themen in die politische Debatte (z.B. Armut, soziale Integration behinderter Kinder und Jugendlicher)" (Merchel 1996: 302) nicht mehr geleistet wird.

5 Lösungsperspektiven

Die eben genannten Dilemmata und Paradoxien stellen für das Sozialmanagement Probleme des alltäglichen Handelns dar. Die beiden Systematisierungen bereiten die Alltagsprobleme theoretisch auf und machen sie für eine Lösungsreflexion zugänglich. Diese Reflexion systematisiert das Problemlösungshandeln des Managements aus empirischer Perspektive. Dabei wird deutlich, dass es einerseits um die je nach Situation praxisbezogene Konkretisierung tieferbegründeter Wertvorstellungen geht (5.1). Andererseits wird deutlich, wie – also durch welche Verfahren – durch Abwägen Problemlösungsentscheidungen getroffen werden (5.2). Aus einer theoretischen Perspektive können sehr deutlich Transformationsprobleme bei der Umsetzung zwischen normativem Management (Vision, Mission, Leitbild) und praktologischen Ethikreflexionen aufgezeigt werden (6).

5.1 Ethik und Strategie

Aus der Beobachtung der Managementpraxis wurde deutlich, dass sich das Abwägungshandeln um jeweils zwei wichtige Bezugspunkte zentriert, welche jedoch nicht als aufeinander reduzierbar erscheinen. Im Problemlösungshandeln wägen die Akteure ihre Entscheidung unter Bezug auf ethische Begründungen der Klientenorientierung sowie strategische Begründungen der Entwicklung der Organisation/des Hilfesystems ab. Kompetent in der Rolle als Entscheidungsakteur handelt im sozialmanagerialen Kontext also, wer ethische Mindeststandards sowie strategische Verantwortungskriterien in seine Entscheidungen integriert. Die jeweiligen Stakeholder-Interessen werden in Dilemmasituationen also auf zwei ineinander nicht reduzierbare Grundorientierungen verdichtet.

Die eine grundlegende Wertvorstellung scheint die Klientenorientierung zu sein. Allerdings findet sich eine Konkretisierung dieses übergreifenden Wertes. Die entscheidende Frage ist nicht, ob man sich an den Bedürfnissen der Klienten orientiert, ob die Leistungen danach ausgerichtet werden usw. Stattdessen scheint die entscheidende Frage zu sein, welche Mindestanforderungen gegeben sein müssen, um die Klienten mit einem Angebot zu versorgen. An diesem Kriterium entscheidet es sich in konflikthaften Situation, ob ein entsprechendes Angebot unterbreitet werden kann oder ob Klienten verantwortet angelehnt werden. Diese Mindestausstattung ist im ethischen Diskurs anschlussfähig an die Gerechtigkeitsdiskussion in der sozialen Arbeit und hier insbesondere die Rezeption der Ansätze von Nussbaum/Sen (Befähigungsgerechtigkeit) und Margalit (institutionelles Demütigungsverbot) (Langer 2004). Das Angebot einer Leistung unter dem Mindeststandard würde dementsprechend nicht dem Kriterium der adäquaten Befähigungsmöglichkeiten der Klienten entsprechen, oder als Stopp-Regel eine institutionell/strukturelle Demütigung bedeuten.

In den unterschiedlichen Leistungskontexten ist bereits eine Orientierung des Sozialmanagements an der Verantwortung für den Erhalt der Organisation mit allen seinen Bestandteilen deutlich geworden, die eingebettet ist in die enge und weitere Träger- und Institutionenkonstellation sozialer Hilfen. An der Leistungsorganisation kristallisiert nun das zweite Kriterium im Abwägeverhalten, die Organisation wird als Grundvoraussetzung für die Leistungs- und Hilfeerstellung angesehen, ist aber dennoch *nicht* nur Mittel zum Zweck. Sie ist Zweck an sich und Gegenstand der Verantwortung, weil unter den Maßgaben der Erhaltung adäquater organisationaler Rahmenbedingungen die Leistungsqualität, Leistungsart und Bedarfssicherung der Klienten an die Organisierbarkeit sozialer Arbeit gebunden ist. Auch für die organisationale Perspektive können gute Gründe für den langfristigen Erhalt der Organisation gegeben werden. Dies wird deutlich, wenn man die verantwortungsethische Abwägung als Bündel der Verantwortungen gegenüber den unterschiedlichen ‚Stakeholdern' betrachtet.

- Klienten: Das Kriterium der langfristigen, verlässlichen und Leistungserbringung unter den Bedingungen der Ermöglichung von Vertrauensaufbau und Vertrauensbeziehungen, Bedarfssicherung, Entwicklungsmöglichkeiten einer Klientenbiografie in stabilen Hilfebeziehungen.
- Angehörige: Das Kriterium der Versorgungssicherheit und Vertrauensaufbau zur Gewährleistung qualitativer Standards.
- Kostenträger: Das Kriterium langfristiger und nachhaltiger Kooperation zur Verminderung der Suchkosten und zur Entwicklung / Innovation angepasster Leistungen.
- Mitarbeitende: Kriterien der Arbeitsplatzsicherheit und Entwicklung einer teambezogenen, bereichsspezifischen Professionalität.
- Unternehmensleitung: Kriterium des Auftrags der fach- und sachgerechten sowie wirtschaftlichen Unternehmensführung.
- Öffentlichkeit: Kriterien der Verpflichtung zur effektiven und effizienten Verwendung öffentlicher Gelder.

Mit dieser nicht vollumfänglichen Aufzählung scheint aber – wie bei der Klientenperspektive – ein Kontinuum des möglichen Entscheidungsspektrums gegeben. Dies liegt hier (z.B. in der ökonomischen Perspektive) zwischen der effizienten Organisierung mit dem Effekt der Erwirtschaftung reinvestierbarer Überschüsse einerseits und der verantwortbaren Leistungserstellung als Investitionshandeln (nicht kostendeckende Leistungserbringung) andererseits.

Somit haben wir es beim Stakeholder-Management mit einer Abwägungskompetenz zu tun, die komplementär zwischen einer ethischen und strategischen Kompetenz verortet ist. Ziele und die strategische Zielerreichung müssen durch moralische Begründungen ergänzt werden. Ethische Grenzziehungen sind erst durch die Integration strategischer Begründungen konkretisierbar. Die geschieht unter der Perspektive des ethischen Mindeststandards der Fürsorge von Klienten sowie der ‚strategischen' Verantwortung gegenüber der Organisations(fort)entwicklung. Aus dem Blickwinkel der Verantwortungsübernahme gegenüber der Gesamtorganisation und seiner Stakeholder werden die Klientenbedürfnisse unter dem Kriterium der Organisiertheit bewertet. Aus dem Blickwinkel der Befähigungsgerechtigkeit und des Demütigungsverbotes werden die organisationalen Bedingungen abgewogen.

5.2 Abwägungsverfahren

Die Letztentscheidungsmacht in konfligieren Entscheidungssituationen liegt in der Linienhierarchie begründet. Die hierarchisch höher angesiedelte Managementmentposition hat im Zweifelsfall die Macht, aber auch die Verantwortung, eine Letztentscheidung zu treffen. Diese hierarchische Differenzierung erscheint als notwendig und unterscheidet NPO kaum von Profit-Organisationen. Die Reduktion von Entscheidungen auf eine Person ist jedoch nur ein Ausnahmefall. Im Gegensatz dazu hat sich in den beobachteten Organisationen ein kommunikativ-kulturelles Verfahren der Entscheidungskriterien-Anreicherung durch professionelles Wissen und Erfahrung aus den unterschiedlichsten Arbeitsbereichen herausgebildet. So werden richtungweisende Entscheidungen (Gestaltungsentscheidungen; Schimank 2005) jeweils in einem Leitungsteam besprochen, reflektiert, multiperspektivisch mit Kriterien unterlegt und so nach den wesentlichen Handlungsdimensionen (vgl. oben) geprüft und begründet. Das Leitungsteam besteht dabei zumeist aus zwei hierarchischen Ebenen. Die Leistung des Managements besteht hier erstens darin, professionelles Wissen der Fachkräfte auf der Klientenebene kommunikativ für ethisch-strategische Entscheidungen verfügbar zu machen. Zweiten entwickelt das Management in einem fortwährenden Sozialisations- und Lernprozess eine Deutungs- und Wertungsgemeinschaft. Drittens stellt das Management durch Partizipation Commitment mit den Entscheidungen, Loyalität sowie Motivation her. Dieses Verfahren stellt eine Professionalisierung von kriterialer Begründung von Entscheidungen dar.

6 Widersprüche

Anstatt eines Fazits soll an den Paradoxien des Managements nun abschließend das Problem der Integration des normativen Managements mit der praktologischen Ethik-Abwägung verdeutlicht werden. Eine häufig geäußerte Kritik an Leitbildprozessen ist die mangelnde Integration der Belegschaft in die Prozesse der Wertfindung und -festlegung, der Leitbildimplementierung usw. Dies ist das eine Problem wertbezogenen Managements. Das zweite Problem ist die mangelnde Passung zwischen normativen Vorstellungen / Setzungen und Problemen des Handlungsalltages, wie z.B. Dilemmata und Paradoxien. Ein Beispiel kann hier die Ressourcenausstattung sein. Die genannten Selektionsprozesse auf der Klientenebene sind verursacht durch Ressourcenknappheit bzw. den Zwang, Leistungen strategisch einzusetzen. Die Bearbeitung dieser Probleme könnte durch strategische Verteilung von Ressourcen unterstützt werden, durch die *creaming-up* oder Aussonderungen ausgeglichen werden. Wenn ein normatives Management nicht in diese Richtung operationalisiert wird, drohen Unternehmenswerte und -normen nicht nur einfach nicht zu wirken, sondern zudem Motivation und Loyalität zu vernichten. Denn ein nicht unterstützter ethischer Anspruch wird zu einem normativen Druck in Entscheidungssituationen. Anstatt entlastend für die Praxis zu wirken, wird die Praxis durch normatives Management noch moralisch ‚aufgeladen'.

Literatur

Bahle, Thomas (2007): Wege zum Dienstleistungsstaat. Deutschland, Frankreich und Großbritannien im Vergleich. Wiesbaden.

Buestrich, Michael/Burmester, Monika/Dahme, Heinz-Jürgen/Wohlfahrt, Norbert (2008): Die Ökonomisierung Sozialer Dienste und Sozialer Arbeit. Entwicklung. Theoretische Grundlagen, Wirkungen. Baltmannsweiher.

Finis-Siegler, Beate (2001): Soziale Arbeit als Praxis der Wohlfahrtsproduktion – Eine Problemskizze. In: Einzelwirtschaften und Sozialpolitik zwischen Markt und Staat in Industrie- und Entwicklungsländern: Festschrift für Werner Wilhelm Engelhardt zum 75. Geburtstag, hrsg. v. Frank Schulz-Nieswandt. S. 245-256.

Halfar, Bernd (1999): Geld und das System sozialer Arbeit. In: Finanzierung sozialer Dienste und Einrichtungen, hrsg. v. Bernd Halfar, Baden-Baden, S. 21-42.

Herrmann, Peter (2002): Soziale Dienstleistungen im Mittelpunkt. In: SOCIALmanagement, H. 2, S. 22-25.

Kretschmer, Rainer/Nass, Gertrud (2005): DRGs im Krankenhausalltag: Ärztliche Entscheidungen im Spagat zwischen knappen Ressourcen und Ethik. In: Soziale Institutionen zwischen Markt und Moral. Führungs- und Handlungskontexte, hrsg. v. Johannes Eurich et al., Wiesbaden, S. 247-264.

Kulosa, Marco (2003): Die Steuerung wirtschaftlicher Aktivitäten von Kommunen. Eine betriebswirtschaftliche Analyse. Stuttgart.

Langer, Andreas (2004): Professionsethik und Professionsökonomik: Legitimierung sozialer Arbeit zwischen Professionalität, Gerechtigkeit und Effizienz. Regensburg.

Langer, Andreas (2007): Dienstleistungsstrukturen in der Sozialen Arbeit zwischen Verwaltungsreform und Professionalisierung. In: Management professioneller Leistung – Professionalität durch Management? Schwerpunktheft der Zeitschrift für Sozialreform, 53 (3), S. 223-246.

Liga – Liga der freien Wohlfahrtspflege in Baden-Württemberg e.V. (2005): Konsequenzen der Arbeitsmarktreformen für die berufliche Bildung und Integration junger Menschen in Baden-Württemberg. http://www.bagkjs.de/media/raw/Grundlagenpapier_19_05_05_ligaagjbh.pdf; Zugriff: 20.06.2005.

Merchel, Joachim (1996): Wohlfahrtsverbände auf dem Weg zum Versorgungsbetrieb? Auswirkungen der Modernisierung öffentlicher Verwaltung auf Funktionen und Kooperationsformen der Wohlfahrtsverbände. In: „Neue Steuerung“. Tendenzen der Organisationsentwicklung in der Sozialverwaltung, hrsg. v. Joachim Merchel und Christian Schrapper. Münster, S. 296-311.

Putnam, Robert D. (1993): Making Democracy Work: Civic Traditions in Modern Italy. Princeton, NJ.

Rose, Barbara (2003): Der gar nicht diskrete Charme von Markt und Modernisierung. In: SozialExtra, H. 7, S. 6-9.

Schimank, Uwe (2005): Die Entscheidungsgesellschaft. Wiesbaden.

Schimank, Uwe/Volkmann, Ute (2008): Ökonomisierung der Gesellschaft. In: Handbuch der Wirtschaftssoziologie, hrsg. v. Andrea Maurer, Wiesbaden, S. 382-393.

Schulz-Nieswandt, Frank (1993): Zur Theorie der Wohlfahrtspolitik. Teil 1. Weiden, Regensburg.

Stakeholder-Priorisierung als Herausforderung für das Performance Measurement in Nonprofit-Organisationen

Dorothea Greiling, Linz

1 Problemstellung und Forschungsfragen

Nonprofit-Organisationen stehen heute zunehmend unter dem Druck, ihre Performance nach innen und nach außen zu dokumentieren. Diese Dokumentation gestaltet sich unter anderem deswegen nicht einfach, da Nonprofit-Organisationen als stakeholderplurale Organisationen gelten. Daraus resultiert, dass sich Nonprofit-Organisationen mit einer Vielzahl von divergierenden und konfliktären Erfolgsmaßstäben konfrontiert sehen. Aus der Stakeholder-Pluralität in Kombination mit der spezifischen Widmung von Nonprofit-Organisationen und dem, was Anheier (2005) als „law of nonprofit-complexity" bezeichnet, resultiert, dass Nonprofit-Organisationen in der Regel zu viele *bottom lines* haben. Für die Ausgestaltung eines abbildungs- oder steuerungsorientierten Performance Measurement-Systems ergibt sich damit die Herausforderung der Auswahl und gleichzeitigen anzahlmäßigen Begrenzung der Performance-Maßstäbe. Außerdem muss entschieden werden, welchen Stakeholder-Gruppen bei der Informationsversorgung Priorität eingeräumt werden sollte.

Vor diesem Hintergrund widmet sich der Beitrag der Frage theoretischer Ansatzpunkte zur Stakeholder-Priorisierung. Bei dieser Forschungsfrage handelt es sich um einen, erstaunlicherweise in den Stakeholder-Ansätzen nur ambivalent und vage thematisierten, Aspekt (Fassin 2009). Spezifische Nonprofit-bezogene Ausführungen stehen noch ganz am Anfang (so z.B. Speckbacher 2008; Greiling 2009). Dies gilt auch für Nonprofit-bezogene, empirische, fallstudienbasierte

Untersuchungen zum Management der Stakeholder-Beziehungen (z.B. Alexander 1996; Balser/McClusky 2005). Deshalb widmet sich der Beitrag folgenden Forschungsfragen: (1)Welche theoriebasierten Ansatzpunkte lassen sich zur Stakeholder-Priorisierung identifizieren und (2) können aus diesen Ansätzen eindeutige und konsensfähige Priorisierungsentscheidungen für Nonprofit-Organisationen abgeleitet werden?

Neben wirtschaftswissenschaftlichen Theorien werden zur Bearbeitung ausgewählte unternehmensethische Ansätze herangezogen, da das Stakeholder-Management auch eine Tradition in der *business & society*-Forschung hat. Aus dieser Anlage ergibt sich folgender Aufbau. An eine überblicksartige Bestandsaufnahme des Umgangs der verschiedenen Stakeholder-Ansätze mit der Frage der Stakeholder-Priorisierung in Kapitel zwei, schließt sich in Kapitel drei eine Bestandsaufnahme verschiedener, in den Wirtschaftswissenschaften verorteter theoretischer Ansatzpunkte, die implizite oder explizite Aussagen zur Stakeholder-Priorisierung treffen, an. In Kapitel vier untersucht der Beitrag ausgewählte ethische Ansätze zur Stakeholder-Priorisierung. Zusammenfassende Schlussfolgerung der Analyse für die Ausgestaltung des Performance Measurement enthält das abschließende fünfte Kapitel.

2 Vorschläge in den Stakeholder-Ansätzen

Schaut man sich die verschiedenen Schulen des Stakeholder-Management (strategisches Stakeholder-Management, agency-theoretisches Stakeholder-Management und diskursethisches Stakeholder-Management) an, so fehlen in diesen explizite Aussagen zur Stakeholder-Priorisierung. Einen breiten Raum nehmen dagegen Ausführungen zur Stakeholder-Identifikation ein. Wie unterschiedlich die Beantwortung der Frage nach den möglichen Stakeholdern ausfallen kann, zeigt ein Blick auf die verschiedenen Definitionsversuche von Freeman, dem Begründer des *strategischen Stakeholder-Management* (siehe Tab. 1).

Freeman/Reed (1983: 91)	wide: „can affect the achievements of the organization's objectives or who is affected by the achievements of an organization's objectives narrow: "on which the organization is dependent upon its continued survival"
Freeman (1984: 46)	„can affect or is affected by the achievements of the organizations's objectives"
Evan/Freeman (1988: 79)	„benefit from or are harmed by, and whose rights are violated or respected by corporate actions"
Freeman (1994: 415)	„participants in 'the human process of joint value creation'"

Tab. 1: Stakeholder-Definitionen nach Freeman

Die Bestimmung verschiedener, organisationsrelevanter Stakeholder stellt nach Freeman kein leichtes Unterfangen dar, weil ein Stakeholder verschiedene Rollen einnehmen kann, Netzwerke und Koalitionen zwischen verschiedenen Stakeholder-Gruppen möglich sind und der Begriff „stake" selbst äußert mehrdimensional ist (Freeman/Gilbert 1989). Auf *Macht* als Auswahl-, aber nicht als Priorisierungskriterium greifen Freeman und einige seiner Co-Autoren zurück, welche die Stakeholder-Gruppen nach der ökonomischen und politischen Macht sowie der Abstimmungsmacht unterscheiden (Freeman/Reed 1983; Freeman/ Gilbert 1989). Zu einer, im Vergleich zu Freeman, engeren Abgrenzung der Stakeholder-Gruppen kommt *Janisch.* Für sie sollte das Stakeholder-Management auf jene Anspruchsgruppen ausgerichtet sein, die nicht nur über eine effektive und erfolgreich wirkende Macht verfügen, sondern auch den *Willen zur Machtausübung* besitzen (Janisch 1993).

Wendet man sich dem *agency-theoretischen Stakeholder-Ansatz* zu (z.B. Hill/Jones 1992; Jones 1995), wird in diesem das Problem der Stakeholder-Priorisierung umgangen, da die Beziehung zwischen Management und Stakeholdern abstrakt als Principal-Agenten-Beziehung modelliert werden. In bewusster Abgrenzung zu den auf den ökonomischen Vorteilsausgleich abgestimmten Stakeholder-Beziehungen der beiden vorangegangenen Stakeholder-Ansätze, stellt das *diskursethische Anspruchsgruppenmanagement* ausschließlich auf das Kriterium der Legitimität (z.B. Ulrich 1999; Patsch 2001) ab. „Gute Gründe" dienen nach Peter Ulrich zum Herbeiführen eines Interessensausgleichs. Konflikte zwischen verschiedenen Stakeholder-Interessen treten als

Konflikte zwischen normativen Geltungsansprüchen auf, die es gilt, kommunikativ zu überwinden (Patsch 2001).

Zusammenfassend ist festzustellen, dass die verschiedenen Stakeholder-Ansätze sich mit der Stakeholder-Identifikation auf Basis von Macht und Legitimität beschäftigen. Dies geschieht auf einem sehr allgemeinen Niveau. Priorisierungsregeln lassen sich daraus nicht ableiten. Deswegen werden im Folgenden theoretische Vorschläge danach untersucht werden, ob sie eindeutigere Kriterien zur Stakeholder-Priorisierung liefern können, die sich speziell für Nonprofit-Organisationen eignen.

3 Wirtschaftswissenschaftliche Ansätze

Mittlerweile als Klassiker gilt der *Ansatz von Mitchell, Agle und Wood* (1997), die auf Basis einer breiten Literaturanalyse drei zentrale Identifikationskriterien für die Stakeholder-Auswahl vorschlagen:

- *Macht* im Sinne von Weber, Pfeffer und Dahl als Möglichkeit dem Gegenüber/der anderen Partei den eigenen Willen aufzuzwingen. Ursache dieser Macht können materielle, physische, symbolische oder technische Ressourcen sein, wobei Macht transitorisch ist, d. h. erlangt und verloren werden kann (Mitchell/Agle/Wood 1997).
- *Legitimität* im Sinne des soziologischen Verständnisses von Suchman verstanden als „a general perception or assumption that the actions of an entity are desirable, proper, or appropriate within some socially constructed systems of norms, values, beliefs and definitions“ (Suchman 1995).
- *Dringlichkeit* als dynamische Ergänzung zu den beiden anderen Kriterien. Unter Dringlichkeit verstehen Mitchell, Agle und Wood „the degree to which stakeholder claims call for immediate action“ (Mitchell/Agle/Wood 1997: 869). Zur Operationalisierung schlagen die Autoren die Zeitsensitivität der jeweiligen Stakeholder und die Kritizität vor. Letztere ergibt sich aus der Wichtigkeit der Stakeholder-Beziehung bzw. der Wichtigkeit der Forderung (Mitchell/Agle/Wood 1997).

Auch bei diesen Autoren geht es wiederum um die Stakeholder-Identifikation, nicht um die Stakeholder-Priorisierung. Zur Präzisierung des Machtbegriffs und des Legitimitätsverständnisses tragen die Autoren materiell wenig bei, da auch sie exemplarisch verschiedene Facetten benennen. Hinsichtlich des Legitimitätsbegriffs von Suchman ist anzumerken, dass dieser ein sehr weites Verständnis vertritt. Jede seiner Hauptkategorien zerfällt in weitere Subkategorien (Suchman 1995). Als neues Kriterium kommt in diesem Gestaltungsvorschlag die Dringlichkeit hinzu. Wendet man die Zeitsensitivität im Nonprofit-Kontext an, würde dies bedeuten, dass sich Stakeholder-Priorisierungen im Zeitablauf verändern und somit die Zeitdimension als weitere Variable dazu kommt. Für die Stakeholder-Priorisierung hätte dies, ganz im Sinne der verhaltenswissenschaftlichen Entscheidungstheorie, die komplexitätsreduzierende Auswirkung, dass Stakeholder-Ansprüche sequenziell abgearbeitet werden könnten. Eine erste Priorisierung an Hand der Dimensionen Macht und Legitimität könnte somit weiter eingeschränkt werden. Von der Schnelligkeit des Wandels der Zeitsensitivität der einzelenden Stakeholder-Gruppen dürfte es u.a. abhängen, ob dies für die einzelne Nonprofit-Organisation handelbar ist. Bei Kriterien der Kritizität bleiben Mitchell, Agle und Wood sehr allgemein, wobei eine Interdependenz zur Macht als Priorisierungskriterium nicht auszuschließen ist.

Ergänzungen zur Einengung des Kriteriums der Macht liefern die Ausführungen von *Frooman* (1999) zu verschiedenen Stakeholder-Beeinflussungsstrategien. Als theoretischer Bezugsrahmen für Frooman dient die *resource dependency*-Theorie. Nach Pfeffer und Salancik sind Organisationen auf Grund ihrer Abhängigkeit von der externen Umwelt gezwungen, bestimmte Zugeständnisse an externe Gruppen oder Organisationen zu machen (Pfeffer/Salancik 1978). Die Ressourcenkontrolle durch die externen Stakeholder kann entweder darauf ausgerichtet sein, einer Organisation bestimmte Ressourcen vorzuenthalten oder aber die Nutzung mit extern spezifizierten Auflagen zu versehen (Frooman 1999).

		Stakeholder-Abhängigkeit	
		nein	**ja**
Organisations-abhängigkeit	**Nein**	niedrige Interdependenz	Unternehmensmacht
	ja	Stakeholder-Macht	hohe Interdependenz

Abb. 1: Typologie der Ressourcenbeziehungen (Frooman 1999)

Nach der Reziprozität unterscheidet Frooman die in Abb. 1 dargestellten vier Abhängigkeitsformen. Angewendet auf die Stakeholder-Priorisierung lassen sich aus dieser Typologie folgende Schlussfolgerungen ableiten. Höchste Priorität sollten jene Stakeholder haben, die im Quadranten links unten stehen. Hier ist die Abhängigkeit am Größten. Im Fall der hohen Interdependenz ist Frooman (1999) mit Verweis auf Austauschtheorie und den Erfahrungen mit Zwei-Personen-Nicht-Nullsummenspiele optimistisch, dass beide Seiten an einer konsensfähigen Verhandlungslösung interessiert sind und entsprechende Kompromisse eingehen.

Ebenfalls mit dem Kriterium der Macht, allerdings unter umgekehrten Vorzeichen, setzt sich der *ökonomische Ansatz von Speckbacher* (2008) auseinander. Im Zentrum der Ausführungen von Speckbacher stehen Fragen der Nonprofit-Governance. Als Nebenthema finden sich Aussagen zur Differenzierung primärer und sekundärer Stakeholder. Stakeholder weisen nach Speckbacher (2008) folgende Merkmale auf: Sie liefern spezifische (materielle wie immaterielle) Ressourcen und generieren einen Wertbeitrag für die Organisation. Für ihr Investment erheben sie eine Forderung, die nur unvollständig ex ante in Kontraktvereinbarungen spezifizierbar ist und damit (teilweise) ungeschützt ist. Zum Kreis der primären Stakeholder gehören laut Speckbacher jene, die das größte, wertvollste und am stärksten spezifische Investment leisten, und sich deswegen in einem besonders hohen Ausmaß der Gefahr eines *hold up* gegenüber sehen, da ein vollständiger ex ante-Schutz des Investments unmöglich ist. Vereinfacht ausgedrückt zielt dies auf jene Stakeholder ab, die sich dem höchsten Ausbeuterisiko gegenübersehen und somit die Quasi-Rente in diesen Fällen null beträgt. Das Governance-System sollte auf den Schutz der Forderungen der primären Stakeholder fokussiert sein. Die primären StakeholderGruppen sollten – im Sinne von Oliver Hart – das Recht der residualen Kontrolle haben. In klassischen erwerbswirtschaftlichen Unternehmen sind dies, laut Speckbacher, die Shareholder. Für Nonprofit-Organisationen argumentiert Speckbacher, dass dort die Residualrechte den Ehrenamtlichen und Spendern zufallen sollten, da sie ein sehr hoch spezifisches Investment leisten. In Genossenschaften können dies auch die Genossenschaftsmitglieder sein (Speckbacher 2008). Wie die anderen Autoren, argumentiert auch Speckbacher mit der Macht, allerdings unter umgekehrten Vorzeichen. Einschränkend ist anzumerken, dass dies nur für jene Nonprofit-Organisationen gilt, die einen substantiellen Anteil an Ehrenamtlichen und Spendern haben.

Als Zwischenfazit der bisherigen Ausführungen zu den wirtschaftswissenschaftlichen Ansatzpunkten der Stakeholder-Priorisierung lässt sich folgendes feststellen: Als dominierendes Kriterium zur Antwort auf die Frage *„Who really* *counts?"* dient die Macht. Durch die zu den Stakeholder-Ansätzen vorgenommenen Ergänzungen des Machtaspektes werden erste Schritte zur Einschränkung des weiten Kreises von Stakeholdern aufgezeigt. Kritisch ist anzumerken, dass bei den vorgestellten Ansätzen Macht als vager Begriff einer weiteren Präzisierung bedarf. Die Kriterien der Dringlichkeit und des Ausmaßes der Ressourceninterdependenz liefern Ansatzpunkte, um den unter Machtaspekten ausgewählten Stakeholder-Kreis weiter einzuschränken. Am restriktivsten ist sicherlich der Ansatz von Speckbacher, der vor allem die Rolle der primären Stakeholder hervorhebt.

Im Sinne einer neoinstitutionalistischen Sichtweise von Nonprofit-Organisationen ist für die Stakeholder-Priorisierung als unbefriedigend zu werten, dass der Legitimitätsaspekt nicht weiter präzisiert wird, angesichts der Bedeutung der institutionellen Umwelt zur Legitimitätssicherung. Im Folgenden soll deswegen der Blickwinkel geweitet werden, indem ethische Überlegungen herangezogen werden, um zu prüfen, ob und in welchem Ausmaß aus ausgewählten ethischen Ansätzen Entscheidungsregeln zur Stakeholder-Priorisierung und zur Verfeinerung des Legitimitätsaspektes abgeleitet werden können. Die Ethik wird auch deswegen herangezogen, da sie dasselbe Materialobjekt wie die Ökonomie hat. Beide reflektieren das menschliche Handeln und Gestalten gesellschaftlicher Strukturen im Umgang mit dem Knappheitsproblem (Rosenberger/Koller 2009). Konkret werden im Folgenden diskursethische Ansätze, die Eingang in die Stakeholder-Ansätze gefunden haben (siehe z.B. Palazzo/Scherer 2006; Scherer/Palazzo 2007; Noland/Philips 2010), sowie Gerechtigkeitsvorstellungen untersucht.

4 Ethische Ansatzpunkte

Da die *Diskursethik* explizit als Bezugspunkt in den Stakeholder-Ansätzen eine Rolle spielt, soll im Folgenden ihr Beitrag zur Stakeholder-Priorisierung etwas genauer betrachtet werden. Nicht nutzenorientierte, sondern legitime Stakeholder-Ansprüche stehen im Fokus der Diskursethik. Von den Voraussetzungen erfordert die Diskursethik einen kommunikativen, auf Verständigung ausgerichteten Ethos. Sie beschreibt kein erfolgssicherndes Konsensbildungsverfahren, sondern reflektiert die normativen Bedingungen der Möglichkeit argumentativer Verständnisprozesse (Ulrich 2008). Bei den an einem solchen Verständigungsprozess Teilnehmenden, ist eine verständigungsorientiertes Einstellung ebenso erforderlich wie ein Interesse an legitimem Handeln. Gegenstand der diskursethischen Legitimitätsprüfung ist nach Ulrich die „Verantwortbarkeit der voraussichtlichen Folgen der Realisierung der fraglichen Ansprüche gegenüber allen potentiell Betroffenen" (Ulrich 2008: 90). Der Diskurs ist nach Ulrich in einem sehr weiten Kontext zu führen. Von ihrem normativen Horizont weist die Diskursethik auf eine prinzipielle Öffnung hin und lehnt eine institutionelle Schließung ab (Ulrich 2008). Für Habermas ist eine Unterscheidung zwischen instrumenteller und kommunikativer Rationalität wichtig. Letztere stellt auf „die zentrale Erfahrung der zwanglos einhergehenden, konsensstiftenden Kraft der argumentativen Rede, in der verschiedene Teilnehmer ihre zunächst subjektiven Auffassungen überwinden und sich Dank der Gemeinschaft vernünftig motivierter Überzeugungen gleichzeitig der Einheit der objektiven Welt und der Intersubjektivität ihres Lebenszusammenhangs vergewissern (Habermas 1987: 28) ab. Kommunikatives Handeln liegt vor, wenn die Handlungspläne nicht über egozentrische Erfolgskalküle, sondern über Akte der Verständigung koordiniert werden" (Habermas 1987: 385). Bei den Argumentationsvoraussetzungen fordert Habermas, dass jedes sprach- und handlungsfähige Subjekt am Diskurs teilnehmen darf, jeder jede Behauptung problematisieren und jede Behauptung in den Diskurs einführen darf. Außerdem darf jeder seine Einstellungen, Wünsche und Bedürfnisse äußeren. Kein Diskursteilnehmer darf durch Zwang daran gehindert werden, seine Rechte wahrzunehmen (Habermas 1983).

Die Diskursethik begibt sich in ihrer Argumentationslogik nicht auf die Ebene real existierender Stakeholder-Konflikte, auch wenn nicht verkannt wird, dass reale Verständigungssituationen nicht den idealtypischen Anforderungen entsprechen. Vielmehr stellt sie Regeln auf zu einem reflexiven, verständigungsorientierten Umgang und zeigt auf, wie unter idealtypischen Bedingungen ein vernunftethisch fundierter Interessensausgleich im Wege der kommunikativen Verständigung erreicht werden kann (Ulrich 2008). Priorisierungskonflikte können nur unter eng definierten Bedingungen argumentativ vollständig gelöst werden. In allen Situationen, in denen keine vollständige verständigungsorientierte Einstellung vorherrscht oder aber Einzel- und Partikularinteressen höher priorisiert werden als das Interesse an legitimen Handeln, scheitert der Einigungsprozess.

Vorstellungen zum Umgang mit Interessenskonflikten und damit Priorisisierungsfragestellungen liefern auch die Gerechtigkeitstheorien. In dem auf Jeremy Bentham zurückgehenden *Handlungsutilitarismus* ist das Prinzip des maximalen

Glücks verankert. Dieser fordert, dass jede beliebige Handlung danach beurteilt wird, ob sie in ihrer Tendenz das Glück erhöht oder vermindert. Das Nutzenverständnis entspricht dem der Nützlichkeit. Die Maximierungsregel von Bentham ist eine quantitativ kollektivistische und zielt nicht auf das Glück des Einzelnen ab. Individualinteressen haben sich, wie in den diskursethischen Überlegungen, den Interessen der Gemeinschaft unterzuordnen. Überträgt man die Vorstellungen von Bentham auf die Stakeholder-Priorisierung, würde dies bedeuten, dass aus Sicht der Gesellschaft zu prüfen wäre, welche Stakeholder-Vorstellungen den größten (gesellschaftlichen) Nettonutzen stiften. Die Priorisierung wäre dann entsprechend aus der Sicht der Gemeinschaft vorzunehmen. Schwierig erweist sich dabei die Operationalisierung des Nutzens bzw. des nutzeneinschränkenden Leides. Geht man bei Nonprofit-Organisationen davon aus, dass sie einen gesellschaftlich positiven Beitrag leisten wollen, ist man genau auf der Ebene dieses gesellschaftlich schwer zu operationalisierenden Nettonutzens, der dann auch noch stakeholdergruppenspezifisch zugeordnet werden muss.

Ein anderes Gerechtigkeitsleitbild verfolgt Rawls in seiner 1975 entwickelten Theorie der Gerechtigkeit (Rawls 1975). Die Verteilung gesellschaftlicher Grundgüter soll demnach so erfolgen, dass Ungleichheiten von Einkommen und Vermögen nur dann zu akzeptieren sind, wenn dies die Lage der am schlechtesten gestellten Gesellschaftsmitglieder verbessert. Ausgangspunkt der Theorie der Gerechtigkeit ist ein Urzustand, bei dem kein Gesellschaftsmitglied weiß, ob er oder sie zu denjenigen gehört, die schlechter gestellt sind. Das Entscheidungskriterium im Urzustand entspricht de facto der Maximin-Regel. Es wird jene Alternative gewählt, bei der der schlechtmöglichste Zustand immer noch besser ist als die anderen Alternativen. Für die Stakeholder-Priorisierung würde dies bedeuten, dass sich diese, wie bei Speckbacher, an jenen Stakeholder-Gruppen mit der schlechtesten Ausgangsposition zu orientieren hat. Hier dominiert eindeutig ein Schutzinteresse.

5 Konsequenzen für die Ausgestaltung des Performance Measurement

Insgesamt liefern die identifizierten wirtschaftswissenschaftlichen und ethischen Ansatzpunkte maximal einen ersten Orientierungsrahmen, wobei beide Disziplinen keinen substantiellen Beitrag zur Präzisierung des Kriteriums der Legitimität leisten und auch beim Begriff der (Ressourcen-)Macht nur wenige Einschränkungen vornehmen. Hier besteht ein eindeutiger theoretischer Präzisierungsbedarf.

Für das Performance Measurement bedeutet dies, dass die einzelne Nonprofit-Organisation letztendlich zunächst pragmatisch bei der Umsetzung dieser Orientierungskriterien vorgehen muss. Eventuell lassen sich erste Hilfestellungen für ein Erfahrungslernen zum Etablieren von intersubjektiv nachvollziehbaren Verfahrensregeln für die Identifikation von Priorisierungskriterien aus der Literatur zur sozialen und ethischen Berichterstattung ableiten. Dort finden sich erste, pragmatisch qualitative Mindestanforderungen für einen transparenten Stakeholder-Dialog (z.B. Gray 2001; AccountAbility 2005; Greiling 2009). Außerdem wäre es von Interesse, im Zuge eines qualitativen Forschungsdesigns zu bestimmen, wie Nonprofit-Organisationen mit der Stakeholder-Priorisierung in der Praxis umgehen, ob den Kriterien der Macht und Legitimität ein in den theoretischen Überlegungen analoges Gewicht eingeräumt wird und ob sich Aussagen treffen lassen, an welchem Macht- und Legitimitätsverständnis sich das Management in Nonprofit-Organisationen orientiert. Dieser Problemaufriss zeigt, dass die Debatte um wissenschaftlich valide und praxistaugliche Priorisierungskriterien noch ganz am Anfang steht. Ohne eine Verständigung über Auswahlkriterien und Verfahrensreglen für den Auswahlprozess ist das Performance Measurement angesichts der heterogenen Anforderungen gerade in Nonprofit-Organisationen tendenziell durch zu viele Reporting-Anforderungen überfrachtet.

Literatur

AccountAbility (2005): Stakeholder Engagement Standard. London.

Anheier, Helmut K. (2005): Nonprofit-Organizations. Milton Park, New York.

Alexander, Victoria D. (1996): Pictures at an Exibition: Conflicting Pressures in Museums and the Display of Art. In: American Journal of Sociology, 101 (4), S. 797-839.

Balser, Deborah/McClusky, John (2005): Managing Stakeholder Relationships and Nonprofit Organization Effectiveness. In: Nonprofit Management & Leadership, 15 (3), S. 295-315.

Evan, William M./Freeman, R. Edward (1988): A Stakeholder Theory in Modern Corporation. In: Ethical Theory and Business, hrsg. v. Thomas L. Beauchamp und Norman E. Bowie , Englewood Cliffs, NJ, S. 75-84.

Fassin, Yves (2009): The Stakeholder Model Refined. In: Journal of Business Ethics, 84 (1), S. 113-135.

Freeman, R. Edward (1984): Strategic Management: A Stakeholder Approach. Boston.

Freeman, R. Edward (1994): The Politics of Stakeholder Theory. Some further Directions. In: Business Ethics Quarterly, 4 (2), S. 409-421.

Freeman, R. Edward/Reed, Daniel L. (1983): Shareholder and Stakeholders: A New Perspective on Corporate Governance. In: California Management Review, 25 (2), S. 88-105.

Freeman, R. Edward/Gilbert, Daniel R. (1989): Managing Stakeholder Relationships. In: Business and Society: Dimensions of Conflict and Cooperation, hrsg. v. S. Pakrash Senthi und Cecilia M. Falbe, Lexington, S. 397-423.

Frooman, Jeffery (1999): Stakeholder Influence Strategies. In: Academy of Management Review, 24 (2), S. 191-205.

Gray, Robert (2001): Thirty Years of Social Accounting, Reporting and Auditing: What (if any) Have We Learnt. In: Business Ethics, 10 (1), S. 9-15.

Greiling, Dorothea (2009): Performance Measurement in Nonprofit-Organisationen. Wiesbaden.

Habermas, Jürgen (1983): Moralbewusstsein und kommunikatives Handeln. Frankfurt a. Main.

Habermas, Jürgen (1987): Theorie des kommunikativen Handels. Band 1 und 2, 4. Aufl., Frankfurt a. Main.

Hill Charles W./Jones, Thomas W. (1992): Stakeholder-Agency Theory. In: Journal of Management Studies, 29, S. 127-154.

Janisch, Monika (1993): Das strategische Anspruchsgruppenmanagement. Bern u.a.

Jones, Thomas W. (1995): Instrumental Stakeholder Theory: A Synthesis of Ethics and Economics. In: Academy of Management Review, 20 (2), S. 404-437.

Noland, James/Philips, Robert (2010): Stakeholder Engagement, Discourse Ethics and Strategic Management. In: International Journal of Management Reviews, 12 (1), S. 39-49.

Mitchell, Ronald K./Agle, Bradly R./Wood, Diana J. (1997): Towards a Theory of Stakeholder Identification and Salience: Defining the Principles of Who and What Counts. In: Academy of Management Review, 22 (4), S. 853-886.

Palazzo, Guido/Scherer, Andreas Georg (2006): Communicative Legitimacy as Deliberation: A Communicative Framework. In: Journal of Business Ethics, 66 (1), S. 72-88.

Patsch, Oliver (2001): Anspruchsgruppen-Management. Bamberg.

Pfeffer, Jeffrey/Salancik, Gerald R. (1978): The External Control of Organizations. New York.

Rawls, John (1975): Eine Theorie der Gerechtigkeit. Frankfurt a. Main.

Rosenberger, Michael/Koller, Edeltraud (2009): Problemstellungen, Methoden und Konzepte der Unternehmensethik. In: Betriebswirtschaftlehre und Unternehmensethik, hrsg. v. Birgit Feldbauer-Durstmüller und Helmut Pernsteiner, Wien, S. 23-48.

Scherer, Andreas Georg/Palazzo, Guido (2007): Towards a Political Concept of Corporate Social Responsibility: Business and Society Seen from a Habermasian Perspective. In: Academy of Management Review, 32 (4), S. 1096-1120.

Speckbacher, Gerhard (2008): Nonprofit versus Corporate Governance: An Economic Approach. In: Nonprofit Management & Leadership, 18 (3), S. 295-320.

Suchman, Mark C. (1995): Managing Legitimacy: Strategies and Institutional Approaches. In: Academy of Management Review, 20 (3), S. 571-610.

Ulrich, Peter (1999): Was ist "gute" Unternehmensführung? Zur normativen Dimension der Shareholder-Stakeholder-Debatte. In: Unternehmensethik und die Transformation des Wettbewerbs, hrsg. v. Brij Nino Kumar, Margit Osterloh und Georg Schreyögg, Stuttgart, S. 27-52.

Ulrich, Peter (2008): Integrative Wirtschaftsethik. 4. Aufl., Bern u.a.

Performativität contra Verantwortung: Zur Aporia des Stakeholder-Managements von Nonprofit-Organisationen

Pascal Dey, Yvonne M. Scherrer und Claus-Heinrich Daub,
Brugg/Windisch

"[...] there would be no decision, in the strong sense of the word, [...] without the experience of some undecidability" (Derrida 1999: 66).

1 Überblick

Nonprofit-Organisationen (fortan NPO) geniessen in der Managementliteratur oft einen zweifelhaften Ruf. An Effizienz mangle es ihnen; ihre Dienstleistungen seien zu wenig kundenorientiert; der Wettbewerbsgedanke sei zu schwach ausgeprägt; und ihre Leistungen würden gegenüber Stakeholdern nicht ausreichend transparent gemacht. Wo Neuerungen unausweichlich erscheinen, sieht sich die Managementliteratur in der Lage, gleich selber eine Lösung anzubieten: Managerialismus. Im vorliegenden Beitrag geht es um die Überprüfung der mimetischen Übertragbarkeit des Managerialismus auf NPO am Beispiel des Stakeholder-Managements. Dies beinhaltet zum einen die Problematisierung der Repräsentation von Managerialismus als objektive und neutrale (d.h. unideologische) Methode zur Effizienzsteigerung von NPO. Ferner wird aufgezeigt, dass Managerialismus eine neo-liberale Form der Gouvernementalität (Lemke 2002), und somit tief greifende Veränderungen in den Relationen von NPO zu ihren Stakeholdern, impliziert. Besonderes Augenmerk wird auf die durch den Managerialismus stimulierte Stärkung ökonomischer im Gegensatz zu ethischen und politischen Zielen im Umgang mit den Stakeholdern von NPO gelegt. Übergeordnetes Ziel ist, ein Bewusstsein dafür zu schaffen, dass der Umgang mit Stakeholdern stets mit der Gleichzeitigkeit von ökonomischen Sachzwängen und ethischen Verantwortlichkeiten einhergeht. Durch die Betonung des Konzepts der Verantwortung wird der Grundpfeiler gesetzt für eine Form des NPO-Stakeholder-Managements, welche ein reflexives Bewusstsein der genannten Anforderungsstruktur fördert. Der Beitrag speist sich aus theoretischen Überlegungen sowie aus in einem anwendungsorientierten Forschungsprojekt gewonnenen Erfahrungen. Im Zentrum steht dabei die Darlegung eines Leitfadens zur Ermittlung, Relevanzbewertung und Involvierung von Stakeholdern von NPO. Der Leitfaden kolportiert im Sinne eines regulativen Ideals die Botschaft, dass das NPO-Stakeholder-Management nicht auf die mechanistische Anwendung von Regeln und Technologien reduziert werden kann und dass NPO – um sich als verantwortliche Akteure zu qualifizieren – in der Pflicht stehen, den chronisch prekären Drahtseilakt zu wagen zwischen ökonomischer Rationalität und der Verantwortung gegenüber dem Anderen.

2 Prolegomenon

Im vorliegenden Beitrag geht es nicht um dic Frage, ob sich Managerialismus an Rationalitätsgrundsätzen orientiert, sondern darum „herauszufinden, welcher Typ von Rationalität diesem zugrunde liegt“ (Foucault 1988: 58) und ob sowie innerhalb welcher Grenzen diese Rationalität für NPO auf praktischer Ebene anschlussfähig ist. Da jegliche Praxis – implizit oder explizit – auf bestimmten Grundannahmen oder Rationalitäten beruht, lässt sich Managerialismus unserer Ansicht nach glaubhaft als ideologischer Kunstgriff umreissen, welcher bewirkt, dass Reformen des sozialen Regierens als rein pragmatische Akte des Problemlösens wahrgenommen werden. Managerialismus ist somit in erster Linie als symbolische Umkodierung von Organisationen ausserhalb des Wirtschaftssektors zu verstehen. Konkret handelt es sich um eine Strategie zur Etablierung oder Stärkung des Markt-, Wettbewerbs- und Effizienzgedankens in öffentlichen Institutionen und NPO.

Obwohl die in der Managementliteratur verbreitete Meinung, dass Managerialismus die Effektivität und Effizienz von NPO verbessert, laut einigen Autoren keine ausreichende empirische Basis aufweist (Huang 2007), spielt für die Verbreitung dieser Idee oft weniger ihre tatsächliche Nützlichkeit für die Praxis eine Rolle als die Persuasivität ihrer Botschaft. Die Virulenz des Managerialismus lässt sich somit nicht unbedingt auf dessen Wahrheitsgehalt zurückführen (‚es nützt tatsächlich!'; siehe Shoham et al. 2006), sondern auf die Tatsache, dass er von den Akteuren als geeignetes Mittel zur Steigerung der Leistungsfähigkeit von Organisationen gesehen wird. Genauer gesagt ruft Managerialismus Subjekte und Institutionen im Nonprofit-Sektor dazu auf, sich über die Anwendung von Technologien der Selbstoptimierung (sprich: *best management practices*) dem Ideal der Performativität (Lyotard 1984) anzunähern. Performativität im Sinne Lyotards bedeutet, dass NPO ihre Wahlhandlungen rational ausführen müssen, was auf der Ebene alltäglicher Entscheidungen bedeutet, dass sie stets auf ihre relativen Vorteile (gegenüber ihrer Konkurrenz) bedacht sein müssen. Neo-liberale Ideale des Marktes und des Wettbewerbs internalisieren in NPO den Zwang zur Selbstoptimierung, welcher darauf ausgerichtet ist, Potentiale zur Effizienzsteigerung und Qualitätsverbesserung zu erschliessen. In jedem Fall stehen NPO in der Pflicht nachzuweisen, dass sie ihre Ressourcen in Einklang mit dem Rationalitätsgrundsatz des Marktes einsetzen. Obwohl Managerialismus in NPO nicht notwendigerweise negative Effekte produziert (Maier/Meyer 2009), so gibt es doch ausreichend Hinweise dafür, dass die Anwendung von Managementtechnologien und -diskursen auf soziale Organisationen insbesondere dann fragwürdig ist, wenn sie ohne Berücksichtigung des spezifischen Kontexts erfolgt (Paton 2003). Im Folgenden wird nun der Frage nachgegangen, wie sich eine direkte, das heisst kontext-unsensitive Übertragung der Stakeholder-Management-Praxis aus dem Wirtschaftsbereich auf NPO auswirkt.

3 Drei Überlegungen zum Nexus zwischen Managerialismus und NPO-Stakeholder-Management

3.1 Überlegung 1: Mimesis versus Alterität: „Where's the difference?"

Managerialismus speist sich aus der Annahme der grundsätzlichen Ähnlichkeit von Organisationen. Diese Annahme ist jedoch dahingehend zu spezifizieren, dass Wirtschaftsunternehmen in der managerialistischen Grammatik als Primat fungieren. Managerialismus impliziert somit eine mimetische Praxis, was so viel heisst, als dass Organisationen ausserhalb des Wirtschaftssektors diese zu imitieren haben, um erfolgreich oder schlicht überlebensfähig zu werden bzw. zu sein. Was zieht nun aber der Imperativ der Kopie des privaten Sektors für das Stakeholder-Management von NPO konkret nach sich? Einfach ausgedrückt manifestiert der Stakeholder-Gedanke die historisch gewachsene Einsicht, dass die Verantwortung von Wirtschaftsunternehmen nicht auf den Shareholder-Value beschränkt werden kann. Die Befürworter des Stakeholder-Gedankens führen an, dass sich ihr Ansatz im Gegensatz zur Shareholder-Theorie nicht im Topos des profitorientierten Eigeninteresses erschöpft, sondern dezidiert auf die Berücksichtigung unterschiedlicher und oft abweichender (gesellschaftlicher) Interessen abzielt (Donaldson/Preston 1995). Die Profitlogik des Shareholder-Ansatzes wird somit von den Proponenten des Stakeholder-Ansatzes deshalb kritisiert, weil diese im utilitaristischen Vergleich (sprich: grösster Nutzen für alle) unterlegen scheint.

Obwohl die beiden Ansätze gerne als binäre Gegensätze positioniert werden, ist diese Trennung auf praktischer Ebene nicht haltbar, vor allem da sich Wirtschaftsunternehmen in der alltäglichen Auseinandersetzung mit ihren Stakeholdern erwiesenermassen oft am Return on Investment orientieren. Mit Thielemann (2008: 233) gesprochen lässt sich somit festhalten: „Der Gegensatz [der Stakeholder-Theorie] zum alten Credo Milton Friedmans (1970), ‚The social responsibility of business is to increase its profits', ist dabei nur ein scheinbarer". Worauf Thielemann hier anspricht, ist, dass sich in der Frage, ob sich das Stakeholder-Management ultimativ bezahlt macht oder nicht, eine primär auf die ökonomische Wertsteigerung von Unternehmen ausgerichtete Motivlage bemerkbar macht. Diese in der Literatur als Instrumentalismus (Freeman 1999) bezeichnete Handlungslogik äussert sich in einer Vielzahl der (praktischen) Fälle darin, dass das Stakeholder-Management in eine Mittel-Zweck-Relation eingegliedert wird, deren Zweck-Dimension a priori bereits über den *business case* determiniert ist.

Abgesehen von der durchaus plausiblen Behauptung, dass NPO in der heutigen Zeit ihre Stakeholder nicht länger unberücksichtigt lassen können, hat sich über den Managerialismus eine Reihe von ungeprüften Behauptungen eingeschlichen, allen voran die Annahme, dass die Problematik von NPO im Umgang mit ihren Stakeholdern vor allem auf das Fehlen anerkannter Managementmethoden zurückzuführen ist (Niven 2008). Damit sind wir wieder bei der Ausgangsfrage angelangt: Welches sind die konkreten Auswirkungen einer mimetischen Übertragung der *best practice* des Stakeholder-Managements aus dem Wirtschaftsbereich auf NPO? Eine erste Antwort liefern hier Eikenberry und Kluver (2004: 177), welche in ihrer Untersuchung unter anderem den Impetus des Marktgedankens auf die Stakeholder-Beziehungen von NPO beleuchten: „[...] when nonprofit organizations rely on commercial revenue and entrepreneurial strategies, there is less need to build networks among constituencies, thus discouraging civic participation [...] Rather, stakeholder who were once donors or member become consumers or clients, and the focus of the organization shifts from creating networks of trust to creating opportunities for selling more products or services to individuals". Abgesehen von der Unterminierung der gesellschaftlichen Rolle von NPO (z.B. Bildung von Sozialkapital) kann plausibel angenommen werden, dass NPO durch die Forderung eines effizienten Mitteleinsatzes in eine Situation geraten, in welcher der Austausch mit ihren Stakeholdern fragwürdig erscheint. Im Zuge des Effizienzstrebens verkommt der Dialog mit den Stakeholdern zu einer Bürde (beispielsweise aufgrund des Anstiegs des Verwaltungskostenanteils), zumindest dann, wenn dieser nicht nachweislich zu einer Verbesserung der Leistungen oder der generellen Leistungsfähigkeit der NPO führt. Alternativ kann auch der Fall eintreten, dass im Zuge des Managerialismus bestimmte Stakeholder bevorzugt und andere vernachlässigt werden (Ebrahim 2003). LeRoux (2009) bestätigt diese Annahme, indem sie aufzeigt, dass NPO im Umgang mit ihren Stakeholdern überproportional viele Ressourcen für die Interaktion mit Geldgebern und überproportional wenig für die Beziehungsarbeit mit den Begünstigten einsetzen.

Obwohl eine NPO in jedem Fall gut beraten scheint, beim Austausch mit ihren Stakeholdern die Frage zu stellen ‚was bringt mir das?', so geht es in diesem Beitrag genau darum, die durch die Ökonomisierung des Stakeholder-Managements stimulierte Ausgrenzung der Perspektive des ökonomisch Unbedeutenden, des Anderen auszuleuchten. Zu diesem Zweck wird im nächsten Paragraphen dargelegt, dass Managerialismus den (falschen) Anschein erweckt, dass Stakeholder-Management eine mechanistische, rein auf die Anwendung von Regeln beschränkte Aktivität darstellt.

3.2 Überlegung 2: Methode und Passivität

Žižek (1997) hat überzeugend dargelegt, dass wir uns selbst nach Beendigung des Kalten Krieges und der damit verbundenen Delegitimierung von *grand nar-*

ratives (sprich: Sozialismus) nur scheinbar in einer post-ideologischen Zeit befinden. Kontemporäre Ideologien „verstecken“ sich lediglich hinter der Fassade ökonomisch-technischer Rationalitäten. Der Managerialismus lässt sich in diesem Gestus verorten, indem dieser vorgibt, dass es ihm nicht um die Einführung von ideologischen Glaubenssystemen geht, sondern um die Unterstützung und Verbesserung der Praxis anhand von Regeln des Problemlösens. Daraus folgt, dass das managerialistische Stakeholder-Management mit dem Trugschluss verbunden ist, der Umgang mit Stakeholdern stelle in erster Instanz ein methodisches Problem dar. Wir sehen uns im Rahmen des Managerialismus somit mit dem Problem konfrontiert, dass die Aufgabe im Umgang mit Stakeholdern primär im Zusammenhang mit geregelten respektive regelgeleiteten Tätigkeiten gedacht wird, welche ihrerseits wieder stets konform gehen mit der Idee von Rationalität und einer an und für sich kontrollierbaren Umwelt. Diese Repräsentation des Stakeholder-Managements ist deshalb zu kritisieren, da sie die jeweiligen Akteure von der Last aktiver Entscheidung zu befreien scheint. Die Verbindung von Entscheidung und regelgeleitetem Kalkül führt zu der problematischen Situation, dass Entscheidungen als quasi-automatisch ablaufende und damit unreflektierte und passive Prozesse betrachtet werden. Managerialismus fördert Ignoranz, da der Blick aufs Wesentliche und scheinbar Praktische propagiert wird und politische und ethische Überlegungen konsequent ausgeklammert werden.

Da managerialistische Supportmechanismen nie in der Lage sein werden, die Komplexität des Gegebenen und die Unfassbarkeit des Künftigen greifbar zu machen, macht es Sinn, Entscheidungen für oder gegen die Berücksichtigung von Stakeholdern als Wahl zwischen heterogenen Möglichkeiten zu betrachten. Wie bereits etliche Autoren gezeigt haben, sind NPO Stakeholder-plurale Organisationen (Anheier 2005), die sich mit einer Reihe divergierender Interessen und Ansprüche konfrontiert sehen, deren Prioritäten aus Sicht der jeweiligen NPO nicht einfach bestimmbar sind. Die im Akt des Entscheidens enthaltene Schwierigkeit ergibt sich nicht zuletzt aus dem Umstand, dass die Frage der Relevanz ausserhalb eines rein ökonomischen Referenzsystems nicht letztbegründbar ist. Entscheidungen über die Relevanz, Legitimität oder den Einbezug von Stakeholdern bezeichnen somit stets einen Akt des Wahnsinns (Derrida 1992), wobei sich der Wahnsinn derartiger Entscheidungen daraus ableitet, dass Stakeholder-Management ohne Vorhandensein eindeutiger Regeln und ohne Sicherheit prädiktiver Gewissheiten auskommen muss (Ortmann 2009). Der Wahnsinn von Entscheidungen im Rahmen des Stakeholder-Managements ergibt sich in anderen Worten aus dem Umstand, dass sie jegliche Form des Wissens übersteigen und angesichts der stets präsenten Möglichkeit des Scheiterns (d.h. des „Sich-falsch-Entscheidens") getroffen werden müssen. Dies führt dazu, Stakeholder-Management in NPO weniger als regelgeleitete Kalküle, denn als Akte der Verantwortung zu betrachten.

3.3 Überlegung 3: Verantwortung und Aporia

Managerialismus im Rahmen des NPO-Stakeholder-Managements führt eine Situation herbei, in der bestehende Antagonismen und Widersprüche bei der Relevanzbewertung und Integration von Stakeholdern im Sinne der Entlastung der Entscheidungsträger entweder ignoriert oder zu kontrollieren versucht werden. Verantwortungsbewusste Entscheidungen sind aber laut Derrida (1999) genau dadurch charakterisiert, dass dem jeweiligen Akteur ein aktives Für-und-wider abverlangt wird. Übertragen auf NPO heisst dies, dass sie nicht umhin kommen, aktiv (im Sinne von nicht-mechanisch) darüber zu entscheiden, welche Stakeholder sie als relevant bezeichnen und somit berücksichtigen und welche nicht. Entscheiden ohne Entscheidungsregeln und in vollem Bewusstsein der eigenen Verantwortung gegenüber all den Stakeholdern (den Anderen), die von den Handlungen einer NPO direkt betroffen sind oder aber ein begründetes Interesse an ihrer Tätigkeit aufweisen, kennzeichnet einen ethischen Akt. Um einen solchen handelt es sich, da ihm Unsicherheit und der Moment des Scheiterns inhärent sind. Wie Moran (2000: 443) hier meint: „Morality [Anmerkung: im Sinne der Verantwortung gegenüber dem Anderen] entails **risks**, and the very notion of responsibility is predicated on the idea that the right action has not been clearly signalled in advance" (Hervorhebung im Original). Die Differenz zum instrumentellen Stakeholder-Management-Ansatz eröffnet sich darin, dass dieser den Anderen lediglich so weit berücksichtigt, als daraus ein persönlicher Vorteil resultiert. Jeglicher Versuch, Stakeholder-Management aus der Perspektive der Identität (‚was liegt für mich drin?') zu denken, ist insofern mit der Idee der Ethik qua Verantwortung nicht kompatibel, da der Austausch mit dem Anderen auf der Kalkulation des eigenen Vorteils fusst (Jones 2003). Der Übergangspunkt von der Modellwelt der Ökonomen zum Wirkungsbereich der Ethik wird hier daran erkennbar, dass das Andere eine eigenständige Berechtigung erfährt. Im Bereich des Stakeholder-Managements haben Evan und Freeman (1988) diesen Faden bereits aufgegriffen, indem sie – unter Regress auf Kant – ein Bewusstsein dafür zu schaffen versuchten, dass jede Person das Recht hat, als eigenständiges Subjekt wahrgenommen zu werden. Verantwortung bedeutet somit kurzum die Berücksichtigung, dass der Andere anders ist, das heisst, über Ansprüche, Interessen und Ziele verfügt, welche grundlegend von der eigenen Perspektive abweichen.

Mit der Betonung der ethischen Dimension des Stakeholder-Managements einher geht die Forderung, dass NPO stets *multiple bottom lines* berücksichtigen müssen. Konkret ist eine duale Anforderungsstruktur impliziert, welche NPO dazu verpflichtet, ihre Verantwortung gegenüber (all) ihren Stakeholdern zu beherzigen (Phillips 2004), ohne dabei aber den Blick auf ihre ökonomischen Sachzwänge zu verlieren. Diese Situation beherbergt zwei Aporien, das heisst „Pattsituationen" oder „unüberwindbare Widersprüche" (Derrida 1993). Der erste Widerspruch ergibt sich – wie oben bereits angedeutet – aufgrund des Spannungsfeldes zwischen dem Effizienzgrundsatz der Performativität und der Idealität der Verantwortung gegenüber dem Anderen. Nehmen wir zur Illustration den hypothetischen Fall einer NPO, die beim Stakeholder-Management instrumentelle Überlegungen ins Zentrum stellt, so ist nachvollziehbar, dass vor allem solche Stakeholder Beachtung finden, welche für ihren Erfolg oder ihr Überleben massgeblich sind. Der Widerspruch ergibt sich aus dem Umstand, dass die NPO simultan auch denjenigen Stakeholdern verpflichtet bleibt, die aus einer ökonomischen Perspektive betrachtet vernachlässigbar erscheinen (wobci das Tun des einen dem Tun des anderen (tendenziell) zuwider läuft). Der zweite Widerspruch leitet sich aus dieser gegenläufigen Dynamik ab. Konkret speist er sich daraus, dass man als NPO nie verantwortlich genug sein kann. Selbst wenn man sich als NPO in der Pflicht sieht, allen Stakeholder gerecht zu werden (Evan/Freeman 1988), so ergibt sich die Notwendigkeit des Stakeholder-Managements für NPO genau aus der Tatsache ihrer knappen Ressourcen; will heissen: Obwohl Ethik im Sinne der Verantwortung im Grundsatz bedeutet, dass alle Stakeholder berücksichtigt werden sollten, so ergeben sich aufgrund pragmatischer Sachzwänge Einschränkungen bezüglich der Anzahl berücksichtigbarer Stakeholder. Der zweite Widerspruch ergibt sich somit aufgrund des notwendigen Ausschlusses von Stakeholdern sowie aufgrund des Fehlens von Entscheidungsregeln zur Identifikation der ein- und auszuschliessenden Stakeholder. Derrida (1997a: 20 f.) meint denn auch: „No one could or should be quietly reassured about their decisions. When someone says 'I have taken my responsibility, I have made a good decision,' one may be sure that it's wrong".

4 Implikationen für die Praxis

4.1 NPO Stakeholder-Management oder das Organisieren des Nicht-Organisierbaren

Über die vorangehenden Überlegungen haben wir den Weg für ein Modell des Stakeholder-Managements zu bereiten versucht, welches sich der unüberwindbaren Widersprüche annimmt, ohne dabei den Anspruch zu erheben, die inhärenten Spannungen in irgend einer Art zu moderieren, das heisst: zu managen. Anstatt also der über den Managerialismus propagierten Als-ob-Logik (wonach NPO Wirtschaftsunternehmen in wesentlichen Aspekten ähnlich sind) zu folgen, schlagen wir eine Sowohl-als-auch-Logik vor, welche die Gleichzeitigkeit ökonomischer Rationalitäten in und ethischer Verantwortlichkeiten von NPO postuliert. Dieses Sowohl-als-auch trägt der Feststellung Rechnung, dass die beiden Foki für sich genommen relevant und gleichzeitig unvereinbar sind. Wir stellen uns im Folgenden der Frage, wie das praktische Organisieren dieser Widersprüchlichkeit (sprich: des Nicht-Organisierbaren) aussehen könnte. Im Vordergrund steht dabei die Problematik, wie sich NPO überhaupt entscheiden können/sollen, wenn man ihnen jegliche Entscheidungsgrundlage entzieht. Impliziert Unentscheidbarkeit nicht unmittelbar eine Handlungsparalyse? Ganz im Gegenteil: Die Unentscheidbarkeit des NPO Stakeholder-Managements führt nicht zu Entscheidungsunfähigkeit. Unentscheidbarkeit im Sinne eines „not knowing where to go" (Derrida 1993: 12) beinhaltet eine Aufforderung zum unmittelbaren Handeln. Obwohl Entscheidungen verunsichern (da man nie weiss, wie man sich entscheiden soll und ob man sich letztlich richtig entschieden hat), müssen sie unbedingt gefällt werden. In Anlehnung an Ortmann (2009: 229) könnte man daher sagen: Der (richtige) Umgang mit unentscheidbaren Entscheidungen „grenzt ans Unmögliche, und doch ist es nötig".

Die Logik des Sowohl-als-auch bedeutet nun im konkreten Fall des Stakeholder-Managements, dass NPO wie der doppelgesichtige Janus (welcher gleichzeitig gegen hinten und gegen vorne schaut) im Prozess des Entscheidens in einer Weise agieren müssen, welche es ihnen erlaubt, beide Pole des Antagonismus zu berücksichtigen. Derrida (1997b: 229) zufolge besteht die Herausforderung einer unentscheidbaren Praxis darin: „[T]o gesture in opposite directions at the same time: on the one hand to preserve a distance and suspicion with regard to official political [and economic] codes governing reality; on the other, to intervene here and now in a practical and **engaged** manner whenever the necessity arises. [...] This position of dual allegiance [...] is one of perpetual uneasiness" (Hervorhebung im Original). Obwohl hier zum Ausdruck gebracht wird, dass der praktische Umgang mit unentscheidbaren Situationen mit einem Gefühl des chronischen Unbehagens verbunden ist, so ist dies der „Preis" für reflektierte, auf Widersprüche ausgerichtete Denk- und Handlungsmuster. Positiv ausgedrückt lässt sich also feststellen, dass über ein „Gleichzeitig-in-zwei-Richtungen-Schauen" verhindert wird, dass die instrumentelle gegenüber der ethischen Perspektive die Überhand gewinnt (oder vice versa). Die Januskopf-Metapher ist somit als Leitidee zu verstehen, welche die mit dem Managerialismus assoziierte Eindimensionalität (im Sinne zu kalkulierender Eigeninteressen) zu überwinden sucht. Die praktische Bedeutsamkeit dieser Metapher wird nun anhand eines anwendungsorientierten Forschungsprojekts illustriert.

4.2 Erfahrungsbericht aus dem NPO-Forschungsprojekt

Im angesprochenen Forschungsprojekt ging es unter anderem darum, den Hiatus des Stakeholder-Managements (Performativität contra Verantwortung) für die praktische Arbeit von NPO greifbar zu machen. Zu diesem Zweck entwickelte unser Team einen Leitfaden für das NPO-Stakeholder-Management, welcher im Anschluss von den beiden ins Forschungsprojekt involvierten NPO auf seine praktische Anwendbarkeit hin beurteilt wurde. Im nachfolgend vorgestellten Leitfaden sind die Änderungsvorschläge der beiden NPO bereits integriert. Gleich im Anschluss finden sich die über den Leitfaden kolportierten Begründungen, weshalb sich NPO in systematischer Weise mit ihren Stakeholdern befassen sollen. Daran anschliessend wird der dreistufige Leitfaden in seinen Grundzügen vorgestellt, gefolgt von einer kritischen Würdigung desselbigen.

4.2.1 Begründung des NPO Stakeholder-Managements

(1) „*Money matters*": Ein systematisches Stakeholder-Management ist aus ökonomischer Optik betrachtet für NPO deshalb von Belang, da sie analog zu Wirtschaftsunternehmen stark umfeldabhängige Input-Output-Systeme darstellen (Stötzer 2009). Nur über die Etablierung tragfähiger, vertrauensbasierter Beziehungen mit ihren zentralen Stakeholdern werden NPO überhaupt erst in die Lage versetzt, die für ihre Leistungserbringung notwendigen Ressourcen auf lange

Frist zu sichern. Die seit geraumer Zeit sich zuspitzende Konkurrenzsituation im NPO-Bereich (Jäger/Beyes 2008) hat somit explizit dazu beigetragen, dass NPO ihre Beziehungen zu öffentlichen und privaten Geldgebern professionalisieren müssen. Dies äussert sich unter anderem darin, dass NPO stärker als früher auf ihre öffentliche Reputation achten und „Umfeld-Pflege" als Mittel zur Visualisierung auf dem Spendermarkt betreiben müssen. Obwohl zutrifft, dass sich NPO nicht primär an ökonomischen Zielen orientieren, müssen diese im Umgang mit ihren Stakeholdern das ökonomische Effizienzkriterium (d.h. wirtschaftlicher Einsatz der Geldmittel) in Betracht ziehen. Aus ökonomischer Sicht besteht der Lackmustest schweizerischer NPO darin, beim Einbezug ihrer Stakeholder der Forderung Rechnung zu tragen, ihre Mittel zielorientiert und wirtschaftlich einzusetzen (Zewo 2009).

(2) „*Ethics matters too*": NPO stehen in der Pflicht, neben ihren ökonomischen Zielen auch ihre gesellschaftliche und ökologische Verantwortung wahrzunehmen. Selbst in Situationen, in denen pragmatische Sachzwänge das Stakeholder-Management behindern oder in Frage stellen, bleibt die Verantwortung von NPO gegenüber (all) ihren Stakeholdern bestehen. Verantwortung ist somit stets bereits aktiviert, wenn Stakeholder gegenüber einer NPO ein Interesse oder ein Anliegen aufweisen. Wie Caputo (1993: 7) dazu bemerkt: „[O]bligation „happens" [...] Obligations do not ask for my consent", und zwar auch dann nicht, wenn eine NPO rational zu begründen versucht, dass sie der Verpflichtung nicht nachkommen kann oder will. Sofern nun gilt, dass sich NPO ihrer Verantwortung gegenüber den Stakeholdern nicht entziehen können (da sie fortbesteht, auch wenn man sich von ihr abwendet), dann sind diese gut beraten, Verantwortung nicht als reaktiven Akt der Rechenschaftslegung aufzufassen (d.h. darauf zu warten, dass man zur Verantwortung gezogen wird), sondern als authentischen Akt des „Sich-verantwortlich-Zeigens" (Ebrahim 2003).

(3) „*So try to accomplish both*": Da ein rein auf Public-Relations- oder Sozialmarketing-Zielen basiertes Stakeholder-Management ethisch nicht begründbar ist und zudem von den Stakeholdern oft nicht honoriert wird, ergibt sich die Forderung, dass NPO nicht bloss den ökonomisch relevanten Stakeholdern Aufmerksamkeit schenken, sondern auch den de facto „Machtlosen". Erforderlich wird somit ein reflektiertes Abwägen, welche Grundmotivationen (instrumentell versus ethisch) den Auswahl- und Bewertungsprozessen des NPO Stakeholder-Managements zugrunde liegen und inwiefern diese in einem ausgewogenen Verhältnis zueinander stehen. Unser Appell zielt somit darauf ab, NPO daran zu

erinnern, ihre gesellschaftliche Verantwortung auch dann noch zu beherzigen, wenn ihre ökonomischen Rahmenbedingungen sie in Bedrängnis bringen.

4.2.2 Anleitung zum Umgang mit Stakeholdern

Der Leitfaden umfasst ein mehrstufiges Modell zur (1) Ermittlung und (2) Bewertung von Stakeholdern sowie für das (3) Managen der Beziehungen mit relevanten Stakeholdern. Er zielt darauf ab, eine/n (interne/n oder externe/n) Moderator/in zu befähigen, mit den Mitarbeitenden einer NPO einen geleiteten Gruppenprozess zu initiieren und zu durchlaufen.

Schritt 1: Ermittlung der Stakeholder

Nach der Durchführung einer „Aufwärmübung" im Sinne einer thematischen Einführung besteht der erste Arbeitsschritt des Leitfadens darin, einen Überblick über die Gesamtheit aller Stakeholder der im Fokus stehenden NPO zu ermitteln, vorerst ohne die einzelnen Stakeholder hinsichtlich ihrer Relevanz zu gewichten. Der Prozess beginnt mit einem Brainstorming-Prozess, auf Grundlage dessen möglichst alle Stakeholder der NPO benannt und auf einem Flipchart visuell dargestellt werden. Der nächste Schritt zielt darauf ab, die Vielfalt und Heterogenität der Stakeholder über die Verwendung von Kategorien zu reduzieren. Es geht somit darum, ähnliche Stakeholder in einer gemeinsamen Kategorie zusammenzufassen. In Abb. 1 findet sich dazu ein Beispiel, wie sich die Stakeholder einer imaginären NPO über Kategorien abbilden lassen. Die in Abb. 1 enthaltenen Stakeholder-Kategorien dienen dabei lediglich als Illustrationen. Jede NPO ist gefordert, diejenigen Stakeholder-Kategorien auszuwählen respektive zu entwickeln, welche in ihrem Fall nützlich sind, um (a) die Vielfalt ihrer individuellen Stakeholder zu reduzieren und (b) die für sie stimmige Terminologie zu erhalten.

Mit Blick auf die Verantwortung von NPO erfüllt die Ermittlung der Gesamtheit der Stakeholder eine wichtige Sensibilisierungsfunktion. Indem der Gruppe vermittelt wird, dass ihre NPO grundsätzlich allen ermittelten Stakeholdern gegenüber verantwortlich ist, lässt sich ein Gefühl für die ethische Dimension des Stakeholder-Managements etablieren. Zur Verstärkung des Verantwortungsgefühls werden die von der Gruppe ermittelten Stakeholder – sofern möglich – zu quantifizieren versucht (z.B. konkrete Schätzung der Anzahl Begünstigter einer NPO). Je umfassender und genauer das Bild, das eine NPO in qualitativer wie auch in quantitativer Hinsicht von ihren Stakeholdern gewinnt, desto wahrscheinlicher ist es, dass sie sich ihrer Verantwortung gegenüber dem Anderen bewusst ist und dieser in praktischer Sicht zu entsprechen versucht.

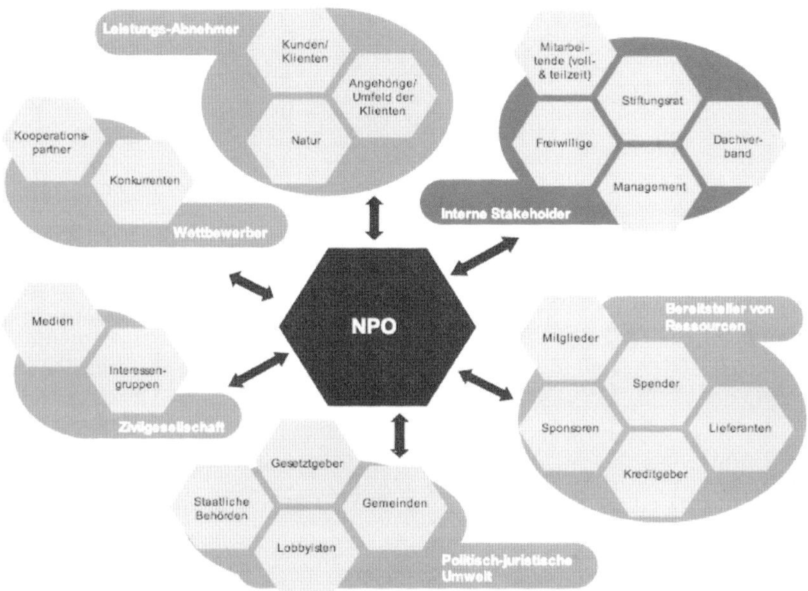

Abb. 1: Beispielmodell zur Ermittlung der Stakeholder von NPO

Schritt 2: Bewertung der Stakeholder hinsichtlich Relevanz

Der zweite Arbeitsschritt besteht in der Relevanzbewertung der Stakeholder. Der Prozess beginnt mit einer Reflexion über die einzelnen Stakeholder bezüglich gegenseitiger Abhängigkeiten. Darin inkludiert ist (a) die Abhängigkeit der Stakeholder von der NPO wie auch (b) die Abhängigkeit der NPO von den einzelnen Stakeholdern. Die erste Perspektive legt den Fokus auf die sogenannt mächtigen Stakeholder, das heisst diejenigen, welche aus einer instrumentellen

Perspektive (d.h. für die Existenzsicherung der NPO) betrachtet bedeutsam sind. Im zweiten Fall wird der Fokus dagegen auf die abhängigen Stakeholder gelegt, welche in existentieller Weise von der NPO abhängen. Naturgemäss handelt es sich hier um Stakeholder, die auf die Leistungen der NPO angewiesen sind (d.h. Begünstigte, Kunden) oder die in einem Anstellungsverhältnis mit der NPO stehen (z.B. Mitarbeitende, Volontäre).

Die Bestimmung der Abhängigkeitsverhältnisse dient nun insofern als Vorbereitung für die Relevanzbewertung, als die Gruppe sensibilisiert wird, das Attribut „relevant" sowohl auf diejenigen Stakeholder anzuwenden, die für die Existenzsicherung der NPO bedeutsam sind als auch auf diejenigen, die existentiell von der NPO abhängen (und/oder die keine Möglichkeit haben, ihren Anliegen Gehör zu verschaffen). Während die Relevanzbewertung grundsätzlich darauf hinausläuft, wichtige von weniger wichtigen Stakeholdern zu unterscheiden, wird die Gruppe angeleitet, bei der Identifikation relevanter Stakeholder ein ausgewogenes Verhältnis zwischen instrumentell und ethisch relevanten Stakeholdern zu etablieren. Es gilt mit anderen Worten zu vermeiden, lediglich diejenigen Stakeholder als relevant zu bezeichnen, die über die für die Existenzsicherung der NPO notwendigen ökonomischen und nicht-ökonomischen Mittel verfügen.

Wie in Abb. 2 deutlich wird, wurde der Gegenläufigkeit der instrumentellen und der ethischen Perspektive des Stakeholder-Managements über die Einführung eines entsprechenden Bewertungsrasters zu entsprechen versucht. Das zweidimensionale Raster unterscheidet demnach Stakeholder, die auf der Grundlage instrumenteller Überlegungen relevant erscheinen von solchen, die aus ethischer Perspektive bedeutsam sind.

Da die NPO aus Ressourcengründen nicht alle Stakeholder berücksichtigen kann, geht es im nächsten Schritt darum, eine Auswahl der relevantesten Stakeholder zu treffen. Verantwortliche Entscheidungen der Gruppe werden eingefordert über den Hinweis, dass die relevanten Stakeholder über beide Pole des Rasters zu bestimmen sind und dass unbedingt verhindert werden muss, die mächtigen Stakeholder (z.B. Spender, öffentliche Hand) zu bevorzugen (LeRoux 2009). Ziel ist in jedem Fall, dass sich die Klasse relevanter Stakeholder zu ungefähr gleichen Teilen aus mächtigen und abhängigen Stakeholdern konstituiert.

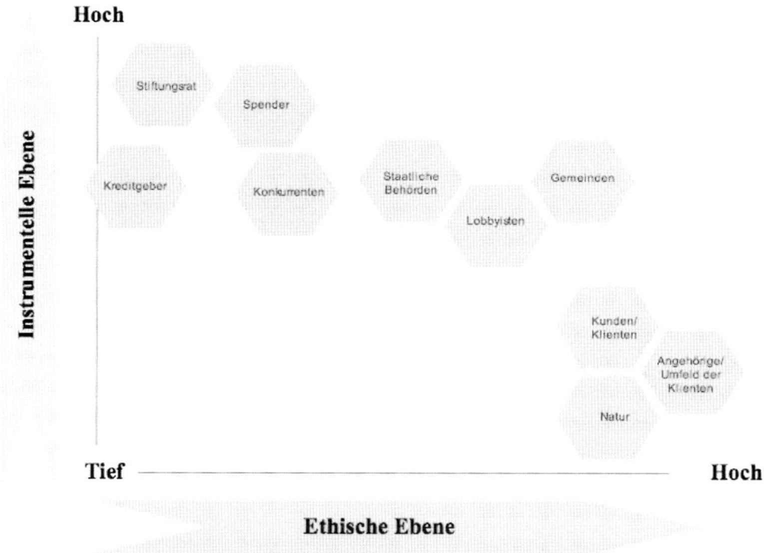

Abb. 2: Beispielmodell der Relevanzbewertung von Stakeholdern (in Anlehnung an O'Higgins 2010)

Wie in Abb. 3 exemplarisch dargestellt, soll die Gruppe darauf hin arbeiten, die für die Existenzsicherung und Leistungsfähigkeit der NPO relevanten Stakeholder (linker Kreis) sowie die Stakeholder, die dringend auf die Unterstützung durch die NPO angewiesen sind (rechter Kreis), zu gleichen Teilen zu berücksichtigen (d.h. als relevant zu bezeichnen). Wie viele Stakeholder letztlich als relevant klassifiziert werden, liegt im Ermessen der Gruppe und soll vornehmlich über eine Reflexion der Ressourcensituation der jeweiligen NPO eruiert werden.

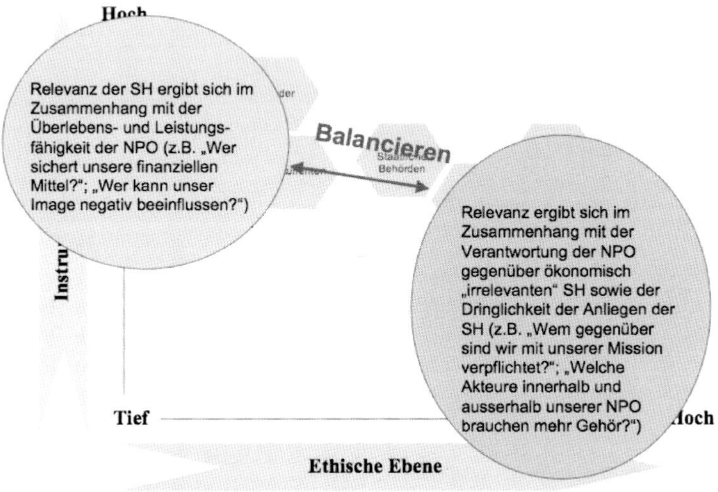

Abb. 3: Balancieren instrumentell und ethisch relevanter Stakeholder (SH)

Schritt 3: Management der Stakeholder-Beziehungen

Der Relevanzbewertung der Stakeholder schliessen sich Überlegungen dazu an, wie mit den relevanten Stakeholdern in praktischer Hinsicht zu verfahren ist. Das heisst, in welcher Form sich NPO mit ihren relevanten Stakeholdern in Beziehung setzen sollen. Da der Umgang mit den relevanten Stakeholdern von deren spezifischen Charakteristika sowie von den Ressourcenbedingungen der NPO abhängt, muss die jeweilige Beziehungsarchitektur stets unter Berücksichtigung aktueller Kontextbedingungen und Sachzwänge entwickelt werden. Der Leitfaden vermittelt somit lediglich generelle Handlungsempfehlungen zum Umgang mit relevanten Stakeholdern.

Da die Ansprüche und Interessen der relevanten Stakeholder unterschiedlichster Natur sein können, zielen die Handlungsempfehlungen darauf ab, potentielle Ziel- und Interessenkonflikte innerhalb der NPO zu minimieren. Zu diesem

Zweck propagiert der Leitfaden im Rahmen des Managements von Stakeholder-Beziehungen eine Strategie der losen Kopplung. Der von Weick (1976) entwickelte und im Nonprofit-Bereich von Bode (2003) und Theuvsen (2001) diskutierte Ansatz spricht sich dafür aus, unter bestimmten Bedingungen die (Teil-) Autonomie organisationaler Sub-Einheiten (z.B. Abteilungen oder Hierarchieebenen) zu fördern. Konkret geht es darum, über einen Prozess der funktionalen Differenzierung und Parallelisierung die Freiheitsgrade einzelner Sub-Einheiten des Systems zu erhöhen und somit den Weg zu bereiten für individuelle, auf die jeweilige Problemstellung angepasste Lösungen. Im Fall des Managements von Stakeholder-Beziehungen eröffnet die Strategie der losen Kopplung die Möglichkeit, dass die relevanten Stakeholder von unterschiedlichen Abteilungen oder Bereichen der jeweiligen NPO bedient werden. Konkret werden innerhalb der jeweiligen NPO Rollen und Verantwortlichkeiten im Umgang mit den relevanten Stakeholdern festgelegt. Über die Zuweisung relevanter Stakeholder an diejenige Organisationseinheit, welche den engsten Bezug oder die höchste Kompetenz im Umgang mit diesen aufweist, erhöht sich insgesamt die Fähigkeit der NPO, mit den heterogenen und teils konträren Widersprüchen der Stakeholder umzugehen. In der Praxis könnte sich die lose Kopplung im Umgang mit relevanten Stakeholdern beispielsweise darin manifestieren, dass sich die Geschäftsleitung mit dem Träger der NPO auseinandersetzt, die Fundraising- oder Finanzabteilung sich der Geldgeber annimmt und die operativen Bereiche sich mit den Anliegen der Begünstigten befassen.

Über den Leitfaden wird die Gruppe angewiesen, die relevanten Stakeholder denjenigen Abteilungen und Bereichen zuzuweisen, die am besten in der Lage scheinen, die Ansprüche und Interessen dieser zu bedienen. Dabei ist sicherzustellen, dass die von den Entscheidungen der Gruppe betroffenen Abteilungen und Bereiche im Anschluss an die Zuweisung umfassend informiert werden. Zudem ist zu prüfen, ob und wie die Beziehungen zu relevanten Stakeholdern bereits über Reglemente, Richtlinien und Strategien definiert sind und ob sich allenfalls Änderungen der verschriftlichten Beziehungen aufdrängen. Die Strategie der losen Kopplung hat sich in der Praxis als nützlich erwiesen, um der Vielfalt und Widersprüchlichkeit der Ansprüche und Interessen relevanter Stakeholder gerecht zu werden. Sie stösst jedoch dann an ihre Grenzen, wenn Stakeholder für mehrere Bereiche relevant sind, welche ihrerseits aber unterschiedliche Werte und Ziele verfolgen (Theuvsen 2001). Sofern die Zuordnung relevanter Stakeholder zu einzelnen Abteilungen oder Bereichen ambivalent ist, empfiehlt es sich deshalb, dass eine zentrale Instanz (z.B. die Geschäftsleitung) die finale Zuordnung der jeweiligen Stakeholder vornimmt.

4.2.3 Kritische Würdigung des Leitfadens

Die in schriftlicher Form eingereichten Kommentare der beiden NPO haben gezeigt, dass die Empfehlungen unseres Teams, allen voran der Appell, den Widerspruch zwischen Performativität und Verantwortung im Rahmen des Stakeholder-Managements zu beherzigen, im Grossen und Ganzen anschlussfähig waren. Die grundsätzlich wohlwollende Rezeption des Leitfadens durch die beiden NPO zieht nun aber nicht die Schlussfolgerung nach sich, dass dieser bedingungslos auf andere NPO anwendbar ist. Da unser Entwurf vor dem Hintergrund der „Lebenswelt“ der beiden NPO erarbeitet wurde, besteht selbstredend die Möglichkeit, dass der Leitfaden tendenziös bleibt und damit für weitere NPO in der Schweiz nur bedingt anwendbar ist. Weil nun aber das Forschungsprojekt explizit darauf ausgerichtet ist, ein für schweizerische NPO generell anwendbares Instrumentarium zu entwickeln, wird der nächste Arbeitsschritt darin bestehen, den Leitfaden über den Einbezug weiterer NPO auf seine generelle Anschlussfähigkeit hin zu prüfen.

5 Nachwort

Der vorliegende Beitrag sah sich als Versuch, das Problem des Managerialismus für das Stakeholder-Management aus der Perspektive der Verantwortung von NPO her zu denken. Wir hoffen, dass unsere Überlegungen so weit nützlich waren, als sie den Lesenden die Dringlichkeit einer auf Widersprüchen fokussierenden Praxis des Stakeholder-Managements vermittelt haben. Nur wenn es gelingt, so unsere Überzeugung, den Begriff des (Stakeholder-)Managements von NPO aus einer Perspektive heraus zu denken, welche der Hegemonie des ökonomischen *business case* Grenzen setzt und für die Berücksichtigung gegenläufiger Anforderungen sowie unüberwindbarer Widersprüche Platz einräumt, werden wir in der Lage sein, die notorische Lücke zwischen Praxis und Theorie ein wenig zu schliessen.

Literatur

Anheier, Helmut K. (2005): Nonprofit Organizations: Theory, Management, Policy. New York.

Bode, Ingo (2003): Von Strategien und Zerreißproben. Chancen und Gefahren loser Kopplung in freiwilligen Vereinigungen. In: Mission Impossible? Strategien im Dritten Sektor, hrsg. v. Arbeitskreis Nonprofit-Organisationen, Frankfurt a. Main, S. 15-41.

Caputo, John D. (1993): Against Ethics. Bloomington, Indianapolis.

Derrida, Jacques (1992): Given Time: Counterfeit Money. Chicago.

Derrida, Jacques (1993): Aporias: Dying – Awaiting (one another) the 'Limits of Truth'. Stanford.

Derrida, Jacques (1997a): On Responsibility. In: PLI: Warwick Journal of Philosophy, 6, S. 19-36.

Derrida, Jacques (1997b): Politics and Friendship: An Interview with Jacques Derrida. In: The Althusserian Legacy, hrsg. v. Ann E. Kaplan und Michael Sprinker, London, S. 183-231.

Derrida, Jacques (1999): Hospitality, Justice and Responsibility: A Dialogue with Jacques Derrida. In: Questioning Ethics, hrsg. v. Richard Kearney und Mark Dooley, London, S. 65-83.

Donaldson, Thomas/Preston, Lee E. (1995): The Stakeholder Theory of the Modern Corporation: Concepts, Evidence and Implications. In: Academy of Management Review, 20, S. 65-91.

Ebrahim, Alnoor (2003): Accountability in Practice: Mechanisms for NGOs. In: World Development, 31, S. 813-829.

Eikenberry, Angela M./Kluver, Jodie Drapal (2004): The Marketization of the Nonprofit Sektor: Civil Society at Risk? In: Public Administration Review, 64, S. 132-140.

Evan, William M./Freeman, R. Edward (1988): A Stakeholder Theory of the Modern Corporation: Kantian Capitalism. In: Ethical Theory and Business, 3. Aufl., hrsg. v. Tom L. Beauchamp und Norman E. Bowie, Englewood Cliffs, NJ, S. 97-106.

Foucault, Michel (1988): Für eine Kritik der politischen Vernunft. In: Lettre International, 1, S. 58-66.

Freeman, R. Edward (1999): Divergent Stakeholder Theory. In: Academy of Management Review, 24, S. 233-236.

Friedman, Milton (1970): The Social Responsibility of Business is to Increase its Profits. In: New York Times Magazin, 13. September, S. 32-33 und 122-126.

Huang, Chiung-Man (2007): New Managerialism and the Change of Nonprofit Organization: A Case Study. http://ethesys.lib.pu.edu.tw/ETD-db/ETD-search/view_etd?URN=etd-0721107-142245, abgerufen am 3.2.2010.

Jäger, Urs/Timon Beyes (2008): Von der Kunst des Balancierens. Entwicklungen, Themen und Praktiken des Managements von Nonprofit-Organisationen. Bern.

Jones, Campbell (2003): As if Business Ethics were Possible, 'within such limits' … In: Organization, 10, S. 223-248.

Lemke, Thomas (2002): Foucault, Governmentality, and Critique. In: Rethinking Marxism, 14, S. 49-64.

LeRoux, Kelly (2009): Managing Stakeholder Demands: Balancing Responsiveness to Clients and Funding Agents in Nonprofit Social Service Organizations. In: Administration & Society, 41, S. 158-184.

Lyotard, Jean-François (1984): The Postmodern Condition: A Report on Knowledge. Minneapolis.

Maier, Florentine/Meyer, Michael (2009): „Business-like" Form without „Business-like" Substance? The Thin Line between Nonprofit Managerialism and Economization. www.wu.ac.at/npo/en/research/form_and_substance.pdf, abgerufen am 3.2.2010.

Moran, Dermot (2000): Introduction to Phenomenology. London.

Niven, Paul R. (2008): Balanced Scorecard: Step-by-Step for Government and Nonprofit Agencies. New York.

O'Higgins, Eleanor R.E. (2010): Corporations, Civil Society, and Stakeholders: An Organizational Conceptualization. In: Journal of Business Ethics, 94 (2), S. 157-176.

Ortmann, Günter (2009): Management in der Hypermoderne: Kontingenz und Entscheidung. Wiesbaden.

Paton, Rob (2003): Managing and Measuring Social Enterprises. Thousand Oaks.

Phillips, Robert (2004): Some Key Questions about Stakeholder Theory. In: Ivey Business Journal, March/April 2004, S. 1-4.

Shoham, Aviv/Ruvio, Ayalla/Vogoda-Gadot, Eran/Schwabsky, Nitza (2006): Market Orientations in the Nonprofit and Voluntary Sector: A Meta-analysis of their Relationships with Organizational Performance. In: Nonprofit and Voluntary Sector Quarterly, 35, S. 453-476.

Stötzer, Sandra (2009): Stakeholder Performance Reporting von Nonprofit-Organisationen. Wiesbaden.

Theuvsen, Ludwig (2001): Stakeholder-Management: Möglichkeiten des Umgangs mit Anspruchsgruppen. Münsteraner Diskussionspapiere zum Nonprofit-Sektor Nr. 16, Münster.

Thielemann, Ulrich (2008): Ethik als Erfolgsfaktor? The Case Against the Business Case und die Idee verdienter Reputation. In: Betriebswirtschaftslehre und Unternehmensethik, hrsg. v. Andreas G. Scherer und Moritz Patzer, Wiesbaden, S. 231-255.

Weick, Karl E. (1976): Educational Organizations as Loosely Coupled Systems. In: Administrative Science Quarterly, 21, S. 1-19.

Zewo – Schweizerische Zertifizierungsstelle für gemeinnützige Spenden sammelnde Organisationen (2009): Das Zewo-Gütesiegel in der Anwendung. Zürich.

Žižek, Slavoj (1997): The Plague of Fantasies. London.

Versprechen, Vertrag und Supererogation in Nonprofit-Organisationen

Arne Manzeschke und Alexander Brink, Bayreuth

1 Einleitung

Der ursprünglich für börsennotierte Unternehmen konzipierte Deutsche Corporate-Governance-Kodex (DCGK) hat sich in den vergangenen Jahren über entsprechende Adaptionen in hohem Maße in freigemeinnützigen Einrichtungen und anderen Nonprofit-Organisationen (NPO) verbreitet. Beispielhaft sei hier der Diakonische Corporate-Governance-Kodex (DGK) genannt, der 2005 auf der Diakonischen Konferenz für alle diakonischen Einrichtungen mit mehr als 50 Mitarbeitenden für verbindlich erklärt wurde. Neben aufwändigen Rapporten wird ein weitaus höheres Maß an Transparenz gegenüber den Stakeholdern eingefordert (Bachert 2006). Dies bedeutet nicht nur, dass Aspekte, die bislang allein internen Stakeholdern bewusst waren, nun auch externen Stakeholder erklärt werden müssen (z.B. Arbeitsabläufe, Vergütungsstrukturen oder Bilanzen). Die Forderung nach mehr Transparenz betrifft auch diejenigen Aspekte, die bisher für jeden Stakeholder systematisch *unsichtbar* waren: implizite Verträge, Unternehmenskulturen, Normen und Werte sowie implizite Versprechen, welche die Organisationen nach außen und nach innen abgibt. Gerade letztere haben die Governance- und die NPO-Forschung bislang nicht hinreichend berücksichtigt (Manzeschke 2009). In freigemeinnützigen Einrichtungen (z.B. diakonischen Krankenhäusern oder Altenpflegeeinrichtungen), welche wir hier als ein Segment des großen und divergenten Nonprofit-Sektors fokussieren und eingehender analysieren, wirkt sich diese Forschungslücke besonders gravierend aus.

In einem ersten Schritt beschreiben wir das *Versprechen* der Organisation und ihrer Mitarbeitenden als ein zentrales Element für ihren Ruf (die Reputation), worauf sich das *Vertrauen* der Klienten/Patientinnen/Bewohner bezieht, wenn sie sich Hilfe suchend an diese Organisation wenden. Wir plädieren für ein kulturalistisch basiertes Verstehen dieser Beziehungen, die in einem utilitaristisch konzeptualisierten rational-choice-Modell nicht hinreichend erfasst werden (Sztompka 1999; Bates 1988). In einem zweiten Schritt fragen wir nach Anschlussmöglichkeiten für diese Perspektive in den aktuellen institutionsökonomischen Debatten und greifen hierfür auf das – zu erweiternde – Doppelte-Prinzipal-Agenten-Modell zurück (Langer 2004). In einem dritten Schritt beschreiben wir Effekte der Ökonomisierung von NPOs, speziell von freigemeinnützigen Einrichtungen im Gesundheitsbereich, und bieten mit der Figur der ‚pervertierten Supererogation' ein analytisches Instrument, das zugleich Ansatzpunkt für eine ethische Bewertung bietet.

2 Das spezifische Versprechen der NPO

Die hohe Reputation freigemeinnütziger Einrichtungen resultiert zu einem hohen Grad aus dem Versprechen, das diese nach innen und nach außen abgeben. Mit Versprechen meinen wir primär den Inhalt einer zunächst allgemeinen und einseitigen Selbstverpflichtung, die NPOs wie die Diakonie oder die Caritas formulieren (DW-EKD 1997; Caritas 1997). Hierbei führt das Versprechen einen zeitlichen Index mit sich, der sowohl in die Vergangenheit wie in die Zukunft weist: Das Versprechen bedurfte in der Vergangenheit eines bereits aufgebauten Vertrauens, um überhaupt als solches angenommen zu werden. Umgekehrt bedarf es für die Zukunft eines Versprechens, um das Vertrauen in der Organisation zu erhalten. Versprechen und Vertrauen stehen in einem komplexen Wechselverhältnis, das hier nur angedeutet werden kann (Gloyna 2001a, 2001b; Hartmann/Offe 2001). Das Versprechen der Organisation richtet sich in konkreter Weise an die Mitarbeitenden (Fürsorge und Partizipation) und die Hilfebedürftigen (anwaltschaftliches Engagement und konkrete Hilfe). In unspezifischerer Weise ist es an Stakeholder im weiteren Sinne, an den Staat (Subsidiarität und Solidarität) und schließlich an die gesamte Gesellschaft (Auftrag der Kirche in der Welt) gerichtet. In Anlehnung an soziologische Professionstheorien könnte man von einem ‚organisationalen Versprechen' der NPO gegenüber der Gesellschaft sprechen. ‚Organisational' versteht sich hier nicht nur im Unterschied zu ‚professionell', sondern ist zugleich theologisch qualifiziert, da sich diese NPOs als Institutionen, d.h. Einrichtungen Gottes für diese Welt verstehen.

Auch intern binden sich die Mitarbeitenden mit einem Versprechen, das über die unmittelbare Loyalität gegenüber dem Arbeitgeber hinausgeht und sich an der ‚Idee' bzw. am ‚höheren' Auftrag der Organisation festmacht. Diese internen und zumeist nicht explizierten Versprechen führten bisher dazu, dass in diesen NPOs oft ein höheres Engagement, eine höhere Loyalität – und auch eine höhere Ausbeutbarkeit der Mitarbeitenden anzutreffen ist (Speckbacher 2007). Ein Merkmal dieser Versprechen ist es, dass sie wesentlich zum Arbeitsauftrag in der Organisation hinzugehören, aber gerade nicht *en detail* beschrieben werden können. Das ist zum Teil in der Tradition der Organisationen (Vertrauenskultur, intrinsische Motivation, Orientierung am Menschen), zum anderen Teil in der ‚Natur' ihrer Arbeit begründet, die in ihrem Kern (professionelle und personale Zuwendung zum bedürftigen Menschen) nur unvollständig beschrieben werden kann und gerade davon lebt, dass Professionelle sich situativ auf den Anderen einlassen und tun, was nötig ist. Für Professionelle, die sich dem diakonischen Gedanken verpflichtet wissen, kommt als weitere und im Vorhinein schwer explizierbare Dimension der christliche Glaube als Interpretament und Kraftquelle für das Handeln hinzu (Benedict 2008).

3 Versprechen als Vertrag – Neoinstitutionsökonomische Perspektiven

Auch in der Neuen Institutionenökonomik hat das Versprechen zunehmend an Bedeutung gewonnen. Die Handlungen zwischen Individuen und Gruppen innerhalb eines Unternehmens und auch zwischen Unternehmen und externen Ko-Aktanden (Kunden, Lieferanten, Finanziers) werden als Verträge verstanden, die auf einem expliziten oder impliziten Versprechen beruhen (Brink 2010). Das Versprechen ist die Selbst-Bindung eines Akteurs (*promisor*) gegenüber einem Anderen (*promisee*), die in ihrem Verpflichtungsgrad tiefer und weiter reicht als der juristische Vertrag. Gerade in NPOs, deren Ziele zumeist stärker wert- als zweckrational orientiert sind als bei profitorientierten Unternehmen (Simsa 2007), lässt sich das Handeln weniger in differenzierten Vertragspunkten als vielmehr in einer Gesamtorientierung beschreiben – dem entspricht das Genus des Versprechens entschieden besser. Die Unschärfe der damit einhergehenden Leistungsbeschreibung und -kontrolle verschärft noch einmal das aus profitorientierten Unternehmen bekannte Problem des *moral hazard*. Hier greifen die

Anreiz- und Kontrollmechanismen der klassischen Ökonomik nicht (Speckbacher 2007).

Die Neue Institutionenökonomik mit ihren Forschungszweigen der Property-Rights-, der Transaktionskosten- und der Prinzipal-Agenten-Theorie versucht diesem Problem mit letzterer durch eine Reformulierung der Informationsasymmetrien zu begegnen (Furubotn/Richter 2005). Diese entstehen bei unvollständigen Verträgen zwischen Prinzipal und Agent. Das Konzept unvollständiger Verträge geht u.a. auf Ronald Coase (1937, 1960) und später insbesondere auf Oliver Hart (1989) zurück. Unvollständige Verträge besitzen implizite, informelle Bestandteile mit eingeschränkter Rechtsverbindlichkeit und bieten kaum Möglichkeit, Vertragstreue zu erzwingen. Dadurch erhöht sich bei asymmetrischer Informationslage das *moral hazard*-Risiko, welches durch langfristige Verträge, Selbstverpflichtung und reziproken Altruismus gemildert werden kann. Zum Beispiel führt die Trennung von Unternehmensbesitz und Unternehmenskontrolle in Kapitalgesellschaften zum Prinzipal-Agenten-Problem (Jensen/Meckling 1976): Der Manager (Agent) wird vom Anteilseigner (Prinzipal) beauftragt, das ihm anvertraute Geld bestmöglich einzusetzen. Aufgrund von asymmetrischer Informationsverteilung nach Vertragsabschluss kann der Manager dieses ihm anvertraute Geld der Anteilseigner veruntreuen (opportunistisches Verhalten) (Ross 1987; Jensen/Meckling 1976). Der Aufsichtsrat als Kontrollinstanz übernimmt in dieser Theorie die Funktion eines „*second level agent*“. Das Prinzipal-Agenten-Problem kann in der Regel über drei Wege reduziert werden: (1) Senkung der Informationsasymmetrien (*signaling* durch den Agenten, *screening* durch den Prinzipal), (2) Harmonisierung der Ziele von Prinzipal und Agent (z.B. wertorientierte, aktienbasierte Entlohnung) sowie (3) Aufbau von Vertrauen (Gilbert 2003).

Bislang wurde die Prinzipal-Agent-Theorie lediglich vertragstheoretisch rekonstruiert. Jensen/Meckling (1976: 308) beschreiben in Anlehnung an Alchian/Demsetz (1972) das Unternehmen als *Netzwerk bilateraler Verträge*. Im Fokus steht also der Vertrag, „[...] under which one or more persons (the principal[s]) engage another person (the agent) to perform some service on their behalf which involves delegating some decision making authority to the agent.“

Dieser vertragstheoretische Grundgedanke wurde in zwei Ansätzen auf mehrere Anspruchsgruppen ausgedehnt: Zum einen wird das Unternehmen nach Freeman/Evan (1990: 352) als „set of multilateral contracts over time“ rekonstruiert.

Im Unterschied zur traditionellen Stakeholder-Theorie, bei der die Legitimation von Ansprüchen primär aus den Konsequenzen unternehmerischer Transaktionen abgeleitet wird (Freeman 1984), ergeben sich nunmehr legitime Ansprüche aus einer einvernehmlichen vertraglichen Lösung. Vertragliche Arrangements zur gegenseitigen Wertsteigerung beinhalten nicht nur explizite, sondern auch implizite Verträge. Ein impliziter Vertrag schließt sämtliche Bestandteile in oder neben einem expliziten Vertrag ein, die nicht präzise ausgehandelt und kodifiziert wurden, deren Änderung oder Herausnahme aber mindestens eine der Parteien den Vertrag nicht hätte abschließen lassen.

Zum anderen haben Hill und Jones den vertragstheoretischen Ansatz zu einer Stakeholder-Agency-Theorie ausgearbeitet, der zufolge das Management die Funktion als Agent verschiedener Anspruchsgruppen übernimmt: „[...] each stakeholder is a part of the nexus of implicit and explicit contracts that constitutes the firm“ (Hill/Jones 1992: 134; vgl. auch Quinn/Jones 1995). Je mehr Stakeholder sich an diesem Netzwerk beteiligen, desto eher werden die Interessen der Anspruchsgruppen ausbalanciert.

Betrachtet man die Konfiguration in freigemeinnützigen Einrichtungen, so wird unschwer erkennbar, dass die klassische Prinzipal-Agent-Theorie dem nicht gerecht werden kann. Das homo-oeconomicus-Modell ist auf die Agenten nicht anwendbar, die Informationsasymmetrie zwischen der Leistungserbringungsseite (Arbeitgeber und Arbeitnehmer) und dem Leistungsempfänger ist in diesem Fall extrem hoch und lässt sich durch klassische Signaling- oder Reportingsysteme kaum minimieren. Eine Harmonisierung der Ziele von Prinzipal und Agent lässt sich über klassische Anreize wie Entlohnung kaum bewerkstelligen und auch das Vertrauen in die Organisation wird eher durch ein Einlösen des Versprechens denn durch den Ausweis harter Qualitätsindikatoren gestärkt.

Wir werden im Folgenden das *Doppelte-Prinzipal-Agenten-Modell (DOPAM)* von Andreas Langer zur Ausgangsbasis unserer Überlegungen machen (Langer 2004; siehe auch Eurich et al. 2003) und es entsprechend erweitern (Abb. 1). Demnach erhält der Arbeitnehmer (Agent 1/Agent 2) nicht nur einen, sondern zwei Aufträge: 1) Wird er von seinem Arbeitgeber (Prinzipal 2/Agent 2), z.B. dem Diakonischen Werk beauftragt, Bewohner/innen eines Altenheimes zu versorgen, 2) nimmt er vom Bewohner bzw. der Bewohnerin (Prinzipal 1) des Altenheimes den Auftrag entgegen, diesem bzw. dieser in einer direkten personalen Beziehung mit fachlichen Verrichtungen und personaler Zuwendung gerecht zu werden. Der Bewohner hat zwei Agenten, der Arbeitnehmer zwei Prinzipale, der Arbeitgeber steht einmal in der Rolle des Prinzipals und einmal in der des Agenten. Wir können von einem eher *organisationalen* (Bewohner/ Arbeitgeber) und einem eher *personalen Prinzipal-Agent-Verhältnis* (Bewohner/ Arbeitnehmer) sprechen. Nach Vertragsabschluss lässt sich auch hier eine asymmetrische Informationsverteilung zwischen den Prinzipalen und den Agenten mit den entsprechenden Problemen erwarten.

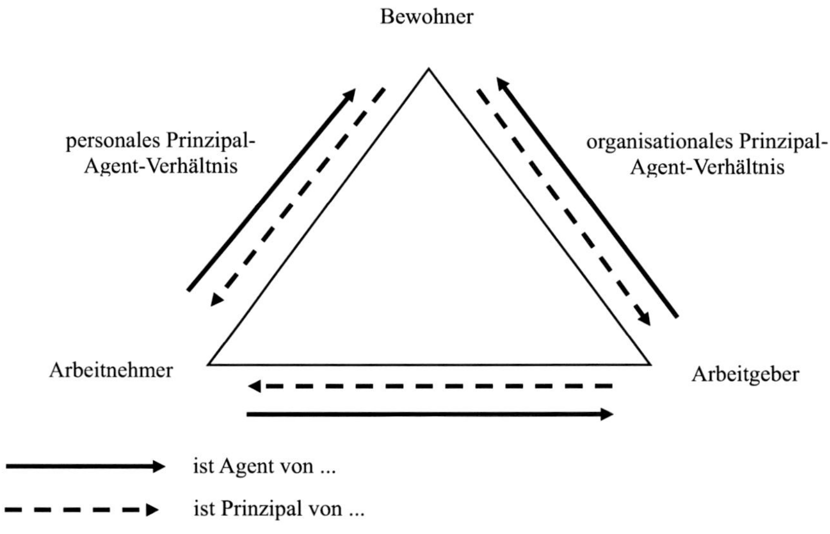

Abb. 1: Doppeltes-Prinzipal-Agenten-Modell

Aufschlussreich ist es nun, auf die Vertrags- und vor allem auf die Versprechensseite dieses Arrangements zu blicken (Abb. 2). Der Arbeitnehmer schließt mit dem Arbeitgeber primär einen expliziten, mit dem Bewohner einen impliziten Vertrag. Der Arbeitgeber schließt explizite Verträge sowohl mit dem Arbeitnehmer wie dem Bewohner. Den wechselseitigen expliziten Verträgen entsprechen aber keineswegs immer wechselseitige Versprechen. Vielmehr zeichnet sich das Doppelte-Prinzipal-Agenten-Modell in unserer versprechenstheoretischen Rekonstruktion dadurch aus, dass ‚nur' zwischen Arbeitnehmer und Arbeitgeber ein wechselseitiges Versprechen besteht. Es verdankt sich der Spezifika dieser NPO, bei der in den Arbeitsverträgen zentrale Elemente der Arbeit gerade nicht geregelt werden können. Im Übrigen ‚lebt' das System davon, dass einseitige Versprechen gegeben werden. Was der Arbeitgeber auf der Mikroebene einseitig dem Bewohner verspricht (z.B. Fürsorge, Unterstützung, prophetischer Einspruch gegen Ausgrenzung und Herabwürdigung), das verspricht die Organisation in Form des einzelnen Trägers oder der gesamten Diakonie einseitig der Gesellschaft. Und es sind diese einseitigen und sehr unspezifischen Versprechen, die das Spezifische und Genuine der diakonischen NPO ausmachen.

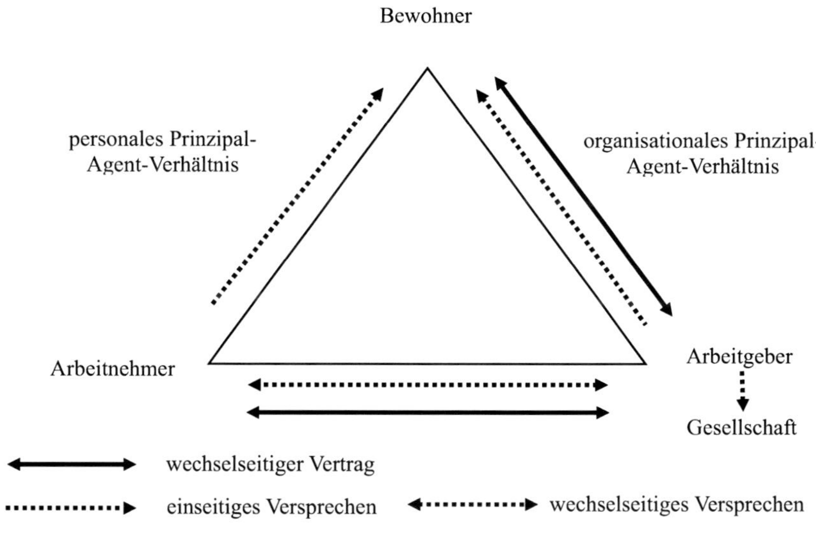

Abb. 2: Vertrags- und Versprechensverhältnisse

Das alles zusammengenommen lässt es geraten erscheinen, das Versprechen in diesen NPOs als zentralen und ‚weichen' Faktor in die Analyse des organisationalen Handelns aufzunehmen. Wir plädieren dafür, diesen ‚weichen' Faktor Versprechen – und die damit intendierten Haltungen wie Treue, Ehrlichkeit,

Dienst, Zuwendung, Spiritualität – von utilitaristischen bzw. instrumentellen Faktoren zu unterscheiden und ihm einen eigenen Platz in einer Theorie der freigemeinnützigen NPO zu geben, die über rational-choice-basierte Ansätze hinausgeht.

Oliver E. Williamson (2002) liefert in Anlehnung an James M. Buchanan (1969) einen sehr guten Ausgangspunkt für unsere Überlegungen. In seinem viel diskutierten Aufsatz „*The Theory of the Firm as Governance Structure: From Choice to Contract*“ möchte Williamson den entscheidungstheoretisch ausgerichteten rational-choice-Ansatz durch ein vertragstheoretisches Verständnis von Ökonomie ablösen. Ein wichtiger Unterschied zwischen einer Entscheidung und einem Vertrag liegt seiner Meinung nach darin, dass es bei dem Vertrag nicht um eine punktuelle Zeitorientierung geht, sondern um eine Verpflichtung auf ein zukünftiges Verhalten im Sinne einer Zeitdauer – mit allen damit verbundenen Unsicherheiten über Zustände oder Überzeugungen (Fried 1981). Ferner sind für einen Vertrag immer zwei Vertragspartner notwendig: Es geht um eine Form von Kooperationshandlung. In der Literatur wird deshalb von *relational contracts* gesprochen (u.a. Kimel 2003). Die Einhaltung von Verträgen hängt also stark von der Motivation ab, die durch Bestimmungsfaktoren sozialer Beziehungen geprägt wird wie etwa die Menge an Zeit, die in die Beziehung investiert wird, die emotionale Bindung, die Intimität der Beziehung oder der Reziprozitätsgrad (Granovetter 1973).

Williamsons Vorschlag nehmen wir auf und wollen in einem zweiten Schritt unserer Argumentation den *contract* nunmehr weiter gefasst als *promise* verstehen. Oder anders ausgedrückt: Der Vertrag ist eine besondere Form des Versprechens. „The moralist of duty thus posits a general obligation to keep promises, of which the obligation of contract will be only a special case – that special case in which certain promises have attained legal as well as moral force. But since a contract is first of all a promise, the contract must be kept because a promise must be kept“ (Fried 1981: 17).

Implizite Verträge bekommen vor diesem Hintergrund ebenso ein stärkeres Gewicht wie das gesprochene Wort in Form eines Versprechens (Fried 1981; Kimel 2003). Letztlich geht es um Selbstbindung: „The institution of promising is a way for me to bind myself to another so that the other may expect a future performance, and binding myself in this way is something that I may want to be able to do“ (Fried 1981: 14). Das Versprechen stellt nach unserem Verständnis die Grundlage von Williamsons vertragstheoretischer Wende dar.

Kooperationshandeln basiert also auf einer freiwilligen wechselseitigen Willenserklärung: „The need for acceptance shows the moral relation of promising to be voluntary on both sides“ (Fried 1981: 43). Die beidseitige freiwillige Akzeptanz des Versprechens deutet die Verbindung zum Vertrag an: „[A]cceptance offers a further point of correspondence between the moral institution of promise and the legal institution of contract“ (Fried 1981: 43).

Um das das Spezifische einer NPO zu verstehen, sollte man u.E. die Überlegungen von Williamson und Fried dahingehend erweitern, dass in diakonischen NPOs das Kooperationshandeln gerade nicht auf freiwilligen und wechselseitigen Willenserklärungen beruht, weil zumeist der Leistungsempfänger dazu gar nicht (mehr) in der Lage ist (Eurich et al. 2003). Hier bekommt das *einseitige* Versprechen der Organisation bzw. des Arbeitnehmers seine besondere Bedeutung: Es tritt für den anderen ein, der zwar der Leistung eines Vertrages bedarf (vertraglich definierte Heil- und Hilfeleistungen), aber diesen Vertrag unter Umständen gar nicht mehr in Wechselseitigkeit schließen und wohl noch weniger seine Einhaltung überprüfen und sanktionieren kann.

4 Vertrag, Versprechen und Supererogation in NPOs

In einer NPO können wir drei Bereiche der Regelungen und Forderungen unterscheiden: (1) Der *Kernbereich* umfasst das *explizit* vertraglich geregelte Aufgabenspektrum des Arbeitnehmers sowie die Leistungen und Pflichten des Arbeitgebers. (2) Zum *Randbereich* gehören vertraglich schwer fixierbare, aber im Versprechen der Organisation gegenüber der Gesellschaft und im Versprechen des Arbeitnehmers *implizit* formulierte und erwartbare Handlungen, die sich vor allem an den Leistungsempfänger (Bewohner) richten. Hier lässt sich zwischen prämoralischen Forderungen einer guten Praxis und moralischen Forderungen unterscheiden – beide können jedoch mit Fug und Recht vom Mitarbeitenden eingefordert werden. Es ist insbesondere dieser Bereich, der die Basis für moralische Empörung und über das Fachliche hinausreichende Skandalisierung von Missständen etwa im Bereich der Pflege liefert. Die moralischen Forderungen, die hier gegenüber dem Arbeitnehmer direkt und indirekt gegenüber der gesamten Organisation erhoben werden, berufen sich unseres Erachtens wesentlich auf das einseitige Versprechen (von Arbeitgeber und Organisation). Sie haben versprochen, für den Menschen in Not da zu sein, ihn ganzheitlich zu umsorgen und ihm zu dienen. *In Maßen* sind diese Forderungen verständlich und berechtigt. Problematisch ist nun, dass diese Forderungen nach angemessener, zuwendungsorientierter und personalintensiver Pflege prinzipiell unendlich sind und sich Arbeitgeber wie Arbeitnehmer einer nie erfüllbaren moralischen Forderung gegenübersehen. Diese Situation ist prinzipiell nicht neu, aber sie wird im Zuge der Ökonomisierung und ethischen Sensibilisierung verschärft.

Es gibt (3) einen *Bereich supererogatorischer Leistungen*, die sich dort ereignen, wo Arbeitnehmer solcher NPOs für ihre Klienten eine ‚gute Tat' vollbringen, die weder vertraglich erfasst noch moralisch gefordert werden kann. Diese Leistungen können auch vom Arbeitnehmer selbst nicht als solche intendiert werden – man kann nicht supererogatorisch handeln wollen. Vielmehr ereignet sich so ein Handeln spontan als auch freiwillig und zeichnet sich durch Großherzigkeit oder Opferbereitschaft gegenüber anderen aus. Während Außenstehende die Tat als moralisch hochstehend bewundern, verstehen die Handelnden ihr Tun als ‚selbstverständlich', als ihre ‚Pflicht' oder als das, ‚was nötig ist'. Die Differenz von Außen- und Innenperspektive ist charakteristisch für supererogatorische Handlungen. Supererogation bezeichnet in der Ethik ein Handeln, das moralisch gut ist, aber über das hinausgeht, was von einem Menschen moralisch gefordert werden kann (Wessels 2002; Manzeschke 2010). Die Erzählung vom barmherzigen Samariter (Lk 10,25-37) hat diesem Phänomen seinen Namen gegeben und ist in der Jahrhunderte alten Tradition christlicher Pflege zu einem wirkmächtigen, aber nicht unproblematischen Leitbild geronnen, in dem die Aufopferung für den bedürftigen Nächsten heute auch jenseits der konfessionell geprägten Einrichtungen noch ihre prägende Wirkung entfaltet (Kreutzer 2005). Ohne hier alle Subtilitäten eines angemessenen Verständnisses dieser vierten Kategorie zur moralischen Beurteilung von Handlungen (geboten, erlaubt, verboten, supererogatorisch) ausloten zu können, wollen wir ihre analytische Funktion für unser Problem hervorheben: Supererogation benennt ein Maß für das, was man billigerweise von einem Menschen fachlich und moralisch in Arbeitsbeziehungen fordern kann (Horster 2009).

Natürlich kann man auch aus christlicher Sicht angesichts der Forderung Jesu nach Vollkommenheit (Mt 5,48) jede Vorstellung einer verdienstvollen Mehrleistung zurückweisen und darauf bestehen, dass jeweils das Maximum an Leistung, von einem Christenmenschen in seinem Tun zu erwarten ist (vgl. auch Schockenhoff 2007). Ähnlich argumentieren ja auch der reine Utilitarismus und die reine Pflichtenethik, wenn sie keinen Raum für supererogatorische Leistungen sehen: Wenn utilitaristisch betrachtet das höchste Glück anzustreben ist, kann es kein Weniger geben, das moralisch ausreicht. Wenn die moralische Forderung in vollem Umfang der Pflicht entspricht, die moralische Subjekte zu erfüllen haben, bleibt auch hier kein Raum mehr als das Geforderte zu leisten.

Das für unsere Argumentation Interessante an der Figur der Supererogation entfaltet sich dort, wo man sie umkehrt und danach fragt, wo denn von Menschen mehr gefordert wird, als man mit ihnen vereinbart hat. Wir sprechen hier von einer ‚pervertierten Supererogation' und bezeichnen damit jenen Bereich von Arbeits- und Handlungsbeziehungen, in denen Menschen über das rechtlich vereinbarte sowie moralisch forderbare Maß hinaus zu Mehrleistungen angehalten werden. Dieses Phänomen scheint uns im Bereich der Pflege exemplarisch zu Tage zu treten. Es beruht zum einen auf einer bestimmten Kultur und Tradition der Pflege, zum zweiten auf der Spezifik der NPOs als Leistungserbringer, weil hier wesentliche Leistungen über weite Strecken nur implizit formuliert und vereinbart werden, und zum dritten auf Effekten der Ökonomisierung der NPOs, womit das bisherige Vertrags- und Versprechenssystem verändert wird.

5 Implikationen der Ökonomisierung

Wir wollen nunmehr zeigen, inwieweit bei der Ökonomisierung im Gesundheitswesen Probleme entstehen, die unter Umständen die NPOs in ihrer Spezifität unterlaufen und sie den profitgetriebenen Unternehmen angleichen. Ruth Simsa (2007: 126) hat das Problem sehr gut auf den Punkt gebracht: „Zwar gibt es auch Unterschiede im Umgang mit den Marktbedingungen, generell zeigt sich aber, dass Marktkräfte auf alle Organisationen ähnlich wirken."

Die Ökonomisierung der NPOs stellt sich zuallererst als Rekonstruktion ihrer Prozesse und Strukturen nach Kriterien einer effizienten Leistungsproduktion dar. Hierzu gehören ganz besonders Arbeitsvermehrung und Arbeitsverdichtung. Die Reorganisation impliziert außerdem eine präzisere Beschreibung der

Leistungen, d.h. eine zeitliche und ökonomische Bewertung von Arbeitsverrichtungen bis ins kleinste Detail. Hiermit sollen ein besseres Controlling und eine höhere Effizienz ermöglicht werden. Unbestritten können solche Transformationsprozesse der Organisation, ihren Mitarbeitenden und ihrer Leistungsqualität wichtige Impulse liefern, die dann als Mehrwert beim Leistungsempfänger ankommen. Man sollte aber auch die Schattenseite dieser Transformation sehen.

Die Prozesse der Effizienzsteigerung führen dazu, dass die expliziten Vertragsbestandteile im Vertrag zwischen Arbeitgeber und Arbeitnehmer erweitert werden (Erweiterung des Kernbereichs). Zugleich bleiben die impliziten Vertragsbestandteile als moralische Forderung unverändert bestehen. In dem Maße, in dem der Kernbereich ausgeweitet wird, ‚wachsen' die Elemente des Randbereichs über die Grenze des Forderbaren und des Leistbaren hinaus (Bereich der ‚pervertierten Supererogation') und zeigen eine Überlastung des Arbeitnehmers an – ein Phänomen, das im Pflegebereich derzeit überall besichtigt werden kann und keineswegs auf standespolitisches Klagen reduziert werden darf! Zugleich sinkt die Moral und Motivation der Mitarbeitenden und ihre Bereitschaft, sich über ein vertraglich vereinbartes Maß für die Bewohner zu engagieren – die Ökonomik spricht hier von Verdrängungs- oder Crowding-Out-Effekten. Dieser Verdrängungseffekt betrifft jedoch nicht nur die Moral und Motivation der Mitarbeitenden, sondern auch die Qualität der Arbeitsleistung – hier lassen sich durch Personaleinsparung, Arbeitsverdichtung, mangelnde Kommunikation zwischen dem Personal und mit den Bewohnern sowie daraus resultierenden Beobachtungslücken mittlerweile eindeutige Qualitätseinbußen konstatieren.

Die Ökonomisierung der NPO mit Mitteln der klassischen Anreiz- und Controllingsysteme zeitigt unverkennbar kontraproduktive Effekte. Die Reaktionen der Mitarbeitenden auf die übermäßigen Forderungen lassen sich mit Hirschman als Exit, Voice und Loyalty kategorisieren (Hirschman 1970), wobei die Exit-Option in den letzten Jahren signifikant angestiegen ist (Slotala/Bauer 2009; Pracht/Bauer 2009).

Das Dilemma, in dem sich die Professionellen des Pflegebereichs befinden, besteht vor allem darin, dass sie sich gegen die übermäßige moralische Forderung so wenig wehren können, weil sie sich nach wie vor ihren Bewohnern gegenüber verpflichtet wissen (einseitiges Versprechen). Das Übermaß der moralischen Forderung besteht 1) darin, dass die expliziten Vertragsbestandteile erweitert werden und diese sehr stark auf patientenferne Tätigkeiten (insbesondere Dokumentation) zielen. Damit geraten die dem Bewohner gegenüber zu erbringenden Leistungen mindestens teilweise in den Bereich dessen, was vertraglich nicht mehr vereinbart und moralisch nicht mehr gefordert werden kann. Das Übermaß moralischer Forderung besteht 2) darin, dass die moralischen Forderungen von Bewohnern, Organisation und Gesellschaft kontinuierlich gleich hoch bleiben, unter Umständen durch eine Sensibilisierung (und leider auch Skandalisierung) in der Gesellschaft sogar noch erhöht werden. Die Summe der Forderungen aus dem Kernbereich und dem Randbereich übersteigt insgesamt die Grenze des physisch, psychisch und moralisch Leistbaren. Damit werden aber auch noch die Freiräume zerstört, in denen die Professionellen sich um der Patienten willen über das vereinbarte und forderbare Maß hinaus engagiert haben (Bereich der Supererogation). Zugleich aber erfahren sie, dass sie dem einmal gegebenen Versprechen immer weniger gerecht werden können. Hier handelt es sich nicht nur um eine moralische Dissonanz zwischen Anspruch und Wirklichkeit (Kühn 2008), sondern um ein gebrochenes Versprechen: Wer sich nicht an sein Versprechen hält, ist so einzuschätzen wie jemand, der im kantischen Sinne lügt (Fried 1978): „To lie is to try to make people adopt false beliefs. It thus stands in sharp contrast to the notion of treating people with the kind of respect they warrant as rational agents, or as agents whose legitimate endeavour it is to enjoy personal autonomy." (Kimel 2003: 23).

Was auf der Ebene des einzelnen Professionellen als Ungenügen, Versagen und auch als gebrochenes Versprechen erfahren wird, manifestiert sich häufig in einem hohen Krankenstand, signifikant höheren Burn-out-Raten als in anderen Berufen, Mobbing und anderen Formen der Auto- und Fremdaggression. Auf organisationaler Ebene wird das gebrochene Versprechen vor allem als Reputationsverlust erlebt, gegen den man auch mit öffentlichkeitswirksamen Darstellungen der eigenen Effizienz, Wettbewerbsfähigkeit und Werteorientierung nur wenig ausrichten kann. Entscheidend ist unseres Erachtens, die innere Logik der NPO und ihrer spezifischen Beziehungen zu ihren „Kunden" zu verstehen, um hier mit angemessenen ökonomischen Mitteln agieren zu können.

Literatur

Alchian, Armen A./Demsetz, Harold (1972): Production, Information Costs, and Economic Organization. In: American Economic Review, 62 (5), S. 777-795.

Bachert, Robert (2006): Corporate Governance in Nonprofit-Unternehmen. München.

Bates, Robert (1988): Contra Contractarianism: Some Reflections on the New Institutionalism. In: Politics and Society, 16 (2/3), S. 387-401.

Benedict, Hans-Jürgen (2008): Gott und Mensch als Akteure des Sozialen im Dienst von Barmherzigkeit und Gerechtigkeit. In: Theologie der helfenden Berufe, hrsg. v. Ralf Hoburg, Stuttgart, S. 42-56.

Brink, Alexander (2010): Enlightened Stakeholder Contract Theory. Eine vertragstheoretische Konstruktion von Kapitalismus auf der Grundlage von Versprechen. In: Capitalism revisited – Anmerkungen zur Zukunft des Kapitalismus, hrsg. v. Ursula Pasero, Karen van den Berg und Alihan Kabalak, Marburg, S. 49-78.

Buchanan, James M. (1969): Is Economics the Science of Choice? In: Roads to Freedom: Essays in Honor of Friedrich A. Hayek, hrsg. v. Erich Streissler, London, S. 47-64.

Caritas (1997): Leitbild des Deutschen Caritasverbandes. Not sehen und handeln. In: http://www.caritas.de/2501.html, 15.3.2010.

Coase, Ronald H. (1937): The Nature of the Firm. In: Economica, N.S., 4 (16), S. 386-405.

Coase, Ronald H. (1960): The Problem of Social Cost. In: The Journal of Law and Economics 3 (1), S.1-44.

DW-EKD (1997): Leitbild Diakonie. Diakonie – Damit Leben gelingt. In: http://www.diakonie.de/1317.htm, 15.3.2010.

Eurich, Johannes/Brink, Alexander/Langer, Andreas/Schröder, Peter (2003): Ethische Aspekte des Ökonomisierungsprozesses in der Medizin: Eine Analyse des sich verändernden Arzt-Patient-Verhältnisses aus Sicht der doppelten Prinzipal-Agent-Theorie. In: Zeitschrift für Evangelische Ethik, 47 (1), S. 21-32.

Freeman, R. Edward (1984): Strategic Management: A Stakeholder Approach. Boston.

Freeman, R. Edward/Evan, William M. (1990): Corporate Governance: A Stakeholder Interpretation. In: The Journal of Behavioral Economics, 19 (4), S. 337-359.

Fried, Charles (1978): Right and Wrong. Cambridge, MA.

Fried, Charles (1981): Contract as Promise. A Theory of Contractual Obligation. Cambridge.

Furubotn, Eirik G./Richter, Rudolph (2005): Institutions & Economic Theory. The Contribution of the New Institutional Economics. 2. Aufl., Ann Arbor.

Gilbert, Dirk Ulrich (2003): Vertrauen in strategischen Unternehmensnetzwerken. Ein strukturationstheoretischer Ansatz. Wiesbaden.

Gloyna, Tanja (2001a): Art. „Versprechen". In: Historisches Wörterbuch der Philosophie, hrsg. v. Joachim Ritter und Karlfried Gründer, Bd. 11, Basel u.a., S. 904-910.

Gloyna, Tanja (2001b): Art. „Vertrauen". In: Historisches Wörterbuch der Philosophie, hrsg. v. Joachim Ritter und Karlfried Gründer, Bd. 11, Basel u.a., S. 986-990.

Granovetter, Mark S. (1973): The Strength of Weak Ties. In: American Journal of Sociology, 78 (6), S. 1360-1380.

Hart, Oliver D. (1989): Incomplete Contracts. In: The New Palgrave – Allocation, Information and Markets, hrsg. v. John Eatwell, Milgate Murray und Peter Newman, London u.a., S. 163-179.

Hartmann Martin/Offe, Claus (Hrsg.) (2001): Vertrauen. Die Grundlage des sozialen Zusammenhalts. Frankfurt a. Main u.a.

Hill, Charles W. L./Jones, Thomas M. (1992): Stakeholder-Agency Theory. In: Journal of Management Studies, 29 (2), S. 131-154.

Hirschman, Albert Otto (1970): Exit, Voice, and Loyalty: Responses to Decline in Firms, Organizations, and States. Cambridge.

Horster, Detlef (2009): Nächstenliebe im Arbeitsvertrag ist ein moralisches und rechtliches Problem. In: http://detlef.horster.phil.uni-hannover.de/texte/publik.htm#IX.

Jensen, Michael C./Meckling, William H. (1976): Theory of the Firm. Managerial Behavior, Agency Costs and Ownership Structure. In: Journal of Financial Economics, 3 (4), S. 305-360.

Kimel, Dori (2003): From Promise to Contract. Towards a Liberal Theory of Contract. Oxford u.a.

Kreutzer, Susanne (2005): Vom „Liebesdienst" zum modernen Frauenberuf. Die Reform der Krankenpflege nach 1945. Frankfurt a. Main u.a.

Kühn, Hagen (2008): Soziale Verantwortung und Ökonomisierung im Krankenhaus. In: Medizin und Gewissen. Im Streit zwischen Markt und Solidarität, hrsg. v. Ingo Bonde, Moritz Gerhardt, Tina Kaiser, Kerstin Klein, Stephan Kolb und Caroline Wolf, Frankfurt a. Main, S. 285-328.

Langer, Andreas (2004): Professionsökonomik, Verträge und Vertrauen. Zur Mikrofundierung professioneller Dienstleistungen durch die Agenturtheorie am Beispiel der Sozialen Arbeit. In: Zeitschrift für Wirtschafts- und Unternehmensethik, 5 (3), S. 284-305.

Manzeschke, Arne (2009): Corporate Governance in der Diakonie. Empirische Beobachtungen und theoretische Überlegungen. In: Leadership in sozialen Organisationen, hrsg. v. Johannes Eurich und Alexander Brink, Wiesbaden, S. 113-132.

Manzeschke, Arne (2010): Transformation der Pflege – Ethische Aspekte eines subtilen und zugleich offenkundigen Wandels. In: Transformation pflegerischen Handelns. Institutionelle Kontexte und soziale Praxis vom 19. bis 21. Jahrhundert, hrsg. v. Susanne Kreutzer, Göttingen, S. 175-193.

Pracht, Gerlind/Bauer, Ullrich (2009): Burnout im Klinikalltag. Empirische Erkenntnisse zur Emotionsarbeit, Stressbelastung und Klientenaversion in der pflegerischen und ärztlichen Tätigkeit. In: Pflege & Gesellschaft, 14 (1), S. 67-85.

Quinn, Dennis P./Jones, Thomas M. (1995): An Agent Morality View of Business Policy. In: Academy of Management Review, 20 (1), S. 22-42.

Ross, Stephen A. (1987): The Interrelations of Finance and Economics. Theoretical Perspectives. In: American Economic Review, 77 (2), S. 29-34.

Schockenhoff, Eberhard (2007): Grundlegung der Ethik. Ein theologischer Entwurf. Freiburg u.a.

Simsa, Ruth (2007): NPOs und die Gesellschaft: Eine vielschichtige und komplexe Beziehung – Soziologische Perspektiven. In: Handbuch der Non-Profit-Organisationen. Strukturen und Management, hrsg. v. Christoph Badelt, Michael Meyer und Ruth Simsa, Stuttgart, S. 120-140.

Slotala, Lukas/Bauer, Ullrich (2009): »Das sind bloß manchmal fünf Minuten, die fehlen«. Pflege zwischen Kostendruck, Gewinninteressen und Qualitätsstandards. In: Pflege & Gesellschaft, 14 (1), S. 54-66.

Speckbacher, Gerhard (2007): Stakeholder-orientiertes Performance-Management und Nonprofit-Governance. In: Handbuch der Non-Profit-Organisationen. Strukturen und Management, hrsg. v. Christoph Badelt, Michael Meyer und Ruth Simsa, Stuttgart, S. 581-595.

Sztompka, Piotr (1999): Trust: A Sociological Theory. Cambridge.

Wessels, Ulla (2002): Die gute Samariterin. Zur Struktur der Supererogation. Berlin u.a.

Williamson, Oliver E. (2002): The Theory of the Firm as Governance Structure: From Choice to Contract. In: Journal of Economic Perspectives, 16 (3), S. 171-195.

Einflüsse auf das Ressourcenmobilisierungs-potential von Vereinen am Beispiel der Schweiz

Christoph Bärlocher und Hans Lichtsteiner, Fribourg

1 Hintergrund und Problemstellung

Bei der Ressourcenmobilisierung unterscheiden sich Nonprofit-Organisationen (NPO) von profitorientierten Marktteilnehmenden grundsätzlich darin, dass sie neben den Einnahmen aus leistungsbezogenen Angeboten auch auf eine private und öffentliche Zuschussfinanzierung angewiesen sind (Purtschert 2005). Viele NPO profitieren zudem auch in erheblichem Mass von so genannten Finanzmittelsurrogaten wie etwa ehrenamtlicher Arbeit, Sachspenden oder Nutzungsrechten, welche einen geldwerten Charakter aufweisen (Krönes 2001). Dies hat zur Folge, dass sich die klassischen betriebswirtschaftlichen Methoden des Ressourcenmanagements nur bedingt auf den NPO-Sektor übertragen lassen. Trotzdem ist eine differenzierte, umfassende Betrachtung der Beschaffungsseite von NPO in der Literatur bis anhin wenig diskutiert, die Forschung konzentriert sich nach wie vor vornehmlich auf die Leistungserstellungsprozesse wie die Leistungsabgabe (Beccarelli 2005).

Aus unterschiedlichen Gründen wird die Ressourcenbeschaffung für NPO laufend anspruchsvoller. Die Beiträge der öffentlichen Hand an NPO werden knapper (Buchinger et al. 2008), der Wettbewerb um ein mehr oder weniger konstantes Volumen an Spendengeldern nimmt zu (Wagner/Beccarelli 2008), und die rückläufige Zahl freiwilliger Mitarbeitenden zwingt einzelne NPO, ihr Leistungsangebot zu kürzen oder neue Wege zu finden, um für ihre Freiwilligen weiterhin attraktiv zu bleiben (Andessner 2004).

Um sich in diesem Wettbewerb um knappe Ressourcen strategisch geschickt zu verhalten, stellt sich vor diesem Hintergrund die Frage: Gibt es NPO, die auf Grund ihrer organisationalen Kriterien ein höheres Mobilisierungspotential für bestimmte Ressourcen aufweisen als andere NPO? Die hier vorliegende Studie untersucht diese Frage exemplarisch am Beispiel der *„Human Resources"* bei Organisationen der am weitesten verbreiteten Rechtsform im Dritten Sektor, dem Verein.

2 Forschungsstand

In der Theorie kann die Ressourcenfrage grundsätzlich aus zwei Blickwinkeln betrachtet werden: Der Ressourcenansatz (*„Resource-Based View"*, RBV) versucht, die Wettbewerbsvorteile einer Institution durch die einzigartigen firmenspezifischen Ressourcen und Fähigkeiten zu erklären (Jenner 1999). Gemäss Lauenstein (1984) können Ressourcen dabei bei einer NPO nur dann als strategisch relevant angesehen werden, wenn sie erlauben, die Bedürfnisse der wichtigsten Stakeholder zu decken oder zu erreichen. Die Bedeutung einer Ressource ist deshalb in erster Linie durch den Nutzen für die eigenen Mitglieder (Selbsthilfe-NPO) oder den Nutzen für die „Kunden" (Drittleistungs-NPO) determiniert (Schwarz et al. 2009). Diese interne Sichtweise wird durch die externe Ressourcenabhängigkeits-Theorie (*„Resource-Dependence Theory"*, RDT) ergänzt, die besagt, dass eine Organisation grundsätzlich nicht autonom wirken kann. Sie ist auf die Ressourcen von Dritten angewiesen und folglich gezwungen, mit anderen Marktteilnehmern zu interagieren. Diese Abhängigkeit liefert Erklärungen, warum sich eine Organisation auf eine bestimmte Art und Weise verhält (Weik/Lang 2005).

Dem Management einer NPO kommt die strategische Aufgabe zu, sowohl die Unsicherheiten über den Zufluss benötigter Ressourcen wie auch den Beschaffungsaufwand zu reduzieren. Es gilt dabei Wege zu finden, wie mit den wichtigen Ressourcengebern möglichst optimal zusammengearbeitet werden kann. Hierbei spielt die RDT eine wichtige Rolle. Die wichtigste Ressourcenbeschaffungsaufgabe ist für die meisten NPO diejenige des Personals, dies sowohl aus quantitativer wie insbesondere auch aus qualitativer Sicht. Dabei gilt es unterschiedliche Akteure für die NPO zu gewinnen, welche ihre Arbeitsleistungen und ihr Wissen der Organisation zur Verfügung stellen: Hauptamtliche, Ehrenamtliche und freiwillige Helfer sowie Mandatsträger.

Betrachtet man nun ausgehend von der RDT zuerst einmal die Beziehung einer NPO zu den *Hauptamtlichen*, so fällt auf, dass in den westlichen Industrieländern der Nonprofit-Sektor eine deutlich höhere Quote von Teilzeitmitarbeitenden aufweist als die erwerbswirtschaftlichen Bereiche (Almond/Kendall 2000). Dieser Umstand wird in der Literatur mit der überdurchschnittlich hohen Frauenquote im Dritten- und Dienstleistungs-Sektor erklärt (Anheier 2005). Folglich müsste sich dies auch im Vereinssektor der Schweiz beobachten lassen.

Um die Arbeitskraft von Hauptamtlichen für eine NPO zu gewinnen, ist die Gegenleistung der Entlohnung ein ganz entscheidendes Element. Unterschiede bei der Entlohnung sind gemäss Rutherford (2009) im Dritten Sektor vor allem auf individuelle Organisationsmerkmale (inkl. Sektor) zurückzuführen. Deutlich ansteigende Löhne sind gemäss seinen Studien bei zunehmender Größe wie zunehmendem Komplexitätsgrad der NPO zu beobachten (Verbandsmanagement Institut 2006; Abb. 1).

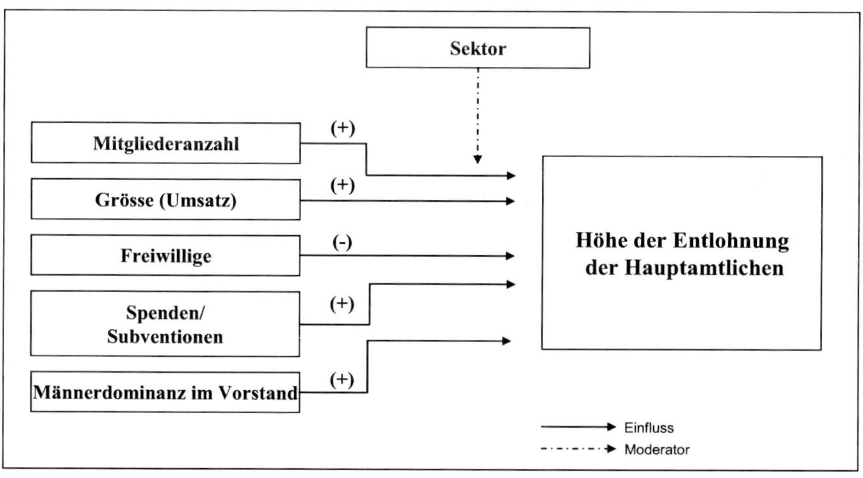

Abb. 1: Einflüsse auf die Entlohnung von Hauptamtlichen

Weiter ist das Lohnniveau der Hauptamtlichen in Organisationen, die Freiwillige beschäftigen, durchschnittlich tiefer als in solchen ohne freiwillige Helfer (Haider/Schneider 2007). Einen gegenteiligen Effekt haben freiwillige Leistungen wie Spenden oder Subventionen (im Sinne von staatlichen Spenden). Hier zeigt sich, dass bei den Festangestellten – auf höherer Ebene – zwischen der Spenden- und der Lohnsumme eine positive Korrelation besteht, während sich Subventionszahlungen sogar positiv auf das Lohnniveau aller Angestellten auswirken. Erklärt wird dieses Ergebnis mit der *„Rent-sharing Theory"*, welche den Führungskräften mehr Möglichkeiten zu allfälligen höheren Lohnzahlungen offen lässt, da im NPO-Sektor keine Gewinnausschüttungen an Aktionäre getätigt werden müssen (u.a. bei Hallock 2002).

Die Gründe in der Literatur, warum die Gruppe der *Ehrenamtlichen* und/oder *freiwilligen Helfer* eine Beziehung zu einer NPO aufbauen und sich in ihren Dienst stellen, sind mannigfaltig und lassen sich nur durch einen multidisziplinären Ansatz erklären. Monetäre und damit existenzsichernde Motive wie bei den Hauptamtlichen fallen hier weitestgehend weg. Dies erzeugt für die NPO die spezielle Situation, dass eine Person ohne allzu grosse existenzielle Konsequenzen jederzeit die Beziehung zu ihr abbrechen kann. Faktoren wie die Organisationsstrukturen und -eigenheiten haben deshalb einen unmittelbareren Einfluss auf das Verhalten und den Verbleib der Freiwilligen in der NPO (Pearce 1982). Bei zwei organisationalen Variablen lässt sich dieser Einfluss auf die Bereitschaft zur Freiwilligenarbeit (vgl. u.a. Penner 2002) speziell identifizieren. Zum einen ist dies die persönliche Wahrnehmung der NPO durch den Volontär, zum anderen die Reputation der Organisation. So belegen Betz und Judkins (1975) in ihren Ausführungen die positiven Auswirkungen klarer Zielvorgaben und einer dynamischen Unternehmenskultur auf die Bereitschaft zur Freiwilligenarbeit. Auch Farmer und Fedor (1999) zeigen, dass Freiwillige klare und eindeutige Hinweise seitens der NPO-Leitung erwarten, dass ihr Engagement wirklich zur Mission und zur Zielerreichung beiträgt. Würde dies nicht geschehen, macht sich Unzufriedenheit breit, was bis zur Beendigung des Engagements führen kann. Aus diesem Grund schliessen die Autoren, sollte ein *„Volunteer-Management"* innerhalb einer NPO selbstverständlich sein.

Eine weitere Variable, die einen Einfluss auf die Bereitschaft zur Freiwilligenarbeit hat, sind die jeweiligen kulturellen Eigenheiten. Ihnen wird in diversen Studien ein direkter Einfluss auf die Mobilisierungschance von Freiwilligen und Ehrenamtlichen attestiert (Milligan/Fyfe 2004). Dies zeigt sich beispielsweise bei den unterschiedlichen Anteilen an freiwilligem Engagement in der Deutschschweiz im Vergleich zur lateinischen Schweiz (Stadelmann-Steffen et al. 2007). Aber auch ein kommunaler Einfluss lässt sich beobachten. In eher ländlichen Gegenden, wo die Solidarität unter der Bevölkerung höher ist, lassen sich auch höhere Freiwilligenraten beobachten als in den Städten (Wilson 2000). Ergänzt wird dieser Effekt durch Wohlstandsunterschiede zwischen einzelnen Kommunen. Wohlhabende Gemeinden mit einem breiten Mittelstand weisen tendenziell grössere Freiwilligenraten auf als Gemeinden, die als sozial benachteiligt gelten (Milligan/Fyfe 2004). Dies ist nicht verwunderlich, zeigen doch Analysen, dass vor allem Berufstätige, Akademiker und Manager überdurchschnittlich oft Freiwilligenarbeit leisten. Diese Personen dürften eher in reicheren Vorortsgemeinden wohnen als in Zentren (Anheier/Salamon 1999), was den oben festgestellten Effekt des Stadt-Land-Gefälles allenfalls beeinflusst.

Ein Grossteil der volontären Arbeit leisten *Mitglieder* gegenüber ihrer eigenen NPO. Da alle Vereine von Gesetzes wegen Mitglieder besitzen, repräsentieren diese eine zentrale Zielgruppe der Ressourcenbeschaffung (Andessner 2004). Mit 40 Prozent der Mitglieder, welche bei Freizeit-, Kultur- und Sportvereinen mobilisiert werden können, gelingt dies den sozio-kulturellen NPO am besten (Stadelmann-Steffen et al. 2007). Am anderen Ende der Skala stehen Umwelt- und Menschenrechtsorganisationen sowie Vereine, die hauptsächlich der gemeinsamen Interessenvertretung dienen. Da bei den Letztgenannten die Mitgliedschaft oft mehr Ausdruck eines Solidaraktes, denn einer inneren Verbundenheit ist, sinkt die Bereitschaft zur Mitarbeit naturgemäss (Schwarz et al. 2009). Bei den Umwelt- und Menschenrechtsorganisationen handelt es sich oftmals um sogenannte „Checkbuch-Mitgliedschaften“ (Newton 1999: 11). Die Personen fühlen sich mit den Zielen der Organisationen verbunden und sind entsprechend bereit zu spenden, jedoch nicht sich selbst zu engagieren, da ihr Involvement dazu zu klein ist. Insofern können höhere Spendeneinnahmen durchaus auch in einem Zusammenhang mit einer tiefen Mobilisierungsquote stehen.

Negativ auf die Mobilisierungsquote von Freiwilligen wirkt sich die Mitgliederzahl aus, was 21 von 23 Studien zu diesem Thema zeigen (Indik 1965). Begründet wird dies durch indirekte Effekte: Sowohl die Kommunikation wie der persönliche Kontakt, zwei wichtige Bindungsfaktoren, werden durch die zunehmende (Mitglieder-)Größe erschwert, was sich negativ auf die Mobilisierung auswirkt. Die Anonymisierung wie eine steigende „Bürokratisierung“ reduzieren die Chance, die eigenen Mitglieder zu mobilisieren. Zudem nimmt mit der Größe der Organisation auch die Spezialisierung zu, was die Attraktivität eines Engagements für Freiwillige zusätzlich mindert (Jäger et al. 2009).

Ein Ansatz, um vermehrt auf die Mitarbeit von Freiwilligen zählen zu können, ist eine teilweise, geringfügige monetäre Entlohnung. Dieser Ansatz wird unter anderem im Kontext von Nonprofit Governance-Diskussionen immer wieder thematisiert. Begründet wird eine Entlohnung mit gestiegenen Anforderungen an die Ehrenamtlichen sowie fehlenden Anreizen, um diese weiterhin an die NPO binden oder überhaupt um neue Freiwillige motivieren zu können. Die Annahmen diverser Studien lassen vermuten, dass primär die finanziellen Möglichkeiten einer Organisation einen Einfluss auf die monetäre Entlohnung haben, insbesondere auf diejenige des Vorstands. Das gilt vor allem für NPO, wo es aufgrund der zunehmenden Anforderungen an die Ehrenamtlichen langfristig wohl kaum einen anderen Weg geben wird. Für kleine Vereine ist dies momentan kaum ein Thema (u.a. Wicker 2009).

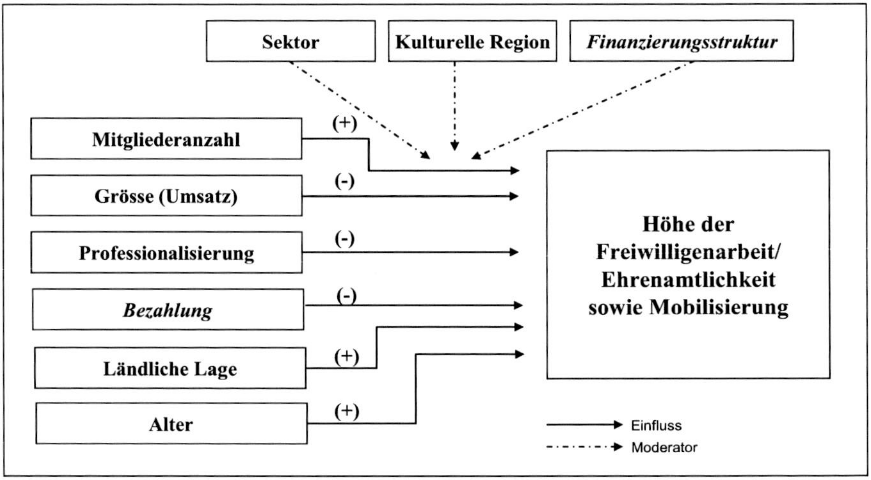

Abb. 2: Einflüsse auf Freiwilligenarbeit und Ehrenamt

Die Frage bleibt, ob die finanziellen Anreize genügen, um weiterhin von den Leistungen der Ehrenamtlichen und Freiwilligen profitieren zu können (Lautenschläger 2007). Dazu existieren kontroverse Meinungen, welche von der Einführung eines „allgemeinen Bürgergeldes" für freiwilliges Engagement, bis hin zur kategorischen Ablehnung von monetären Leistungen reichen. Abgesehen von der generellen Frage nach der Finanzierbarkeit, begründet sich letztere in der Angst, Entschädigungen könnten einen Prozess in Gang setzen, der die Ehrenamtlichkeit oder Freiwilligenarbeit weiter verdrängen würde (Frey/Jegen 2001). Insgesamt sind bezüglich Einflussfaktoren auf das Mobilisierungspotential von Freiwilligen in der Literatur die zahlreichsten Hinweise zu finden (Abb. 2).

Die dritte Form personeller Ressourcen von NPO sind die Mandate (Honorarkräfte). Aufgaben, die aus Zeit- oder Fähigkeitsgründen nicht mehr alleine durch Hauptamtliche oder Volontäre zu bewältigen sind, werden hier Dritten gegen Bezahlung übertragen. Aus Kosten- und Auslastungsgründen wird diese Option gemäss Schwarz (2006) vor allem von kleinen NPO genutzt. Je nach Organisationstyp und Branche unterscheidet sich der Einsatz von Mandatskräften in NPO recht stark (Lichtsteiner/Lutz 2008; Abb. 3).

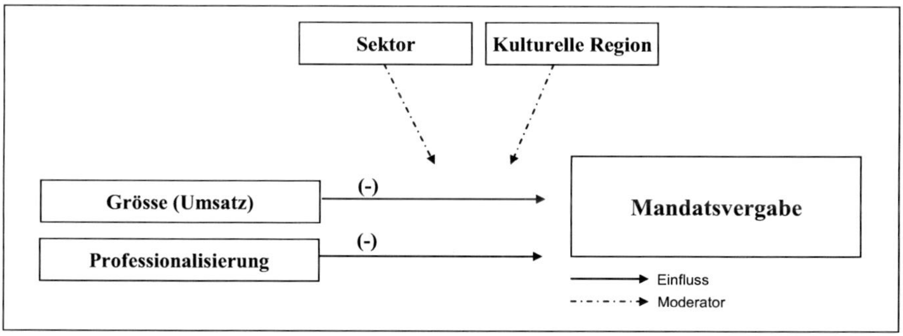

Abb. 3: Einflüsse auf die Mandatsvergabe

Der aktuelle Forschungsstand zeigt, dass diverse Einflüsse auf das Mobilisierungspotential von Personalressourcen für NPO bereits nachgewiesen wurden oder sich zumindest vermutet lassen. Offen bleiben die Fragen, wie die Faktoren gesamthaft wirken, sich allenfalls gegenseitig beeinflussen und insbesondere welche organisationalen Kriterien sich in der Praxis für die Gewinnungswahrscheinlichkeit der Ressourcen der Hauptamtlichen, Ehrenamtlichen und freiwilligen Helfern respektive der Mandate als relevant erweisen.

3 Resultate der Vereinsstudie in der Schweiz

Zur Klärung dieser Fragen wurde im Zeitraum von August bis Oktober 2008 am Verbandsmanagement Institut (VMI) eine umfassende Vereinsbefragung durchgeführt. Diese wurde als Teilstudie im Rahmen der Schweizer Länderstudie des Internationalen Johns Hopkins Comparative Nonprofit Sector Project (CNP) erarbeitet. In einer ersten Studienphase wurde mit Hilfe einer repräsentativen Flächenstichprobe bei Schweizer Gemeinden die Anzahl der Vereine ermittelt. Gesamthaft gesehen existieren danach in der Schweiz rund 80.000 institutionalisierte Vereine. In einem weiteren Schritt wurden von 15.467 Vereine der Stichprobe die Adressen erfasst und mittels einem umfassenden, schriftlichen Fragebogen befragt. Der Rücklauf war mit insgesamt 2.317 verwertbaren Antworten und einer Rücklaufquote von 15,6 Prozent zufriedenstellend. Die Daten bildeten die Grundlage, um den Einfluss organisationaler Kriterien auf das Mobilisierungspotential von Personalressourcen für NPO überprüfen zu können.

Aufgrund einer multiplen linearen Regressionsanalyse (MLR, $n_1 = 257$, $r^2 = 38.7^{***}$) lässt sich weder bezüglich dem Einsatz von Freiwilligen noch der Spenden- und Subventionsquote ein Einfluss auf die Höhe der Entlohnung der *Hauptamtlichen* nachweisen. Das Modell zeigt hingegen einen dominanten Einfluss vom Umsatz einer NPO auf die Lohnhöhe. Je höher der Umsatz einer Organisation, desto höher sind durchschnittlich die Löhne der angestellten Mitarbeitenden (0.675^{**}). Dieser Einfluss bestätigt die Aussagen von Rutherford (Verbandsmanagement Institut 2006; Rutherford 2009) in den theoretischen Ausführungen dieses Artikels. Vereine unterscheiden sich in diesem Punkt kaum von Profit-Organisationen.

Die binäre Regressionsanalyse (BR) zur Frage, welche Organisationsfaktoren einen Einfluss auf die Leistung von *Freiwilligenarbeit* zu Gunsten eines Vereins haben, weist mit einem Bestimmtheitsmass von 8,7 Prozent*** nur wenig Erklärungsgehalt aus ($n_2 = 1.511$).[1] Sie zeigt, dass mit zunehmender Zahl an Vereinsmitgliedern auch die Wahrscheinlichkeit steigt, dass Freiwillige für eine NPO aktiv werden. Es fällt vermutlich zunehmend Arbeit an, welche insbesondere finanzarme Vereine nicht bezahlen können (1.244^{**})[2], weshalb sie auf die Leistungen der Freiwilligen zurückgreifen müssen.

---

[1] Für diese Arbeit gilt: $^{+}p < 0.1$, $^{*}p < 0.05$, $^{**}p < 0.01$, $^{***}p < 0.001$.

[2] Bei der binären Regression stellt dies den exponierten Beta-Koeffizienten dar. Werte kleiner eins sind negativ; Werte grösser als eins sind positiv.

Tendenziell mit weniger Freiwilligen kommen NPO aus, die sich über Mitgliederbeiträge finanzieren (.509*). Dies könnte zum einen darauf hindeuten, dass in mitgliederorientierten Vereinen – z.B. ohne Dienstleistungsangebot an Dritte – generell weniger Arbeit anfällt oder dass Mitglieder die Bezahlung des Mitgliederbeitrages als eine ausreichende Leistung gegenüber dem Verein erachten und nicht bereit sind, zusätzlich Freiwilligenarbeit zu leisten. Finanzieren sich die NPO hingegen eher über selbsterwirtschaftete Mittel (2.702***) oder Spenden (3.324**), spielt die Solidarität eine klar stärkere Rolle und die Leute sind eher bereit, sich freiwillig zu engagieren. Insbesondere der Sport profitiert sehr häufig von solchen Engagements (1.802**). Bei grossen Vereinen profitieren nur noch die sozialen Organisationen überdurchschnittlich von Freiwilligen (r^2 = 55.9**, 18.340**). Das bedeutet, dass bei grossen Organisationen (n_3 = 68) der soziale Aspekt hauptverantwortlich sein dürfte, überhaupt freiwillig tätig zu werden. Eine generell tiefe Quote an Engagement weist die Westschweiz auf (.717**).

Für den monatlichen Stundeneinsatz der Freiwilligen kann gezeigt werden (MLR, n_3 = 933, r^2 = 26.7***), dass finanzstarke Organisationen (.343***) und soziale NPO (.144**) am meisten von den Tätigkeiten der Freiwilligen profitieren. Darüber haben die Mitgliederzahl (.142***) und das Alter einer NPO (.062**) einen positiven Effekt auf die Höhe des Engagements. Die letztere Variable könnte ein Zeichen sein, dass etablierte NPO in diesem Punkt mehr profitieren als junge Organisationen. Tendenziell wird zwar in der Westschweiz im Vergleich zur Deutschschweiz in weniger NPO Freiwilligenarbeit geleistet, dafür aber mehr Zeit dafür aufgewendet (.103**). Je professioneller ein Verein aufgestellt ist (-.193***), desto weniger sind die Freiwilligen bereit, ihre Zeit zur Verfügung zu stellen. Hingegen steigert eine Entlohnung die Bereitschaft der Personen in einem Verein freiwillig länger tätig zu sein, wenn auch nur geringfügig (.070**). Bereits einen Hinweis für die Mobilisierungsquote liefert die Tatsache, dass stärker mitgliederfinanzierte Vereine weniger von der Freiwilligenarbeit profitieren (-.094**). Der Verdacht liegt nahe, dass die Personen den Mitgliederbeitrag als genügende Leistung gegenüber dem Verein ansehen und darüber hinaus nicht bereit sind noch zusätzlich „gratis" für die NPO zu arbeiten.

Für den Leistungsaufwand der ehrenamtlichen Mitarbeitenden (n_4 = 1'564, r^2 = 26.5***) wie beispielsweise Vorstandsmitglieder scheint die Attraktivität, Leistungen zugunsten eines Vereines zu erbringen, mit dessen zunehmender Finanzkraft zu steigen (.332***). Das Engagement Ehrenamtlicher nimmt mit steigendem Umsatzes zu, wobei bei kleinen Organisationen ein starker Anstieg zu beobachten ist, der bei den mittelgrossen Organisationen ein wenig abflacht und dann bei den Grossvereinen wieder überdurchschnittlich stark ansteigt. Dies könnte damit zusammenhängen, dass bei kleinen NPO ein persönliches Engagement als unabdingbar angesehen wird und bei den großen die Macht und das Prestige eine wichtige Rolle spielen. Insbesondere profitieren Sportvereine (.126**), etablierte NPO (.108***) sowie mitgliedsstarke NPO (.174***) überdurchschnittlich von Einsätzen Ehrenamtlicher, professionelle Organisationen hingegen weniger (-.163***). Einen positiven Einfluss auf das Engagement hat auch hier wiederum die Entschädigung (.062**), während die Finanzierung über Mitgliederbeiträge wiederum eher einen negativen Effekt erzeugt (-.120**).

Für Vereine, welche ihre Volontäre aus den Mitgliedern rekrutieren, ist es notwendig, möglichst viele von ihnen zur Mitarbeit mobilisieren zu können (MLR, $n_5 = 661$, $r^2 = 19.9^{***}$). Je mehr Mitglieder ein Verein hat, desto schwieriger wird es, die eigenen Mitglieder mobilisieren zu können (-.427***), da unter anderem die Kommunikation und der persönliche Kontakt zwischen den Personen erschwert werden. Finanzstarken Vereine gelingt es besser, die eigenen Mitglieder zu einer Funktionsübernahme zu bewegen (.281***), ansonsten ist die Übernahme stark abhängig vom Sektor wie von der Grösse eines Vereins. Kleine Vereine im Kulturbereich (.163**), grosse Sport- (.344**) und politische Vereine (.429**) weisen eine überdurchschnittlich hohe Quote an aktiven Mitgliedern aus. Ein Zusammenhang zwischen der Spendenhöhe und der tieferen Mobilisierungsquote (Newton 1999) konnte hingegen in der vorliegenden Untersuchung nicht bestätigt werden.

Die Ehrenamtlichen erhalten in zwei Dritteln der Vereine keinerlei Entschädigung zugesprochen, arbeiten also vollkommen unentgeltlich. Die häufigste Form der Bezahlung stellen Jahres- und Monatspauschalen dar. Die BR ($n_4 = 900$, $r^2 = 27.7^{***}$) zeigt, dass die Grösse des Vereines (1.186***), die eingesetzten Stunden (1.021^{+}) wie die städtische Lage (1.440***) die Wahrscheinlichkeit einer Entschädigung erhöhen. Werden in einem Verein die freiwilligen Helfer entschädigt, erhält auch das Ehrenamt eine entsprechende Vergütung (5.437***). Keinen signifikanten Einfluss können auf Grund der Finanzstärke und der Geschlechterverteilung im Vorstand nachgewiesen werden.

Bei den *Mandatierten* zeigt die BR ($n_6 = 1.645$, $r^2 = 18.8^{***}$), dass ein Verein grundsätzlich zuerst einen gewissen Umsatz erzielen muss, damit er überhaupt

Mandate vergeben und bezahlen kann. Entsprechend ist die Wahrscheinlichkeit grösser, dass umsatzstarke Vereine Mandate (1.629^{***}) vergeben. Die These von Schwarz (2006), dass tendenziell kleinere Vereine häufiger Mandate vergeben, kann hier deshalb nur bedingt bestätigt werden. Auffallend ist zudem, dass in städtischen Gebieten die Wahrscheinlichkeit einer Mandatsvergabe 1,5mal** höher ist als auf dem Land. Die Wahrscheinlichkeit steigt vor allem bei den wirtschaftlichen Vereine (3.596^{**}), dass signifikant mehr Mandate vergeben werden. Nicht überraschen dürfte hingegen, dass Freizeitvereine mit ihren kleinen Budgets kaum Mandate vergeben ($.392^{+}$).

4 Zusammenfassung und Ausblick

Die Fähigkeit einer NPO, die benötigten Ressourcen mit einem vertretbaren Aufwand zu mobilisieren, gewinnt zunehmend an strategischer Bedeutung. Die Untersuchung weist am Beispiel des Bereichs *‚Human Resources'* von Schweizer Vereinen nach, dass sich nicht alle NPO gleich leicht den Zugang zu einzelnen Ressourcen erschliessen können. Es besteht ein nicht zu unterschätzender Zusammenhang zwischen den organisatorischen Merkmalen der NPO und ihrem potentiellen Zugang zu einzelnen Ressourcen. Dabei haben insbesondere kulturelle und sektorale Faktoren, aber auch die Organisationsgrösse einen nicht zu unterschätzenden Einfluss, wie leicht beispielsweise Ehrenamtliche oder freiwillige Helfer zu gewinnen respektive zu halten sind. Da diese Volontäre bemerkenswerterweise eher bereit sind, einen höheren Beitrag zu leisten, wenn sie dafür eine Entschädigung erhalten, muss sich eine NPO genau überlegen, welche eigenen Ressourcen sie wo einsetzt, um sich andere, allenfalls zusätzliche Ressourcen zu erschliessen.

Die vorliegende Studie gibt erste Hinweise dazu, wie sich Vereinsmanager entsprechend dem Profil ihrer NPO verhalten sollten, um möglichst effizient die Ressourcenversorgung ihrer Organisation sicherzustellen. Da sich viele Ressourcen substitutiv einsetzen lassen, sind zum besseren Verständnis der Mechanismen zwischen den Organisationskriterien und dem Management der Ressourcenbeschaffung allerdings nicht nur die *Human Resources* zu betrachten, sondern sämtliche Ressourcenarten der NPO, um abschliessende Ergebnisse festhalten zu können. Insofern wird diese Studie fortgeführt und noch weiter ausgedehnt.

Literatur

Almond, Steven/Kendall, Jeremy (2000): Taking the Employees Perspective Seriously: An Initial United Kingdom Cross-Sectoral Comparison. In: Nonprofit and Voluntary Sector Quarterly, 29 (2), S. 205-231.

Andessner, René (2004): Integriertes Potenzialmanagement in Nonprofit-Organisationen. Linz.

Anheier, Helmut (2005): Nonprofit Organizations: Theory, Management, Policy. London, New York.

Anheier, Helmut K./Salamon, Lester M. (1999): Volunteering in Cross-National Perspective: Initial Comparisons. In: Law and Contemporary Problems, 62 (4), S. 43-65.

Beccarelli, Claudio (2005): Finanzierung von Museen: Theorie und Anwendung am Beispiel der Schweizer Museumslandschaft. Bern u.a.

Betz, Michael/Judkins, Bennett (1975): The Impact of Voluntary Association Characteristics on Selective Attraction and Socialization. In: Sociological Quarterly, 16 (2), S. 228-240.

Buchinger, Clemens/Trukeschitz, Birgit/Schneider, Ulrike (2008): Leistungsbezogene öffentliche Finanzierungen von Nonprofit Organisationen im österreichischen Sozialwesen. Wien, Institut für Sozialpolitik.

Farmer, Steven M./Fedor, Donald B. (1999): Volunteer Participation and Withdrawal. In: Nonprofit Management and Leadership, 9 (4), S. 349-368.

Frey, Bruno S./Jegen, Reto (2001): Motivation Crowding Theory. In: Journal of Economic Surveys, 15 (5), S. 589-611.

Haider, Astrid/Schneider, Ulrike (2007): The Influence of Volunteers, Donations and Public Subsidies on the Wage Level of Nonprofit Workers. Wien, Institut für Sozialpolitik.

Hallock, Kevin F. (2002): Managerial Pay and Governance in American Nonprofits. In: Industrial Relations, 41 (3), S. 377-406.

Indik, Bernard P. (1965): Organization Size and Member Participation: Some Empirical Tests of Alternative Explanations. In: Human Relations, 18, S. 339-350.

Jäger, Urs P./Kreutzer, Karin/Beyes, Timon (2009): Balancing Acts: NPO-Leadership and Volunteering. In: Financial Accountability & Management, 25 (1), S. 79-97.

Jenner, Thomas (1999): Determinanten des Unternehmenserfolges: Eine empirische Analyse auf der Basis eines holistischen Untersuchungsansatzes. Stuttgart.

Krönes, Gerhard V. (2001): Finanzierung von Nonprofit-Organisationen. In: Die Betriebswirtschaft, 61 (1), S. 81-96.

Lauenstein, Milton (1984): The Strategy Audit. In: Journal of Business Strategy, 4 (3), S. 87-91.

Lautenschläger, Silke (2007): Einleitungsreferat: Warum dieses Thema? Ohne Moos nix los? - Wie viel Bezahlung verträgt das bürgerschaftliche Engagement. Hessisches Sozialministerium. Frankfurt a. Main, S. 7-11.

Lichtsteiner, Hans/Lutz, Vanessa (2008): Honorierung von Stiftungsräten. Freiburg, VMI.

Milligan, Christine/Fyfe, Nicholas R. (2004): Putting the Voluntary Sector in its Place: Geographical Perspectives on Voluntary Activity and Social Welfare in Glasgow. In: Journal of Social Policies, 33 (1), S. 73-93.

Newton, Kenneth (1999): Social Capital and Democracy in Modern Europe. In: Social Capital and European Democracy, hrsg. v. Jan van Deth et al., New York, S. 3-24.

Pearce, Jone L. (1982): Leading and Following Volunteers. Implications for a Changing Society. In: Journal of Applied Behavioral Science, 18 (3), S. 385-394.

Penner, Louis A. (2002): Dispositional and Organizational Influences on Sustained Volunteerism: An Interactionist Perspective. In: Journal of Social Issues, 58 (3), S. 447-467.

Purtschert, Robert (2005): Bestandsaufnahme und Perspektiven der Genossenschaften in der Schweiz. In: Das Genossenschaftswesen in der Schweiz, hrsg. v. Robert Purtschert, Bern u.a., S. 3-38.

Rutherford, Alasdair (2009): Where is the Warm Glow? Donated Labour and Nonprofit Wage Differentials in the Health and Social Industries. University of Stirling.

Schwarz, Peter (2006): Management-Prozesse und -Systeme in Nonprofit-Organisationen: Entscheidungen, Steuerung/Planung, Kontrolle. Bern u.a.

Schwarz, Peter/Purtschert, Robert/Giroud, Charles/Schauer, Reinbert (2009): Das Freiburger Management-Modell für Nonprofit-Organisationen. Bern u.a.

Stadelmann-Steffen, Isabelle/Freitag, Markus/Bühlmann, Marc (2007): Freiwilligen-Monitor Schweiz. Zürich.

Verbandsmanagement Institut (2006): Gehaltsstudie 2006: Vergütung von Führungskräften in Nonprofit-Organisationen. Freiburg.

Wagner, Ruth/Beccarelli, Claudio (2008): Studie Spendenmarkt Schweiz. Zürich.

Weik, Elke/Lang, Rainhart (2005): Moderne Organisationstheorien 1: Handlungsorientierte Ansätze. Wiesbaden.

Wicker, Markus (2009): Sinnvolles tun ist immer noch eine Motivation. Zürich.

Wilson, John (2000): Volunteering. In: Annual Review of Sociology, 26 (1), S. 215-240.

Sozial- und Gesundheitswesen – Ehrenamt in Zeiten der Krise

Wolf Stikklas, München

1 Wirkung des sozial- und gesundheitspolitischen Paradigmenwechsels

Der sozialpolitische Paradigmenwechsel hin zur mehr Eigenverantwortung und Eigenbeteiligung bei der Nutzung personaler Dienstleistungen im Sozial- und Gesundheitswesen, der seit den 90er Jahren des 20. Jahrhunderts zu beobachten ist, hat zu einer deutlich stärkeren Betonung ökonomischer Faktoren geführt. Dieser Wechsel betrifft nicht nur den privatwirtschaftlich organisierten Bereich, sondern ist auch für den „Dritten Sektor", dem die gemeinnützig orientierten Leistungserbringer im Sozial- und Gesundheitswesen zugerechnet werden, zu einer Existenzfrage geworden.

Es besteht zwar die formelle Trennung zwischen gewinnorientierten Unternehmungen und den juristischen Personen, denen nach den § 55 ff AO die steuerliche Anerkennung als gemeinnützige Unternehmung von Finanzamt zu erkannt wurde. In der stationären Akutversorgung durch Plankrankenhäuser besteht in der Praxis bis auf die steuerliche Behandlung der Überschüsse kein wesentlicher Unterschied; dies gilt mit gewissen Einschränkungen auch für andere Bereiche so z. B. ambulante Pflegedienste, wo private mit gemeinnützigen Sozialstationen im direkten Wettbewerb stehen. Marktorientierung und Kostendämpfung haben in den Unternehmungen zu verändertem Führungsverhalten beigetragen. Der deutliche Umbruch hat vor allem in der Unternehmensführung zu einer Übernahme von Managementmethoden geführt, die sich ähnlich dem „Shareholder-Value" an kurzfristigen wirtschaftlichen Zielen orientieren und damit nicht selten Gefahr laufen, langfristige Ziele wie auch das Selbstverständnis der Gemeinwohlorientierung aus dem Blickfeld zu verlieren. Besonders deutlich wird diese Entwicklung in Zeiten der Finanzkrise. Im Bereich der Nonprofit-Organisationen führt diese Ausrichtung schnell zu Glaubwürdigkeits- und Identitätskonflikten. Der Rückgriff auf den Stakeholder-Ansatz (Krippner-Stikklas/ Stikklas 2007) oder die Orientierung an Anspruchsgruppen will Fragestellungen wie das Verhalten der Organisation gegenüber Kunden, Wettbewerbern und Mitarbeitern mit in die strategische Unternehmensplanung einbeziehen. Des Weiteren gilt es die Stellung gegenüber der Öffentlichkeit, dem Staat und den Kostenträgern zu reflektieren (Abb. 1).

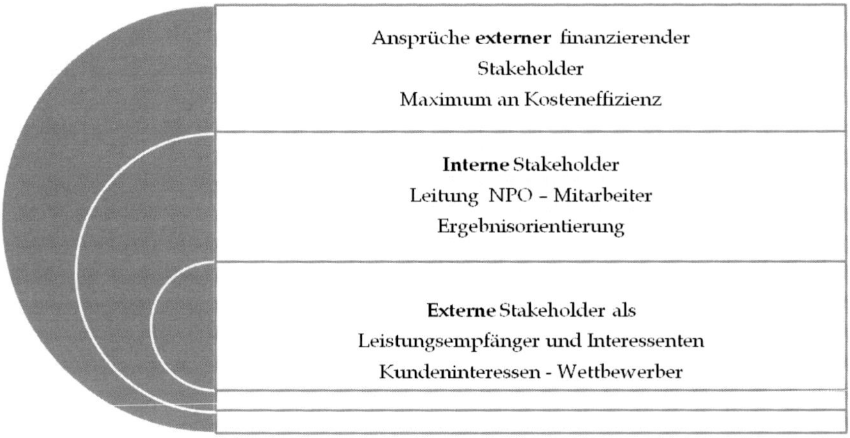

Abb. 1: Interessen der Anspruchsgruppen

2 Rückläufiges Finanzvolumen und Handlungsalternativen

Die Auswirkungen der Krise im Sozialsystem sind gekennzeichnet durch ein rückläufiges Steueraufkommen bei Bund, Länder und Kommunen. Der wachsenden Lücke zwischen Beitragsaufkommen und Leistungsausgaben der Sozialversicherungen und sinkender Leistungsfähigkeit privater Finanzierungsmöglichkeiten steht ein wachsender Bedarf gegenüber, der einerseits eine Begleiterscheinung der Krise ist, aber auch durch langfristige demographische Trends verstärkt wird. Derzeit sind 2,25 Millionen Menschen Leistungsempfänger der Pflegeversicherung; davon werden 68 % zu Hause gepflegt. 90 % der in Privathaushalten lebenden Pflegebedürftigen werden von Verwandten gepflegt. Eine Zunahme von 4 % (1991) auf 8 % (2002) von Bekannten als ehrenamtliche Pflegepersonen ist beobachtbar; eine Erweiterung professioneller Pflege ist mit erheblichem wirtschaftlichem Aufwand verbunden, der nur schwer zu bewältigen sein dürfte.

Das Management der NPOs im Sozial- und Gesundheitswesen versucht mit wechselndem Erfolg die Lücke zwischen wachsenden Ansprüchen und knapper werdenden Ressourcen, nicht zuletzt durch den vermehrten Einsatz von ehrenamtlichen Kräften, zu schließen. Soziale Dienstleistungen sind im hohen Maße arbeitsintensiv, die Personalkosten liegen je nach Aufgabengebiet in der ambulanten oder der stationären Pflege wie in der stationären Akutversorgung von Kranken zwischen 60 und 90 % der Gesamtkosten. Rückläufige Finanzvolumina schlagen daher unmittelbar auch auf das Personalbudget durch.

Die Träger stellt dies vor Herausforderungen, die entweder mit Kostensenkungsprogrammen oder der Erschließung neuer Ressourcen, u.a. über die Ausweitung ehrenamtlicher Tätigkeitsfelder, einer Lösung zugeführt werden sollten. Bedingt durch diese Situation ergeben sich für das strategische Personalmanagement und die Leistungsplanung vielfältige Fragestellungen und Konflikte. Die Kostenträger beziehen jedoch vermehrt den Einsatz ehrenamtlicher Kräfte in die Leistungsplanung mit ein. Ein Beispiel: „Die AOK Niedersachsen hat mit dem Pflegeteam Hannover Land GmbH eine Zusatzvereinbarung zum Rahmenvertrag nach §132a SGB V abgeschlossen ... Auf Grundlage dieser Vereinbarung will die AOK Niedersachsen bestimmte behandlungspflegerische Maßnahmen an Angehörige und ehrenamtliche Helfer übertragen um die Kosten zu senken.“

Vereinbarungen wie diese und ihre Umsetzung geraten sehr schnell in Konflikt mit den Interessen der Anspruchsgruppen aus dem Bereich der Mitarbeiter, der Konkurrenten wie auch der Kunden und der Gesundheitsberufe, die sich in ihren beruflichen, wirtschaftlichen und persönlichen Ansprüchen tangiert fühlen. Eine

Eskalation dieses Interessenkonfliktes führt sehr rasch auf die Ebene der Berufsverbände, Gewerkschaften und der Politik und kann die ursprüngliche Zielsetzung des Unternehmens beeinträchtigen.

3 Stakeholder-Konzept als Instrument strategischer Unternehmenssteuerung

Der Stakeholder-Ansatz kann dazu beitragen, durch eine Analyse der Ansprüche und Problemfelder diese zu identifizieren und bei strategischen Unternehmensentscheidungen zu berücksichtigen. Das Instrumentarium dient nicht allein zur Aufdeckung von Konflikten, sondern erweist einen hohen Nutzwert auch in der Suche und dem Einbringen unterstützender Faktoren.

Bürgerschaftliches Engagement hat in Deutschland deutlich zugenommen, es stieg von einem 26 % (1999) Anteil der erwachsenen Bevölkerung in Deutschland auf 37 % (2009). Die Zuwächse fanden jedoch zumeist außerhalb des Sozial- und Gesundheitswesens statt, im sozialen Bereich 5,2 %, im Gesundheitssektor 2,2 %. Die Erhöhung der Engagementquote auch für das Sozial- und Gesundheitswesen nutzbar zu machen, ohne dadurch bei den internen wie externen Anspruchsgruppen auf Widerstände zu stoßen, gilt als Herausforderung des strategischen Managements (Abb. 2).

- Bestehen Einsatzgebiete für Ehrenamtliche unter Berücksichtigung der notwendigen Qualifikation bzw. externer Qualitätsvorschriften (Fachkraftquote)?
- Möglicher Umgang mit Qualifikationsdefiziten bei Ehrenamtlichen (Training).
- Zeitliche Verfügbarkeit und kontinuierliche Einsatzplanung (Flexibilität von Dienstplänen).
- Anreize und Motivationselemente für ehrenamtliche Kräfte (Aufwandsentschädigungen), vor allem aber berufliche Anerkennung von ehrenamtlicher Tätigkeit und damit verbundene Start- und Aufstiegschancen.

- Dauer und Kontinuität ehrenamtlichen Engagements (Ehrenamt bei wachsender beruflicher oder familiärer Belastung).

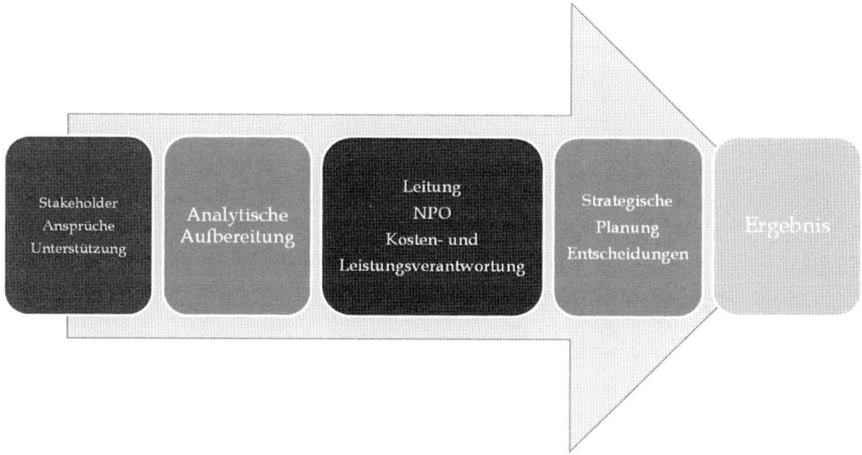

Abb. 2: Managementprozess

4 Konfliktpotenzial divergierender Interessen

Der Einsatz ehrenamtlicher Kräfte kann Probleme im Unternehmen generieren, wenn eine partielle Substitution von hauptberuflichen Arbeitskräften damit verbunden ist. Nicht selten ergeben sich durch den Einsatz Konflikte zwischen Haupt- und Ehrenamtlichen, es bestehen Ängste um die Sicherheit des Arbeitsplatzes, Lohndumping, Kompetenzprobleme. Die Ausweitung ehrenamtlicher Tätigkeiten erfordert ein hohes Maß an sensibler und verantwortungsvoller Personalarbeit, ohne diese Vorleistung des Managements treffen Veränderungen auf offenen oder versteckten Widerstand des Stammpersonals. Als Lückenbüßer sind Ehrenamtliche nicht geeignet.

Das Angebot sozialer Dienste ist in hohem Maße angewiesen auf Kontinuität, Verlässlichkeit und Professionalität. Die Ansprüche der Klienten und auch der

Kostenträger gegenüber der Qualität und dem Preisleistungsverhältnis nehmen weiter zu, unabhängig, ob es sich um gemeinnützige oder kommerzielle Träger handelt. Der Wettbewerb auch im europäischen Kontext stellt NPOs vor neue Herausforderungen.

Literatur

Krippner-Stikklas, Sylvia/Stikklas, Wolf (2007): Lehrbuch Fachwirt/in im Sozial- und Gesundheitswesen (IHK). Band 1: Sozial- und Gesundheitsökonomie. Göttingen u.a.

Arbeitszufriedenheit im Rettungsdienst des Bayerischen Roten Kreuzes: eine empirische Analyse

Adelheid Susanne Esslinger und Daria Konopka, Nürnberg

1 Motivation und Zielsetzung

Nonprofit-Organisationen stehen zunehmend im Wettbewerb. In den Jahren 2004/05 lag die Zahl des jährlichen Einsatzaufkommens im Rettungswesen in Deutschland bei fast 10,2 Millionen Fällen. Durch den demografischen Wandel in der deutschen Gesellschaft wird die Wahrscheinlichkeit eines Anstieges des Einsatzaufkommens in Zukunft weiter steigen (i. d. S. Prückner/Madler 2009). War das Rettungswesen originär durch Nonprofit-Organisationen und hier allen voran die vier großen Hilfsorganisationen Arbeiter-Samariter Bund (ASB), Deutsches Rotes Kreuz (DRK), Malteser Hilfsdienst (MHD) und die Johanniter-Unfall-Hilfe (JUH) geprägt (Gundlach 2009), steigt der Druck der traditionellen Akteure und sogar ausländische Anbieter drängen auf den Markt (Spielberg 2007). Das Management der sozialen personenbezogenen Dienstleistungsorganisationen muss deshalb professionell, auf normativer Basis, strategisch und operativ agieren. Eine der wesentlichen Stakeholdergruppen ist im Dienstleistungssektor die der Mitarbeiter. Die Qualität von personenbezogenen sozialen Dienstleistungen hängt ab von der Motivation und der Beziehung zwischen Dienstleistungsnehmer und -geber, also von den Mitarbeitern, die die jeweiligen Leistungen an den Bedürftigen verrichten (Folgheraiter 2004). Dementsprechend muss die Führung sich, auch im Rahmen des Qualitätsmanagements, mit der Mitarbeiterzufriedenheit auseinandersetzen, denn sie wirkt sich gleichgerichtet auf die qualitativ hochwertigen Leistungen der Mitarbeiter in Organisationen aus (z.B. bereits Neuberger/Allerbeck 1978).

2 Rettungsdienste in Deutschland

„Die Aufgabe des Rettungsdienstes besteht in der Durchführung lebensrettender Maßnahmen bei lebensbedrohlich Verletzten oder Erkrankten am Einsatzort, der Herstellung der Transportfähigkeit dieser Personen und der fachgerechten Betreuung mit besonders ausgestatteten Rettungsmitteln zur Beförderung in eine für die weitere Versorgung geeignete Behandlungseinrichtung“ (GBE o. J.). Die Aufgaben umfassen neben den Krankentransporten insbesondere Notfallrettungsdienst, Luftrettungsdienst, Notarztdienst und Interhospitaltransfer von Intensivpatienten (Gundlach 2009). Die Ausgaben für den Rettungsdienst in Deutschland betrugen im Jahr 2007 zirka 2,7 Mrd. Euro. Es waren im Jahr 2000 knapp 32.000 hauptamtliche Mitarbeiter und 4.200 Zivildienstleistende beschäftigt. Darüber hinaus betrug das Ausmaß ehrenamtlicher Tätigkeit rund 3,8 Millionen Stunden, was in etwa 1.880 hauptamtlichen Vollzeitkräften entspricht. Durch diese ehrenamtlichen Stunden konnten im Personalbereich 65 Millionen Euro in einem Jahr eingespart werden. Diese Einsparung bildet einen wichtigen Faktor, da die Personalkosten ca. 70 bis 80 % der Gesamtkosten im Rettungsdienst ausmachen (Behrendt/Schmiedel 2003). Neben den gemeinnützigen Organisationen erlangten seit Mitte der 1980er Jahre private Anbieter an Bedeutung und schlossen sich in der Gründung des bundesweit agierenden Verbands „Bundesverband eigenständiger Krankentransport- und Sanitätshilfsdienste e.V.“ (heute BKS – Bundesverband eigenständiger Rettungsdienste e.V.) zusammen (BKS o. J.). Ihr Marktanteil liegt bei zirka 21 % (Roth 2009; DRK 2009; Deutsche Malteser 2009; ASB o. J.; ASB 2009; JUH Jahresbericht 2009). Bezüglich des Restanteils beträgt der des DRK weit mehr als 50 %. Damit ist es mit Abstand der größte Anbieter vor dem ASB (10,7 %), der JUH (8,9 %) und dem MHD (5,8 %).

Die Bedeutung der gemeinnützigen Anbieter ist groß, gleichwohl sind einige Spezifika dieser Unternehmen mit kritischem Blick zu prüfen. Ehrenamtliche Mitarbeiter stellen eine erhebliche Entlastung der Kosten für die nonprofitorientierten Organisationen dar – sie stellen z. B. im Roten Kreuz etwa ein Fünftel der Mitarbeiter (Ernste 2007). Wenn jedoch ehrenamtliche Kräfte ausbleiben, resultiert dies in einer Erhöhung der Personalkosten oder in fehlenden Ressourcen. Die wirtschaftliche Bedeutung der gemeinnützigen Anbieter ist vor allem durch die hohen Sozialleistungen, die durch den Staat an sie ausgelagert werden, bedingt. Darüber hinaus üben sie Einfluss auf die Politik aus, gleichzeitig sind sie in hohem Umfang von den öffentlichen Haushalten abhängig (Ernste 2007). In Zukunft müssen sich die gemeinnützigen Organisationen also auf vielfältige Herausforderungen einstellen. Hierzu zählen Änderungen der rechtlichen Rahmenbedingungen, Finanzknappheit der öffentlichen Haushalte, Zunahme des Wettbewerbsdrucks durch private Leistungserbringer und gesellschaftliche Änderungen. Aufgrund der veränderten Umweltbedingungen werden für Hilfs- und Wohlfahrtsorganisationen Wettbewerbsvorteile immer wichtiger. Nach Ernste (2007) gilt es unter anderem, neue Organisations-, Management- und Vergütungssysteme einzuführen, eine Verbesserung der externen Kontrolle und mehr Transparenz zu gewährleisten, sich als Anbieter auf Bereiche zu fokussieren. Auch in der Untersuchung von Bonamico und Ladurner (2006) erläutern die Autoren, dass insbesondere eine Stakeholder-Analyse von großer Bedeutung ist. Weiterhin ist die regelmäßige Überprüfung und Optimierung der Kundenzufriedenheit von Relevanz. Die Mitgliederentwicklung zählt für die Autoren ebenfalls als ein Instrument, um den Erfolg des Rettungsvereins zu messen.

Betrachtet man das Geschäftsfeld Rettungsdienst im DRK so stellt es, gemessen an den Ausgaben im Jahr 2003, den wichtigsten Bereich dar. In diesen Bereich fließen eine Mrd. der insgesamt ca. 4,3 Mrd. Euro (Roth 2009). Das DRK verfügt über 1.400 Rettungswachen und etwa 4.700 Notarzt- und Rettungswagen. Die Anzahl der jährlich versorgten Notfälle beläuft sich dabei auf 2,3 Millionen Fälle und 3,2 Millionen durchgeführte Krankentransporte (DRK 2009). Angaben des DRK zufolge besitzt dieses einen Marktanteil von 50 % im Bereich des Rettungsdienstes (DRK 2006).

Das Rote Kreuz, Kreisverband Nürnberg-Stadt (KV Nürnberg-Stadt), wurde im Jahr 1886 gegründet. Der KV Nürnberg-Stadt basiert, wie alle DRK-Organisationen, normativ auf dem Leitbild mit seinen sieben Grundsätzen der Menschlichkeit, Unparteilichkeit, Neutralität, Unabhängigkeit, Freiwilligkeit, Einheit und Universalität. Das BRK, und somit auch der Kreisverband Nürnberg-Stadt, ist eine Körperschaft des öffentlichen Rechts nach Art. 1 Satz 1 BRK-Gesetz und § 3 Abs. 1 Satzung BRK. Seine Ziele orientieren sich an den Gesamtzielen der Organisation und finden vor allem Ausdruck im Anspruch an den Erhalt einer hohen Klientenzufriedenheit und der Verlässlichkeit der Leistung. Dieser Anspruch soll durch ein motiviertes, engagiertes und qualifiziertes Mitarbeiterteam erreicht werden. Des Weiteren sollen das Haupt- und Ehrenamt effektiv und eng zusammenarbeiten, es sollen Fehler vermieden und Fehlerquellen beseitigt werden. Um die Ziele zu erreichen, wurde im Jahr 2003 ein Qualitätsmanagementsystem eingeführt und Ende 2005 die Stelle der Qualitätsbeauftragten geschaffen. Dieses System wird als Stärke der Organisation gesehen. Gleichermaßen existieren Schwächen, wie die Ausstattung und der Zustand der Fahrzeuge, die etwas geringe ehrenamtliche Beteiligung und das Schnittstellenmanagement zur Leitstelle, die eingehende Aufträge an die Akteure weiterleitet.

3 Studie

3.1 Methodik und Durchführung

Im Rettungsdienst des Kreisverbandes (KV) des Bayerischen Roten Kreuz (BRK) Nürnberg-Stadt wurde im Jahr 2007 eine Mitarbeiterbefragung unter den 112 hauptamtlichen Mitarbeitern (Vollerhebung) konzipiert, durchgeführt, ausgewertet und die Ergebnisse im Verband kommuniziert. Hierbei wurde die Form der persönlichen Befragung anhand eines halbstandardisierten Fragebogens gewählt, um den Rücklauf zu erhöhen (Weis/Steinmetz 2000). Ziel war es, die Mitarbeiterzufriedenheit zu erheben und Aufschluss zu erhalten über Einstellungen, Erwartungen, Bedürfnisse und Wünsche sowie Ängste der Mitarbeiter in der Organisation. Hierfür wurde zunächst erforderlich, sich dem Konstrukt der Arbeitszufriedenheit theoretisch zu nähern. Eine entsprechende Auseinandersetzung fand statt. Ebenso sollte überprüft werden, wie das im Jahr 2003 eingeführte Qualitätsmanagement von den Mitarbeitern wahrgenommen wird. Das BRK, KV Nürnberg-Stadt sieht diese Art der Prüfung als Baustein der Sicherung seiner Wettbewerbsvorteile, insbesondere, indem eventuelle Schwächen ermittelt und nachfolgend beseitigt werden können.

Zunächst erfolgte die Kommunikationsphase. Sie setzte bei der Wachleitung als Führungskräfte an, denen in mehreren persönlichen Gesprächen argumentativ die Sinnhaftigkeit der Befragung dargelegt wurde. Ebenso wurde der Betriebsrat von Anfang an mit eingebunden und vereinbart, dass die durchzuführende Befragung in der Dienstzeit der Mitarbeiter erfolgen sollte. Auf Mitarbeiterebene erfolgte Kommunikation durch schriftliche, persönliche, individuelle und allgemeine Ansprache (z.B. Aushänge, Mailings, Gespräche) durch die Interviewerin und die Leitungskräfte, um Transparenz über die geplante Befragung herzustellen (Zielke 1997). Es wurde vor allem auf den relevanten Faktor der Anonymität in der Befragung hingewiesen. Auch wurde verdeutlich, dass auf Basis der Ergebnisse Handlungen abgeleitet und umgesetzt werden sollten. Schließlich wurde für das Projekt ein Poster entworfen und in der intensiven Vorbereitungsphase in der Einrichtung platziert. Das Poster beinhaltet auch Kontaktdaten der Interviewerin für etwaige Rückfragen von Seiten der Organisationsteilnehmer.

Vor Beginn des Erhebungszeitraums wurden Expertengespräche mit Mitarbeitern geführt. Sie wurden zu den, in Anlehnung an Borg (2000), relevanten Faktoren zur Messung der Arbeitszufriedenheit befragt und um eine Einschätzung der Bedeutung der Themen für die Organisation gebeten. Es handelte sich insbesondere um die Bereiche „Tätigkeit“ (9 Items), „Arbeits(platz)bedingungen“ (19 Items), „Bezahlung und Sozialleistungen“ (3 Items), „Information und Kommunikation“ (4 Items), „Weiterbildungs- und Entwicklungsmöglichkeiten“ (7 Items), „Führung“ (17 Items), „Kollegen und Betriebsklima“ (8 Items), „Qualitätsmanagement“ (3 Items), „Unternehmen“ (6 Items) und Fragen zur Demografie. Auf Basis der zehn, durch die Expertenmeinungen identifizierten Themenblöcke wurde der Fragebogen konzipiert. Er wurde mit einem Deckblatt gestaltet, mit Informationen zum Projekt und zur Anonymität sowie Instruktionen zum Ausfüllen versehen und optisch übersichtlich aufbereitet. Teil 1 umfasst insgesamt 76 standardisierte geschlossene Aussagen. Sie konnten auf einer 5-Punkt-Likert-Skala angekreuzt werden.

Teil 2 der Befragung bestand aus einer qualitativen Erhebung durch Tiefeninterviews mit Hilfe eines Interviewleitfadens (z. B. Lamnek 2005). Zwischen den beiden Teilen wurden die Mitarbeiter gebeten, die zehn angegebenen Themen nach Einschätzung ihrer Wichtigkeit in eine Reihenfolge zu bringen (z. B. Arbeitszeitregelung, Arbeitsmittel, Feedback). Das Tiefeninterview begann dann mit der relevantesten Thematik (Berekoven et al. 2004). Hierbei wurde, unabhängig von der Themenauswahl, bei Gesprächsbeginn jeweils die Frage gestellt: „Warum haben Sie dieses Thema auf 1 gesetzt? Was finden Sie gut? Was stört Sie daran? Haben Sie vielleicht einen konkreten Verbesserungsvorschlag?“ Die Probanden konnten sich dann zu jedem Thema so lange sie wollten, äußern.

Vor der Erhebungsphase wurden nach dem Pretest mit vier Mitarbeitern geringfügige Änderungen am Fragebogen vorgenommen. Die Erhebung fand anschließend im Zeitraum vom 18.02. bis 09.03.2007 statt. Die Auswertung der Ergebnisse erfolgte durch das Abtragen der Häufigkeiten, Kreuztabellen und Mittelwertvergleiche. Die Tiefeninterviews wurden mit Hilfe der qualitativen Inhaltsanalyse ausgewertet (Mayring 1988). Schließlich wurde eine Reliabilitätsanalyse durchgeführt um zu überprüfen, ob die Zuordnung der Inhaltsaussagen zu den Themenblöcken richtig erfolgte. Außerdem erfolgte eine Faktorenanalyse, um den Zusammenhang zwischen den Variablen zu erklären.

Ein Spezifikum in der Befragung stellte die Durchführung einer Prognosebefragung bei den Führungskräften und dem Qualitätsbeauftragten dar. Die Personen sollten Schätzungen über die Antworten der Mitarbeiter bezüglich der geschlossenen Fragen abgeben. Später wurden die Werte der Schätzung mit den tatsächlichen Antworten verglichen. Somit konnten Wunschbilder der Vorgesetzten entkräftet und Fehleinschätzungen aufgedeckt werden.

3.2 Ergebnisse der Untersuchung

Insgesamt konnten 89 der 112 (79,5 %) hauptamtlichen Rettungskräfte befragt werden. Die durchschnittliche Befragung dauerte 40 Minuten. Im Folgenden wird exemplarisch auf einen Ausschnitt der Gesamtergebnisse eingegangen.

3.2.1 Allgemeine Charakteristika der Befragten

Im Rettungsdienst sind 83,1 % der Beschäftigten männlich und 16,9 % weiblich. In der Organisation sind 34 Personen als Rettungssanitäter und 51 als Rettungsassistenten beschäftigt. Außerdem arbeiten 4 Mitarbeiter als Lehrrettungsassistent. Auffallend wenige Personen gehören der Altersgruppe unter 25 Jahren an (6). 23 Beschäftigte sind zwischen 25 und 29 Jahren und der Großteil der Mitarbeiter (35) hat ein mittleres Alter zwischen 30 und 39 Jahren. Zwischen 40 und 49 Jahren sind 15 Personen und 10 Menschen haben das 50. Lebensjahr überschritten. Insgesamt sind 9,0 % der Befragten seit weniger als 3 Jahren im Rettungsdienst tätig, 20,2 % Personen arbeiten zwischen 3,1 und 5 Jahren in der Einrichtung, 16,9 % der Mitarbeiter zwischen 5,1 und 8 Jahren, 7,9 % zwischen 8,1 und 10 Jahren und der Großteil (46,1 %) arbeitet seit mindestens 10 Jahren im BRK KV-Nürnberg. Der Anteil der langjährig Beschäftigten ist bei den Rettungsassistenten am höchsten.

3.2.2 Ergebnisse der quantitativen Befragung

Betrachtet man exemplarisch den Ausschnitt der Befragung zur Allgemeinen Arbeitszufriedenheit und zum Betriebsklima, wird offenbar, dass bei den Angestellten ein relativ hoher Grad an Zufriedenheit vorliegt (82 % Zustimmung) (Abb. 1).

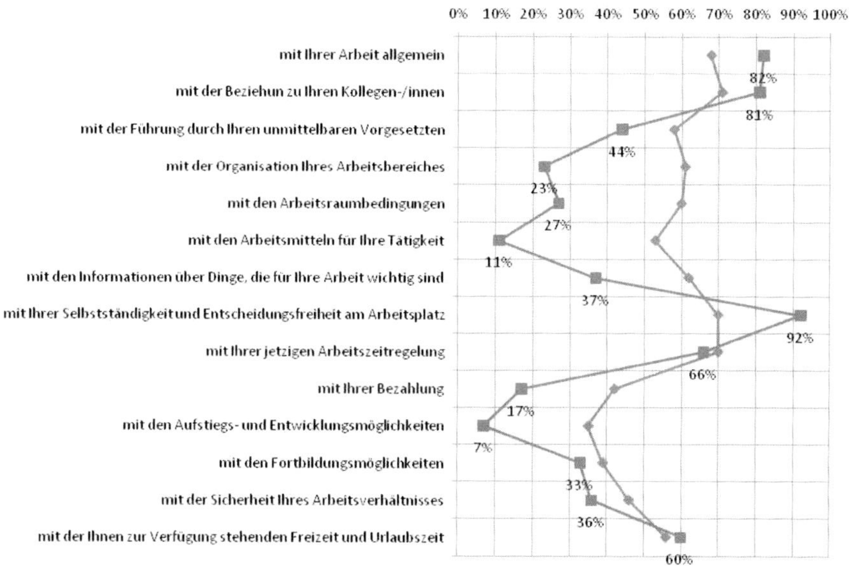

Legende: Frage 8-21: Wie zufrieden sind Sie …
Quadrat: Top-2-Box; Raute: Durchschnittsschätzwert der Führung und QB
Top-2-Box Gesamt: sehr zufrieden/zufrieden; n = 89

Abb. 1: Ergebnisse der Befragung hinsichtlich der allgemeinen Zufriedenheit

81 % der Befragten mit der Beziehung zu ihren Kollegen/innen zufrieden. Deutlich wird die Abweichung der Einschätzungen der Führungskräfte im Hinblick auf die Fragen und tatsächlichen Antworten. Hier kam es bezüglich der beiden Items zu Unterschätzungen durch die Führungskräfte. Bei allen anderen Items kam es zu Überschätzungen. Einige der Mitarbeiter bemängeln die Betriebsmit-

tel und lediglich 11 % sind mit diesen zufrieden. Auch die Zufriedenheit mit der Organisation des Arbeitsbereichs (23 %) und den Arbeitsraumbedingungen (27 %) findet geringe Zustimmung. Etwas höher ist die Zufriedenheit der Versorgung mit wichtigen Informationen (37 %) und mit der Führung (44 %).

Im Hinblick auf die Selbständigkeit und Entscheidungsfreiheit am Arbeitsplatz äußern die Mitarbeiter eine sehr hohe Zufriedenheit (92 % Zustimmung). Zugestimmt wird von 66 % der Befragten der Zufriedenheit mit den Arbeitszeitregelungen und 60 % der Befragten stimmen der zur Verfügung stehenden Freizeit und Urlaubszeit zufrieden zu. Besonders unzufrieden sind die Personen mit Aufstiegs- und Entwicklungschancen (7 %) sowie mit der Bezahlung (17 %). Mit den Fortbildungsmöglichkeiten (33 %) sind die Mitarbeiter ebenso unterdurchschnittlich zufrieden wie mit der Sicherheit des Arbeitsverhältnisses (37 %). Betrachtet man erneut die Abweichungen der Einschätzungen der Führungskräfte im Vergleich zu den Rettungskräften, werden Überschätzungen in allen Bereichen deutlich mit Ausnahme von den Angaben zur Selbständigkeit und geringfügig der Aussage zur Freizeit. Unterschätzungen werden insbesondere offenbar im Hinblick auf die Selbständigkeit.

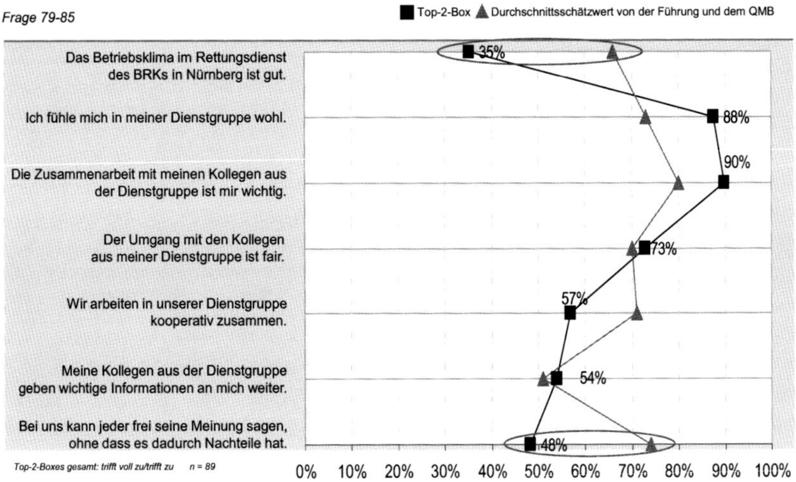

Abb. 2: Ergebnisse der Befragung hinsichtlich des Betriebsklimas

Bezüglich der Fragen zum Betriebsklima (Abb. 2) wird deutlich, dass die Zusammenarbeit mit den direkten Kollegen von 90 % der Befragten als sehr wichtig eingeschätzt wird und 88 % der Mitarbeiter zustimmen, sich in ihrer Dienstgruppe wohl zu fühlen. 73 % der Probanden unterstützen die Aussage, dass ein fairer Umgang unter den Kollegen der Dienstgruppe bestehe, 54 % bestätigen die kooperative Zusammenarbeit und 54 % eine gute Informationsweitergabe. Das Betriebsklima insgesamt im Rettungsdienst wird „lediglich" von 35 % als gut bezeichnet. 48 % geben an, dass sie ihre Meinung frei äußern können. Überschätzende Abweichungen zwischen den Einschätzungen der Führungskräfte und Aussagen der Mitarbeiter betreffen Betriebsklima, in geringerem Maße Kooperationsverhalten und Möglichkeit der freien Meinungsäußerung. Unterschätzende Abweichungen treten bei allen anderen Items auf, mit Ausnahme der Aussage zum fairen Umgang in der Dienstgruppe und der Informationsweitergabe.

3.2.3 Ergebnisse der qualitativen Befragung

Die Auswertung der qualitativen Analyse verdeutlicht, dass das Thema „Arbeitsmittel" mit einem Mittelwert von 2,8 auf Platz 1 als sehr wichtig erachtet wird und 30 Personen es als wichtigstes Thema benennen. Gefolgt wird es vom Thema „Einkommen und Sozialleistungen" mit einem Mittelwert von 2,9 und 37 Nennungen auf Platz 1. Das Thema „Führung" liegt mit einem Mittelwert von 4,9 auf Platz 3 und erhält 6 Nennungen auf Platz 1. Die anderen Themen liegen alle in einem mittleren Bereich. Das Thema „Qualitätsmanagement" wird mit einem Mittelwert von 8,3 als am wenigsten wichtig eingeschätzt (Abb. 3).

	Verbesserungsbedarf	Mittelwert*	von n auf Platz 1 benannt
1.	Arbeitsmittel	2,8	30
2.	Einkommen und Sozialleistungen	2,9	37
3.	Führung	4,9	6
4.	Arbeitsraum	5,4	3
5.	Kommunikation/Information	5,7	2
6.	Aus- und Weiterbildung	6,0	3
7.	Feedback/Anerkennung	6,2	2
8.	Arbeitszeitregelung/Dienstplan	6,3	0
9.	Arbeitsbelastungen	6,5	2
10.	Qualitätsmanagement	8,3	1

* *Skala von 1–10: Σ Bewertung/89*

Abb. 3: Ranking der Themen

Es sind 18 % der Befragten, was die Arbeitsmittel anbelangt, mit der Dienstkleidung zufrieden. 52 % geben an, sie sei nicht atmungsaktiv, 16 % beklagen sich über zu lange Intervalle zwischen den Waschterminen und 12 % monieren, dass sie zu wenige Kleidungsstücke hätten. Der Zustand der Autos wird von 58 % der Probanden bemängelt. Hierbei sind 18 % der Ansicht, dass eine Neuanschaffung nicht nur von der gefahrenen Kilometerzahl abhängig gemacht werden solle. 17 % geben an, dass die Autos nicht verkehrssicher seien und oft in die Reparatur müssten. 17 % beklagen, dass das Bild in der Öffentlichkeit aufgrund des schlechten Zustands der Fahrzeuge leide. Selbstkritisch benennen 18 % der Befragten die zu geringe Pflege der Arbeitsmittel durch die Mitarbeiter. Bezüglich des Einkommens geben 13 % an, zufrieden zu sein. Ein Drittel der Probanden ist unzufrieden und außerdem der Meinung, dass Sozialleistungen fehlen und zu wenig für den hohen Grad der Verantwortung bezahlt würde. 27 % benennen außerdem, dass keine Bewährungs- und Altersaufstiege möglich sind, was sie unzufrieden mache.

Die Aussagen bezüglich der Themas „Führung“ sind geteilt. So geben 26 % der Probanden an, mit der Führung zufrieden zu sein. Sie sei immer ansprechbar (14 %), man hätte ein kollegiales Verhältnis zu ihr (8 %) und sie sei kompetent (5 %). Gleichermaßen beklagen 32 % der Befragten die zu geringe Reaktion und Durchgriffsschwäche. Von 24 % wird über schlechte Kommunikation geklagt. 15 % berichten über mangelnde Autorität von Seiten der Führung und 13 % sind der Meinung, dass zu viele Personen Führungsverantwortung inne hätten.

3.3 Handlungsempfehlungen

In den vorgestellten Bereichen war zum Teil Handlungsbedarf gegeben. So wurden entsprechende Maßnahmen im Bereich der Arbeitsmittel in der Folgezeit ergriffen und Anschaffung neuer Arbeitskleider, Ausstattungskomponenten im Rettungswagen etc. vorgenommen. Auch wurde empfohlen, einen „Pflegebeauftragten“ für die Arbeitsmittel in jeder Dienstgruppe zu bestimmen, was zur Umsetzung gelangte. Somit konnte diesen Mitarbeitern mehr Verantwortung übertragen werden. Im Hinblick auf die Kommunikation wurde vorgeschlagen, dass am schwarzen Brett mehr Informationen platziert werden sollten. Auch diese Maßnahme wurde in der Folgezeit umgesetzt. Auch Mitarbeitergespräche und offene Gesprächsrunden wurden etabliert. Bezüglich der Zusammenarbeit wurde vorgeschlagen, dass sich die Organisationsmitglieder über Regeln des Umgangs und der Zusammenarbeit miteinander verständigen sollen. Außerdem wurde eine Aktion gestartet, in der die „Zehn Gründe, warum ich stolz auf meine Tätigkeit im BRK bin" gesammelt, diskutiert und kommuniziert werden sollten.

4 Fazit

Insgesamt lässt sich feststellen, dass im Rahmen der Mitarbeiterbefragung einige wichtige Punkte bezüglich der Verbesserung der Mitarbeiterzufriedenheit eruiert werden konnten. Diese lagen insbesondere in den Bereichen der Arbeitsmittel und der Kommunikation. Das Qualitätsmanagement wurde von den Mitarbeitern als Thema ohne Handlungsbedarf mit geringer Wichtigkeit erachtet. Dies spricht vor dem Hintergrund der benannten Aspekte zum Thema dafür, dass es gut eingeführt wurde und funktionsfähig ist. Obwohl die Mitarbeiter des BRK KV Nürnberg-Stadt nicht zufrieden mit der relativ niedrigen Entlohnung sind, haben sie dennoch eine eher überdurchschnittliche Arbeitszufriedenheit.

Literatur

ASB (o. J.): ASB im Überblick. http://www.asb.de/view.php3?show=51600165, 28.01.2010.

ASB (2009): ASB Jahrbuch 2009. http://www.asb.de/download.php3?out=userdata/l_1/p_6/library/data&fileName=jb_1_1.pdf, 10.02.2010.

Behrendt, Holger/Schmiedel, Reinhard (2003): Die aktuelle Infrastruktur des Rettungsdienstes in der Bundesrepublik Deutschland im zeitlichen Vergleich (Teil I). In: Notfall & Rettungsmedizin, 6, S. 501-508.

Berekoven, Ludwig/Eckert, Werner/Ellenrieder, Peter (2004): Marktforschung. 10. Aufl., Wiesbaden.

BKS (o. J.): Geschichte und Gegenwart des privaten Rettungsdienstes in Deutschland. http://www.bks-rettungsdienst.de/Historie.6.0.html, 29.01.2010.

Bonamico, Ivo/Ladurner, Klaus (2006): Erfolgreiches Management in einer sozialen Nonprofit-Organisation – Beispiel des Landesrettungsvereins Weißes Kreuz Onlus. In: Nonprofit-Management: Beispiele für Best Practices im Dritten Sektor, hrsg. v. Bernd Helmig und Robert Purtschert, Wiesbaden, S. 173-195.

Borg, Ingwer (2000): Führungsinstrument Mitarbeiterbefragung: Theorien, Tools und Praxiserfahrung. 2. Aufl., Göttingen.

Deutsche Malteser (2009): DM Report 2008 – Zahlen, Daten, Fakten. http://www.malteser.de/1.08.Presse/1.08.05.Downloads/DMReport_ZDF_2008_12.pdf, 03.02.2010.

DRK (2006): Jahrbuch 2005/06. http://www.drk.de/fileadmin/Ueber_uns/_Dokumente/DRK-Jahrbuch_2005-2006.pdf, 02.02.2010.

DRK (2009): 366 Tage Rotes Kreuz: Jahrbuch 2008. http://www.drk.de/fileadmin/Ueber_uns/_Dokumente/DRK-Jahrbuch_2008.pdf, 02.02.2010.

Ernste, Dominik. H. (2007): Soziale Dienstleistungen und Wettbewerb – Eine Reformagenda für DRK und Co. In: Menschlichkeit im Sozialmarkt, hrsg. v. Gabriele Rössler und Christina Wildenauer, Wiesbaden, S. 67-82.

Folgheraiter, Fabio (2004): Qualität im Wohlfahrtsstaat: Die italienische Perspektive auf den Qualitätsdiskurs. In: Qualität in der sozialen Arbeit: Zwischen Nutzeninteresse und Kostenkontrolle, hrsg. v. Christof Beckmann et al., Wiesbaden, S. 51-65.

GBE (o. J.): Rettungsdienste. http://www.gbe-bund.de/gbe10/ergebnisse.prc_tab?fid=9912&suchstring=rettungsdienst&query_id=&sprache=D&fund_typ=DEF&methode=2&vt=1&verwandte=1&page_ret=0&seite=&p_lfd_nr=17&p_news=&p_sprachkz=D&p_uid=gast&p_aid=90275059&hlp_nr=3&p_janein=J, 28.01.2010.

Gundlach, Hermann-Josef (2009): Finanziell eng geschnürt: Finanzielle Absicherung der Notfallrettung aus Sicht der Länder, Ministerium, des Inneren und für Sport in Rheinland Pfalz. http://www.dvr.de/download/ps090910-11_50_1.pdf, 28.01.2010.

JUH Jahresbericht (2009): Jahresbericht 2008. http://www.juh-presse.de/global/dbin/jb_johanniter_2008_web.pdf.pdf, 12.02.2010.

Lamnek, Siegried (2005): Qualitative Sozialforschung. 4. Aufl., Weinheim.

Mayring, Philipp (1988): Qualitative Inhaltsanalyse: Grundlagen und Techniken. Weinheim.

Neuberger, Oswald/ Allerbeck, Mechthild (1978): Messung und Analyse von Arbeitszufriedenheit. Bern.

Prückner, Stephan/ Madler, Christian (2009): Der demographische Wandel – Notfallmedizin für eine alternde Gesellschaft. In: Notfall Rettungsmed, 12, S. 13-18.

Roth, Günter (2009): Strategisches Management in Nonprofit-Organisationen: Grundlagen und das Bsp. des Deutschen Roten Kreuzes. http://www.sozial-politik-seminar.de/textefrei/Roth_Strategie_NPO_Verw_WS0809.pdf, 03.02.2010.

Spielberg, Petra (2007): Rettungsdienst: EU-Kommission kritisiert Vergabepraxis. In: Deutsches Ärzteblatt, 5/104, S. A234-A236.

Weis, Hans C./ Steinmetz, Peter (2000): Marktforschung. 4. Aufl., Ludwigshafen.

Zielke, Christian (1997): Ständige Verbesserung der Mitarbeiterzufriedenheit als Führungsinstrument. In: Personalführung, 97 (2), S. 126-132.

The Influence of Multiple External Stakeholders on the Alteration of HRM in NPOs

Alina McCandless, Hannover

1 Introduction

Nonprofit organizations (NPOs) face resource and funding constraints, increasing competition and the growing demand for services, coupled with difficulties in recruiting and retaining qualified employees (Anheier/Seibel 2001). Given the shift toward a more market-centered orientation, human resource management (HRM) has increased in relevance as NPOs emphasize performance-related management (Zimmer et al. 2001). HRM has been noted for its role in aiding organizations in responding to their internal and external challenges as it can ensure that NPOs are open to change and learning (Cunningham 1999; McMullen/Brisbois 2003). While there is evidence that NPOs are professionalizing their human resource (HR) practices by adopting practices from the for-profit or public sectors (Parry et al. 2005), rigorous empirical research is scant about the alteration of HRM, especially in terms of the particular challenges NPOs face in introducing HR practices (Akingbola 2006). Instead, the ongoing debate in the literature centers mainly upon the transfer of best practices from the for-profit sector (Brooks 2002). A small strand of research on altering HRM in NPOs emphasizes the importance of nonprofit values and structure in the introduction of HR practices and reveals a tendency towards tighter performance-related HRM that may have a detrimental impact on employee behavior (Cunningham 2001; Deckop/Cirka 2000). In addition, studies suggest that NPOs often lack the capabilities, resources and expertise in HRM (Kellock Hay et al. 2001; McMullen/Brisbois 2003).

Furthermore, varying stakeholder expectations are among the proposed obstacles to the introduction of HRM, especially given problems of gaining acceptance across the diverse constituencies (Cunningham 1999). Indeed, NPOs are accountable to multiple external stakeholders' demands stemming from a variety of constituencies such as the board, clients, donors, governments, regulatory bodies and community members (Speckbacher 2003). Research reveals the importance of sustaining trusting relationships with these core stakeholders for organizational adaptation and survival (Alexander 2000). However, the accountability to these different interest groups and the resulting complex decision making processes are claimed to make HRM more challenging in NPOs (Ridder/McCandless 2010). As a result, there is a need for research on the alteration of HRM in NPOs that takes the influence of multiple external stakeholders into consideration.

A brief review of the nonprofit literature emphasizes that multiple external stakeholders complicate the management of NPOs given their *heterogeneous interests, needs, values, goals and demands* (Stone et al. 1999). Due to the permeability of boundaries in NPOs, these conflicting constituencies try to impose their values and compete for the dominance of those values within the organization. As a result, NPOs are conceived of as fragile coalitions amongst heterogeneous interests in which consensus is required amongst a greater number of stakeholders than in for-profit organizations (Hall 1990). Thus, management in NPOs is claimed to be made more complex given the accountability towards multiple constituents and having to accommodate their diverse expectations regarding mission, conduct, and reputation. *Boards* can play a role in balancing the interests of various stakeholders (Harlan/Saidel 1994) and in acquiring resources given their complementary linkages (Alexander 2000). Furthermore, studies on reorganization in NPOs suggest that boards themselves try to shape major management decisions (Basinger/Peterson 2008), although this can result in slower and less efficient decision making processes. Yet, a contradictory picture is presented of a limited degree of their involvement in operational processes, with boards responding to external regulatory demands instead (Provan 1991). Regarding *funders*, evidence is provided that NPOs succumb to funders' requirements in the push towards performance-related management, even in terms of HRM (Cunningham 2001). In this respect, research suggests that external stakeholders such as funders and boards may have influence over decisions regarding the alteration of HRM in NPOs (Akingbola 2006; McMullen/Brisbois 2003). In sum, this brief review emphasizes that multiple external stakeholders can complicate management in NPOs given their heterogeneous interests, needs, values, goals and demands.

Yet, there are mixed results about the extent of their influence on organizational processes that render further empirical attention necessary.

As a few studies only suggest that external stakeholders may be involved in the alteration of HRM in NPOs, their influence still remains poorly understood from an empirical standpoint. It is necessary to investigate the various influences on the processes through which NPOs develop and implement their HR practices in order to better understand the specific challenges NPOs face in altering HRM. Thus, this study seeks to bridge this research gap by specifically exploring *how and why multiple external stakeholders' demands influence the development and implementation of HR practices in NPOs.* Having briefly reviewed the literature on external stakeholders in NPOs, the theoretical background of the dynamic capabilities approach will be drawn upon. This approach aids in understanding the influence of these stakeholders on the alteration of HRM as it emphasizes the path dependency of the adapting processes through which organizations alter their resource base (Helfat et al. 2007; Teece 2007; Teece et al. 1997). After presenting the exploratory multiple case study design, the eight cases are distinguished into adapting styles and the empirical findings are presented, revealing specifically how the multiple external stakeholders' demands facilitate or hinder the adapting processes through which the NPOs develop and implement their HR practices. Finally, the paper discusses the implications that the findings bear for research on the alteration of HRM in NPOs.

2 Theoretical Background

The theoretical background of the dynamic capabilities approach is drawn upon as it examines how an organization's previous path shapes the processes through which its resources and capabilities are altered (Helfat et al. 2007; Teece 2007; Teece et al. 1997). Dynamic capabilities have been defined as the "capacity of an organization to purposefully create, extend or modify its resource base" (Helfat et al. 2007: 4) and are constituted by the processes through which organizations alter their resource base. Given its dynamic perspective and focus on organizational processes, this theoretical background provides the opportunity to analyze these processes, i.e. the set of activities through which NPOs alter their HRM. Adapting processes are understood as the processes through which organizations identify the opportunity to alter their resource base, seize upon this opportunity and reconfigure resources (Helfat et al. 2007; Teece 2007). Thus, this study examines the *search, decision making* and *restructuring* processes through which NPOs search for opportunities for altering HRM, make decisions and restructure their resources when altering HRM.

According to the dynamic capabilities approach, organizational processes evolve in a cumulative way, depending on former events and decisions (Teece et al. 1997). This evolutionary path entails the organization's values, history, routines, experience, skills, resources, and past managerial decisions. Path can be defined as a constituted, recursively stabilized pattern governed by self-reinforcing mechanisms that set the pattern into motion and potentially lead to a lock-in, thereby implying a certain degree of path dependency (Sydow et al. 2009). The concept of path dependency conveys that history matters, i.e. that an organization's future development is constrained by the narrow path it has traveled (Teece et al. 1997). Powerful mechanisms of feedback are created that can explain why organizations become self-reinforcing and resistant to change (Sydow et al. 2009). Yet, organizations are not necessarily trapped by the past as managers have influence through decision making and there is still a capacity for change (Helfat et al. 2007; Teece 2007).

In light of this theoretical background, the processes through which NPOs develop and implement HR practices are assumed to be influenced by the organization's path. The concept of path can aid in analyzing the influence of external stakeholders on the adapting processes involved in altering HRM. Studies have shown that with the demands external stakeholders place on NPOs, they bring in a wealth of knowledge as well as their external connections and resources. As path encompasses the organization's experience, skills and resources that can be gained from these stakeholders' demands, multiple external stakeholders' demands are understood as constituting path. Thus, this study explores how and why path in the form of the demands of multiple external stakeholders influences the adapting processes through which NPOs develop and implement their HR practices.

3 Methods

Through thick descriptions of a case in its natural setting, case studies can provide in-depth insight into the dynamics of processes, thereby being especially suited to analyze 'how' and 'why' questions (Yin 2009). Thus, in order to examine the influences on the processes of developing and implementing HR practices, an exploratory multiple case study was conducted in eight German NPOs across different fields. According to a theoretical sampling strategy, the cases were selected for their representation of theoretical concepts in order to reveal unusual phenomena and illuminate relationships between concepts (Eisenhardt/Graebner 2007). Diverse NPOs were chosen in accordance with the ICNPO classification scheme in the social services, health, environmental, recreation, religious, foundation and cultural sectors so as to elicit common patterns that can be extended to a broad range of NPOs (Salamon/Anheier 1996). The research design incorporated longitudinal (Case A), retrospective (cases B-C) and processual dimensions (cases D-H). The multiple case study design draws upon data collected from 22 open-ended semi-structured in-depth interviews (I) with 11 executive directors, HR managers and project managers between August 2006 and January 2009. Both public and internal organizational documents (Doc.) were used to construct tentative case stories in each organization and crosscheck the interview data. In the longitudinal case study (Case A), data was supplemented by non-participant observation (OB) during over 25 hours of observing internal project group meetings. Triangulating these multiple sources of evidence added range and depth to the analysis and helped to address construct validity (Yin 2009).

The raw data was analyzed in several iterative stages including the creation of initial case stories, breaking down the data into the phases of planning, decision making and implementing the HR practice, and using a visual mapping strategy to elicit emerging patterns within and across the cases. After coding the data using the tool of the qualitative data analysis software program MAXQDA with pre-specified descriptive codes and more complex interpretive codes, within- and cross-case analysis was conducted to identify three groups of cases that engage in adapting processes to a high, medium or low degree (Miles/Huberman 1994). Further similarities and differences were looked for within the groups which were then structured according to the differences in their patterns. By iterating with the theoretical literature for conceptual analogues that account for these differences, the groups were transferred into adapting styles. Thereafter, relationships were sought amongst the theoretical concepts of path and processes by exploring the association between path and the adapting styles. The direction of influence of path was analyzed by searching for terms in the data that indicate a fostering (e.g., "aided", "supported", "enabled") or a hindering influence (e.g., "blocked", "stopped", "delayed"). Finally, the research findings were linked back to and discussed in light of published empirical findings, which helps in honing insights, sharpening the limits of external validity, and enriching the theoretical level to achieve analytical generalization (Yin 2009).

4 Empirical Findings

4.1 Adapting Styles

Before presenting the findings on the influence of multiple stakeholders' demands on the adapting styles in NPOs, the decentralized, local and managerial adapting styles which emerged from the analysis of the adapting processes in the groups of cases will be briefly discussed. First, the style of *decentralized adapting* (cases A, D, H) is characterized by the pattern of engaging in all three adapting processes at the lower levels of the organization during the development and implementation of HR practices. Decentralization aids the recognition of opportunities to alter HRM, decision making and restructuring by minimizing resistance to the HR practice and coordination difficulties, and it also enables consensus making and employee responsiveness. Second, the *local adapting* style (cases E, F, G) highlights the pattern of an emphasis on local search and illustrates adapting locally in terms of restructuring processes, with changes occurring close to the organizations' past experiences when developing and implementing HR practices. Yet, drawing heavily on the past experience of altering HRM can constrain the perception of new opportunities, decision making, and restructuring by relying on an outdated knowledge base. Finally, the third *managerial adapting* style (cases B, C) emphasizes the pattern that managers solely steered the direction of search and dominated decision making processes, while rarely engaging in resource reconfiguration. This style illustrates the risks when managers fail to garner input for search and decision making, as well as fail to provide resources for the implementation of HR practices.

4.2 External Stakeholders' Demands, Conflicting Interests and the Role of the Board

Following the theoretical foundations of the dynamic capabilities approach which point to the importance of path in shaping the adapting processes, the influence of multiple stakeholders' demands on the adapting styles through which NPOs develop and implement their HR practices will be examined. The data was analyzed for commonalities and differences in the influence of the interests, needs, values, goals and demands of multiple stakeholders on the adapting processes of search, decision making and restructuring. The first pattern from the analysis reveals that the external stakeholders did not influence all of the adapting styles. In the *managerial adapting style* there is no evidence of external stakeholders influencing adapting. These NPOs developed and implemented their HR practices without any involvement from the board or funders, relying instead on their managers' past decisions, experience and skills in the alteration of HRM, as is characteristic of the managerial adapting style.

In contrast, the analysis demonstrates that external stakeholders influenced the adapting processes in both the decentralized and local adapting styles. The external stakeholders' input and demands, external stakeholders' interests and goals as well as the interaction with the board emerged as common patterns that influenced the alteration of HRM in these styles. First, the data reveals that external stakeholders' input and demands aided search and decision making processes in the *decentralized adapting style*. In Case H (I1, 1), for example, the synod not only assisted the organization by setting the boundaries for search activities within the change process, but also by simultaneously giving the organization and its employees enough scope to develop its own change concept as they saw fit. Furthermore, the advisory committees who have guided the departments in the past supported decision making about the change concept by providing suggestions on aspects that could be altered. Incorporating the demands of these external stakeholders in decision making with the employees in the departments sheds further light on the decentralized adapting style in which decisions were not only made at the highest levels in the organization. Yet, decision making processes about the change concept were also delayed by the interests and goals of external stakeholders. Not only did the board of trustees make several changes to the initial draft of the change concept due to their own interests (Case H: I1, 1; Doc. 3), but the committee of bishops also had conflicting interests with the organization. These conflicting interests slowed down decision making about the change concept:

> "Of course, we gave a statement and then said, 'okay in this or that respect we can do something or not. Or that we can't commit yet, rather we will look and see how things develop.' [...] but if it weren't for that [the conflicting interests] we would be able to reach our goal much faster alone." (Case H: I1, 2).

Case H (I1, 2) responded to this constraint by engaging in further knowledge articulation processes with the committee of bishops in additional rounds of consultations, revealing how the influence of external stakeholders on the alteration of HRM led to the consensus-oriented consultative processes in the decentralized adapting style. This finding provides initial evidence of a pattern in which the managers respond to hindrances on adapting by drawing upon further supportive learning activities. For example, the executive director spoke of being spurred on by the committee of bishops to respond to these conflicts of interest by engaging in further consultative knowledge articulation processes:

> "There were simply conflicts of interest. They also blocked or inhibited the process. This required additional consultation processes and so on." (Case H: I1, 2).

The hindering effect of external stakeholders in the decentralized adapting style also emerges with regard to the interaction with the board. In Case D the active insistence of the board in the development and implementation of the compensation model served to delay decision making processes. The board was one of the main drivers behind introducing the HR practice and initiated the decision to introduce the compensation model (Case D: I1, 1; Doc. 5). Granted, the involvement of the board in this process was mandated by their bylaws since the compensation model was related to a certain volume of the budget. However, the board's active insistence on reconsidering the decision to introduce a pay for performance component delayed the decision making processes by forcing the steering group to weigh these options again regarding the HR practice:

> "The board added on this extra round of discussions because they wanted us to check if we should have a pay for performance system. We had actually already discussed that and had

decided relatively quickly that we didn't want it. But then this came as an official assignment from the board and we had to get down to it." (Case D, I1:1)

This triggered the acquisition of external resources to gain new knowledge and expertise, resulting in drawing upon an external consultant for his expertise on pay for performance systems. Case D indicates that the hindering effect of the board spurred on the HR manager to participate in further experience accumulation, knowledge articulation and codification processes with the external consultant and the members of the steering group to consider the pay for performance aspect. Again, this example illustrates how the board's influence led to the consultative decision making characteristic of the decentralized adapting style. Additional evidence is provided that learning is mobilized as a response to hindrances to adapting that stem from the multiple external stakeholders' influence.

Second, case evidence indicates that the multiple external stakeholders fostered and hindered decision making and restructuring processes in the *local adapting style*. In Case E, given the trusting relationship between the board and the executive directors, the board delegated these decisions to the executive directors, thereby enabling quick decision making within the change process:

"It's because the leadership and executive directors here in the organization are accepted by the board. Accepted and they trust our work. That's why a lot of decisions get delegated to us. That is the decisive point as to why we can decide so quickly [...]." (Case E: I1, 2).

Yet, there is evidence of the interaction with the board hindering the alteration of HRM in the local adapting style as well. Case F illustrates that the board engaged in ad hoc decision making, thereby hindering restructuring during the implementation of the HR practice. The board made decisions that were exceptions to the established rules and structures without consulting the HR manager or the workers' council. This finding reveals the conflicts in the higher level decision making that is characteristic of the local adapting style in which ad hoc decision making by the board made the transfer of employees more difficult. The HR manager lamented how the board undermines their structures through its decisions:

"[...] it is legitimate for them to say we want to make strategic individual decisions, but on the other hand to not go around or break the systems that have been built up." (Case F: I1, 3).

Seeking to validate the pattern of response to constraints on adapting stemming from the board's involvement, closer analysis of the data reveals that instead of engaging in further learning activities, the HR manager in Case F was only able to respond to these conflicts stemming from the ad hoc decision making by the board by allowing them to continue:

"We can't get around the board making these decisions. Let us see what really makes sense regarding the interest of the affected employees and stay grounded about it." (Case F: I1, 3).

Furthermore, Case E provides evidence of external stakeholders hindering the alteration of HRM through their demands and conflicting interests. The representatives of the member organizations blocked decision making by seeking to achieve their own aims in the course of the process (Case E: I1, 1, 2). For example, the members of the board commission evaluative group wanted to have decision making powers and sought to exert influence in their interest:

"[…] they have the feeling that they can make decisions as the formal decision making bodies do. This was never planned, however. […] And this has to do with human psychology – everyone wants to be in a decision-making position." (Case E: I1, 1).

Similar to Case F, the evidence in Case E indicates that the managers responded to this power struggle by intentionally allowing the group to continue to work. Through threatening to veto certain decisions within the organization, the group pressured the organization into letting them continue to exist:

"[…] some of the representatives of the board commission evaluative group said 'we will only vote for things if the group continues to work.' There was a lot of pressure for this group to keep working […]." (Case E: I1, 2).

In sum, these hindrances during the alteration of HRM were tolerated as the managers perceived no other choice than to succumb to the influence of multiple external stakeholders which led to the conflict-ridden higher level decision making in the local adapting style.

5 Discussion

This study shows that differences in the influence of multiple external stakeholders' demands are associated with differences in adapting styles, which entail various consequences for the alteration of HRM. First, the case evidence demonstrates that the multiple external stakeholders' demands have an idiosyncratic influence on the adapting styles that helps to understand the variation amongst the styles. External stakeholders such as funders and the board did not influence adapting in the managerial adapting style as they were not involved in the development and implementation of the HR practice. This pattern fits with the characteristics of this adapting style in which managers steer the direction of search, dominate decision making processes and rarely or fail to engage in resource reconfiguration, leading to a failure to implement HR practices consistently. Second, in the decentralized and local adapting styles, the common patterns of the input and demands of external stakeholders, interests and goals of external stakeholders and the interaction with the board reveal how the external stakeholders enabled and constrained the alteration of HRM. This case study extends the literature on the alteration of HRM in NPOs, suggesting that factors distinctive to NPOs matter and even pose challenges when introducing HR practices.

Empirical support is provided that external stakeholders, such as boards, representatives of member organizations, and advisory committees, exert influence over decision making about altering HRM in NPOs (Akingbola 2006). It is revealing that boards influenced decision making in HRM given that the previous studies mainly point to their involvement in decision making during reorganization processes (Basinger/Peterson 2008) or limit their involvement to responding to external regulatory demands instead (Provan 1991). In the decentralized adapting style, the board played a role in the alteration of HRM through initiating the introduction of the HR practice and injecting decision making processes with new input, options and expertise. This active involvement of the board confirms the role of the board as a change initiator (Harlan/Saidel 1994), yet this study goes beyond previous research to show that the board can even function as an *HR change initiator*.

Yet, the findings on the hindering influence of external stakeholders' interests on decision making about the HR practice add on to the discussion of the varying stakeholder expectations and problems of gaining acceptance across diverse constituencies as obstacles to introducing new HR practices (Cunningham 1999). Namely, the data on the external stakeholders' divergent interests and expectations reveals that *conflicts stemming from the higher level of decision making* in the local adapting style constrain the alteration of HRM. Furthermore, unearthing the consequences of the dual management structure between the board and executives in NPOs for the alteration of HRM, this study indicates the importance of *managerial board-related skills* for dealing with the board's active insistence and ad hoc decision making in the realm of HRM. While these findings confirm that multiple external stakeholders complicate management in NPOs (Stone et al. 1999), this study also shows that external stakeholders' demands and input as well as trust with the board aided the introduction of HR practices. External stakeholders such as advisory committees and the board foster the alteration of HRM through providing *input and scope to develop the HR practice and by delegating tasks*. Adding on to research citing the need for ensuring an effective fit between the organization, managers and the board, the role of trust between the board and the managers is a finding that has not been addressed in studies on the relationship between internal and external stakeholders. Future research on HRM may direct its attention to the interaction between the board and executives and the involvement of the board in developing and implementing HR practices (McMullen/Brisbois 2003).

Finally, multiple stakeholders' demands not only foster and hinder adapting, but also *foster further learning*. The analysis unearthed that the decentralized adapting style's response to the hindering influence of the external stakeholders included engaging in further learning activities. Whereas in the local adapting style the conflicts with the external stakeholders were tolerated, the managers in the decentralized adapters responded by mobilizing experience accumulation, knowledge articulation and codification processes to deal with the conflicts with the board and the committee of bishops. These distinct patterns show that the multiple stakeholders' influence sheds light on the differences in the adapting styles. The local adapting style is characterized by decisions being made at the higher level and protecting the current knowledge base at the expense of responding to change. Only in the decentralized adapting style were the managers spurred on by the board and committees to engage in further learning processes. Thus, examining the influence of multiple external stakeholders helps to understand the consultative, consensus-oriented processes in the decentralized adapters, especially as external stakeholders and managers foster learning during decision making with employees. Adding on to research that adaptable organizations can mobilize resources (Collinson/Wilson 2006), this study suggests that a decentralized approach aids the alteration of HRM as it enables NPOs to mobilize learning activities to respond to constraints on adapting.

Literature

Akingbola, Kunle (2006): Strategy and HRM in Nonprofit Organizations: Evidence from Canada. In: International Journal of Human Resource Management, 17(10), pp. 1707-1725.

Alexander, Jennifer (2000): Adaptive Strategies of Nonprofit Human Service Organizations in an Era of Devolution and New Public Management. In: Nonprofit Management & Leadership, 10(3), pp. 287-303.

Anheier, Helmut K./Seibel, Wolfgang (2001): The Nonprofit Sector in Germany: Between State, Economy and Society. Manchester.

Basinger, Nancy W./Peterson, Jessica R. (2008): Where You Stand Depends on Where You Sit: Participation and Reactions to Change. In: Nonprofit Management & Leadership, 19(2), pp. 243-257.

Brooks, Arthur C. (2002): Can Nonprofit Management Help Answer Public Management's "Big Questions"? In: Public Administration Review, 62(3), pp. 259-266.

Collinson, Simon/Wilson, David C. (2006): Inertia in Japanese Organizations: Knowledge Management Routines and Failure to Innovate. In: Organization Studies, 27(9), pp. 1359-1387.

Cunningham, Ian (2001): Sweet Charity! Managing Employee Commitment in the UK Voluntary Sector. In: Employee Relations, 23(3), pp. 226-239.

Cunningham, Ian (1999): Human Resource Management in the Voluntary Sector: Challenges and Opportunities. In: Public Money and Management, April-June/1999, pp. 19-25.

Deckop, John R./Cirka, Carol C. (2000): The Risk and Reward of a Double-Edged Sword: Effects of a Merit Pay Program on Intrinsic Motivation. In: Nonprofit and Voluntary Sector Quarterly, 29(3), pp. 400-418.

Eisenhardt, Kathleen M./Graebner, Melissa E.(2007): Theory Building From Cases: Opportunities and Challenges. In: Academy of Management Journal, 50(1), pp. 25-32.

Hall, Peter D. (1990): Conflicting Managerial Cultures in Nonprofit Organizations. In: Nonprofit Management & Leadership, 2, pp. 153-165.

Harlan, Sharon L./Saidel, Judith R. (1994): Board Members' Influence on the Government-Nonprofit Relationship. In: Nonprofit Management & Leadership, 5(2), pp. 173-196.

Helfat, Constance E./Finkelstein, Sydney/Mitchell, Will/ Peteraf, Margaret A./Singh, Harbir/Teece, David J./Winter, Sidney G. (Eds.) (2007): Dynamic Capabilities: Understanding Strategic Change in Organizations. Malden, MA.

Kellock Hay, Gillian/Beattie, Rona S./Livingstone, Ron/Munro, Pauline (2001): Change, HRM and the Voluntary Sector. In: Employee Relations, 23(3), pp. 240-255.

Miles, Matthew B./Huberman, A. Michael (1994): Qualitative Data Analysis: An Expanded Sourcebook. 2nd ed., Thousand Oaks, CA.

McMullen, Kathryn/Brisbois, Richard (2003): Coping with Change: Human Resource Management in Canada's Non-Profit Sector. In: CPRN Research Series on Human Resources in the Non-Profit Sector, No. 4, Ottawa.

Parry, Emma/Kelliher, Claire/Mills, Tim/Tyson, Shaun (2005): Comparing HRM in the Voluntary and Public Sectors. In: Personnel Review, 34(5), pp. 588-602.

Provan, Keith G. (1991): Receipt of Information and Influence over Decisions in Hospitals by the Board, Chief Executive Officer and Medical Staff. In: Journal of Management Studies, 28(3), pp. 281-298.

Ridder, Hans-Gerd/McCandless, Alina (2010): Influences on the Architecture of Human Resource Management in Nonprofit Organizations: An Analytical Framework. In: Nonprofit and Voluntary Sector Quarterly, 39(1), pp. 124-141.

Salamon, Lester M./Anheier, Helmut K. (1996): The International Classification of Nonprofit Organizations: ICNPO-Revision. Working Papers of the Johns Hopkins Comparative Nonprofit Sector Project, No. 19, Baltimore.

Speckbacher, Gerhard (2003): The Economics of Performance Management in Nonprofit Organizations. In: Nonprofit Management & Leadership, 13(3), pp. 267-281.

Stone, Melissa M./Bigelow, Barbara/Crittenden, William (1999): Research on Strategic Management in Nonprofit Organizations: Synthesis, Analysis, and Future Directions. In: Administration & Society, 31(3), pp. 378-423.

Sydow, Jörg/Schreyögg, Georg/Koch, Jochen (2009): Organizational Path Dependence: Opening the Black Box. In: Academy of Management Review, 34(4), pp. 689-709.

Teece, David J. (2007): Explicating Dynamic Capabilities: The Nature and Microfoundations of (Sustainable) Enterprise Performance. In: Strategic Management Journal, 28(13), pp. 1319-1350.

Teece, David J./Pisano, Gary/Shuen, Amy (1997): Dynamic Capabilities and Strategic Management. In: Strategic Management Journal, 18(7), pp. 509-533.

Yin, Robert K. (2009): Case Study Research: Design and Methods. 4th ed., Thousand Oaks, CA.

Zimmer, Annette/Priller, Eckhard/Hallmann, Thorsten (2001): Zur Entwicklung des Nonprofit-Sektors und den Auswirkungen auf das Personalmanagement seiner Organisationen. In: Zeitschrift für Personalforschung, 15(3), pp. 207-225.

Zur Realisierung der Mitgliederrolle: Gründe und Möglichkeiten der Einbeziehung von Mitgliedern in Verbänden

Hilmar Sturm, München

1 Mitglieder als Basis von Verbänden: Bedeutung und Rollen

1.1 Mitglieder: Wesensmerkmal von Verbänden

„Unter einem Verband verstehen wir einen bedarfswirtschaftlichen Betrieb, der haushaltsweise geführt und von unbestimmten Mitgliedern getragen wird". So definieren Witt/Seufert/Emberger (1996: 416) den Verband. Auch die üblichen Definitionen für Nonprofit-Organisationen (NPO) sehen freiwillige Mitgliedschaft als ein Wesensmerkmal (z. B. Eichhorn 2001; Badelt 2002). Mitglieder sind also konstitutiv für Verbände. Dabei kommt es nicht auf jedes individuelle Mitglied an, sondern auf das Kollektiv, die Mitgliederschaft. Doch wie materialisiert sich diese Mitgliedschaftlichkeit?

1.2 Mitglied oder Kunde?

Bei manchem Beitrag zum Verbandsmanagement könnte man denken, es sei vor allem das Wort „Kunde" durch „Mitglied" ersetzt worden: Aus *Customer* Relationship Management wird zum Beispiel *Member* Relationship Management. Es gibt in Verbänden tatsächlich noch viele gute Ideen aus der Erwerbswirtschaft zu übernehmen und anzupassen. Zu fragen ist jeweils, inwieweit solche Konzepte der spezifischen Rolle des Mitglieds gerecht werden.

Wenn *Mitglieder* sich wie Kunden verhalten, fordern sie für ihre Beiträge individuell möglichst wertvolle nützliche Gegenleistungen – ein legitimes Interesse. Es kann jedoch Verbände überfordern, da diese per definitionem durch Kollektivleistungen geprägt sind. Verbände suchen deshalb, auch individuelle Dienstleistungen zu erbringen (Olson 1985) und zum Teil auch den individuellen Nutzen kollektiver Leistungen vorzurechnen (Lotz 2008). Das hat seine Grenzen. Eine gewisse passive „Konsumentenhaltung" von Mitgliedern wird seit langem beklagt (so bereits Mayntz 1963; Bahnmüller 1998).

Sieht der *Verband* seine Mitglieder vorwiegend als Kunden, hat er es vor allem auf ihre Kaufkraft abgesehen. Als Reaktion könnten Bindung an und Loyalität gegenüber dem eigenen Verband entsprechend beeinträchtigt und die passive sowie Anspruchs-Haltung verstärkt werden. Zudem wäre ein solcher Verband in der Gefahr, seine Seele zu verlieren (Lapsley 2004).

1.3 Mitwirkung und Zufriedenheit von Mitgliedern

Äußeren Anlass zur Behandlung des Themas gab die schriftliche Mitgliederbefragung eines Berufsverbandes. Ehrenamtlich mitwirkende Mitglieder waren signifikant zufriedener als nicht aktive. Das überrascht nicht: Wer mitarbeitet, sieht seine Arbeit möglicherweise positiver, erfährt aber auch mehr über den Einsatz der Verbandsführung sowie über Grenzen und Gegenkräfte.

So trägt die Einbeziehung von Mitgliedern zur Attraktivitätssteigerung bei: nach innen, womit eine höhere Mitgliederbindung oder -treue einhergehen dürfte, und nach außen, womit eine erleichterte Gewinnung neuer Mitglieder ermöglicht werden sollte. Mitwirkung verstärkt sich damit oft selbst.

Potentiale und Fähigkeiten für Beteiligung in der Gesamtbevölkerung sind mit steigendem Bildungsgrad sowie sinkenden Arbeitszeiten in den letzten Jahrzehnten gewachsen; Mitwirkungsbedürfnisse sind gestiegen. Mitwirkungsbedürfnisse in Verbänden sind jedoch empirisch wenig bekannt; schon zu ihrer

Feststellung bedürfte es der Einbeziehung der Mitglieder. Sonst müsste man sich auf Indikatoren wie Mitgliederschwund oder Beschwerden verlassen.

Nach dem Engagementatlas 2009 ist der in Deutschland häufigst genannte Beweggrund für bürgerschaftliches Engagement: „Gesellschaft im Kleinen mitgestalten" (29,6 % der Befragten); 17,8 % möchten „Interessen vertreten und Probleme lösen" (AMB Generali 2009: 11, 13). Auch der Freiwilligensurvey der deutschen Bundesregierung war schon zu diesem Ergebnis gekommen (66 % wollen „die Gemeinschaft zumindest im Kleinen mitgestalten", 29 % wollen das teilweise; TNS Infratest 2005: 96 f.). „Dass man eigene Verantwortung und Entscheidungsmöglichkeiten hat", war im Durchschnitt eine wichtige Erwartung an die freiwillige Tätigkeit (TNS Infratest 2005: 102). Allerdings ist hier nur von freiwillig Engagierten die Rede, nicht von (allen) Mitgliedern.

1.4 Mitgliedermitwirkung als Legitimationsbasis und Voraussetzung der Interessenvertretung

Mitglieder sind letztlich wohl die wichtigste Basis der Interessenvertretung, die zu den Aufgaben der meisten Verbände zählt. Große Verbände haben in der Regel ein großes Gewicht; schrumpfende Mitgliederzahlen „bedrohen die Lobbyfähigkeit" (Hassel 2006: 196).

Verbände bedürfen der von den jeweils relevanten Stakeholdern (vor allem der Öffentlichkeit) anerkannten Legitimation, beispielsweise um staatliche Förderung oder steuerliche Vorteile gewährt zu bekommen. Diese Legitimation ergibt sich etwa aus wertvollen (oder auch nur dem Zeitgeist entsprechenden) Zielen, ethischen Bindungen, Fachkunde und Freiwilligkeit, aber auch aus der Mitgliederzahl. „Interne Demokratie" wird als eigene Legitimationsbasis der vorwiegend verbandlich verfassten Bürgergesellschaft genannt (z. B. Embacher/Lang 2008: 200 f.). Insbesondere Interessenverbände haben in der Demokratie aus pluralismustheoretischer und praktischer Sicht eine „zentrale Aufgabe" (Lösche 2006: 57): Interessen erfassen und bündeln, aushandeln, selektieren, gewichten, sichtbar machen und vertreten, mit anderen Interessengruppen verhandeln, Kompromisse eingehen, Interessen anderer Gruppen aufnehmen, die Kompromisse und Verhandlungslösungen ihrerseits der Mitgliederschaft vermitteln und sie damit erst verwirklichen (Beispiel „freiwillige Selbstverpflichtung").

Für all das müssen Verbandsführungen wissen, welche Interessen ihre Mitglieder überhaupt „wirklich" haben und durch sie legitimiert sein (Lakes 1999: 70 f.). Wie erfahren sie das bisher (Witt/Sturm 2006), und welche zusätzlichen Wege gäbe es, die Interessenermittlung und interne Verhandlungen auf faire Weise zu organisieren?

1.5 Normative Grundlagen der Mitgliedereinbindung

Wenn Karl Oettle (1984: 104) in der Ordnung von Organisationen und ihrer Aufgabenteilung „grundsätzliche Vorzugswürdigkeiten … der Marktwirtschaft vor der Verwaltungswirtschaft, der Selbstverwaltung vor der Fremdverwaltung und der privaten Selbstverwaltung vor der öffentlichen" sieht, so lässt sich sein Argument weiterführen, dass eine stärkere Selbstverwaltung (im Sinne der Einbeziehung möglichst aller Subgruppen, ja Individuen) auch *innerhalb* der „Gruppenselbsthilfe" grundsätzlich vorzugswürdig ist.

„Die Probleme der Politik rühren daher, daß wir alle Subjekte sind und dennoch die Anderen als Objekte ansehen und behandeln" (Merleau-Ponty 1976: 154). Verobjektiviert wird ein Mitglied zum Beispiel, wenn es in passiver Rolle empirisch „durchleuchtet", analysiert und vor allem interpretiert wird. Sieht man die Mitglieder hingegen wirklich als Subjekte, dann wird man sie direkter einbeziehen und zurückhaltender mit Interpretationen sein.

Verbandsführungen sind oft überzeugt, sie verträten das wohlverstandene Interesse ihrer Mitglieder (zumindest als Gemeinschaft) – was durchaus richtig sein kann, aber nicht muss. Dieses „wohlverstandene Interesse" ist Gerhard Weissers (1978) Begriff für das, was wir bei tiefer und unbefangener Selbstbesinnung und möglichst vollständiger Information als unser eigentliches Interesse erkennen oder erkennen würden. Dieses Interesse muss im Austausch mit anderen Interessenträgern gedacht werden (Katterle 1998). Es kann geradezu zu den Aufgaben eines Verbandes gehören, gemeinsam das wohlverstandene Interesse zu suchen und auf die tatsächlichen Interessen seiner Mitglieder entsprechend Einfluss zu nehmen (nicht nur etwa in Jugendverbänden, sondern auch in Wirtschaftsverbänden).

Nicht zuletzt ist *Demokratie* in unserer Gesellschaft einer der höchsten allgemein anerkannten Werte. Sie „erweist sich … als die organisatorische Konsequenz aus der generell akzeptierten Idealvorstellung von der Menschenwürde" (Dienel 2002: 293) und bedarf der praktischen Verwirklichung – auch in Verbänden. In einer empirischen Studie zur Verbandsorganisation in Deutschland haben sich die 606 teilnehmenden Verbände im Durchschnitt als völlig demokratisch und überhaupt nicht hierarchisch bezeichnet (Schulz-Walz 2006; ähnliche Ergebnisse bei Witt et al. 1998). Das wäre Stoff für vertiefende Untersuchungen.

Erinnert sei daneben an *rechtliche* Normen für die Teilnahme an der Willensbildung eines Verbandes (Vereines; z. B. Hoefer 2009).

1.6 Mitgliederrollen

Schwarz (1984) differenziert die Mitgliedschaft in vier Rollen, nämlich: (1) Träger, (2) Ressourcengeber, (3) Leistungsempfänger und (4) ehrenamtlicher Mitarbeiter des Verbandes.

Die spezifische Rolle, die *nur* ein Mitglied innehaben kann, ist die Trägerrolle. Die Mitglieder bilden die rechtmäßige Autorität, das heißt Entscheidungsinstanz des Verbandes. Das bedarf der praktischen Organisation. Auch die Ausübung der anderen Rollen wird durch Formen der Einbindung beeinflusst. Mitsprache stellt außerdem eine wichtige Ressource dar; sie kann die Verbandsführung entlasten, und sie kann weitere Aktivität wecken. Insbesondere die zusätzlich zu erwähnende Rolle des Normenvollstreckers wird ein Mitglied eher realisieren, wenn es seine Trägerrolle in fairer Weise wahrnehmen konnte.

2 Ansprüche, Wirklichkeiten, Möglichkeiten der Mitgliedereinbindung

2.1 Ungenutzte und begrenzte Möglichkeiten der Mitwirkung?

Lösche (2006: 61 f.) stellt eine „geschwächte Repräsentation der Klientel" fest (die sich zum Beispiel in abnehmenden Mitgliederzahlen zeigt). Die „Interessenbündelung wird immer komplizierter"; innerhalb und außerhalb des einzelnen Verbandes komme es zu einer „Pluralisierung der Organisationslandschaft".

Sind Verbandsdemokratie und interne Interessenaggregation, -selektion und -integration in Verbänden „Mythos und Zeremonie" (Meyer/Rowan 1976) oder harte und „rationale" Wirklichkeit? Werden Beteiligungsmöglichkeiten praktisch genutzt, vielleicht auch gefordert – von Verbandsspitze wie „Basis"?

Während die (mediale) Öffentlichkeit anlässlich von Wahlbeteiligungsquoten unter etwa sechzig Prozent bereits von Krisen spricht, irritiert es nur wenige, wenn auf der Mitgliederversammlung eines Vereines oder Verbandes mit einigen tausend Mitgliedern nur fünfzig oder hundert Personen anwesend sind (ein realer, nicht seltener Fall). Man hat sich daran gewöhnt, ob mit Enttäuschungs- oder Erleichterungsgefühlen. Daten über Anwesenheit und Wahlbeteiligung werden selten veröffentlicht. Anders beispielsweise bei der Wahl der Vertreterversammlung der Industrie- und Handelskammer für München und Oberbayern, in der allerdings Pflichtmitgliedschaft herrscht: Hier betrug die Wahlbeteiligung 6,23 Prozent (IHK 2006). Der Bayerische Bauernverband (ebenfalls verfasst als Körperschaft des öffentlichen Rechts) meldete dagegen im Februar 2007 eine Wahlbeteiligung von 90 bis 100 Prozent bei der Wahl der Ortsobleute und -bäuerinnen (bbv 2007: 4).

Es *können* nicht *alle* Mitglieder *ständig* oder immer wieder mitwirken. Ihre Zeit und Motivation sind begrenzt, ebenso die Möglichkeiten des Verbandes und seiner „Funktionäre". Eine gewisse Arbeitsteilung ist nötig. Wie kann aber dennoch ermöglicht werden, dass prinzipiell alle Gruppen von Mitgliedern immer wieder mitwirken und sich nicht eine Aktivitätselite herausbildet, die allein den Ton angibt, oder das „eherne Gesetz der Oligarchie" vollstreckt wird, indem

„Funktionäre" den Verbandsbetrieb zum Selbstzweck machen (Michels 1989; Kieser 1979; Schulz-Walz 2006)?

Schulz-Walz (2006) zeigt Möglichkeiten der Mitgliederorientierung auf den Ebenen der Verbandskultur, der Organisationsstruktur und einzelner Instrumente auf, die von Governance-Regeln über Führungsstrukturen, Projektarbeit, institutionalisierte Marktforschung und laterale Leistungsplanung bis zu Verbindungseinrichtungen reichen – eine Fülle von Anregungen für die Verbandspraxis und eine nützliche Struktur zur Prüfung und zum Ausbau der Mitgliederorientierung jedes Verbandes.

Klassische Mitwirkungsmöglichkeiten im Verband sind: Teilnahme an Mitgliederversammlungen, aktive und passive Wahl von Delegierten, Beiräten und Vorstand, Mitarbeit in regionalen und Fachgremien, Teilnahme an Mitgliederbefragungen und direkte Meinungsäußerung gegenüber dem Vorstand, bei Veranstaltungen und in Mitgliederzeitschriften.

Die meisten dieser Instrumente weisen mindestens eines der folgenden Charakteristika auf: (a) geringe Teilnehmerzahl und damit Repräsentativität, oft Teilnahme vorwiegend einer Aktivitätselite oder „innerer Zirkel" (etwa bei Mitgliederversammlungen), (b) relativ großer Aufwand (vor allem bei der Gremienarbeit), (c) wenig oder sogar kein Dialog, sondern reine Abfrage (etwa bei Umfragen, Abstimmungen) oft unverbundener Einzelmeinungen, kein Austausch und keine Verständigung der Mitglieder untereinander, (d) vorgegebene, enge Entscheidungsalternativen.

2.2 Formen von und Kriterien für Mitgliedereinbindung

Grundsätzlich sind Einbindungs-, Mitwirkungs- oder Beteiligungsformen zu differenzieren nach Zielen und Motiven, Initiatoren, Anlässen und Situationen (einschließlich der zur Verfügung stehenden Ressourcen sowie der Einbindung in andere Verfahren und Strukturen), Teilnehmern (Zahl und Auswahl, beispielsweise Fremd- oder Selbstselektion), Kommunikationsrichtungen (ein-, zwei-, mehrseitig), Informationsbereitstellung (Teilnehmerqualifizierung), Arbeitstechniken und Moderationsformen, Themen, angestrebten und erreichten Ergebnisarten und -formen, zeitlichen und räumlichen Aspekten sowie nach dem

Grad der Einflussnahme und Verbindlichkeit. Aus den vielen Ausprägungen dieser Merkmale ergibt sich eine Fülle an möglichen Instrumenten.

Die „Verbandsdemokratie" lässt sich ferner wie die staatliche in drei Grundformen gliedern (Abb. 1): direkte, repräsentative und deliberative oder partizipative Demokratie. „Deliberation" bedeutet Beratschlagung, (gemeinsames) Nachdenken; „partizipativ" heißt sie, weil sie tiefer ausgebaute Mitarbeitsmöglichkeiten bietet. Zu diesen „deliberativen" Verfahren ist das weiter unten vorzustellende Mitgliederforum zu zählen.

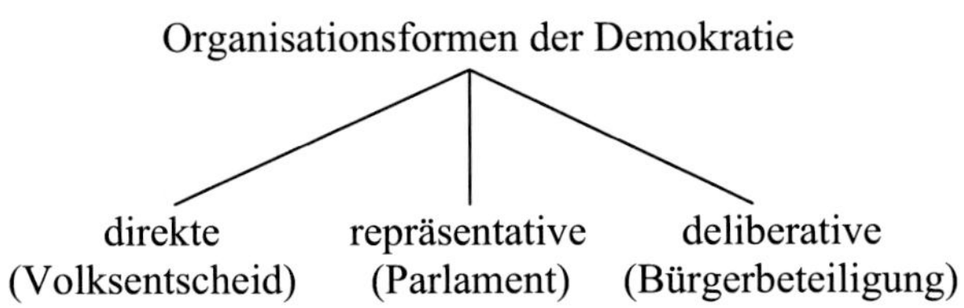

Abb. 1: Drei Organisationsformen von Demokratie

Für die Verbandspraxis interessant sind Realisierungsgrad (etwa nach den Indikatoren Teilnahmequote, Häufigkeit, Dauer, Intensität und Verbindlichkeit) sowie organisatorische Strukturiertheit (strukturelle Verankerung) der Mitgliedereinbindung (Abb. 2).

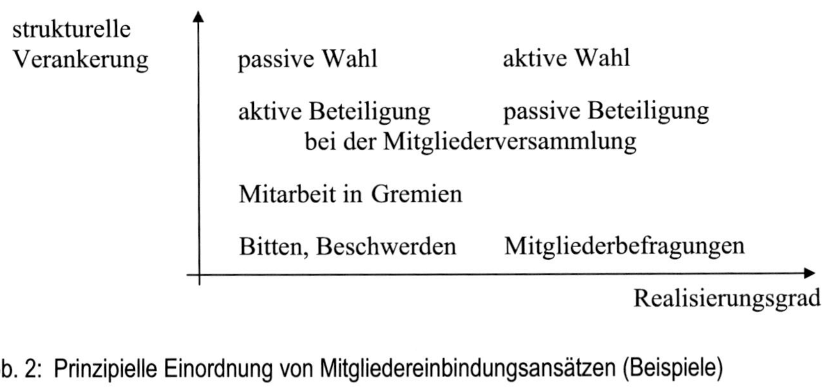

Abb. 2: Prinzipielle Einordnung von Mitgliedereinbindungsansätzen (Beispiele)

Um Mitgliedereinbindung in Breite und Tiefe zu optimieren oder optimal zu ergänzen, sollten weitere Verfahren unter anderen folgende Kriterien erfüllen:

(a) Repräsentanz oder eine gewisse (!) Repräsentativität, das heißt tatsächliche Beteiligung in der Breite (von Mitgliedern möglichst aller Subgruppen, auch von Mitgliedern, die nicht der Aktivitätselite angehören),

(b) dazu ist in der Regel auf leichte Zugänglichkeit und Offenheit zu achten,

(c) Ermöglichung gegenseitigen Verstehens (erfordert meist persönlichen Dialog von Mensch zu Mensch), und zwar nicht nur zwischen Verbandsführung und Mitglied, sondern auch zwischen Mitgliedern, sowie

(d) Ermöglichung von Kreativität und Dynamik (das heißt neuer Ideen, etwa über die vorgegebenen Fragen eines Fragebogens hinaus).

3 Ein neues Instrument: das Mitgliederforum

Anlass zur Entwicklung eines neuen Mitgliederbeteiligungsverfahrens waren in schriftlicher Befragung festgestellte Unzufriedenheiten in der Mitgliederschaft eines Berufsverbandes. Ihre Gründe sollten im Dialog ermittelt und verstanden, Lösungen für die erkannten Probleme entwickelt werden. Zugleich sollten Mitglieder zur weiteren Mitwirkung angeregt werden. Hauptziel war eine bessere Verständigung von Verbandsspitze und Mitgliedern.

Als eine Grundlage dienten bewährte Bürgerbeteiligungsverfahren. Auch in Organisationen bekannt sind Arbeitstechniken wie „Open Space" oder Verfahren wie die Zukunftswerkstatt, weniger jedoch beispielsweise Appreciative Enquiry oder aktivierende Befragung (gute Überblicke bei Bischoff/Selle/Sinning 2005 und Arbter et al. 2005). Besonders das Verfahren „Bürgergutachten durch Planungszellen" bot wichtige Anregungen (Dienel 2002, 2009; Bongardt 1999).

Um Repräsentanz zu erreichen und weil sich nicht alle Mitglieder zu jedem Thema einbringen können, wurde die **Zufallsauswahl** herangezogen. Sie ist Routine bei der Stichprobenziehung in den quantitativ-empirischen Sozialwissenschaften. „Daß die Ämter durch das Los bestimmt sind“, ist für Aristoteles Kennzeichen demokratischer Herrschaft (Aristoteles 1989: 301): In der Keimzelle der Demokratie, im alten Athen, wurde eine große Zahl von Ämtern durch das Los besetzt: „Von den etwa 1200 Amtsträgern wurden etwa 1100 erlost und nur hundert gewählt“ (Vorländer 2003: 23 f.). Auch Geschworene werden in vielen Ländern durch das Los bestimmt.

Um die Teilnahme zu ermöglichen, ist ein überschaubarer Zeitrahmen nötig (bei der bisherigen Anwendung etwa drei Stunden). Eine effiziente Struktur und möglichst neutrale Moderation ermöglichen schnelle Leistungsergebnisse, die Mitglieder wie Verbandsprofis zu weiterer Arbeit motivieren. Bisher erfolgreich angewandte und positiv evaluierte Mitgliederforen umfassten drei Phasen: eine Kritik- und Lob-, eine Dialog- und eine Ideen- und Vorschlagsphase.

Um einen echten Dialog zu ermöglichen, ist die Teilnehmerzahl begrenzt auf etwa 15 bis 25 Personen, und es wird vorwiegend in Kleingruppen zu etwa vier bis sieben Personen gearbeitet, die ebenfalls nach dem Zufallsverfahren immer wieder neu zusammengesetzt werden. Dadurch entstehen viele Begegnungen und vielfältige Meinungsbildungsprozesse; zudem wird dadurch der Netzwerkcharakter des Verbandes gestärkt.

Das Mitgliederforum lässt sich häufig, an verschiedenen Orten und zu verschiedenen Themen durchführen. Es ist relativ kostengünstig. Die Ergebnisse mehrerer standardisierter Mitgliederforen lassen sich problemlos zusammenführen zu einem Gesamtergebnis, das im Vergleich mit reinen Befragungen gehaltvoller ist. Damit es als fair anerkannt wird, ist das per se eher geschlossene Mitgliederforum den anderen Mitgliedern gegenüber transparent zu machen (zur Transparenz in NPO siehe Theuvsen 2008).

Offene Fragen betreffen Verbindlichkeit und Wirksamkeit der Ergebnisse sowie Widerstände gegen diese Beteiligungsform, die von „Funktionären“ kommen könnten, die einerseits (Ver-)Handlungsfreiheit nach außen brauchen und andererseits ihre eigenen Ziele verfolgen wollen (z. B. Sebaldt 1997). Ohne Wollen der ehren- und hauptamtlichen Führungskräfte werden Mitgliederforen wie auch andere Partizipationsinstrumente und -strukturen kaum stattfinden oder wenig Wirkung zeigen.

4 Verband und Mitglied: Austausch oder Identität?

Am Anfang und am Ende steht wie immer eine Grundsatzfrage, hier an zwei (extremen) Idealtypen verdeutlicht: Auf der einen Seite steht ein Verbandsbetrieb nach dem Vorbild des kaufmännischen Unternehmens; das Mitglied ist Außenstehender. Auf der anderen Seite zeigt sich nahezu Identität von Mitglied und Verband. Insofern Verbände ihr Wesensmerkmal zum Vorzug machen wollen, werden sie, dies als These zum Schluss, eher Identität als bloßes Austauschverhältnis anstreben – und dann auch nach neuen Wegen suchen, diese Identität organisatorisch zu verwirklichen.

Ein Verband ist ohne Mitglieder nicht zu denken. Aber die Mitgliedschaft braucht Lebendigkeit; sie nur als beruhigendes Prinzip im Hintergrund ins Regal zu stellen, genügt nicht und genügt auch den wachsenden Ansprüchen vieler Mitglieder immer weniger. Neue Wege und Verfahren, strukturell verankert und projekthaft-prozessual ergänzt, machen aus dem trockenen Prinzip „Mitgliedschaftlichkeit" eine fruchtbare Ressource.

Literatur

Arbter, Kerstin/Handler, Martina/Purker, Elisabeth/Trappeiner, Georg/ Trattnigg, Rita (2005): Das Handbuch Öffentlichkeitsbeteiligung. Die Zukunft gemeinsam gestalten. Wien.

AMB Generali Holding AG (2009): Engagementatlas 2009. Daten, Hintergründe, Volkswirtschaftlicher Nutzen. Aachen.

Aristoteles (1989): Politik. Schriften zur Staatstheorie, übersetzt und hrsg. v. Franz F. Schwarz, Stuttgart.

Badelt, Christoph (2002): Zielsetzungen und Inhalte des »Handbuchs der Nonprofit Organisation«. In: Handbuch der Nonprofit Organisation. Strukturen und Management. 3. Aufl., hrsg. v. Christoph Badelt, Stuttgart, S. 1-18.

Bahnmüller, Reinhard (1998): Tarifpolitik und Beteiligung. Innergewerkschaftliche Willensbildung und zwischenverbandliche Kompromißbildung am Beispiel der „Tarifreform 2000“ der IG Metall in Baden-Württemberg. Münster.

bbv – Bayerischer Bauernverband (2007): Vertrauen und Erneuerung kennzeichnen BBV-Wahlen. In: bbv-Pressedienst Nr. 8 v. 22. Februar 2007, S. 4.

Bischoff, Ariane/Selle, Klaus/Sinning, Heidi (2005): Informieren, Beteiligen, Kooperieren. Kommunikation in Planungsprozessen. Eine Übersicht zu Formen, Verfahren und Methoden. Dortmund.

Bongardt, Horst (1999): Die Planungszelle in Theorie und Anwendung. Stuttgart.

Dienel, Peter C. (2002): Die Planungszelle. Der Bürger als Chance. 5. Aufl., Wiesbaden.

Dienel, Peter C. (2009): Demokratisch, praktisch, gut. Merkmale, Wirkungen und Perspektiven von Planungszellen und Bürgergutachten. Bonn.

Eichhorn, Peter (2001): Konstitutive Merkmale von Non-Profit-Organisationen. In: Non-Profit-Management im Aufwind? hrsg. v. Dieter Witt, Claudia Eckstaller und Peter Faller, Wiesbaden, S. 45-52.

Embacher, Serge/Lang, Susanne (2008): Lern- und Arbeitsbuch Bürgergesellschaft. Bonn.

Hassel, Anke (2006): Die Erosion der gewerkschaftlichen Lobbymacht. In: Die fünfte Gewalt, Lobbyismus in Deutschland, hrsg. v. Thomas Leif und Rudolf Speth, Bonn. S. 188-198.

Hoefer, Bernd (2009): Das Jugendherbergswesen. Eine Darstellung aus rechtswissenschaftlicher Sicht. Stuttgart.

IHK – Industrie- und Handelskammer für München und Oberbayern (2006): IHK-Vollversammlung neu gewählt. Pressemeldung vom 24.05.2006, http://www.muenchen.ihk.de/mike/presse/Pressemeldungen/Wahl-Vollversammlung-24.05.2006-.html.

Katterle, Siegfried (1998): Gerhard Weissers Beitrag zur Theorie der Wirtschaftspolitik. In: Gegen den gesellschaftspolitischen Imperialismus der reinen Ökonomie, hrsg. v. Heinrich A. Henkel, Lothar F. Neumann und Hajo Romahn, Marburg, S. 63-85.

Kieser, Alfred (1979): Ehernes Gesetz der Oligarchie, Gresham's Law of Planning, Parkinsons Gesetz, Peter Prinzip. In: Betriebswirtschaftliche Gesetze, Effekte und Prinzipien, hrsg. v. Günther Schanz, München, S. 41-47.

Lakes, Beate (1999): Strategische Verbandsführung. Wiesbaden.

Lapsley, Irvine (2004): Challenges to Nonprofit Organisations in a Changing World. In: Funktionen und Leistungen von Nonprofit-Organisationen, hrsg. v. Dieter Witt, Robert Purtschert und Reinbert Schauer, Wiesbaden, S. 17-25.

Lösche, Peter (2006): Demokratie braucht Lobbying. In: Die fünfte Gewalt. Lobbyismus in Deutschland, hrsg. v. Thomas Leif und Rudolf Speth, Bonn, S. 53-68.

Lotz, Ulrich (2008): Individualisierung von Kollektivleistungen. Strategische Optionen für Wirtschaftsverbände. Wiesbaden.

Mayntz, Renate (1963): Soziologie der Organisation. Reinbek.

Merleau-Ponty, Marcel (1976): Humanismus und Terror. Frankfurt a. Main.

Meyer, John/Rowan, Brian (1976): Institutional Organizations: Formal Structure as Myth and Ceremony. In: American Journal of Sociology, 83, S. 340-363.

Michels, Robert (1989): Zur Soziologie des Parteiwesens in der modernen Demokratie. Stuttgart.

Oettle, Karl (1984): Gemeindewirtschaft und Selbsthilfe. In: Selbsthilfe als ordnungspolitische Aufgabe, hrsg. v. Friedrich Fürstenberg, Philipp Herder-Dorneich und Helmut Klages, Baden-Baden, S. 101-117.

Olson, Mancur (1985): Die Logik des kollektiven Handelns. Freiburg.

Schulz-Walz, Franziska (2006): Mitgliederorientierte Organisation in Wirtschaftsverbänden. Bedeutung, Herausforderung und Konzeptionen. Wiesbaden.

Schwarz, Peter (1984): Erfolgsorientiertes Verbands-Management. Sankt Augustin.

Sebaldt, Martin (1997): Organisierter Pluralismus. Kräftefeld, Selbstverständnis und politische Arbeit deutscher Interessengruppen. Opladen.

Theuvsen, Ludwig (2008): Transparenz von Nonprofit-Organisationen. In: Steuerung und Kontrolle in Nonprofit-Organisationen, hrsg. v. Reinbert Schauer, Bernd Helmig, Robert Purtschert und Dieter Witt, Linz, S. 37-71.

TNS Infratest Sozialforschung (2005): Freiwilliges Engagement in Deutschland 1999-2004. Ergebnisse der repräsentativen Trenderhebung zu Ehrenamt, Freiwilligenarbeit und bürgerschaftlichem Engagement. München.

Vorländer, Hans (2003): Demokratie. Geschichte, Formen, Theorien. München.

Weisser, Gerhard (1978): Über die Unbestimmtheit des Postulats der Maximierung des Sozialprodukts. Die Unmöglichkeit des sogenannten „rein ökonomischen Standpunktes". In: Beiträge zur Gesellschaftspolitik, hrsg. v. Gerhard Weisser, Göttingen, S. 542-572.

Witt, Dieter/Lakes, Beate/Emberger, Hannes/v. Velsen-Zerweck, Burkhard/Seufert, Gernot (1998): Stand des Managements in Verbänden: Ergebnisse der Verbändeerhebung 1996/97 – Gesamtauswertung. Freising.

Witt, Dieter/Seufert, Gernot/Emberger, Hannes (1996): Typologisierung und Eigenarten von Verbänden. In: Zeitschrift für öffentliche und gemeinwirtschaftliche Unternehmen, 19 (4), S. 414-424.

Witt, Dieter/Sturm, Hilmar (2006): Eliten in Verbänden. In: Eliten in Deutschland. Bedeutung – Macht – Verantwortung, hrsg. v. Oscar W. Gabriel, Beate Neuss und Günther Rüther, Bonn, S. 261-275.

Integration interner Stakeholder in den Strategieprozess einer NPO
- Fallbeispiel Hilfsorganisation und Wohlfahrtsverband -

Christoph Tiebel, Künzelsau

1 Interne Stakeholder bei Hilfsorganisationen und Wohlfahrtsverbänden

Nonprofit-Organisationen werden mit den vielfältigsten Anspruchsgruppen konfrontiert. Diese Stakeholder haben unterschiedlichste Interessen, aber auch unterschiedlichste Machtpositionen um diese Interessen durchzusetzen. Die normativ ethische Orientierung der Stakeholder ist eine der beiden Möglichkeiten, unter denen man das Stakeholder-Management betrachten kann.

Der Schwerpunkt der Ausführungen liegt hier in der zweiten möglichen Ausrichtung eines Stakeholder-Managements, nach der die Auffassung aufgegeben wird, dass alle Stakeholder dieselbe Beachtung verdienen. Stattdessen wird davon ausgegangen, dass die Beziehung zwischen verschiedenen Stakeholdern sowie die Beziehung zwischen Stakeholder und NPO höchst unterschiedlich sein können: Sie ist sowohl unterstützend als auch durch Interessengegensätze geprägt. Somit macht eine absolute Gleichbehandlung der Anspruchsgruppen keinen Sinn. Im Mittelpunkt des hier beschriebenen internen Stakeholder-Managements steht das Ziel, die Organisation langfristig auszurichten. Es müssen die wesentlichen Stakeholder in den Strategieprozess direkt oder indirekt eingebunden werden. Besonderer Fokus liegt dabei auf NPO im Bereich der Wohlfahrtsverbände und/oder Hilfsorganisationen. Relevante interne Stakeholder der Wohlfahrtsverbände und/oder Hilfsorganisationen umfassen vor allem den Bereich der hauptamtlichen und der ehrenamtlichen Mitarbeiter. Die Besonderheit bei der Differenzierung nach dem Beschäftigungsverhältnis ist, dass einige Aufgabenfelder ausschließlich im ehrenamtlichen Bereich (z.B. Betreuungsdienste, Hospizarbeit) liegen, andere wiederum einen Mix darstellen (z.B. Rettungsdienst) und schließlich die dritte Gruppe fast ausschließlich hauptamtlich organisiert ist (ambulante Pflege).

Projekterfahrungen des Institutes für Sozialmanagement der Reinhold-Würth-Hochschule Künzelsau mit dem internen Stakeholder-Management bei kirchlichen Einrichtungen sowie dem Deutschen Roten Kreuz (DRK) und der Arbeiterwohlfahrt (AWO) liegen diesem Beitrag zu Grunde, der folgende Fragen aufgreifen möchte:

- *Strategieprozess NPO:* Was sind die Kernfragen des Strategieprozesses einer NPO? Wo liegt deren Schwerpunkt bei den Stakeholdern in Wohlfahrtsverbänden und Hilfsorganisationen?
- *Erfolgsfaktoren im Stakeholder-Management:* Welche Erfolgsfaktoren liegen dem internen Stakeholder-Management zu Grunde? Gibt es bestimmte Ausprägungen und Priorisierungen für interne Stakeholder in Wohlfahrtsverbänden und Hilfsorganisationen?
- *Methoden des Strategieprozesses:* Welche Methoden des Strategieprozesses in NPO sind geeignet den besonderen Anforderungen der Stakeholder gerecht zu werden? Wie lässt sich eine Strategie in Wohlfahrtsverbänden und Hilfsorganisationen zielgruppenorientiert entwickeln?
- *Charakteristische Fehler:* Welche Fehler können im internen Stakeholder-Management im Rahmen des Strategieprozesses einer Hilfsorganisation und eines Wohlfahrtsverbandes gemacht werden?

2 Strategieprozess einer NPO

Aufgrund des strategischen Ziels einer NPO (Ben-Ner 1994) werden, im Vergleich zum Zweiten Sektor, höhere Anforderungen an ein aktives Stakeholder-Management gestellt, wie beispielsweise:

- Feststellung der Subsysteme der Führung sowie der Informationsbeziehungen, die Engpässe für die NPO bilden;
- Ermittlung materieller und immaterieller Größen, die ungenutzte Potenziale darstellen;
- Gestaltung des Organisationssystems entsprechend den Anforderungen der internen Stakeholder;
- Konkretisierung von Konzeptionen in Programmen und Maßnahmen;
- letztendlich: Sicherung einer Anleitung zur Umsetzung strategischer und operativer Zielsetzung und die Kontrolle der Ergebnisse.

Im Vordergrund stehen dabei die strategischen Positionierungen der NPO und die daraus abgeleiteten strategischen Ziele (Tiebel 1998). Hierbei finden sich in der Praxis verschiedene Werkzeuge, die der allgemeinen Betriebswirtschaftslehre entlehnt sind und für die Spezifika des Dritten Sektors adaptiert wurden (Tiebel 2006). Wesentliches Element der Strategiebildung und -umsetzung ist ein Instrument, welches mit hoher Verbindlichkeit die Ziele in konkrete Maßnahmen umsetzt und diese im Sinne eines Regelkreises plant und steuert.

Ausgangspunkt der Strategie ist die Festsetzung des momentanen Zustandes einer NPO. Hierbei hat sich eine zweidimensionale Betrachtungsweise bewährt: der Betrachtung von (internen) Ressourcen wird die Umfeld(-attraktivität) gegenübergestellt. Aus dem bewertenden Abgleich beider Dimensionen entsteht die strategische Positionierung dann, wenn sowohl ökonomische als auch sozialpolitische Faktoren berücksichtigt werden. Wenn so die Ausgangslage festgelegt ist, kann die strategische Position in der Ist- und Ziel-Ausprägung ermittelt werden. Im weiteren Vorgehen können sowohl Leistungsdifferenzierungs- als auch – im beschränkten Maße – Kostendifferenzierungsziele entwickelt werden. Die Strategie als Nischenanbieter ist durchaus auch eine Variante für einen Wohlfahrtsverband oder eine Hilfsorganisation. Wesentlich sind die daraus zu ziehenden Schlüsse: In welchen Bereichen wird die NPO ihr Betätigungsfeld einschränken müssen, ohne dabei die Identität zu verlieren? Wo können eventuell Aufgabenfelder ausgebaut werden? Letztendlich führt alles zu der Frage nach Kooperationen in Netzwerken.

Nach der so erfolgten Zielgenerierung muss mit Hilfe geeigneter Instrumente die Zielumsetzung operationalisiert werden. Gerade bei Hilfsorganisationen und

Wohlfahrtsverbänden ist dieser Schritt einer der wesentlichsten Maßnahmen des Strategieprozesses. Die internen Stakeholder sind sehr wahrscheinlich mit hoher Skepsis jedwedem betriebswirtschaftlichen Denken und Handeln gegenüber ausgestattet. Hier muss es den Prozessverantwortlichen gelingen, durch konkrete Erfolge die Stakeholder von der Nützlichkeit des Strategieprozesses zu überzeugen.

Diese sehr verkürzte Darstellung des strategischen Prozesses ist letztendlich unabhängig von der Mission einer Organisation. Insofern muss im folgenden Schritt noch genauer betrachtet werden, wer die Akteure eines Wohlfahrtsverbandes und/oder Hilfsorganisation sind, die diesen Prozess gestalten und die Umsetzung der Mission maßgeblich beeinflussen. Nur die Beachtung der Erfolgsfaktoren dieser internen Stakeholder kann den Prozess der Strategieentwicklung und -umsetzung erfolgreich werden lassen.

3 Basis des Stakeholder-Managements: Erfolgsfaktoren von NPO

Die Form des sozialen Einflusses (Macht) ist in der Strategieentwicklung von NPO ein wesentlicher Faktor. Am Anfang des hier beschriebenen Strategieprozesses steht die Betrachtung der Erfolgsfaktoren einer NPO unter dem besonderen Fokus der internen Stakeholder von Wohlfahrtsverbänden und Hilfsorganisationen. Vordergründig scheint die Unabhängigkeit vom Stakeholder beispielsweise der Erfolgsfaktoren Kostenmanagement, Innovationskultur und Organisationsoptimierung zu bewerten sein. In der näheren Betrachtung ist aber beispielsweise die Innovationskultur ganz entschieden geprägt von den Wertesystemen und Haltungen dieser internen Stakeholder.

Ausgangspunkt des Erfolgsfaktorenkonzeptes ist die Unternehmensphilosophie mit den entsprechenden Zielsetzungen. Insbesondere bei NPO muss der Themenkomplex Innovationskultur und Wege der ständigen Verbesserung nachhaltig bearbeitet werden. Größere Beachtung der internen Stakeholder treten auch bei den Erfolgsfaktoren Prozessorientierung und Professionalität des Managements auf. Je heterogener ein Wohlfahrtsverband und eine Hilfsorganisation ihr Portfolio aufgestellt haben, desto heterogener im Sinne von Disjunktheit sind auch die internen Stakeholder. Das Schaffen von Synergien im Sinne von internem Netzwerkmanagement wird zu einer schwer lösbaren Aufgabe. Noch schwieriger ist diese Vernetzung im Bereich der ehrenamtlichen Stakeholder. Das weitaus größte Problem scheint aber die Professionalität des Managements als Erfolgsfaktor im Strategieprozess einer NPO zu sein. Nach wie vor ist die Fachkompetenz der Führungskräfte in einer NPO der des Zweiten Sektors unterlegen. Mag dieses auch in der Schwierigkeit und Komplexität der Aufgabe begründet sein, so stellt die Ausprägung dieses Erfolgsfaktors ein wesentliches Hemmnis im Strategieprozess dar.

Traditionelle, erprobte Instrumente der Generierung und Umsetzung von Strategien sind in NPO nur in adaptierter Form umzusetzen (Tiebel 2006). Sei es die Komplexität der Aufgaben, die Heterogenität der Stakeholder sowie die spezifischen Potenziale der Führungs- und Leitungskräfte oder auch die strukturellen Voraussetzungen der Wohlfahrtsverbände und Hilfsorganisationen: Traditionelle Instrumente des strategischen Management finden sehr schwer Akzeptanz und schrecken vor allem durch ihre hohe Komplexität und den hohen Ressourcenverzehr ab.

Im Folgenden soll deswegen ein deutlich reduzierter Methodenmix dargestellt werden, der zumindest erste Schritte für einen Strategieprozess bei den internen Stakeholdern einleiten kann.

4 SWOT-Analyse als Moderationstechnik im Strategieprozess

Selbstverständlich muss der strategische Prozess einer NPO auf einem transparenten und umfassenden operativen Controllingprozess im Sinne eines Soll-Ist-Vergleiches basieren. Nur auf dieser Basis lässt sich strategische und operative Führung aufbauen: Ausgehend von den Visionen bis hin zu konkreten, personalisierten Zielbewertungen lassen sich Instrumente wie die modifizierte Portfolioanalyse oder die Balanced Scorecard auf die spezifischen Belange der internen Stakeholder adaptieren. Ein umfassendes Riskmanagement komplettiert den Strategieprozess. Der Nachteil dieses Vorgehens: Ohne umfassende Unterstützung von außen und ohne zur Verfügungstellen von internen Ressourcen sind die äußerst heterogenen Stakeholder eines Wohlfahrtsverbandes und einer Hilfsorganisation kaum in der Lage, den Prozess effizient und effektiv zu steuern und umzusetzen. Die Folge ist ein Ablehnen von Strategiezielen und Maßnahmen und somit die Gefahr des Scheiterns eines strategischen Prozesses.

Es muss eine Vorgehensweise gefunden werden, die versucht, die Grundgedanken des Strategieprozesses in einfache und handhabbare Teilprozesse umzusetzen. Ein weiteres Kriterium für diese Vorgehensweise ist das Postulat der Akzeptanz der Vorgehensweise bei den internen Stakeholdern.

Letztendlich sind es fünf Anforderungen der internen Stakeholder an das strategische Zielmanagement:

- wenige transparente, operationalisierbare Zielgrößen;
- systematische, einheitliche und akzeptierte Planungsmethodik;
- geeignete, transparente und akzeptierte Messverfahren;
- ableitbare systematische, flexibel steuerbare Budgetierung;
- systematischer NPO weit motivierender Zielprozess.

Die SWOT-Analyse (Stärken-Schwächen- sowie Chancen-Risiko-Analyse) ist ein probates Hilfsmittel, um die unterschiedlichen Stakeholder im haupt- und ehrenamtlichen Bereich einer NPO zusammenzuführen. Anhand von konkreten Fragen wird die Innensicht (Stärken und Schwächen) mit der Außensicht (Chancen und Risiken) verknüpft. So werden bereits auf dieser frühen Stufe interne Verbesserungsmöglichkeiten und ungenutzte Chancen aufgezeigt. Die SWOT-Analyse entwirft ein Bild der gegenwärtigen Organisation mit ihren Entwicklungsmöglichkeiten aus der Sicht der wichtigsten internen Stakeholder. Erfolgsfaktor bei der Anwendung und Umsetzung der SWOT-Analyse ist die Formulierung der Fragestellungen. Ein alleiniges Abheben auf die Erfolgsfaktoren würde sicherlich die Heterogenität der am Strategieprozess beteiligten Anspruchsgruppen nicht ausreichend berücksichtigen. Deswegen müssen differenzierte Zielfragen auch zu weichen Faktoren gestellt werden. In der Praxis haben sich Fragen nach beispielsweise Barrieren und Störungen oder auch nach sehr weichen Faktoren (zum Beispiel: Was gibt uns Energie?) als effiziente Methode der Integration interner Stakeholder herausgestellt. Am Ende einer SWOT-Analyse muss eine Kategorisierung der Schwächen und Risiken nach Dringlichkeit und

Schweregrad erfolgen, um so den knappen Ressourcen einer NPO gerecht zu werden, indem jetzt schon erste Ideen für Ziele und Maßnahmen generiert werden. Diese Priorisierungsmöglichkeit der SWOT-Analyse berücksichtigt die unterschiedlichsten Interessen der internen Stakeholder dadurch, dass diese je nach Repräsentanz und Machtposition ihre Ziele nicht nur im Wege der Verhandlungsstärke durchsetzen, sondern auch argumentativ begründen können und müssen. Deswegen ist es wichtig, dass die entsprechenden SWOT-Arbeitsgruppen (Strategiegruppen) nicht nach Zufallsauswahl, sondern möglichst umfassend repräsentativ besetzt sind. Wichtig ist hierbei, dass die Auswahl möglichst frei vom Status erfolgt. Ein weiteres Auswahlkriterium sollte das Interesse an Zukunftsfragen der Organisation sein.

Dieser Analyse Schritt, er kann je nach Entwicklungsstand der NPO auch Elemente der ressourcen- oder klientenzentrierten Wettbewerbsanalyse enthalten, ist wesentlich um Strömungen, Meinungen, aber auch Ressourcen sowohl innerhalb der NPO als auch im Markt zu ermitteln. Nun folgt der Schritt der Zielfindung und -umsetzung. Hier sind modifizierte Portfolioanalysen als adaptierte Instrumente der Betriebswirtschaftslehre sehr gut geeignet, dennoch soll hier ein vereinfachtes System vorgestellt werden. Es umfasst Elemente der Portfolioanalyse und der Balanced Scorecard (Esslinger 2003).

5 Schnelle Umsetzung der SWOT-Analyse: Initiative schnelle Ergebnisse und Innovationsprojekte

Die Barrieren der Implementierung der Strategie lassen sich in vier Schwerpunkten aufzeigen:

- *Visionsbarriere:* Nur wenige Mitarbeiter verstehen letztendlich die über die Vision entwickelte Strategie der NPO;
- *Operative Barriere:* Strategie und operative Handlung (z.B. Budgetierung) sind nicht miteinander verbunden;
- *Stakeholder-Barriere:* Interne Stakeholder sehen keinen direkten Nutzen für ihr Aufgabenfeld in der NPO;
- *Lernbarriere:* NPO erkennen ihre Fehler nicht und lernen nicht aus diesen.

Unterstützend für den Strategieprozess einer NPO ist der zusammenfassende Schritt von Zielformulierung und traditionellem Projektmanagement. Es finden sich hier Elemente der Balanced Scorecard wieder: In einem moderierten Prozess (der die ganzheitliche, systemische Vorgehensweise im Auge behalten muss) werden konkrete Ziele, Maßnahmen, Kennzahlen und Adressaten definiert. Weitestgehend finden sich auch Elemente des klassischen Projektmanagements wieder.

Traditionelles Projektmanagement beinhaltet die Gefahr des Scheiterns bei internen Stakeholdern in Wohlfahrtsverbänden und Hilfsorganisationen, da beispielsweise die persönlichen Präferenzen bei der Ressourcenallokation der Ehrenamtlichen fast immer zu Gunsten des aktiven Handelns in dem jeweiligen Bestätigungsfeld gesetzt werden! Letztendlich ist ein Verzetteln in langatmigen Projekten mit vielleicht unklaren Zielen und Maßnahmen oft die Ursache für das Scheitern: Ziele werden mit Maßnahmen verwechselt, das anzustrebende Ausmaß wird unzureichend beschrieben, der Zeitbezug ist undifferenziert und es erfolgt keine Priorisierung. Insbesondere werden Ziele ohne Bezug zum Zielempfänger formuliert.

Es werden jetzt vertikale Teams mit kurzem Prozesszeiten und kurzen Planungszyklen zur Entwicklung und Umsetzung von Strategien aus der SWOT-Analyse gebildet. Hier wurden bereits durch geeignete Fragen formelle und informelle Strukturen sowie harte und weiche Informationen integriert. Die Sicherstellung aller Stakeholder-Ebenen in den Strategieentwicklungsprozess wurde durch ein bewusstes Auswahlverfahren der Strategiegruppen gesteuert. Es erfolgt die direkte Verbindung zwischen Strategie und operativem Tagesgeschäft durch eine feste Verankerung im Organisationsalltag und die schnelle Herbeiführung von Erfolgen. Hierbei ist es auch wichtig, kreative Ideen als Fundus neuer Strategieansätze zu berücksichtigen.

Methodisch erfolgt dies in einer Initiative schneller Ergebnisse (ISE): ISE-Projekte rufen bei allen Anspruchsgruppen ein Maß der Dringlichkeit hervor, da sie in vertikal zusammengesetzten Teams innerhalb von 50 Tagen bearbeitet werden müssen. Selbst wenn in einer Organisation ein Zielkompass im Sinne einer Balanced Scorecard vorliegen sollte, lassen sich ISE-Projekte in die BSC-Kategorien subsumieren. Im Sinne des Projektmanagement bleibt es jedoch bei den klassischen Kriterien eines Projektauftrages: spezifischer Zielinhalt, Messbarkeit, Zuständigkeit, Realistik und Zeitraum. Wichtig ist, dass gemischte Anspruchsgruppen-Teams in den ISE-Projekten kreativ und zielgerichtet zusammenarbeiten.

Die ISE-Projekte haben den Vorteil, dass sie unterschiedliche Anspruchsgruppen im Rahmen des Strategieprozesses integrieren können. Erfolgsfaktor ist, dass sie kurzfristig realisierbar sein müssen. Zweifelsohne werden aber auch mit Hilfe der SWOT-Analyse langfristige und komplexe Projekte entstehen können. Diese werden unter der Begrifflichkeit der Innovationsprojekte subsummiert. Hier kann es sein, dass die Stakeholder sich weiterer (externer) Fachkräfte bedienen können und müssen. Durch die Einführung der Innovationsprojekte ist auf jeden Fall ein Instrument zum Abfangen komplexer Projekte, die die Ressourcen der Einflussgruppen sprengen können, ermöglicht.

6 Charakteristische Fehler im Stakeholder gestützten Strategieprozess

Der Erfolg des Strategieprozesses bei den internen Stakeholdern kann durch vier wesentliche Fehler gefährdet sein:

Zeitdruck: Die Ziele müssen solange erarbeitet werden, bis sie von allen Anspruchsgruppen überzeugend vertreten werden können. Dieser Punkt ist einer der kritischsten im Strategieprozess eines Wohlfahrtsverbandes und einer Hilfsorganisation, da die internen Stakeholder höchst unterschiedliche Voraussetzungen in einen solchen Strategieprozess einbringen. Abgesehen von Partikularinteressen sind unterschiedliche Bildungs- und Wissensstände die Einflussfaktoren.

Verwechslungsgefahr: ISE- und Innovationsprojekte müssen als Strategierealisierungs- und nicht als -generierungsinstrument verstanden werden. Einen sehr hohen Stellenwert hat die Steuerung des Strategieprozesses, die immer wieder für eine klare methodische Abgrenzung zu sorgen hat. Erfolgversprechend ist die Installation einer Lenkungsgruppe, die wesentliche Eckpunkte des Prozesses im Sinne eines Strategiecontrollings behandelt.

Unrealistische Ziele: Die Ziele müssen von den jeweils betroffenen Akteuren der NPO auch erreicht werden können. Gerade wenn, wie am Beispiel von Hilfsorganisation und Wohlfahrtsverband, die internen Stakeholder aus Haupt-

und Ehrenamtlichen bestehen, ist hier immer wieder durch die Prozesssteuerung Rücksicht auf Potenziale und Ressourcen der Stakeholder zu nehmen.

Mangelnde Objektivität: Zur Beurteilung der Zielerreichung müssen objektive Bewertungsverfahren gefunden werden. Insbesondere die Forderung nach realistischen Zielen ist ein wesentlicher Erfolgsfaktor des Strategieprozesses in einer NPO. Hier sollten die am Strategieprozess beteiligten Anspruchsgruppen vorurteilsfrei und ohne Tabuthemen die Werthaltungen der weiteren Stakeholder beachten.

Wenn es gelingt, diese internen Stakeholder in den Strategieprozess mit Hilfe der hier vorgestellten Werkzeuge zu integrieren, können Macht, Legitimität und Dringlichkeit (Mitchell/Agle/Wood 1997) als differenzierende Merkmale verschiedener Stakeholder sehr gut in die langfristige Entwicklung von NPO integriert werden.

Literatur

Ben-Ner, Avner (1994): Who Benefits from the Nonprofit Sector? Reforming Law and Public Policy Towards Nonprofit Organizations. In: Yale Law Journal, 104, S. 731-762.

Esslinger, Adelheid Susanne (2003): Qualitätsorientierte strategische Planung und Steuerung in einem sozialen Dienstleistungsunternehmen mit Hilfe der Balanced Scorecard. Wiesbaden.

Mitchell, Ronald K./Agle, Bradley R./Wood, Donna J. (1997): Toward a Theory of Stakeholder Identification and Salience: Defining the Principle of Who and What Really Counts. In: Academy of Management Review, 22 (4), S. 853-896.

Tiebel, Christoph (1998): Strategisches Controlling in Non Profit Organisationen. München.

Tiebel, Christoph (2006): Management in Non Profit Organisationen. München.

Ehemalige Freiwillige als Stakeholder einer NPO

René Andeßner, Linz, und Katharina Kaltenbrunner, Salzburg

1 Einleitung und Ausgangssituation

Da das institutionelle Leistungsvermögen von Nonprofit-Organisationen (NPO) vielfach von der ausreichenden Mobilisierung des freiwilligen Engagements abhängt, stellen Freiwillige für diese Organisationen eine zentrale und bedeutsame Gruppe von Stakeholdern dar. Dem Bedarf an freiwilligem Engagement steht ein beachtliches Potenzial gegenüber. In Österreich zum Beispiel haben im Jahr 2006 ehrenamtliche und freiwillige Mitarbeiter knapp 14,7 Millionen Arbeitsstunden geleistet (BMASK 2009: 20). Unter Freiwilligenarbeit verstehen wir dabei ein jedes frei gewählte Engagement mit einem hohen Grad an Selbstbestimmung (inhaltlich wie zeitlich) ohne ein regelmäßiges Einkommen im Rahmen einer Organisation überwiegend in ausführender Tätigkeit, das den persönlichen Interessen entgegenkommt, aber primär die Generierung eines positiven, externen Nutzens zum Inhalt hat.

Gleichzeitig ist allerdings zu beobachten, dass dieses freiwillige Engagement rückgängig ist. So ist beispielsweise in Österreich die Beteiligungsquote jener Menschen, welche sich freiwillig in einer Organisation engagieren, im Zeitraum 2000 bis 2006 von 29,8 % auf 27,9 % gesunken (BMASK 2009). Nonprofit-Organisationen müssen sich zunehmend auf geänderte Motive und neue Formen des freiwilligen Engagements einstellen, wenn sie sich die „Ressource" Freiwilligenarbeit langfristig sichern und erhalten wollen. Somit müssen sie sich systematisch mit der Frage auseinandersetzen, wie sie neue Freiwillige gewinnen und bestehende Freiwillige an die Organisation binden können. Aus einer strukturell-systemischen Sichtweise erfordert dies ein integriertes Modell für das Freiwilligenmanagement, in dem eine anspruchsgruppenorientierte Auseinandersetzung mit der Freiwilligen-Gewinnung, Freiwilligen-Bindung und Freiwilligen-Entbindung den verantwortlichen Stellen und Personen nicht nur die Inhalte, sondern auch die Heterogenität der von ihnen zu leistenden Koordinationstätigkeit aufzeigt.

In der wissenschaftlichen Literatur finden aber sowohl die Phase der Freiwilligen-Entbindung als auch das Beziehungsmanagement zu den ehemals freiwillig tätigen Mitarbeitern eine vergleichsweise geringe Beachtung. Diese Forschungslücke aufgreifend stellt der vorliegende Beitrag die Frage, ob und in welcher Form ehemalige Freiwillige auch nach ihrem Ausscheiden noch eine Bedeutung für die NPO haben können und damit als Stakeholder fungieren, die es im Denken und Handeln der Organisation zu beachten gilt.

Nach einem Überblick über das Modell eines integrierten Freiwilligenmanagements (FWM) wird dafür in einem ersten Schritt die Freiwilligen-Entbindung als eigene Phase im Freiwilligenmanagement dargestellt. Dabei werden unterschiedliche Gründe für ein Ausscheiden aus der Organisation herausgearbeitet und Anmerkungen zum Entbindungsprozess getroffen. Als nächster Schritt werden verschiedene Rollen identifiziert, die Freiwillige als Stakeholder der NPO trotz Beendigung ihres aktiven Engagements weiterhin ausüben können. Auf dieser Grundlage thematisiert der Beitrag schließlich einige zentrale Gestaltungselemente des Beziehungsmanagements für ehemalige Freiwillige, die in ihrer Gesamtheit als Ex-Post-Freiwilligenmanagement (EPFWM) bezeichnet werden.

Methodisch stützen sich die Aussagen einerseits auf eine Analyse einschlägiger Literatur. Dabei spielt die Literatur zur Mitgliederbindung und -pflege in Eigenleistungs-NPO eine essentielle Rolle, weil versucht wird, von dieser ausgehend mit Hilfe von Analogieschlüssen neue Erkenntnisse für große fremdleistungsorientierte NPO zu gewinnen. Ergänzend dazu wurden andererseits fünf explorative Interviews mit Führungskräften großer Organisationen geführt, in denen das Freiwilligenengagement eine zentrale Ressource bildet. Damit kann selbstverständlich kein Anspruch auf eine ausreichende empirische Repräsentativität der Aussagen erhoben werden. Vielmehr verfolgt der vorliegende Beitrag das Ziel, die Thematik und ihre Bedeutung für die Praxis grundsätzlich zur Diskussion zu stellen.

2 Freiwilligenmanagement als bedeutendes Sujet des Stakeholder-Managements einer NPO

2.1 Grundmodell eines integrierten Freiwilligenmanagements

Wie der Abb. 1 zu entnehmen ist, wird für das integrierte Freiwilligenmanagement eine prozessorientierte Darstellung mit den Prozessphasen Freiwilligen-Gewinnung, Freiwilligen-Bindung und Freiwilligen-Entbindung gewählt, die dem Personalmanagementzyklus von Freiwilligen folgt. Auf diese Weise kann in der jeweiligen Prozessphase optimal auf spezifische Besonderheiten sowie Bedürfnisse der Freiwilligen eingegangen werden.

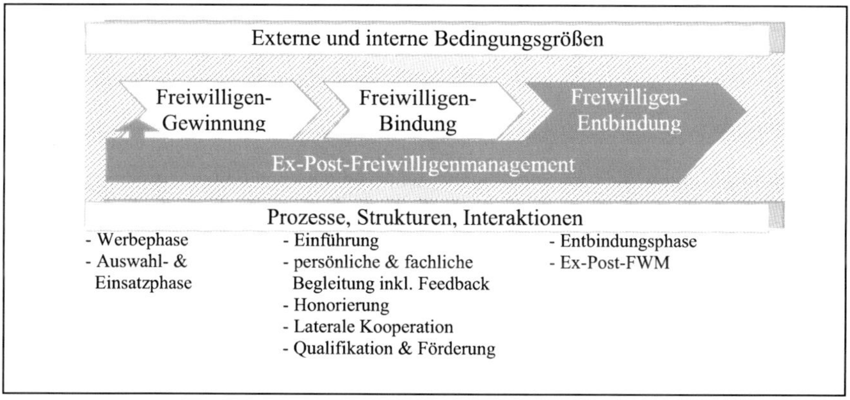

Abb. 1: Überblick über das FWM (Kaltenbrunner 2010: 85)

Im Rahmen des Modells wird in der *Gewinnungsphase* die Frage thematisiert, wie NPO Individuen zur Übernahme eines freiwilligen Engagements aktivieren können. In der anschließenden *Bindungsphase* sind Überlegungen anzustellen, welche organisationalen Bedingungen erfüllt bzw. welche Anreize angeboten werden müssen, um freiwillige Mitarbeiter (längerfristig) an die Organisation zu binden. In diesem Zusammenhang wird insbesondere auch der Frage nachgegangen, wie die bestehende (intrinsische und extrinsische) Motivation der freiwilligen Mitarbeiter als eine zentrale Determinante der Bindung aufrechterhalten werden kann. Schließlich ist auch das *Entbindungsproblem* zu lösen. Hierbei interessiert die Frage, welche Aktivitäten bzw. Maßnahmen im Hinblick auf die Beendigung eines freiwilligen Engagements idealerweise zu setzen sind. Zudem soll geklärt werden, mittels welcher Maßnahmen bzw. Aktivitäten die Beziehung zu den ehemaligen freiwilligen Mitarbeitern aufrechterhalten bzw. gepflegt werden kann und soll (zu den Details Kaltenbrunner 2010).

Die einzelnen Prozessphasen des Modells stellen selbstverständlich keine verbindungslosen, voneinander abgetrennten Teilbereiche dar, sondern sie sind vielmehr mittels einer Analyse der Wirkungszusammenhänge bzw. einer zielorientierten Abstimmung der jeweiligen Maßnahmen zu integrieren. Somit werden sowohl die Vernetzungen und wechselseitigen Abhängigkeiten als auch die notwendigen Koordinationserfordernisse aufgezeigt. In diesem Sinne ist das integrierte Freiwilligenmanagement Teil eines integrierten Potenzialmanagements in NPO (Andeßner 2004).

2.2 Die Freiwilligen-Entbindung als eigene Phase im Freiwilligenmanagement

Ein Ausscheiden aus der NPO und damit eine Freiwilligen-Entbindung kann grundsätzlich durch den freiwilligen Mitarbeiter selbst oder durch die Organisation veranlasst werden. Für den ersten Fall einer vom Freiwilligen selbst initiierten Entbindung können wiederum organisationsbedingte Ursachen und organisationsunabhängige Ursachen ausschlaggebend sein.

Organisationsbedingt sind Beweggründe, die zumindest zum Teil von der Organisation beeinfluss- bzw. steuerbar sind. Hierbei lassen sich vor allem unerfüllte bzw. zur Organisationsrealität divergierende Bedürfnisse und Erwartungshalten nennen. Beispielhaft seien fehlende Möglichkeiten zur Entfaltung, ein zeitlich zu großer Arbeitsaufwand, ein Gefühl der Überforderung bzw. ausgenützt zu werden, Probleme mit Kollegen wie der Führungskraft oder auch eine zu geringe Anerkennung angeführt (Wadsack 2002; Baur/Braun 2000). Weiters stellen auch eine nicht den Bedürfnissen entsprechende Begleitung bzw. Betreuung des Freiwilligen durch die NPO bzw. nicht bedürfnisgerechte („langweilige“, nicht motivierende) Tätigkeitsbereiche Ursachen für die Beendigung dar. Unter Umständen können auch Kontroversen bzw. Unstimmigkeiten im Umfeld, in das die NPO eingebettet ist, einen Austritt bedingen.

Wie die Bezeichnung „*organisationsunabhängig*“ bereits impliziert, sind darunter persönliche oder auch sonstige, nicht im Einflussbereich der Organisation gelegene Gründe zu subsumieren, wie z.B. die Aufnahme einer zeitintensiven, nicht vom freiwilligen Engagement ausgelösten Aus- oder Fortbildung, der Eintritt in das Berufsleben, Veränderungen im familiären oder beruflichen Umfeld, ein Um- bzw. Wegzug etc. In anderen Worten: Freiwillige scheiden aus, weil das freiwillige Engagement mit der spezifischen Lebensphase nicht mehr kompatibel ist. Das so genannte „Prinzip der biografischen Passung“ stellt somit ein zentrales Entscheidungsmoment gegen die Ausübung bzw. für die Beendigung eines freiwilligen Engagements dar (Luthe/Strünck 1998; BMASK 2009).

Genau die freiwilligen Mitarbeiter, welche aus persönlichen Gründen ausscheiden, sind jene, die – eine weiterhin bestehende Identifikation mit der NPO und ihren zentralen Zielen vorausgesetzt – ein bedeutendes Reservoir für erneute Rekrutierungen darstellen, nämlich für den Fall, dass sich Änderungen in ihrer Lebenssituation ergeben, die eine Wiederaufnahme eines freiwilligen Engagements ermöglichen. Darüber hinaus stellt sich in diesem Zusammenhang die Frage, welche anderen Rollen sie im Rahmen der NPO ausüben könnten (siehe hierzu Kapitel 3.1). Die Option, ausscheidende Freiwillige später wieder zu reaktivieren bzw. zur Übernahme einer anderen Rolle zu motivieren, muss aber bereits im Prozess der Freiwilligen-Entbindung eine entsprechende Berücksichtigung finden, weshalb im Folgenden kurz auf diesen eingegangen wird. Einen Sonderfall im Rahmen der organisationsunabhängigen Ursachen für einen Organisationsaustritt stellt insofern die altersbedingte Beendigung eines freiwilligen Engagements dar, welche in den meisten Fällen eine erneute Funktionsausübung für die Organisation ausschließt, eine Übernahme von speziellen Rollen, z.B. die eines Coachs oder Mentors, jedoch offen lässt.

2.3 Der Prozess der Freiwilligen-Entbindung

Durch einen zielgerichtet und strukturiert gestalteten Prozess der Freiwilligen-Entbindung können zahlreiche positive Effekte realisiert werden. So ist es beispielsweise möglich, Mitarbeiterunterdeckungen (bzw. -überdeckungen) zu verhindern. Unter Umständen kann der Beendigungswunsch auch obsolet werden, wenn dadurch rechtzeitig „gelindere Mittel“ zur Anwendung gelangen, wenn es beispielsweise gelingt, eine neue Form des freiwilligen Engagements zu finden, das besser den zeitbudgetären Möglichkeiten des Freiwilligen entspricht. Zudem stellt ein professional gestalteter Entbindungs-Prozess im Sinne einer „Vereinshygiene“ auch eine gute Lösungsmöglichkeit für den Fall, dass eine weitere Zusammenarbeit mit dem freiwilligen Mitarbeiter für die Organisation nicht mehr „tragbar“ ist, dar. Da sich Freiwillige vielfach einen Handlungsspielraum im Hinblick auf die konkrete Dauer ihres Engagements erhalten wollen, kann ihnen – möglicherweise schon beim Eintritt in die Organisation – auch die mögliche Beendigung des Engagements kommuniziert werden.

In den explorativen Interviews zeigte sich aber, dass die Freiwilligen-Entbindung im Gegensatz zu den Phasen der Freiwilligen-Gewinnung und Freiwilligen-Bindung selbst innerhalb ein und derselben Organisation sehr unterschiedlich und insgesamt wenig systematisch ausgestaltet ist. Meist wird hierbei die Art und Weise der Entbindung und somit auch die Verantwortlichkeit darüber – mit Ausnahme der offiziellen Verabschiedung – in die Hand der für den jeweiligen Freiwilligen zuständigen Führungsperson gelegt. Vielfach wird der Prozess auch auf eine Abschiedsfeierlichkeit bzw. Ehrung reduziert. Dies erstaunt insofern, als andererseits übereinstimmend die Wichtigkeit bzw. Bedeutung einer für beide Seiten zufriedenstellende Entbindung für ein eventuelles Re-Engagement bestätigt bzw. betont worden ist und mit einer bewusst strukturierten Entbindung genau eine solch wichtige Nahtstelle geschaffen werden könnte.

Betrachtet man die idealtypische Gestaltung des Entbindungsprozesses, so kann im FWM aufgrund der unzureichenden Datenlage – es gibt nur selten ein quantitative wie qualitative Informationen erfassendes System – der potenzielle Entbindungsbedarf meist nur durch jährliche Mitarbeitergespräche oder auch durch Frühindikatoren, die Demotivation anzeigen (wie z.B. ein Leistungsabfall), festgestellt werden. Wenn eine Entbindung zur Diskussion steht, ist in jedem Fall ein Abschlussgespräch zwischen dem Freiwilligen und der direkt verantwortlichen Führungskraft durchzuführen, im Rahmen dessen die Gründe für die Beendigung des freiwilligen Engagements wie auch die zur Verfügung stehenden Alternativen zur Entbindung (z.B. in Form eines Funktionswechsels) zu besprechen sind (McCurley/Lynch 1994). Im Gegensatz zur systematischen Informationserfassung wird ein solches Abschluss- oder Abschiedsgespräch in der Praxis auch meist geführt.

Eine systematische Dokumentation der Ausscheidungsgründe als zentrale Informationsgrundlage für ein potenzielles Beziehungsmanagement nach dem Austritt findet allerdings in den befragten Organisationen nicht statt. Auch wird tendenziell davon Abstand genommen, dem Freiwilligen alternative Einsatzmöglichkeiten bzw. Funktionen vorzuschlagen, da dies unter Umständen von den Freiwilligen als respektlos dahingehend empfunden werden könnte, „noch nicht genug geleistet zu haben". Eine Diskussion von alternativ anzunehmenden Rollen wird gegenwärtig nicht geführt, jedoch als wertvolle Anregung bzw. überlegenswerte Idee betrachtet.

In Hinblick auf ein potenzielles EPFWM sollte ebenfalls im Rahmen des Abschlussgespräches abgeklärt werden, ob der Freiwillige nach dem Austritt in Kontakt mit der NPO bleiben will bzw. sollte idealerweise gefragt werden – dies verlangt allerdings viel Fingerspitzengefühl bzw. Einfühlungsvermögen der Führungskraft –, ob er sich eventuell zu einem späteren Zeitpunkt eine Wiederaufnahme des Engagements vorstellen kann. Der Entbindungsprozess soll schließlich mit einer offiziellen Verabschiedung enden, im Rahmen dessen dem Freiwilligen nochmals Anerkennung bzw. eventuell auch eine Ehrung zuteil wird (vgl. dazu auch Kaltenbrunner 2010).

3 Die Idee eines Ex-Post-Freiwilligenmanagements

3.1 Potenzielle Rollen für ehemalige freiwillige Mitarbeiter

Der nachfolgende Versuch, konkrete Rollen für ehemalige Freiwillige zu identifizieren, geht von der Literatur zur Mitgliederbindung und -pflege in (Eigenleistungs-)NPO aus (vgl. z.B. Schönig 2001; Purtschert 2005) und berücksichtigt zusätzlich die besonderen Strukturen großer Fremdleistungs-NPO. In der Folge können – als Bespiele und ohne Anspruch auf Vollständigkeit – folgende Rollen angeführt werden:

- *Meinungsmultiplikator*: Ehemalige Freiwillige können das Leistungspotenzial der NPO bzw. den Nutzen, den die Organisation für die Gesellschaft erbringt, in die Öffentlichkeit transportieren. Sie können Überzeugungsarbeit für die NPO leisten und somit auch als Meinungsbildner fungieren.

- *Geld- oder Sachspender*: Wenn Freiwilligen aus diversen Gründen keine aktive persönliche Mitarbeit (keine Zeitspende) mehr möglich ist, steht es ihnen dennoch offen, die NPO finanziell oder durch geldwerte Güter zu unterstützen. In diesem Sinne sind sie potenzielle Geld-, Sach- oder Blutspender.

- *„Marktforscher"*: Ehemalige Freiwillige können auch für die NPO relevante Informationen beschaffen. Diese können z.B. aktuelle und zukünftige Chancen und Risiken wie auch neue Bedürfnisse anderer Stakeholder bzw. deren Zufriedenheit mit dem gegenwärtigen Leistungsprogramm betreffen.

- *Coach*: Aufgrund der oft langjährigen Tätigkeit und des damit verbunden (in)formellen Wissens sowie der vielfältigen Erfahrungen können ehemalige Freiwillige unter gewissen Umständen auch als Coaches für gegenwärtig aktive Freiwillige fungieren und Letztere bei der Bewältigung von aktuellen Problemen und Herausforderungen unterstützen.

- *Zukünftiger Freiwilliger*: Schließlich können ausgeschiedene Freiwillige – insbesondere, wenn sie im Abschlussgespräch Interesse signalisiert haben – das Engagement eventuell zu einem späteren Zeitpunkt wieder aufzunehmen. Somit kommt ihnen auch die Rolle eines potenziellen zukünftigen Freiwilligen zu.

In den explorativen Interviews ist der Gedanke, ehemalige Freiwillige zu einer Übernahme einer dieser Rollen zu bewegen, grundsätzlich begrüßt worden. Allerdings wurden die genannten Rollen – möglicherweise auch aufgrund von situativen Bedingungen der jeweiligen Organisationen – hinsichtlich ihrer Bedeutung unterschiedlich eingeschätzt. Aus der Perspektive der Praxis erscheint insbesondere die Rolle des Meinungsmultiplikators relevant bzw. auch am ehesten umsetzbar. Ausscheidende Freiwillige um Geldspenden zu ersuchen, wird – wenn diese es nicht von sich aus anbieten – als schwierig eingeschätzt, da bei den Freiwilligen dadurch das Gefühl aufkommen könnte, „sie hätten noch nicht ausreichend Engagement gezeigt." Die Rolle eines Coaches oder Mentors erscheint in jenen Bereichen attraktiv, in denen ein großer Erfahrungsschatz von

Vorteil ist; sie hat allerdings dort ihre Grenzen, wo Wissen und Fähigkeiten durch den raschen gesellschaftlichen und technologischen Wandel ständig neu begründet werden müssen. Die Idee, ehemalige Freiwillige auch als zukünftige Freiwillige zu betrachten, ist auf großes Interesse gestoßen. In keiner der befragten Organisationen ist sie aber bisher systematisch verfolgt worden, was auch auf fehlende finanzielle bzw. zeitliche Ressourcen zurückgeführt worden ist.

3.2 Zentrale Gestaltungsbereiche des EPFWM

Sieht man die ehemaligen auch als die möglichen zukünftigen Freiwilligen an, bleiben diese einerseits Stakeholder der NPO, andererseits müssen Überlegungen angestellt werden, wie die Beziehung zu ihnen gepflegt und gestaltet werden kann. Das entsprechende Beziehungsmanagement wird in der Folge als Ex-Post-Freiwilligenmanagement (EPFWM) bezeichnet. Es verfolgt vorrangig das Ziel, einerseits einen ausreichenden Informationsstand über die Organisation und andererseits eine emotionale Verbundenheit mit der Organisation in einem Maße aufrechtzuerhalten, welche die Chancen eines neuerlichen Engagements erhöhen und dessen faktische Eintrittsbarrieren vermindern. Daneben kann es auch einen Beitrag dazu leisten, ehemalige Freiwillige zur Ausübung einer anderen der oben geschilderten Rollen zu motivieren.

Im Hinblick auf die institutionelle Vielfalt des Dritten Sektors erscheint es allerdings geboten, eine bedeutsame Differenzierung vorzunehmen. Da die Beziehung zum passiven – also gegenwärtig nicht ehrenamtlich oder freiwillig tätigen Mitglied – in vielen Eigenleistungs-NPO ohnehin über die verschiedenen Maßnahmen der Mitgliederbindung und -pflege (u.a. Purtschert 2005) eine entsprechende Gestaltung erfährt, wird die Bedeutung eines eigenständigen EPFWM in solchen Organisationen vermutlich geringer sein. In diesem Sinne konzentrieren sich die weiteren Ausführungen auf große Fremdleistungs-NPO.

Bei den konkreten Leistungen eines EPFWM erscheint es sinnvoll, zwischen *Kommunikationsleistungen* und *sonstigen Initiativen* zu unterscheiden. Die erste Kategorie zielt hierbei darauf ab, den ehemaligen Freiwilligen im Rahmen des EPFWM ein möglichst breites Spektrum an Informations- und Kommunikationsaktivitäten anzubieten, von denen angenommen werden kann, dass sie ihnen persönlichen Nutzen bieten und sich somit „förderlich“ auf die Beziehung zur Organisation auswirken.[1] Beispiele dafür wären:

- Die regelmäßige Übermittlung von Jahres- bzw. Leistungsberichten bzw. möglicherweise auch nur Kurzfassungen derselben sowie die weitere, über das Ausscheiden hinausgehende Übermittlung von Organisations- bzw. Vereinszeitschriften sowie ähnlichen Dokumenten. Dies wird – sofern die ausgeschiedenen Freiwilligen sich damit als einverstanden erklären – auch von vielen NPO bereits umgesetzt.

- Der Zugang zu einem Internet- bzw. möglicherweise auch ein eingeschränkter Zugang zu einem Intranetportal und zu weiteren elektronischen Medien. Dazu zählen z.B. ein Newsletter, ein Internet-Blog bzw. ein Facebook-Auftritt. Dies setzt allerdings neben dem prinzipiellen Interesse auch eine entsprechende technische Ausstattung bei den ehemaligen Freiwilligen voraus.

- Die Übermittlung von Glückwunschkarten (zu Geburtstagen, Jubiläen, Familienfesten wie Hochzeiten oder Geburten etc.) und auch persönliche Einladungen zu Veranstaltungen der NPO (Wadsack 2002).

Für derartige Aktivitäten ist es allerdings erforderlich, dass im Rahmen des Abschlussgespräches die Zustimmung des ausscheidenden Mitarbeiters eingeholt wird, Kontaktdaten überprüft bzw. systematisch erfasst und in den folgenden Jahren auch entsprechend gewartet werden.

Die sonstigen Initiativen des EPFWM beziehen sich auf weitere strukturelle Elemente der Beziehungsarbeit. Darunter sind diverse Formen des Zusammentreffens bzw. der Zusammenarbeit wie Kooperationsansätze etc. zu verstehen

---

1 Eine spezifische Bedürfnis- bzw. Erwartungsanalyse von ehemaligen Freiwilligen könnte mitunter allerdings Probleme bereiten, da ein „Nachhacken, was sie nach dem Austritt wollen“, als undankbar bzw. respektlos aufgefasst werden und das Gefühl entstehen könnte, dass das geleistete Engagement noch nicht „genügend“ gewesen sei. Daher wäre es sinnvoll, bereits während der Bindung diesbezügliche Stamm- bzw. Grunddaten zu sammeln, wobei z.B. die Freiwilligen-Vereinbarung, ein eventueller Freiwilligenausweis und dokumentierte Mitarbeitergespräche als Datenquelle dienen könnten.

(Minnig 2006). Ehemalige Freiwillige können in der Folge zu *sozialen Events* bzw. Aktivitäten wie Ausflügen, Festen, Skitagen, Stammtischen, aber auch beispielsweise zum „Tag der offenen Türe" eingeladen werden.

Denkbar wäre es in diesem Zusammenhang auch, einen „*Freiwilligen-Klub*" zu gründen, der aktiven wie ehemaligen Freiwilligen gleichermaßen offensteht. In seinem Rahmen könnten sowohl Informationen auf informellem Weg ausgetauscht als auch sozio-emotionale Bedürfnisse (wie z.B. ein Zusammengehörigkeitsgefühl bzw. das Gefühl „im Klub zu sein" etc.) befriedigt werden. Allerdings stellt sich die Frage, ob ein solcher Klub aufgrund des zunehmend beschränkten Zeitbudgets der Menschen, das ja auch ein Grund für die Beendigung des freiwilligen Engagements sein kann, von den ehemaligen Freiwilligen überhaupt angenommen werden würde bzw. ob in sehr großen NPO, wo Freiwillige oft in sehr unterschiedlichen Bereichen tätig sind, daraus wirklich ein Zusammengehörigkeitsgefühl erwächst.

Eine weitere Option besteht darin, den ehemaligen Freiwilligen *konkrete Mitgestaltungsmöglichkeiten* anzubieten. Sie können als „Experten" weiterhin ihr Wissen bzw. ihre Erfahrungen einbringen. Dies setzt auch besondere organisatorische Gestaltungselemente wie die Durchführung von Workshops, Openspace- bzw. World Café-Veranstaltungen oder auch Fachkonferenzen für Ehrenamtliche etc. voraus.

Die in den explorativen Interviews befragten NPO verfolgen einzelne Ansätze eines Beziehungsmanagements zu ehemaligen Freiwilligen, haben aber bislang kein systematisches EPFWM etabliert. Dabei führt auch die Beschränktheit der Ressourcen oft dazu, dass man eher geneigt ist, sich auf die Arbeit mit den aktiven Freiwilligen zu konzentrieren und keine zeitlichen wie finanziellen Ressourcen für die Betreuung ehemaliger Freiwilliger einzusetzen. Eine NPO hatte darüber hinaus nur geringfügig Probleme bei der Gewinnung von neuen Freiwilligen.

Andererseits besteht bei den Befragten Einigkeit hinsichtlich des Potenzials der Reaktivierung, für welche das EPFWM eine bedeutende Voraussetzung darstellt. Allerdings wurden auch potenzielle Barrieren für eine mit einem EPFWM verbundene Reaktivierung angeführt, die in erster Linie auf immanente Charakteristika der Freiwilligenarbeit zurückzuführen sind. Es besteht eine gewisse Zurückhaltung, einen Freiwilligen nach einem langjährigen Engagement im Hinblick auf ein erneutes Engagement anzufragen. Zudem wird eine gewisse Fluktuation unter den freiwilligen Mitarbeitern auch als positiv erachtet. Darüber hinaus besteht auch die Ansicht, dass eine Reaktivierung über informelle Kontakte – insbesondere über den ehemaligen Kollegenkreis – die aussichtsreichste Variante darstellt. Schließlich wird auch die (Minderheits-)Meinung vertreten, es den ausgeschiedenen Freiwilligen selbst zu überlassen, im Fall einer beabsichtigten Neuaufnahme des Engagements von sich aus wieder auf die NPO zuzukommen. Ein Ex-Post-Freiwilligenmanagement wäre in diesem Fall obsolet.

4 Fazit und weiterer Forschungsbedarf

Als Fazit kann festgehalten werden, dass die Thematik der ehemaligen Freiwilligen als Stakeholder einer Nonprofit-Organisation sowohl in der wissenschaftlichen Literatur als auch in der Praxis des Freiwilligenmanagements bislang eine vergleichsweise geringe Beachtung findet. Gleichzeitig zeigen erste explorative Interviews, dass die Thematik in der Praxis – insbesondere bei großen Fremdleistungs-NPO – auf grundsätzliches Interesse stößt. Versucht man auf Basis der Literaturanalyse und der explorativen Interviews thesenartig einige zentrale Aspekte für den Erfolg eines Ex-Post-Freiwilligenmanagements zu identifizieren, so könnte man nachstehende Punkte festhalten.

Diesbezügliche Aktivitäten erscheinen umso erfolgversprechender,

- je mehr Freiwillige bereits während des aktiven Engagements über die möglichen Nutzenpotenziale bzw. Maßnahmen des EPFWM informiert werden und je zufriedenstellender der Entbindungsprozess für die ausscheidenden Freiwilligen verläuft.

- je mehr das EPFWM als Lernprozess verstanden wird. Die gemachten Erfahrungen sollen in die zukünftigen Anstrengungen des EPFWM integriert bzw. für dessen Weiterentwicklung genützt werden (Rapp 2000).

- je mehr die Informations- und Kommunikationsaktivitäten sowohl zentral wie dezentral gesteuert werden, soziale Aktivitäten hingegen in erster Linie auf lokaler bzw. regionaler Ebene – sofern möglich, sehr persönlich bzw. in kleinen Gruppen – erfolgen. Dabei sollte sich die NPO durch eine offene Organisationskultur auszeichnen, die ehemaligen Freiwilligen nach wie vor einen gewissen Stellenwert einräumt bzw. sie weiterhin zu integrieren sucht.

- je mehr sich ein Einsatz an zeitlichen wie finanziellen Ressourcen und die damit verbundenen Kosten durch einen sichtbaren Nutzen für die Organisation rechtfertigen lassen. Dabei sind insbesondere auch Opportunitätskosten (z.B. im Hinblick auf diesbezüglich tätige aktuelle Freiwillige) und die im Rahmen des EPFWM anfallenden Transaktionskosten zu berücksichtigen.

Teilweise wurden die im gegenständlichen Beitrag angesprochen Aspekte eines Ex-Post-Freiwilligenmanagements in den ersten explorativen Interviews aber durchaus kontrovers diskutiert. Eine vorschnelle Verallgemeinerung einzelner Aussagen könnte somit zu Fehlschlüssen führen, sodass im Zuge möglicher tiefer gehender Forschungsaktivitäten vor allem eine Verbreiterung der empirischen Basis zu gewährleisten wäre. Eine derart erweiterte empirische Grundlage ließe vermutlich eine bessere Einschätzung der beiden Fragen zu, ob bzw. unter welchen Bedingungen es tatsächlich sinnvoll ist, den Personalmanagementzyklus für freiwillige Mitarbeiterinnen und Mitarbeiter in NPO um die Phase eines gezielten und systematischen Ex-Post-Freiwilligenmanagements zu erweitern.

Literatur

Andeßner, René (2004): Integriertes Potenzialmanagement in Nonprofit-Organisationen. Linz.

Baur, Jürgen/Braun, Sebastian (2000): Freiwilliges Engagement und Partizipation in ostdeutschen Sportvereinen. Köln.

Bundesministerium für Arbeit, Soziales und Konsumentenschutz (BMASK) (2009): Freiwilliges Engagement in Österreich. 1. Freiwilligenbericht. Wien.

Kaltenbrunner, Katharina Anna (2010): Integriertes Freiwilligenmanagement in großen, fremdleistungsorientierten Nonprofit-Organisationen. Bern u.a.

Luthe, Detlef/Strünck, Christoph (1998): Diversifizierte Barmherzigkeit. Organisationsformen freiwilligen Engagements im Strukturwandel. In: Nonprofit-Organisationen im Wandel. Ende der Besonderheiten oder Besonderheiten ohne Ende?, hrsg. v. Arbeitskreis Nonprofit-Organisationen, Frankfurt a. Main, S. 155-176.

McCurley, Steve/Lynch, Rick (1994): Essential Volunteer Management. London.

Minnig, Christoph (2006): Institutionelles Beziehungsmanagement als zentrale Kernkompetenz im Nonprofit-Bereich. In: Handbuch Kompetenzmanagement. Durch Kompetenz nachhaltig Werte schaffen, hrsg. v. Robert Zaugg, Bern u.a., S. 381-390.

Purtschert, Robert (2005): Marketing für Verbände und weitere Nonprofit-Organisationen. Bern u.a.

Rapp, Reinhold (2000): Customer Relationship Management: Das neue Konzept zur Revolutionierung der Kundenbeziehungen. Frankfurt a. Main u.a.

Schönig, Christoph (2001): Internes Marketing in Verbänden. Frankfurt a. Main.

Wadsack, Ronald (2002): Ehrenamtliche Arbeit im Verein. Niederhausen.

Stakeholderorientiertes Reputationsmanagement in Nonprofit-Organisationen – mind the gap?!

Iris Saliterer, Sanja Korac und Paolo Rondo-Brovetto, Klagenfurt

1 Überblick

“Do firms have one reputation or many? Do reputations significantly differ by either domain or audience?” (Fombrun/Shanely 1990) Seit über 25 Jahren steigt die Anzahl wissenschaftlicher Arbeiten zum Thema Unternehmensreputation stetig an, wobei die meisten Beiträge der Ökonomie, der Betriebswirtschaftslehre und hier der Marketing-, und im Speziellen der PR-Forschung zuzuordnen sind (Barnett et al. 2006; Bromley 1993, 2002; Fombrun/van Riel 2003; Fombrun 1996).

Dem Reputationsbegriff fehlt allerdings bis heute eine interdisziplinär anerkannte theoretische Basis und Definition (Bromley 2002); vielmehr wird Reputation primär als intangible Ressource und vor allem als Erfolgsfaktor gesehen, dessen Wert durch die von unterschiedlichen Stakeholdern wahrgenommene Ausprägung unterschiedlicher Reputationsdimensionen (z.B. Produkt- und Leistungsqualität, finanzielle Performance und Gebarung, Arbeitsumfeld und -kultur oder kognitive und affektive Dimension) bestimmt wird (Fombrun et al. 2000; Schwaiger 2004) und durch Aufbau und Anwendung von spezifischen (Reputations-)Managementinstrumenten gesteigert werden kann. Reputation wird dadurch zu einem reflexiven Konstrukt, wodurch auch der unmittelbare Zusammenhang zum Stakeholder-Ansatz gegeben ist (Helm 2007; Dentchev/Heene 2004).

Ein Großteil der bisher durchgeführten Untersuchungen konzentriert sich auf private gewinnorientierte Unternehmen, während Nonprofit-Organisationen und öffentliche Organisationen weitgehend ausgeblendet werden (u.a. Mahone/Wartwick 2003). Vorliegender Beitrag widmet sich dieser Thematik und stellt in einem ersten Schritt das aus der Erweiterung und Konsolidierung vorhandener theoretischer Ansätze resultierende Verständnis des Begriffes Reputation als Multi-Stakeholder Konstrukt (u.a. Helm 2007; Fombrun 1996; Fombrun et al. 2000) vor und ordnet die bisher aus der Literatur bekannten reputationsbestimmenden Faktoren in einen dreidimensionalen Bezugsrahmen ein. Letzterer spiegelt das Spannungsfeld von Anpassung und Abgrenzung im Kontext eines stakeholderorientierten Reputationsmanagements wider und umfasst neben einer funktionalen auch eine soziale und eine emotionale Komponente. Dieser Rahmen dient weiters als Ausgangspunkt für Fragestellungen zur Relevanz und Messbarkeit der bisher in den unterschiedlichen Modellen entwickelten Faktoren im NPO-Kontext. Abschließend wird der Beitrag der integrierten Unternehmenskommunikation als Instrument eines stakeholderorientierten Reputationsmanagements diskutiert und der Frage nachgegangen, welche Chancen und Gefahren mit den Anstrengungen der Erlangung einer positiven Unternehmensreputation verbunden sind.

2 Reputation im NPO Kontext

2.1 Reputation als Stakeholder-Konstrukt

Eine Vielzahl von Autoren betont mittlerweile die spezifische Bedeutung der Reputation für NPOs als Produzenten von Vertrauens- und Erfahrungsgütern (u.a. Gainer/Pandanyi 2002; Fillis 2003; Greiling 2006, 2009) oder als spendensammelnde Intermediäre (u.a. Sargeant/Lee 2002, 2004). Reputation wird in diesem Kontext und im Sinne des Resource-Based-View (RBV) (grundlegend Barney 1991) als wichtige intangible Ressource gesehen, welche dazu beiträgt, Transaktionsunsicherheiten und -kosten zu reduzieren (Carmeli/Freund 2002), die Personalrekrutierung zu vereinfachen, die Legitimität der Organisation (Fombrun/van Riel 2003) und die Spendenbereitschaft zu erhöhen (Sarstedt/ Schloderer 2010) sowie insgesamt langfristige Effizienz- und Wettbewerbsvorteile zu sichern. Als zentrale Wirkung einer positiven Reputation wird oftmals die erhöhte Loyalität der verschiedenen Stakeholder-Gruppen gegenüber einer Organisation gesehen, welche dazu führt, dass Unterstützungspotentiale für die Zukunft aufgebaut und Krisensituationen besser gemeistert werden können (u.a. Fombrun/Wiedmann 2001; Helm 2007; Zerfaß 2007; Seemann 2008). Reputation wird als wesentliches Differenzierungsmerkmal von Organisationen in Zeiten sich angleichender Produkte und Dienstleistungen gesehen, wobei der Reputationsaufbau als ein langfristig angelegter, dynamischer Prozess zu sehen ist, welcher bereits bei der Gründung einer Organisation beginnt und auf der Existenz von glaubwürdig eingeschätztem Verhalten und Information beruht (Abraham et al. 2005).

Eine Vielzahl von Autoren hat sich mittlerweile intensiv mit dem Reputationsbegriff als Konstrukt auseinandergesetzt. Im Rahmen des Artikels wird jener Auffassung gefolgt, wonach Reputation sowohl aus kognitiven („*knowledge*“) als auch affektiven („*emotions*“) Komponenten besteht und auf direkten Erfahrungen (subjektive Erfahrungen) als auch verarbeiteten Kommunikationsbotschaften (objektives Wissen) des Unternehmens beruht (vgl. u.a. Schwaiger 2004 sowie im Detail Seemann 2008). Bei Fombrun/Wiedmann (2001) wird vom so genannten „*perceived knowledge*“ gesprochen, woraus ersichtlich wird, dass die Reputation einer Organisation nicht auf Fakten basiert, sondern auf deren Wahrnehmung durch die unterschiedlichen Anspruchsgruppen. Das Verständnis der Reputation als ein von verschiedenen Stakeholdern getragenes Konstrukt (Gotsi/Wilson 2001; Fombrun et al. 2000; Bromley 2002) wird für die weitere Argumentation übernommen, da dadurch die multiplen Stakeholder-Strukturen, in die eine Nonprofit-Organisation eingebettet ist, berücksichtigt werden können.

Im engen Zusammenhang mit dem Begriff Reputation stehen die Begriffe Identität, Image und Vertrauen. Während mit der Unternehmensidentität das innere Bild/Selbstverständnis der Organisation gemeint wird, beziehen sich Image und Reputation auf die Außenwahrnehmung des Unternehmens (Innen- versus Außenperspektive). Die Behandlung der Begriffe Image und Reputation erfolgt uneinheitlich, wobei hier jenem Ansatz gefolgt wird, wonach die Reputation einer Organisation von den vielfachen Images beeinflusst wird, welche durch die Einschätzung der Stakeholder gebildet werden (Gotsi/Wilson 2001). Während das Unternehmensimage als Bild gesehen werden kann, welches spontan intuitiv und mental mit dem Unternehmensnamen oder -logo verbunden wird, basiert die Reputation eines Unternehmens auf einer bewusste Bewertung der Unternehmenseigenschaften. Das Unternehmensimage kann durch gezielte Kommunikationsmaßnahmen innerhalb eines kurzen Zeitraumes aufgebaut werden. Eine herausragende Unternehmensreputation entsteht durch langfristig widerspruchsfreies und glaubwürdiges Handeln. Vertrauen und Reputation können in diesem

Kontext als zwei Seiten einer Medaille gelten, da erfüllte Stakeholder-Erwartungen (im Sinne widerspruchsfreien und glaubwürdigen Handelns) Vertrauen produzieren und Vertrauen Reputation produziert (Eisenegger/Imhof 2007). Nachfolgend ist der Zusammenhang zwischen den erläuterten Begriffen dargestellt (Abb. 1).

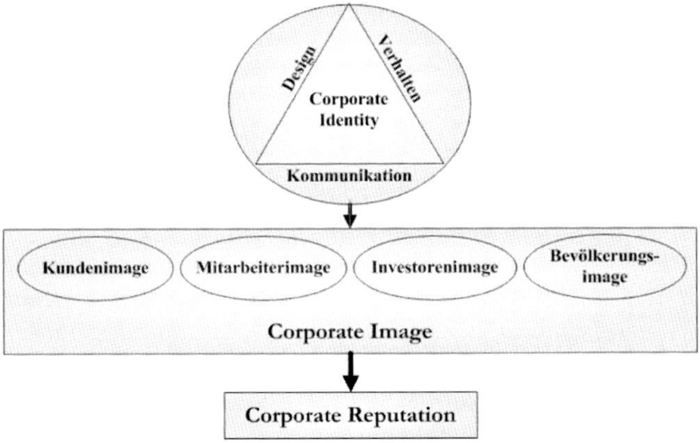

Abb. 1: Zusammenhang von Corporate Identity, Corporate Image und Corporate Reputation (in Anlehnung an Fombrun 1996: 37)

Manager von Nonprofit-Organisationen beschäftigen sich im Rahmen des Reputationsmanagements nicht nur mit der Frage, wie ihre Organisation von der breiten Öffentlichkeit wahrgenommen wird, sondern welchen „Ruf“ ihre Organisation bei unterschiedlichen Anspruchsgruppen hat und wie man diesen gegebenenfalls verändern kann oder wie sich dieser auf die Erreichung der Zielsetzungen auswirkt. Die Reputation einer Organisation wird kontinuierlich durch die verschiedenen Anspruchsgruppen bewertet und „...forms an invisible entity of attitudes, the intangible operating environment for the organization...“ (Bromley 1993). Die Gesamtreputation einer Organisation ist demnach eine Funktion der Reputationen der unterschiedlichen Stakeholder-Gruppen (Finanzgeber, Kunden, Mitarbeiter, Regierungen etc.) innerhalb verschiedener Reputationsdimensionen. Letztere werden innerhalb des nächsten Kapitels behandelt.

2.2 Reputationsdimensionen und Messmethoden

Um die Reputation als immateriellen Vermögenswert aktiv beeinflussen zu können, muss ein Unternehmen wissen, welche Faktoren die Werttreiber der Reputation sind und wie diese wirken (Ingenhoff 2007). Erst eine Messung der Reputation erlaubt eine Analyse ihrer Auswirkungen auf den „Erfolg" einer Organisation bei unterschiedlichen Anspruchsgruppen und liefert Ansatzpunkte für den zielgerechten Einsatz von Reputationsmanagementinstrumenten.

Mittlerweile wurde eine Vielzahl von unterschiedlicher Messmethoden entwickelt, wobei nur wenige als wissenschaftlich fundiert bezeichnet werden können. Ein Großteil der eingesetzten Instrumente wird aufgrund ihrer eindimensionalen Erhebungsmethodik (z.B. werden nur Geschäftsführer befragt), der nichtwissenschaftlichen Vorgehensweise bei der Bestimmung der Reputationsdimensionen sowie der intransparenten Berechnungsmethoden bemängelt. Neuere Modelle berücksichtigen die genannten Kritikpunkte, wodurch insgesamt eine Entwicklung in Richtung wissenschaftlicher Fundierung und mehrdimensionaler Erhebungsmethodik (z.B. Messmodell von Schwaiger, RepTrack Methode) zu beobachten ist (vgl. auch Seemann 2008). Aus theoretischer managementorienter Sicht existieren mittlerweile drei dominierende Konzepte zur Reputationsmessung (Berens/van Riel 2004), welche auch bei nachfolgenden Entwicklung eines NPO-spezifischen Messmodells Berücksichtigung finden. Methodisch werden in den meisten Untersuchungen sechs bis sieben Dimensionen, wie z.B. Managementqualität, Innovationsfreudigkeit, Kommunikationsfähigkeit, Umweltorientierung und finanzielle und ökonomische Stabilität als Reputationstreiber definiert und über verschiedene Itembatterien abgefragt und verdichtet. Die unreflektierte Übertragung dieser Messansätze ist in Frage zu stellen, da einige Dimensionen und die ihnen zugerechneten Items nicht bei Nonprofit-Organisationen angewandt werden können bzw. an dieser Stelle die These aufgestellt wird, dass die für privatwirtschaftliche gewinnorientierte Unternehmen entwickelten Reputationsdimensionen und die ihnen zuzuordnenden Items aufgrund der Charakteristika von Nonprofit-Organisationen entweder teilweise nicht relevant, zu adaptieren oder gänzlich anders zu kategorisieren sind.

Im vorliegenden Beitrag wird der Begriff Reputation als Konstrukt interpretiert, welches drei Kerndimensionen umfasst. Die funktionale Dimension folgt primär einer kognitiven Bewertungslogik und im Sinne Schwaigers (2004) steht die

Kompetenz (z.B. Performance, exzellentes Handeln) einer Organisation im Mittelpunkt der Betrachtung. Innerhalb der sozialen Reputationsdimension wird die Legitimität und Integrität einer Organisation bewertet und daran festgemacht, inwieweit kodifizierte wie nicht-kodifizierte gesellschaftliche Normen (z.B. transparentes Handeln) befolgt werden. Während in der funktionalen Dimension eine kognitive und in der sozialen Dimension eine normative Bewertungsrationalität vorherrscht, dominiert in der affektiven Welt eine emotionale Bewertungslogik. Der Reputationsträger wird von außenstehenden Dritten danach beurteilt, welche emotionale Anziehungs- respektive Abstoßungskraft von seinem Wesen ausgeht (Eisenegger/Imhof 2007). Schwaiger (2004) spricht in diesem Zusammenhang von der „Symphathie" einer Organisation. Die Reputation, welche sich im Ausmaß zugestandener emotionaler Attraktivität niederschlägt, kann sowohl funktional (z.B. Innovativität), wie sozial (z.B. moralische Überzeugungskraft) beeinflusst sein. (Eisenegger/Imhof 2007).

Die Ableitung sowie in weiterer Folge die Operationalisierung der Dimensionen in einzelne Merkmale erfolgte auf Grundlage umfangreicher Literaturrecherchen sowie bereits entwickelter und angewandter Methoden (Sarstedt/Schloderer 2010; Bennet/Gabriel 2003) und durchgeführten Studien in diesem Forschungsfeld. Nachfolgende Abb. 2 zeigt das entwickelte und innerhalb der nächsten Phase des Forschungsprozesses noch empirisch zu validierende Rahmenkonzept für die Messung von NPO-Reputation.

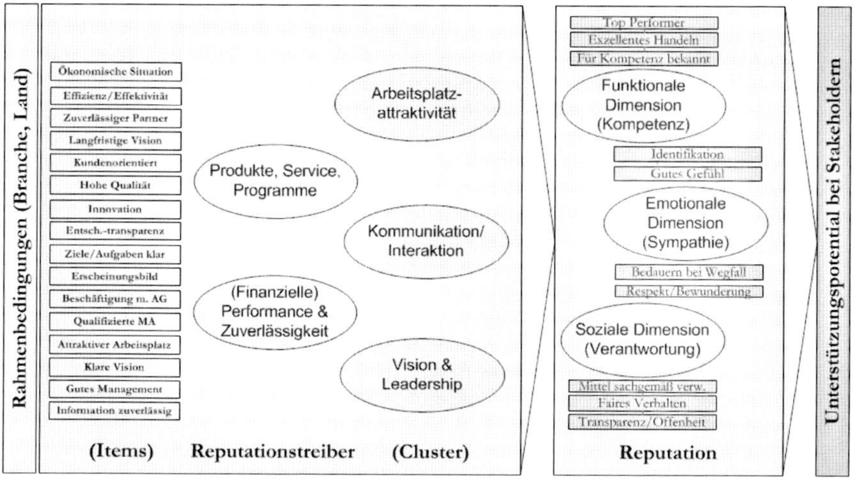

Abb. 2: Rahmenmodell zur Messung von NPO-Reputation (in Anlehnung an die Modelle von Schwaiger 2004, Sarstedt/Schloderer 2010 und Wiedmann 2006 sowie die Ausführungen von Eisenegger 2004)

Die funktionale, soziale und emotionale Komponente des Reputationskonstrukts werden als abhängige Variablen definiert, und jeder Dimension zentrale Merkmale zugeordnet. Darüber hinaus werden verschiedene unabhängige Merkmale als Reputationstreiber identifiziert und fünf Clustern – Leistungsangebot, (finanzielle) Performance und Zuverlässigkeit, Vision/Leadership, Arbeitsplatz-Attraktivität sowie Kommunikation/Interaktion – zugeordnet (ähnlich Schwaiger 2004). Die Aufnahme der Rahmenbedingungen in das Modell erlaubt eine mögliche Berücksichtigung der Umfeldbedingungen in unterschiedlichen Kontexten (z.B. Branche, Länder). Auf eine Darstellung möglicher Verbindungen zwischen den Reputationstreiberdimensionen und dem dreiteiligen Reputationskonstrukt wird im Rahmen dieses Beitrages verzichtet. Da zum jetzigen Zeitpunkt die modellspezifischen Testungen noch nicht abgeschlossen sind und das Modell als solches noch nicht validiert ist, werden nachfolgend die Erkenntnisse bereits abgeschlossener Studien diskutiert sowie Hypothesen über zu erwartende Ergebnisse aufgestellt und zentrale Ansatzpunkte für ein professionelles Reputationsmanagement in Nonprofit-Organisationen aufgezeigt.

Die Items, welche am linken Rand der Abbildung zu sehen sind, wurden im Zuge umfangreicher Literaturrecherchen ermittelt und werden von verschiedenen Autoren als die Reputation beeinflussende Faktoren genannt. Diese Items wurden in einem weiteren Schritt verschiedenen Clustern zugeordnet. Die Clusterbildung im Bereich der Reputationstreiber basiert auf den Arbeiten von Schwaiger (2004), Fombrun et al. (2000), Walsh/Wiedmann (2004) sowie aktuell für den NPO-Bereich Sarstedt/Schloderer (2010). Die Zerlegung der Reputation in drei statt in die innerhalb der Literatur zu privatwirtschaftlichen Unternehmen dominierenden zwei Komponenten wird auf die besonderen Charakteristika von Nonprofit-Organisationen (Zielsetzungen, Finanzierungssituation etc.) zurückgeführt. Sowohl die soziale als auch die funktionale Dimension unterliegen primär einer kognitiven Bewertungsrationalität, allerdings erlaubt die Differenzierung eine detailliertere Analyse und eine konkrete Ableitung von Handlungsempfehlungen für das Reputationsmanagement. Als wichtigste Dimension für die Entwicklung von Marketingaktivitäten im Bereich der Reputation wird von Sarstedt/Schloderer (2010) die emotionale Komponente gesehen; sie weisen darauf hin, dass diese Dimension im Vergleich zu gewinnorientierten Unternehmen klar dominiert. In diesem Kontext müssen die Reputationstreiber analysiert werden, welche in einem signifikanten Zusammenhang mit der affektiven Dimension stehen (z.B. Zuverlässigkeit als Partner, Professionalität, Erscheinungsbild) und ins Zentrum von Kommunikationsaktivitäten gestellt werden. Diese Thematik wird im abschließenden Kapitel dieses Artikels behandelt.

3 Reputation und Kommunikation – mind the gap

Obwohl die Ansätze zur Bestimmung der Unternehmensreputation teilweise erheblich divergieren, herrscht trotzdem Einigkeit über die zentrale Rolle der Unternehmenskommunikation zur Beeinflussung der Stakeholder-Wahrnehmung mittels Instrumenten zur Identitäts- und Imagebildung (Seemann 2008 mit Bezug auf Wiedmann 2006). Schwaiger sieht die Pflege der Unternehmensreputation wegen der Basierung auf Wahrnehmungen – weit stärker als auf tatsächlichem Wissen – zwar nicht als vordringliche Aufgabe der Unternehmenskommunikation (Schwaiger/Hupp 2003), welche Auswirkung die Unternehmenskommunikation aber auf die Reputation bzw. das Reputationsmanagement haben kann, zeigt allerdings Wiedmann (2006). Die Besonderheiten der Nonprofit-Organisationen hinsichtlich der Leistungserstellung, Zielsetzung, Finanzierung etc. betrachtend, stellt sich die Frage, welche Art der Kommunikation für das Reputationsmanagement von NPOs relevant ist. Die Kommunikation zur Organisation selbst wird zwar eingesetzt, jedoch oft mit dem Hintergrund des Fundraisings als Mittel zur Existenzsicherung, nicht jedoch zum Zwecke des Reputationsaufbaus und -erhalts.

Die Kommunikation bildet eines der Schlüsselinstrumente des Marketing-Mix, sei es in den klassischen 4P-Konzepten, als „Promotion" neben „Product", „Price" und „Place" (Kotler et al. 2007; Meffert et al. 2008; Bruhn 2004; Becker 2009), oder den 5P- (erweitert um „People"; Smith/Taylor 2004) bzw. 7P-Konzepten (nochmals erweitert um „Physical facilities" und „Process Management"; Zeithaml et al. 2005; Smith/Taylor 2004). Unternehmenskommunikation wird aus Sicht des Marketings unterschiedlich definiert. Zum einen bildet sie als „Corporate Communications" neben „Corporate Design" und „Corporate Behavior" einen Kernpunkt in der Corporate Identity, also der Unternehmensidentität oder Zwecksetzung des Unternehmens (Becker 2009; Birkigt et al. 2002). Zum anderen wird eine integrierte Unternehmenskommunikation durch den konsistenten Einsatz von Zielanalysen des gesamten Unternehmens, Corporate Identity, aufeinander abgestimmtem Marketing-Mix, Umfeld- und Umweltanalysen sowie Innovationsmanagement zur durchgängigen, einheitlichen Vermittlung einer Vorstellung vom Unternehmen und seinen Produkten im Kopf der unterschiedlichen Teilöffentlichkeiten oder Zielgruppen gefordert (Zerfaß 1996; Bruhn 2001; Kirchner 2003; Kitchen/DePelsmacker 2004; Belch 2008).

Um die Vorstellungen vom Unternehmen transportieren zu können, ist zum einen ein intern formuliertes Verständnis der Unternehmens- bzw. Organisationskultur einschließlich Mission und Vision notwendig. Die Kultur einer Organisation ist kurz- und mittelfristig als stabile und nicht wirklich veränderbare Größe zu sehen (Schneider et al. 2007), und prägt mit Elementen wie Strategie, Struktur, Prozesse, Personen und Potentiale deren Identität – die „Corporate Identity". Die Organisationskultur wirkt also implizit auf das langfristige Verhalten, „Corporate Behavior", da sowohl das „Corporate Design" als auch die Unternehmenskommunikation, „Corporate Communications", kurzfristig veränderbare Größen der Identität darstellen. Die Verbindung zwischen Unternehmensstrategie bzw. -kultur und Unternehmenskommunikation ist daher eine wichtige Voraussetzung für den Aufbau und das Management der Unternehmensreputation. In weiterer Folge wird die Sichtweise der Anspruchsgruppen von der Unternehmensidentität beeinflusst und äußert sich im von ihnen wahrgenommenen Image sowie langfristig gesehen in der Reputation einer Organisation. Die Unternehmenskommunikation kann daher, neben dem – rein visuellen – Corporate Design, als kurzfristig einsetzbares Mittel zur Reputationsveränderung gesehen werden.

Das Reputationsmanagement von Nonprofit-Organisationen und die im Modell dargestellten Reputationstreiber unterliegen verschiedenen Risiken. Zum einen kann es zu einer „überbewerteten Reputation", also einer Abweichung – Gap – zwischen der Reputation und der Realität kommen. Hier wird Reputation von Stakeholdern auf einem höheren Level wahrgenommen als die objektive Messung der einzelnen Reputationstreiber ergeben würde. Zum anderen können sich aber auch die Erwartungen und die Meinung der Stakeholder ändern, was zu einem „Erwartungsgap" führt, oder eine schwache interne Koordination führt zu einer „Scheinrealität". Ersteres entsteht durch im Zeitverlauf veränderte Erwartungen und die Haltung bzw. Meinung der Stakeholder zu gewissen Geschäftspraktiken, welche die Abweichung zwischen Reputation – als Summe der Erwartungen und Wahrnehmungen zu einer Organisation – und der Realität immer größer werden lassen. Der zweite Fall ergibt sich daraus, dass ein Verantwortungsbereich, z.B. Marketingabteilung, der Organisation Erwartungen weckt, indem eine Realität dargestellt wird, die so nicht existiert, oder die vom zuständigen Bereich, z.B. Leistungserstellung, nicht in dieser Form erfüllt werden kann. (Eccles et al. 2007). Je nach Ausprägung der Abweichung zwischen Realität und Reputation der Organisation ergibt sich daher die Notwendigkeit der Reputationsrevision; offen bleibt jedoch die Frage nach geeigneten Mitteln, die Reputation mittels kurzfristig einsetzbarer Instrumente anzupassen.

In diesem Kontext zeichnen sich die Chancen des Reputationsmanagements der Nonprofit-Organisationen ab. Unterschiedliche Instrumente der Kommunikation wie Public Relations, Werbung, Direct Communications etc., die zielgruppen-/stakeholdergerecht angewandt werden, können zum einen zu Veränderungen der Einstellung oder Verhaltenseinschätzung der Zielgruppen und in weiterer Folge zur Veränderung der Reputation innerhalb dieser Stakeholder-Gruppe führen. Zur Schließung der ersten erwähnten Risiken, „überbewertete Reputation" und „Erwartungsgap", können mittels Unternehmenskommunikationsinstrumenten Anpassungen der einzelnen Reputationsdimensionen durchgeführt werden; vorrangig, indem bei Kommunikationsbotschaften der Fokus auf die Kernkompetenz der Organisation gelegt wird und Erwartungen der Stakeholder an die Realität angeglichen werden. Im Falle der Scheinrealität führt eine bloße Auseinandersetzung der Organisation mit den zu kommunizierenden Botschaften zu einer besseren internen Koordination und somit zur Schließung des Gaps.

Bei einer als positiv wahrgenommenen Reputation der Nonprofit-Organisation, die sich zum einen in hohen Ausprägungen der funktionalen und sozialen Dimension sozusagen als „Hygienefaktoren" eines Anpassungsmanagements abzeichnet, kann zum anderen die Unternehmenskommunikation zur Stärkung der emotionalen Dimension als Differenzierungsfaktor im Rahmen eines Abgrenzungsmanagements eingesetzt werden. In beiden Fällen können Stakeholdergruppen-spezifische Maßnahmen gesetzt werden, da die Veränderung der Reputation aus Sicht einer Stakeholder-Gruppe, mit oder ohne Time-Lag, auch die anderen Gruppen erreicht. In diesem Kontext kann man von Multiplikatoren bzw. Promoters und Custodians der Reputation sprechen (Helm 2007).

4 Zusammenfassung und Ausblick

Abschließend stellt sich die Frage nach den unterschiedlichen Einsatzmöglichkeiten der Unternehmenskommunikation im Reputationsmanagement und den damit verbundenen Wirkungen. Präventiv eingesetzt dient die Unternehmenskommunikation im Falle von auftretenden Krisen, wie z. B. Spendenskandalen, welche zu einem Bruch in der sozialen Reputationsdimension von Nonprofit-Organisationen führen, primär dem Reputationserhalt. Darüber hinaus ist zu diskutieren, inwiefern durch den Einsatz der verschiedenen Instrumente der Unternehmenskommunikation reziproke Effekte erzielt werden können und ab welchem Niveauverlust der sozialen Dimension die Unternehmenskommunikation keinen Beitrag mehr zum Reputationsaufbau leisten kann und Nachjustierungen direkt in den Reputationstreibern, d. h. beispielsweise in der Qualitätssicherung der Leistungen oder Kontrollmechanismen bei Spendenflüssen, zur Sicherung der Existenz der NPO notwendig sind. Diese Fragestellung bleibt jedoch noch empirisch nachzuweisen.

Literatur

Abraham, Martin/Arpagaus, Jürg H./Vinzens, Michels (2005): Die Entstehung von Reputation in sozialen Systemen: Eine Projektskizze. Bern.

Barnett, Michael L./Jermier, John L./Lafferty, Barbara A. (2006): Corporate Reputation: The Definitional Landscape. In: Corporate Reputation Review, 9 (1), S. 26-38.

Barney, Jay B. (1991): Firm Resources and Sustained Competitive Advantage. In: Journal of Management, 17 (1), S. 99-120.

Becker, Jochen (2009): Marketing-Konzeption. Grundlagen eines ziel-strategischen und operativen Marketing-Managements. 9. Aufl., München.

Belch, George (2008): Advertising & Promotion. An Integrated Marketing Communications Perspective. 8. Aufl., New York.

Berens, Guido/van Riel, Cees B.M. (2004): Corporate Associations in the Academic Literature: Three Main Streams of Thought in the Reputation Measurement Literature. In: Corporate Reputation Rcvicw, 7 (2), S. 161-178.

Birkigt, Klaus/Stadler, Marinus/Funck, Hans J. (2002): Corporate Identity. 11. Aufl., Landsberg a. Lech.

Bromley, Dennis B. (1993): Reputation, Image and Impression Management. Chichester.

Bromley, Dennis (2002): Comparing Corporate Reputations: League Tables, Quotients, Benchmarks, or Case Studies? In: Corporate Reputation Review, 5 (1), S. 35-51.

Bruhn, Manfred (2001): Integrierte Unternehmenskommunikation. 2. Aufl., Stuttgart.

Bruhn, Manfred (2004): Marketing. Grundlagen für Studium und Praxis. 7. Aufl., Wiesbaden.

Carmeli, Abraham/Freund, Anat (2002): The Relationship between Work and Workplace Attitudes and Perceived External Prestige. In: Corporate Reputation Review, 5 (1), S. 51-68.

Dentchev, Nikolay A./Heene, Aimé. (2004): Managing Reputation of Restructuring Corporations: Send the Right Signal to the Right Stakeholder. In: Journal of Public Affairs, 4 (1), S. 56-72.

Eccles, Robert G./Newquist, Scott C./Schatzk, Roland (2007): Reputation and its Risks. In: Harvard Business Review, 85 (2), S. 104-114.

Eisenegger, Mark (2004): Reputationskonstitution, Issues Monitoring und Issues Management in der Mediengesellschaft – eine theoretische und empirische Untersuchung mit besonderer Berücksichtigung ökonomischer Organisationen. Zürich.

Eisenegger, Mark/Imhof, Kurt (2007): Das Wahre, das Gute und das Schöne: Reputations-Management in der Mediengesellschaft. fög discussion papers, Zürich.

Fillis, Ian (2003): Image, Reputation and Identity Issues in the Arts and Crafts Organisation. In: Corporate Reputation Review, 6 (3), S. 239-251.

Fombrun, Charles J. (1996): Reputation: Realizing Value from the Corporate Image. Boston.

Fombrun, Charles J./Gardberg, Naomi A./Sever, Joy M. (2000): The Reputation Quotient: A Multi-Stakeholder Measure of Corporate Reputation. In: The Journal of Brand Management, 7 (4), S. 241-255.

Fombrun, Charles J./van Riel, Cees B.M. (2003): Fame & Fortune: How Successful Companies Build Winning Reputations. New Jersey.

Fombrun, Charles J./Shanley, M. (1990): What's in a Name? Reputation Building and Corporate Strategy. In: Academy of Management Journal, 33, S. 233-258.

Fombrun, Charles J./Wiedmann, Klaus-Peter (2001): Reputation Quotient (RQ) – Analyse und Gestaltung der Unternehmensreputation auf der Basis fundierter Erkenntnisse. Hannover.

Gainer, Brenda/Padanyi, Paulette (2002): Applying the Marketing Concept to Cultural Organisations: An Empirical Study of the Relationship between Market Orientation and Performance. In: Journal of Nonprofit and Voluntary Sector Marketing, 7 (2), S. 182-193.

Gotsi, Manto/Wilson, Alan M. (2001): Corporate Reputation: Seeking a Definition. In: Corporate Communications: An International Journal, 6 (1), S. 24-30.

Greiling, Dorothea (2006): Trust and Performance Management in Nonprofit Organisations. Proceedings of the International Symposium on Public Sector Management, 12.-15.9.2006, Toronto.

Greiling, Dorothea (2009): Performance Measurement in Nonprofit-Organisationen. Wiesbaden.

Helm, Sabrina (2007): Unternehmensreputation und Stakeholderloyalität. Wiesbaden.

Ingenhoff, Diana (2007): Integrated Reputation Management System (IReMS): Ein integriertes Analyseinstrument zur Messung und Steuerung von Werttreibern der Reputation. In: PR-Magazin, 7/2007.

Kirchner, Karin (2003): Integrierte Unternehmenskommunikation. Theoretische und empirische Bestandsaufnahme und eine Analyse amerikanischer Großunternehmen. 2. Aufl., Wiesbaden.

Kitchen, Philip J./de Pelsmacker, Patrick (2004): Integrated Marketing Communication: A Primer. London, New York.

Kotler, Philip/Lane Keller, Kevin/Bliemel, Friedhelm (2007): Marketing-Management. Strategien für wertschaffendes Handeln. 12. Aufl., München u.a.

Mahon, John F./Wartick, Steven L. (2003): Dealing with Stakeholders: How Reputation, Credibility and Framing Influence the Game. In: Corporate Reputation Review, 6 (1), S. 19-35.

Meffert, Heribert/Burmann, Christoph/Kirchgeorg, Manfred (2008): Marketing. Grundlagen marktorientierter Unternehmensführung. Konzepte, Instrumente, Praxisbeispiele. 10. Aufl., Wiesbaden.

Sargeant, Adrian/Lee, Stephen (2002): Improving Public Trust in the Voluntary Sector: An Empirical Analysis. In: International Journal of Nonprofit and Voluntary Sector Marketing, 7 (1), S. 68-83.

Sargeant, Adrian/Lee, Stephen (2004): Trust and Relationship Commitment in the United Kingdom Voluntary Sector: Determinants of Donor Behaviour. In: Psychology and Marketing, 21 (8), S. 613-635.

Sarstedt, Marko/Schloderer, Matthias Peter (2010): Developing a Measurement Approach for Reputation of Nonprofit Organizations. In: International Journal of Nonprofit and Voluntary Sector Marketing, 15 (3), S. 276-299.

Schneider, Jürg/Minnig, Christoph/Freiburghaus, Markus (2007): Strategische Führung von Nonprofit-Organisationen. Bern.

Schwaiger, Manfred (2004): Components and Parameters of Corporate Reputation – An Empirical Study. In: Schmalenbach Business Review, 56 (1), S. 46-71.

Schwaiger, Manfred/Hupp, Oliver (2003): Corporate Reputation Management – Herausforderung für die Zukunft. In: Planung & Analyse , 30 (3), S. 58-64.

Seemann, Ralph (2008): Corporate Communication Management durch Corporate Communications. Göttingen.

Smith, Paul Russell/Taylor, Jonathan (2004): Marketing Communications. An Integrated Approach. 4. Aufl., London.

Walsh, Gianfranco/Wiedmann, Klaus-Peter (2004): A Conzeptualization of Corporate Reputation in Germany. In: Corporate Reputation Review, 6, S. 304-312.

Wiedmann, Klaus-Peter (2006): RQ-Messkonzept als Basis einer differenzierten Erfassung der Unternehmensreputation. In: Wirtschaftswissenschaftliches Studium, 35 (3), S. 147-154.

Zeithaml, Valarie A./Bitner, Mary Jo/Gremler, Dwayne D. (2005): Services Marketing. Integrating Customer Focus across the Firm. New York.

Zerfaß, Ansgar (1996): Unternehmensführung und Öffentlichkeitsarbeit. Grundlegung einer Theorie der Unternehmenskommunikation und Public Relations. Wiesbaden.

Zerfaß, Ansgar (2007): Unternehmenskommunikation und Wertschöpfung: Grundlagen, Wertschöpfung, Integration. In: Handbuch Unternehmenskommunikation, hrsg. v. Manfred Piwinger und Ansgar Zerfaß, Wiesbaden, S. 21-70.

Anpassungsmechanismen in Nonprofit-Organisationen als Reaktion auf die Einflussnahme von Stakeholdern – Reflexion einer empirischen Studie auf Basis des neo-institutionalistischen Ansatzes

Sven Neumann, Klein Förste

1 Einleitung

In Forschung und Praxis besteht Einigkeit darüber, dass aktuelle Veränderungen vor allem in den Kontextbedingungen zu Handlungserfordernissen von Nonprofit-Organisationen (NPO) führen. Das für diese Organisationen zu bewältigende Spannungsfeld generiert sich primär aus einer Einflussnahme unterschiedlicher Stakeholder. Die Durchsicht von Fachbeiträgen zeigt, dass NPO den veränderten Rahmenbedingungen nicht im erforderlichen Umfang begegnen oder die aktuellen Vorgehensweisen hinter den Anforderungen der Stakeholder zurückbleiben. Bereits in Helmig et al. (2007) wurde dem „Einfluss des Marktes" mit einer Fokussierung auf diesen Aspekt Tribut gezollt. In Neumann (2007) konnte gezeigt werden, dass NPO verschiedenen Einflussfaktoren in unterschiedlichem Ausmaß gegenüberstehen.

In dem hier vorliegenden Aufsatz wird auf die Auswirkung der Einflussnahme eingegangen. Es wird hierbei von der Annahme ausgegangen, dass eine Beziehung zwischen Organisationen und der Umwelt besteht, konkret eine Interdependenz zwischen beiden Bereichen zu konstatieren ist. Thematisiert wird der Einfluss unterschiedlicher Umweltdimensionen auf Organisationsstrukturen mit einem Fokus auf die Faktoren, die in den Organisationen Veränderungen bedingen. Konkret werden die Akteure der NPO in dem Mittelpunkt des Interesses gerückt. Zur Erklärung wird der neo-institutionalistische Ansatzes im Sinne eines soziologischen Verständnisses herangezogen, der Anpassungen von Organisationen im Hinblick auf ihr Verhalten und in ihren Strukturen erklären helfen soll. Am Beispiel einer vorliegenden Studie von Krankenhäusern, Pflegeorganisationen und Einrichtungen der Behindertenhilfe wird dies reflektiert.

2 Das Spannungsfeld von NPO

In der Literatur zu NPO lassen sich Beiträge zur Erklärung bestehender Strukturen finden, die auf die Bedeutung unterschiedlicher Umweltdimensionen von Organisationen abzielen. Heinze/Schmid/Strünck (1997) weisen darauf hin, dass die alleinige Annahme einer stattfindenden Ökonomisierung des Dritten Sektors nur oberflächlich stimmig ist, vielmehr ein Zusammenspiel unterschiedlicher Faktoren erfolgt. Die Autoren gehen davon aus, dass vorliegende administrative Regularien, eine verstärkte Output-Orientierung und stattfindende Leistungsaushandlungen nicht substitutiv zu betrachten sind, sondern interdependente Beziehungen aufweisen. Darüber hinaus erscheint ihnen die Zunahme von betriebswirtschaftlichen Kriterien mit einer Lösung von normativen Basisannahmen verbunden zu sein, wobei Klug (2002) u.a. eine Vernachlässigung der Erforschung der normativen Komponente feststellt. In einem Beitrag von Streeck (1987) wird beschrieben, dass Organisationen mit zwei Umwelten zugleich interagieren müssen. Einerseits handelt es sich um die vorhandenen Sozial- und Wertestrukturen innerhalb der Organisationen, andererseits betrifft es die Interessen und Anliegen der externen Partner, wie z.B. der Politik oder der Verwaltung. Ähnlich beschreiben weitere Autoren, dass eine Dualität in der Ausrichtung von NPO auf eine institutionelle Umwelt und ihre normative Basis zu dem Zweck, sich Unterstützungsleistungen zu sichern, erforderlich ist (Angerhausen 1998; Hermsen 2000; Klug 2002; Pankau 2002). Nach Olk/Rauschenbach/Sachße (1996) bewegen sich NPO zwischen zwei Ebenen, und es erfolgt eine Vermittlung zwischen einer institutionellen Umwelt einerseits und den spezifischen Werten und Normen der Organisation und ihrer Mitglieder andererseits. Ihrer Ansicht nach müssen sich die NPO am Markt einer betriebswirtschaftlichen Logik unterwerfen, als auch die vorliegenden Anforderungen und Erwartungen der Organisationsmitglieder im Hinblick auf das gemeinschaftliche Handeln erfüllen. Lakes (1999) konstatiert, dass der langfristige Erfolg einer Organisation auf der einen Seite davon abhängt, sich stimmig mit der Umwelt zu verändern, auf der anderen Seite gleichzeitig eine interne Stimmigkeit herzustellen. Sie zeigt dabei ein Spannungsfeld auf, das sich aus der Abstimmung von operativen Effizienzfragen und normativen Legitimationsaspekten generiert. In dem hier betrachteten Kontext werden Veränderungen von NPO überwiegend mit diesen zwei zentralen Argumenten in einen Zusammenhang gebracht: externe Einflüsse und normative Begründungszusammenhänge.

Im Rahmen der Analyse von Reorganisationsmaßnahmen plädiert Merchel (1996) für die Erörterung des Spannungsfeldes, das sich einerseits aus konstitutiven, normativ geprägten Merkmalen mit konservierender Wirkung und andererseits aus der Aufgeschlossenheit von Organisationen gegenüber der Umwelt konstituiert. Seibel (1994) argumentiert, dass im Rahmen der Untersuchung von Perspektiven und Grenzen der Veränderungen von NPO eine Untersuchung der institutionellen Rahmenbedingungen notwendig ist, da die Einbettung der Organisationen in ihren Kontext das jeweilige Verhalten prädisponiert. Ansätze für einen solchen Einbezug lassen sich bspw. bei Hermsen (2000) oder auch Ridder/Neumann (2001) finden. Insofern ist den Besonderheiten des Dritten Sektors und der Charakteristika von NPO in der Form Rechnung zu tragen, dass spezifische ideologische Besonderheiten und Wertverankerungen neben institutionellen Rahmenbedingungen in eine Analyse einbezogen werden müssen, da beide Bereiche eine Art Spannungsfeld darstellen. Betrachtet man vor dem Hintergrund dieser Ausführungen bisher vorliegende Studien, geben die Untersuchungen lediglich eher allgemeingültige und unspezifische Hinweise auf den Prozess von Veränderungen bzw. auf die Ursachen des finalen Ergebnisses. Betont wird eine starke Einflussnahme von sowohl externen als auch internen Anspruchsgruppen in relativ fest gefügten Arrangements. Dies stellt, so muss an dieser Stelle kritisch bemerkt werden, zunächst einmal keine Besonderheit oder keine Differenz zu erwerbswirtschaftlichen Organisationen und ihren Problemlagen dar. Allerdings konstituieren die besonderen Strukturen, in denen NPO agieren, additiv mit ihren spezifischen Tätigkeitsfeldern besondere Rahmenbedingungen, die bislang hinsichtlich ihrer Bedeutung bei Anpassungen nicht ausreichend transparent bearbeitet worden sind. Konzeptionell fehlt ein umfassender Zugang, um die Auslöser im Hinblick auf ihre Relevanz in unterschiedlichen Tätigkeitsfeldern und den Verlauf der Anpassung zu differenzieren. Daher ist anschließend ein theoretischer Zugang zu erarbeiten, der einen analytischen Zugang unter Berücksichtigung der oben genannten Einflussfaktoren ermöglicht, was bislang nur in wenigen der vorliegenden Studien in der expliziten Form zu finden ist.

3 Der neo-institutionalistische Ansatz als Analyserahmen

Vom organisationstheoretischen Interesse dieser Arbeit geleitet, erscheint die Auswahl des neo-institutionalistischen Ansatzes im Sinne eines soziologischen Verständnisses begründet, um unterschiedliche Einflussfaktoren theoriegeleitet systematisch erheben, analysieren und differenzieren zu können. Dies basiert auf der Annahme, dass diese Forschungsrichtung darauf ausgerichtet ist, Fragen nach der Herkunft von spezifischen Elementen oder Strukturen im organisationalen Kontext zu thematisieren (Zucker 1987).

3.1 Umweltdimensionen als Kontext organisationalen Verhaltens und organisationaler Strukturierung

Ausgangspunkt dieses Ansatzes ist es, dass Organisationen als Teil der Gesellschaft interpretiert werden. Organisationen agieren nicht autonom, sondern sie stehen in Wechselbeziehung mit der Umwelt. Die Umwelt stellt somit den Kontext organisationalen Verhaltens dar und ist definiert aus einer institutionellen und einer technischen Komponente (Scott 1983, 1998; Scott/Meyer 1983; Zucker 1983). Die technische Umwelt zielt auf die Darstellung marktwirtschaftlicher Mechanismen ab. Es wird die Annahme getroffen, dass Organisationen in der technischen Umwelt produzierte Leistungen verkaufen, wobei für Organisationen eine effektive und effiziente Steuerung zur Überlebenssicherung relevant ist. Die institutionelle Umwelt basiert auf der Beobachtung, dass Organisationen bestimmten Regeln entsprechen müssen, um durch Konformität mit den Regeln die Überlebenssicherung zu gewährleisten. Die Regeln sind extern legitimiert, und Organisationen streben durch die Signalisierung der Anpassungsfähigkeit an die Erfordernisse der Situation nach dieser Legitimität. Die Überlebenssicherung der Organisationen generiert sich aus dem Zuspruch von Legitimität durch die Umwelt für die neuen Strukturen. Legitimität erhalten Organisationen von unterschiedlichen Anspruchsgruppen (Stakeholdern), wenn den Erwartungen und den Anforderungen der jeweiligen Anspruchsgruppe entsprochen wird, Organisationen sich also konform verhalten.

3.2 Auslöser organisationalen Wandels

Oliver (1992) entwickelt ein Modell, in dem sie Druck von außen als Ausgangspunkt der Auslöser von Veränderungen annimmt. Die Autorin geht davon aus, dass drei verschiedene Arten von Druck als Auslöser fungieren können. Demnach ist ein organisationaler Wandel z.B. der Strukturen als Reaktion auf Änderungen in den standardisierten Vorgehensweisen, der Ideologie oder den kulturellen Normen des Feldes, in dem sich Organisationen befinden, aufzufassen. Fokussiert wird auf das Argument, dass die Ursache einer Anpassung an Veränderungen von in der Umwelt geänderten Erwartungen zu sehen ist. Fennell/Alexander (1993) betonen, dass bei der Bearbeitung der *technischen Umwelt* speziell der *Wandel am Markt* zu bearbeiten ist. Da Organisationen sich (neuen) Erwartungen anpassen müssen, bedeutet jede Änderung der gesellschaftlichen Erwartungen oder Regularien eine Einwirkung auf Organisationen, eine erneute Ausrichtung auf die Erwartungen und in der Konsequenz ein Streben nach konformen Verhalten. Für die *institutionell-regulative Umwelt* ist danach zu fragen, welche *Veränderungen* sich in den *gesetzlichen Grundlagen* als bedeutsam und mit Auswirkungen für die NPO dargestellt haben. Bspw. gehen Dobbin et al. (1988) davon aus, dass gerade NPO stark von organisationalen Modellen des staatlichen Bereiches geprägt sind. Solche Organisationen sind durch gesetzliche Regularien beeinflusst und Objekte, die kontinuierlich von der Öffentlichkeit geprüft werden. Dies ist darin begründet, dass sie mit der öffentlichen Hand interagieren, ihren Status einer NPO aufrechterhalten und somit auch ihre (finanzielle) Unterstützung sichern wollen. Für die *institutionell-normative Umwelt* sind die *Veränderungen* in den *inhärenten Normen und Werten,* die Konsequenzen in Form von Modifikationen der formalen Strukturen und Handlungsweisen begründen, zu erfragen. Hieran schließt sich die Thematisierung eines ideologischen Wandels in den Tätigkeitsfeldern bzw. in den Organisationen selbst an.

3.3 Isomorphismen und Entkopplung als organisationale Reaktionen auf externen Druck

Innerhalb organisationaler Felder beschreiben Arbeiten des neo-institutionalistischen Ansatzes einen Prozess der Homogenisierung (DiMaggio/Powell

1991) Homogenisierung, auch als Isomorphismus bezeichnet, charakterisiert die Anpassung spezifischer organisationaler Strukturen in Richtung einer zunehmenden Kompatibilität mit charakteristischen Merkmalen oder Anforderungen der Umwelt. Im Kontext der neo-institutionalistischen Forschungsperspektive werden drei isomorphistische Mechanismen unterschieden. Diese Isomorphismen stellen eine Systematisierungsmöglichkeit der einheitlichen Ausrichtung von Organisationen auf institutionelle Erwartungen dar, indem Homogenisierungen auf spezifische Zwänge zurückgeführt werden (DiMaggio/Powell 1991):

1. Zwang anderer Organisationen,
2. Imitationen anderer Organisationen,
3. gemeinsame Normen als Basis identischer Strukturierung.

Isomorphismus durch Zwang

Zwang stellt einen auf die Organisation ausgeübten Druck dar. Dieser Druck geht von anderen Teilen des Systems, bspw. anderen Organisationen, aus und kann mit möglichen Sanktionen oder negativen kausalen Folgeerscheinungen in Zusammenhang gebracht werden. Die Basis für diese Einflussnahme bildet die grundlegende Annahme der Wechselwirkungen und bestehender Austauschbeziehungen zwischen Organisationen. Diese beugen sich den unterschiedlichen Arten des Drucks, um ihre Legitimität nicht zu gefährden und den Erwartungen der Organisationen zu entsprechen, die den Druck ausüben. Auf diese Weise gleichen sich in der Konsequenz bspw. Strukturen organisationsübergreifend an.

Imitation von Organisationen

Imitation wird auch als mimetischer Isomorphismus bezeichnet und ist ein weiterer Mechanismus, der die Angleichung von Organisationsstrukturen bewirkt. Organisationen orientieren sich hierbei in ihren Verfahrensweisen an den Verhaltensweisen anderer Organisationen im Feld. Sie betreiben Benchmarking, kopieren die von ihnen als besonders erfolgreich angesehenen Organisationen und modellieren sich in der Konsequenz nach deren Vorbild. Die Begründung ist in vorliegenden Unsicherheiten oder Zielambiguitäten zu sehen. Der Zweck der Imitation besteht in einer Verringerung der Unsicherheit und einer gleichzeitig positiven Außendarstellung. Ziel der Organisationen ist die Sicherung der

Existenz. Organisationen zeigen hierbei, dass sie von den Besten lernen und bemüht sind, dem akzeptierten Standard zu entsprechen oder auch innovativen Lösungen zu folgen. Im Idealfall führt dies zu einem erhöhten Legitimitätszuspruch.

Obwohl Skepsis in der Organisation bezüglich neuer Strukturen oder Verhaltensweisen bestehen kann, werden Veränderungen dennoch durchgeführt. Dies geschieht, um die als geeignet erachteten Strukturen bzw. Verfahrensweisen aufzuweisen und somit als adäquater Partner im Rahmen der Wechselbeziehungen zu anderen Organisationen zu erscheinen. DiMaggio/Powell (1991) argumentieren, dass mit zunehmender Unsicherheit bei Mitteln, Vorgehensweisen und Ambiguität von Zielen der Umfang der Modellierung von Organisationen nach dem Beispiel anderer Organisationen zunimmt.

Identische Strukturierung aufgrund gemeinsamer Normen und Werte

In diesem Abschnitt werden Professionalisierungstendenzen in Organisationen thematisiert, die auf gemeinsamen Werten und Normen beruhen. Hierunter ist die Beeinflussung der formalen Strukturen und Verfahrensweisen durch bestimmte Gruppen, z.B. Berufsgruppen, zu verstehen, die ein gleiches Verständnis oder eine ähnliche Denkhaltung aufweisen. Diese Gruppen arbeiten kollektiv daran, Standards zu setzen oder Strukturen ihrer gemeinsamen Auffassung entsprechend auszugestalten.

Die angeführte Professionalisierung und damit einhergehende Verständigung über legitimierte Standards, Verfahrensmuster und Methoden basiert auf zwei normativ geprägten Quellen: zum einen auf der formalen Ausbildung, zum anderen auf Netzwerken. So bezieht sich die formale Ausbildung auf die berufsbezogene und/oder die akademische Ausbildung. Durch (einheitliche) Normen wird eine prädispositive Prägung bei den Akteuren erzeugt. Aufgrund weitgehend identischer Curricula, der ähnlichen Vermittlung von Wissensbeständen sowie der Weitergabe von einheitlichen Maßstäben zur Beurteilung von Strukturen werden nahezu identische Verhaltensmuster als legitimiert betrachtet. Auch die Teilnahme von Entscheidungsträgern an Seminaren oder Workshops führt zur Diffusion und Fundierung von Standards (Galaskiewicz/Wasserman 1989). Die Angleichung der Ausbildungsinhalte ruft eine Angleichung der Entscheidungsgrundlagen von Akteuren in Organisationen hervor.

Verstärkt wird dieser Isomorphismus durch die Existenz von Netzwerken, die inter- und intraorganisational bestehen und zu einer schnellen Verbreitung neuer Modelle, Strukturen oder Praktiken führen können. Es wird hierbei angenommen, dass Netzwerke nicht frei von einem Bias, d.h. von einer auf der Sozialisation begründeten Einstellung, sind (Galaskiewicz 1985). In unterschiedlichen Organisationen werden gemeinsame Denkhaltungen und in der Folge identische Wertverständnisse eingebracht (Scott 1995). Je höher der Integrationsgrad der Entscheidungsträger von Organisationen in berufspezifische oder interorganisationale Verknüpfungen (Berufs-, Fach- oder Wirtschaftsverbände u.ä.) ist, desto ähnlicher werden Organisationen in ihren Verfahrensweisen im organisationalen Feld. Exemplarisch wird dies anhand der Personalauswahl dargestellt. Eine Akquisition bzw. Selektion von Personal innerhalb eines organisationalen Feldes kann durch dieselben Kriterien bestimmt werden. So werden kontinuierlich Personen mit sehr ähnlichen Merkmalen ausgewählt, es kommt zu einem normativen Isomorphismus.

Entkopplung

Demgegenüber finden sich allerdings in der Literatur eine Vielzahl von Hinweisen, mit denen die in der Realität vorzufindenden heterogenen Strukturen erklärt werden (Übersicht bei Walgenbach 2002). Eine Hauptargumentationsrichtung betont die Relevanz vorliegender Handlungsspielräume. Diese Perspektive ist von Bedeutung, um die Variation von Organisationen in einem bestehenden Set von institutionellem Druck zu untersuchen (Westphal/Zajac 2001; Goodrick/ Salancik 1996). So geht Oliver (1991, 1997) davon aus, dass Organisationen grundsätzlich aktiv Handlungsspielräume wahrnehmen und diese Spielräume mit Strategien ausfüllen können (ähnlich Fligstein 1991). Gleichzeitig werden aber diese Handlungsstrategien durch die Umwelt begrenzt (Mezias/Scarselletta 1994). Studien bestätigen das Phänomen, dass Organisationen als nicht sinnvoll erachtete Elemente lediglich symbolisch aufnehmen. So arbeiten bspw. Walgenbach/Beck (2003) in ihrer Studie heraus, dass Elemente, die nicht als sinnvoll beurteilt werden, nicht konsequent adaptiert werden und somit einer Entkopplung unterliegen. Die Charakterisierung „sinnvoll" wird in diesem Zusammenhang als der erwartete Beitrag zur verbesserten Steuerungsfähigkeit der Organisation interpretiert. Im neo-institutionalistischen Ansatz werden drei zentrale Argumente entwickelt, die die Möglichkeiten der Entkopplung determinieren bzw. begründen:

1. das Ausmaß der Kontrolle,
2. das Ausmaß der engen Zusammenarbeit bzw. Nähe zu dem einflussnehmenden Gegenüber und
3. das Ausmaß an Macht von Entscheidungsträgern und ihre partikularen Interessen.

Für Organisationen kann es zu Konfliktsituationen und in der Folge zu Legitimitätsrisiken kommen, wenn ein Spannungsfeld zwischen unterschiedlichen Anforderungen besteht. Dafür können unterschiedliche Ursachen ausschlaggebend sein. Es kann zwischen technischen Effizienzkalkülen und anerkannten Werten und Normen zu einem Widerspruch kommen, oder es bestehen widersprüchliche Erwartungen von Anspruchsgruppen unterschiedlicher institutioneller Umweltdimensionen. In diesem Fall kann die Existenzsicherung speziell durch Entkopplung technischer Effizienzanforderungen und Erwartungen von Anspruchsgruppen unterstützt werden. Die Fähigkeit von Organisationen, durch Entkopplungsstrategien veränderten Anforderungen symbolisch gerecht zu werden, ohne in Widerspruch zwischen der institutionellen und der technischen Umweltdimension zu geraten, stellt eine Option der Legitimitäts- und Existenzsicherung dar. Ermöglicht wird dies, wenn externe Konformität und interne Realität voneinander isoliert werden. Dies ist zwar innerhalb der Organisation möglich, hängt aber von den akteursspezifischen Entscheidungsgrundlagen ab.

3.4 Akteursspezifische Entscheidungsgrundlagen

Handlungen von Akteuren basieren auf einem Set differenzierter Entscheidungsgrundlagen, einem Wahrnehmungsfilter bestehend aus mehreren Aspekten. Zum einen ist die Kenntnis über Regeln, ihre Validität und die Konsequenzen von Einhaltung bzw. Verletzung, ohne dass die Akteure notwendigerweise von der Fairness bzw. der Gerechtigkeit der Regeln überzeugt sind. Zur Entscheidungsfindung erfolgt eine Kalkulation von Kosten und Nutzen der Befolgung einerseits und der Nutzung von Handlungsspielräumen andererseits. Insofern stellen sich die *Entscheidungsinhalte* aufgrund von vorgegebenen Prozeduren als prädeterminiert dar. Zum anderen sind Werte der Akteure relevant. Diese Werte kommen in der *Zielsetzung* von Entscheidungen zum Ausdruck. Oliver (1997) geht davon aus, dass z.B. Manager entsprechend ihrer normativen Rationalität Entscheidungen treffen, die durch die soziale Rechtfertigung veranlasst und historisch begründet sind. Sie charakterisiert Entscheidungsprozesse auf der Basis normativer Rationalität als gewohnheitsmäßig, unreflektiert, wertbeladen sowie eingebettet in Normen und Traditionen. Der dritte Aspekt fokussiert das, was Akteure sehen und woran sie sich orientieren. Eine Analyse der Handlungen und Entscheidungen von Akteuren muss daher die subjektive Interpretation berücksichtigen. Die Art, wie die Umwelt anhand von sogenannten *Referenzmodellen* erfasst, wahrgenommen und interpretiert wird, beeinflusst die individuellen Entscheidungsüberlegungen (Edelman/Suchman 1997).

Auf der Makroebene geben Umweltveränderungen den Organisationen Anpassungsimpulse. In vorliegenden Untersuchungen konnte allerdings gezeigt werden, dass die unterschiedlichen Umweltimpulse in ihrer Bedeutung für NPO differieren (Neumann 2005, 2007). Mikroperspektivisch werden die Impulse von den Akteuren aufgenommen, durch einen Wahrnehmungsfilter geführt, akteursspezifisch interpretiert und rufen in der Konsequenz organisationssignifikante Reaktionen hervor. Die individuelle Ausprägung und das unterschiedliche Zusammenwirken der Aspekte werden als Quelle von Unterschieden, aber auch Gemeinsamkeiten organisationaler Strukturen und Verfahrensweisen begriffen. Die Aspekte ermöglichen im Rahmen der Forschung eine Differenzierung hinsichtlich der jeweils unterschiedlichen Art von institutionalisierten Elementen und ihrer verschiedenartig begründeten und verfolgten Legitimität (Walgenbach 2002).

4 Reflexion einer empirischen Studie vor dem Hintergrund des neo-institutionalistischen Ansatzes

Die Untersuchungsergebnisse der hier reflektierten Studie (Neumann 2005) identifizieren als Auslöser von Anpassungen in den untersuchten NPO des Gesundheitswesens und der sozialen Dienste einerseits gesetzgeberische Vorgaben und andererseits den auf der zunehmenden Öffnung der Tätigkeitsbereiche basierenden Wettbewerb. Institutionalisierte Arrangements zwischen NPO und Gesetzgeber bzw. Kostenträgern sind der (monetären) Ressourcenabhängigkeit geschuldet. Dies erzeugt auf Seiten der Leistungserbringer (NPO) ein Mindestmaß an legitimatorischen Handlungsweisen, da ansonsten die Existenzsicherung gefährdet ist. In der Konsequenz treten die beschriebenen Isomorphismen durch Zwang auf. Parallel rufen neue Konkurrenzsituationen eine Anpassung an neue marktwirtschaftliche Rahmenbedingungen durch die Integration von Wettbewerbselementen in die Strukturen und Handlungsweisen der NPO hervor. In der Empirie lassen sich aber eindeutige Unterschiede im Umfang der Integration konstatieren. Die institutionell-normativen Umweltdimension bietet hierfür einen Erklärungsansatz. Das zu Grunde liegende Wertegefüge verändert sich in Abhängigkeit der bei den Führungskräften verankerten Normen und Werte. Die besondere Relevanz der Führungskräfte ist darin begründet, dass es sich um die Entscheidungsträger für die organisationale Reaktion auf den zu konstatierenden Druck handelt. Speziell durch die Integration von neuen Führungskräften mit anderen Wertevorstellungen kommt es in einigen der betrachteten NPO zu umfassenden Anpassungen. Es ist festzustellen, dass hierbei Isomorphismen auftreten, die auf einer ähnlichen Grundhaltung hinsichtlich geteilter Werte bestehen. Auf dieser Basis gelingt auch der Nachweis der in der Fachliteratur häufig vorzufindenden Erwartung, dass die in den NPO verankerten Werte und Normen unter Druck geraten und erodieren.

Allerdings zeigt die Auswertung des Datenmaterials auch einige Entkopplungen der Organisationsstrukturen und Verfahrensweisen von den Anforderungen des politischen Drucks. Hiermit sind Anpassungen verbunden, die veränderten Anforderungen symbolisch gerecht werden, ohne die aus den akteurs- bzw. organisationsspezifischen Normen abgeleiteten Management- und Steuerungspraktiken zu tangieren. Zu erkennen sind rein formale Anpassungen oder der rechnerische Nachweis konformen Verhaltens. Die Organisationen schaffen es, ihre Strukturen zu entkoppeln, weil es den Akteuren gelingt, den organisationalen Kern vor den externen Anspruchsgruppen abzuschirmen. Evaluationen, die die Lücke(n) aufdecken könnten, werden nicht durchgeführt. Es kommt lediglich zur Prüfung von Dokumenten, darüber hinaus werden reale Umsetzungen von Veränderungen nicht kontrolliert. Insofern bleibt der tatsächliche Umfang der Anpassung den regulativen Organisationen intransparent, da das Ausmaß der Kontrolle beschränkt ist. Dies dokumentiert die Fähigkeit der NPO, durch formale Anpassung von Organisationsverfahren und -prozessen die entstandene Legitimationslücke, die sich durch veränderte Anforderungen entwickelt hat, ohne substanzielle Veränderungen zu schließen.

Die zu konstatierenden, eigentlich als gegensätzlich zu interpretierenden Analyseergebnisse von Isomorphismen und Entkopplungen finden ihre Ursache in den spezifischen Wahrnehmungsfiltern von Führungskräften Die Wahrnehmungen der Führungskräfte bedingen die unterschiedlichen Ausprägungen von Organisationen, basierend auf der individuellen Interpretation, Logik und Aufnahme des Drucks. Veränderungen aufgrund eines auf die Organisationen einwirkenden Drucks sind eindeutig nicht als automatische Konsequenz zu interpretieren. Die Anpassung und Veränderung bestehender Strukturen und Handlungsweisen sind keine zwingende Folge. Vielmehr ist zu berücksichtigen, dass der Druck von den Mitgliedern der Organisation zunächst interpretiert wird bevor eine Reaktion erfolgt. Ein daher zu berücksichtigender Faktor ist, wie von den Führungskräften die Konformität der Veränderung zu bestehenden organisationalen Werten und Normen beurteilt wird. Dies stellt einen kognitiven Prozess dar, der in den Grundzügen bereits bearbeitet wurde, allerdings in der zukünftigen Forschung noch genauer bearbeitet werden muss.

Literatur

Angerhausen, Susanne (1998): Ende der Schonzeit. Die „neue“ Legitimationsempfindlichkeit von Wohlfahrtsverbänden. In: Nonprofit-Organisationen im Wandel. Ende der Besonderheiten oder Besonderheiten ohne Ende? hrsg. v. Arbeitskreis Nonprofit-Organisationen, Frankfurt a. Main, S. 21-45.

DiMaggio, Paul J./Powell, Walter W. (1991): The Iron Cage Revisited: Institutional Isomorphism and Collective Rationality in Organizational Fields. In: The New Institutionalism in Organizational Analysis, hrsg. v. Walter W. Powell und Paul J. DiMaggio, Chicago, London, S. 63-82.

Dobbin, Frank R./Edelman, Lauren/Meyer, John W./Scott, W. Richard/ Swidler, Ann (1988): The Expansion of Due Process in Organizations. In: Institutional Patterns and Organizations: Culture and Environment, hrsg. v. Lynne G. Zucker, Cambridge, S. 71-98.

Edelman, Lauren B./Suchman, Mark C. (1997): The Legal Environments of Organization. In: Annual Review of Sociology, 23, S. 479-515.

Fennell, Mary L./Alexander, Jeffrey A. (1993): Perspectives in Organizational Change in the US Medical Care Sector. In: Annual Review of Sociology, 19, S. 89-112.

Fligstein, Neil (1991): The Structural Transformation of American Industry: An Institutional Account of the Causes of Diversification in the Largest Firms, 1919-1979. In: The New Institutionalism in Organizational Analysis, hrsg. v. Walter W. Powell und Paul J. DiMaggio, Chicago, London, S. 311-336.

Galaskiewicz, Joseph (1985): Professional Networks and the Institutionalization of a Single Mind Set. In: American Sociological Review, 50 (5), S. 639-658.

Galaskiewicz, Joseph/Wasserman, Stanley (1989): Mimetic Processes within an Interorganizational Field: An Empirical Test. In: Administrative Science Quarterly, 34 (3), S. 454-479.

Goodrick, Elizabeth/Salancik, Gerald R. (1996): Organizational Discretion in Responding to Institutional Practices: Hospitals and Cesarean Birth. In: Administrative Science Quarterly, 41, S. 1-28.

Heinze, Rolf G./Schmid, Josef/Strünck, Christoph (1997): Zur politischen Ökonomie der sozialen Dienstleistungsproduktion. In: Kölner Zeitschrift für Soziologie und Sozialpsychologie, 49 (2), S. 242-271.

Helmig, Bernd/Purtschert, Robert/Schauer, Reinbert/Witt, Dieter (Hrsg.) (2007): Nonprofit-Organisationen und Märkte. Wiesbaden.

Hermsen, Thomas (2000): Wohlfahrtsverbände und Sozialmanagement: Differenzierung und Verselbständigung in der sozialen Hilfe. Frankfurt a. Main.

Klug, Wolfgang (2002): Wertorientiertes Management in karitativen Nonprofit-Organisationen – eine handlungsorientierte Skizze. In: Nonprofit-Management auf dem Prüfstand: Konzepte – Strategien – Lösungen, hrsg. v. Katharina Meyer, Frankfurt a. Main, S. 23-45.

Lakes, Beate (1999): Strategische Verbandsführung. Wiesbaden.

Merchel, Joachim (1996): Sozialmanagement. Problembewältigung mit Placebo-Effekt oder Strategien zur Reorganisation der Wohlfahrtsverbände? In: Von der Wertgemeinschaft zum Dienstleistungsunternehmen. Jugend- und Wohlfahrtsverbände im Umbruch. 2. Aufl., hrsg. v. Thomas Rauschenbach, Christoph Sachße und Thomas Olk. Frankfurt a. Main, S. 297-320.

Mezias, Stephen J./Scarselletta, Mario (1994): Resolving Financial Reporting Problems: An Institutional Analysis of the Process. In: Administrative Science Quarterly, 39 (4), S. 654-678.

Neumann, Sven (2005): Non Profit Organisationen unter Druck. München, Mering.

Neumann, Sven (2007): Die Bedeutung des Ökonomisierungsdrucks für Nonprofit Organisationen. In: Nonprofit-Organisationen und Märkte, hrsg. v. Bernd Helmig, Robert Purtschert, Reinbert Schauer und Dieter Witt, Wiesbaden, S. 287-305.

Oliver, Christine (1991): Strategic Responses to Institutional Processes. In: Academy of Management Review, 16 (1), S. 145-179.

Oliver, Christine (1992): The Antecedents of Deinstitutionalization. In: Organizational Studies, 13 (4), S. 563-588.

Oliver, Christine (1997): Sustainable Competitive Advantages: Combining Institutional and Resource-based Views. In: Strategic Management Journal, 18 (9), S. 697-713.

Olk, Thomas/Rauschenbach, Thomas/Sachße, Christoph (1996): Von der Wertgemeinschaft zum Dienstleistungsunternehmen. Oder: über die Schwierigkeiten, Solidarität zu organisieren. Eine einführende Skizze. In: Von der Wertgemeinschaft zum Dienstleistungsunternehmen. Jugend- und Wohlfahrtsverbände im Umbruch. 2. Aufl., hrsg. v. Thomas Rauschenbach, Christoph Sachße und Thomas Olk., Frankfurt a. Main, S. 11-33.

Pankau, Elmar (2002): Sozial-ökonomische Allianzen zwischen Profit- und Nonprofit-Organisationen. Wiesbaden.

Ridder, Hans-Gerd/Neumann, Sven (2001): Personalwirtschaft im Umbruch? Empirische Ergebnisse und theoretische Erklärung. In: Zeitschrift für Personalforschung, 15 (3), S. 243-262.

Scott, W. Richard (1983): The Organization of Environments: Network, Cultural, and Historical Elements. In: Organizational Environments, hrsg. v. John W. Meyer, New Delhi, London, S. 155-175.

Scott, W. Richard (1995): Symbols and Organizations: From Bernard to the Institutionalists. In: Organizational Theory, hrsg. v. Oliver E. Williamson, New York, Oxford, S. 38-55.

Scott, W. Richard (1998): Organizations: Rational, Natural, and Open Systems. 4. Aufl., Upper Saddle River, N.J.

Scott, W. Richard/Meyer, John W. (1983): The Organization of Societal Sectors. In: Organizational Environments, hrsg. v. John W. Meyer, New Delhi, London, S. 129-153.

Seibel, Wolfgang (1994): Funktionaler Dilettantismus: Erfolgreich scheiternde Organisationen im ‚Dritten Sektor' zwischen Markt und Staat. 2. Aufl., Baden-Baden.

Streeck, Wolfgang (1987): Vielfalt und Interdependenz. Überlegungen zur Rolle von intermediären Organisationen in sich ändernden Umwelten. In: Kölner Zeitschrift für Soziologie und Sozialpsychologie, 39, S. 471-495.

Walgenbach, Peter (2002): Neoinstitutionalistische Organisationstheorie – State of the art und Entwicklungslinien. In: Theorien des Managements. Managementforschung 12, hrsg. v. Georg Schreyögg und Peter Conrad, Wiesbaden, S. 155-202.

Walgenbach, Peter/Beck, Nikolaus (2003): Effizienz und Anpassung. Das Erklärungspotenzial der neoinstitutionalistischen Organisationstheorie am Beispiel ISO 9000. In: Die Betriebswirtschaft, 63 (5), S. 497-515.

Westphal, James D./Zajac, Edward J. (2001): Decoupling Policy from Practice: The Case of Stock Repurchase Programs. In: Administrative Science Quarterly, 46 (2), S. 202-228.

Zucker, Lynne G. (1983): Organizations as Institutions. In: Research in the Sociology of Organizations, 2, S. 1-47.

Zucker, Lynne G. (1987): Institutional Theories of Organization. In: Annual Review of Sociology, 13, S. 443-464.

Stakeholder-Management in NPOs: Ein strategischer Ansatz zur Bestimmung der optimalen Einbindungstiefe von Stakeholdern – dargestellt am Beispiel kirchlicher Krankenhäuser

Philipp Schwegel, Patrick Da-Cruz und Peter Oberender, Bayreuth

1 Differenziertes Stakeholder-Management – eine kurze Hinführung

NPOs im Allgemeinen und kirchliche Krankenhäuser im Speziellen sind durch eine Vielzahl von Stakeholdern gekennzeichnet, u. a. Zulieferer, Spender, Gewerkschaften, Kunden, Kostenträger, Bund, Kommune, Unternehmensleitung, Mitarbeiter, Wettbewerber oder die Öffentlichkeit in Betracht (Bender 2007 und die dort angegebene Literatur), die in sehr unterschiedlicher Beziehung zum Unternehmen stehen und häufig diesem gegenüber konträre Ansprüche aufweisen. Diese Vielfalt an Beziehungen unterliegt dabei stets dem kirchlichen Auftrag (Fleßa 2007; Gärtner 1994; Doll 2006), der eine besondere Pflege, Entwicklung und Steuerung der Stakeholder mit sich bringt (Schoenauer et al. 2004; von Reibnitz 1999).

Bender plädiert deshalb für den Einsatz eines mehrdimensionalen Stakeholder-Managements, „das auf den strategischen Umgang mit den Ansprüchen unterschiedlicher Gruppierungen inner- und außerhalb des Unternehmens abzielt." (Bender 2007: 23; vgl. zum Stakeholder-Begriff grundsätzlich auch Wieland 2008). Hier setzt der nachfolgende Beitrag an, indem er eine Konzeption zur Bestimmung der optimalen Einbindungstiefe von Stakeholdern entwickelt. Der Untergliederung von Pfriem (2008) folgend wird dabei der Fokus sowohl auf externe als auch auf interne Stakeholder gelegt, die im Sinne eines strategischen Umgangs differenzierter Stakeholder-Ansätze bedürfen. Dennoch konzentriert sich der Beitrag nicht auf Stakeholder im Allgemeinen, sondern richtet seine Analyse auf die Gruppe der kirchenspezifischen Stakeholder im Besonderen.

2 Ermittlung der optimalen Einbindungstiefe – konzeptionelle Überlegungen

Die in der Einleitung beschriebenen Stakeholder-Eigenschaften sowie die Komplexität der Leistungserstellung (Schwegel et al. 2010a) im kirchlichen Krankenhaus bedürfen einer strategischen Konzeption, die theoretisch fundiert ist. Im Produktionsbereich werden vergleichbare Leistungstiefenentscheidungen im Rahmen von Out- oder Insourcingentscheidungen diskutiert (z.B. Bacher 2000; Quinn/Hilmer 1994; Bühner/Tuschke 1997). Hierfür wird im Nachfolgenden auf den Transaktionskostenansatz, die Relational-View-Perspektive (als Erweiterung des Ressourcenansatzes) und auf Überlegungen des Dienstleistungsmanagements zurückgegriffen.

2.1 Transaktionskostenansatz

Für ein strategisches Einbindungsmodell von Stakeholdern ist es entscheidend, die Effizienz der Abwicklung von Transaktionen innerhalb institutioneller Arrangements zu untersuchen (Ebers/Gotsch 2006). Ziel des Ansatzes ist es, diejenige Form der Organisation zu finden, die zu minimalen Transaktionskosten führt. Klassischerweise wird dieser Ansatz herangezogen, um strategische Entscheidungen hinsichtlich einer marktlichen, kooperativen oder hierarchischen Organisationsform zu treffen (Picot et al. 2003). Die Entscheidung ist dabei abhängig von den Charakteristika der Transaktion (Williamson 1985, 1996): der Spezifität, der Unsicherheit und der Häufigkeit.

Spezifität bringt zum Ausdruck, inwieweit Vermögensobjekte in alternativen Verwendungsformen von unterschiedlichen Parteien genutzt werden können, ohne dass es zu produktionswertseitigen Verlusten kommt (Williamson 1996; Bea/Haas 2009). Die Einbettung einer Transaktion in die jeweilige Umwelt geht mit einer exogenen *Unsicherheit* einher, die sich auf die Transaktion auswirkt (Jost 2001). Eine wachsende Unsicherheit führt zu steigenden ex ante- und ex post-Transaktionskosten (Picot 1991). Die Realisierung von Skalen- und Synergieeffekten hängt beim Transaktionskostenansatz mit der *Häufigkeit* der Abwicklung identischer Transaktionen ab (Jost 2001). Je häufiger eine Transaktion durchgeführt wird, desto geringer sind die Transaktionskosten je Transaktion (Ebers/Gotsch 2006). Werden diese drei Kriterien auf das Management von Stakeholder-Beziehungen übertragen bedeutet dies,

- dass Spezifität verstanden wird als Investitionen in das Beziehungsmanagement (z.B. Prozessstandards), Human- und Sachkapital zur Etablierung und Entwicklung von Stakeholderbeziehungen;

- dass Unsicherheit verstanden wird als die exogene Gefahr (z.B. Gesetzgebung) der Beendigung der Beziehung;

- dass Häufigkeit verstanden wird als die Kontakthäufigkeit zwischen den Stakeholdern.

2.2 Relational-View-Ansatz als Weiterentwicklung des Ressourcenansatzes

Die in der jüngsten Vergangenheit vermehrt diskutierte beziehungsorientierte Perspektive („*Relational View*") basiert auf der Annahme, dass durch kooperative Beziehungen zwischen Unternehmen erfolgskritische Ressourcen begründet werden können, die wiederum die Quelle für inter-organisationale Wettbewerbsvorteile bilden (Dyer/Singh 1998). Wohingegen im Rahmen ressourcenorientierter Ansätze firmenspezifische Ressourcen zugrunde gelegt werden (Prahalad/Hamel 1990, 1991), stehen gemeinsame Ressourcen und beziehungsspezifische Investitionen im Vordergrund. Um diese zu ermitteln, sind die grundlegenden Überlegungen des Ressourcenansatzes auf die Beziehung zum Stakeholder zu übertragen.

Hierbei handelt es sich um die drei charakteristischen Merkmale zur Beschreibung von Kernkompetenzen: Ursache für Wettbewerbsvorteile, Dauerhaftigkeit und Transferierbarkeit (Krüger/Homp 1997). In Anwendung auf Stakeholder-Beziehungen bedeutet dies:

- Die Stakeholder-Beziehung ist *Ursache für Wettbewerbsvorteile.*
- Die in der Stakeholder-Beziehung realisierten Kernkompetenzen sind *dauerhaft*, d.h. deren Imitier- und Substituierbarkeit durch Wettbewerber ist begrenzt.
- Die durch die Stakeholder-Beziehung entstehende Kernkompetenz ist *transferierbar* und damit auf andere Aktivitätsfelder übertragbar.

2.3 Überlegungen aus dem Bereich des Dienstleistungsmanagements

Das kirchliche Krankenhaus als Dienstleistungsunternehmen ist durch eine hohe Kunden- bzw. Patientenintegration in den Leistungserstellungsprozess gekennzeichnet. Für die Ermittlung der optimalen Einbindungstiefe von Stakeholder-Beziehungen ist es daher zu berücksichtigen, welche Bedeutung die Beziehung zum Stakeholder auf die Kunden- und Patientenintegration hat. D.h. es geht um die Frage, wie stark der Stakeholder in den Patientenprozess eingebunden ist. Die Literatur zeigt, dass das Ausmaß der anzustrebenden Patientenintegration vom *Interaktions- und Individualisierungsgrad* abhängt (Haller 2005). Diese beiden Kriterien werden ergänzend für die nachfolgende Analyse berücksichtigt.

2.4 Kombinierter Ansatz

Für die Ermittlung der optimalen Einbindungstiefe werden die beiden Ansätze kombiniert und um Überlegungen zum Dienstleistungsmanagement ergänzt. Mit Hilfe des *Transaktionskostenansatzes* lässt sich auf Basis der oben erläuterten Kriterien ermitteln, wie ein transaktionskostenoptimales institutionelles Beziehungsarrangement mit den jeweiligen Stakeholdern aussehen kann. Ferner verfolgt die Anwendung der *Relational-View-Perspektive* das Ziel, eine Aussage über das Potential der Stakeholderbeziehung hinsichtlich der Generierung von gemeinschaftlichen Ressourcen bzw. Kernkompetenzen zu treffen.

Im Mittelpunkt steht die Frage, in welchem Umfang durch die Beziehung zum Stakeholder Wettbewerbsvorteile realisiert werden können, die dauerhaft und transferierbar sind. Damit verfeinert die Relational-View-Perspektive das Beurteilungsraster zur optimalen Einbindungstiefe von Stakeholdern. Im Dienstleistungskontext ist darüber hinaus die *Patientenintegration* zu beachten. So sind Stakeholder-Beziehungen, die sehr patientenindividuell erfolgen und in hoher Interaktion mit dem Patienten durchgeführt werden, besonders bedeutsam, weswegen die jeweilige Stakeholder-Gruppe eng an die eigene Organisation zu binden ist. Diese Beziehungen sind entscheidend für die Qualitäts- und Imageführung des kirchlichen Krankenhauses. Werden diese Überlegungen kombiniert, kann eine differenzierte Empfehlung hinsichtlich der Bedeutung der Einbindungsfähigkeit von Stakeholdern gegeben werden. Die nachfolgende Abb. 1 stellt die Zusammenhänge schematisch dar.

Theorie	Eigenschaften	Ausprägungsgrad			
Transaktionskosten-Ansatz	Spezifität	Hoch ←			Niedrig
	Unsicherheit	Hoch ←			Niedrig
	Häufigkeit	Hoch ←			Niedrig
Relational-View-Ansatz	Kernkompetenz	Transferierbarkeit	Dauerhaftigkeit	Ursache für Wettbewerbsvorteile	Schwach/ Irrelevant
Dienstleistungsmanagement	Patientenintegration	Hoch ←			Niedrig
Empfehlung	Einbindung	Eng			Lose

Abb. 1: Strategischer Ansatz zur Bestimmung strategischer Stakeholder-Gruppen

3 Empfehlungen für ausgewählte Stakeholder-Beziehungen

Im Folgenden werden exemplarisch kirchenspezifische Stakeholder-Beziehungen herausgegriffen und anhand der aufgestellten Kriterien untersucht. Im Mittelpunkt stehen dabei der externe Stakeholder Kirchengemeinde und der interne Stakeholder Eigentümer (Städtler-Mach (1993) verweist in diesem Zusammenhang auf die Außensicht, die der Eigentümer einnimmt, woraus sich ableiten lässt, dass der Eigentümer auch als externer Stakeholder beurteilt werden könnte). In diesem Zusammenhang sei darauf hingewiesen, dass diese beiden Stakeholder-Typen auch zusammenfallen können. Dies ist dann der Fall, wenn der Eigentümer eines kirchlichen Krankenhauses eine Kirchengemeinde ist. Für die nachfolgende Analyse wird dies nicht weiter vertieft. Auf Basis von Plausibilitätsüberlegungen ergibt sich die in Abb. 2 wiedergegebene Beurteilung.

Theoretische Ansätze	Eigenschaften	Kirchengemeinde	Eigentümer		
			mit einem dominierenden Geschäftsfeld	mit mehreren verwandtern Geschäftsfeldern	mit mehreren nicht verwandten Geschäftsfeldern
Transaktionskosten-Ansatz	Spezifität	niedrig	hoch		
	Unsicherheit	niedrig	gering		
	Häufigkeit	hoch	mittel		
Relational-View-Ansatz	Beziehungsspezifische Kernkompetenzen	"Patientenbetreuung"	"Regionales Wertschöpfungsmanagement"		
	Ursache für Wettbewerbsvorteile	mittel	mittel	hoch	niedrig
	Dauerhaftigkeit	mittel	mittel	hoch	niedrig
	Transferierbarkeit	mittel	mittel	hoch	niedrig
Dienstleistungsmanagement-Ansatz (Patientenintegration)	Interaktion	hoch	niedrig		
	Individualisierung	hoch	niedrig		
Empfehlung	Einbindungstiefe	mittel	mittel	hoch	niedrig

Abb. 2: Ermittlung der optimalen Einbindungstiefe für ausgewählte kirchliche Stakeholder

3.1 Kirchengemeinde

Kirchengemeinden sind die kleinste und damit die unterste organisatorische Einheit des kirchlichen Verfassungsaufbaus (Campenhausen et al. 2002; Listl/Pirson 1994). Sie sind territorial abgegrenzt und unterstehen der Autorität des Diözesanbischofs oder dem Landeskirchenrat (Schwendenwein 2003; Campenhausen et al. 2003; Broll 1997; Listl/Pirson 1994). Zu ihren Aufgaben gehört die Verwirklichung der pfarrlichen Hirtensorge (Seelsorge) (Hallermann 2004; Broll 1997), was die Wortverkündigung, den Vollzug der Liturgie (Sakramentenspendung), die Leitungsaufgabe (Aufbau der Gemeinde Jesu Christi) und die karitative Diakonie umfasst (Schwendenwein 2003). Dies schließt auch die seelsorgerliche Verantwortung für caritative Einrichtungen, wie kirchliche Krankenhäuser, mit ein (Schrage 2009).

- *Spezifität:* Die Spezifität der Beziehung zu den Kirchengemeinden kann als niedrig eingestuft werden. Es handelt sich hierbei primär um eine organisatorische Beziehung, die nur geringe Investitionen in Sach- und Humankapital erfordert, beispielsweise das Bereitstellen von Räumlichkeiten als Büro und Gesprächszimmer (Saarlandkliniken Kreuznacher Diakonie 2008). Neben einem Informationsaustausch, der die Bekanntmachung von Gemeindeaktivitäten (z.B. öffentliche Veranstaltungen) im Krankenhaus fördert, steht die Betreuung der Patienten im Allgemeinen und die der eigenen Gemeindemitglieder im Mittelpunkt der Beziehung. Hierfür werden Lotsen-, Bücher- und Besuchsdienste eingerichtet (Evangelisches Diakoniewerk Frederikenstift Hannover 2004), die von den Kirchengemeinden organisiert und mit den jeweiligen Krankenhausseelsorgern koordiniert werden. Häufig ist es auch so, dass Teilzeit- oder Vollzeitstellen des Krankenhausseelsorgers vom Bistum finanziell getragen werden (St. Elisabeth Hospital 2008), so dass das kirchliche Krankenhaus nicht zusätzlich belastet wird.

- *Unsicherheit:* Die Unsicherheit dieser Beziehung kann als niedrig eingestuft werden. Neben teilweise etablierten Standards hinsichtlich der Zusammenarbeit mit den Kirchengemeinden existieren in den meisten Fällen informelle Austauschbeziehungen zu den Mitarbeitern der Kirchengemeinde. Diese beruhen häufig auf einer langen Tradition (Barmherzige Brüder Saffig 2006), so dass hierbei nur ein bedingtes opportunistisches Verhalten von beiden Seiten unterstellt werden kann. Darüber hinaus binden sich beide Seiten an den kirchlichen Wertekanon.
- *Häufigkeit:* Die Häufigkeit der Stakeholder-Beziehungen kann als hoch klassifiziert werden. Neben regelmäßigen Abstimmungsrunden zwischen der Krankenhausseelsorge und den hauptamtlich Verantwortlichen der Kirchengemeinde, die monatlich erfolgen können (Krankenhaus der Barmherzigen Schwestern Betriebsgesellschaft 2005), finden die Freiwilligendienste mehrmals pro Woche statt.

Resümierend kann festgehalten werden, dass es sich hierbei um eine interaktionsstarke Beziehung handelt, die dennoch von relativ geringen Transaktionskosten geprägt ist.

- *Ursache für Wettbewerbsvorteile:* Geht man hierbei von dem christlichen Anspruch einer ganzheitlichen Versorgung aus, so steht die geistliche Sorge auf gleicher Ebene des Zielsystems kirchlicher Krankenhäuser wie die medizinisch-technisch-pflegerische Betreuung des Patienten (Fleßa 2009). Neben dieser angebotsorientierten Sichtweise gilt es auch die

Nachfrageseite zu berücksichtigen. Die Untersuchung von Rausch hat hierzu gezeigt, dass insbesondere für ältere Menschen die seelsorgerische Betreuung ein relevantes Krankenhausauswahlkriterium darstellt (Rausch 1984). Somit kann die Beziehung zur Kirchengemeinde, wenn sie zur Betreuung der Patienten beiträgt, als Ursache für einen Wettbewerbsvorteil gedeutet werden.

- *Dauerhaftigkeit:* Je nach Ausgestaltung der Beziehung eröffnet sie, insbesondere vor dem Hintergrund einer langjährigen Zusammenarbeit, einen mittleren Imitations- und Substitutionsschutz gegenüber Wettbewerbern. Kirchengemeindliche Dienste werden zwar auch für nicht-kirchliche Krankenhäuser angeboten, doch zeigt der Vergleich, dass ehrenamtliches Engagement einen höheren Stellenwert im kirchlichen Bereich einnimmt (Prognos/DEKV/KKVD 2009). Darüber hinaus stellt sich grundsätzlich die Frage, ob die Eigenschaft der Kirchlichkeit des kirchlichen Krankenhauses (als einer der beiden Beziehungspartner) so einfach von nichtkirchlichen Krankenhäusern adaptiert werden kann und möchte. Hierbei sei insbesondere auf die Anbindung an die verfasste Kirche durch beispielsweise Aufsichts-, Kontroll- und Informationsrechte des Bischofs und der Landeskirche verwiesen (Broll 1997).
- *Transferierbarkeit:* Die Transferierbarkeit kann als mittel eingestuft werden. So können beispielsweise spezifische seelsorgerische Schulungen aus dem kirchengemeindlichen Bereich für Pflegekräfte im Krankenhaus auch auf andere caritative Einrichtungen (u.a. Pflegeheime) übertragen werden (Schrage (2009) bezieht sich auf die Anwendung im Altenheim). Gleiches gilt auch für Besuchsdienste.

Es lässt sich festhalten, dass die Beziehung zur Kirchengemeinde ein gewisses Potential zur Entwicklung beziehungsspezifischer Kernkompetenzen im Sinne der Relational-View-Perspektive bietet.

- *Individualität und Interaktion:* Das Engagement der Kirchengemeinden für das kirchliche Krankenhaus ist durch einen hohen Individualitäts- und Interaktionsgrad mit dem Patienten gekennzeichnet. So sind die Entscheidungen beispielsweise von Ethikkomitees (die nicht selten mit Pfarrern aus der Kirchengemeinde besetzt sind) stark von der spezifischen Krankheitssituation des Patienten abhängig (DEKV/KKVD 1997; Simon (1999) am Beispiel der plastischen Wiederherstellung des Hymen). Auch die Besuchsdienste haben direkten Kontakt mit dem Patienten und erfordern eine hohe individuelle Betreuungskompetenz zur Erfüllung der Patientenwünsche.

Fasst man die Ergebnisse der drei Perspektiven zusammen, lässt sich konstatieren, dass der Stakeholder Kirchengemeinde insbesondere aufgrund der hohen Patientenintegration und eines mittleren Kernkompetenzpotenzials in den für ihn relevanten Prozess des kirchlichen Krankenhauses eingebunden werden sollte.

3.2 Eigentümer

Der Eigentümer, im Krankenhauskontext häufig auch als Träger bezeichnet, ist nach einer pragmatischen Definition von Schmid (2002: 3) eine Person oder Organisation „der oder die i.d.R. ein Gebäude besitzt oder über dieses verfügt zum hauptsächlichen Zweck der nicht nur vorübergehenden Vorhaltung und Erbringung stationärer Versorgungsleistungen." Im Rahmen dieser Arbeit soll diese Definition erweitert werden, so dass sich die vorübergehende Vorhaltung und Erbringung nicht nur auf stationäre Versorgungsleistungen bezieht, sondern auf sämtliche Gesundheits- und Sozialleistungen, die stationäre Versorgungsleistungen von kirchlichen Krankenhäusern inkludiert. Dies ist deshalb von Relevanz, da es sich bei kirchlichen Krankenhausträgern häufig um „Mischkonzerne" handelt, die ein breiteres Leistungsspektrum anbieten als reine Krankenhausbetreiber (Röthig 2007).

- *Spezifität:* Die Spezifität der Beziehung zwischen Krankenhaus und Träger ist hoch. Da sie neben hohen beziehungsspezifischen Investitionen in Sach- und Humankapital (z.B. Anstellung/Fort- und Weiterbildung von Führungskräften) insbesondere durch spezifische unternehmenskulturelle Faktoren geprägt ist. Beispielsweise sei hierbei auf Ordens- und Diakonissengemeinschaften verwiesen, die als Eigentümer ihre Einrichtungen „im Geiste" ihres Gründers weiterführen. Hieraus werden auch bis heute noch strategische Grundsatzentscheidungen abgeleitet, wie das Beispiel der Diakonie Neuendettelsau zeigt (u.a. Schoenauer et al. 2004). Grundsätzlich ist eine Beendigung der Beziehung durch einen Verkauf der Einrichtungen denkbar, aber aufgrund der hohen Spezifität häufig auch mit einem Identitätsverlust des Eigentümers verbunden, der nach Möglichkeit vermieden wird.

- *Unsicherheit:* Da es sich um eine interne Stakeholder-Beziehung handelt, ist diese nur durch eine geringe Unsicherheit gekennzeichnet. Dies zeigt sich daran, dass die Eigentümer häufig auf eine lange Geschichte der Krankenversorgungen zurück blicken können und diese als elementaren Bestandteil ihres christlichen Auftrags verstehen. So zeigt sich zum Beispiel, dass 45 % aller kirchlichen Krankenhäuser in der Eigentümerschaft von Orden vor 1900 gegründet wurden (eigene Erhebung, n=192).
- *Häufigkeit:* Eine Beurteilung der Häufigkeit lässt sich nur bedingt vornehmen, da diese von den organisatorischen Strukturen abhängig ist. Hierbei lässt sich die These vertreten, dass der Austausch zwischen Eigentümer und kirchlichen Krankenhäuser häufiger stattfindet, wenn es sich um eine unmittelbare Eigentümerschaft handelt. Aufgrund von Haftungsfragen werden immer häufiger Kapitalgesellschaften gegründet, die zu mittelbaren Eigentumsverhältnissen zu den einzelnen Einrichtungen führen. Hierbei liegt der Gedanke nahe, dass die Beziehung zwischen Eigentümer und kirchlichem Krankenhaus weniger intensiv ist. Auch zeigt sich bei Ordenskrankenhäusern, dass durch die rückläufige Anzahl von Ordensleuten die Präsenz von Vertretern der Eigentümerschaft im kirchlichen Krankenhaus zurückgeht. Somit wird die Häufigkeit der Austauschbeziehung als mittel eingestuft.

Den Überlegungen des Transaktionskostenansatzes folgend, lässt sich für den Stakeholder Eigentümer eine mittlere Einbindungstiefe ableiten.

- *Ursache für Wettbewerbsvorteile:* Im Hinblick auf Kernkompetenzüberlegungen wird die Beziehung zum Eigentümer oder die Zugehörigkeit zu einem bestimmten Eigentümertyp als elementare Ursache für Wettbewerbsvorteile gesehen. Unter Bezugnahme auf die Eigentümerklassifikation von Rumelt werden nachfolgend Eigentümer mit einem dominierenden Geschäftsfeld, mit mehreren verwandten Geschäftsfeldern sowie mit mehreren nicht verwandten Geschäftsfeldern unterschieden (Rumelt 1974). So wird den Eigentümern, die mehrere verwandte Geschäftsfelder abdecken, ein hohes Kernkompetenzpotential hinsichtlich der Etablierung von regionalen Wertschöpfungszentren unterstellt. Das kirchliche Krankenhaus kann in Kombination mit anderen Geschäftsfeldern des Eigentümers (z.B. Rehaeinrichtungen, Alten- und Pflegeheimen sowie Bildungseinrichtungen) seinen Patienten eine umfassende Versorgung bieten. In

Abhängigkeit der Rolle, die das kirchliche Krankenhaus bei der Steuerung des Patienten übernimmt, kann es sich somit Auslastung (z.B. Fallzuweisungen) und Synergien (z.B. verbundweite Einkaufsgemeinschaft) sichern (Schwegel et al. 2010a). Um diese Vorteile realisieren zu können, ist es für das kirchliche Krankenhaus entscheidend, mit dem Eigentümer ein regionales Wertschöpfungsmanagement zu etablieren. So zeigt die Analyse von Schwegel et al. (2010b), dass insbesondere Caritas- und Diakonieverbände sowie Ordensgemeinschaften in vielfältigen Geschäftsfeldern des Sozial- und Gesundheitswesens tätig sind und damit für die Realisierung der genannten Vorteile besonders geeignet erscheinen. In enger Abstimmung mit dem Eigentümer können darüber hinaus beziehungsspezifische Investitionen in materielle, z.B. Kapelle, und immaterielle Vermögensgegenstände, z.B. Schulungen, vorgenommen werden.

- *Dauerhaftigkeit:* Schafft es das kirchliche Krankenhaus gemeinsam mit den verwandten Geschäftsfeldern des Eigentümers, regional ein Wertschöpfungszentrum zu etablieren, dann kann von einer geringen Imitier- und Substituierbarkeit durch Wettbewerber ausgegangen werden. Dieser ganzheitliche Versorgungsansatz kann gewährleisten, dass der Klient oder Patient das regionale Wertschöpfungszentrum für präventive, diagnostische, therapeutische, pflegerische und Betreuungsangebote nicht mehr verlassen muss (Schwegel et al. 2010b). Aufgrund rechtlicher Rahmenbedingungen sowie bereits bestehender umfassender kirchlicher Angebote stellt dies eine hohe Markteintrittshürde für potentielle Wettbewerber dar. Die oben beschriebenen beziehungsspezifischen Investitionen scheinen nur schwer imitier- und substituierbar, weshalb hier eine Dauerhaftigkeit zu vermuten ist.

- *Transferierbarkeit:* Zur „echten" Kernkompetenz wird die Fähigkeit zum regionalen Wertschöpfungsmanagement, wenn diese auch auf andere Aktivitätsfelder übertragbar ist. Hierzu zählen andere Regionen, Kundengruppen und/oder Dienstleistungsbereiche. Am Beispiel des Kompetenzzentrums Demenz der Diakonie Neuendettelsau zeigt sich, dass eine regionale Übertragung möglich ist (Neuendettelsauer Chronik 2008). Somit bietet die Fähigkeit des regionalen Wertschöpfungsmanagement ein hohes Kernkompetenzpotential.

Führt man die Ausführungen zum Kernkompetenzpotential des regionalen Wertschöpfungsmanagements zusammen, so lässt sich festhalten, dass insbesondere in Beziehung zu Eigentümern mit mehreren verwandten Geschäftsfeldern ein hohes Potential begründet liegt. Auf Basis dieser Analyse wird nachfolgend der Einfluss auf die Patientenintegration untersucht:

- *Individualität und Interaktion:* Der Einfluss der Stakeholder-Beziehung zum Eigentümer auf die Patientenbehandlung wird als gering beurteilt. Dies liegt insbesondere daran, dass der Eigentümer als Institution nur indirekten Einfluss auf die Patientenbehandlung nehmen kann. Sicherlich bleibt hierbei anzumerken, dass Vertreter des Eigentümers, wie das Beispiel der Ordensschwestern zeigt, ihre Fürsorge direkt am Patienten erbringen. Wie weiter oben bereits ausgeführt, ist dieser Trend aufgrund von Personalmangel allerdings rückläufig (Fischer 2009).

Zusammenfassend lässt sich festhalten, dass der Eigentümertyp einen entscheidenden Einfluss auf die Realisierung von Kernkompetenzpotentialen hat. Auch zeigt die Beziehung eine hohe Spezifität. Dies sollte ungeachtet des geringen direkten Einflusses auf die Patientenintegration aus strategischer Perspektive zu einer engen Anbindung führen.

3.3 Weitere Stakeholder

Neben den untersuchten kirchenspezifischen Stakeholdern existieren weitere Anspruchsgruppen, die sich als geeignet für die Anwendung des kombinierten Ansatzes zeigen. Beispielsweise kann hier auf die Stakeholdergruppe Belegärzte verwiesen werden. Die Beziehung zu dieser Gruppe ist ebenfalls differenziert zu betrachten. So bestehen hinsichtlich des Kernkompetenzpotentials und der Patientenintegration deutliche Unterschiede, beispielsweise zwischen einem belegärztlichen Anästhesisten und einem Urologen. So sind die Transaktionskosten bei beiden annähernd gleich, da hinsichtlich Häufigkeit des Kontaktes und notwendiger Investitionen (z.B. Untersuchungsgeräte) ähnlich hohe Transaktionskosten anfallen. Auch ist beiden Stakeholdern gemein, dass ein Risiko opportunistischen Verhaltens gegenüber dem kirchlichen Krankenhaus vorhanden ist, z.B. dahingehend, dass sie bei lukrativeren Angeboten ihre Leistungen für ein anderes Krankenhaus erbringen würden. Hinsichtlich des Kernkompetenzpotentials unterscheiden sie sich aber deutlich. So bietet die urologische Leistung einen deutlich höheren Wettbewerbsvorteil für das kirchliche Krankenhaus als die anästhesistische, was insbesondere in der positiven Außenwirkung gegenüber

Patienten durch die Bereitstellung eines breiteren Fachabteilungsspektrums begründet liegt. Auch können damit zusätzliche Fallzahlen generiert oder zumindest gesichert werden.

4 Zusammenfassung und Ausblick

Die vorangegangen Ausführungen haben den Versuch unternommen, auf Basis einer Kombination aus Transaktionskosten- und Relation-View-Ansatz sowie Überlegungen des Dienstleistungsmangements die Beziehung zu kirchenspezifischen Stakeholdern differenziert zu betrachten. Am Beispiel der Stakeholder Kirchengemeinde und Eigentümer hat sich gezeigt, dass deren optimale Einbindungstiefe je nach Ausprägung unterschiedlich sein kann. Es handelt sich bei beiden Stakeholdern um strategisch relevante Gruppen, die nicht zuletzt ihres Kernkompetenzpotentials wegen einer engen Anbindung bedürfen.

Auf Basis des vorgestellten kombinierten Ansatzes lassen sich damit stakeholderspezifische Beziehungsstrategien theoretisch fundieren. Darüber hinaus können innerhalb einzelner Stakeholder-Gruppen weitere Differenzierungen abgeleitet werden. Zukünftiger Forschungsbedarf ist in der weiteren Operationalisierung des Ansatzes sowie einer Analyse ergänzender Stakeholder-Gruppen zu sehen Darauf aufbauend können empirische Überprüfungen oder fallstudienbasierte Analysen erfolgen.

Literatur

Bacher, Matthias Richard (2000): Outsourcing als strategische Marketing-Entscheidung. Wiesbaden.

Barmherzige Brüder Saffig (2006): proCum Cert-Qualitätsbericht. Saffig.

Bea, Franz Xaver/Haas, Jürgen (2009): Strategisches Management. 5. Aufl., Stuttgart.

Bender, David (2007): Stakeholder-Management im Sozialunternehmen. Kundennähe und Qualität durch Innovation. Saarbrücken.

Broll, Berthold (1997): Steuerung kirchlicher Wohlfahrtspflege durch die verfaßten Kirchen. Gütersloh.

Bühner, Rolf/Tuschke, Anja (1997): Outsourcing. In: Die Betriebswirtschaft, 57 (1), S. 20-30.

Campenhausen, Axel/Riedel-Spangenberger, Ilona/Sebott, Reinhold (2003): Lexikon für Kirchen- und Staatskirchenrecht, Band 2. Paderborn u.a.

DEKV/KKVD (1997): Ethik-Komitee im Krankenhaus. Freibrug i. Br.

Doll, Reiner-Peter (2006): Die Finanzierung von Nonproft-Organisationen im Hinblick auf Basel II. Bayreuth.

Dyer, Jeffrey H./Singh, Harbir (1998): The Relational View: Cooperative Strategy and Sources of Interorganizational Competitive Advantage. In: Academy of Management Review, 23 (4), S. 660-679.

Ebers, Mark/Gotsch, Wilfried (2006): Institutionenökonomische Theorien der Organisation. In: Organisationstheorien, 6. Aufl., hrsg. v. Alfred Kieser und Mark Ebers, Stuttgart, S. 277-305.

Evangelisches Diakoniewerk Frederikenstift Hannover (2004): proCum Cert-Qualitätsbericht. Hannover.

Fischer, Michael (2009): Das konfessionelle Krankenhaus. Münster.

Fleßa, Steffen (2007): Grundzüge der Krankenhausbetriebslehre. München.

Fleßa, Steffen (2009): Betriebswirtschaftslehre der Nonprofit-Organisationen. In: Betriebswirtschaftliche Forschung und Praxis, 61 (1), S. 1-21.

Gärtner, Heribert W. (1994): Zwischen Management und Nächstenliebe. Mainz.

Haller, Sabine (2005): Dienstleistungsmanagement. Grundlagen – Konzepte – Instrumente. 3. Aufl., Wiesbaden.

Hallermann, Heribert (2004): Pfarrei und pfarrliche Seelsorge. Paderborn u.a.

Jost, Peter-J. (2001): Der Transaktionskostenansatz in der Betriebswirtschaftslehre. Stuttgart.

Krankenhaus der Barmherzigen Schwestern Betriebsgesellschaft (2005): proCum Cert-Qualitätsbericht. Ried im Innkreis.

Krüger, Wilfried/Homp, Christian (1997): Kernkompetenz-Management: Steigerung von Flexibilität und Schlagkraft im Wettbewerb. Wiesbaden.

Listl, Joseph/Pirson, Dietrich (1994): Handbuch des Staatskirchenrechts der Bundesrepublik Deutschland. Berlin.

Neuendettelsauer Chronik (2008): Grenzen der Wohlfahrtsverbände überschritten, 94 (3), S. 3.

Pfriem, Reinhard (2008): Zwischen Reputation und Legitimation. Alle reden vom Stakeholdermanagement.... In: Die Stakeholder-Gesellschaft und ihre Governance. Management, Netzwerke, Diskurse, hrsg. v. Josef Wieland, Marburg, S. 81-98.

Picot, Arnold (1991): Ein neuer Ansatz zur Gestaltung der Leistungstiefe. In: Zeitschrift für betriebswirtschaftliche Forschung, 43, S. 336-357.

Picot, Arnold/Reichwald, Ralf/Wigand, Rolf T. (2003): Die grenzenlose Unternehmung. Information, Organisation und Management. 5. Aufl., Wiesbaden.

Prahalad, Coimbatore Krishnarao/Hamel, Gary (1990): The Core Competence of the Corporation. In: Harvard Business Review, 68 (3), S. 79-91.

Prahalad, Coimbatore Krishnarao/Hamel, Gary (1991): Nur Kernkompetenzen sichern das Überleben. In: HARVARDmanager, 13 (2), S. 66-78.

Prognos/DEKV/KKVD (2009): Kirchliche Krankenhäuser – wertorientiert, innovativ, wettbewerbsstark. Studie zu Beitrag und Bedeutung kirchlicher Krankenhäuser im Gesundheitswesen in Deutschland. Herne.

Quinn, James Brian/Hilmer, Frederick G. (1994): Strategic Outsourcing. In: Sloan Management Review, 35 (4), S. 43-55.

Rausch, Roland (1984): Die freigemeinnützigen Krankenhäuser in der Bundesrepublik Deutschland. Gerlingen.

Röthig, Iris (2007): Stille Riesen. In: Financial Times Deutschland vom 14.06.2007.

Rumelt, Richard P. (1974): Strategy, Structure, and Economic Performance. Cambridge.

Saarlandkliniken Kreuznacher Diakonie (2008): proCum Cert-Qualitätsbericht. Neunkirchen.

Schmid, Rudolf (2002): Träger – Zu Begriff, Struktur, Entwicklung und Funktion des Trägers von Krankenhäusern. In: Management Handbuch Krankenhaus, hrsg. v. Andreas Greulich et al., Heidelberg, S. 1-26.

Schoenauer, Hermann et al. (Hrsg.) (2004): Tradition und Innovation. Stuttgart.

Schrage, Bruno (2009): „Seelenpflege" in caritativen Einrichtungen. In: Caritas 2010, hrsg. v. Deutscher Caritasverband, Freiburg, S. 102-107.

Schwegel, Philipp/Da-Cruz, Patrick/Oberender, Peter (2010a): Professionalisierung durch netzwerkorientierte Diversifikation am Beispiel kirchlicher Krankenhausträger, zur Veröffentlichung eingereicht.

Schwegel, Philipp/Da-Cruz, Patrick/Oberender, Peter (2010b): Kernkompetenzorientierte Wertschöpfungszentren als Strategieoption für kirchliche Krankenhausträger, zur Veröffentlichung eingereicht.

Schwendenwein, Hugo (2003): Die Katholische Kirche. Essen.

Simon, Alfred (1999): Erfahrungen aus dem Katholischen Krankenhaus Neu-Mariahilf in Göttingen. In: Ethik-Komitee im Krankenhaus, hrsg. v. DEKV/ KKVD, Freiburg, S. 45-47.

Städtler-Mach, Barbara (1993): Das Evangelische Krankenhaus. Hamburg.

St. Elisabeth Hospital (2008): proCum Cert-Qualitätsbericht. Meerbusch-Lank.

von Reibnitz, Christine (1999): Strategische Planung im Krankenhaus. Eine neue Herausforderung für das Management. Stuttgart.

Wieland, Josef (2008): Governanceökonomik: Die Firma als Nexus von Stakeholdern. Eine Diskussionsanregung. In: Die Stakeholder-Gesellschaft und ihre Governance. Management, Netzwerke, Diskurse, hrsg. v. Josef Wieland, Marburg, S. 15-38.

Williamson, Oliver E. (1985): The Economic Institutions of Capitalism. New York.

Williamson, Oliver E. (1996): Transaktionskostenökonomik. 2. Aufl., Hamburg.

Ansätze zur Legitimierung von Nonprofit-Organisationen gegenüber ihren Stakeholdern, dargestellt am Berufsbildungswerk Adolf Aich gGmbH Ravensburg

Gerhard V. Krönes, Weingarten

1 Legitimierungsdruck

Nonprofit-Organisationen (NPO) befinden sich in sozialer, politisch-rechtlicher und ökonomischer Hinsicht unter Legitimierungsdruck, der angesichts der Dynamisierung von Umweltbedingungen zugenommen hat. Die drei Kategorien lassen sich allerdings nicht trennscharf voneinander unterscheiden, denn sie stehen in vielfältigen Interdependenzbeziehungen. Eine zentrale Bedeutung für den Legitimierungsdruck von NPO haben *gesellschaftliche Entwicklungen*. Zu nennen sind insbesondere Enttraditionalisierung und Entsolidarisierung (Greiling 2009; Zimmer 2002). Ein Indiz dafür ist der Bedeutungsverlust der Großfamilie, der zwar individuelle Freiheiten gemehrt, aber auch Möglichkeiten der Selbsthilfe innerhalb von Gruppen, deren Mitglieder stark aufeinander bezogen waren, beseitigt hat. „Die Folge ist, dass an die Stelle traditioneller Gemeinschaftsbezüge und freiwilliger Barmherzigkeit ein ‚System staatlich verbürgter Zwangssolidarität‘ und ‚bezahlter Nächstenliebe‘ tritt, das auf den Elementen gesetzlicher Anspruchsrechte, bürokratischer Verwaltungsapparate und hauptamtlichem Fachpersonal aufbaut.“ (Greiling 2009) Je mehr soziale Dienste von anonymen Organisationen erbracht werden, desto misstrauischer sind potentielle Ressourcengeber im Hinblick auf die Zuwendungswürdigkeit des potentiellen Empfängers. In *politisch-rechtlicher* Hinsicht resultiert der Legitimationsdruck vor allem aus einem kurz vor der Jahrtausendwende realisierten veränderten Reglement öffentlicher Leistungsfinanzierung z.B. in der Sozialhilfe. Konnten zuvor NPO von einer Erstattung nachgewiesener Kosten ausgehen, so haben sie heute

Kontrakte abzuschließen über qualitativ und quantitativ geplante und kalkulierte Leistungen. Die veränderten öffentlichen Finanzierungsmodalitäten werden begleitet von einer Uminterpretation des Subsidiaritätsprinzips; galt zuvor der Vorrang der Freien Wohlfahrtspflege sowohl vor öffentlichen als auch privaten Anbietern, sind nun freigemeinnützige und privatgewerbliche Anbieter weitgehend ranggleich (Blum et al. 2008). Beides veranlasst NPO, sich verstärkt mit Fragen insbesondere der Planung, des Qualitätsmanagements, der Kostenrechnung, des Marketing und des Controlling auseinanderzusetzen, um ihren Ressourcenanspruch mit Fakten legitimieren zu können. Legitimationsdruck bewirkt also Professionalisierungs- und Kostensenkungsdruck. Letzterer wird noch intensiviert durch budgetwirksame Sparsamkeitsbestrebungen öffentlicher Hände (Stötzer 2009). In *ökonomischer* Hinsicht sind NPO vor allem mit einem intensivierten Wettbewerb konfrontiert. Sie stehen in Konkurrenz um Mitglieder, geldliche und geldwerte Ressourcen, Klientel und Aufmerksamkeit. Nicht nur öffentliche Hände, sondern auch „private Ressourcengeber orientieren sich vermehrt an Resultaten“ (Stötzer 2009: 70), die dezidiert darzustellen sind.

2 Berufsbildungswerke und das Berufsbildungswerk Adolf Aich gGmbH

Im 19. Jahrhundert entstanden zahlreiche, meist kirchennahe sozial-caritative Organisationen, die sich erstmals systematisch u.a. der beruflichen Bildung Behinderter annahmen (o.V. 1994). Das Arbeitsförderungsgesetz sowie das Berufsbildungsgesetz von 1969 bildeten gemeinsam mit dem Aktionsprogramm der Bundesregierung zur Förderung der Rehabilitation Behinderter von 1970 die Grundlage für die heutigen Berufsbildungswerke (Bundesarbeitsgemeinschaft der Berufsbildungswerke 2008). „Berufsbildungswerke (BBW) sind ... überregionale Einrichtungen zur beruflichen Erstausbildung vor allem für behinderte Jugendliche, die wegen Art und Schwere der Behinderung nur durch eine stete medizinische, pädagogische und psychologische Betreuung während der Ausbildung zu einem Berufsabschluss befähigt werden können.“ (o.V. 2010b; ausführlicher Eser 2009). Die Bundesarbeitsgemeinschaft der Berufsbildungswerke (2009) unterscheidet Körperbehinderte, Lernbehinderte, psychisch Behinderte und Sinnesbehinderte. Ziel der BBW ist, behinderte Jugendliche auf der

Basis von § 19 Sozialgesetzbuch (SGB) III und § 35 SGB IX mit Hilfe eines ganzheitlichen Förderkonzeptes, das Schule, berufliche Ausbildung, Unterbringung und Betreuung umfasst, arbeitsmarktlich und gesellschaftlich zu integrieren (Teilhabe). Die 52 in der Bundesarbeitsgemeinschaft der Berufsbildungswerke (2010) kooperierenden Einrichtungen bilden in rund 240 Berufen aus und bieten ca. 14.000 Ausbildungsplätze. Das *BBW Adolf Aich* ist eine Tochtergesellschaft der Stiftung Liebenau. Es ist benannt nach Adolf Aich (1824-1909), einem Tettnanger Kaplan, der 1873 die Stiftung Liebenau gründete und unter kirchliche Obhut stellte (Kästner/Couzinet 2008). Das BBW Adolf Aich bildet mit rund 220 Fachkräften ca. 300 lernbehinderte (Eser 2005) Jugendliche in 41 Berufen aus (Berufsbildungswerk Adolf Aich gGmbH 2010). Da nur ein Teil der Jugendlichen in der Lage ist, den berufspraktischen Part der Ausbildung in einem Betrieb außer Haus zu absolvieren, unterhält das BBW eigene Werkstätten, die ihre Leistungen marktlich verwerten.

3 Stakeholder des Berufsbildungswerks Adolf Aich gGmbH

Eine generelle Darstellung von Stakeholdern von NPO ist im Rahmen des vorliegenden Beitrags nicht möglich (siehe aber z.B. Krickhahn 2002). Im Folgenden sei daher nur auf diejenigen Stakeholder näher eingegangen, die für das BBW relevant sind und in Bezug auf das BBW Spezifika aufweisen. Andere werden lediglich genannt (Abb. 1). (1) Da das BBW Tochterunternehmen einer Stiftung ist, gibt es keine Mitglieder. (2) Ehrenamtliche Mitarbeit findet im BBW gegenwärtig nicht statt. In Bezug auf (3) amtliche, also bezahlte Mitarbeit (Krönes 2009) sind beim BBW keine Spezifika zu vermelden. Gleiches gilt für die (4) Leitung, (5) Lieferanten, (6) Lobbyisten und (7) Medien (Stötzer 2009). (8) Träger von NPO sind häufig deren Mitglieder, also natürliche oder juristische Personen, z.T. auch deren Stifter bzw. die Stiftung als Ergebnis des Stiftungsakts, aber z.B. auch Mutterorganisationen. NPO sind Instrumente ihrer Träger (allgemein Schmidt 1967) zur Erfüllung bestimmter Aufgaben und weisen damit Parallelen zu öffentlichen Unternehmen auf, die ihrerseits Instrumente von Staat oder Kommune sind, um öffentliche Aufgaben außerhalb der Kernverwaltung zu erfüllen (Oettle 1983).

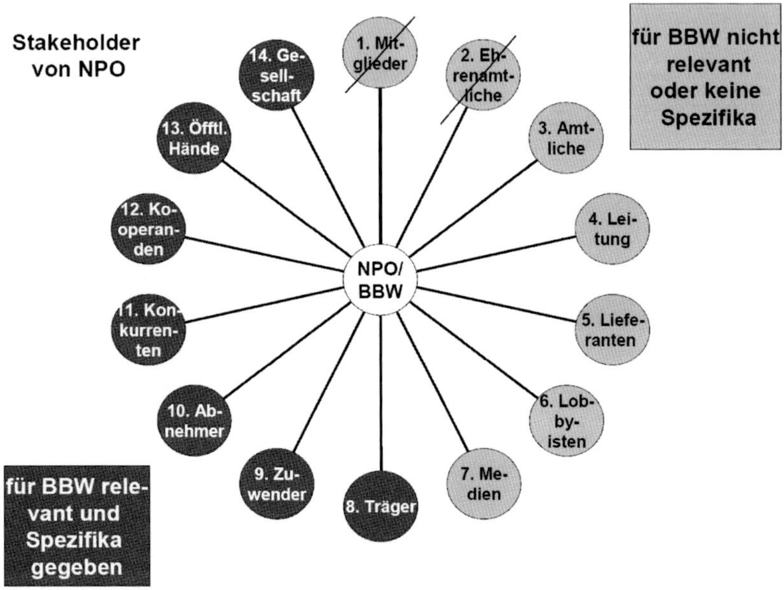

Abb. 1: Stakeholder von Nonprofit-Organisationen, insbesondere des BBW

Träger des BBW ist die Stiftung Liebenau (2010), die sich als sozial-caritative Einrichtung versteht, die auf der Basis des christlichen Menschenbildes agiert und das auch von ihren Untergliederungen, welche Instrumente zur Erfüllung des Stiftungszwecks darstellen, fordert. Überdies dürfte zumindest auf lange Sicht erwartet werden, dass die Untergliederungen eigenwirtschaftlich arbeiten, also ohne Zuschuss der Stiftung auskommen. Im weiteren Sinne könnte auch die römisch-katholische Kirche, vertreten durch die Diözese Rottenburg-Stuttgart, als Stakeholder des BBW betrachtet werden, ist doch die Stiftung Liebenau eine kirchliche Stiftung (Kästner/Couzinet 2008). (9) *Zuwender (Zuwendungsgeber)* stellen eine äußerst heterogene Interessengruppe dar. Spender seien lediglich erwähnt, denn Spenden kommen beim BBW nur vereinzelt vor und stellen eine vernachlässigbare Größe dar. In Bezug auf Sponsoren verhält es sich ähnlich (Braun 2010). Öffentliche Hände als Zuwendungsgeber verstehen NPO oft als Erfüllungsgehilfen bei der Erledigung öffentlicher Aufgaben. Das BBW finanziert sich in erster Linie aus öffentlichen Händen. Eine zentrale Rolle spielt dabei die Agentur für Arbeit, von der das BBW 59 % seiner Finanzmittelzuflüsse erhält (Braun 2010). Diese weist dem BBW behinderte Jugendliche zu, deren Antrag auf Förderung nach Prüfung (Bundesagentur für Arbeit 2007) positiv beschieden wurde. Da das BBW auf die finanzwirksame Zuweisung von Klientel angewiesen ist, ist die Agentur für Arbeit ein ausgesprochen mächtiger Stakeholder. Dies führte die Belegungskrise der Berufsbildungswerke 2005 eindrücklich vor Augen (Bundesarbeitsgemeinschaft der Berufsbildungswerke 2005 allgemein sowie Wassermann 2005 zum BBW Adolf Aich). Die übrigen Mittelzuflüsse stammen von den berührten Landkreisen für Maßnahmen der Jugendhilfe, vom Land Baden-Württemberg als Zuschuss für den Schulbetrieb, sowie sonstigen, zu denen u.a. die Abnehmer der Produkte aus den Werkstätten gehören (Braun 2010); letztere zählen allerdings zur Stakeholdergruppe der Abnehmer. Die genannten öffentlichen Zuwendungsgeber sind daran interessiert, dass öffentliche Mittel sowohl effizient als auch effektiv eingesetzt werden und dass der gesellschaftliche Nutzen mindestens dem finanziellen Einsatz von Steuergeldern entspricht.

(10) *Abnehmer* von Leistungen von NPO erwarten, soweit sie Entgelte entrichten, ein aus ihrer Sicht optimales Preis-Leistungs-Verhältnis; soweit Leistungen unentgeltlich sind, sind ihre Abnehmer an einer bestmöglichen Bedürfnisbefriedigung interessiert. Die Leistungsabnehmer des BBW sind zunächst die Jugendlichen, die dort eine unentgeltliche Ausbildung genießen und dadurch eine deutliche Verbesserung ihrer Zukunftschancen erwerben, was auch ihren Herkunftsfamilien zugute kommt. Die Jugendlichen haben insofern Einfluss auf das Wohl und Wehe des BBW, als es sich bei Ausbildungsleistungen um Leistungen handelt, deren Gelingen von der Mitwirkung der Adressaten abhängt, weswegen diese verschiedentlich als externer Produktionsfaktor bezeichnet werden (Maleri 1991). Außerdem stellen ihr Verhalten und ihre Leistung im Beruf ein Reputationsrisiko für die Ausbildungsstätte dar. Leistungsabnehmer des BBW sind auch diejenigen Betriebe, die die Jugendlichen nach abgeschlossener Ausbildung einstellen; darüber hinaus sind es die Kunden, die z.B. Holz- und Metallerzeugnisse der Werkstätten des BBW erwerben.

(11) Ob NPO aktuelle oder potentielle *Konkurrenten* haben, hängt von derjenigen marktlichen Rolle ab, die sie ausfüllen. Möglich sind die Lückenfüllerrolle, die Rolle des Monopolbewirtschafters und die des Konkurrenzierers (Oettle 1983). *Lückenfüllung* kann sich auf den Leistungsgegenstand (z.B. Tafeln) und

auf Verfahren bzw. Konditionen der Leistungserstellung (z.B. Behandlung in der Altenpflege) erstrecken. In bezug auf die Lückenfüllung durch NPO kann nur von potentieller Konkurrenz anderer Betriebe gesprochen werden. *Monopole* können für potentielle Konkurrenten attraktiv genug erscheinen, um in den betreffenden Markt einzudringen, wenn keine juristischen Hemmnisse bestehen und die ökonomischen Marktzugangsbarrieren überwindbar erscheinen. Allerdings kommt es selten vor, dass NPO Monopole bewirtschaften (z.B. aber Duales System Deutschland GmbH für Verpackungsverwertung in den Anfangsjahren; o.V. 2010a; Deutsche Fußball Liga GmbH für die Verwertung von Rundfunkrechten; Deutsche Fußball Liga GmbH DFL (2008), § 2, Ziff. 1.3). Nur wenn NPO eine *Konkurrenziererrolle* übernehmen, existieren a priori aktuelle Konkurrenten, so z.B. privat-erwerbswirtschaftliche Unternehmen auf dem Gebiet der häuslichen Krankenpflege. (Aktuelle) Konkurrenten wollen ihre Ziele möglichst ungehindert verfolgen können. Im einen Grenzfall besteht Interesse an der Eliminierung von Wettbewerbern, im andern an Kooperation mit ihnen. Berufsbildungswerke insgesamt übernehmen in Bezug auf die Ausbildung behinderter Jugendlicher eine Lückenfüllerrolle. Für jedes einzelne BBW gilt das nur sehr bedingt, da seine Leistungen durch diejenigen anderer BBW ersetzt werden können, also weder fachliche noch geographische Monopole bestehen. Dort, wo das BBW Adolf Aich Produkte seiner Werkstätten vermarktet, tritt es in Konkurrenz zu privatgewerblichen Betrieben. In deren Interesse liegt insbesondere eine Konzentration des BBW auf seine Kernaufgabe und Selbstbeschränkung im Hinblick auf marktlich zu verwertende Erzeugnisse.

(12) *Kooperanden* sind aktuelle oder potentielle Kooperationspartner, denen an Verbündeten für politische Auseinandersetzungen, an Partnern zur Verstärkung eigener Marktmacht, zur Effizienzverbesserung, zur Risikoteilung sowie zur Arrondierung eigener Leistungsfähigkeit gelegen ist. Kooperationspartner des BBW sind zum einen Betriebe, die den berufspraktischen Teil der Ausbildung der Jugendlichen übernehmen (Bundesministerium für Arbeit und Soziales 2008); ihr Interesse geht dahin, Ausbildungskosten und -risiken nicht tragen zu müssen. Zum anderen sind andere BBW Kooperanden, die ihren Interessen über die Bundesarbeitsgemeinschaft der Berufsbildungswerke Gehör verschaffen wollen. (13) *Öffentliche Hände* treten nicht nur als Zuwendungsgeber in Erscheinung, sondern sind im Rahmen des Subsidiaritätsprinzips daran interessiert, dass NPO Aufgaben übernehmen oder weiterhin erfüllen, die sie sonst selbst übernehmen müssten. Stötzer spricht im ersteren Fall von „Privatisierung ohne Kommerzialisierung“ (2009: 72). Im Übrigen können öffentliche Hände als

Repräsentanten der Gesellschaft gesehen werden, die an positiven sozialen Wirkungen von Existenz wie Tätigkeit von NPO interessiert sind. Für das BBW siehe (9). (14) Die *Gesellschaft* ist ein heterogener und daher unspezifischer Stakeholder; Partikularinteressen dürften heute mindestens so bedeutsam sein wie gesamtgesellschaftliche Interessen. Grundlage weiterer Überlegungen sind die gesellschaftlichen Rollen, die NPO einnehmen können (Abb. 2).

Gesellschaftliche Rollen von Nonprofit-Organisationen					
(a) Subsidiäre Leistungs-pioniere	(b) Themen-pioniere	(c) (De-)Sta-bilisierer	(d) (Dis-)Inte-grierer	(e) Kontrollie-rer	(f) Konkur-renzierer

Abb. 2: Gesellschaftliche Rollen von Nonprofit-Organisationen (Simsa 2001: 12 ff. sowie eigene Überlegungen)

Die gesellschaftlichen Rollen der *Subsidiäre* und *Leistungspioniere* entsprechen der marktlichen Lückenfüllerrolle. Jeweils werden Leistungen angeboten, die in ihrer Art sonst nicht oder in ihrer Qualität von anderen Betrieben so nicht angeboten werden. Die diesbezügliche Abstinenz erwerbswirtschaftlicher Unternehmen erklärt sich damit, dass die fraglichen Leistungen nicht lukrativ genug sind, so etwa Dienste der Telefonseelsorge und der Tafeln. NPO greifen auch Themen auf, die in der Gesellschaft bislang nicht bekannt waren oder für unbedeutend gehalten werden, verankern sie im öffentlichen Bewusstsein und wirken meinungsbildend (*Themenpioniere*). So waren etwa NPO die Initiatoren von Friedens-, Umwelt-, Menschenrechts- und Verbraucherschutzbewegungen. Verschiedentlich werden NPO, insbesondere Vereine, wegen ihres oft basisdemokratischen Charakters als Schule der Demokratie gerühmt (Stecker/Nährlich 2005), weswegen sie zur *Stabilisierung* des Staatswesens beitrügen. Es gibt (und gab) jedoch sowohl in demokratischen Staatswesen zutiefst undemokratische NPO, z.B. Sekten, politische Extremisten bis hin zu autoritär geführten Wehrsportgruppen, als auch in Diktaturen freiheitliche NPO, die jeweils die Staatsverfassung zu *destabilisieren* beabsichtigen (Stecker/Nährlich 2005). Auch die NPO nachgesagte Rolle von *Integrierern* (Zimmer/Priller 2007), die sich der sozialen Kohäsion verpflichtet fühlen, wird keineswegs immer ausgefüllt. Ebenso können NPO *disintegrativ* wirken, indem gesellschaftliche Gruppierungen ungleich behandelt oder gar voneinander abgeschottet und missliebige angefeindet werden. NPO stellen also keineswegs per se institutionalisiertes Gutmenschentum dar. Insbesondere dort, wo NPO sich als Themenpioniere betätigt haben, üben sie nun als Themenanwälte (Stecker/Nährlich 2005) eine *Kontrollfunktion* aus. Ihre Kontrolle erstreckt sich sowohl auf staatliche Instanzen als auch auf Unternehmungen. Die gesellschaftliche *Konkurrenziererrolle* von NPO entspricht ihrer marktlichen. Im Fokus stehen Machtbegrenzung, Angebotsvielfalt und daraus resultierende Wahlfreiheiten der Leistungsabnehmer. Welche gesellschaftlichen Interessengruppen für NPO bedeutsam sind, hängt sowohl vom Charakter der NPO als auch von deren gesellschaftlicher Rolle ab. Das BBW hat hinsichtlich seines Auftrags eine eindeutige gesellschaftliche Integrationsfunktion inne; Berufsbildungswerke dienen qua definitione dazu, mittels Ausbildung behinderten Jugendlichen eine Teilhabe am gesellschaftlichen und wirtschaftlichen Leben zu ermöglichen. Damit stehen sie auch im Dienste der Vermeidung von Arbeitslosigkeit, der Armutsprophylaxe und der Kriminalitätsprävention. Dies ist der gesellschaftlichen Kohäsion förderlich und stabilisiert die Gesellschaft dadurch.

4 Legitimierungsmittel, Kriterien ihres Einsatzes und Konkretisierung für das Berufsbildungswerk Adolf Aich gGmbH

Das Tableau der Legitimierungsmittel (Abb. 3) zeigt den Möglichkeitenrahmen auf, der sich NPO bietet. Eine NPO kann sich mit Hilfe der von ihr verfolgten *Ziele* legitimieren, wenn diese auf einen breiten gesellschaftlichen Konsens oder zumindest die Zustimmung einer starken gesellschaftlichen Gruppe stoßen. Unter derselben Bedingung ist es möglich, dass bloße *Gegenstandsgebiete*, das heißt Arbeitsfelder, eine NPO legitimieren können. Ziele und Gegenstandsgebiete können eine NPO allerdings nur im Hinblick auf ihre Existenz legitimieren („organisationale Legitimität"; Stelzer 2009); für die Legitimation ihrer Tätigkeit bedarf es des Einsatzes weiterer Mittel. Das gesellschaftliche und politische Gewicht einer NPO ist umso größer, je mehr Menschen sich als *Mitglieder* zu ihr stellen. Sinkende Mitgliederzahlen bedingen einen Bedeutungsverlust von NPO, was bei Organisationen, die der Interessenvertretung dienen, besonders schwer wiegt und am Beispiel der Gewerkschaften in mehreren Industrienationen seit längerem beobachtet werden kann (Mielke 2003). Prominente *Personen* mit untadeligem Ruf können eine NPO legitimieren, wenn sie als ideelle Bürgen fungieren oder bereit sind, eine Führungsrolle innerhalb der Organisation zu übernehmen.

Legitimierungsmittel von NPO							
(1) Ziele	(2) Gegenstandsgebiete	(3) Mitgliederzahl	(4) Personen	(5) Zertifikate	(6) Verfahren	(7) Effizienz	(8) Effektivität

Abb. 3: Legitimierungsmittel von NPO im Überblick

Zertifikate sind Gütesiegel, die eine organisationsexterne Prüfinstanz verleiht, wenn eine NPO bestimmte definierte Kriterien erfüllt. Spendensiegel sind die bekanntesten Zertifikate im Nonprofit-Sektor. Sie dienen dazu, potentielle Spender darüber ins Bild zu setzen, welche überregional Spenden sammelnden Organisationen als seriös einzustufen sind, um eine Fehlinvestition von Spendenmitteln zu vermeiden (z.B. Deutsches Zentralinstitut für soziale Fragen 2010; Deutsche Evangelische Allianz 2010). *Verfahren* können durch ihre Korrektheit, ihre Fairness, ihre Achtung der Menschenwürde, ihre Umwelt- und Sozialverträglichkeit legitimierend wirken. Auch darüber können Zertifikate erstellt werden, jedoch steht die Messbarkeit derartiger Verfahrenseigenschaften in Frage. Die Gegenstände von *Effizienz* und *Effektivität* illustriert Abb. 4.

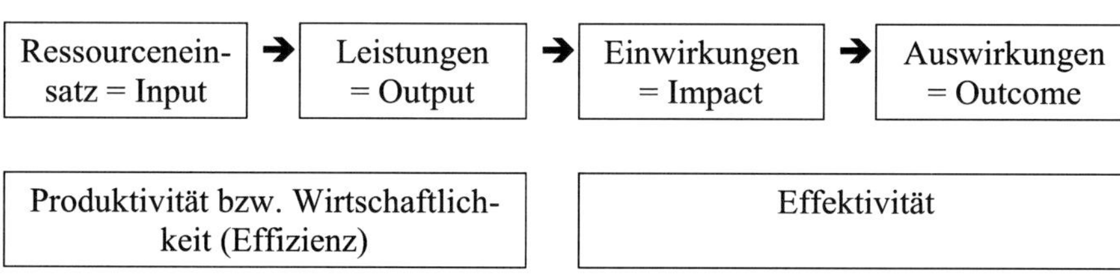

Abb. 4: Phasen des Leistungserstellungs- und Wirkungsprozesses und ihr jeweiliges Erfolgsmaß (modifiziert nach Eichhorn 2005b, S. 158 ff., insb. S. 163)

Die Beziehung zwischen eingesetzten Ressourcen und erstellten Leistungen ist in technisch-naturaler Sicht die Produktivität, in ökonomischer Sicht die Wirtschaftlichkeit bzw. Effizienz. Dozenten, Unterrichtsmaterial und Räumlichkeiten z.B. sind Produktionsfaktoren (Ressourcen), deren Kombination Unterrichtsleistungen hervorbringt. Bei privaten wie öffentlichen NPO kommt es allerdings oft nicht primär auf die Leistungen an, sondern auf die Wirkungen, die man damit erzielt. Einwirkungen (Impact) bestehen im Beispiel darin, dass Kenntnisse und Fähigkeiten der Unterrichteten zunehmen; Auswirkungen (Outcome) beschreiben die gesellschaftlichen und volkswirtschaftlichen Konsequenzen der Einwirkungen. Dazu gehören etwa die Vermeidung von Arbeitslosigkeit und deren individuellen und kollektiven Lasten sowie die Stärkung der volkswirtschaftlichen Wettbewerbsfähigkeit. *Effizienz* als Legitimierungsmittel bedarf einer adäquaten Rechnungslegung; hierfür kommt in erster Linie die Kostenrechnung in Betracht. Soll *Effektivität* die Arbeit einer NPO legitimieren, so sind ebenfalls adäquate Rechenwerke vorzusehen. Die Ermittlung beabsichtigter Aus- und Einwirkungen von NPO-Aktivitäten ist allerdings wesentlich schwieriger als die der Effizienz und wird daher entweder rudimentär praktiziert oder ganz unterlassen (Eichhorn 2005a).

Um einer rationalen Kommunikationspolitik willen interessieren nun die Kriterien für den Einsatz von Legitimierungsmitteln. Die *Stakeholder-Wirksamkeit* fragt sowohl nach denjenigen Stakeholdern, denen gegenüber sich eine NPO legitimieren soll, als auch danach, mit welchen Inhalten diese Stakeholder überzeugt werden können (Stötzer 2009). In der Regel wird es nicht darum gehen, alle Anspruchsgruppen gleichermaßen zu erreichen. Vielmehr ist nach der Bedeutung der Stakeholder zu selektieren, wofür die Kriterien Macht, Legitimität und Dringlichkeit (Mitchell/Agle/Wood 1997) verwendet werden können. Welche Machtposition die Agentur für Arbeit dem BBW gegenüber einnimmt, ist oben bereits zum Ausdruck gekommen. Diese Macht ist legitim, weil vom Gesetzgeber so gewollt. Die Belegungskrise der BBW im Jahr 2005 hat nicht nur die Machtverhältnisse offenbart, sondern zugleich auch die Dringlichkeit der Ansprüche der Agentur gezeigt. Die Agentur für Arbeit ist allerdings nur vordergründig der wichtigste Stakeholder von BBW. Denn sie ist ein Instrument staatlicher Politik, welche im Sinne mehrheitsfähiger gesellschaftlicher Werthaltungen agiert. Letztlich ist also die Gesellschaft bzw. sind die stellvertretend für sie handelnden Politiker der bzw. die entscheidende(n) Stakeholder. Da BBW überwiegend auf bundesgesetzlicher Basis finanziert werden, sind die Gesellschaft der Bundesrepublik Deutschland und bundespolitische Akteure geborene

Adressaten ihrer Legitimationsbemühungen. Das hat im Hinblick auf die zu kommunizierenden Inhalte Konsequenzen: Die maßgebliche Finanzierung von BBW aus Mitteln der Allgemeinheit (Steuergeldern) legt nahe zu fragen, welchen Nutzen die Allgemeinheit aus diesem Mitteleinsatz zieht. Es reicht demnach nicht, einzelwirtschaftliche Effektivität nachweisen zu können, der Outcome von BBW muss zu dem Steuermitteleinsatz in Relation gesetzt werden, mit anderen Worten: Es ist eine Kosten-Nutzen-Analyse, eine Erscheinungsform gesellschaftlicher Rechnungslegung (Stötzer 2009), zu erstellen und zu kommunizieren. Die *Effizienz* thematisiert das Verhältnis zwischen Kosten und Nutzen des Einsatzes von Legitimierungsmitteln, ist allerdings für eine Kosten-Nutzen-Analyse von BBW kaum zu beziffern. Die *Potenz* eines BBW bezieht sich auf seine Darstellungs- und Kommunikationsfähigkeit.

Die seriöse Erstellung einer Kosten-Nutzen-Analyse dürfte in der Regel für ein einzelnes BBW zu aufwendig sein. Wegen der Vielzahl der für die Erarbeitung einer Kosten-Nutzen-Analyse nötigen Prämissen ist auch kaum davon auszugehen, dass verschiedene Analysen einzelner BBW zu identischen Ergebnissen gelangen, was für die Öffentlichkeitswirkung kontraproduktiv wäre. Überdies ist die Kommunikationsfähigkeit regionaler BBW mit dem Anspruch bundesweiter Wirksamkeit überfordert. Insofern bietet sich eine verbandliche Vorgehensweise an, wie sie gegenwärtig auch in Vorbereitung ist (Eser/Fath/Lüdtke 2010). Dabei können in einer ersten Annäherung folgende Nutzenkategorien gebildet werden: Einsparung von Unterstützungszahlungen wegen vermiedener Arbeitslosigkeit: Arbeitslosengeld, Sozialgeld, Sozialversicherungsbeiträge, Miete, Mietnebenkosten. Einsparung von Kosten der Jugendkriminalität (Albrecht 2003; Dollinger/Schmidt-Semisch 2010). Einsparung von Gesundheits- und Heilkosten: Der Gesundheitszustand von Arbeitslosen ist deutlich schlechter als der von Erwerbstätigen (Robert Koch-Institut 2003), wobei das Krankheitsrisiko mit der Dauer der Arbeitslosigkeit zunimmt. Der schlechtere Gesundheitszustand von Arbeitslosen äußert sich in häufigeren Arztbesuchen und längeren Krankenhausaufenthalten. Steuerzahlungen und Beiträge zu den Sozialversicherungen infolge zusätzlicher Einkommenserzielung. Diese Auflistung hat ausschließlich illustrativen Charakter. Verifizierungs- und ergänzungsbedürftig ist auch die auf ihr beruhende Musterrechnung, die den Abschluss des vorliegenden Beitrags bilden soll. Eine ausführlichere Durchleuchtung der Sachverhalte ist im Rahmen des vorliegenden Beitrags nicht möglich. Gerechnet wurde je Person und Jahr in €, die Ausbildung dauert drei Jahre, als Übernahmequote nach abgeschlossener Ausbildung werden 60 % angenommen, der betrachtete Zeitraum wird auf fünf

Jahre begrenzt. Weiter wird angenommen, dass ohne die Ausbildung ein Viertel der Jugendlichen kriminell und zu einer Gefängnisstrafe verurteilt würde. Es wird ein Kalkulationszinssatz von 5 % angenommen.

Kosten und Nutzen	**€ pro Jahr**
Kosten der Agentur für Arbeit (Eisele et al. 2009)	23.600
Einsparung: Unterstützungszahlungen (Eisele et al. 2009)	11.398
zusätzliche Steuereinnahmen (ab 4. Jahr) (Eisele et al. 2009)	2.125
Einsparung: vermiedene Gefängniskosten (Eisele et al. 2009)	7.250
Einsparung: 2 Arztbesuche (Robert Koch-Institut 2003)	86
Einsparung: 1,1 Krankenhaustage (Robert Koch-Institut 2003; Böhm et al. 2010)	365

Jahr	**Kosten K**	**Barwert**	**Nutzen N**	**Barwert**	**N - K**	**Barwert**
1	23.600	22.476	19.098	18.189	- 4.502	- 4.288
2	23.600	21.406	19.098	17.322	- 4.502	- 4.083
3	23.600	20.387	19.098	16.498	- 4.502	- 3.889
4	0	0	12.734	10.476	12.734	10.476
5	0	0	12.734	9.977	12.734	9.977
Σ		64.269		72.462		8.193

Abb. 5: Kosten-Nutzen-Analyse eines BBW

Der *Nutzen-Kosten-Quotient* beträgt 1,127 (Abb. 5). Der Kapitalwert ist nach dem 5. Jahr positiv, die *Amortisationsdauer* beläuft sich auf näherungsrechnerisch ermittelte 4,178 Jahre. Das heißt, dass sich die Ausbildung 1 Jahr und 65 Tage nach ihrem Abschluss amortisiert hat. Ein erster Eindruck von der gesellschaftlichen bzw. volkswirtschaftlichen Nützlichkeit der Ausbildung behinderter Jugendlicher dürfte sich damit einstellen. Eine umfassende Kosten-Nutzen-Analyse wird weitere Nutzen- und Kostenkategorien identifizieren und die darin erfassten Wirkungen der BBW-Ausbildung quantifizieren und bewerten müssen. Auch dürfte eine nach der Behinderungsart differenzierende Untersuchung angezeigt sein. Weiter könnte es geboten sein, nach den betroffenen Berufsgruppen zu unterscheiden. Es sei allerdings ausdrücklich betont, dass das Plädoyer für eine Kosten-Nutzen-Analyse keinesfalls in eine individualbetriebliche Pflicht zur periodischen Rechenschaftslegung münden darf, damit den BBW weitere bürokratische Lasten erspart bleiben. Der Vorschlag verbandlichen Vorgehens ließ dies bereits anklingen, überdies bedarf eine Kosten-Nutzen-Analyse keiner jährlichen Aktualisierung.

Literatur

Albrecht, Hans-Jörg (2003): Arbeitslosigkeit: Exklusion aus dem Erwerbsleben und soziale Desintegration. In: Kriminalität und Gewalt im Jugendalter, hrsg. v. Jürgen Raithel und Jürgen Mansel, Weinheim, München, S. 117-134.

Berufsbildungswerk Adolf Aich gGmbH Ravensburg (2010): http://www.bbw-rv.de/; Recherche vom 2.3.2010.

Blum, Renate/Klaßmann, Ralf/Peters, Danielle/Renzewitz, Susanne/Tybussek, Kai (2008): Komplexeinrichtungen. Rechtliche und steuerliche Rahmenbedingungen sozialer Einrichtungen mit differenzierten Behandlungs-, Pflege- und Betreuungsangeboten im Bereich der Alten-, Behinderten-, Jugend-, Familien- und Krisenhilfe, hrsg. v. BDO Deutsche Warentreuhand AG, Köln.

Böhm, Markus/Höpperle, Reinhold/Uhl, Hanna/Wißkirchen, Felix (2010): Kosten-Nutzen-Analyse des Berufsbildungswerks Adolf Aich Ravensburg. Vertiefung Nutzenseite, studentische Projektarbeit, Weingarten.

Braun, Christian (2010): Interne Information des Berufsbildungswerks Adolf Aich gGmbH Ravensburg, 5.3.2010.

Bundesagentur für Arbeit (Hrsg.) (2007): Förderung der Teilhabe am Arbeitsleben für Arbeitnehmerinnen und Arbeitnehmer. Nürnberg.

Bundesarbeitsgemeinschaft der Berufsbildungswerke (Hrsg.)/Fink, Armin (Bearbeiter) (2005): Teilhabe junger Menschen mit Behinderungen in Berufsbildungswerken – Aktuelle Situation und Perspektiven. Offenburg.

Bundesarbeitsgemeinschaft der Berufsbildungswerke (Hrsg.) (2008): Aus der Vergangenheit für die Zukunft lernen. Berlin.

Bundesarbeitsgemeinschaft der Berufsbildungswerke (2009): Statistik der Bundesarbeitsgemeinschaft der Berufsbildungswerke 2006-2008. Berlin.

Bundesarbeitsgemeinschaft der Berufsbildungswerke (2010): Ausbildung. http://www.bagbbw.de/die-bag-bbw/angebote-der-berufsbildungswerke/ Ausbildung/; Recherche vom 26.2.2010.

Bundesministerium f. Arbeit u. Soziales (2006): Berufsbildungswerke. Bonn.

Bundesministerium f. Arbeit u. Soziales (2008): Verzahnte Ausbildung, ein Überblick für Unternehmen und Berufsbildungswerke. Bonn. http://www. bagbbw.de/w/files/pdfs/3.2.3.b-broschuere-bmas-verzahnte-ausbildung.pdf; Recherche vom 3.3.2010.

Deutsche Evangelische Allianz (2010): Grundsätze für die Verwendung von Spendenmitteln und der Öffentlichkeitsarbeit. http://www.ead.de/die-allianz/ werke-und-einrichtungen/grundsaetze-fuer-die-verwendung-von-spendenmitteln.html; Recherche vom 1.2.2010.

Deutsche Fußball Liga GmbH DFL (2008): Satzung. Stand 25.9.2008. http://www.bundesliga.de/media/native/dfl/satzung/satzung_dfl_2008-09-25_ stand.pdf; Recherche vom 8.1.2010.

Deutsches Zentralinstitut für soziale Fragen (2010): Leitlinien für die Vergabe des DZI Spenden-Siegels. Synopse aus Status quo und Entwurf. http://www. dzi.de/downloads/DZI-Synopse_SpS-Leitlinien-Entwurf-Januar_2010.pdf; Recherche vom 1.2.2010.

Dollinger, Bern/Schmidt-Semisch, Henning (Hrsg.) (2010): Handbuch Jugendkriminalität. Kriminologie und Sozialpädagogik im Dialog. Wiesbaden.

Eichhorn, Peter (2005a): Das Manko im Marketing und Reporting von NPO. In: Verbands-Management, 31 (2), S. 32-37.

Eichhorn, Peter (2005b): Das Prinzip Wirtschaftlichkeit. 3. Aufl., Wiesbaden.

Eisele, Nikolai/Stegmaier, Stefan/Pleli, Tim Jochen (2009): Kosten-Nutzen-Analyse des Berufsbildungswerks Adolf Aich Ravensburg. Erste Vorarbeiten im Rahmen einer studentischen Projektarbeit. Weingarten.

Eser, Karl-Heinz (2005): Lernbehinderung, die Behinderung „auf den zweiten Blick“ – oder: Sind (junge) Menschen mit Lernbehinderung überhaupt behindert? In: Junge Menschen mit Behinderung in der Berufsausbildungsvorbereitung, hrsg. v. Institut für berufliche Bildung, Arbeitsmarkt- und Sozialpolitik GmbH, Offenbach 2006, http://www.sankt-nikolaus.de/web/st_nikolaus.nsf/ gfx/C12571F10033C121C12570DE00556BDF/$file/eser_primaere_lernbehinde rung_2005_09_19.pdf und www.inbas.com/download/verlag/2430_pub_bm_reha_web_kurzform.pdf; Recherche vom 3.3.2010.

Eser, Karl-Heinz (2009): Was sind und wie arbeiten Berufsbildungswerke? - Über das „Besondere" beruflicher Rehabilitation junger Menschen mit Behinderung in Berufsbildungswerken. In: Berufliche Rehabilitation, 4/2009, S. 1-24.

Eser, Karl-Heinz/ Fath, Konrad/ Lüdtke, Herbert (2010): Expertengespräch „Die Berufsbildungswerke sind eine Marke mit Tradition". In: Auf Kurs, Magazin des Berufsbildungswerk Adolf Aich gGmbH, 1/2010, S. 4-7.

Greiling, Dorothea (2009): Performance Measurement in Nonprofit-Organisationen. Wiesbaden.

Kästner, Karl-Hermann/Couzinet, Daniel (2008): Der Rechtsstatus kirchlicher Stiftungen staatlichen Rechts des 19. Jahrhunderts. Tübingen.

Krickhahn, Thomas (2002): Nonprofit-Organisationen: Ein Anwendungsfall für das Qualitätsmanagement? In: Zeitschrift für öffentliche und gemeinwirtschaftliche Unternehmen, 25 (1), S. 87-96.

Krönes, Gerhard V. (2009): Vertrauen versus Kontrolle – Überlegungen zur Führung in Nonprofit-Organisationen. In: Betriebswirtschaftliche Forschung und Praxis, 61 (1), S. 79-93.

Maleri, Rudolf (1991): Grundlagen der Dienstleistungsproduktion. 2. Aufl., Berlin.

Mielke, Siegfried (2003): Gewerkschaften. In: Handwörterbuch des politischen Systems der Bundesrepublik Deuschland, hrsg. v. Uwe Andersen und Wichard Woyke, 5. Aufl., Opladen, S. 230-237.

Mitchell, Ronald K./Agle, Bradly R./Wood, Donna J. (1997): Towards a Theory of Stakeholder Identification and Salience: Defining the Principle of Who and What Really Counts. In: Academy of Management Review, 22, S. 853-896.

Oettle, Karl (1983): Das öffentliche Unternehmen als Instrument der staatlichen Politik in der Bundesrepublik Deutschland. In: Verwaltungswissenschaftliche Informationen, Sonderheft 4, S. 5-34.

o.V. (1994): Zur Geschichte der beruflichen Bildung Behinderter. In: Rehabilitation junger Menschen mit Behinderung, hrsg. v. Bundesarbeitsgemeinschaft der Berufsbildungswerke, Freiburg, S. 44-46.

o.V. (2010a): Remondis attackiert den grünen Punkt. In: http://www.handels blatt.com/unternehmen/handel-dienstleister/remondis-attackiert-den-gruenen-punkt;978345; 2. Recherche vom 8.1.2010.

o.V. (2010b): Berufsbildungswerk. http://www.sign-lang.uni-hamburg.de/pro jekte/slex/seitendvd/konzepte/l50/l5059.htm; Recherche vom 26.2.2010.

Robert Koch-Institut in Zusammenarbeit mit dem Statistischen Bundesamt (Hrsg.)/Gröbe, Thomas/Schwartz, Friedrich W. (Autoren) (2003): Arbeitslosigkeit und Gesundheit, Gesundheitsberichterstattung des Bundes, Heft 13, Berlin. http://edoc.rki.de/documents/rki_fv/reUzuR53Jx9JI/PDF/ 28OCHPB2fJAAs_60.pdf; Recherche vom 9.3.2010.

Simsa, Ruth (2001): Hoffnungen auf Zivilgesellschaft und die gesellschaftliche Funktion von NPOs im Spannungsfeld von Schadensbegrenzung und aktiver Mitgestaltung. In: Management der Nonprofit Organisation, hrsg. v. Ruth Simsa, Stuttgart, S. 5-19.

Schmidt, Ralf-Bodo (1967): Die Instrumentalfunktion der Unternehmung. In: Zeitschrift für betriebswirtschaftliche Forschung, 19, S. 233-245.

Stecker Christina/Nährlich, Stefan (2005): Die ‚dunkle Seite' von Dritte-Sektor-Organisationen. Funktionen, Effekte und Konsequenzen. In: Dritter Sektor/Drittes System. Theorie, Funktionswandel und zivilgesellschaftliche Perspektiven, hrsg. v. Karl Birkhölzer, Ansgar Klein und Annette Zimmer, Wiesbaden, S. 161-180.

Stelzer, Franziska (2009): Legitimierungsstrategien junger Unternehmen. Stuttgart.

Stiftung Liebenau (2010): Selbstverständnis der Stiftung Liebenau. http://www.stiftung-liebenau.de/stiftung-liebenau/unternehmensphilosop; Recherche vom 2.3.2010.

Stötzer, Sandra (2009): Stakeholder Performance Reporting von Nonprofit-Organisationen. Wiesbaden.

Wassermann, Anton (2005): Berufsbildungswerk Adolf Aich: Es drohen Verluste und Entlassungen. In: Schwäbische Zeitung Nr. 142 vom 23. Juni 2005.

Zimmer, Annette (2002): Dritter Sektor und Soziales Kapital. Münsteraner Diskussionspapiere zum Nonprofit-Sektor, Nr. 19, Münster.

Zimmer, Annette/Priller, Eckhard (2007): Gemeinnützige Organisationen im gesellschaftlichen Wandel. 2. Aufl., Wiesbaden.

Mehr Partizipation wagen: Weshalb Nonprofits ein Stakeholder-Management brauchen, das auf Empowerment setzt

Brigitte Reiser, Stuttgart

1 Die Ausgangslage im Nonprofit-Sektor: Zu wenig soziales Kapital und zivilgesellschaftliche Vernetzung

Viele gemeinnützige Einrichtungen im Sozialsektor begreifen ihre Stakeholder als Bedrohung und nicht als Chance. Stakeholder gelten als Einflussfaktor, der organisationale Handlungsspielräume gefährdet und reduziert, anstatt sie auszuweiten. Dementsprechend setzen Nonprofits im Verhältnis zu ihren Stakeholdern auf Kontrolle statt auf Kooperation, Vernetzung und Partizipation. Das restriktive Stakeholder-Verständnis manifestiert sich u.a.

- in der mangelhaften Vernetzung der Sozialeinrichtungen untereinander und mit anderen Organisationen und Akteuren im Gemeinwesen;
- in der unzureichenden Vernetzung mit der Bürgerschaft. Die gemeinnützigen Träger im Sozialsektor konzentrieren sich auf die Verbindungen mit ihrer Community bzw. auf das ‚*bonding social capital*' vor dem ‚*bridging social capital*';
- in der nur unterentwickelten Partizipationskultur in Sozialeinrichtungen;
- in fehlenden Konzepten der Wohlfahrtsverbände bezüglich der Zukunft des Dritten Sektors jenseits des Dienstleistungs-Paradigmas;
- in der mangelnden Transparenz und einseitigen Kommunikation nach außen hin, die signalisiert, dass mit den Stakeholdern kein Dialog auf Augenhöhe angestrebt wird;

- in der Vernachlässigung des Internets, das als neuer öffentlicher Raum den Dialog, den Aufbau und die Pflege von Netzwerken mit Stakeholdern ermöglicht.

Gemeinnützige Organisationen im Sozialsektor vergeben sich so die Möglichkeit, soziales Kapital in den gesellschaftlichen Raum hinein aufzubauen, aus dem sie wichtige Ressourcen wie finanzielle Mittel, Sachgüter, Mitarbeit, Informationen, Wissen, Legitimation und politische Unterstützung schöpfen könnten. Die Ressourcen der Bürgerschaft werden immer noch zu wenig abgerufen, weil Nonprofits ganz in ihrer engen Verflechtung mit dem Staat aufgehen, aus der sie ihre Handlungsmöglichkeiten ziehen. Statt sich gesellschaftliche Verbündete und Partner zu suchen, sind Nonprofits auf den Staat fixiert, der ihnen doch signalisiert hat, dass gemeinnützige Träger nur eine Anbietergruppe unter vielen sind.

Die enge Verflechtung gemeinnütziger Träger im Sozialsektor mit dem Staat (Backhaus-Maul 2009) bringt Nonprofits nicht nur Vorteile. Einerseits profitieren sie von der Verflechtung, weil diese das ökonomische Überleben der Freien Wohlfahrtspflege garantiert und ihr riesige Wachstumschancen eröffnete. Andererseits sind die gemeinnützigen Träger als Produzenten öffentlicher Dienstleistungen staatlichen Vorschriften unterworfen. Die staatlichen Vorschriften ihrerseits dringen auf Effizienz und Effektivität, nicht auf die Demokratisierung des Dritten Sektors oder eine Stärkung der zivilgesellschaftlichen Funktion von Nonprofits. Der Staat interessiert sich für Wirtschaftlichkeit, nicht für die Folgen seiner Politik auf den bürgerschaftlichen Status der Bevölkerung, die sogenannten „citizenship outcomes" (Wichowsky/Moynihan 2008). Die staatliche Effizienzpolitik führte in der sozialen Arbeit zu Flexibilisierungsprozessen, die ganzheitliches Handeln auflösten (Dahme 2008: 9), – man könnte auch von einer stärkeren Taylorisierung der Sozialarbeit sprechen.

Durch die „Verbetriebswirtschaftlichung" der sozialen Dienste und der Freien Wohlfahrtspflege (Möhring-Hesse 2008) traten die zivilgesellschaftlichen Funktionen der gemeinnützigen Träger – ihre integrative, interessenkoordinierende und -vermittelnde Funktion – in den Hintergrund. In den Einrichtungen war und ist man hauptsächlich damit beschäftigt, die administrative und wirtschaftliche Steuerung der eigenen Organisation zu verbessern und Dienstleistungen qualitativen Zertifizierungsprozessen zu unterwerfen. Weniger im Fokus steht die Selbstreflexion des Dritten Sektors über die eigene Rolle in der Gesellschaft und die Ausarbeitung von Strategien, wie die Beziehungen zu den zentralen Stakeholdern (Klienten, Angehörige, Mitarbeiter, Unterstützer, lokale Bürgerschaft und Staat) gestaltet werden sollten und könnten. Gänzlich vernachlässigt hat man in den vergangenen Jahren das Internet. Und zwar nicht das Internet in Form statischer Webseiten, sondern das Netz als ein neuer öffentlicher Raum, der für den Diskurs mit Unterstützern, Interessenten und Kritikern zur Verfügung steht.

Aber Sozialeinrichtungen meiden den offenen Diskurs und die Öffentlichkeit bzw. geben nur spärlich Auskunft über interne Prozesse. Spender und die Allgemeinheit erfahren zu wenig darüber, wie die Gelder von gemeinnützigen Organisationen ausgegeben werden, wie Output und Outcome der Arbeit aussehen. Ein Projekt wie die angestrebte (freiwillige) Internet-Datenbank GuideStar für die gemeinnützigen Organisationen in Deutschland konnte bisher aufgrund der Zurückhaltung der Verbände noch nicht umgesetzt werden. Transparenz macht Nonprofits Angst, obwohl Transparenz eine notwendige Voraussetzung für einen stärker in der Gesellschaft verankerten Nonprofit-Sektor ist.

Entsprechend defensiv ist folglich auch die Kommunikation von Nonprofit-Organisationen nach außen hin. Meist dominiert eine „PR der Verhüllung“ statt eine „PR der Praxis“ und der Transparenz (Tesch 2009; Reiser 2010). Regional herrscht eine Öffentlichkeitsarbeit der Spatenstiche, der Scheckübergaben und der Tage der offenen Tür vor. Was ungesagt bleibt, sind die Geschichten aus dem Alltag der Sozialarbeit. Nonprofits verzichten damit auf die Chance, ihr Wissen über die Stärken und Schwächen staatlicher Sozialprogramme strategisch zu nutzen und Bürger zu ihren Verbündeten zu machen.

Transparenz ist aber Bedingung für den erfolgreichen Aufbau von sozialem Kapital. Denn Transparenz wird von den Bürgern als Gegenwert für ihre Unterstützung erwartet. Wer in wichtigen Dingen, die den Kern der Nonprofit-Organisation berühren, nicht offen genug ist, wird zukünftig mit Verlusten rechnen müssen. Denn der Wettbewerb auf den sozialen Märkten ist so groß und die Möglichkeiten, die der einzelne durch das Internet erhält, sind so breit gefächert, dass niemand mehr darauf angewiesen ist, intransparente, nach außen hin abgeschlossene Nonprofits zu unterstützen. Bürger finden heute im Internet unzählige Organisationen aus allen Hilfssparten und unterschiedlichster Provenienz, die sich Offenheit auf die Fahnen geschrieben haben und die man online mit Spenden, Expertise und bei Kampagnen unterstützen kann. Die örtlichen Einrichtungen und jene, die traditionell von einem bestimmten Milieu unterstützt wurden, kommen hierdurch in die Defensive, wenn sie nicht mit der internationalen Entwicklung, die auf mehr Transparenz zielt, mithalten.

Von außen betrachtet steht der Nonprofit-Sektor im Sozialbereich trotz vordergründiger ökonomischer Erfolge und Wachstumsraten (BAGFW 2008) vor einer Sinn- und Legitimationskrise, die größer nicht sein könnte. Bürger machen sich zunehmend selbstständig und organisieren am Nonprofit-Sektor vorbei Hilfen für sich oder andere. Gerade das Internet mit seinen Vernetzungs- und Fundraising-Potentialen macht die Gründung eines Hilfsprojekts gemeinsam mit anderen Nutzern möglich und gefährdet die Rolle von NPOs als intermediären Organisationen zwischen Spendern und Hilfesuchenden (Reiser 2009a).

Gemeinnützige Organisationen im Sozialsektor haben vor ihrer Verbetriebswirtschaftlichung kapituliert, ja sie sogar selbst zu ihrem Ziel erkoren, als Beweis ihrer Leistungsorientierung und Modernität. Sie haben es versäumt, gegenüber der Politik entschiedener auf die Besonderheiten sozialer Dienstleistungen hinzuweisen, die nicht top-down implementiert werden können, sondern nur gelingen, wenn Klienten und ihr soziales Netzwerk kooperieren. Nonprofits haben es auch versäumt, gegenüber der Politik darauf zu beharren, dass die Funktion von gemeinnützigen Organisationen über die Erbringung sozialer Dienstleistungen hinausgeht.

Nonprofits haben eine *integrative* Funktion: Ihre Aufgabe ist es, Menschen in die *Gesellschaft* einzubinden – und nicht lediglich in ihr spezialisiertes System sozialer Dienstleistungen. Dazu bedarf es einer Vernetzung mit anderen Akteuren und Institutionen, damit Klienten, Angehörige, Ehrenamtliche usw. sich neue gesellschaftliche Räume und Handlungsmöglichkeiten erschließen können.

Nonprofits haben eine *vermittelnde* Funktion zwischen Staat und Bürgerschaft: Ihnen obliegt es, Menschen zu befähigen, ihre sozialen und politischen Bürgerrechte im öffentlichen Raum wahrzunehmen und zu vertreten. Zu diesem Zweck reicht es nicht aus, wenn Verbände stellvertretend für ihre Klientel sprechen, sondern sie müssen ihre Stakeholder in die Lage versetzen, für sich selbst zu sprechen. Deshalb sollten in gemeinnützigen Einrichtungen Diskurs und Beteiligung selbstverständlich dazugehören. Es muss in den gemeinnützigen Einrichtungen ein Empowerment von Klienten, Angehörigen, Ehrenamtlichen und anderen traditionell schwachen Stakeholdern angestrebt werden, das über den Sozialsektor hinausweist.

Nonprofits bilden die *Infrastruktur der Zivilgesellschaft* mit allen Pflichten, die damit verbunden sind. Dazu gehört, dass gemeinnützige Organisationen sich nicht auf ihre Dienstleistungsfunktion zurückziehen, sondern selbst als Akteur im öffentlichen Raum aktiv sind und sich auf den unterschiedlichen politischen Ebenen um Beteiligung bemühen. Nicht nur als Einzelakteure oder als Teil korporatistischer Netzwerke, sondern verbunden mit bürgerschaftlichen Mitstreitern und Initiativen. Dass hier für gemeinnützige Organisationen noch ein erheblicher Handlungsspielraum existiert, belegt die These von der marginalisierten Bürgergesellschaft (Roth 2009), die an keiner der zentralen Entscheidungen – von der Hartz-Reform bis zur Bankenrettung – beteiligt war, die in den vergangenen Jahren in Deutschland getroffen wurden.

Die Freie Wohlfahrtspflege stabilisiert die derzeit dominierende entpolitisierte Vorstellung einer Bürgergesellschaft als „Helfergesellschaft" (Evers 2009), in der der einzelne dient, aber nicht mitgestaltet und -entscheidet. Man schätzt die Potentiale des bürgerschaftlichen Engagements für die Qualitätssteigerung in der sozialen Arbeit. Aber man blendet die strukturverändernden Potentiale des Freiwilligenengagements aus. Kommunen und Wohlfahrtsverbände streben eine „hinreichende Beteiligungskultur" in den Sozialeinrichtungen an (Eckpunkte des Deutschen Vereins 2009: 535), aber keine, die über das „hinreichend" hinausgeht und die Art und Weise, wie Sozialleistungen üblicherweise erbracht werden, in Frage stellen könnte. Mit dieser restriktiven Haltung gegenüber der demokratiepolitischen Dimension des Bürgerengagements sind die verbandlichen Einrichtungen noch nicht anschlussfähig an Konzepte, die den offenen Diskurs mit den Bürgern, den Dialog auf Augenhöhe und die politische Handlungsfähigkeit von Bürgern betonen (Evers 2009). Weil Nonprofits im Sozialsektor nach wie vor auf mehr Professionalisierung setzen statt auf mehr Kooperation mit und Empowerment von Bürgern, bleibt das Bürgerengagement innerhalb der Einrichtung da, „wo es schon immer war: irgendwo am Rand und irgendwie ganz wichtig" (Pott 2008).

Nonprofits haben sich mit ihrer Unterwerfung unter das Ökonomisierungs-Diktat in eine Sackgasse manövriert. Nicht, dass Effizienz und Effektivität schlechte Ziele wären, sie sollten in jeder Nonprofit-Einrichtung Berücksichtigung finden. Aber diese beiden Ziele eignen sich nicht dazu, den Dritten Sektor inhaltlich zu steuern oder ihm ein Konzept für die Zukunft zu vermitteln.

Eine positive Vision für die Zukunft von Nonprofits ist die Stärkung ihrer bürgerschaftlichen Verankerung, die den gemeinnützigen Trägern, ihren Stakeholdern und der Gesellschaft neue Ressourcen und Handlungspotentiale erschließt. Um ihre Vernetzung mit der Bürgerschaft zu verstärken, brauchen Nonprofits ein Stakeholder-Management, das auf gleichgewichtige Macht-Abhängigkeits-Verhältnisse setzt und die Partizipation von Stakeholdern fördert.

2 Ausbalancierte Machtverhältnisse als Ziel des Stakeholder-Managements für Nonprofits im Sozialsektor

Die Beziehungen zwischen Nonprofit-Organisationen und ihren Stakeholdern sind Austauschbeziehungen. Getauscht werden soziale Dienstleistungen gegen Geld, freiwillige Mithilfe und Spenden gegen Anerkennung, Integration gegen politische Unterstützung, Kampagnen gegen Legitimation usw. Tauschbeziehungen gründen auf der wechselseitigen Ressourcenabhängigkeit der Akteure. Die Ressourcenabhängigkeit auf beiden Seiten verleiht einer jeden Seite Macht und somit Handlungspotentiale. Das wechselseitige Macht-Abhängigkeits-Verhältnis (Emerson 1962) kann im Gleichgewicht sein oder im Ungleichgewicht, d.h. die Ressourcenabhängigkeit kann auf beiden Seiten gleich groß sein, verbunden mit den entsprechenden Machtpotentialen, oder unterschiedlich groß mit entsprechenden Folgen für die Ausstattung der Akteure mit Macht.

Viele der Austauschverhältnisse zwischen einer gemeinnützigen Organisation und ihren Stakeholdern neigen zum Ungleichgewicht aufgrund nicht-schlüssiger Tauschbeziehungen. In nicht-schlüssigen Tauschbeziehungen ist derjenige, der eine Leistung finanziert, nicht identisch mit demjenigen, der sie erhält. Weil viele Leistungsempfänger nicht Selbstzahler sind, sondern ihre Leistungen von öffentlichen Kostenträgern übernommen werden, schwächt dies ihre Position gegenüber der gemeinnützigen Einrichtung. Für Nonprofits sind die Kostenträger relevanter als der einzelne Klient (Arnold 2006). Auch die Angehörigen, die freiwilligen Helfer, die Spender und gewöhnlichen Vereinsmitglieder sind aufgrund von Informationsasymmetrien verglichen mit der Nonprofit-Organisation in einer nachteiligen Position. Nonprofits nutzen ihre Professionalität als Schutzwall, um Nachfragen, Kritik und Zweifel abzuwehren. Rechtfertigen muss sich nicht der freie Träger für intransparentes Auftreten, sondern der Bürger für seine versuchte Einmischung in Angelegenheiten, die von professionellen Mitarbeitern verwaltet werden.

Machtungleichgewichte im Verhältnis zu den Klienten, Angehörigen, Freiwilligen, Spendern, Mitgliedern und Nachbarn – das heißt zur bürgerschaftlichen Seite hin – erschweren Nonprofits den Netzwerkaufbau in den gesellschaftlichen Raum und schwächen ihre Chance, soziales Kapital aufzubauen. Solange Bürger in ihren unterschiedlichen Rollen nicht auf Augenhöhe mit den gemeinnützigen Organisationen im Sozialsektor sind, solange werden Nonprofits sich die Ressourcen der Zivilgesellschaft nicht ausreichend erschließen können.

In ungleichgewichtigen Machtverhältnissen halten Stakeholder ihre Ressourcen zurück, begreifen die Nonprofit-Organisation nicht als Partner, sondern Gegner, verhalten sich weniger kooperativ und suchen sich Tauschalternativen. Angesichts der oben erwähnten Möglichkeiten, die das Internet bietet, müssen Nonprofits mit der Abwanderung von Spendern, Unterstützern und langfristig in bestimmten Segmenten auch von Nutzern rechnen, wenn das Verhältnis zu einer Einrichtung als zu ungleichgewichtig empfunden wird. Demgegenüber bieten ausbalancierte Beziehungen, in denen sich Nonprofits und Bürger auf Augenhöhe begegnen, gemeinnützigen Trägern viele Chancen:

- Stakeholder bringen ihre Ressourcen freiwillig ein und investieren mehr als in Beziehungen, die einer distributiven Logik unterliegen.
- Stakeholder verhalten sich kooperativ, weil sie die Austauschbeziehung nicht als Last, sondern als Chance für sich selbst begreifen. Dies erhöht die Effektivität gemeinsamer Projekte.
- Es dominiert in der Beziehung der Einsatz von *„reward power"*, d.h. eine Macht, die belohnt, anstatt zwingt (*„coercive power"*) (Molm 1997).
- Nonprofits dehnen ihren Handlungsradius aus, weil sie auf die Handlungsoptionen und Netzwerke ihrer Stakeholder zurückgreifen können.
- Ausbalancierte Beziehungen sind stabil und entlasten beide Seiten von der Suche nach Alternativen.

- Die Qualität der eingebrachten Ressourcen ist besser als in ungleichgewichtigen Beziehungen.
- Ein reger Ressourcenaustausch zwischen der gemeinnützigen Organisation und ihren Stakeholdern zieht neue Interessenten und Ressourcen an. Beziehungen mit geringem Austausch sind anfällig für Verluste.

Je stärker beide Seiten sind – die Nonprofit-Organisation und ihre Stakeholder – desto größer sind die Handlungsmöglichkeiten für alle Beteiligten. Oder anders formuliert: Mehr Macht auf beiden Seiten bedeutet mehr Handlungschancen für beide Partner. Deshalb die These: *Starke Nonprofit-Organisationen haben auch starke Stakeholder*. Mit schwachen Stakeholdern kann eine Nonprofit-Organisation ihre Macht- und Handlungspotentiale nicht effektiv genug nutzen. Ein Großteil der Macht einer Nonprofit-Organisation läuft mit schwachen Stakeholdern, die über wenige Handlungsoptionen verfügen, ins Leere und kann nicht in Aktionen umgesetzt werden, weil zu wenig Anknüpfungspunkte wie Netzwerke, Kontakte, Informationen, Ideen usw. zur Verfügung stehen, an die die NPO andocken könnte. Dasselbe gilt auch umgekehrt: Schwache gemeinnützige Organisationen reduzieren die Handlungsmöglichkeiten ihrer Stakeholder. Auf den ersten Blick mag die Dominanz verlocken, auf den zweiten begreift man die eingeschränkten Handlungsoptionen, die mit schwachen Dritte-Sektor-Organisationen verbunden sind.

Die These, dass eine starke gemeinnützige Organisation auch starke Stakeholder braucht, läuft der Nonprofit-Praxis zuwider, die sich nur mit schwachen Bürger-Stakeholdern in Sicherheit wähnt. Nur diesen wird zugetraut, dass sie die alltäglichen Abläufe nicht stören und die Organisation nicht gefährden. Verantwortlich hierfür ist eine negative Einschätzung der Bürger in Nonprofits, die als potentielle Störfaktoren betrachtet werden anstatt als Chance. Den Ressourcen, die von staatlicher Seite kommen, wird ein höherer Status beigemessen als denen, die von Bürgerseite eingebracht werden können. Angesichts dieser abwertenden Haltung der Bürger-Ressourcen gegenüber ist es nachvollziehbar, weshalb gemeinnützige Organisationen permanent über Ressourcenmangel klagen und von der Öffentlichkeit als defizitäre Organisationen wahrgenommen werden, die nicht aus der Fülle schöpfen, sondern nur den Mangel verwalten. Die negative Einschätzung von Nonprofits hinsichtlich ihrer Ressourcenausstattung hängt offensichtlich auch damit zusammen, dass sie all die Bürger-Ressourcen in ihrer engsten Umgebung übersehen und unterbewerten. Oder wie es ein amerikanischer Nonprofit-Experte formuliert: „We are sitting on top of social assets that we often ignore (…) We can no longer afford to do that. We must turn our attention, our resources, and our strategies to social capital. We must uncover the social capital we have, we must use it and nurture it, and we must grow more of it." (Gilbert, zitiert nach Reiser 2009b).

Weil ausbalancierte Tauschbeziehungen einer Nonprofit-Organisation mehr Nutzen bringen als ungleichgewichtige Beziehungen, muss es Aufgabe des Stakeholder-Managements in gemeinnützigen Organisationen sein, ungleichgewichtige Macht-Abhängigkeits-Verhältnisse zu den Stakeholdern ins Gleichgewicht zu rücken. Dies bedeutet, dass a) schwache Stakeholder durch mehr Partizipationsmöglichkeiten ein Empowerment erfahren müssen und b) gemeinnützige Organisationen in ihrem defensiven Verhältnis gegenüber Staat, Wirtschaft und Gesellschaft selbst einen Empowerment-Prozess durchlaufen müssen. Ihr Ziel muss sein, in die Rolle eines „Gestalters" hineinzuwachsen und aus der Rolle des „Getriebenen" (Lünenborg 2008), der unter Druck steht und den Druck nach unten weitergibt, herauszukommen.

3 Empowerment von schwachen Bürger-Stakeholdern durch mehr Partizipation

Als Ausgleich für die oben erwähnten nicht-schlüssigen Tauschbeziehungen im Sozialsektor, die zu einem strukturellen Machtungleichgewicht zu Lasten von Klienten und Angehörigen führen, müssen Nonprofits diesen schwachen Gliedern im Alltag mehr Partizipationsmöglichkeiten verschaffen. Klienten und Angehörige müssen stärker beteiligt werden an der Ausgestaltung von sozialen Dienstleistungen, an der Planung und Umsetzung von Dienstleistungsprojekten und an der konkreten Produktion sozialer Dienstleistungen.

Auch die freiwilligen Helfer, die Spender und Stakeholder aus der Bürgerschaft müssen mehr Partizipationsspielräume im Dritten Sektor erhalten. Es kann nicht sein, dass sich die lokalen Hilfssysteme verselbstständigen und regionale Management-Konzepte entwerfen (Tietze 2008), in denen die Bürger keine tragende Rolle spielen, sondern nur als Dekoration auftauchen, die man bei Bedarf einbezieht oder auch nicht.

Mehr Partizipation der bürgerschaftlichen Seite im Sozialsektor bedeutet nicht, dass professionelle Mitarbeiter entmachtet werden und das Fachwissen keine Rolle mehr spielen soll. Sondern notwendig ist eine Kooperation zwischen Profis und Bürgern, bei der beide Seiten ihre Ressourcen und Kompetenzen einbringen, um den Mehrwert für das Gesamtsystems zu erhöhen. Der Mehrwert soll sich nicht darauf beschränken, die Effizienz und Effektivität sozialer Dienstleistungen zu steigern. Viele Ansätze, die auf mehr Bürgerbeteiligung abzielen, verstehen darunter lediglich mehr praktische Mitwirkung – um Kosten zu sparen – und nicht mehr Mitsprache. Sondern der Mehrwert der Kooperation sollte darin bestehen, durch das gemeinsam eingebrachte Wissen und die gebündelten Kompetenzen das Angebot sozialer Dienstleistungen so auszugestalten, dass es dem Wunsch der Menschen nach Integration und Teilhabe gerecht wird.

Staatliche Politiken und die Programme von Nonprofit-Organisationen haben Folgen für die Zivilgesellschaft: Sie formen Bürger oder Untertanen. „Policies help make citizens" (Campbell, zitiert nach Wichowsky/Moynihan 2008: 908) heißt es in der Policy Feedback-Theorie. Deshalb müssen sich öffentliche und frei-gemeinnützige Träger auch über die Folgen ihrer Politiken für die Zivilgesellschaft im Klaren sein. Also darüber, dass das bestehende System, welches die Menge, die Preise, die Art und die Qualität sozialer Dienstleistungen zentral und ohne Beteiligung der Bürger festlegt, letztere entmündigt statt sie zu ermächtigen. Der gesamte Sozialsektor einschließlich der hieran beteiligten Nonprofit-Organisationen bedarf einer *Demokratisierung*, um die Partizipation von Bürger-Stakeholdern als integralen Bestandteil zu garantieren.

3.1 Nutzung des Internets als neuer Raum für Partizipation

Auch das Internet bietet Nonprofit-Organisationen die Chance, Bürger stärker in die alltägliche Arbeit einzubeziehen. Das Internet hat sich zu einem öffentlichen Raum entwickelt, in dem Nutzer nicht nur Inhalte konsumieren, sondern verstärkt auch selbst produzieren. Beteiligungs- und Vernetzungsmöglichkeiten schaffen insbesondere die Anwendungen und Dienste, die man unter dem Begriff ‚Social Media' subsumiert.

Das Internet bietet gemeinnützigen Organisationen die Möglichkeit, sich mit ihren Stakeholdern auch online zu vernetzen, neue Beziehungen über das Internet aufzubauen und bestehende zu pflegen. Über das Internet können Nonprofits

Spenden akquirieren, Unterstützer suchen und finden, Stakeholder als Multiplikatoren der eigenen Botschaft einsetzen, den Dialog mit Bürgern führen und Partizipationschancen bieten. Eine Beteiligung von Bürger-Stakeholdern über das Internet kann z.B. in Form von Diskussionsforen, Beteiligungsverfahren, Online-Volunteering, und dem Einsatz von Stakeholdern als Online-Fundraiser und -Campaigner erfolgen.

Voraussetzung für die erfolgreiche Nutzung des Internets und seiner Vernetzungsmöglichkeiten ist die *Responsivität* sozialer Organisationen. Wenn einer gemeinnützigen Einrichtung die interaktive, auf einen Dialog hin ausgerichtete Perspektive fehlt, wenn sie ihren eigenen Status als Experte betont und bürgerschaftliche Mitsprache als 'Angriff' auf ihre inhaltliche Überlegenheit sieht, dann kann kein Dialog auf Augenhöhe zwischen der Nonprofit-Organisation und den bürgerschaftlichen Akteuren aufgebaut werden.

Organisationen verhalten sich online und offline umso aufnahmebereiter gegenüber den Bürger-Stakeholdern, je stärker sie

- an langfristigen Beziehungen zu den Stakeholdern interessiert sind,
- den Stakeholdern vertrauen; damit verbunden ist auch der Respekt für die Dialogpartner,
- Ziele mit den Stakeholdern teilen,
- von den Stakeholdern lernen wollen,
- bereit sind, Entscheidungen *bottom-up* zu treffen,
- und sie den strategischen Nutzen der Partnerschaften mit den Stakeholdern sehen (Bryer 2009).

Diese Voraussetzungen für Responsivität sollten gegeben sein, wenn gemeinnützige Organisationen den Schritt ins Internet machen. Wer sich mit einer monologischen Haltung im Netz bewegt, wird vielleicht nicht scheitern, aber den Mehrwert des Internets im Hinblick auf den Aufbau von sozialem Kapital nicht ausschöpfen können.

4 Empowerment der Freien Wohlfahrtspflege durch Vernetzung und Partizipation

Gemeinnützige Organisationen sind eine tragende Säule unserer Demokratie. Sie sind die Orte, an denen Menschen sich engagieren. Es ist deshalb auch von der Stärke und Handlungsfähigkeit des Dritten Sektors abhängig – und nicht nur vom engeren Bereich politischer Partizipation –, ob Bürger Beteiligungsmöglichkeiten in unserer Gesellschaft erhalten und wahrnehmen können. Dritte Sektor-Organisationen, die den Partizipationsgedanken internalisiert haben, können als *Enabler* von Beteiligung wirken. Nonprofits, die ihren zivilgesellschaftlichen Hintergrund vernachlässigen und sich auf die bloße Dienstleistung konzentrieren, können dies nicht.

Insbesondere auf kommunaler Ebene bilden Nonprofits einen integralen Bestandteil kommunalen Lebens und der kommunalen Demokratie. Sie bieten den lokalen Verwaltungen die Chance, die bestehenden Partizipationsarenen gemeinnütziger Träger zu nutzen und zu fördern. Leider wird diese Option von kommunaler Seite häufig übersehen und Partizipation nur im Rahmen des Verhältnisses zwischen Bürgern und Verwaltung erörtert, unter Ausschluss der intermediären Rolle von Nonprofit-Organisationen (Reiser 2009c).

Dafür verantwortlich sind auch gemeinnützige Organisationen selbst, die den Trend zur „Entpolitisierung, Funktionalisierung und Marginalisierung" (Roth 2009) der Bürgergesellschaft mittrugen. Gemeinnützige Organisationen müssen sich selbst ermächtigen – und dies funktioniert nur, wenn sie sich stärker mit ihrem gesellschaftlichen Umfeld vernetzen, d.h. mit anderen Initiativen, Institutionen und gemeinnützigen Trägern. Nonprofits müssen lokale Bündnisse schmieden und sich nicht nur als Einzelorganisation, sondern auch als Teil des örtlichen Dritten Sektors präsentieren, der gemeinsam über lokale Internet-Plattformen Fundraising betreibt, informiert und Interessen vertritt. Angesichts der weltweiten Konkurrenz – vermittelt über das World Wide Web – um die Aufmerksamkeit des einzelnen Bürgers helfen im Dritten Sektor nur Zusammenschlüsse, um konkurrenz- und handlungsfähig zu bleiben.

Netzwerke bieten nicht nur neue Kontakte, sondern vor allem die Möglichkeit zum Ressourcenaustausch. Und die Netzwerkforschung zeigt, dass es gerade auf diesen Ressourcen*austausch* zwischen gemeinnützigen Trägern ankommt, der für die Handlungsfähigkeit des Dritten Sektors wichtiger ist als der Ressourcen-*bestand*, der gemeinnützigen Organisationen vor Ort zur Verfügung steht (Paarlberg/Varda 2009).

Jene Organisationen, die sich nicht nur innerhalb eines Netzwerkes bewegen, sondern Brücken schlagen zwischen Netzwerken, haben dabei strategische Vorteile, weil ihr Zugriff auf unterschiedliche Ressourcen noch wächst. Aber auch aus Gründen der Integrationsfähigkeit sollten gemeinnützige Akteure zu jenen gehören, die zwischen Netzwerken Brücken bauen, statt beim „bonding social capital" stehenzubleiben, das Gruppen und Milieus enger zusammenschweißt und Außenstehende exkludiert.

Einfluss können Sozialeinrichtungen auf kommunaler Ebene nur entwickeln, wenn ihnen ihr Dachverband einen entsprechenden Handlungsspielraum lässt. Statt Kontrolle muss auch im Verhältnis zwischen Träger und Einrichtung mehr Vertrauen vorherrschen. Die Verbände müssen ebenso der Tendenz entgegenwirken, dass sich die Einrichtungen vor Ort aus der Interessenvertretung und der zivilgesellschaftlichen Arbeit verabschieden und betriebswirtschaftlichen Zielen den Vorrang geben (Möhring-Hesse 2008).

Gemeinnützige Organisationen müssen Bürgern Partizipationsräume bieten, sie müssen neue Partizipationsräume schaffen und bestehende Partizipationsmöglichkeiten auf kommunaler Ebene ausschöpfen. Hierbei bleibt es nicht aus, dass es zu Kontroversen zwischen der Kommunalverwaltung und Nonprofits kommt. Aber gemeinnützige Akteure brauchen diesen Mix aus Insider-Strategien (Kooperation) und Outsider-Strategien (Konfrontation) (Craig et al. 2004), wenn sie ihre zivilgesellschaftliche Legitimation nicht verlieren wollen. Bestehende Machtpotentiale im Konfliktfall auch zu nutzen, sollte für Nonprofits selbstverständlich sein, wenn sie aus dem Schatten des Staates und der Hierarchie heraustreten wollen um sich stärker mit der Zivilgesellschaft zu verbünden.

Die Zukunft des Nonprofit-Sektors liegt auf Seiten der Gesellschaft, nicht auf Seiten des Staates. Dies bedeutet nicht, die Brücken zum Staat hin abzubrechen oder sich aus dem politischen Raum zurückzuziehen. Im Gegenteil: der Diskurs und die Kooperation mit Akteuren aus Staat und Wirtschaft ist Teil des Diskurses, den der Dritte Sektor mit allen Teilen der Gesellschaft führen sollte. Es geht nicht um Separation, nicht um die Schaffung oder den Erhalt geschlossener Räume. Sondern um einen gemeinsamen öffentlichen Austausch, der auch im Internet geführt werden kann und sollte.

Die Zukunft des Nonprofit-Sektors wird deshalb in der Vernetzung mit der Bürgerschaft gesehen, weil dort Ressourcen und Handlungspotentiale liegen, die sich Nonprofits durch mehr Beteiligungsmöglichkeiten für Bürger endlich stärker erschließen sollten. Mehr Demokratie bedeutet nicht mehr Verlust, sondern mehr Gewinne für den Dritten Sektor. Bürger-Stakeholder sind keine Bedrohung, sondern eine Chance für gemeinnützige Organisationen.

Literatur

Arnold, Ulli (2006): Die Ermittlung von „Kundenzufriedenheit". Ein Kernproblem des Sozialmarketings. In: Sozialmarketing als Stakeholder-Management, hrsg. v. Mario F. Ruckh, Christian Noll und Martin Bornholdt, Bern u.a., S. 89-101.

Backhaus-Maul, Holger (2009): Akteure in der Sozialwirtschaft: institutionalisierte Routinen und neue Gestaltungsspielräume. In: Archiv für Wissenschaft und Praxis der sozialen Arbeit, 40 (3), S. 62-84.

BAGFW (Bundesarbeitsgemeinschaft der Freien Wohlfahrtspflege) (2008): Gesamtstatistik der Einrichtungen und Dienste der Freien Wohlfahrtspflege 2008. http://www.bagfw.de/veroeffentlichungen/publikationen/gesamtstatistik/.

Bryer, Thomas A. (2009): Explaining Responsiveness in Collaboration: Administrator and Citizen Role Perceptions. In: Public Administration Review, 69 (2), S. 271-283.

Craig, Gary/Taylor, Marilyn/Parkes, Tessa (2004): Protest or Partnership? The Voluntary and Community Sectors in the Policy Process. In: Social Policy and Administration, 38 (3), S. 221-239.

Dahme, Heinz-Jürgen (2008): Organisations- und Professionswandel im sozialen Dienstleistungssektor. In: Sozialer Fortschritt, 57 (1), S. 9-14.

Eckpunkte des Deutschen Vereins zum sozialen bürgerschaftlichen Engagement im Gemeinwesen (2009): Nachrichtendienst des Deutschen Vereins für öffentliche und private Fürsorge, Heft 1, S. 533-539.

Emerson, Richard M. (1962): Power-Dependence Relations. In: American Sociological Review, 27, S. 31-41.

Evers, Adalbert (2009): Aktivierung von Zivilgesellschaft in der Sozialen Stadt – Ein anderer Blick und mögliche Konsequenzen. In: Newsletter Wegweiser Bürgergesellschaft 23/2009 vom 20.11.2009, http://www.buergergesellschaft.de /fileadmin/pdf/gastbeitrag_evers_091120.pdf.

Lünenborg, Ludger (2008): Vom Gestalter zum Getriebenen. In: SOZIALwirtschaft , Heft 1, S. 10-12.

Möhring-Hesse, Matthias (2008): Verbetriebswirtschaftlichung und Verstaatlichung. Die Entwicklung der Sozialen Dienste und der Freien Wohlfahrtspflege. In: Zeitschrift für Sozialreform, 54 (2), S. 141-160.

Molm, Linda D. (1997): Coercive Power in Social Exchange. Cambridge.

Paarlberg, Laurie E./Varda, Danielle M. (2009): Community Carrying Capacity. In: Nonprofit and Voluntary Sector Quarterly, 38 (4), S. 597-613.

Pott, Ludwig (2008): Verbandsentwicklung zwischen bürgerschaftlichem Engagement und Markt. In: BBE-Newsletter Nr. 25 vom 11.12.2008. http://www.b-b-e.de/fileadmin/inhalte/aktuelles/2008/12/nl25_pott.pdf.

Reiser, Brigitte (2009a): Spender, Stakeholder und die Zukunft des Fundraising. http://blog.nonprofits-vernetzt.de/index.php/spender-stakeholder-und-die-zukunft-des-fundraising/.

Reiser, Brigitte (2009b): Nonprofits und der Aufbau von sozialem Kapital – Ziele für 2009. http://blog.nonprofits-vernetzt.de/index.php/nonprofits-und-der-aufbau-von-sozialem-kapital-ziele-fur-2009/.

Reiser, Brigitte (2009c): Kommunalverwaltung 2.0, Bürgerbeteiligung und die Rolle von Nonprofit-Organisationen auf kommunaler Ebene. Vortrag auf dem Government 2.0 Camp Berlin 28.08.2009. http://www.slideshare.net/ npovernetzt/government-camp-2009-1932202.

Reiser, Brigitte (2010): Nonprofit-PR in der Defensive – Verhüllung statt Transparenz. http://blog.nonprofits-vernetzt.de/index.php/nonprofit-pr-in-der-defensive-verhullung-statt-transparenz/.

Roth, Roland (2009): Demokratie Macht Bürgergesellschaft – Partizipationsbedarf und -hindernisse. In: AK Bürgergesellschaft und Aktivierender Staat, Protokoll der 36. Sitzung am 04.12.2009. In: BBE-Newsletter Nr. 3 vom 11.02.2010, http://www.b-b-e.de/fileadmin/inhalte/aktuelles/2010/02/nl3_ akbuergergesellschaft.pdf.

Tesch, Carsten (2009): Werbung können wir uns sparen. Moderne Kommunikation für Soziale Organisationen. Vortrag Evangelische FH Darmstadt, November 2009.

Tietze, Andreas (2008): Neue Managementkonzepte. In: SOZIALwirtschaft Heft 4, S. 23-26.

Wichowsky, Amber/Moynihan, Donald P. (2008): Measuring How Administration Shapes Citizenship. In: Public Administration Review, 68 (5), S. 908-920.

Stakeholder Innovation – Interaktive Wertschöpfung mit Beitragenden jenseits der organisationalen Grenze

Dennis Hilgers, Hamburg

1 Einleitung

Neue Ansätze aus dem Innovationsmanagement belegen, dass der Innovationsprozess von Produkten und (Dienst-)Leistungen nicht mehr geschlossen und zwingend innerhalb der unternehmerischen Grenzen stattfinden muss. Das Innovationspotenzial hängt damit und im zunehmenden Maße von externem Wissen ab und somit von Umfang und Intensität der Interaktionsbeziehung mit externen Akteuren. Der zunehmende Erfolg von Open Innovation-Praktiken in vielen Branchen der privatwirtschaftlichen Unternehmen belegt dies und wirft die Frage auf, ob diese Konzepte auch auf öffentliche und Non-Profit-Organisationen übertragbar sind. Jenseits des technokratischen Paradigmas des eGovernments, jedoch mit der Unterstützung der Internettechnologie, soll ein struktureller Überblick gegeben werden, wie Kooperationen und Kollaboration zwischen den Bürgern und öffentlichen Verwaltungen neue Wege der Integration und der gemeinschaftlichen Wertschöpfung mit diesen Anspruchsgruppen ermöglicht und sogar der politische Entscheidungsprozess positiv beeinflusst werden kann.

Eines der Kernelemente bei der Reform des öffentlichen Sektors im Sinne des New Public Managements war in den vergangenen 20 Jahren, den Bürger als Kunden öffentlicher Leistungen zu begreifen und die Organisationsabläufe an Kundenerwartungen auszurichten. Öffentliche Verwaltungen und öffentliche Gebietskörperschaften wandeln sich dabei von bürokratischen Organisationen hin zu Anbietern öffentlicher Dienstleistungen mit einem Fokus auf Transparenz, Verantwortlichkeit, Kundenorientierung und einem für den Bürger wahrnehmbaren Ergebnis und Wirkungen öffentlicher Aufgabenwahrnehmung. Der Bürger wird dabei als Auftraggeber und Steuerzahler (Svara 2001; Bowler/

Donovan 2000; Frey 1994), aber auch als Kunde bzw. Nutzer öffentlicher Aufgaben betrachtet (Dunleavy/Hood 1994; Pollitt/Bouckaert 2004). Folglich haben die Konzepte des "Public Value" (Moore 1995), eGovernment (Stowers 2000), Good Public Governance (Pierre/Peters 2000) und Performance Management (Holzer/Kloby 2005) die Diskussion um die Modernisierung des öffentlichen Sektors angeregt, sich vermehrt dem Belang der Bürger im Sinne eines „Value for Money" zu widmen. Viele Innovationen und Reformen des öffentlichen Sektors sind somit darauf fokussiert, dem Bürger mehr Mitspracherecht zu verleihen, die Möglichkeiten der Mitentscheidung einzuräumen und die Service Qualität zu erhöhen.

Der vorliegende Beitrag konzentriert sich auf die Sichtweise des Bürgers als Kunden und berücksichtigt die Entwicklung des Privatsektors, in dem systematisch das Wissen und die Erfahrungen von Kunden, Nutzern und externen Akteuren in den Innovations- und Wertschöpfungsprozess mit einbezogen werden. Im Privatsektor offenbart die Integration von Kunden in den Entwicklungsprozess große Potenziale bezüglich der effizienten Gestaltung von Produkten und Dienstleistungen. Im Folgenden wird untersucht, wie Prinzipien der interaktiven Wertschöpfung oder der Co-Produktion auf den öffentlichen Sektor übertragen werden können. Dies steht in Zusammenhang mit erfolgreichen neuen Konzepten in privaten Unternehmen wie beispielsweise den Konzepten *open innovation* (Chesbrough 2006), *crowdsourcing* (Howe 2008) oder der *commons-based-peer production* (Benkler 2002).

Es soll die Frage beantwortet werden, ob der Bürger oder eine Gruppe von Bürgern als Beitragende für öffentliche Aufgaben agieren können, die traditionell von einem in der Verwaltung angestellten Mitarbeiter (in der Regel einem Beamten) ausgeführt werden. Es wird untersucht, welche politische, rechtliche und ökonomische Stellung der Bürger als extern Beitragender innerhalb der öffentlichen Aufgabenerfüllung einnehmen kann.

Dieser Beitrag gibt einen Überblick über die in der Literatur als „Citizensourcing" (Lukensmeyer/Torres 2008), „Collaborative Public Management" (McGuire 2006), „Citizen Engagement" (Hickley 2008; OECD 2004), „Wiki Government" (Noveck 2009), „Co-production with public sector clients" (Alford 2009) oder „Open Government" (Obama 2009) bezeichneten Konzepte. Auf der Grundlage einer umfassenden Literaturrecherche wird ein Überblick gegeben, die verschiedenen Arten der Bürgerbeteiligung im öffentlichen Sektor zu identifizieren, zu beschreiben und zu bewerten. Über die wissenschaftliche Methode einer Fallstudie (Yin 1994; Eisenhardt 1989) werden einige erfolgreiche „Best Practice"-Beispiele präsentiert. Die vorliegenden Fallstudien haben nicht zum Ziel, eine repräsentative Auswahl von vergleichbaren Praktiken aufzuzeigen oder Hypothesen auf der Grundlage einer übergeordneten Theorie zu überprüfen. Das Ziel ist eine Studie über eine relativ kleine Anzahl von Fällen vorzustellen, um eine Entwicklung zu beobachten (Burgoyne/Reynolds 1998) und Beispiele von „Citizensourcing" aufzuzeigen, die versuchen, Transparenz, Partizipation und eine Qualitätssteigerung in Organisationen des öffentlichen Sektors zu erzielen.

2 Open Innovation und Crowdsourcing

Innovative Unternehmen wie Procter & Gamble, Lego, Adidas und viele andere lagern in Zeiten dynamischer Marktumfelder und einer wachsenden „Do-it-yourself-Kultur" ihren Innovationsprozess an ihre Kunden, Nutzer und andere spezialisierte Gruppen aus. Diese Unternehmen haben festgestellt, dass die breite Öffentlichkeit eine Quelle für gesteigerte Innovationskraft und damit des Unternehmenswertes darstellen kann: Jedes Mal, wenn ein Kunde an einer neuen Idee mitarbeitet oder ein neues Produkt (mit-)entwickelt, kann dies für das Unternehmen zu einem neuen Erkenntnisfortschritt und damit zu Wissen über Bedürfnisse und Lösungsinformationen führen.

Im Gegensatz dazu werden Entwicklungsprozesse erschwert, wenn Hersteller dazu tendieren den Innovationsprozess als interne und geschlossene Aktivität zu betrachten (Chesbrough 2003). Diese Hersteller übertragen die Informationen über die Bedürfnisse der Kunden in eine mögliche Lösung nur durch bereits vorhandenes Wissens über Technologien, Material, Methoden und Prozesse, das sich in ihrem Arbeitsgebiet befindet. Folglich reduziert sich die Fülle an Lösungsmöglichkeiten auf das Wissen innerhalb des Unternehmens (Problem der lokalen Suche). Oftmals existieren jedoch viel mehr Ideen, Technologien und Anwendungen außerhalb der Grenzen des Unternehmens. In der Literatur wird daher seit längerem darauf verwiesen, dass neue Wege gefunden werden müssen, den Innovationsprozess für die Ideen und die Informationen von externen Quellen zu öffnen (z.B. von Hippel 2005; Lichtenthaler 2008). Dabei können verschiedene Methoden des sogenannten „Open Innovation" identifiziert werden. Unternehmen identifizieren und integrieren besonders innovative Nutzer und Kunden – so genannte „Lead User“ (Herstatt/von Hippel 1992) – in den Produktionsprozess, oder aber sie durchsuchen online Foren und Communities (“netnography”), um aktuelle Trends, Ideen und Bedürfnisse zu erforschen (Franke/Shah 2003). Die wohl eindrucksvollste Umsetzung von Open Innovation sind die so genannten Open Innovation-Plattformen (Terwiesch/Xu, 2008). Tapscott und Williams (2006) benennen diese Plattformen in ihrem Buch „Wikinomics“ als „ideagoras“ – Marktplätze für Ideen, Innovationen und Lösungen. Das wahrscheinlich berühmteste und eindrucksvollste Beispiel einer solchen Plattform mit dem Ziel eines breiten Aufrufs zur Lösung von (technischen) Problemen ist die Plattform InnoCentive (InnoCentive 2009; Lakhani et al. 2007).

InnoCentive ist eine US-Onlineplattform, die gegen Gebühr (technische) Probleme mit externen Problemlösern zusammenbringt. Das Geschäftsprinzip ist einfach: Eine Firma sucht nach einer Lösung für ein Problem, das ihre Entwicklungsabteilung allein nicht effizient lösen kann. Sie stellt gegen eine Gebühr diese Frage auf der Website von InnoCentive ein und lobt ein Preisgeld aus, in der Regel zwischen 10.000 und 100.000 US-Dollar. Das Preisgeld bekommt der Problemlöser, der die Aufgabe innerhalb eines vorgegebenen Zeitrahmens am Besten löst. Mehr als 180.000 Experten haben sich seit der Gründung im Jahr 2001 bei InnoCentive registriert.

Innocentive bedeutet eine Abkehr klassischer Wertschöpfungsprinzipien in der Innovation. Die Suche nach Lösungen wird durch eine offene Ausschreibung des Problems ersetzt. Innocentive ist damit ein Paradebeispiel für „Open Innovation“, um besseren Zugriff auf Lösungsinformationen zu bekommen. Statt sich nur auf die internen Fähigkeiten der eigenen Forscher und Entwickler zu verlassen, werden externe Problemlöser in den Innovationsprozess integriert. Dies geschieht nicht in Form klassischer Forschungs- und Entwicklungskooperationen oder der Beauftragung von Ingenieursdienstleistern, sondern durch einen offenen Aufruf an ein großes Netzwerk von Akteuren. Dabei übermittelt derjenige eine Lösung, der das Problem an sich erkennt und eine eigene Herangehensweise zur Lösung hat – und nicht derjenige, der von seinem Vorgesetzten mit der Lösungsfindung beauftragt wurde. Potenzielle externe Problemlöser entscheiden somit durch Selbstselektion, ob sie mitwirken oder nicht. Die Erstellung der Aufgabe erfolgt oft kollaborativ zwischen mehreren Nutzern, in anderen Fällen aber auch durch einen Akteur allein.

Eine Untersuchung (Jeppesen/Lakhani 2010) von 160 Problemstellungen, die von großen Forschungsinstitutionen an die ca. 180.000 Forscher in der InnoCentive-Community übermittelt wurden zeigt, dass dieses offene Prinzip hoch effizient ist: An den Fragestellungen hatten die Unternehmen in ihren meist großen und hoch spezialisierten Forschungsabteilungen zuvor zwischen sechs Monaten und zwei Jahren ohne Erfolg getüftelt. Einmal bei InnoCentive gepostet, wurden gut 30 Prozent aller offenen Probleme erfolgreich durch die Community gelöst. Noch beeindruckender aber ist die durchschnittliche Zeitspanne, in der die Gewinner angaben, ihre Lösung gefunden zu haben. Diese betrug lediglich 74 Stunden – im Gegensatz zu den sechs bis 24 erfolglosen Monaten in der Industrie. Und dabei ist die Lösung für die Firmen sehr preiswert: Sie haben im Schnitt ca. 60.000 US-Dollar investiert (je zur Hälfte in den Award für den Gewinner und in die Abwicklungsgebühr für InnoCentive und eigene Transaktionskosten). Die Lösung jedoch bedeutete für sie nach eigenen Schätzungen im Schnitt einen Ergebnisbeitrag von mehr als 10 Mio. US-Dollar. Viele Gewinner hatten außerdem bereits in einer anderen Domäne eine Lösung für ein ähnliches Problem gefunden und können dieses nun auf die neue Domäne übertragen.

Der resultierende Input von einem offenen Aufruf zur Mitwirkung (Open Call), um ein Problem zu lösen, zeigt eine höhere Qualität verglichen zu der Problemlösung, die sich intern ergeben würde (zum Prinzip der Ausschreibung vgl. z.B. schon Lindblom/Cohen 1979). Die ökonomischen Vorteile von zugewiesenen Aufgaben an externe Mitarbeiter erwachsen aufgrund von zwei Dingen: Zum einen sind die Kosten, um die Aufgabe zu lösen, niedriger (weil die Beitragenden z.B. die Lösung schon kennen oder spezielle Kenntnisse haben, um die Aufgabe zu lösen), oder die Beitragenden haben eine höhere Motivation (Arbeitseinstellung, Freude), um an der Aufgabe zu arbeiten. Diese neue Art der interaktiven Wertschöpfung basiert auf neuen Mechanismen der Selbstselektion, Selbstmotivation und Selbstintegration der potenziellen Beitragenden. Für das Unternehmen bedeutet diese Art der Einbeziehung von externem Wissen, dass Auswahlkosten, um entsprechende Arbeiten für die Mitarbeiter zu identifizieren und zuzuordnen, gespart werden. Die Selbstselektion der Beitragenden führt meist zu einer höheren Motivation, da der Rückgriff auf das Wissen, welches benötigt wird, um das Problem zu lösen, einen geringen Aufwand für die Akteure bedeutet. Oder aber die Beitragenden sind intrinsisch motiviert, weil sie die Lösung der Aufgabe als Wettbewerb, den es zu gewinnen gilt, ansehen.

Der Open Call zur Teilnahme in solchen Expertennetzwerken ermöglicht es Unternehmen, den „*local search bias*“ zu überwinden. Das Problem der lokalen Suche bezieht sich auf die Tendenz von Unternehmen und Individuen nicht externe (neue) Informationsquellen anzuwenden, wenn ein Problem gelöst werden soll, sondern nur Wissen und Methoden zu berücksichtigen, die eng verbunden sind mit dem alten und bekannten Wissen (Lüthje/Herstatt 2004). Um eine bestimmte Aufgabe zu lösen, wird aufgrund der geographischen Lage oder bekannten technologischen Quellen nur bekannte Information angewandt – es entsteht das Problem der begrenzten Rationalität (Simon 1991; Katila/Ahuja 2002). In existierenden Prozessen wird dies wohl als effizient und rational betrachtet (ständige Verbesserungen), jedoch verhindert es oftmals radikale Innovationen im Entwicklungsprozess. Das Prinzip eines offenen Aufrufs, der es ermöglicht, die Tendenz zur lokalen Suche in der F&E zu umgehen, wird in der Literatur auch als „Crowdsourcing of Innovation“ bezeichnet (Howe 2008).

3 Open Innovation im öffentlichen Sektor

Die wissenschaftliche und praktische Konsequenz dieser Art der „Democratizing Innovation“ (von Hippel 2005), lässt die Frage entstehen, ob nicht auch öffentliche und gar Non-Profit-Organisationen mit ihren zahlreichen und heterogenen Stakeholder-Strukturen von dieser neuen Form der Wissensallokation und Integration profitieren können. Insbesondere liegen hier Potenziale, den Bürger aktiv im öffentlichen Wertschöpfungs- und Entscheidungsprozess zu integrieren.

Die Ausübung von politischer Autorität und die Nutzung von institutionellen Ressourcen zur Steuerung eines gesellschaftlichen Problems ist untrennbar mit dem Fokus auf die Bürger und dem Gemeinwohl verknüpft und bedingt einen fortwährenden Dialog zwischen Bürgern und dem Staat (z.B. Brabham 2009). In diesem Zusammenhang beschreibt „Citizensourcing“ (der Begriff wurde erstmals eingeführt von Lukensmeyer/Torres 2008) das Design von neuen Beziehungen zwischen der Regierung und der Gesellschaft, basierend auf Praktiken und Prinzipien interaktiver Wertschöpfung im privaten Sektor. Im Folgenden wird Citizensourcing als eine Tätigkeit definiert, die traditionell von einem Verwaltungsmitarbeiter (Beamten) ausgeführt wird und nun an eine nicht definierte große Gruppe von Personen in der Form eines offenen Aufrufs zur Mitwirkung (Open Calls) ausgelagert wird. Dieses Konzept, das in jüngster Literatur auch als Government 2.0 bezeichnet wird, bietet neue Formen von interaktiver öffentlicher Wertschöpfung und Bürger-Kooperation durch die systematische Integration externer Akteure in den Prozess des Regierens und Verwaltens. Hierbei stellt sich die Frage, wie externer Input, Informationen und gemeinschaftliches Agieren genutzt werden können, um Probleme im öffentlichen Sektor zu lösen und wie Bürger systematisch zur Teilnahme an solchen Prozessen motiviert werden können.

Um all diese Fragen zu beantworten, wird ein struktureller Überblick über die Vorteile der Prinzipien des Crowdsourcing und Open Innovation, verbunden mit der universellen Nutzung der Internettechnologie, für den öffentlichen Sektor gegeben.[1] Der Rahmen für Citizensourcing umfasst dabei drei Dimensionen:

1. *Ideenfindung und Innovationen von und mit Bürgern:* Die erste Ebene fokussiert auf das generelle Potenzial von Wissen und Kreativität innerhalb der Bürger. Dies geschieht durch die Nutzung von Methoden wie Ideen- und Innovationswettbewerben über Open Innovation-Plattformen.

2. *Gemeinschaftliche Verwaltung:* Die zweite Ebene spricht explizit die Integration von Bürgern zur Verbesserung existierender Prozesse der öffentlichen Verwaltung an. Erfahrungen von Unternehmen mit Nutzer-Innovationen und nutzergeneriertem Inhalt deutet auf neue Aufgaben und Prozesse für öffentliche Organisationen hin.

3. *Gemeinschaftliche Demokratie:* Hierunter werden neue Wege von Kooperationen zusammengefasst, um die öffentliche Teilnahme am politischen Prozess zu verbessern. Dabei geht es auch um die Verbesserung der Qualität von Entscheidungen, Transparenz und Vertrauen in Institutionen aufzubauen und die breite Öffentlichkeit zu informieren.

Die Erfahrungen mit Ideenwettbewerben und online Open Innovation-Plattformen aus dem Privatsektor sind gute Beispiele, wie Bürger vermehrt in die Ideen-

---

[1] Es sei einschränkend angemerkt, dass nach wie vor nicht alle Bürger Zugang zum Internet haben oder wissen, wie man diese Techniken nutzt. Dies ist aber erwartungsgemäß ein Problem der Zeit. Es ist anzunehmen, dass die heute junge Generation (Digital Natives) über die gesamte Lebensspanne eine hohe Internetaffinität i.w.S. aufweisen wird.

findung involviert und zur Mitarbeit angeregt werden können. Es gibt keine Gründe, weshalb die Vorteile eines Vorschlagswesens und einer Ideenfindung durch die Öffentlichkeit nicht auch für öffentliche Gebietskörperschaften und öffentliche Verwaltungen möglich sein sollten.

Dies beginnt auf einer niedrigen Ebene, auf der Online-Plattformen angeboten werden, auf denen Bürger mit ihrer lokalen Verwaltung interagieren können, indem sie Probleme melden. Dies können beispielsweise Probleme der Infrastruktur sein (defekte Straßenlaternen oder Ampelsysteme, Schlaglöcher in den Straßen, etc.). Das System der Benachrichtigung über Missstände bietet eine erste faire Möglichkeit für Bürger ihre Bedürfnisse und Beschwerden deutlich zu machen. Bürger werden als Kunden und Nutzer von öffentlichen (Dienst-)Leistungen angesehen und bekommen die Möglichkeit sich zu beschweren und Verbesserungsvorschläge zu machen, um die bisher angebotene Qualität zu heben. Im Sinne eines eGovernments bieten Plattformen eine Feedback-Funktion für die Bürger, um einen schnellen und effizienten Zugang zur lokalen Verwaltung zu ermöglichen. Als Beispiel sei hier „FixMyStreet.com" angeführt, eine britische Website, auf der Probleme im lokalen Umfeld berichtet werden können. Auf der Seite können Fotos der jeweiligen Beschädigung (z.B. einer Straße) zusätzlich zum Bericht des Nutzers auf die Seite geladen werden. Der Bericht wird nach der Abgabe an die entsprechende Verwaltung gesandt, die das Problem lösen kann. FixMyStreet.com ist ein Beispiel, wie die Interaktion zwischen einer Gebietskörperschaft bzw. der Verwaltung und den Bürgern unterstützt werden kann.

Auf der nächsten Ebene kann eine öffentliche Verwaltung das Wissen und die Kreativität der Bürger durch Ideen- und Innovationswettbewerbe nutzen. In diesem Zusammenhang werden von der öffentlichen Hand konkrete Probleme oder Fragen zu Innovationsmöglichkeiten gestellt, die auf Innovationsplattformen veröffentlicht werden und für deren Lösung ein Preis ausgeschrieben ist. Im Grunde genommen ist der Rückgriff auf externe Hilfe und externe Mitwirkung keine neue Idee für den öffentlichen Sektor – im Rahmen von Ausschreibungen für den Bau oder den Betrieb von Gebäuden werden schon lange Externe einbezogen, um die Kosten zu senken oder die Qualität zu erhöhen. Öffentliche Verwaltungen können (staatsrechtlich) als Organisation mit einem Kopf aber ohne Hände betrachtet werden, in der typischerweise Aktivitäten an den privaten Sektor ausgelagert werden – mit steigender Tendenz im Sinne von Public-Private-Partnership oder Outsourcing (Savas 2005). In diesem Zusammenhang ist die

Idee, Bürgerbedürfnisse und Bürgerwissen ebenso systematisch in öffentliche Entscheidungsprozesse und Aufgaben einzubeziehen, nicht abwegig.

Ein gutes Beispiel für die Einbindung kreativer und wissensintensiver Beiträge durch den Bürger ist der Erfolg des „Future Melbourne Programms“, einem Wiki- und Blog-basierten Ansatz, um die städtische Landschaft von Australiens zweitgrößter Stadt zu gestalten. Über das Programm können Bürger direkt die Pläne für die zukünftige Entwicklung der Stadt kommentieren und bearbeiten. Das Programm hat mehr als 30.000 Personen angesprochen, die hunderte von Kommentaren und Vorschlägen abgegeben haben (futuremelbourne.com.au). Es existieren zahlreiche weitere Beispiele für diese Art von Plattformen, wie die Frage nach einem neuen Stadtlogo, der Suche nach Straßennamen, Namen für Gebäude oder Shopping Center, das Design von Kreisverkehren oder die Nutzung von Grundstücken in der Innenstadt oder in Naherholungsgebieten. Primär bieten sich diese Plattformen für Fragen zu der Gestaltung/dem Design, einer zukünftigen Strategie, der Gestaltung von Kulturprogrammen, aber auch für bestimmte Management-Entscheidungen und Service-Innovationen an.

Die „U.S. Agency for International Development“ (USAID), eine Behörde der US-Regierung, die weltweit ökonomische und humanitäre Hilfe anbietet, veranstaltet beispielsweise einen Ideenwettbewerb für Entwicklungsländer. USAID ist auf der Suche nach Innovationen mit dem größten Entwicklungsfaktor in Bereichen des Gesundheitswesens, dem Bankensektor, Bildung, Landwirtschaft, Handel oder anderen bedeutenden Bereichen. Das Anliegen der Behörde, Hilfe für Entwicklungsländer zu gewährleisten, kann so durch das kreative Potential in der Öffentlichkeit unterstützt werden. Ein weiteres Beispiel ist die „National Science Foundation“ (NSF), vergleichbar mit der deutschen DFG, die seit Juni 2008 einen Preis (in der Größenordnung 200.000 bis 2 Mio. Dollar) für konkrete Problemlösungen in verschiedenen Wissenschaftsdisziplinen verleiht.

4 Gemeinschaftliche Verwaltung

Neben der Idee, die Kreativität und die Ideen der Bürger für die Ideenfindung, Innovationen und Innovationsprozesse im generellen öffentlichen Leben zu nutzen, bietet das Konzept des Citizensourcing noch andere Möglichkeiten, nämlich die Unterstützung der Verwaltungstätigkeiten. Traditionell wird die öffentliche Verwaltung von Beamten und Angestellten im öffentlichen Dienst wahrgenommen, jedoch war es schon immer möglich (und wurde z.T. auch durchgeführt), dass bestimmte Aufgaben an Externe abgegeben wurden (Alford 2009; Brudney/England 1983; Whitaker 1980). Als besonders innovatives Beispiel sei hier „Peer-to-Patent" genannt. In den Jahren 2007 bis 2009 öffnete die amerikanische Patentbehörde (U.S. Patent and Trademarks Office, USPTO) in einem Pilotprojekt den Prozess der Patentprüfung für die Öffentlichkeit. Jeder, der sich auf der Website anmeldete, war in der Lage, Patentanmeldungen zu prüfen und Feedback zu den Patenten abzugeben. Grund für diese Vorgehensweise war, dass sich die Patentbehörde in einer Krise befand: Bei einem Bearbeitungsstau von über 100.000 Patentanmeldungen wollten 70 % der Prüfer die Behörde aufgrund schlechter Arbeitsbedingungen und lange Bearbeitungszeiten von Patentanmeldungen verlassen. Die ökonomischen Missstände waren enorm, da es mehrere Jahre dauerte, ein Patent anzumelden. Zudem ist die Vermeidung von schlechten Patenten innerhalb des Systems ein wichtiges öffentliches Ziel. Aufgrund des Zugangs zu weltweiten Informationen und zum Internet würde man annehmen, dass es für Patentbeamte ein Leichtes ist, im eigentlichen Prüfprozess zu entscheiden, ob es sich bei einem Patentantrag um eine Neuigkeit handelt, die bisher nicht patentiert ist und dem Antrag daher stattgegeben werden kann. Faktisch stellt sich dieser Prüfprozess jedoch als zeitaufwendig und schlecht strukturierbar dar, da auch hier Prüfer in lokalen Wissensdomänen verhaftet sind und Datenbankabfragen zu häufig schwer überschaubaren Informationsfluten führen. Vergleichbar zu den Ingenieuren in Forschungslaboren privater Unternehmen, sind somit auch Patentprüfer dem Problem der lokalen Suche unterlegen.

Im Sinne eines gemeinschaftlichen Patentbegutachtungsprozesses unterstützt Citizensourcing hier die Patentbeamten, indem Bürger aller Art sich an diesem Prozess beteiligen können. Nutzer können in Patentanträgen Referenzen auf bereits patentiertes Wissen (*prior-art*) über die Peer-to-Patent Website in Patentanträgen geben, in Diskussionsforen diskutieren, andere Referenzen werten und neue Nutzer einladen. Große Unternehmen wie IBM, Microsoft, Hewlett-Packard, Sun Microsystems, Intel und GE haben Patentanträge im „Peer-to-Patent"-System abgegeben, da diese ein besonderes Interesse an „guten" Patenten haben. „Peer-to-Patent" zeigt, dass auf dieser Plattform freiwillige Prüfer bereit sind, Zeit zu investieren, um die Qualität von Patentzuweisungen zu verbessern und in der Lage sind relevante Informationen für den Patentbeamten beizusteuern. Der Bericht (Center for Patent Innovations 2008) des ersten Jahres zeigt,

- dass „Peer-to-Patent" mehr als 2.500 (freiwillige) Prüfer angezogen hat, 71 % davon haben einen Master- oder einen PhD-Abschluss;
- im Durchschnitt nahmen sich die prüfenden Beitragenden sechs Stunden, um ein Patent zu überprüfen;
- 92 % der Personen/Institutionen, die ein Patent eingereicht haben, gaben an, dass sie es begrüßen würden bei einer erneuten Einreichung wieder von der Öffentlichkeit bewertet zu werden;
- 73 % der Personen/Institutionen, die ein Patent eingereicht haben, würden „Peer-to-Patent" als offizielles System begrüßen;
- 21 % gaben an, dass Informationen und Hinweise auf *prior-art*, die durch „Peer-to-Patent" an den Patenprüfer übermittelt wurden, vormals unerreichbar für die Prüfer der Patentbehörde gewesen wären;
- Teilnehmer aus 152 Ländern haben in einem Jahr 350 Referenzen auf *prior-art* bezüglich 121 Patenteinreichungen abgegeben.

Dieses Beispiel zeigt, wie öffentliches Wissen genutzt werden kann, um administrative Prozesse der öffentlichen Hand zu verbessern, und hat Patentbehörden weltweit inspiriert. Im Jahre 2008 hat die Patentbehörde in Japan ihren Piloten eines öffentlichen Patent-Review_Prozesses unter dem Namen „Community Patent Review" eingeführt. Das britische und europäische Patentamt planen derzeit ähnliche Pilotprojekte.

„Peer-to-Patent" zeigt, dass extern Beitragende die öffentliche Aufgabenwahrnehmung unterstützen und administrative Prozesse hinsichtlich der Geschwindigkeit und der Qualität der Ausführung verbessern können. Die zunehmende Reaktionsfreude ist vor allem zu erreichen bei administrativen Prozessen, in denen externes Wissen bezüglich granular abzugrenzender Aufgaben benötigt wird. Dies beginnt bei einer konkreten Problemstellung bspw. bezüglich der Landschaftsplanung und endet wie vorgestellt in kollaborativen Verwaltungsprozessen, z.B. im Sinne der Identifizierung von Aspekten in Patentanträgen, die bereits patentiert sind.

5 Gemeinschaftliche Demokratie

Die bis hierhin aufgezeigten Erfahrungen haben den Wert der Integration von extern Beitragenden im öffentlichen Prozess der Entscheidungsfindung und Durchführung von öffentlichen Aufgaben zur Steigerung der Qualität von Verwaltungsergebnissen (Output) und deren Wirkungen (Outcome) diskutiert. In der klassischen Einordnung von Bürgerengagement (King/Martinelli 2005) stellt dies lediglich die Beziehung zwischen Verwaltung und Bürger dar, im Sinn einer Integration der Bürger in den Prozess der Ideenfindung und Ausführung von öffentlichen Aufgaben. Die Frage bleibt, ob diese Erfahrungen und Konzepte auch die politischen Entscheidungsprozesse verbessern und modernisieren können. In diesem Zusammenhang wird die Beziehung Politik-zu-Bürger betrachtet. Gemeint ist hiermit die (nicht neue) Diskussion um die Bildung einer verantwortlichen Demokratie und die Frage, ob die Gesellschaft als Solches nachhaltig in die Prozesse, die sie letztendlich betreffen mit einbezogen werden soll (Warren 1999). Folglich muss sich der politische Kreislauf, insbesondere bzgl. Programmplanung, Durchführung und Bewertung für die Mitwirkung durch den Bürger öffnen.

Erste Schritte, um neue Steuerungsmechanismen zu gestalten und einzuführen, finden sich gegenwärtig auf verschiedenen Online-Plattformen im Sinne von virtuellen Rathaussitzungen „21st Century Town Hall Meeting“ oder „Mini-Publics“ (Fung 2003). Eine solche Plattform, auf der politische Debatten geführt werden, ist beispielsweise AmericaSpeaks.org. Das Ziel von AmericaSpeaks.org als eine unparteiische Non-Profit-Organisation ist es, Bürger in den Prozess öffentlicher Entscheidungen, die sie betreffen, mit einzubeziehen. Es wird eine Plattform geboten, auf der tausende von Bürgern, die die Vielfalt eines Gemeinwesens repräsentieren, zusammenkommen können, um ein öffentliches Problem zu besprechen. Dies beinhaltet die Planung von Projekten, die Generierung von Ideen (vergleichbar mit der ersten Ebene von Open Innovation), wie beispielsweise die Neuentwicklung von Ground Zero oder der Regenerierung von New Orleans (Lukensmeyer 2007). Aber auch politischere Themen, wie die öffentliche Haushaltsplanung und politische Programmplanung, sensible Themen wie die soziale Sicherheit, das Gesundheitswesen oder nationale Gespräche über komplexe politische Probleme werden diskutiert. AmericaSpeaks.org verdeutlicht, wie umfangreich politische Bürger- bzw. Wählerbeteiligung sein kann und dass hohe Qualität in der Mitwirkung von politischen Prozessen möglich ist.

Dieses Beispiel zeigt, dass, wenn eine geeignete Struktur bzw. Plattform vorgegeben wird, die Öffentlichkeit intensiv in der politischen Willens- und Meinungsbildung mitwirken kann.

Mittlerweile haben sich zahlreiche Online-Bürger-Communities gebildet. Diese Communities bieten Vorteile, vergleichbar mit dem Ansatz von Privatunternehmen, die Communities und Plattformen für anwendergenerierte Ideen für Produkt- und Leistungsinnovationen nutzen. Hierdurch kann Politik ein besseres Verständnis für die Bedürfnisse der Bürger erlangen und eine nachhaltige Politikgestaltung anstreben. Neben der Politikgestaltung ist die Möglichkeit der Mitwirkung im Prozess der Verabschiedung von Gesetzen ein weiterer wichtiger Aspekt, der dazu führen kann, dass in der Bevölkerung ein besseres Verständnis für bestimmte Gesetze besteht.

6 Zusammenfassung

Viele Erfolgsbeispiele aus der Privatwirtschaft zeigen mit anekdotischer Evidenz (wie am Beispiel von InnoCentive dargestellt), dass durch den offenen Aufruf zur Mitarbeit auf Onlineplattformen im Sinne von Open Innovation technische Probleme in unternehmerischen Entwicklungslaboren effizient gelöst werden können. Die Spezialisten im Unternehmen werden unterstützt von extern Beitragenden, die ebenso spezialisiert ein technisches Problem lösen, weil die das Wissen schon vorher besaßen und aus einer anderen Domäne darauf schauen. Somit bedeutet Open Innovation eine sehr effiziente Form des Wissensmanagements, benötigtes Lösungswissen zu identifizieren und zu integrieren. Das Individuum bekommt dabei in solchen Netzwerken einen neuen Stellenwert und kann entscheidend auch auf die Produktentwicklung von Unternehmen Einfluss nehmen, insbesondere wenn es zur Übertragung von Bedürfnisinformationen kommt, z.B. in sog. Lead User-Workshops oder durch die Nutzung von eToolkits, mit denen der Nutzer selbst online seine Produkte designen oder individualisieren kann (Co-Creation). Doch was bedeutet es nun, wenn Unternehmen ihre Forschungs- und Entwicklungsabteilung für Hilfestellung von Dritten öffnen? Können von diesen Erfahrungen und Anreizsystemen nicht auf öffentliche Organisationen profitieren, die per se in einem demokratischen Setting aus Mitbestimmung, Transparenz und Partizipation verhaftet sind? Wie können Bürgerbeteiligung und Integration externen Wissens den öffentlichen Sektor verändern?

In diesem Beitrag wurde dazu eine Struktur geschaffen, wie Stakeholder im Sinne von Bürgern, Kunden, Nutzern, Steuerzahlern, aber auch Wähler und Stadtbewohner Einfluss auf öffentliche Wertschöpfungs- und Entscheidungsprozesse nehmen können. Auf der ersten Ebene geht es um die Mitwirkung von Bürgern bei Ideenfindungsprozessen und Innovationswettbewerben. Über die Integration der Bürger in den Innovationsprozess werden Verbesserungsvorschläge der Bürger aufgenommen und umgesetzt. Auf der zweiten Ebene werden die Bürger direkt in die Verwaltungsprozesse integriert. Auch hier geht es zum Teil um Verbesserungen, jedoch auf Prozessebene im Sinne einer gemeinschaftlichen Verwaltung. Die Bürger führen zum Teil Aufgaben, die vormals von Behörden übernommen wurden (vgl. das Beispiel der US-Patentbehörde bei der Prüfung von Patentanträgen auf Neuerungen) aus. Auf der dritten Ebene wird der Bürger in politische Prozesse integriert, d.h. hier geht es um Entscheidungsfindung von komplexen politischen Problematiken, der Budgetzuweisung, der Abstimmung und der Programmplanung. Auch erste Ansätze eines gemeinsamen Verfassens von Gesetzen (im Stil von Wikipedia) werden bereits in der Literatur berichtet.

Ausgangspunkt für diese Praxisbeispiel ist die Erkenntnis, dass der öffentliche Sektor, Behörden und Verwaltungen erkennen, dass es Vorteile mit sich bringen kann, unter systematischer Nutzung neuer IuK-Technologien mit extern Beitragenden jenseits der organisationalen Grenze zu kooperieren und sie in die Prozesse der öffentlichen Hand mit einzubeziehen. Die Ergebnisse dieses Betrags im Sinne erster Beispiele zum Citizensourcing werfen die Frage auf, ob Individuen oder Netzwerke von Bürgern die öffentliche Verwaltung hinsichtlich der Steuerung von Ressourcen und sogar bei der Lösung öffentlicher Probleme nachhaltig unterstützen oder sogar ersetzen können. Öffentlichen Managern kommt dabei ein völlig neues Arbeits- und Rollenverständnis zu, viel mehr denn je zwischen externem Input auszuwählen und systematisch Informationen aus der Verwaltung hinauszugeben (wie am Beispiel der Patentanträge oder Straßenkarten bei FixMyStreet.com), um ein Feedback vom Bürger zu erhalten.

In Zeiten von steigendem Systemmisstrauen, radikal abnehmenden Wahlbeteiligungen und fehlendem Vertrauen in öffentliche (bürokratische) Prozesse mag es an der Zeit sein, über neue Formen der Arbeitsteilung auch im öffentlichen Sektor nachzudenken. Auch wenn die Nutzung derartiger Portale zur Integration von externen Meinungen, Ideen und Informationen nicht nur im politischen, sondern auch im administrativen Bereich zu Missbrauch und Datenschutzproblemen führen kann und zunächst die Online-Erreichbarkeit aller Bürger zu gewährleisten ist, so birgt die Abschottung vor diesen Entwicklungen und die Nicht-Integration der Bürger auf lange Sicht das viel größere Risiko. Denn die Unzufriedenheit mit dem staatlichen System und das Gefühl des machtlosen verhaftet sein vor verschlossenen organisationalen Türen mag langfristig das gesamte demokratische Gemeinwesen in Frage stellen, wenn Ansprüche an eine moderne Regierung und Verwaltung nicht erfüllt werden.

Literatur

Alford, John (2009): Public Sector Clients: From Service-Delivery to Co-production. Basingstoke.

Benkler, Yochai (2002): Coase's Penguin, or: Linux and the Nature of the Firm. In: The Yale Law Journal, 112 (3), S. 369-446.

Bowler, Shaun/Donovan, Todd (2000): Demanding Choices: Opinion, Voting, and Direct Democracy. Ann Arbor.

Brabham, Daren C. (2009): Crowdsourcing the Public Participation Process for Planning Projects. In: Planning Theory, 8 (3), S. 242-262.

Brudney, Jeffrey L./England, Robert E. (1983): Toward a Definition of the Coproduce Concept. In: Public Administration Review, 43 (1), S. 59-65.

Burgoyne, John/Reynolds, Michael (1998): Management Learning: Integrating Perspectives in Theory and Practice. London.

Center for Patent Innovations (2008): Peer-to-Patent, First Anniversary Report. The Institute for Information Law & Policy, New York Law School, New York.

Chesbrough, Henry (2003): Open Innovation: The New Imperative for Creating and Profiting from Technology. Boston, MA.

Chesbrough, Henry (2006): Open Business Models: How to Thrive in the New Innovation Landscape. Boston, MA.

Dunleavy, Patrick/Hood, Christopher (1994): From Old Public Administration to New Public Management. In: Public Money & Management, 14 (3), S. 9-16.

Eisenhardt, Kathleen (1989): Building Theories from Case Study Research. In: Academy of Management Review, 14 (4), S. 532-550.

Franke, Nikolaus/Shah, Sonali (2003): How Communities Support Innovative Activities: An Exploration of Assistance and Sharing among End-users. In: Research Policy, 32 (1), S. 157-178.

Frey, Bruno S. (1994): Direct Democracy: Politico-Economic Lessons from Swiss Experience. In: The American Economic Review, 84 (2), S. 338-342.

Fung, Archon (2003): Survey Article: Recipes for Public Spheres: Eight Institutional Design Choices and Their Consequences. In: Journal of Political Philosophy, 11,(3), S. 338-367.

Herstatt, Cornelius/von Hippel, Eric (1992): Developing New Product Concepts via the Lead User Method. In: Journal of Product Innovation Management, 9 (2), S. 213-221.

Hickley, Mac (2008): The Grounds for Citizen Engagement and the Roles of Planners. Saarbrücken.

Holzer, Marc/Kloby, Kathryn (2005): Public Performance Measurement. An Assessment of the State-of-the-art and Models for Citizen Participation. In: International Journal of Productivity and Performance Management, 54 (7), S. 517-532.

Howe, Jeff (2008): Crowdsourcing: Why the Power of the Crowd Is Driving the Future of Business. New York.

InnoCentive (2009): InnoCentive at a Glance. http://www.innocentive.com/crowd-sourcing-news/innocentive-at-a-glance.

Jeppesen, Lars Bo/Lakhani, Karim R. (2010): Marginality and Problem-Solving Effectiveness in Broadcast Search. In: Organization Science (im Druck).

Katila, Ritta/Ahuja, Gautam (2002): Something Old, Something New: A Longitudinal Study of Search Behaviour and New Product Introduction. In: Academy of Management Journal, 45, S. 1183-1194.

King, Cheryl S./Martinelli, Alicia, S. (2005): Innovations in Citizen Engagement and Empowerment: Beyond Boundaries. In: The Public Sector Innovation Journal, 10 (1), S. 41-49.

Lakhani, Karim R./Jeppesen, Lars Bo/Lohse, Peter A./Panetta, Jill A. (2007): The Value of Openness in Scientific Problem Solving. Working Paper, Harvard Business School, Boston.

Lichtenthaler, Ulrich (2008): Open Innovation in Practice. An Analysis of Strategic Approaches to Technology Transactions. In: IEEE Transactions, 55 (1), S. 148-157.

Lindblom, Charles Edward/Cohen, David K. (1979): Usable Knowledge: Social Science and Social Problem Solving. New Haven, CT.

Lüthje, Christian/Herstatt, Cornelius/von Hippel, Eric (2005): User Innovators and "Local" Information: The Case of Mountain Biking. In: Research Policy, 34 (6), S. 951-965.

Lukensmeyer, Carolyn J. (2007): Large-Scale Citizen Engagement and the Rebuilding of New Orleans: A Case Study. In: National Civic Review, 96 (3), S. 3-15.

Lukensmeyer, Carolyn J./Torres, Lars Hasselblad (2008): Citizensourcing: Citizen Participation in a Networked Nation. In: Civic Engagement in a Network Society, hrsg. v. Kaifeng Yang und Erik Bergrud, Charlotte, NC, S. 207-233.

Lüthje, Christian/Herstatt, Cornelius (2004): The Lead User Method: Theoretical–empirical Foundation and Practical Implementation. In: R&D Management, 34 (5), S. 549-564.

McGuire, Michael (2006): Collaborative Public Management: Assessing What We Know and How We Know It. In: Public Administration Review, 66 (1), S. 33-43.

Moore, Mark H. (1995): Creating Public Value: Strategic Management in Government. Cambridge, MA, London.

National Research Council (2007): Innovation Inducement Prizes. Washington, DC.

Noveck, Beth S. (2009): Wiki Government: How Technology Can Make Government Better, Democracy Stronger, and Citizens More Powerful. Washington, DC.

Obama, Barack (2009): Transparency and Open Government. http://www.whitehouse.gov/the_press_office/TransparencyandOpenGovernment/.

OECD (2004): Promise and Problems of E-Democracy: Challenges of Online Citizen Engagement. Paris.

Pierre, Jon/Peters, Guy (2000): Governance, Politics and the State. New York.

Pollitt, Christopher/Bouckaert, Geert (2004): Public Management Reform. 2. Aufl., Oxford.

Pollitt, Christopher/Talbot, Colin (2004): Unbundled Government. A Critical Analysis of the Global Trend to Agencies, Quangos and Contractualisation. London.

Savas, Emanuel S. (2005): A Taxonomy of Privatization Strategies. In: Policy Studies Journal, 18 (2), S. 343-355.

Simon, Herbert A. (1991): Bounded Rationality and Organizational Learning. In: Organization Science, 2 (1), S. 125-134.

Stowers, Genie N.L. (2000): Becoming Cyberactive: State and Local Governments on the World Wide Web. In: Government Information Quarterly, 17 (1), S. 113-114.

Svara, James H. (2001): The Myth of the Dichotomy: Complementarity of Politics and Administration in the Past and Future of Public Administration. In: Public Administration Review, 61 (2), S. 176-183.

Tapscott, Don/Williams, Anthony D. (2006): Wikinomics: How Mass Collaboration Changes Everything. Brentford.

Terwiesch, Christian./Xu, Yi (2008): Innovation Contests, Open Innovation, and Multiagent Problem Solving. In: Management Science, 54 (9), S. 1529-1543.

von Hippel, Eric (2005): Democratizing Innovation. Cambridge, MA.

Warren, Mark, E. (1999): Democracy and Trust. Boston, M.A.

Whitaker, Gordon P. (1980): Coproduction: Citizen Participation in Service Delivery. In: Public Administration Review, 40 (2), S. 240-246.

Yin, Robert (1994): Case Study Research: Design and Methods. Newbury Park, CA.

Interinstitutionelle Lern- und Strategieprozesse – eine wachsende Herausforderung im Nonprofit-Bereich

Christoph Minnig und Jürg Schneider, Olten

1 Einleitung

Die oft fehlende Vernetzung und Zusammenarbeit zwischen Organisationen innerhalb bestimmter „Branchen" und „Märkte" im Nonprofit- (und Public-) Bereich erweist sich zunehmend als eine wachsende Herausforderung für alle Beteiligten. Der Druck, sich als Organisation vermehrt als Teil einer „Branche", eines „Marktes" oder einer „Versorgungskette" zu verstehen, wächst ständig an und hat konkrete Auswirkungen auf die operative und strategische Arbeit einer Vielzahl von Organisationen. Im vorliegenden Papier wollen wir die sich daraus ergebende Lern-, Entwicklungs- und Strategieherausforderung aufgreifen und näher ausleuchten. Als Analyse- und Gestaltungskonzept möchten wird hierzu das Konzept der „organisatorischen Felder" (DiMaggio/Powell 1983) einführen, welches vor allem in der neoinstitutionellen Organisationstheorie (Meyer/Scott 1983; Scott/Meyer 1994; Hasse/Krücken 2005; Walgenbach/Meyer 2008) entwickelt und angewendet worden ist.

Der Neoinstitutionalismus ist in den 1970er und 1980er Jahren aufbauend auf den Werken der klassischen Institutionentheorie entstanden (Meyer/Rowan 1977; Zucker 1987). In der ersten Entwicklungsphase haben sich die treibenden Autoren eng an die klassischen Vorgaben der Organisationssoziologie angelehnt und verzichteten dabei auf eine kritische Auseinandersetzung mit den historischen Wurzeln (Hasse/Krücken 2005). Über die Jahre hinweg wurde das Theoriengebäude schrittweise – teilweise auch sehr kritisch – weiterentwickelt und verändert (DiMaggio/Powell 1991; Scott 1995; Jepperson 1991). Zentral in dieser Entwicklung waren unter anderem drei Aspekte, nämlich die Veränderung und Entwicklung des Begriffes der Institution, die Modifikation des Konzepts der organisatorischen Felder und drittens die Entwicklung eines veränderten und differenzierten Verständnisses der institutionellen Wandelungsprozesse (Walgenbach/Meyer 2008; Senge/Hellmann 2006). Wir möchten in diesem Papier die Diskussion in Zusammenhang mit den organisatorischen Feldern aufgreifen und diese organisatorischen Felder vermehrt als Lern- und Strategieräume verstehen und darstellen.

2 Institution

„Institutionen lassen sich [...] allgemein als übergreifende Erwartungsstrukturen definieren, die darüber bestimmen, was angemessenes Handeln und Entscheiden ist. [...] Institutionen in diesem erweiterten Sinn prägen die Verhaltensweisen einzelner Gesellschaftsmitglieder und regulieren hierdurch das gesellschaftliche Miteinander“ (Hasse/Krücken 2005: 15). Grundlegend in der Entwicklung des Institutionenbegriffs in den letzten Jahren war die Erkenntnis, dass organisatorisches Verhalten, organisatorische Routinen und Strukturen neben Regeln und Normen zunehmend auch durch kognitiv-kulturelle Größen (mit-)geprägt werden. „Not values and norms but taken-for-granted scripts, rules, and classifications are the stuff of which institutions are made. ... Neoinstitutionalists tend to reject socialization theories, ... they prefer ... cognitive models in which schemas and scripts lead decision makers“ (DiMaggio/Powell 1991: 15). Das tägliche Leben oder die laufende Auseinandersetzung mit dem Umfeld beruht dabei jedoch nicht nur auf der Existenz einer gewissen Zahl von Regeln und/oder Normen, die von einzelnen als das erkannt und bewusst in die Konstruktion der jeweiligen Handlung integriert werden, sondern es besteht gleichzeitig auch immer eine Notwendigkeit hin zur Interpretation und/oder Improvisation (Bourdieu 1977).

3 Der Feldbegriff, ein sich veränderndes und entwickelndes Theorienkonzept

Organisatorische Felder können verstanden werden als institutionelle Arenen. Innerhalb dieser Arenen laufen einerseits institutionelle Prozesse ab (Institutionalisierung) und andererseits werden sie in der neoinstitutionellen Theorie als ein zentraler analytischer Rahmen angesehen (Becker-Ritterspach/Becker-Ritterspach 2006).

In der neoinstitutionellen Theorie wurde der „organisatorische Feldbegriff" hauptsächlich durch DiMaggio und Powell (1983) geprägt. Organisatorische Felder beinhalten in dieser ursprünglichen Sichtweise die Gesamtheit aller relevanten Aktoren, dass heisst umfassen jene Organisationen und Interessengruppen, die das institutionelle Leben einer Organisation prägen; es handelt sich hierbei unter anderem um Zulieferer, Produzenten, Konsumenten, Klienten, staatliche und private Regulatoren, Berufsverbände, Freiwillige und Konkurrenten sowie weitere wichtige Gremien (DiMaggio/Powell 1983).

In der ersten Phase der neoinstitutionellen Theorieentwicklung wurde in Zusammenhang mit der Feldidee hauptsächlich die isomorphe Anpassung, respektive die Angleichung der in einem Feld eingebundenen kollektiven Aktoren herausgestrichen (Meyer/Rowan 1977). Es wurde dabei die Tatsache betont, dass je strukturierter ein Feld ausgestaltet sei, desto mehr würden die eingebundenen Aktoren einem zunehmenden Druck zu einer gegenseitigen Anpassung und/oder Angleichung – nicht aber Gleichheit – ausgesetzt (Walgenbach/Meyer 2008). Die Strukturierung der Felder kann dabei nicht a priori bestimmt und beschrieben werden, sondern muss – wie DiMaggio und Powell (1991: 65) dies unterstreichen – „be defined on the basis of empirical investigations".

Dabei hängt der Strukturierungsprozess nach den Überlegungen von DiMaggio/Powell (1991: 65) grundlegenden von vier Aspekten ab:

- erstens von der Interaktionsintensität zwischen Organisationen in einem bestimmten Feld,
- zweites von den vorhandenen interorganisatorischen Dominanz- und Kooperationsstrukturen,
- drittens von der Summe der Informationen, die von den beteiligten Organisationen gemeinsam und übereinstimmend als relevant erachtet werden, und
- viertens vom bestehenden Bewusstsein der beteiligen Organisationen, dass sie sich in einem gemeinsamen sozialpolitischen Bereich bewegen.

Diese stark auf die Anpassungs- und Angleichungsdynamik hindeutende Argumentationsweise wurde in der Folge als zu eng und einseitig kritisiert. Vor allem wurde herausgestrichen, dass mit diesem Ansatz eine Vielfalt von Veränderungen und Entwicklungen nicht – oder nicht umfassend und differenziert – erklärbar sind. In der neueren Literatur wird versucht, diese Enge aufzubrechen und Erklärungsansätze für die in der Realität erkennbaren unterschiedlichen Ansätze zu finden (Walgenbach/Meyer 2008).

Wenn wir den Feldbegriff weiter ausweiten, so erscheint es uns wichtig und vielversprechend, auf eine in der neoinstitutionellen Theorienarbeit bislang eher weniger verwendete Theorie Bezug zu nehmen, nämlich auf die Arbeiten von Pierre Bourdieu. Zwar haben schon DiMaggio und Powell (1991) in ihrem Standardwerk auf diese Option explizit hingewiesen: „Bourdieu's framework offers a particularly balanced and multifaceted approach to action. Although his work is just beginning to influence organization theory (...), much of it dovetails with and may contribute to a broadening and deepening of the institutional theory" (DiMaggio/Powell 1991: 26). Dieser konkrete Hinweis auf das mögliche Potential und die Relevanz der Arbeiten von Bourdieu hat in der neoinstitutionellen Diskussion jedoch nicht wirklich Anklang gefunden (Dederichs/Florin 2004).

Pierre Bourdieu verwendet in seiner Diskussion zum (organisatorischen) Feld oftmals die Metapher des Spiels. Die Mehrheit der Spiele besitzen eine mehr oder minder große Zahl von Regeln, welche bis zu einem gewissen Grad bestimmen, was möglich und was unmöglich ist, und diese Regeln kanalisieren und bestimmen bis zu einem gewissen Grad den jeweiligen Ablauf eines Spiels. Ein Spiel wird jedoch nicht nur strukturiert (oder erlernt) durch die reine Befolgung von Regeln, sondern auch durch die im Verlaufe des Spiels gewonnenen Erfahrungen. Diese Erfahrungsgröße wird in Bourdieus Augen vor allem dann mitentscheidend, wenn versucht wird, das Spiel von kompetenten Spielern zu erklären (Jenkins 1992; Bourdieu 1990b).

Bourdieu unterstreicht somit die Tatsache, dass ein Spiel nicht allein als Folge von Regeln zu verstehen ist, gute Spieler zeichnen sich vielmehr auch durch ein Gefühl für das Spiel aus. Solche Spieler verwenden gewisse Strategien, die nicht mit Regeln alleine umschrieben werden können beziehungsweise nicht auf diese Elemente alleine zurückführbar sind (Bourdieu 1990b). Ein Spiel kann nach Bourdieu (1990a, 1990b) somit verstanden werden als ein willentlich geschaffenes Ganzes, als Akt der menschlichen Kreation, welcher mehr oder minder klaren Regeln, Regelmäßigkeiten beziehungsweise Geregeltheiten folgt und welche mehr oder minder eindeutig festgehalten sind. Er versteht Regeln, sowohl bei realen wie sozialen Spielen, dabei eher als konstituierende, denn als absolut regulative Größen. Somit bestehen für Spieler immer auch bestimmte Freiheiten, welche sie nach strategischem Ermessen ausschöpfen und ausgestalten können (Bourdieu 1992b). Für Bourdieu sind Felder nicht einseitig einschränkende, sondern sowohl als einschränkende und ermöglichende Räume zu verstehen. In diesem Sinne umschreiben DiMaggio und Powell (1991: 25) Bourdieus Werk denn auch als einen „important part of the cognitive turn in social theory".

Nach Bourdieu bestehen weiter enge Beziehungen zwischen den Begriffen ‚des organisatorischen Feld' und jenem des ‚Habitus' (Bourdieu 1990b, 1993). Die Idee des Habitus scheint dabei mitzuhelfen, in gewisser Weise das Feld zu konkretisieren und/oder umgekehrt. Der Habitusbegriff kann nach Bourdieu eine Art Vermittlerrolle einnehmen und dabei vor allem eine Verbindung zwischen zwei unterschiedlichen Sichtweisen innerhalb der Theorienlandschaft herstellen, einer eher rationalen und/oder eher deterministischen Ausrichtung. "[S]ocial life cannot be understood as simply the aggregate of individual behavior. Nor does he accept that practice can be understood solely in terms of individual decision-making, on the one hand, or as determined by supra-individual 'structures', as the metaphysics of objectivism would have it, on the other. His refinement and use of the notion of the habitus is a bridgebuilding exercise across the explanatory gap between these two extremes, another important device for transcending the sterility of the opposition between subjectivism and objectivism" (Jenkins 1992: 74).

Wer nun jedoch bei Bourdieu nach einer klaren und eindeutigen Umschreibung des Begriffes Habitus sucht, wird enttäuscht. Der Begriff scheint innerhalb seiner Arbeit einen eher variablen Charakter einzunehmen (Jenkins 1992). Um das Verständnis für den Begriff des Habitus in unserm Zusammenhang weiter zu klären, erscheint es hilfreich, hierbei vor allem den Entstehungscharakter der Habitusidee herauszustreichen. Habitus scheint in einer ersten Stufe einfach in unseren Köpfen zu existieren. In einem zweiten Fall entsteht Habitus durch die Interaktion mit anderen Aktoren oder dem weiteren Umfeld und drittens besteht eine weitere Quelle des Habitus in der historischen Dimension, dass heißt in Aspekten, die in gewisser Weise als vorgegeben angesehen werden können (Jenkins 1992). Habitus lässt sich umreißen als gemeinsam geteilte Ansammlung von Dispositionen, Klassifikationskategorien oder Ideen, und kann weiter verstanden werden als das Resultat kollektiver Geschichte (Bourdieu 1993, 1990b). „Because of common histories, members of each 'class fraction' share similar habitus, creating regularities of thought, aspirations, dispositions, patterns of appreciation, and strategies of actions that are linked to the positions persons occupy in the social structure they continually reproduce" (Bourdieu 1981: 309).

Bourdieus Ausführungen folgend, könnten wir Felder somit etwas differenzierter verstehen:

1. Als soziale Arenen, innerhalb derer sich Auseinandersetzungen verschiedenster Art abspielen (Jenkins 1992).
2. Felder sind nach Bourdieu (1990a, 1990b) zu verstehen als Spielräume, in welchen bestimmte Regeln vorgegeben sind, und auf der anderen Seite aber auch Freiräume vorhanden sind. Freiräume, welche sich jedoch über die Zeit verändern und entwickeln können.
3. Die Kapitalausstattung der Spieler – welche sich im Lauf des Spiels verändern kann – hat einen Einfluss auf die Möglichkeiten der Spieler (Bourdieu 1992b).
4. Innerhalb eines jeden Feldes lassen sich gewisse Interessen und Verhaltensweisen herausarbeiten (Habitus), die für ein konkretes Feld als spezifisch angesehen werden können. Jedes Feld scheint über sogenannte feldspezifische Eigenschaften zu verfügen (Bourdieu 1993).
5. Felder haben einen historischen Charakter, welcher als Basis gegenwärtiger und künftigen Handlungen (mit-)berücksichtigt werden muss (Bourdieu 1981).
6. Felder werden – wie bei DiMaggio und Powell (1991) – abschließend aber auch umschrieben als eine wichtige und grundlegende analytische Basis (Bourdieu/Wacquant 1992).

4 Organisatorisches Feld als „Lern- und Strategieraum"

Es erscheint aus den im vorhergehenden Kapitel beschriebenen Gründen sinnvoll, organisatorische Felder nicht mehr einseitig als Einschränkung, sondern zunehmend als Lern- und Entwicklungsräume zu verstehen. Hierbei steht aus unserer Sicht nicht primär die Schaffung neuen Wissens im Vordergrund. Die Herausforderung beruht darauf, vorhandenes Wissen durch Interaktion und Kommunikation (neu) zu verknüpfen, eine gemeinsame Basis und ein gemeinsames Verständnis zu entwickeln. „Dieser Lerntyp basiert auf der systemtheoretischen Grundvorstellung, dass die Systemelemente (also auch Wissenselemente) in vielfältiger Weise anschlussfähig sind und damit untereinander eine unübersehbare Fülle von Anschlussmöglichkeiten besitzen. Innovative Neuanschlüsse sind daher jederzeit möglich; es ist eine Frage der Empirie, ob diese sich dann für das System als tragfähig erweisen" (Schreyögg 1996: 52). Zwischen Leistungserbringern, Leistungsermöglichern und Leistungsbezügern findet ein bewusst gestalteter und reflektierter Diskussions- und Aushandlungsprozess statt, oder falls dies (noch) nicht der Fall ist, so könnte man zumindest die Forderung aufstellen, dass die Interaktion dieser Aktorengruppen vermehrt in einen derartigen kollektiven Entwicklungsprozess überführt werden sollte (Minnig 2006; Schneider et al. 2007).

Lernprozesse innerhalb organisatorischer Felder verfolgen deshalb das Ziel,

- den Status quo zu erfassen und davon abgeleitet mögliche Veränderungsnotwendigkeiten (Ist-Analyse), aber auch Veränderungsmöglichkeiten und Veränderungsfähigkeiten zu eruieren (Kann-Analyse);
- gemeinsam getragene Ideen und Konzepte zu entwickeln und diese Ideen sichtbar zu machen;
- zu bestimmen, wie und auf welchem Weg die Veränderungen und Entwicklungen erreicht werden können;
- und schliesslich mitzuhelfen, diese Ideen umzusetzen, zu realisieren und zu reflektieren.

In Zusammenhang mit der Weiterentwicklung der neoinstitutionellen Theorie wurde zunehmend auch die Strategiefrage in der Felddiskussion aufgegriffen

(Walgenbach/Meyer 2008; Oliver 1991; Bresser et al. 2004; Minnig 2006). Oliver (1991) streicht zum Beispiel die Existenz von strategischen Handlungsmöglichkeiten innerhalb von organisatorischen Handlungsfeldern heraus. Damit wurde versucht, die argumentative Enge aufzubrechen, die in den Anfängen der neoinstitutionellen Literatur in Zusammenhang mit dem Konzept der organisatorischen Felder erkennbar ist, und es wurde eine Verbindung zwischen der neoinstitutionellen Organisationstheorie und der Theorie des strategischen Managements hergestellt.

5 Fazit und Herausforderungen

Eine wachsende Zahl von Nonprofit-Organisationen (Leistungserbringer) stehen heute vor der Frage, ob und inwiefern sie auch in der Zukunft ihre Strategiearbeit „relativ unabhängig“ von Dritten durchführen können, sollten oder gar dürfen. Gleichzeitig müssen sich auch die Leistungsermöglicher (Leistungsbesteller) in der Zukunft vermehrt die Frage stellen, ob und inwiefern sie weiterhin eine Reihe von unabhängigen Leistungsverträgen abschließen wollen und können, oder ob der Fokus in der Zukunft nicht eher auf die verbindenden Prozessketten oder – umfassender – auf organisatorische Felder gelegt werden müsste. Dies würde bedeuten, dass Leistungsermöglicher und Leistungserbringer in der Zukunft ihre Strategiearbeit in einem immer komplexeren, integrativen Kontext erbringen. Eine Herausforderung, welcher sich Leistungsermöglicher und Leistungserbringer in der Zukunft gemeinsam stellen müssen.

In einer Vielzahl von – z.B. sozial- oder auch gesundheitspolitischen – Situationen ist zu erkennen, dass Organisationen in der Regel nur ganz bestimmte Teilbereiche einer umfassenden Prozesskette sicherstellen und verantworten können. Komplexe Prozessketten können nur in Ausnahmefällen durch zufällige und unreflektierte Addition von Teilaspekten unterschiedlicher Aktoren sichergestellt werden. Das bewusste Zusammenspiel unter den Leistungserbringenden wird bezogen auf die Planung, die Umsetzung, die Reflexion und die Evaluation des Geleisteten immer zentraler und wichtiger. Es wird in der Zukunft immer weniger ausreichen, wenn einzelne Organisationen versuchen, bestimmte Tätigkeitsfelder abzustecken (sich zu positionieren), diese Tätigkeitsfelder möglichst autonom abzuarbeiten, und/oder gar zu versuchen, diese scheinbare Autonomie gar noch zu verteidigen.

Wer sich für eine interinstitutionelle Herangehensweise – einen Feldansatz – bei der Strategiearbeit entscheidet, muss sich bewusst sein, dass man sich dabei eines zwar spannenden und vor allem erfolgsversprechenden, gleichzeitig aber höchst komplexen Organisations- und Managementkonzepts bedient. Interaktive und organisationsübergreifende Entwicklungen innerhalb bestimmter Felder entstehen nicht einfach aus intensiverer Interaktion, sie lassen sich auch nicht verordnen, sondern müssen partnerschaftlich geplant, entwickelt, etabliert und reflektiert werden. Um den Entwicklungsprozess von organisatorischen Feldern erfolgversprechend zu planen und auszugestalten, bedürfen die Verantwortlichen spezifischer Kenntnisse und Erfahrungen. Derartige Interaktions- und/oder Netzwerkkompetenzen werden in der Zukunft vermehrt über Erfolg, Misserfolg und Qualität von kooperativen Projekten (mit)entscheiden (Minnig/Bühler 2004).

Die Bereitschaft und Fähigkeit zu diesem organisationsübergreifenden Denken und Handeln geht zusätzlich von einer veränderten Haltung zum eigenen Auftrag aus. Verantwortungsträger müssen sich und ihre Institution (noch) vermehrt als Teil einer Versorgungskette, eines Feldes verstehen. Dazu gehören der Aufbau und die Etablierung einer konkreten Interaktionsfähigkeit. Verantwortungsträger, welche ein operatives und/oder strategisch verankertes Interaktionsverständnis entwickelt haben, zeichnen sich bezüglich ihres Organisationsverständnisses durch folgende Qualitäten aus: (a) Sie sind fähig und willig, in kooperativen Ansätzen zu denken und zu handeln sowie Lern- beziehungsweise Entwicklungsprozesse über die Institution hinaus aufzubauen. (b) Die Verbindung zwischen Organisation und Umfeld wird aktiv, offen und sachbezogen reflektiert und es wird, falls notwendig, mit organisationsübergreifenden Prozessmodellen gearbeitet. (c) Die Beziehungen zu wichtigen Partnern (Individuen und Institutionen) werden bewusst und reflektiert aufgebaut, entwickelt, gefestigt, und falls notwendig auch wieder aufgelöst. (d) Und abschliessend werden unterschiedliche Hierarchieformen zugelassen (Hierarchie und Heterarchie).

Innerhalb eines Feldes sind alle Beteiligten in dieser Perspektive aufgefordert

(a) zu bestimmen, worin die gemeinsam zu bearbeitenden Problemstellungen bestehen, welche Teilprobleme davon abgeleitet werden können, wie diese Teilbereiche zusammenspielen und inwiefern zwischen diesen Teilbereichen Abhängigkeiten erkennbar sind.

(b) Darauf aufbauend lässt sich gemeinsam durch die Leistungsermöglicher, die Leistungserbringer und die Leistungsbezüger bestimmen, welche Bedürfnisse bestehen und welcher gesellschaftliche Bedarf sich daraus letztendlich innerhalb des jeweiligen Feldes ableiten und bestimmen lässt.

(c) In einem weitern Schritt sind darauf aufbauend die relevanten Ziele und Teilziele zu definieren und zu bestimmen, welche Aktoren oder Aktorengruppen dafür verantwortliche zeichnen.

(d) Weiter wird zu bestimmen sein, welche Dienstleistungen, Angebote, Methoden notwendig sind, um die definierten Ziele zu erreichen.

(e) Abschließend sind die Indikatoren zu bestimmen, welche zur Evaluation der gesamten Prozesskette und der zentralen Teilschritte herangezogen werden können.

(f) Die übergreifenden Analyse- und Gestaltungsprozesse auf der Ebene der organisatorischen Felder sollten auf strategischer wie operativer Ebene in die organisationsinternen Entscheidprozesse der beteiligten Organisationen einfließen.

In der Zukunft sollte damit immer weniger die Frage im Zentrum stehen, was einzelne Organisationen – unabhängig von ihrem historischen Auftrag und ihrer Geschichte – anbieten können und anbieten wollen. Es sollte zuerst auf Ebene der organisatorischen Felder bestimmt werden, welche Probleme bestehen, welcher gesellschaftliche Bedarf sich ableiten lässt und welche Ziele erreicht werden sollten. Daran anschließend stellt sich erst die Frage, welche Angebote und wertbildenden Prozesse für diese Zielerreichung sinnvoll sind und wer sich als Anbieter am besten zu eignen scheint. Analytische und gestaltende Diskussionen sollten in Bezug auf das gesamte organisatorische Feld angegangen werden, erst in einem zweiten Schritt sollte ein direkter und koordinierender Einfluss auf beteiligte Organisationen, deren Sichtweisen, Haltungen und Handlungen ausgeübt werden.

Literatur

Becker-Rittersbach, Jutta C./Becker-Rittersbach, Florian (2006): Organisationales Feld und Gesellschaftlicher Sektor im Neo-Institutionalismus. In: Einführung in den Neoinstitutionalismus, hrsg. v. Konstanze Senge und Kai-Uwe Hellmann, Wiesbaden, S. 118-136.

Bourdieu, Pierre (1977): Outline of the Theory of Practice. Cambridge.

Bourdieu, Pierre (1981): Men and Machines. In: Advances in Social Theory and Methodology, hrsg. v. Karin D. Knorr-Cetina und Aaron Cicourel, Boston, S. 304-318.

Bourdieu, Pierre (1990a): The Logic of Practice. Cambridge.

Bourdieu, Pierre (1990b): In Other Words. Cambridge.

Bourdieu, Pierre (1992a): Rede und Antwort. Frankfurt a. Main.

Bourdieu, Pierre (1992b): Die verborgenen Mechanismen der Macht. Hamburg.

Bourdieu, Pierre (1993): Sociology in Questions. London u.a.

Bourdieu, Pierre/Wacquant, Loic J. D. (1992): An Invitation to Reflexive Sociology. Chicago.

Bresser, Ruedi K./Dunbar, Roger L.M./Millonig, Klemens (2004): Nicht so schnell nachgeben. In: Harvard Business Manager, 26 (7) S. 55-63.

Dederichs, Andrea Maria/Florian, Michael (2004): Felder, Organisationen und Akteure – eine organisationssoziologische Skizze. In: Bourdieus Theorie der Praxis – Erklärungskraft, Anwendung und Perspektiven, 2. Aufl., hrsg. v. Jörg Ebrecht und Frank Hillebrandt, Wiesbaden, S. 69-96.

DiMaggio, Paul J./Powell, Walter W. (1983): The Iron Cage Revisited: Institutional Isomorphism and Collective Rationality in Organizational Fields. In: American Sociological Review, 48, S. 147-60.

DiMaggio, Paul J./Powell, Walter W. (1991): The Iron Cage Revisited: Institutional Isomorphism and Collective Rationality in Organizational Fields. In: The New Institutionalism in Organizational Analysis, hrsg. v. Walter W. Powell und Paul J. DiMaggio, Chicago, S. 63-82.

Hasse, Raimund/Krücken, Georg (2005): Neo-Institutionalismus. 2. Aufl., Bielefeld.

Jenkins, Richard (1992): Pierre Bourdieu. London.

Jepperson, Roland L. (1991): Institutions, Institutional Effects, and Institutionalism. In: The New Institutionalism in Organizational Analysis, hrsg. v. Walter W. Powell und Paul J. DiMaggio, Chicago, S. 143-163.

Meyer, John W./Rowan, Brian (1977): Institutionalized Organizations: Formal Structure as Myth and Ceremony. In: American Journal of Sociology, 83, S. 340-363.

Meyer, John W./Scott, W. Richard (1983): Organizational Environments – Ritual and Rationality. Beverly Hills.

Minnig, Christoph (2006): Beziehungsmanagement als zunehmende Herausforderung und wichtige Kernkompetenz innerhalb des Nonprofit Bereiches. In: Handbuch: Kompetenzmanagement – Durch Kompetenzen nachhaltige Werte schaffen, hrsg. v. Robert J. Zaugg, Bern, S. 381-390.

Minnig, Christoph/Bühler-Rogger, Sybille (2004): Die Idee der lernenden Organisation als Denkansatz zur Ausgestaltung einer eigenständigern Corporate Governance-Diskussion im Nonprofit Bereich. In: Gutes besser tun, hrsg. v. Ruth S. Voggensperger et al., Bern, S. 237-255.

Oliver, Christine (1991): Strategic Responses to Institutional Processes. In: Academy of Management Review, 16, S. 145-179.

Powell Walter W./DiMaggio, Paul J. (Hrsg.) (1991): The New Institutionalism in Organizational Analysis. Chicago.

Schneider, Jürg/Minnig, Christoph/Freiburghaus, Markus (2007): Strategische Führung von Nonprofit Organisationen. Bern.

Schreyögg, Georg (1996): Organisation – Grundlagen moderner Organisationsgestaltung. Wiesbaden.

Scott, W. Richard (1995): Institutions and Organizations. Thousand Oaks.

Scott, W. Richard/Meyer, John W. (1994): Institutional Environments and Organizations: Structural Complexity and Individualism. Thousand Oaks.

Senge, Konstanze/Hellmann, Kai-Uwe (2006): Einführung in den Neoinstitutionalismus. Wiesbaden.

Wacquant, Loic J.D. (1989): Towards a Reflexive Sociology: A Workshop with Piere Bourdieu. In: Sociological Theory, 7, S. 26-63.

Walgenbach, Peter/Meyer, Renate (2008): Neoinstitutionalistische Organisationstheorie. Stuttgart.

Zucker, Lynne G. (1987): Institutional Theories of Organization. In: Annual Review of Sociology, 3, S. 443-464.

Public Social Private Partnerships als alternative institutionelle Arrangements zur Interessensregulierung im Bereich sozialwirtschaftlicher Leistungen

Ren L. Kellem, Graz

1 Partnerschaft als alternatives Steuerungsmodell

Als alternative und innovative Form zur mittel- und längerfristigen Gestaltung und Finanzierung von sozialen Dienstleistungen stellt sich das Modell „PSPP – Public Social Private Partnership“ (Öffentliche-Sozialwirtschaftliche-Private-Partnerschaft) vor. In die Partnerschaft „PPP“ (Public-Private- bzw. Öffentlich-Private-Partnerschaft) tritt ein sozialwirtschaftliches Unternehmen als Partner und Mediator. PSPP kann als Ansatz zum Management von Stakeholdern bzw. im Umgang mit Interessensgruppen betrachtet werden (Kukovetz et al. 2007). Der Beitrag berichtet aus einer EQUAL Entwicklungspartnerschaft zu PSPP, die in den Jahren 2005 bis 2007 in Österreich entworfen und in drei Fallstudien realisiert wurde (Autorengemeinschaft 2007).

PPP gelten seit den 1990er Jahren als „Hoffnungsträger“ für alternative, neue Steuerungsmodelle. Ihre Emergenz bettet sich ein in Diskussionen und Reformen zu New Public Management, zu Leistungsverträgen und zu einer wirkungsorientierten Verwaltungsführung. Zielorientierte Koordination komplexer Netzwerke aus (teil-)autonomen institutionellen Arrangements wird im Begriff „Public Governance“ zusammengeführt. PPP wurden zuerst unkritisch als „Allheilmittel“ für Investitionen in öffentliche Dienstleistungsangebote gehandelt. Die Erfahrungen der letzten Jahren ernüchterten jedoch: Anstelle der erhofften Breitenwirkungen und Innovationen blieben PPP oft Insellösungen mit geringen Mitnahmeeffekten. Weniger drücke dies eine fehlerhafte Politik aus (Manning

2003), sondern entspringe naiver Vorstellungen von Potentialen und Grenzen des Instruments PPP in der Praxis. Weder wurden längerfristige intersektorale Modelleffekte mit Umständen und Veränderungen in der konkreten Leistungserbringung verknüpft, noch wurden sie beforscht. Aktivitäten im Bereich PPP sollten stärker theoretisch begründet und danach befragt werden, wie Entwicklungspartnerschaften von Vertretern/Vertreterinnen öffentlicher und privater Organisationen in der Praxis ausgehandelt werden, und wie in diesem Prozess die Akteure mit widersprüchlichen Anforderungen an Effizienz und Legitimität in ihrem Handeln umgehen.

2 Relatives Gemeinwohl als Zielformulierung für PSPP

PPP in, mit und für den sozialen Bereich reichen in den USA mit Initiativen im Bereich der Kinderbetreuung, der Jugendwohlfahrt, der Schulen und Ausbildung zumindest bis in die 1980er Jahre zurück. In Europa nahm das Modell PPP im Feld sozialer und sozialwirtschaftlicher Dienstleistungen seinen Aufschwung vor dem Hintergrund der Ideen des aktivierenden Staats und des bürgerschaftlichen Engagements. Die duale Systemarchitektur des sozialen Sektors differenziert sich aus, neue hybride Kooperationsformen entstehen und ergänzen bisherige. Öffentlich-private Kooperationen im Bereich sozialer Dienstleistungen rücken in den Fokus. Neue Arenen für Partnerschaften auf lokaler Ebene entstehen. Leitendes Handlungsmotiv hierin wäre nicht die Verpflichtung qua Mitgliedschaft oder eine tradierte Interessensvertretungslogik, sondern eine explizite Problemlösungslogik, welches sich mit dem Freiwilligkeitsprinzip und akteursspezifischen Nutzenkalkülen verbindet (Oppen et al. 2003).

Für gesellschaftliche Verfassung und Entwicklung stellen sich Fragen nach Legitimität und Funktionalität sozialer Schließungsprozesse und danach, wie diese intentional und strukturell beeinflusst werden können. Ein benachteiligender Charakter zum Zugang zu sozialen Gütern ist selbstverstärkend: Gesellschaftliche Segmentierungsprozesse räumen bevorzugten Gruppen Vorteile in der Abwehr benachteiligter Gruppen ein. Das Modell richtet sich gegen solche sozialen Exklusions- und Deprivationsprozesse: Es charakterisiert sich durch ihre Zweckbestimmung und Zielsetzung zur Verbesserung von Lebenssituationen von benachteiligten Menschen und deren sozialen Teilhabechancen. Handlungsräume der Beteiligten sollen hin auf einen sozialen Ausgleich orientiert und (neu) strukturiert werden. Der Intentionshorizont liegt im gesellschaftlichen Ausgleich und in der Stärkung sozialer Inklusion (Kellem 2007; Kukovetz et al. 2007). Wann Menschen oder Menschengruppen als sozial benachteiligt gelten bzw. gelten können ist diskussionsbedürftig. In der Soziologie steht hierfür der Begriff „Soziale Deprivation". Als sozial depriviert gelten Individuen oder Gruppen, welche unzureichend – über dem sozialen Existenzminimum liegend – mit lebensnotwendigen oder dafür gehaltenen Gütern versorgt werden. Das Konzept der „relativen sozialen Deprivation" geht von der Benachteiligung einer Person bzw. Gruppe gegenüber anderen aus.

Das Modell PSPP wählt als Bezugspunkt die Handlungsmaxime des demokratischen Staates, in dessen Mittelpunkt das Gemeinwohl steht. Es fragt danach, wie kollektive Güter durch den Partner „Soziale Wirtschaft" in interorganisationalen Partnerschaften konstituiert und bewahrt werden können. Das Modell übernimmt im politischen Willensbildung- und Entscheidungsprozess demokratischer Gesellschaften eine ausgleichende Funktion. PSPP, betrachtet als Zweckverband, welcher spezifische Interessen verfolgt (z.B. Produkt- bzw. Dienstleistungserstellung), kommt eine Rolle für die Artikulation, Bündelung und Repräsentation von partikularen Interessen im politischen Prozess zu. Zweckverbände kennzeichnen sich durch ihre Eingebundenheit in weitläufige Beratungs- und Entscheidungsnetzwerke. Folgen wir der neokorporatistischen Tradition, in deren Perspektive die Mechanismen und Prozesse der Formierung und Applikation, der Aushandlung sowie Vermittlung und Durchsetzung von Interessen zentral sind, so können PSPP als ein Typus sozialer Steuerung und Regulierung verstanden werden (Müller-Jentsch 2003).

3 PSPP als institutionelles Arrangement aus organisationssoziologischer Sicht

Eine PPP/PSPP formiert und koordiniert gesellschaftlich relevante Interessen und erstellt entsprechende Leistungen zur Interessenverfolgung. Das Modell PSPP vermittelt Interessen – ausdrücklich jene sozial benachteiligter Menschen. Im institutionellen Arrangement PSPP kommen sowohl diese externen als auch interne Verpflichtungen zum Tragen, die im Spannungsfeld von Partnerschaftslogik und Zwecklogik liegen. Die beiden Logiken stellen ein inter- und intraorganisatorisches Steuerungsproblem dar und werden Kompromisse einfordern. Aus Sicht der Organisationssoziologie (Müller-Jentsch 2003) können die Modelle PPP und PSPP als interorganisationale Kooperationsform verstanden werden (Kellem 2007). Gehen Organisationen Partnerschaften ein, so sind deren Begründung und Fortführung zweckgebunden – sie werden zur Steuerungsform. Partnerschaftsbildend werden dabei individuelle und private Aspekte und Muster ebenso wie kollektive und strukturelle sein. Bestrebt eine organisierte Partnerschaft einen bestimmten Zweck, so legitimiert sie sich in ihrer Zweckbestimmung und -erreichung. Dieser Beitrag wählt eine organisationssoziologische Perspektive, die nach der Partnerschaftsbildung, dem Organisieren der Partnerschaften, den organisierten Akteuren, den kooperativen, den „vernetzenden" Beziehungen der Partnerinnen und Partner fragt. Die Aspekte (inter-)sektoraler Steuerung und Logik sind an anderer Stelle auszuführen.

Institutionelle Arrangements begründen sich darin, spezifische Zwecke, Interessen oder Bedarfslagen „besser" zu befrieden als andere; oder diese „effizienter" zu erstellen; oder bestimmte Leistungen überhaupt erst erbringen zu können; oder durch die institutionelle Form über die Partnerschaft hinausgehende Mitnahmeeffekte, Synergien o.ä. zu zeitigen. Außer das institutionelle Arrangement befriedet sich im Selbstzweck. Eine Modellreflexion fragt deshalb insbesondere, in wie weit das institutionelle Arrangement solche Zwecke „besser" verfolgen kann. Und ob PSPP/PPP einen zusätzlichen „Sinn" stiften oder „Mehrwert" generieren kann, oder welche Interessen gestützt und welche auf der Strecke bleiben. Für eine solche Diskussion betrachte ich PSPP als institutionelles Arrangement von Akteuren zur Verfolgung von Interessen.

Ein organisationssoziologische Analyseabsicht (Müller-Jentsch 2003) zu PSPP/PPP kann sich (i) auf deren Entstehung und die Voraussetzungen ihrer Bildung richten, (ii) auf die intraorganisationalen Prozesse im Verhältnis zwischen Partnerschaft und Partnerschaftsmitglied oder (iii) auf ihre Effekte im politischen Prozess sowie auf die wirtschaftliche Ordnung und das betreffende Markt- und Leistungsgeschehen. Ein anderes Analyseraster stellt eine verwaltungswissenschaftliche und netzwerktheoretische Perspektive bereit (Jansen 2002), welches drei zentrale Probleme für die kommunale Verwaltung zwischen Bürgeranforderungen, PPP und Verwaltungskooperation markiert: (a) das Verhältnis zwischen Kunden und Verwaltungen, (b) das Problem der Kooperation in und zwischen

Organisationen und Verwaltungen, und (c) die Rolle der Informations- und Kommunikationstechnologien. Für das Arrangement PSPP/PPP referiere ich auf den zweiten Problemkreis, jenen der intraorganisatorischen und der interorganisatorischen Kooperation und auf die Frage, weshalb Organisationen Kooperationen bzw. Partnerschaften eingehen.

4 Grenzen und Potentiale von PSPP

Theorie, bisherige Erfahrungen mit PPP allgemein und mit jenen im und für den sozialen Dienstleistungsbereich sowie unsere Erfahrungen in drei realisierten PSPP zeichnen Grenzen und Potentiale des Modells in der Praxis nach. In der EQUAL-Entwicklungspartnerschaft PSPP (www.pspp.at) wurden in den Jahren 2005 bis 2007 drei PSPP in Österreich im Bundesland Steiermark gegründet, um praktische Erfahrungen zu sammeln: das waren ein Dienstleistungs- und Kulturzentrum (Ökosozialer Lebensraum Graz-Mitte), eine arbeitsplatznahe Wohnsiedlung für Menschen mit Behinderungen in der Oststeiermark sowie ein Projekt zu präventivem Finanzmanagement. Ihre längerfristige Beobachtung steht noch aus. Es zeichnen sich jene kritischen Bereiche ab, die einerseits die Potentiale eines Partners „S“ im Arrangement PSPP markanter werden lassen, und die andererseits zugleich für PSPP einer Reflexion bedürfen, da mit ihnen Grenzen interorganisationaler Partnerschaften generell angezeigt sind.

In PSPP tritt eine neue soziale Gruppe bzw. ein spezifisches Interesse explizit in das Partnerschaftsgefüge. Die Sozialwirtschaft kann als gesellschaftliche Gruppe mit spezifischen Interessenslagen und Handlungslogiken betrachtet werden, interessiert an der Bereitstellung Gemein-, Kollektiv- oder öffentlichen Gütern sowie gesellschaftliche Schutz- und Erhaltungsinteressen vertretend. Unterstellt sei, dass Mitglieder einer Gesellschaft immer an bestimmten Kollektivgütern, wie z.B. Rechtssicherheit oder Infrastruktur, interessiert sind. Die Beiträge zu deren Herstellung allerdings sind aufgrund individueller Nutzenkalküle alles andere als gewiss. Schon aus dem „Gefangenendilemma“, einer spieltheoretischen Variante des Kollektivgutproblems, kennen wir eine Rationalitätsfalle. Diese besteht paradigmatisch für Situationen, in denen die konsequente Verfolgung individueller Interessen letztlich zur kollektiven Selbstschädigung führt. Egoistische Strategien bringen hierbei einen geringeren Nutzen als kooperative Strategien.

In seiner Stellvertreterfunktion macht das „S“ gesellschaftliche Schutz- und Erhaltungsinteressen in der Partnerschaft explizit, doch von einem Gleichlauf der Organisationsinteressen und der durch sie vertretenen Interessen sozial benachteiligter Gruppen kann nicht ausgegangen werden. Auch dieser Partner „S“ nimmt seine eigenen und spezifischen Interessen wahr, die mit den kollektiven Interessen und Partnerschaftsabsichten – insbesondere jenen der Zielgruppen – konfligieren können.

Wird Partnerschaft als Austauschverhältnis aufgefasst, so muss es hierbei nicht lediglich um wirtschaftliche Austauschgütern gehen, sondern es können durchaus soziale als auch immaterielle Güter sein. Eine Partnerschaft kommt nicht umhin, von Mitgliedern getragen zu werden. Wird eine Partnerschaft für bestimmte Zwecke arrangiert, so entnehmen wir dieser zugleich eine bestimmte Orientierung und den Zweck der Leistungserstellung. Bezogen auf die Finanzierung der Partnerschaft kann diese als Kostenkollektiv, bezogen auf die Leistungen der Partnerschaft als Nutzenkollektiv verstanden werden. Die Frage zum Verhältnis von Partnerschaft und Partnerschaftsmitglied besteht darin, wic sich Kosten und Nutzen unter den Partnerschaftsmitgliedern verteilen, welcher Partner/in seine/ihre Interessen besser vertreten kann, und wie die einzelnen Partnerschaftsmitglieder ihre jeweilige Verhandlungsmacht entfalten können. Und zwar gegenüber den Partnern/innen als auch gegenüber externen Instanzen.

Die Frage zu politischen Prozessen greift das Modell PSPP mit dem Verweis auf die innerpartnerschaftliche Demokratie auf. Realisierung und Bewahrung innerpartnerschaftlicher Demokratie freilich bleiben fragil. Erfahrungen mit Partnerschaften bzw. Organisationen – trotz deren intendierter demokratischen und partizipativen Ausgestaltung – sind desillusionierend. Organisieren von Interessen sowie Ausüben von Partnerschaften tendieren zu Herrschaftsverhältnissen, zu unterschiedlichen Einflussnahmemöglichkeiten, zu asymmetrischen Verteilungen von Kosten und Nutzen. Nicht selten gelangen Partner/innen in zwar nicht beabsichtigte, doch irreversible Abhängigkeiten; als Konsequenz organisationsstruktureller und partnerschaftspolitischer Handlungsmuster und -zwänge.

Aus der selbstinteressierten Perspektive einer Organisation sei Kooperation immer nur die zweitbeste Lösung nach einer weitgehend autarken Eigenerstellung, da die betroffene Organisation bei autonomer Erstellung den Leistungsprozess besser beeinflussen kann. Folgen wir den Argumentationslinien der sozial-, verwaltungs- und wirtschaftswissenschaftlichen Netzwerkforschung – die sich den Anreizen zur Kooperation über Organisationsgrenzen hinweg und den Kooperationsgestaltungen widmet –, so bergen Kooperation und Vernetzung dennoch erhebliche Vorteile und Gewinne, so sie in geeigneter Weise Kooperationsanreize setzen. „Vernetzung erlaubt einen flexiblen und dezentralen Ressourceneinsatz, schnelles Aufgreifen neuer Chancen und schnelle Reaktion auf auftretende Risiken und Engpässe. Das erlaubt auch den am Kooperationsnetzwerk beteiligten Einzelorganisationen, ihren Bestand, gegebenenfalls sogar ihr Wachstum und ihre Legitimation nach außen, zu sichern. Diese Vorteile hängen davon ab, dass vertrauensvoll und mit hoher Informationstiefe kooperiert wird. Auch das in Personen und Organisationen eingebettete, nicht kodifizierte private Wissen um Arbeitsvorgänge muss austauschbar sein. (..) Auch wenn die Stärke solcher Netzwerke ihre Selbstorganisationsfähigkeit ohne hierarchische Leitungsstrukturen und die dort typischen Informationsverluste und Widerstände ist, so muss es doch immer auch Netzwerktreuhänder geben.“ (Jansen 2002: 4).

Von welchen modellkritischen Annahmen und Erfahrungen ist auszugehen? Partnerschaften begründen sich im Zusammentragen von Expertisen und spezifischen Ressourcen, ihr Funktionieren stützt sich auf Fachwissen, Arbeitsteilung usw. Sie führen zu Partnerschaftsstrukturen und ihre Dynamiken zeitigen mitunter Asymmetrien und Friktionen hinsichtlich der Partnerschaftszwecke. Loyalitäten, Allianzen, Steuerung und Interessensdurchsetzung, Risiken des Partnerverlusts bei restriktiven Interessensrealisierungen u.a. bleiben latent partnerschaftsbedrohend. Zusätzliche Kommunikations- und Ressourcenerfordernisse stellen potentielle Ineffizienzen im organisationalen und kooperativen Gefüge dar. Kritische Bereiche bleiben vor allem Regelungskomplexität, Abstimmungserfordernisse und Aufwände, Ineffizienzrisiken und Partnerschaftsfinanzierung. Mit einem zusätzlichen Partner verstärken sich darüber hinaus partnerschaftsimmanente Dynamiken wie etwa das „Ferrari-Syndrom“ (Überdimensionierung von Projekten) (Rupp 2004).

Ziele von Organisationen bzw. Partnerschaften werden nicht erreicht, da negative Gruppendynamiken auftreten, Verantwortungen ungleich geteilt sind oder einzelne Mitglieder bzw. Partner/innen inaktiv bleiben. Dominieren Individual- vor Partnerschaftsinteressen, wachsen in der Partnerschaft Widersprüche gegen die betriebene Politik, Prozesse interner Willensbildung werden vereint, innerpartnerschaftliche Konflikt- und Protestformen treten auf (z.B. konkurrierendes Verhalten, Beitragsenthaltung und -verweigerung, Abspaltungsdrohungen). Bemerkenswerterweise sehen Partnerschaften, trotz mannigfaltiger Signale solcher

Abwanderungs- oder Widerspruchstendenzen, ihre bisherige Praxis nur selten als überprüfenswert. Die Interessenslagen der Akteure sind zentral, der Erfolg der Partnerschaften hängt maßgeblich vom Gelingen der Interessensaushandlungen ab – das bedeutet in der Praxis Kompromisse, das Nachgeben in eigenen Positionen, die Vermittlung (partnerschafts-)grundlegender Werte und Normen.

Welche Potentiale bieten PSPP? Staatliche und wirtschaftliche Organisationen und Institutionen arbeiten nach mehr oder minder festgelegten Verfahren und Regeln, welche Innovationen und neue Strukturen tendenziell hemmen könnten. In diesem Aktionskontext entwickeln gerade Querdenker und Grenzgänger häufig aktive Initiativen zu innovativen und kreativen Projekten, die sich im Rahmen formell regulierter institutioneller Abläufe nicht realisieren lassen. Akteure mit konstruktiven und innovativen Ideen, Konzepten und Projekt entwerfen Bilder externer Situationen jenseits der eingefahrenen Routinen informeller sozialer Netzwerke, in denen sie sich austauschen. Diese nichtmarktförmigen und nichtbürokratischen Netzwerke geben guten Grund für institutionelle Lernprozesse der Veränderung und Erneuerung. Netzwerke, so auch PSPP/PPP, bieten in dieser Auslegung Potentiale für Lernprozesse und für die Verbesserung der Lebensbedingungen von Menschen in benachteiligenden Situationen. Innovation bestünde hierin ja gerade in der Änderung struktureller Lebensbedingungen, an die jeweilige Benachteiligungen gebunden sind, was eine „Abweichung" von festgelegten Regeln bestehender Arrangements bedeutete. Gerade das vom sozialwirtschaftlichen Partner ausgehende initiierende Momentum, die Eigeninitiative, erweist sich als charakteristisches Element einer PSPP.

Das Modellpotential liegt darin (Oppen et al. 2003), dass aus der Dynamik der Interaktionsbeziehungen in den Partnerschaften Innovationen für Qualitätsverbesserungen im Felde personenbezogener sozialer Dienstleistungen erwachsen können. Die Innovationsleistung besteht dabei nicht nur in einer gesteigerten Problemlösungskapazität im Sinne der Einführung neuer Leistungen, sondern auch in der auf die Lebenslagen benachteiligter Menschen orientierten Integration von Angeboten und in der Entwicklung neuer Qualitätsstandards. Der entscheidende Aspekt für die Innovationsleistung wie hier sektorübergreifender Kooperation geht auf die Koppelung materieller wie intangibler Ressourcen zurück, die durch eine wechselseitig vereinbarte und akzeptierte Steuerung der Interaktion sowie durch eine ressourcenstarke Moderations- und Koordinationsinstanz ermöglicht wird. Für Fortbestand und Produktivität der Kooperation in PSPP/PPP ist zuerst die Kompatibilität akteursspezifischen Zielsetzungen wesentlich. Hinzu kommt, dass die Anfälligkeit öffentlich-privater Zusammenarbeit infolge der Einbindung in unterschiedliche institutionelle Arrangements und aufgrund unterschiedlicher Kernüberzeugungen verringert wird, gegebenenfalls durch die akteursübergreifende Wahrnehmung örtlicher Krisentendenzen und der Blockaden in existierenden Organisationsgefügen aufgehoben werden.

Eine ungünstige Dominanz eines Partners (Politik, Wirtschaft) kann eingedämmt werden, asymmetrische Informationslagen zu Ungunsten des öffentlichen Interesses werden neu arrangiert, betriebswirtschaftliche Kompetenzen erweitert. Einflussnahmemöglichkeiten auf Entscheidungsprozesse werden neu konstelliert, neue Kapazitäten werden eingebracht, soziale Verantwortung wird ausdrücklicher formiert. Insbesondere kann der Akteur „S" vertrauensbildend und hinsichtlich Umfang und Qualität der Versorgungssicherheit begünstigend wirken. „*Cream-skimming*" Effekte (jene der Suche privater Akteure nach alleine ökonomisch ertragreichen und attraktiven Projekten) (Rupp 2004) können durch veränderte Nutzen- und Kostenverteilungen und durch alternative Anreize für den privatwirtschaftlichen Partner vermindert werden. PSPP treten als intermediärer Partner, als „Mediator" auf; sie nehmen eine vermittelnde Rolle im institutionellen Arrangement ein. Eine bewusste Ausgestaltung von PSPP setzt Synergieeffekte frei und bietet besondere Möglichkeiten der Revitalisierung öffentlicher Dienste und Angebote. Der auf unmittelbar monetäre Äquivalente verengte Blick wird erweitert auf soziale Dimensionen. Die Vielfalt gesellschaftlicher Ressourcen, verstanden als „soziales Kapital", kommt verstärkt in das Blickfeld: Vertrauen, bürgerschaftliches Engagement, Solidarität, Unterstützungsnetzwerke und Partnerschaftsbeziehungen mit anderen Organisationen.

5 PSPP zwischen Ökonomisierung und Repolitisierung

Die Diskussion um PPP und deren gewinnbringende Anwendung im Bereich sozialer Dienstleistungen dreht sich im Kern um die Frage der sozialen Sicherung sowie der Integration der Bevölkerung in das System sozialer Sicherung, respektive der integrativen Beschaffenheit der Gesellschaft. Soziale Sicherung und integrative Leistungen können durch verschiedene institutionelle Arrangements erbracht werden, mit ihren jeweiligen Stärken und Schwächen. Eine Institutionenwahl sollte theoretisch und empirisch begründet – und ethisch motiviert –

sein. Erfahrungen mit und kritische Stellungnahmen zu PPP liegen vor (Bayerischer Oberster Rechnungshof 2006; OÖ LRH 2006). Die Belege häufen sich, dass PPP langfristig zu Kostensteigerungen, zu Verschiebungen von Finanzierungslasten in die Zukunft und zu Einengungen des Handlungsspielraumes des öffentlichen Sektors führen. Oder es wird kritisiert, dass PPP zu strukturellen Benachteiligungen von kleinen Unternehmen führen. Elemente wie effektive kollaborative Führung, Anleitung bei der Partnerbildung, Aufbau unterstützender Gruppendynamiken und Wahrung von Partnerschaftsprinzipien bleiben Erfolgsdimensionen, ebenso wie vorhandene Eigeninitiative der Partner/innen, präzise Formulierung und strenge Auslegung von „Prüfkriterien“.

Eine Modelllegitimation bedarf einer Positionierung. Unterstellen wir eine ökonomische Modellintention, so hängt die wirtschaftliche Bilanz vom „für wen“ ab: für die Wirtschaft „rechnen“ sich die Partnerschaften, und zwar vor allem deshalb, da die Projekte dem Staat mehr kosten als andere institutionelle Arrangements. Volksökonomisch lassen sich PPP offenbar nicht begründen. Im Gegenteil, gesellschaftliche und öffentliche Interessen erfahren zusehends eine Ökonomisierung. Ein skeptisches Szenario lautet, dass Privatwirtschaft und ihre Logiken zunehmend mehr Einfluss auf Politik nehmen und damit öffentliche Ressourcen übernehmen, in demokratische Strukturen des Rechtsstaates eindringen und sich zu einem staatsmonopolitischen Kapitalismus verknüpfen – so eine „Stamokap-Kritik“ (Rühl 2004). Die Wahrung öffentlicher Interessen kommt unter die Räder, wirtschaftliche Interessen dominieren die Partnerschaften.

Eine sozialwissenschaftliche Betrachtung öffentlich-privater Kooperationen im sozialen Sektor zeigt (Oppen et al. 2003), dass neue Kooperationsformen wie PPP innerhalb eines dichten Netzes korporatistischer Arrangements von staatlichen Institutionen und Dritte-Sektor-Organisationen entstehen. PPP bzw. PSPP haben hierin den Stellenwert einer neuen Organisationsform. Aus der Dynamik der Interaktionsbeziehungen und Ressourcenkopplungen innerhalb dieser PPP können spezifische Qualitätsverbesserungen hervorgehen, die vor allem in der Integration von Aufgaben zu neuen Lebenslagen orientierten Angeboten und in der Entwicklung höherer Dienstleistungsstandards liegen.

In einer kritischen (inter-)sektoralen Lesart könnte die Emergenz von Partnerschaften mit dem, für das und im Feld sozialer Dienstleistungen als Ausweitung, Ausdifferenzierung und verstärkte Penetration von Partnerschaften in ein weiteres „Geschäftsfeld" gedeutet werden – als „schleichende Privatisierung" (Evers/ Rauch 2002). Dagegen spricht, dass dies nicht des Partnerschaftsmitglieds „S" bedarf, sondern im Gegenteil die Interessen des privatwirtschaftlichen Partners in einer nun gewachsenen Partnerschaft PSPP potentiell schwächt. Die Explikation der Mitgliedschaft eines sozialwirtschaftlichen Partners in einem institutionellen Arrangement wäre daher eher als „Repolitisierung" und als Stärkung des Gemeinwohlinteresses auszulegen: ein Partner „S" addiert zum öffentlichen Interesse als Reaktion auf die offenbar dominierende ökonomische Logik in PPP. Die Sozialwirtschaft wird zum innovationsorientierten intermediären Akteur zwischen Politisierung wirtschaftlicher Interessen und Ökonomisierung politischer Interessen. Ob sich ein alternatives institutionelles Arrangement PSPP langfristig und grundsätzlich hält, als experimentelle „Innovationsinsel" überlebt oder sich ausbreitet, oder ob das Modell auf hohem konzeptuellen Niveau aufgrund partnerschafts- und organisationsbedingter Logiken und an praktischen Dissonanzen scheitert, bleibt offen.

Literatur

Autorengemeinschaft (2007): Endbericht zum Modul 1 der EQUAL 2 Entwicklungspartnerschaft „PSPP – Public Social Private Partnership". FH JOANNEUM Graz.

Bayerischer Oberster Rechnungshof (2006): Jahresbericht 2006. München.

Evers, Adalbert/Rauch, Ulrich (2001): Neue Formen kooperativer Entwicklung und Trägerschaft von sozialen Dienstleistungen. Forschungsbericht, Universität Gießen.

Jansen, Dorothea (2002): Kommunale Verwaltung zwischen Bürgeranforderungen, Puplic Private Partnership und Verwaltungskooperation. Manuskript zur Tagung vom 18.-20.9.2002 an der Universität Speyer.

Kellem, Ren L. (2007): Public Social Private Partnership. Ein institutionelles Arrangement zur Finanzierung sozialwirtschaftlicher Leistungen. In: Kontraste, Presse- und Informationsdienst für Sozialpolitik, 8/2007, S. 18-24.

Kukovetz, Brigitte/Leonhardt, Manfred/Loidl-Keil, Rainer (2007): PSPP – Public Social Private Partnership zur Realisierung sozialer Dienstleistungen. In: Kontraste, Presse- und Informationsdienst für Sozialpolitik, 2/2007, S. 27-30.

Manning, Stephan (2003): Public Private Partnership als Aushandlungsprozess. Befunde und Implikationen für die Entwicklungshilfe. Diskussionspapier FU Berlin.

Müller-Jentsch, Walther (2003): Organisationssoziologie. Eine Einführung. Frankfurt a. Main.

OÖ LRH – Oberösterreichischer Landesrechnungshof (2006): Initiativprüfung Landesdienstleistungszentrum. Bericht. LRH-1000030/11-2006-LI. Linz.

Oppen, Maria/Sack, Detlef/Wegener, Alexander (2003): Innovationsinseln in korporatistischen Arrangements. Public Private Partnerships im Feld sozialer Dienstleistungen. Berlin.

Rupp, Bernhard (2004): Public Private Partnership-Modelle im Gesundheitswesen. Vortragsmanuskript für „Plattform für Gesundheitsökonomie", 5.5.2004.

Rühl, Wilhelm (2004): Public private partnership (PPP). In: Privatisierung: Wahn und Wirklichkeit. Kommunen im Fadenkreuz. Hamburg.

Vernetzung von NPO-Netzwerken – Stakeholder-Bezüge und die daraus wachsenden organisationalen Lernprozesse

Isabelle Abram, Susanne Brötz und Rüdiger H. Jung,
Remagen und Neuwied

1 Einleitung

Nonprofit-Organisationen (NPO) sehen sich vermehrt im Spagat zwischen sozialem Auftrag (Sachziel) und wirtschaftlicher Orientierung (Formalziel). Daraus wachsende organisationale Herausforderungen werden verstärkt zur Aufgabe eines Stakeholder-Managements (Theuvsen 2001; Jung 2007). NPO reagieren auf diese Herausforderung vermehrt mit der Bildung von Leistungsverbünden im Sinne von Unternehmensnetzwerken. Einzelbetriebliche Ressourcen reichen oftmals nicht mehr aus, um die Veränderungen in der relevanten Umwelt zu bewältigen (Howaldt 2007).

Unter Rückgriff auf die Theorie autopoietischer Systeme von Maturana/Varela (1987) und – für soziale Systeme – Luhmann (1987) kann die Vernetzung von NPO als Vernetzung von sozialen Systemen beschrieben werden. Dieser theoretische Zugang ermöglicht die Beschreibung der Zusammenhänge zwischen der Vernetzung von NPO, der Vernetzung so entstandener NPO-Netzwerke mit ihren Stakeholdern, sich dadurch verändernden Stakeholder-Bezügen und daraus wachsenden Potentialen (inter-)organisationalen Lernens auf einem hohen Abstraktionsniveau und einem bestimmten Verständnis der System-Umwelt-Beziehungen. Das verspricht eine Generalisierbarkeit der Aussagen und entsprechende Integrierbarkeit von Erkenntnissen aus relevanten Forschungsgebieten (Netzwerke, Stakeholder, Organisationslernen).

2 Systemtheoretische Begründung des Lernpotentials in NPO-Netzwerken

2.1 Systemtheoretische Grundgedanken

Kernmerkmal von sozialen Systemen als autopoietische Systeme ist ihre Selbstreferenzialität (vgl. zu der nachfolgenden Kurzcharakterisierung Jung 2010). Ein System wird als selbstreferenziell bezeichnet, wenn die das System bildenden Elemente oder Komponenten sich als Funktionseinheiten, d.h. in Referenz auf ein systemisches Wirkungsgefüge selbst (permanent) begründen. Dies entsteht aus dem komplexen Gefüge von Interaktionen, mit denen das System von seiner Umwelt erst unterscheidbar wird (System-Umwelt-Differenzierung, *boundary-generating*), und mit eben diesen ständigen systemkonstitutiven Operationen sich die Systemelemente in einem rekursiven Prozess als Systemelemente konstituieren, stabilisieren und auch weiterentwickeln.

Eng damit verbunden ist das Merkmal der Autonomie im Sinne einer operationalen oder systemischen Geschlossenheit. Umwelt kann zwar Impulse für die systeminternen Prozesse erzeugen und Bewegung im System auslösen, aber die selbstreferenziellen, ordnungsbildenden Ursache-Wirkungs-Ketten nicht von außen determinieren, d.h. die Ordnung entsteht ganz aus der inneren Dynamik.

Soziale Systeme bilden mithin aus selbstreferenziellen, operational geschlossenen Prozessen Ordnungen (Normensysteme, Gewohnheitsmuster), die sie als soziale Entitäten erkennbar und von ihrer Umwelt unterscheidbar werden lassen, und die ihren Mitgliedern ein ausreichendes Maß an Verlässlichkeit (Erwartbarkeit) im gemeinsamen Handeln versprechen. Sinn ist dabei konstitutiver Bestandteil sozialen Handelns, die Erfassung des Sinnzusammenhangs einer Handlung führt zum Verstehen der beobachteten Handlung, so dass darauf Bezug genommen werden kann. Soziale Systeme werden in diesem Zusammenhang beschrieben als sinnhaft aufeinander bezogene Kommunikation (Luhmann 1987). Kommunikation verarbeitet Sinn und verbindet – über die Bildung von Sinnzusammenhängen – die Ereignisse (Handlungen) mittels der Ermöglichung von Anschlussbildung. Beobachtbar wird sinnhaft aufeinander bezogene Kommunikation als Handlung.

2.2 Vernetzung von NPO und deren Stakeholder

Die in diesem Beitrag betrachtete Vernetzung von Organisationen kann als Interaktion zwischen sozialen Systemen interpretiert werden. Eine Interaktion zwischen sozialen Systemen wird über – wenn auch nur vorübergehende – gemeinsame Sinngehalte anschlussfähig. Bilden beispielsweise NPO, ansonsten partiell in Konkurrenzbeziehungen miteinander, ein Netzwerk zur gemeinsamen Erbringung sozialer Dienstleistungen, dann ist der Leistungsverbund aus einer Interaktionshistorie mit gemeinsamem Sinnbezug gewachsen. Die Schaffung eines gemeinsamen Sinnbezugs wird zur Grundlage der Vernetzung. Es entsteht ein neues System (zum Organisationscharakter dieses neuen sozialen Systems siehe unten Kap. 2.4).

Geht das Leistungsangebot statt von einer Organisation von einem Leistungsverbund aus, interagieren relevante Stakeholder, wie beispielsweise der Kostenträger, nicht mit jedem der beteiligten Unternehmen, sondern über die Netzwerkebene mit allen beteiligten Unternehmen. Die Interaktionen zwischen den beteiligten Unternehmen einerseits und die mit Stakeholdern aus der Unternehmensumwelt andererseits finden auf Netzwerkebene statt. Das heißt die Stakeholder-Bezüge ändern sich. Die beteiligten NPO werden von Stakeholdern der Unternehmens-Umwelt zu Stakeholdern des Unternehmens-Netzwerks.

2.3 Das Lernpotential der Reflexion

Eine Interaktion zwischen einem autopoetischen System und seiner Umwelt besitzt immer auch ein reflexives Moment, denn nur unter Rückbezug auf das eigene System ist eine Interaktion mit der Systemumwelt möglich. Mit Reflexion wird die Selbstbeobachtung eines Systems bezeichnet, d.h. ein System beobachtet seine eigenen Operationen. Nach Luhmann führt die Bezugnahme auf die Systemumwelt (Fremdreferenz) immer auch die rekursive Schleife auf das eigene System mit (Selbstreferenz). Kommunikation verweist mittels eigener systeminterner Operationen einerseits auf das System selbst (Selbstreferenz) und andererseits auf etwas anderes als das System (Fremdreferenz) (Kneer/Nassehi 1993). Nur in Differenz zur Fremdreferenz wird Selbstreferenz möglich und umgekehrt (Luhmann 2008). Auf Netzwerkebene betrachtet lässt sich daraus herleiten, dass die beteiligten Organisationen einerseits gegenseitig als Umweltbezug dienen, andererseits in einer wechselseitigen Verbindung stehen. Dieses Verhältnis sorgt dafür, dass das System zur Reflexion (Selbstreferenz) angehalten und zudem ein Austausch über die Fremdbeobachtung möglich wird. Die Fremdbeobachtung impliziert die metaperspektivische Betrachtung eines anderen Systems (Luhmann/Schorr 1988). Dies kann zum einen das beobachtende System wie auch – sofern ein Austausch darüber stattfindet – das beobachtete System zur Reflexion veranlassen. Die Arbeit im Netzwerk hat demnach ein erhöhtes Potential an Reflexion, woraus sich eine *erste These* ableiten lässt:

Vernetzen sich einzelne Nonprofit-Organisationen zu Leistungsverbünden, erhalten die Beteiligten Einblicke in Funktionen, Strukturen, Arbeitsweisen und Produkte anderer sozialer Betriebe. Darin liegt die Chance, eine Metaebene zur eigenen Organisation einzunehmen, um daraufhin die eigenen Strukturen, Prozesse und Ergebnisse zu überdenken. Das Netzwerk aus NPO wird dann zum Reflexionssystem der beteiligten Organisationen.

2.4 Die Organisation und das Merkmal der Entscheidung

Das soziale System Organisation unterscheidet sich nicht nur durch die besonderen Merkmale wie Zweckorientierung, Arbeitsteilung und Dauerhaftigkeit von anderen sozialen Systemen, sondern auch durch die konstituierende Operation der Entscheidung. Eine Handlung wird dann zu Entscheidung, wenn sie auf eine an sie gerichtete Erwartung reagiert (Luhmann 1987). Dennoch handelt es sich nach wie vor um einen reinen Kommunikationsvorgang, welcher als Handlung ausgelegt und an Erwartungen geknüpft wird. Das Komplex von Erwartungen weist Luhmann zwar den Strukturen aller sozialer Systeme zu, die Operationsweise der Entscheidung bekommt jedoch für das Organisationssystem konstituierenden Gehalt. Luhmann stellt Entscheidung als autopoetisches Prinzip für Organisationssysteme heraus (Laßleben 2002).

Ein soziales System wird als organisiert bezeichnet, wenn die Mitgliedschaft an bestimmte Bedingungen geknüpft und der Ein- und Austritt formell geregelt ist. Der Eintritt in eine Organisation erscheint in diesem Zusammenhang bereits entscheidungsbasiert (Kooperationsvertrag, Arbeitsvertrag) und rollenbezogen. An zukünftige Handlungen werden, nach Übernahme einer Rolle im Rahmen dieser Rolle, Erwartungen gesetzt. Das Handeln der Mitglieder wird mit Hilfe der Erwartungen beobachtet und als Entscheidung behandelt. Die Handlung wird im Nachhinein mit Blick auf Entsprechung oder Verstoß einer Erwartung interpretiert (Luhmann 1987). In Programmen, Aufforderungen, Zielen und Werten manifestieren sich die Erwartungsstrukturen; sie dienen der Handlungsregulierung im Kontext der Organisation, d.h. die Erwartungen werden formalisiert.

Schließen sich mehrere NPO zu einem Leistungsverbund im Netzwerk zusammen, wird – wie zuvor erläutert – eine gemeinsame Sinnebene geschaffen, auf deren Basis eigene Kommunikationszusammenhänge wachsen. Es entsteht ein neues System, womit gleichzeitig der Zuwachs eines neuen Entscheidungskontexts der einzelnen NPO einhergeht. Das heißt der Handlungs-, Kommunikations- und Entscheidungsraum der Organisation wird um den Kontext des Leistungsverbunds erweitert. Daraus ergibt sich eine *zweite These*:

Mit der Vernetzung von mehreren NPO wächst der Handlungsraum der das Netzwerk tragenden einzelnen Organisationen. Die beteiligten Organisationen können auf die Anforderungen der Umwelt mit einer erhöhten Komplexität, d.h. einem breiteren Spektrum an Handlungskompetenzen, reagieren; daraus wächst beispielsweise ein ganzheitlicher Betreuungsansatz.

2.5 Organisationales Lernen

Wie in den vorhergehenden Abschnitten skizziert, führt der Ansatz, soziale Systeme als Kommunikationssysteme zu beschreiben, dazu, alles, was sich in diesen Systemen ereignet, als Kommunikationsprozess und – im Kontext von Organisationen als sozialen Systemen – als Entscheidungsprozess zu verstehen. Arbeitsteilung, Zusammenführen von Ergebnissen, Kooperation, Koordination, Ordnung, Wandel, Macht, Kontrolle geschieht über Kommunikation. Das gilt dann konsequenterweise auch für die Vorgänge von Lernen (Laßleben 2002). „Kommunikation transportiert das Lernen nicht, sie betreibt es" (Laßleben 2002: 106).

Über Informationen, im Sinne eines Verarbeitungsprozess, „bei dem ein Unterschied einen Unterschied macht" (Laßleben 2002: 102), verändern sich die kognitiven Strukturen oder eben die Erwartungsstrukturen der Organisation. Wenn ein Individuum das Ergebnis seiner Aktivität mit seinen Erwartungen nicht zur

Übereinkunft bringen (assimilieren) kann, dann entsteht eine so genannte Perturbation (Störung, Irritation), was sich in Überraschung oder Enttäuschung ausdrückt. Zugrunde liegende Handlungsschemas werden daraufhin möglicherweise vom Individuum überprüft und ggf. verändert. Es findet Lernen statt (Ullrich 2005).

Lernen kann als Regelkreis bezeichnet werden mit dem Ziel, die vom Individuum konstituierte Erfahrungswelt konsistent und viabel (nützlich) bezüglich der Umwelt zu halten. Auch das organisationale Lernen dient dem Überleben der Organisation, wobei die Umwelt hier nicht instruierend in das Organisationssystem einwirkt, sondern lediglich einen Stimulus darstellt, der je nach strukturellen Bedingungen, d.h. systemspezifisch, verarbeitet wird. Nachvollziehbarerweise findet organisationales Lernen statt, wenn sich über Entscheidungen die Strukturen der Organisation verändern. „Organisationen lernen entscheidend" (Laßleben 2002: 106). Die Strukturen der Organisationen sind gewissermaßen beobachtbar gewordene Manifestation von Verhaltenserwartungen. Organisationales Lernen ist demnach stets Veränderung der entscheidungsleitenden Verhaltenserwartungen. Passt sich die Erwartung an die Enttäuschungslage an, wird gelernt (Luhmann 1987).

3 Empirische Exploration zum Lernen in einem NPO-Netzwerk

3.1 Untersuchungsfeld und Untersuchungsgestaltung

Das im Januar 2008 gegründete Netzwerk „Aktivcenter Quinte" besteht aus fünf regionalen Qualifizierungs- und Beschäftigungsbetrieben im Nahraum der rheinland-pfälzischen Kreisstadt Neuwied: AWO Arbeit gGmbH, InForma gGmbH – Zentrum für Hörgeschädigte, Katholische Familienbildungsstätte e.V., Caritasverband Rhein-Wied-Sieg e.V., Heinrich Haus gGmbH. In erster Linie ist die an den Verbund (NPO-Netzwerk) gerichtete Geschäftsaufgabe durch eine Leistungsbeschreibung (Verdingung) der Arbeitsgemeinschaft (ARGE) definiert; sie bezieht sich auf die Arbeitsmarktintegration von Arbeitslosen sowie Arbeits- und Ausbildungssuchende, die sich im Arbeitslosenbezug II befinden. Im erweiterten arbeitsmarktpolitischen Sinne ist mit dem Leistungsverbund der genannten Kernpartner auch die zusätzliche Anforderung verknüpft, an der Entwicklung von Instrumenten und Methoden der allgemeinen personellen und sozialen Betreuungsdienstleistung zu arbeiten, die den Ausbau bereits bestehender Hilfestrukturen durch mögliche Neupartner und innovative fachbezogene Unterstützungsbausteine einschließt.

Die hier berichtete empirische Exploration richtete sich an drei, für die Entwicklung des Netzwerkes besonders wichtige Anspruchsgruppen (Stakeholder): an Repräsentanten der „Eigentümer" des Netzwerks (Geschäftsführungsebene der einzelnen NPO), an die in die Netzwerkarbeit einbezogenen Mitarbeiter und an den Auftraggeber („Kostenträger"). Als qualitativ-empirische Sozialforschungsinstrumente wurden explorative Einzelinterviews und ein Gruppeninterview sowie eine teilnehmende Beobachtung gewählt. Theoretische Bezugsbasis der Leitfragen waren die im vorhergehenden Kapitel entwickelten Thesen. Der explorative Charakter der Studie rechtfertigte es, den Verlauf der Interviews nicht in einem stringenten Thesenbezug zu halten.

Der Versuch, in einer auf Interviews gestützten empirischen Exploration organisationalem Lernen auf die Spur zu kommen, ist alles andere als trivial. Zum einen ist die Organisation in ihrer Gesamtheit nicht zu erfassen. Zum anderen ist es schwierig, die beteiligten Personen als funktionale Bestandteile der Organisation nach Prozessen organisationalen Lernens im Sinne von Entscheidungs- bzw. Erwartungsveränderungen zu befragen. Die Befragten sind eher in der Lage, eigene Prozesse individuellen Lernens zu reflektieren, als sich direkt auf die Abstraktionsebene von organisationalen Lernprozessen zu begeben. In der Gestaltung der Interviews waren die Befragten deshalb dazu angehalten, erst in einem zweiten Schritt zu prüfen, ob auf der Grundlage individuellen Lernens Anstöße in die Strukturen der Organisation wirken (wirkten). In der Wiedergabe der Ergebnisse haben wir versucht, hier im Sinne eines erreichten „Lernstatus" zu unterscheiden.

3.2 Explorationsergebnisse

3.2.1 Das Netzwerk als Reflexionssystem

In These 1 (vgl. Kapitel 2.1) wurde unterstellt, dass das NPO-Netzwerk für die beteiligten NPO zum Reflexionssystem mit Bezug auf ihre eigenen Systemstrukturen wird. Tab. 1 gibt die diesbezüglichen Befragungsergebnisse für die Geschäftsführer der beteiligten NPO wieder, Tab. 2 die Befragungsergebnisse für die Mitarbeiter der NPO, die im Netzwerk tätig sind.

Befragungsmerkmale	Befragungsaussagen
Lernstatus	
• **Potential**	Das Potential steckt in der Leitungsstruktur; Fördermöglichkeiten können mit einem Netzwerk besser ausgeschöpft werden; Störungen des Potenzials kommen von außen (Politik).
• **Individuelles Lernen**	Erweiterung der Problemlösungskompetenz; Schaffung einer ganzheitlichen Vorstellung von sozialer Arbeit durch das Zusammenkommen von verschiedenen Einheiten im Netzwerk.
• **Organisationales Lernen**	Ziel ist die Umgestaltung der Integrationsstrategie; Nutzung der Kontaktvielfalt; wenn wir im Bereich Netzwerk etwas machen wollen, dann soll das uns auch intern weiterbringen.
Lernobjekte	
• **Programme / Prozesse**	Leitung von Projekten wird Mitarbeitern zugesprochen; unser eigenes Organigramm fördert den Vernetzungsgedanken.
• **Werte / Ziele**	Unterschiedliches lassen, was unterschiedlich ist, aber Gemeinsamkeiten nutzen; Rütteln an den Grundfesten unseres Verbandes.
Maßnahmen des Lernens	Selbstbestimmung muss gelernt werden; wechselnde Übernahme von Verantwortung; Rahmen müssen neu gesteckt werden, damit die Entfaltung der Mitarbeiter möglich wird.

Tab. 1: Aussagen der „Eigentümer“ des Netzwerkes (Geschäftsführungsebene) zu These 1

Befragungsmerkmale	Befragungsaussagen
Lernstatus	
• **Potential**	Einblicke in die tatsächliche Maßnahme; Erkennen von Inhalten, Werte, Einstellungen, Mitarbeiter etc.; Annäherung der Organisationen untereinander.
• **Individuelles Lernen**	Abruf von Kompetenzen; Anstreben einer gemeinschaftlichen Lösung; Abstand zur eigenen Arbeit; Einblicke; Supervisionseffekt und kollegiale Beratung.
• **Organisationales Lernen**	Das Netzwerk verleiht Imagegewinn; der Maßnahmeteilnehmer muss sich nicht festlegen; Balance zwischen der Loyalität zum eigenen Unternehmen und dem Netzwerk.
Lernobjekte	
• **Programme / Prozesse**	Nicht wir geben den Rahmen, die ARGE setzt ihn; das Bedienen zu vieler Interessensgruppen im Netzwerk macht unflexibel.
• **Werte / Ziele**	Es steht und fällt mit den Persönlichkeiten, die im Netzwerk mitarbeiten; ein Gelingen des Netzwerkes muss organisiert werden.
Maßnahmen des Lernens	Hospitationen von Mitarbeitern in den einzelnen Einrichtungen; Zugriff auf die Ressourcen aller Einrichtungen.

Tab. 2: Aussagen der in die Netzwerkarbeit einbezogenen Mitarbeiter zu These 1

Die Befragung beider Anspruchsgruppen zur Netzwerkreflexion nimmt eine herausragende Rolle ein, nicht zuletzt deshalb, weil sich mit diesem Blick aus der Metaebene Aussagen ergeben, die einem Aufrechterhalten und Fortentwickeln des Leistungsverbundes dienlich sein können. Es gibt also Hinweise, dass die auf die eigene NPO bezogenen Reflexionsprozesse zugleich eine Stabilisierungsfunktion (Identitätsstärkung) für das NPO-Netzwerk haben.

Während die Eigentümer des Netzwerkes die Konzentration auf die grundsätzliche Bedeutung der Organisationsgestaltung legen, beschränkt sich die Anspruchsgruppe der Mitarbeiter auf Mitteilungen aus dem operativen Geschehen mit den Teilnehmenden der Maßnahme und ihren Vermittlern. Ihre Aussagen zeigen, dass das Netzwerk als Beförderer oder Impulsgeber von Ideen und Aufgaben, aber auch als Behinderer („langsam“, „unflexibel“) verstanden wird.

Die Komplexität der Netzwerkarbeit und das „Phänomen der Interessendivergenz“ der Stakeholder (Macharzina 2003: 133) machen sich bemerkbar.

3.2.2 Der Effekt des erweiterten Handlungsraum

In These 2 (vgl. Kapitel 2.4) wurde unterstellt, dass das NPO-Netzwerk einen erweiterten Handlungs-, d.h. Kommunikations- und Entscheidungsraum für die beteiligten NPO generiert und damit ein breiteres Spektrum an Handlungskompetenzen eröffnet. In Tab. 3 werden die relevanten Aussagen der in die Netzwerkarbeit einbezogene Mitarbeiter wiedergegeben.

Befragungsmerkmale	Befragungsaussagen
Lernstatus	
• **Potential**	Beziehung zum Trägerverbund geht über die sonst eher ‚juristische' Beziehung hinaus; Bündelung von Kompetenzen durch Vielzahl der Ansprechpartner; Netzwerk als Defizitausgleich.
• **Individuelles Lernen**	Der Austausch mit anderen Beteiligten ermöglicht Abstand zur eigenen Arbeit; da können wir mal ‚Quinte' fragen.
• **Organisationales Lernen**	Stärkung der Ausgabenausführung; Erhöhung der eigenen Ressourcen und der Vermittlungskompetenz; klare Einbindung in Strukturen lässt wenig Spielraum.
Lernobjekte	
• **Programme / Prozesse**	Lernen ja, aber: Verplanung der Arbeitszeiten von Mitarbeitern; strenge Vorgaben; kaum Raum für Austausch; Einbau und Gebrauch zusätzlichen Nutzens von Ressourcen des Netzwerkes außerhalb der eigenen Organisation.
• **Werte / Ziele**	Starke Anbindung an rechtliche Rahmen; Zurückhaltung in das Systemeingreifen.
Maßnahmen des Lernens	Entwicklungs-Workshop zur strategischen Bearbeitung des Netzwerks; regelmäßige Treffen mit Vermittlungskollegen.

Tab. 3: Aussagen der in die Netzwerkarbeit einbezogenen Mitarbeiter zu These 2

Obwohl vom Interviewer vereinfachend empfohlen wurde, Lernen als Veränderung der Handlungsroutinen zu verstehen, zeigte sich bei der Anspruchsgruppe Mitarbeiter vielfach Unsicherheit, wann, wo und wie Lernen stattfindet: „Schwer zu definieren, wann Lernen überhaupt stattfindet, es kommt immer was Neues." Ähnlich ergab sich für die Befragten die Schwierigkeit, eine Trennung zwischen individuellem und organisationalem Lernen vorzunehmen. Entsprechend problematisch sind die Zuordnungen sowohl in Tab. 2 wie Tab. 3. Unter dem Aspekt des Handlungsraums zeigt sich aber ein interessantes Spannungsverhältnis, das einer unbedingten These von der Erweiterung des Handlungsraums entgegensteht: Die Mitarbeiter erkennen die erweiterten Möglichkeiten im Netzwerk, reflektieren Kompetenzbündelung, Ressourcenstärkung u.ä., erleben aber zugleich persönliche Ressourcen- und Legitimitätsdefizite, die einer Nutzung der Möglichkeiten entgegenstehen. Es zeigt sich eine Ambivalenz der Netzwerkkomplexität, möglicherweise auch ein nicht ausreichender *„organisational slack"* für lernbezogene Kommunikationsvorgänge (vgl. Prange (2006: 206), die auf die Notwendigkeit eines *„slack"* oder einer „Beziehungsredundanz" zur Ermöglichung von „unterschiedlichen Wirklichkeitsinterpretationen und dezentralen Lern- und Entlernprozessen" hinweist).

3.2.3 Indizien für organisationales Lernen beim Stakeholder Kostenträger

In Tab. 4 werden die Befragungsergebnisse eines weiteren Stakeholders, nämlich die Aussagen des Kostenträgers, aufgezeigt. Dabei geht es darum, nach Indizien für organisationales Lernen bei diesem Stakeholder zu suchen. Die Auswertung der Interviews orientiert sich an These 1 (Anstöße zur Reflexion) sowie These 2 (Erweiterung des Handlungsraums).

Es lässt sich nachweisen, dass auch der Stakeholder Kostenträger über die Arbeit mit dem Leistungsverbund Anstöße für organisationales Lernen generieren kann. Wichtiger Faktor scheint die enge Zusammenarbeit mit den in die Netzwerkarbeit eingebundenen Akteuren zu sein. Über den Austausch verschiedener Arbeitsweisen, Angebotsstrukturen, Organisationsstrukturen, Arbeitsbedingungen, Schwierigkeiten mit den Leistungsempfängern u.a. erhält nicht zuletzt der Kostenträger neue Anstöße, die bezüglich der Bedarfs- und Kostenpläne von Maßnahmen genutzt werden können.

Befragungsmerkmale	Befragungsaussagen
Lernstatus	
• **Potential**	Der Gehalt der Rückmeldungen wird höher bewertet, da sie von mehreren Organisationen gleichzeitig kommen.
• **Individuelles Lernen**	Der Einblick in die Arbeitsweise, Problemlagen der NPO lässt das Bild der Organisationen und ihrer Bedingungen komplexer werden.
• **Organisationales Lernen**	Informationen aus dem Netzwerk werden ins eigene Unternehmen aufgenommen, um neue Bedarfs- und Integrationsstrategien abzuleiten.
Lernobjekte	
• **Programme / Prozesse**	Hierarchische Organisationsstrukturen; strategische Vorgaben lassen kaum die Selbstorganisation von Mitarbeitern zu; eingeschränkter Handlungsrahmen.
• **Werte / Ziele**	Bestmögliches Leistungsangebot für den Kunden mit komplexer Mehrfachproblematik benötigt ein Mehrfachangebot.
Maßnahmen des Lernens	Bildung von Teamgruppen; Ausbau der Besprechungskultur.

Tab. 4: Aussagen der Kostenträger zu Thesen 1 und 2

Durch den Effekt des erweiterten Handlungsraums der am Netzwerk beteiligten Organisationen ergibt sich auch für den Stakeholder Kostenträger eine Erweiterung des Handlungsraums, und zwar in dem Sinne, dass einem Leistungsempfänger mit komplexer Mehrfachproblematik im Leistungsverbund mehr Möglichkeiten geboten werden. Die Passung zwischen Bedarf und Eignung des Leistungsempfängers und der Qualifizierungsmaßnahme wird dadurch erhöht.

4 Fazit

Der Fokus der hier berichteten Arbeit lag darauf, vor dem Hintergrund des allgemeinen Verständnisses von Organisationen als autopoietischen sozialen Systemen und daraus ableitbaren Thesen für (inter-)organisationale Lernpotentiale in einem konkreten NPO-Netzwerk stakeholder-bezogen Lernvorgänge aufzuspüren. Das systemtheoretische Konzept erwies sich als geeignet, Potentiale des

Lernens, welche über die Vernetzung generiert werden, zu erklären. Für die Operationalisierung und Erfassung empirischer Lernvorgänge erscheint es jedoch zu abstrakt. Fasst man Lernen als Prozess, so kann unsere empirische Exploration erste Hinweise für organisationales Lernen geben. Eine Vielzahl von Aussagen der Befragten lässt den Schluss zu, dass die Interaktion im NPO-Netzwerk zur Reflexion der eigenen Systemstrukturen genutzt und die Potentiale des erweiterten Kommunikations- und Entscheidungsraums erkannt werden. Auf dem Weg der Befragung ließ sich aber nicht zweifelsfrei nachweisen, dass diese ersten Anstöße auch tatsächlich in die Strukturen der Organisation im Sinne einer veränderten Erwartungsstruktur oder Handlungsroutine Einzug erhalten. Wenn wir uns dazu die Lernbedingungen der befragten Organisationen genauer anschauen, stellt sich heraus, dass die Zwänge des operativen Tagesgeschäfts und strikte Rollenerwartungen die Mitarbeiter so stark binden, dass wenig Raum für Austausch über die Arbeit im und mit dem Netzwerk bleibt. Vermutlich ist die Organisationskultur ein wichtiger Einflussfaktor des Entscheidungsraums. Ist beispielsweise nicht erwartungskonformes Verhalten sanktionsgefährdet, fehlt es den Mitarbeitern möglicherweise an Mut, sich entgegen den Erwartungen zu verhalten.

Ganz im Sinne von systemischer Interaktion zeigte unsere empirische Exploration ein interessantes „Nebenprodukt": Wir erhielten mehrfach Hinweise, dass die Interviews selbst, als praktisch ausgerichtete Intervention, Reflexionsvorgänge auslösten und von den Befragten als Impulse für Lernen verstanden wurden.

Literatur

Howaldt, Jürgen (2007): Unternehmensnetzwerke als zeitgemäße Organisationsform und ihr Management. In: Soziale Unternehmen im Wandel – Ein Handbuch im Prozess der Positionierung von Integrationsunternehmen, hrsg. v. Rüdiger H. Jung, Susanne Brötz und Siegbert Esser, Neuwied, S. 190-205.

Jung, Rüdiger H. (2007): Mitarbeiterführung in sozialen Unternehmen – Potentiale, Funktionen, Konzepte. In: Soziale Unternehmen im Wandel – Ein Handbuch im Prozess der Positionierung von Integrationsunternehmen, hrsg. v. Rüdiger H. Jung, Susanne Brötz und Siegbert Esser, Neuwied, S. 207-224.

Jung, Rüdiger H. (2010): Self-organization. In: International Encyclopedia of Civil Society, hrsg. v. Helmut K. Anheier, Stefan Toepler und Regina List, New York, S. 1364-1370.

Kneer, Georg/Nassehi, Armin (1993): Niklas Luhmann Theorie sozialer Systeme – Eine Einführung. München.

Laßleben, Hermann (2002): Das Management der lernenden Organisation – Eine systemtheoretische Interpretation. Wiesbaden.

Luhmann, Niklas (1987): Soziale Systeme – Grundriss einer allgemeinen Theorie. Frankfurt a. Main.

Luhmann, Niklas (2008): Soziologische Aufklärung 6 – Die Soziologie und der Mensch. 3. Aufl., Wiesbaden.

Luhmann, Niklas/Schorr, Karl-Eberhard (1988): Reflexionsprobleme im Erziehungssystem. Frankfurt a. Main, S. 363-381.

Macharzina, Klaus (2003): Unternehmensführung. Das internationale Managementwissen. Konzepte – Methoden – Praxis. 4. Aufl., Wiesbaden.

Maturana, Humberto/Varela, Francisco (1987): Der Baum der Erkenntnis: die biologischen Wurzeln des menschlichen Erkennens. München.

Prange, Christiane (2006): Interorganisationales Lernen: Lernen in, von und zwischen Organisationen. In: Management von Netzwerkorganisationen. Beiträge aus der „Managementforschung“, 4. Aufl., hrsg. v. Jörg Sydow, Wiesbaden, S. 187-213.

Theuvsen, Ludwig (2001): Stakeholder-Management: Möglichkeiten des Umgangs mit Anspruchsgruppen. Münsteraner Diskussionspapiere zum Nonprofit-Sektor – Nr. 16, Münster.

Ullrich, Christian (2005): Erwerb von Problemlösefähigkeit durch Lernumgebungen: Konzeption und Implementierung eines Frameworks. Wiesbaden.

Die Gefahr von Verdrängungseffekten bei Kooperationen mit Corporate Citizens

Delia Thesenvitz, München

1 Kooperationen zwischen NPO und Unternehmen

Kooperationen zwischen gemeinnützigen Organisationen und Unternehmen werden oft als Win-Win-Beziehungen bezeichnet – dabei ist die Realität solcher Beziehungen aus NPO-Sicht kaum untersucht. Das Anliegen des Beitrags ist es, auf Risiken einer Zusammenarbeit mit einem Unternehmen aufmerksam zu machen und es NPO nahezulegen, Kooperationen als strategische Entscheidungen aufzufassen, die eines Stakeholder-Managements bedürfen.

Im Anschluss an die theoretischen Ausführungen werden im empirischen Teil Forschungsergebnisse angeführt, die Einsichten darin liefern, wie NPO Kooperationsentscheidungen treffen (Thesenvitz 2009).

1.1 Corporate-Citizenship-Kooperationen aus Sicht von Unternehmen und NPO

Mussten Janning und Bartjes (1998) vor gut zehn Jahren noch feststellen, dass sich Unternehmen in Deutschland bei ihrem gesellschaftlichen Engagement lieber bedeckt halten, um „keine Begehrlichkeiten" zu wecken, so ist dies heute anders. Immer öfter hört und liest man davon, dass sich Unternehmen abseits ihrer Geschäftstätigkeit und über Spenden hinaus für gesellschaftliche Belange engagieren. Begriffe wie Social Sponsoring, Cause Related Marketing, Corporate Volunteering, Aktionstage, Community Joint-Venture oder Social Lobbying benennen einige der vielfältigen Wege von Unternehmen, sich durch Geld, Zeit, Know-How oder Kontakte für gesellschaftliche Anliegen einzusetzen. Zwar ist es nicht neu, dass sich Unternehmen für das Gemeinwohl engagieren und gemeinnützige Organisationen von Unternehmen Unterstützung erhalten. Während der gesellschaftliche Einsatz von Unternehmen jedoch jahrzehntelang eine „gepflegte kulturelle Selbstverständlichkeit“ (Backhaus-Maul 2006) einzelner Unternehmerpersönlichkeiten und ihrer Ehefrauen war, geht das Engagement nunmehr nicht von Personen, sondern von Organisationen aus (Polterauer 2008), die ihr Engagement strategisch mit ihren Geschäftsinteressen verbinden und öffentlich kommunizieren. Neben einem Beitrag zur Lösung komplexer Probleme wie Klimaentwicklung, Bildungsungleichheit oder dem demografische Wandel, soll der Einsatz für soziale, kulturelle oder ökologische Themen auch unternehmerischen Interessen dienen. Selbst wenn sich die Maßnahmen dahingehend unterscheiden, ob der Schwerpunkt auf der gesellschaftlichen Problemlösung oder dem sogenannten *„business case“* liegt, so ist es für heutige Kooperationen charakteristisch, dass betriebswirtschaftliche Erwägungen oft die Triebfeder unternehmerischen Engagement sind. „Corporate Citizenship is not about how a company gives money away; it's about how it makes money” (Bradley K. Googins). Der Nutzen, den sich Unternehmen daraus versprechen, liegt z.B. in einem Image- oder Kompetenzgewinn, besseren Beziehungen zum Unternehmensstandort, einer positiven Reputation, einer erhöhten Mitarbeiterzufriedenheit oder der Schaffung positiver Geschäftsbedingungen im Unternehmensumfeld (Herzig 2006; CCCD 2007).

Neben dem „Win“ für Unternehmen wird sowohl in der Praxis als auch im akademischen Diskurs von einem „Win“ für die beteiligten NPO gesprochen – dabei sind die gesellschaftlichen Effekte von „Civil-Private-Partnerships“ (Prinzhorn 2009) bisher kaum empirisch untersucht worden (Polterauer 2010). Während die Rolle der Unternehmen in ihrer Interaktion mit der Gesellschaft seit einiger Zeit diskutiert und auch in Studien und Managementhandbüchern thematisiert wird, kommt die Rolle ihrer gemeinnützigen Partner bisweilen noch sehr kurz. Neben Fallstudien, die die Realität solcher Beziehungen systematisch untersuchen, ist auch noch ein Mangel an Literatur zu beklagen, die NPO konkrete Entscheidungshilfen oder Managementinstrumente zur Verfügung stellt (Gentile et al. 2007).

1.2 Die Gefahr unintendierter Verdrängungseffekte

Kooperationen mit Corporate Citizens fordern von NPO Managementkompetenz. Zum einen stellen Corporate Citizens in der Regel höhere Anforderungen an die Professionalität des Projektmanagements und die Öffentlichkeitsarbeit von NPO (Nolting et al. 2008). Zum anderen sind, wenn Unternehmen nicht mehr nur Geldgeber und Hintergrundakteure sind, andere Stakeholder weitaus stärker als bisher vom Engagement der Unternehmen tangiert. Gezielte Kommunikation wie auch die Entsendung von Mitarbeitern in gemeinnützige Projekte (Corporate Volunteering) lassen das Unternehmensengagement öffentlich, konkret und in Person sichtbar werden.

Eine erfolgreiche Zusammenarbeit beinhaltet für NPO z.B. finanzielle Zuströme, interessante Kontakte oder Öffentlichkeit für ihre Arbeit (Polterauer 2010). Eine Stakeholder-Perspektive offenbart, dass es neben Chancen auch Risiken gibt. Die Zusammenarbeit mit einem Unternehmen kann z.B. dazu führen, dass sich freiwillige Helfer und private Spender überflüssig fühlen und sich zurückziehen, wenn sie das Gefühl haben, dass ihr Engagement nicht mehr nötig ist. Auch bei potenziellen Unterstützern kann die Kooperation mit einem „starken" Partner zu dem Eindruck führen, eine NPO sei nicht auf „kleine" Beiträge von Privatpersonen angewiesen (Andreasen 1996).

Eine Gefahr mit ähnlichem Effekt besteht darin, dass sich Unterstützer zurückziehen, wenn sie die Unternehmenszusammenarbeit generell oder in Folge negativer Presse ablehnen. In Teilen ist in Deutschland eine kritische und ablehnende Haltung gegenüber Wirtschaft und Unternehmen vorhanden (Backhaus-Maul et al. 2010). Gerade für NPO, die sich als „*watch dog*" gegenüber der Wirtschaft verstehen und ihre Hauptaufgabe darin sehen, unternehmerische Missstände anzuprangern, sind Verbindungen zu Unternehmen potenziell heikel. Die Zusammenarbeit mit einem Unternehmen ist für NPO generell mit einem Reputationsrisiko verbunden. Insbesondere ein Skandal oder eine ungünstige Reputation des Unternehmens kann die „eigentlichen" Anliegen einer gemeinnützigen Organisation hinter negativer Presse zurücktreten lassen (Andreasen 1996). Erinnert sei z.B. an das „Krombacher Regenwald Projekt", eine Kooperation der Krombacher Brauerei mit dem WWF, die z.T. äußerst kritisch diskutiert wurde. Gerade öffentlichkeitswirksame Kooperationen können dazu führen, dass eine NPO mit einem bestimmten Unternehmen assoziiert wird, was für die Arbeit einer NPO nicht unbedingt von Vorteil ist (Austin 2000). Auch ein zu großer Einfluss eines Unternehmens auf die NPO (*mission drift*), kann von anderen Stakeholdern abgelehnt werden und zur Abwendung führen (Andreasen 1996).

1.3 Verdrängungseffekte und Legitimationsproblem

Mit dem Rückzug bzw. der Verdrängung privaten Engagements gehen einer NPO nicht nur Ressourcen verloren; die Aufkündigung privater Zuwendungen und Zeitspenden wirft die Frage nach der Legitimität einer NPO auf, denn „die eigentliche Basisressource freiwilliger Vereinigungen ist nicht Geld, sondern die Bindung von Mitgliedern“ (Horch 1995). “The extent to which other income sources reduce or crowd out contributions can be viewed as an indicator of declining legitimacy“ (Froelich 1999: 263). Legitimität wird in Zuwendungen und Engagement sichtbar. Aus Sicht eines umfassenden Stakeholder-Managements sind Freiwillige und private Spender das, was Mitchell et al. (1997) einen wesentlichen („definitive“) Stakeholder nennen. Die Interessen dieser Gruppe sollte das NPO-Management mit großer Aufmerksamkeit verfolgen. Die Zusammenarbeit mit Unternehmen, die sich strategisch für gesellschaftliche Themen engagieren und ihre Taten auch kommunizieren, birgt für NPO potenzielle Risiken, denen es im Rahmen einer gewissenhaften Kooperationsvorbereitung sowie eines gezielten Stakeholder-Management zu begegnen gilt.

1.4 Das Management potenzieller Kooperationsrisiken

Ob eine Kooperation eingegangen wird, sollte nicht in einer auf erwartete Ressourcen fixierten Perspektive, sondern auch unter strategischen Gesichtspunkten betrachtet werden. Vor der Aufnahme einer Zusammenarbeit mit Corporate Citizens empfiehlt es sich zu klären, inwiefern ein Unternehmen zu einer NPO passt und wie die Zusammenarbeit intern und extern bewertet wird. Erfolgreiche Kooperationen mit Corporate Citizens setzen auf Seiten der NPO eine Wahrnehmung der Interdependenzen zwischen den verschiedenen Stakeholdern, die Überprüfung des möglichen Partners z.B. hinsichtlich seiner Motive, seiner Reputation, Geschäftspraktiken und Geschäftsfelder (Andreasen 1996) sowie eine Abschätzung der Akzeptanz der Kooperation bei anderen Stakeholdern voraus. Um Problemen und Konflikten mit Anspruchsgruppen vorzubeugen, sollte eine NPO wissen, mit wem sie sich einlässt. Auf dem „Marktplatz Gute Geschäfte“, einer Veranstaltung, die dazu dient, Unternehmen und gemeinnützige Organisationen zusammenzubringen, ist die Überprüfung des Partnerunternehmens besonders schwierig; Kooperationen kommen aber dennoch zu Stande.

Im folgenden Teil werden der „Marktplatz" sowie empirische Ergebnisse auf die Frage, wie die am „Marktplatz Gute Geschäfte" teilnehmenden NPO ihre Kooperationsentscheidung treffen, dargestellt.

2 Die Kooperationsentscheidung auf dem „Marktplatz Gute Geschäfte"

Der „Marktplatz Gute Geschäfte" ist eine arrangierte soziale Situation, bei der NPO und Unternehmen zueinander finden können, um eine Projektzusammenarbeit zu vereinbaren, die den Einsatz von Unternehmensmitarbeitern (Corporate Volunteering) vorsieht. Der „Marktplatz" versucht, die Nachfrage gemeinnütziger Organisationen nach tatkräftiger oder fachlicher Unterstützung mit den Engagementwünschen von Unternehmen zusammenzubringen. Eine Einrichtung, die z.B. jemanden sucht, der ihr beim Renovieren oder beim Erstellen einer Homepage hilft, kann auf dem „Marktplatz" einen Corporate Partner finden, der dafür Mitarbeiter freistellt. Obwohl sich die Teilnehmer vorher nicht über anwesende Organisationen informieren können und bei der 90-minütigen Veranstaltung nur begrenzt Zeit für Gespräche und Verhandlungen ist, wurden beim Münchner „Marktplatz" 2009 zwischen den insgesamt 60 teilnehmenden Organisationen (Unternehmen plus NPO) rund 40 Vereinbarungen geschlossen, in denen sich die Unternehmen zu 1.726 Stunden gemeinnütziger Arbeit verpflichteten.

Im Rahmen einer im Design von Experteninterviews angelegten Untersuchung (Thesenvitz 2009), wurden Vertreter von insgesamt neun gemeinnützigen Organisationen, die am Münchner „Marktplatz" 2009 teilgenommen hatten, u.a. dazu befragt, wie sie sich auf die Veranstaltung vorbereitet haben und welche Kriterien sie bei der Wahl eines Partnerunternehmens anlegen.

2.1 Eine ressourcenzentrierte Sicht

Neben der Aussicht auf tatkräftige oder fachliche Unterstützung verfolgen die NPO mit der „Marktplatzteilnahme" bzw. Unternehmenskooperation weitere Ziele, die sich schlagwortartig mit den Stichworten PR, Öffentlichkeit für ein

Thema und die eigene Arbeit, zusätzliche und langfristige Ressourcengewinnung, Kennenlernen anderer NPO, Anregung und Austausch sowie Spaß zusammenfassen lassen. Ein Großteil erhofft sich, dass sich aus der temporären Zusammenarbeit eine langfristige Kooperation entwickelt oder sich einzelne Unternehmensmitarbeiter über den vereinbarten Einsatz hinaus privat weiterengagieren. Über die eigene Nutzenkalkulation hinaus sehen es einige NPO auch als ihre Aufgabe an, Unternehmen bestimmte Begegnungen, Erfahrungen und Einsichten zu ermöglichen. In der Regel sind die auf dem „Marktplatz" vorgebrachten Projekte nicht eilig oder könnten auch ohne die Mithilfe von Unternehmen umgesetzt werden. Einige NPO haben ihre Vorhaben als „Eintrittskarte" sogar erst definiert als die „Marktplatzteilnahme" schon im Raum stand.

Auf dem „Marktplatz" stehen in den Gesprächen mit den Unternehmen die zu realisierenden Projekte im Vordergrund. Den NPO geht es vor allem darum, so schnell wie möglich herauszufinden, ob Nachfrage und Angebot auf der Ebene der zu erbringenden Leistung zusammenpassen. Neben der Frage, einen für die gestellte Aufgabe geeigneten Partner zu finden, spielt die Frage nach einem strategisch passenden Partner kaum eine Rolle. Das Geschäftsfeld des Unternehmen wird, sofern nicht bekannt, zwar erfragt; abgesehen von fehlenden operativen Schnittmengen können sich die NPO aber keinen Grund vorstellen, ein Unternehmen als Partner abzulehnen.

Den auf dem „Marktplatz" anwesenden Unternehmen unterstellen die NPO sowohl gemeinnützige als auch eigennützige Ziele. Einerseits schreiben sie ihnen eine soziale Einstellung und ein gewisses Interesse an der „gemeinnützigen Sache" zu, anderseits sind sie aber auch der Überzeugung, dass Teambildung, Personalentwicklung, PR- oder Imagemotive ein zentraler Beweggrund der Unternehmen sind, am „Marktplatz" teilzunehmen. Trotz allgemeiner Kenntnisse über die Hintergründe unternehmerischen Engagements entsteht jedoch der Eindruck, dass das Wissen über den Partner und seine Motive an der Oberfläche bleibt.

Direkt danach gefragt, ob es Unternehmen gibt, mit denen eine NPO nicht zusammenarbeiten sollte, führen mit Ausnahme einer Interviewpartnerin alle befragten NPO-Vertreter bestimmte Unternehmen oder Branchen an. Genannt werden Unternehmen mit schlechtem Ruf oder negativer Presse, Unternehmen mit in Bezug auf die Leistungsempfänger der NPO direkten Marketing- oder Verkaufsinteressen, Unternehmen mit ausländerfeindlicher Gesinnung, Pharma-Firmen, „ethisch kritische" Unternehmen wie Unternehmen aus der Rüstungsindustrie sowie Unternehmen, die nicht „gerecht“ oder unsozial sind und Menschen ausbeuten. Auch eine (nur) auf Außenwirkung und Marketing zielende Motivation von Unternehmen ist für einige NPO-Vertreter kritisch, da sie befürchteten, für Imageaufbesserungen instrumentalisiert zu werden. Zwar sind sich die meisten NPO zumindest diffus bewusst, dass „man sicher irgendwo aufpassen [muss]. Das darf und soll ja auch in die Öffentlichkeitsarbeit kommen“. Dennoch sind keine Bemühungen zu erkennen, Risiken aktiv zu handhaben.

Ausschlusskriterien bzw. einen festen, universell gültigen Kriterienkatalog, der auf eine interne Auseinandersetzung mit dem Thema Kooperation hinweisen würde, hat keine der befragten NPO definiert. Als Gründe dafür werden angeführt, dass man generell allen Unternehmen gegenüber aufgeschlossen ist, dass „ich einfach voll involviert bin und da passiert auch nichts, ohne dass ich entscheidend mit dabei bin“, dass die NPO über „wenig personelle Energie“ verfügt und ich „ja nur ausführendes Organ“ bin, dass „in unserem kleinen Verein [...] einfach dafür keine Zeit [...] ist, groß Kriterien zu formulieren“, dass man noch keine Erfahrungen mit Unternehmen hat bzw. es bisher ja nur um Sachspenden ging, oder dass „wir einfach noch nicht an der Stelle waren“ und sich der Bereich Kooperation erst im Aufbau befindet.

2.2 Persönliche Entscheidung statt strategisches Vorgehen

Auf dem „Marktplatz“ liegt die Entscheidung pro oder contra Kooperation im persönlichen Ermessen der Personen, die vor diese Entscheidung gestellt sind, darüber, wie sie entscheiden sollen, z.T. aber „sehr am Wanken“ sind. Die „individuellen Grenzen“ sind nicht eindeutig abgesteckt und es ist unklar, was persönliche Maßstäbe wie z.B., dass ein Unternehmen „gerecht“ sein muss, in der Praxis bedeuten. Zudem ist fraglich, ob persönliche Bedenken auch in Bezug auf die NPO gelten. Die Nicht-Passung von Unternehmen wird vorwiegend unter moralischen Aspekten, als „Gewissensfragen“, nicht aber auf Ebene der Organisation thematisiert. Für ein latentes, defizitäres Risikobewusstsein spricht auch, dass im Anschluss an den auf dem „Marktplatz“ verhandelten Vertragsabschluss in der Regel keine Recherchen über Kooperationspartner angestellt werden und sich kaum jemand einen Grund vorstellen kann, warum eine Vereinbarung scheitern könnte. Auf Grundlage der Ergebnisse ist davon auszugehen, dass sich die NPO auf dem „Marktplatz“ auch deshalb so schnell auf einen Kooperationsvertrag einlassen, weil sie keine Stakeholder-Problematik sehen.

2.3 Mögliche Gründe für eine fehlende Auseinandersetzung

In den befragten NPO findet auf organisatorischer Ebene keine Auseinandersetzung mit möglichen strategischen Implikationen einer Unternehmenskooperation statt. Risiken werden nur in Ansätzen oder gar nicht antizipiert. Auffällig ist, dass einige NPO die Zusammenarbeit mit einem Unternehmen gar nicht als Kooperation auffassen. Indem der Fokus auf dem einzelnen Mitarbeiter liegt, wird das entsendende Unternehmen ausgeblendet. Auch die Perspektive, dass es ja „nur um Zeitspenden“ geht, lenkt davon ab, die Zusammenarbeit als Kooperation zu betrachten und sich mit den Implikationen einer Partnerschaft zu beschäftigen. Zudem gehen die NPO davon aus, dass die Unternehmen auf dem „Marktplatz“ sozial eingestellt sind, d.h. ihre Anliegen teilen. Die NPO-Vertreter haben zwar ein Gefühl dafür, dass einige Unternehmen unpassend sind. Die Argumentation, warum dies so ist, ist jedoch kaum vorhanden und wird bisher weniger aus der (strategischen) Perspektive der Organisation als aus einem persönlichen, meist moralischen Empfinden heraus geführt. Die Eignung auf anderen als der fachlichen Ebene ist nur in Ansätzen reflektiert und als Bedingung gelingender Kooperation wenig bedacht.

3 Zusammenfassung und Fazit

Die Forschungsergebnisse lassen erkennen, dass „Civil Private Partnerships“ (Prinzhorn 2009) in NPO bisher vorwiegend nach dem erwarteten Nutzen bewertet werden. Keine der befragten Organisationen erwähnt den Einfluss einer Kooperation auf die eigenen Reputation oder das Risiko, durch die Wahl eines unpassenden und von anderen Stakeholdern nicht akzeptierten Unternehmens den Zuspruch und die Unterstützung bestimmter Gruppen zu verlieren. Die Sicht der NPO ist wie die der meisten Praktiker und Wissenschaftler auf das „Win“ einer Kooperation fokussiert.

Ohne das Potenzial von Kooperationen bestreiten zu wollen, legt die theoretische Betrachtung unter Stakeholder-Perspektive nahe, die Aufnahme von Kooperationen als Herausforderung des Stakeholder-Managements zu begreifen, d.h. Fragen der Eignung und Akzeptanz eines Unternehmens im Geflecht der unterschiedlichen Anspruchsgruppen zu stellen und mit „Fingerspitzengefühl" und im Zweifelsfall zu Gunsten wesentlicher Stakeholder zu regulieren. Es gilt, auch für die Risiken von Kooperationen mit Corporate Citizens zu sensibilisieren.

Literatur

Andreasen, Alan R. (1996): Profits for Nonprofits: Find a Corporate Partner. In: Harvard Business Review, 74 (6), S. 47-59.

Austin, James E. (2000): Strategic Collaboration Between Nonprofits and Businesses. In: Nonprofit and Voluntary Sector Quarterly, 29 (1), S. 69-97.

Backhaus-Maul, Holger (2006): Gesellschaftliche Verantwortung von Unternehmen. In: Aus Politik und Zeitgeschichte, 12/2006, S. 32-38.

Backhaus-Maul, Holger/Biedermann, Christiane/Nährlich, Stefan/Polterauer, Judith (2010): Corporate Citizenship in Deutschland. Die überraschende Konjunktur einer verspäteten Debatte. In: Corporate Citizenship in Deutschland. Gesellschaftliches Engagement von Unternehmen. Bilanz und Perspektiven, 2. Aufl., hrsg. v. Holger Backhaus-Maul, Christiane Biedermann, Stefan Nährlich und Judith Polterauer, Wiesbaden, S. 15-49.

CCCD (Centrum für Corporate Citizenship Deutschland) (2007): Corporate Citizenship. Gesellschaftliches Engagement von Unternehmen in Deutschland und im transatlantischen Vergleich mit den USA. Ergebnisse einer Unternehmensbefragung des CCCD. URL: http://www.cccdeutschland.org/pics/medien/1_1188563508/CCCD_Survey.pdf, Abrufdatum: 05.03.2010.

Froelich, Karen A. (1999): Diversification of Revenue Strategies: Evolving Resource Dependence in Nonprofit Organizations. In: Nonprofit and Voluntary Sector Quarterly, 28 (3), S. 246-268.

Gentile, Gian-Claudio/Böhm, Robert/Hoffmann, Corinna (2007): Auf dem Weg zum Corporate Citizen – Eine Bestandsaufnahme anleitender Texte. In: Wirtschaftspsychologie, 1 (9), S. 58-64.

Herzig, Christian (2006): Corporate Volunteering in Germany: Survey and Empirical Evidence. In: International Journal of Business Environment, 1 (1), S. 51-69.

Horch, Heinz-Dieter (1995): Selbstzerstörungsprozesse freiwilliger Vereinigungen. Ambivalenzen von Wachstum, Professionalisierung und Bürokratisierung. In: Von der Wertgemeinschaft zum Dienstleistungsunternehmen. Jugend- und Wohlfahrtsverbände im Umbruch, hrsg. v. Thomas Rauschenbach, Christoph Sachße und Thomas Olk, Frankfurt a. Main, S. 280-296.

Janning, Heinz/Bartjes, Heinz (1998): Ehrenamt und Wirtschaft. Internationale Beispiele bürgerschaftlichen Engagements der Wirtschaft. Stuttgart.

Mitchell, Ronald K./Agle, Bradley R./Wood, Donna J. (1997): Toward a Theory of Stakeholder Identification and Salience. Defining the Principle of Who and What Really Counts. In: Academy of Management Review, 22 (4), S. 853-886.

Nolting, Katrin/Illge, Lydia/Bottin, Katja/Schäfer, Martina/Wemheuer, Christin (2008): Kooperieren – aber wie? Ein Leitfaden zum Aufbau von Kooperationsbeziehungen zwischen Lokalen-Agenda-21-Initiativen und Akteuren aus Wirtschaft und Wissenschaft. URL: http://www.bmu.de/nachhaltige_entwicklung/downloads/doc/42074.php, Abrufdatum: 25.03.2010.

Polterauer, Judith (2008): Corporate-Citizenship-Forschung in Deutschland. In: Aus Politik und Zeitgeschichte, 31, S. 32-38.

Polterauer, Judith (2010): Der „gesellschaftlichen Problemlösung" auf der Spur: Gegen ein unterkomplexes Verständnis von „Win-win"-Situationen bei Corporate Citizenship. In: Corporate Citizenship in Deutschland. Gesellschaftliches Engagement von Unternehmen. Bilanz und Perspektiven, 2. Aufl., hrsg. v. Holger Backhaus-Maul, Christiane Biedermann, Stefan Nährlich und Judith Polterauer, Wiesbaden, S. 612-643.

Prinzhorn, Jens (2009): Civil Private Partnerships oder wie Nonprofitorganisationen und multinationale Unternehmen sich kooperativ gesellschaftlichen Fragen im Kontext der Globalisierung stellen – Eine qualitative Inhaltsanalyse. Dissertation Universität Osnabrück.

Thesenvitz, Delia (2009): Die Kooperationsentscheidung der Nonprofit-Organisationen auf dem „Marktplatz Gute Geschäfte". Eine agenturtheoretische Untersuchung am Beispiel des Münchner „Marktplatzes Gute Geschäfte" 2009. Diplomarbeit am Institut für Soziologie der LMU München.

Austauschbeziehungen sozialer und behördlicher Organisationen in Social Franchise-Netzwerken aus Sicht der Ressourcenabhängigkeitstheorie

Walburga Fröhlich und Ren L. Kellem, Graz

Organisationen variieren in ihren Strategien und Formen, wie sie sich in ihren Stakeholder-Umwelten positionieren und mit Abhängigkeiten und Unsicherheiten umgehen. Der Beitrag fragt, inwieweit Kooperation in Form von Franchise-Netzwerken als Unternehmensstrategie geeignet ist, Ressourcenabhängigkeiten und organisationale Unsicherheiten im Feld von Sozialarbeit und Sozialwirtschaft zu reduzieren. Als Grundlage verwenden wir eine Einzelfallstudie von Fröhlich (2008), die ein „Social Franchise-Netzwerk" (SFN) mit seinen Stakeholder-Verwaltungsstellen und Nutzer/innen aus Sicht der Ressourcenabhängigkeitstheorie (RDT) untersucht.

1 Organisationstheorie zu Austauschbeziehungen und Ressourcen

In der Tradition der umweltorientierten Ansätze der Organisationtheorie (OT) stehen Organisationen mit ihren Umwelten in Austauschbeziehungen, die sich in ihrer Komplexität, Dynamik und Disponibilität sowie nach relevanten übergeordneten Kontexten und in ihren Aufgabenumwelten und Interessens- oder Anspruchsgruppen bzw. Stakeholdern unterscheiden. Interessen differieren in Richtung und Anspruchsniveau, und Organisationen sehen sich der permanenten Aufgabe gegenüber, sich ändernde und teilweise widersprüchliche Interessen und Ansprüche auszubalancieren. Innerhalb der organisationstheoretischen Ansätze zum Verhältnis von Organisation und Umwelt gehen die mikroökonomische Gleichgewichtstheorie, der evolutionstheoretische Ansatz oder der kontingenztheoretische Ansatz von einer Determinierung von Organisationen durch ihre Umwelten aus. Organisationsbestand und -entwicklung werden als laufender Anpassungs- und Ausleseprozess gelesen (Schreyögg 1999).

Im Gegensatz dazu konzipieren interaktionistisch orientierte OT Austauschbeziehungen zwischen Organisation und ihrer Umwelt offen; zu den prominenten OT gehören vor allem der unternehmensstrategische Ansatz, der Ressourcenorientierte Ansatz, der Ansatz interorganisationaler Beziehungen und die Resource-Dependence-Theorie (RDT). In den Perspektiven der interaktionistischen OT – im Einzelnen unterscheiden sie sich in anderen Annahmen teilweise gravierend – reagieren Organisation und Umwelt gegenseitig auf Gegebenheiten und Veränderungen. Die Ressourcenabhängigkeit ist seit den 1970er Jahren ein zentrales Thema der OT. Den Grundstein für den Ansatz der RDT legten Cyert und March (1963) mit der Betonung der Unsicherheitsreduktion als ein zentrales Motiv einer Theorie der Organisation sowie Thompson (1967) mit seinem Theorem interorganisationaler Abhängigkeit (Schreyögg 2000). Die RDT weist Erkenntnispotential auf: „Das Potential der Resource Dependence-Theorie von Pfeffer und Salancik ist (...) noch wenig erkannt worden.“ (Knyphausen-Aufseß 2000: 479). Insbesondere könne die RDT zur theoretischen Bearbeitung der Problematik der Macht- und Interessensdurchsetzung ergiebig sein.

In der theoretischen Fundierung beziehen wir uns auf Pfeffer und Salancik (1978) und somit die klassische RDT, vom empirischen Ansatz her sind die Befunde induktiv und hypothesengenerierend orientiert (Lamnek 2005). Wir stellen das Social Franchisenetzwerk-Modell (SFN) und den konkreten Einzelfall sowie die Prämissen der RDT dar und führen sie in Argumente über, welche Implikationen mit einem SFN-Modell für die organisationalen Leistungsprozesse und Stakeholder-Austauschbeziehungen einhergehen. Der Beitrag argumentiert, dass sich Austauschbeziehungen von sozialen Diensten und – in der Regel – finanzierenden Verwaltungsorganisationen durch eine asymmetrische Verteilung von Kontrollrechten charakterisieren – Kontrollausübung über Zugang zu und Nutzung von Ressourcen. Diese Kontrollrechte resultieren in spezifische Abhängigkeits- und Unsicherheitslagen. Im Beitrag überlegen wir, welche Potentiale und Risiken das Modell „Social Franchise-Netzwerk“ mit sich bringt, um organisationale Effektivität und Stabilität zu erzielen. Können Social Franchise-Kooperationen Abhängigkeiten reduzieren und SFN als „Stabilitätspakte“ zwischen Abhängigkeitsreduktion und Unsicherheitsgenerierung verstanden werden?

2 Social Franchise-Netzwerke in Theorie und Praxis

Franchise-Netzwerke sind „Netzwerke […], deren Akteure nicht hierarchisch, sondern durch Kooperationsbeziehungen miteinander verbunden sind." (Ahlert 2001: 7). Sie bestehen aus einer/m Franchise-Geber/in und mehreren Franchise-Nehmer/innen und sind auf Langfristigkeit ausgerichtet. Langfristigkeit und mit dem Modell verbundene standardisierte Beziehungen zwischen den Partner/innen sollen zu Erwartungsstabilisierung innerhalb des Kooperationssystems und gegenüber den externen Austauschpartnern führen (Theurl 2001).

Franchise im Sozial- und Gesundheitsbereich wird häufig in „Social Franchising" übersetzt, wenngleich die begriffliche Bestimmung bislang uneinheitlich bleibt (Fröhlich 2008). Zum Teil werden Verbreitungsmodelle als Franchising bezeichnet, denen wesentliche Elemente hierfür fehlen, wie beispielsweise verpflichtende Qualitätsstandards oder sanktionierbare Zugangs- und Ausschlussbedingungen (Dees 2007). Meist beziehen sich Definitionen für Social Franchising auf die mit dem Modell verbundenen, in der Praxis unterschiedlichen Zielsetzungen (Hallermann 1998; Boessenecker 1999). Social Franchise wird beispielsweise als „die nicht profit-orientierte Form vertikaler und horizontaler Kooperation zur Replikation sozialer Programme und Dienstleistungen sowie Steuerung und Vernetzung sozialer Organisationen" (Schuhen 2005, zitiert nach Braun/Lotter 2004: 8) bezeichnet. Franchising könne, so die These, die Existenz gemeinnütziger Organisationen im Wettbewerb mit For-profit-Anbietern, beispielsweise im Krankenanstaltenbereich, absichern helfen. Demgegenüber soll Franchise nach dem Konzept einiger US-amerikanischer Kooperationsmodelle den Nonprofit-Organisationen eine zusätzliche Finanzquelle über den Einstieg in kommerzielles Business erschließen und ihre Abhängigkeit von Verwaltungsstellen verringern. Neben ihren sozialen Kernaufgaben betreiben sie franchisierte For-profit-Catering-Outlets oder Fastfood-Lokale „as a way to boost their income and support their mission" (Debaise 2007).

Social Franchising kann auch als Möglichkeit ausgelegt werden, Innovationsrisiken für Verwaltungsstellen zu minimieren. Die Qualität erfolgreicher Pilotprojekte werde mittels Standards dokumentiert, gesichert und durch lokale Expert/innen weiterverbreitet. (Meyer, NPO Institut, Experteninterview 2008) Ähnliche Überlegungen bestimmen die Diskussion der mit EU-Fördermitteln unterstützten Modelle im Zusammenhang mit der Integration von Randgruppen in den Arbeitsmarkt. „Social business format franchising offers a structured development path for social enterprises active in the labor market integration of disadvantaged groups“ (EQUAL 2008).

Das untersuchte Social Franchise-Netzwerk (SFN) umfasst die Franchise-Geberorganisation „atempo“ (FG) mit fünf Franchise-Nehmerorganisationen (FN) aus Österreich und Südtirol. Das SFN wurde aufgebaut, um die Existenz der kooperierenden Organisationen und die Distribuierung ihrer mit dem Netzwerk verbundenen Dienstleistungen zu stabilisieren, welche zu einer Reduktion der Abhängigkeit von den gegebenen Austauschpartnern führen sollten. „Franchise ist für uns sozusagen jetzt eine Reaktion auf die Bedrohungen. [...] In diesem Szenario der reinen Förderwelt und unserer Abhängigkeit von dieser Förderwelt brauchen wir ein anderes Standbein.“ (Interview 10: 5, 15-19). Zur qualitativen Untersuchung (Lamnek 2005) werden 10 Interviews durchgeführt. Untersucht werden die Austauschbeziehungen zwischen dem SFN und Verwaltungsstellen sowie Menschen mit Behinderungen als Abnehmer/innen bzw. Nutzer/innen seiner Dienstleistungen. Darüber hinaus beziehen wir auch Kund/innen von vom SFN im Business-to-Business-Bereich vertriebenen Produkten bzw. Leistungen in die Einzelfallstudie mit ein.

3 Abhängigkeit von Ressourcen

Die RDT sieht Organisationen als Systeme von Ressourcenangebots- und -abnahmeprozessen und Überleben als deren wichtigstes Ziel. Ressourcen können sozialer, ideeller oder materieller Natur sein und umfassen auch Werte wie gesellschaftliche Legitimation oder Personalkompetenz. Wesentlich ist die Frage ihrer Verwertbarkeit; ist dies nicht der Fall, wird die Organisation sich nicht bemühen, eine Austauschbeziehung aufzubauen oder aufrecht zu erhalten (Jütte 2002). Organisationen sind demnach nicht autark, sondern von den Ressourcen anderer abhängig, um ihre Aktivitäten durchführen zu können (Pfeffer/Salancik 1978). Allerdings führt nicht jede Ressourcenabhängigkeit zu Existenzbedrohung, kann aber problematisch werden. Während Abhängigkeit bei der ressourcenabhängigen Organisation zu Kontrollverlust führt, gewinnt die ressourcengebende an Einfluss und Macht. Die Erklärungen der RDT zu dieser Problematik setzen an zwei Strängen an: jenem zur Entstehung von Abhängigkeit und jenem von Unsicherheit (Pfeffer/Salancik 1978, zitiert nach Hermesch 2002).

Abhängigkeit steht für das Ausmaß, in dem eine Organisation von einer/m externen Akteur/in (Organisation, Gruppe oder Einzelperson) kontrolliert bzw. beeinflusst wird. Externe Akteur/innen haben Macht über eine Organisation, wenn sie über Ressourcen verfügen, die für die Organisation wichtig sind. Die Wichtigkeit einer Ressource hängt davon ab, in welchem relativen Ausmaß sie benötigt wird oder notwendig für das Überleben der Organisation und damit eine kritische Ressource ist; und inwieweit sie durch andere Ressourcen kompensiert werden kann. Ist sie nicht kompensierbar bzw. stehen nur wenige Anbieter/innen für diese Ressource zur Verfügung, kann es aufgrund der Ressourcenkonzentration zu problematischen Abhängigkeiten kommen.

Wesentlich für Ressourcenkonzentration sind die Kontroll-, Nutzungs- und Verfügungsrechte an einer Ressource. Solche Rechte können aus Besitz resultieren, wobei Wissen als absoluter Besitz von Personen angesehen und nach Pfeffer und Salancik nicht von anderen kontrolliert werden könne. Die Praxis allerdings zwingt Dienstleistungsorganisationen dazu, Verträge mit ihren Mitarbeiter/innen und Zulieferer/innen abzuschließen, in denen diese die Nutzungsrechte an den von ihnen entwickelten Materialien, Konzepten oder Methoden (Urheberrechte) an die Verwaltungsstelle abtreten. Die Devise ist: Was mit öffentlichen Geldern gefördert wird, muss der Öffentlichkeit voll und ganz zur Verfügung gestellt werden. „Dass ein Know-how, das gefördert wurde, [...] nicht euch gehört, weil ihr es entwickelt habt, sondern der Allgemeinheit." (Interview 8: 14, 43-45).

Soziale Dienste tauschen ihre Fachkompetenz bzw. darauf aufbauende Aktivitäten mit ihren Stakeholder-Verwaltungsstellen gegen Geld, welches für die Organisationen wichtig ist, um ihre Mitarbeiter/innen bezahlen zu können. Darüber hinaus gibt es dafür nur „wenige Anbieter/innen, und diese wenigen verfügen in konzentrierter Weise über einflussreiche Kontrollrechte." (Fröhlich 2008: 92). Ressourcen im Sozialbereich werden von Verwaltungsstellen konzentriert: Mitarbeiter/innen von Verwaltungsstellen prüfen Förderanträge und kontrollieren so den Zugang zu Geldern der Allgemeinheit. Politische Büros kontrollieren den Zugang zu Politiker/innen und bestimmen so mit, wer Einfluss auf diese nehmen kann. Die Kontrolle der Nutzung von öffentlichen Mitteln obliegt Mitarbeiter/innen, die für die finanzielle Prüfung von geförderten Projekten zuständig sind. Wer, wie Politiker/innen, Regeln über Zuteilung und Nutzung von Ressourcen mittels Gesetzen erlassen kann, verfügt über eine weitere Quelle zur Ressourcenkontrolle. Auch kurzfristige politische Zielsetzungen regulieren den Zugang zu Ressourcen, was abhängige Organisationen in Schwierigkeiten bringen kann; „dass auf politischer Ebene heuer dieses Thema en vogue ist, und nächstes Jahr ein anderes. […] Sie können Ihre Organisation nicht darauf ausrichten, welches Ziel ist gerade modern, sondern Sie haben ja auch noch einen Inhalt, der in Ihrer Organisationsmission bedingt ist und wenn Sie damit jetzt sozusagen nicht modern sind, dann wird es schwierig." (Interview 10: 3, 11-15).

4 Unsicherheit über Ressourcen

Unsicherheit als zweiter Parameter der RDT zur Bestimmung des Ausmaßes existenzieller Gefährdung einer Organisation entsteht aufgrund dreier Faktoren: das Ausmaß der Ressourcenkonzentration, die Knappheit der Ressourcen und die Intensität und Anzahl der Verbindungen. Erhöhte Konzentration von Ressourcen und gleichzeitige Knappheit lassen Konflikte entstehen. In der Praxis zeigen sich Verdrängungsdynamiken und mangelnde Kooperationsbereitschaft. „Also wenn es ihnen gut geht [den Organisationen, d. Verf.], dann schauen sie auf die anderen. Aber bevor es ihnen nicht gut geht, wird nicht auf die anderen geschaut. […] Weil so groß ist der Markt nicht bei uns. […] dass das bei Arbeitslosen mit AMS-Klienten ein bisschen anders ist, weil dort einfach der Markt größer ist. […] Dass dort auch mehr kooperiert wird, weil eigentlich die Angebote, die da sind, eh gut gebucht sind." (Interview 8: 11, 8-18).

Eine enge Vernetzung von Organisationen wird als potentielle Unsicherheitsquelle gesehen (Pfeffer/Salancik 1978). Je stärker der Vernetzungsgrad der Organisationen, umso mehr geraten sie in gegenseitige Abhängigkeiten. Zusammen mit Ressourcenknappheit und konzentrierter Ressourcenkontrolle bildet der Grad der Vernetzung im Modell der RDT die Unsicherheit erklärenden Faktoren. Je nachdem, wie nun die Akteur/innen einer Organisation Abhängigkeit und Unsicherheit von externen Akteur/innen einschätzen, werden sie sich in ihrer Existenz mehr oder weniger bedroht fühlen und ihre Aktivitäten gestalten.

Pfeffer und Salancik unterscheiden vier Strategien zur Stabilisierung von Austauschbeziehungen: a) Anpassung an die Umwelt, b) Kontrolle der Umwelt, c) Kooperation und Verhandlung und d) Lobbying. Franchising wird von einigen Autor/innen zu den Kooperationsstrategien gezählt (Hermesch 2002; Kloyer 1995). Die Abhängigkeit einer/s Kooperationspartners/in von den Ressourcen einer/s anderen Kooperationspartners/in allerdings stellt der RDT nach überhaupt die Ausgangsbedingung für Kooperation dar mit dem Ziel, den weiteren Zufluss dieser bestimmten Ressource zu stabilisieren. Im untersuchten Fall kooperieren die Franchise-Partner/innen nicht, um einen untereinander bestehenden Ressourcenaustausch zu stabilisieren, sondern um neue Ressourcenaustauschbeziehungen aufzubauen. Der RDT nach lässt sich das fokale SFN in die Anpassungsstrategien mittels Vermeidung von Abhängigkeit und hier in die Diversifikationsstrategien einordnen (Pfeffer/Salancik 1978). Ziel ist es, die Zahl der Austauschpartner/innen mittels verbundener Diversifikation (die diversifizierten Dienstleistungen und Produkte bauen auf das vorhandene Portfolio auf) zu erhöhen und neue Austauschpartner/innen im Business-to-Business Bereich zu gewinnen (Knyphausen-Aufseß 2000).

5 Austauschbeziehungen mit Verwaltungsstellen

Konfrontiert mit Franchising reagieren Verwaltungsstellen in der Einzelfallstudie zunächst verunsichert: Unübliches irritiert. Eine Sorge ist, dass die FG einen Nutzen aus Ressourcen der Verwaltungsstellen ziehen könnte, der eigentlich dem sozialen Zweck zukommen sollte. Ein/e FN interpretiert die Verwaltungsstellen: „Wir [die Verwaltungsstelle, d. Verf.] wollen einfach, dass das, was wir machen, […]Menschen mit Behinderung zugutekommt und nicht […] einem Franchisegeber, einem Franchisesystem". (Interview 2: 16, 37-39).

Vertreter/innen der Verwaltungsstellen äußern Befürchtungen dahingehend, dass eine Zusammenarbeit mit Franchise-Netzwerken zu Schwierigkeiten mit den eingesessenen Organisationen vor Ort führen könnte. „Ich muss mich mit den Akteuren in dem […] geografischen Gebiet, wo ich mich bewege, auseinandersetzen." (Interview 1: 15, 24-26). Denn Franchising könnte Marktmacht verschieben. Ein mächtiger werdendes Netzwerk, das eine akzeptierte Methode anbietet, hat am Markt ein anderes Standing (Meyer, NPO Institut, Experteninterview, 2008). So tönt es auch in einem Interview: „Ich glaube, eine Angst war: um Gottes willen, am Schluss haben wir dann eine [eine wird betont] Firma, die österreichweit tätig ist und den Markt beherrscht und wir haben das finanziert. […] Wir verscherzen uns das mit anderen sozialen Dienstleistern". (Interview 5: 5, 20-25).

Positiv wird gesehen, dass mit dem Franchise-Paket ein praxiserprobtes Modell übernommen werden kann, wodurch mehr Sicherheit im Verlauf erwartet werden könne, „weil da einfach irrsinnig viel Entwicklungspotenzial und Erfahrungen einfach im Vorfeld schon passiert ist. Und das ist eine große Chance, also in dem Sinne einfach das Rad nicht neu erfinden.“ (Interview 7: 12, 33-35). Des weiteren sind zufriedene Äußerungen von Verwaltungsstellen zur Qualität der Ergebnisse zu berichten. Ebenso bezüglich des wirtschaftlichen Erfolgs des Franchisenetzwerkes dann, wenn sie sich selbst damit verbunden fühlen; beispielsweise, weil sie den Aufbau des Produkts oder Netzwerks mit gefördert haben. „Was sie, glaube ich, schon wertschätzen, ist […] das Qualitätssystem, das erarbeitet worden ist. […] Und auch, dass […] letztendlich ein europäisches Netzwerk auch dasteht. […] wo sie dann sagen können „Das hat eine Qualität, das ist nicht nur ein Gewurschtel“ […] Dass wir das vermarkten, […] Gelder akquirieren, die dann letztendlich abgezogen werden von der Förderung. Das ist schon etwas, was ihnen taugt. […] gar nicht nur wegen dem Geld, sondern […] auf das sind sie dann auch stolz. (Interview 2: 17, 35-51 und 18, 1-9).

Wesentliche Elemente von Franchising sind gemeinsame Qualitätsstandards und die Bildung einer Marke mit Wiedererkennungswert. Die Marke soll Erwartungen auf eine Dienstleistung in einer bestimmten Qualität wecken und von Anbieter/innen von Konkurrenzprodukten unterscheidbar machen. Marken werden meist als Wort-Bildmarken eingeführt und mit Symbolen als Qualitätsgarant unterstützt. Das untersuchte SFN kennzeichnet Produkte, die ihrem Qualitätsstandard für leichte Sprache entsprechen, mit einem „LL“ (Leicht-Lesen) Symbol. Für Nutzer/innen so gekennzeichneter Produkte vermittelt das Symbol Sicherheit, dass sie dieses Produkt nehmen können, weil sie es verstehen werden. „Das heißt, dass das LL ist […] Ein Zeichen, sagen wir so. […] Dass es die Leute verstehen, dass sie dann wissen, das ist in LL, das verstehen sie auch.“ (Interview 3.1 und 3.2: 9, 16-31). Aus Sicht der Verwaltung wird zur Markenbildung und Qualitätssymboliken einer Marke eingewendet, dass sie im Rahmen von Franchising zu Monopolstellung und verringertem Wettbewerb führen könnten. „Ich finde es bedenklich, wenn eine Organisation, sagt [...] wenn es diese Qualität hat, dann darf es den Gütestempel tragen und nur die […] sind zertifiziert, das zu machen. Und so was ist für mich eine Monopolstellung und passt nicht.“ (Interview 1: 15, 47-51).

6 Conclusio und Ausblick

Verwaltungsstellen im Sozialbereich verfügen über eine Reihe von Kontroll- und Allokationsrechten über wichtige und kritische Ressourcen für soziale Organisationen. Diese Ressourcen sind im Machtbereich weniger Verwaltungsstellen konzentriert und knapp. Sind die sozialen Organisationen einerseits untereinander vernetzt, befinden sie sich andererseits in Konkurrenz-Beziehungen. Diese Situation lässt sich im Modell von Pfeffer und Salancik (1978) für Abhängigkeit und Unsicherheit anschaulich darstellen.

Compliance, Erfüllung der Ansprüche der Stakeholder-Verwaltungsstellen zur Stabilisierung der Austauschbeziehungen, stellt soziale Organisationen vor konfligierende Interessen und kann ihre Attraktivität für andere Anspruchsgruppen (z.B. Nutzer/innen, Mitarbeiter/innen) vermindern. Wenn gesetzliche Bestimmungen oder andere Richtlinien es nicht zulassen, mit dem ressourcenkontrollierenden Austauschpartner zu fusionieren oder andere interorganisationale Beziehungen aufzunehmen, empfehlen Pfeffer und Salancik (1978) eine Strategie der Vermeidung von Abhängigkeit durch Entwicklung von Substituten mittels Diversifikation. SFN, die mittels unverbundener Diversifikation (keine Verbindung mit dem schon vorhandenen Portfolio) substituieren, vergrößern ihren Optionenspielraum gegenüber jenen mit verbundener Diversifikation (Knyphausen-Aufseß 2000).

SFN, die soziale Dienstleistungen oder kollektive Güter auf nicht-schlüssigen Tauschmärkten verbreiten, scheinen nur bedingt zur Reduktion der Abhängigkeit von Ressourcen der Verwaltungsstellen geeignet. Auch wenn das Netzwerk als Gesamtsystem Zugang zu mehr Verwaltungsstellen bekommt, bleiben die Austauschbeziehungen meist regional beschränkt. Die Ressourcenkonzentration lockert sich nur wenig bei gleichzeitigem Anstieg des Vernetzungsgrads in der Umwelt des Franchise-Netzwerks, was wieder zu neuer Unsicherheit führen kann – so aus Sicht der RDT (Pfeffer/Salancik 1978).

Grundsätzlich dürfte sich die Organisationsform Franchising aufgrund von Langfristigkeit und Bindung eignen, um Innovationen und Know-How an andere Organisationen zu verbreiten und diese in Folge für Weiterentwicklung und Qualitätssicherung der gemeinsamen Marke mitverantwortlich zu machen. Hat die Marke Wiedererkennungswert und wird sie akzeptiert, können die Partner/innen ihre Dienstleistungen oder Güter leichter und schneller am regionalen Markt einführen, als wenn jeder für sich eigene, ähnliche Angebote entwickeln würde. Franchise-Marken stehen für einen bestimmten Standard und bauen auf den Erfahrungen von Pilotbetrieben auf, was das Risiko für die Nutzer/innen minimieren kann, nicht absehen zu können, was man am Ende bekommen wird – ein Nutzen aber, der von den verschiedenen Austauschpartner/innen unterschiedlich bedeutsam wahrgenommen wird.

Die Einzelfallstudie zeigt, dass SFN mit dem Ethos des Sozialbereichs in mehrerlei Hinsicht kollidieren können. Franchising wird in der sozio-kulturellen Umwelt sozialer Organisationen mit negativen Assoziationen verknüpft und eine „Aufweichung" der traditionellen Legitimation befürchtet. Eine US-amerikanische Untersuchung (Froelich 2000) legt zwar nahe, dass kommerzielle Aktivitäten seltener zu Zielverschiebungen in sozialen Organisationen führen als beispielsweise die Ressourcengenerierung am Spendenmarkt, doch ist die normgeleitete Kritik daran im Sozialbereich teils sehr heftig.

Ein weiteres Problem stellen die Vorstellungen und Regelungen zu Eigentums- und Nutzungsrechten an Wissen und Know-how dar. Kompetenz und Wissen, die im Rahmen einer mit öffentlichem Geld geförderten Aktivität erarbeitet werden, gelten mancherorts automatisch als Allgemeingut. Sie werden nicht als Ressourcen gesehen, denen ein monetärer Wert gegenübersteht. Um eine tatsächliche Nutzung solchen Know-hows durch die Allgemeinheit zu gewährleisten, müssten die Verwaltungsstellen dieses aktiv verbreiten oder jemanden mit der Verbreitung beauftragen – was erfahrungsgemäß nur dürftig geschieht. Franchise-Netzwerke eignen sich zwar grundsätzlich für diese Verbreitungsaktivitäten, besonders dann, wenn regionale Verankerung durch die/den Franchise-Nehmer/in erwünscht ist, „entsprechen aber in Form und Ausrichtung nicht der Forderung nach unentgeltlicher Weitergabe von Wissen an Alle." (Fröhlich 2008: 122).

Die Ergebnisse verweisen schließlich – in der Tradition der Organisation-Umwelt-Theorieansätze – auf die Relevanz kontextualer Bedingungen bzw. mittelbarer Umwelten. Aufgrund mangelnder Akzeptabilität der Organisations- und Kooperationsform bleiben Netzwerkpotentiale unrealisiert. Mögliche Leistungseffekte bleiben latent, obwohl sie dem Franchise-Modell inhärent wären. Andererseits führt ein verstärkt merkatokratisch orientiertes Verständnis des Sozialbereichs zu verstärkter Akzeptanz von Organisationsformen, welche marktwirtschaftliche Anforderungen erfüllen können (Boessenecker 1999). Innovationscharakter und Gewährleistungscharakter von Leistungen im öffentlichen Interesse streben in den etablierten Vorstellungen auseinander.

Literatur

Ahlert, Dieter (Hrsg.) (2001): Handbuch Franchising & Cooperation. Das Management kooperativer Unternehmensnetzwerke. Neuwied, Kriftel.

Boessenecker, Karl-Heinz (1999): Marktorientierung in der Sozialen Arbeit ohne Alternative. Die Freie Wohlfahrtspflege auf dem Prüfstand (III). Theorie und Praxis der sozialen Arbeit, 50 (2), S. 43-47.

Braun, Jerome/Lotter, Dennis (2004): Franchising im Stiftungswesen. Ein Instrument zur Multiplizierung sozialer Konzepte. Stiftung Sponsoring. Das Magazin für Non-Profit-Management und -Marketing, 6, S. 8-10.

Cyert, Richard M./**March, James** G. (1963): A Behavioral Theory of the Firm. Englewood Cliffs, NJ.

Debaise, Colleen (2007): Profits on the Side Take a Charity. Add a Franchise Outlet. The Result: More Money for the Mission. The Wall Street Journal. http://www.socialfranchise.com/images/customers/128304/storage/6-25-07%20-%20WALL%20STREET%20JOURNAL%20-%20ONLINE%20VERSION_1.PDF. 17.04.2008.

Dees, Gregory J. (2007): Vortrag im Rahmen des International Social Franchise Summit am 6.12.2007 in Berlin.

EQUAL (2008): Europäische Union, Generaldirektion Arbeit und Beschäftigung. http://ec.europa.eu/employment_social/publications/2005/ke5703524_de.pdf. 17.04.2008.

Fröhlich, Walburga (2008): Abhängigkeit reduzieren durch Kooperation. Eine Einzelfallstudie zur Gestaltung der Austauschbeziehungen von Franchisenetzwerken im sozialen Dienstleistungsbereich am Beispiel von atempo. Graz.

Froelich, Karen (2000): Diversification of Revenue Strategies: Evolving Resource Dependence in Nonprofit Organizations. In: Understanding Nonprofit Organizations. Governance, Leadership, and Management, hrsg. v. Steven Ott, Colorado, S. 182-194.

Hallermann, Bernhard (1998): Die Caritas als Franchisingorganisation? Caritas, 99 (5), S. 204-207.

Hermesch, Martin (2002): Die Gestaltung von Interorganisationsbeziehungen. Theoretische sowie empirische Analysen und Erklärungen. Köln.

Kloyer, Martin (1995): Management von Franchisenetzwerken. Eine Resource-Dependence-Perspektive. Wiesbaden.

Knyphausen-Aufseß, Dodo zu (2000): Auf dem Weg zu einem ressourcenorientierten Paradigma? In: Theorien der Organisation, 2. Aufl., hrsg. v. Günther Ortmann, Jörg Sydow und Klaus Türk, Wiesbaden, S. 452-480.

Jütte, Wolfgang (2002): Theorie und Praxis der Erwachsenenbildung. Soziales Netzwerk Weiterbildung. Analyse lokaler Institutionenlandschaften. Bielefeld.

Lamnek, Siegfried (2005): Qualitative Sozialforschung. Lehrbuch. 4. Aufl., Weinheim, Basel.

Pfeffer, Jeffrey/Salancik, Gerald R. (1978): The External Control of Organizations. A Resource Dependence Perspective. New York.

Schreyögg, Georg (1999): Organisation. Grundlagen moderner Organisationsgestaltung. Mit Fallstudien. 3. Aufl., Wiesbaden.

Schreyögg, Georg (2000): Theorien organisatorischer Ressourcen. In: Theorien der Organisation, 2. Aufl., hrsg. v. Günther Ortmann, Jörg Sydow und Klaus Türk, Wiesbaden, S. 481-486.

Schuhen, Axel (2005): Nonprofit Governance in der Freien Wohlfahrtspflege. Berlin.

Theurl, Theresia (2001): Die Kooperation von Unternehmen: Facetten der Dynamik. In: Handbuch Franchising & Cooperation. Das Management kooperativer Unternehmensnetzwerke, hrsg. v. Dieter Ahlert, Neuwied, Kriftel, S. 73-91.

Thompson, James D. (1967): Organizations in Action: Social Science Bases of Administrative Theory. New York.

Value für Stakeholder im Nonprofit-Kontext: Eine Means-End-Chain-Analyse

Alexander Zauner und Gerlinde Palmetshofer, Wien

1 Einleitung

Damit Ressourcen erhalten bleiben und auch weiterhin zur Verfügung stehen, ist es für Nonprofit-Organisationen (NPOs) notwendig, Value – synonym „Customer Value“ (Wert für den Kunden) – für Kunden und Stakeholder zu generieren (Meyer 2009; Petkus 2000). Vor allem in wirtschaftlich schwierigen Zeiten sind NPOs gezwungen, im Kampf um Wettbewerbsvorteile den Value, den sie für ihre Kunden schaffen, zu steigern und gezielter auszurichten. Dies ist auch im Sinne von gesellschaftlicher Legitimation von erheblicher Relevanz (Belz/ Bieger 2006).

Für NPOs ist es daher eine elementare Herausforderung, Value aus der Perspektive ihrer Stakeholder zu definieren. Das Value Konzept gilt als Schlüsselelement im Marketingbereich innerhalb des Nonprofit-Sektors (Gipp et al. 2008). Die Schaffung von Value unterliegt der Entwicklung einer aussagekräftigen Marketingorientierung und ist für den öffentlichen als auch den NPO-Sektor von Relevanz (Warnaby/Finney 2005).

In Österreich sind etwa 77% der Beschäftigten im Sozialwesen in Arbeitsstätten des Dritten Sektors tätig. NPOs spielen hier eine dominierende Rolle und erbringen fundamentale Leistungen (Schneider et al. 2007). Obwohl sie Engpässe gewohnt sind und der Umgang mit Krisen eine Kernkompetenz ist, sind soziale NPOs wie die Krebshilfe, die Lebenshilfe und „pro mente“ Österreich aufgrund des großen Umfangs an freiwilligen und unentgeltlichen Leistungen besonders auf die Unterstützung von Stakeholdern angewiesen (Meyer 2009).

Soziale NPOs bieten Dienstleistungen in Bezug auf individuelle Bedürfnisse, spezielle Problemlagen und persönliche Hilfestellungen an. Für den sozialen Dienstleistungsbereich entwickelt Bachstein (2000: 13) folgende Definition, die auch dieser Arbeit zugrunde gelegt wird: „Soziale Dienstleistungen sind personenbezogene Dienstleistungen und dienen der Befriedigung von Bedürfnissen im Bereich der Betreuung, der Beratung und der Pflege."

Die Forschung im (sozialen) NPO-Bereich befasste sich bisher unzulänglich mit der Anwendung des Value Konzepts, obwohl generelle Diskussionen in der Kundenorientierung und Beziehungsbildung bereits geläufig sind (Gipp et al. 2008; Petkus 2000). Die Untersuchung will diese Lücke schließen und das Value-Konzept im NPO Sektor ergründen. Ziel ist es, eine Erklärung dafür zu finden, wie sich Wert für Stakeholder in sozialen NPOs generiert, und erste Implikationen daraus abzuleiten, um die Unterstützungen von Stakeholdern langfristig zu gewährleisten. Es ergeben sich folgende Forschungsfragen:

1. Warum unterstützen Kunden und Stakeholder NPOs; und können daraus Empfehlungen abgeleitet werden?

2. Was bedeutet Wert für Stakeholder im Nonprofit-Sektor?

Zu diesem Zweck integriert diese Untersuchung das von Woodruff und Gardial (1996) entwickelte Customer Value Modell, das traditionelle Means-End-Chain-Modell (Gutman 1982) und den multiplen Stakeholder-Kontext des Nonprofit-Sektors. Angesichts der großen Anzahl an Stakeholdern müssen NPOs überlegen, welchen Gruppen Value geliefert werden kann und soll, denn es scheint nicht möglich, die Wünsche/Vorstellungen aller Gruppen zu bedienen (Petkus 2000).

2 Konzeptioneller Hintergrund

2.1 Das Value-Konzept

Kotler hat im Marketing Pionierarbeit zu Value geleistet und dazu beigetragen, dass das Konzept in Bezug auf Austauschprozesse weiter verbreitet wird: *„The core concept of marketing is the transaction. A transaction is the exchange of values between two parties. The things-of-value need not be limited to goods, services, and money; they include other resources such as time, energy, and feelings"* (Kotler 1972: 23). Dies zeigt, dass Value auch für NPOs von Relevanz ist, die abseits von traditionellen Dienstleistungen auch positive Gefühle, Verbundenheit oder Freude als Gegenleistungen (an-)bieten. Darauf aufbauend ist der Customer Value (CV)-Ansatz in wegweisenden Beiträgen zu gewinnorientierten Unternehmen (Gale 1994; Sheth et al. 1991; Woodruff 1997), aber auch in Untersuchungen im Nonprofit-Bereich (Gipp et al. 2008; Gomes/Knowles 1997; Petkus 2000) zur Anwendung gekommen. Insbesondere Gomes und Knowles (1997) unterstreichen in ihrer Studie zur Customer Value/Mission (CV/M)-Matrix die Wichtigkeit des Customer Value-Ansatzes in der strategischen Nonprofit-Marketinganalyse.

Woodruff und Gardial (1996) konzipierten das „Customer Value Hierarchy Model" (Abb. 1) in Anlehnung an den Means-End-Chain-Ansatz. Dieses Konzept basiert auf der Mittel-Ziel-Verkettung und suggeriert eine hierarchische Darstellung, wie Kunden Produkte wahrnehmen. Auf der ersten Ebene dieses Modells nehmen Kunden (i.e. Stakeholder) die speziellen Attribute und Attributeigenschaften, die durch die Leistung (Produkte und Dienstleistungen) einer Organisation geschaffen werden, wahr. Sobald ein Angebot erworben und probiert wurde, entstehen bei der Person Präferenzen für bestimmte Angebotsattribute und Attributausprägungen. Dadurch werden jene Angebote bevorzugt, die einen vorteilhaften Nutzen haben. Auf der zweiten Ebene stehen die Nutzungskonsequenzen im Mittelpunkt, die nach subjektiven Maßstäben bewertet werden. Auf der obersten Ebene werden die Ziele und Zwecke („Means"), die die jeweilige Person erreichen will, dargestellt. Diese drücken implizite oder explizite Konzeptionen des Wünschenswerten aus und beeinflussen die Auswahl von vorhandenen Handlungsoptionen und -zielen signifikant (Woodruff 1997).

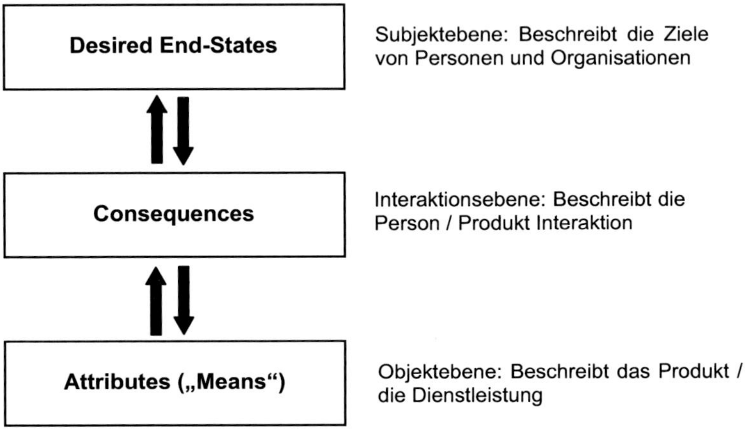

Abb. 1: Customer Value Hierarchy Model (in Anlehnung an Woodruff/Gardial 1996: 65)

Demzufolge wird CV von Woodruff (1997: 142) wie folgt definiert: *"Customer value is a customer's perceived preference for and evaluation of those product attributes, attribute performance, and consequences arising from use that facilitate (or block) achieving the customer's goals and purposes in use situations"*. Das von Woodruff und Gardial (1996) entwickelte Konzept wird in dieser Untersuchung für den Nonprofit-Bereich adaptiert.

Zusammenfassend lässt sich feststellen, dass der Wert einer Leistung nicht aus deren einzelnen Attributen besteht, sondern aus den individuell wahrgenommenen Konsequenzen, die aus dem Konsum, dem Wirken oder dem Besitz dieser Leistungen resultieren. Die Konsequenzen wiederum stehen in Beziehung zu den Grundwerten und Bedürfnissen einer Person (Jensen 2001). In diesem Zusammenhang geht Petkus (2000) davon aus, dass die Anforderungen der Stakeholder-Gruppen auf der untersten Ebene sehr unterschiedlich sind, sich aber mit zunehmendem Abstraktionsniveau annähern und überlappen. Sollte dies empirisch belegbar sein, sind relevante praktische Implikationen für NPOs daraus ableitbar.

2.2 NPO-Stakeholder

Freeman (1984: 46) definiert Stakeholder als "any group or individual who can affect or is affected by the achievement of the organizations objectives". Alle Personen, Gruppen und Institutionen, die Einfluss auf die Erreichung der Organisationsziele haben oder deren eigene Zielerreichung von der Organisation beeinflusst werden kann, können somit als Stakeholder bezeichnet werden (Lechner et al. 2005). Gerade im NPO Bereich ist eine weite Stakeholder-Definition zweckmäßig. Ein Grund dafür ist, dass zum Beispiel Personen, für die unentgeltliche Leistungen bereitgestellt werden, in dieser Betrachtung berücksichtigt werden (Theuvsen 2001).

NPOs sehen sich im Allgemeinen in besonders hohem Maß mit vielfältigen, oft widersprüchlichen Erwartungen von Anspruchsgruppen konfrontiert. Die Organisationen werden von den oft divergierenden Anforderungen von Stakeholdern wie z.B. institutionelle Geldgeber, Spender, Behörden, Klienten, Unternehmen, Mitarbeiter, Medien etc. geprägt (Badelt et al. 2007; Theuvsen 2001). NPOs basieren in einem großen Umfang auf Freiwilligkeit. So stellen etwa ehrenamtliche Mitarbeiter eine wichtige personelle Ressource dar. Die Motivation von Menschen, die aus eigenem Willen Organisationen unterstützen, ergibt sich u.a. aus Traditionen und Normen (Theuvsen 2001). Im Zentrum des Marketings für NPOs steht demnach keine einseitige Ausrichtung auf Leistungsempfänger, sondern eine umfassende Anspruchsgruppenorientierung. Konkret ist damit die konsequente Ausrichtung sämtlicher Aktivitäten einer NPO an den Erwartungen der internen und externen Beziehungspartner gemeint. Die Bedürfnisse der verschiedenen Stakeholder sind oft sehr unterschiedlich oder konträr, sodass die besondere Herausforderung darin besteht, diesen heterogenen Ansprüchen gerecht zu werden (Bruhn 2005). Folglich ist es für NPOs eine große Herausforderung Value aus Stakeholder-Sicht zu verstehen.

3 Methodik und Untersuchungsdesign

Der qualitative Means-End-Chain-Ansatz spielt eine zentrale Rolle und gilt als vielversprechend bei der Erforschung und Definition von Value (Woodruff

1997; Woodruff/Gardial 1996; Zeithaml 1988). Auch wenn dieser Ansatz in der Literatur bisher hauptsächlich für tangible Produkte eingesetzt wurde, können Theorie und Methode desselben ebenso für Dienstleistungen verwendet werden (Jensen 2001). Zusätzlich zu der Means-End-Chain-Analyse kommt in dieser Untersuchung die Befragungsmethode des Laddering zur Anwendung. Die Datenauswertung setzt sich aus drei Schritten zusammen: der Inhaltsanalyse, der Erstellung der Implikationsmatrix und der Erstellung der Hierarchy Value Map.

Die Means-End-Theorie hat ihre Wurzeln in der kognitiven Psychologie. Es wird versucht zu erklären, wie die Wahl eines Produktes oder einer Dienstleistung dem Konsumenten ermöglicht, seine gewünschten Ziele zu erreichen (Laukkanen 2007). Das semantische Netz (Begriffsgefüge) einer Person repräsentiert ihr Wissen über sinnlich wahrnehmbare oder lediglich in der Gedankenwelt existierende Phänomene. Zu diesem Wissen gehört auch die Vorstellung über die Eigenschaften einer Leistung sowie die aus ihrer Verwendung resultierenden Nutzenkomponenten und die Werthaltung dazu. Daraus ergibt sich die Means-End-Chain als ein Ausschnitt aus einem individuellen Begriffsgefüge (Herrmann 1996). Es wird angenommen, dass die Intensität der Abstraktion über die Means-End-Hierarchie steigt, wenn man von der niedrigeren zu der höheren Ebene geht (Laukkanen 2007). Die Means-End-Chain ist damit eine qualitative Analyse, die die kognitiven Strukturen von Individuen erforscht (Wagner 2007).

Aufbauend auf dem Means-End-Chain-Modell wird die Befragungstechnik des Laddering (Leitertechnik) verwendet, welche eine spezielle Form des Tiefeninterviews darstellt. In der vorliegenden Arbeit wird diese Kombination deswegen angewendet, da dadurch eine tiefgründige Erfassung auch verdeckter und unbewusster Motive und Wertvorstellungen ermöglicht wird. Ein wesentlicher Vorteil ist die Aufdeckung vollständiger Assoziationsketten (Koch 2009). In dieser Studie verkörpern diese das kognitive Gefüge der ausgewählten Stakeholder der sozialen NPOs. Insgesamt wurden 22 Tiefeninterviews in vier verschiedenen sozialen NPOs (Min. 4 und Max. 6) durchgeführt. Es handelt sich dabei um die Vereine: (1) Krebshilfe, (2) Lebenshilfe, (3) pro mente Oberösterreich und das (4) SOS-Kinderdorf Rechberg. Diese Organisationen wurden ausgewählt, weil soziale NPOs besonders stark auf Unterstützung der Stakeholder angewiesen sind (Meyer 2009). Der Fokus der Untersuchung lag auf drei verschiedenen Anspruchsgruppen: Mitarbeiter (9 Interviews), ehrenamtliche Mitarbeiter (8 Interviews) und unterstützende Organisationen (5 Interviews). 14 weibliche Personen und 8 männliche wurden befragt.

Die den Forschungsfragen entsprechenden Aussagen der Probanden wurden nach der Transkription in eine Inhaltsanalyse transformiert. Für die Auswertung der empirischen Daten wurde die qualitative Inhaltsanalyse nach Mayring (2007) herangezogen, da diese Methode zur Datenreduzierung und Abstrahierung am besten geeignet ist. Insgesamt wurden aus den 22 durchgeführten Interviews ca. 450 Paraphrasen herausgearbeitet. Aufgrund der großen Anzahl an Phrasen waren zwei Reduktionsschritte erforderlich, um auf 20 aussagekräftige Elemente (Bestandteile von Ladders) zu gelangen. Anschließend wurden die 20 Elemente den drei Kategorien Attribute, Konsequenzen und Werthaltung zugeordnet. Diese Zuordnung der Elemente in die Means-End-Chain-Kategorien erfolgte nach der allgemeinen Bedeutungsbestimmung, welche auch Reynolds und Gutman (1988) in ihrer Analyse anwenden und auf Basis der von Kahle (1983) erstellten „List of Values" sowie den durch die Methode des Laddering gewonnenen Informationen. Die Elemente der gedanklichen Leitern (i.e. Ladders) mussten weit genug gefasst werden, damit mehrere Kognitionen unter einem übergeordneten Begriff zusammengefasst werden können. Damit nicht die Gefahr des Informationsverlustes besteht, war es notwendig, das Kategorienschema nicht zu stark zu aggregieren (Reynolds/Gutman 1988). Bevor die Hierarchy Value Map dargestellt werden konnte, musste die Implikationsmatrix erstellt werden. Dazu wurden die Häufigkeit der genannten Elemente und Ladders pro Interview und die Verbindungen zwischen den einzelnen Ladders gezählt. Ferner wurden die durchschnittlichen Werte pro Ladder ermittelt und die im Interview nicht genannten Elemente aus der Wertung gelöscht, um Verzerrungen zu vermeiden. Bei jedem Interview wurde dieser Analyseschritt vollzogen. Die einzelnen Matrizen konnten somit zu einer Gesamtmatrix addiert und die erstellte Implikationsmatrix in eine Hierarchy Value Map transformiert werden (Reynolds/Gutman 1988).

Dem Gütekriterium der Reliabilität wurde durch die Erstellung eines Protokolls und einer Datenbank Rechnung getragen. Die Vorgehensweise wurde genau dokumentiert und die Daten zu archiviert um Nachvollziehbarkeit zu gewährleisten (Yin 2003). Dem Gütekriterium der Validität wurde dadurch entsprochen, dass die ausgewählte Methode, Means-End in Verbindung mit Laddering, dem Untersuchungsziel und der Forschungsfragen gerecht wurde (Zeithaml 1988).

4 Empirische Ergebnisse

Wie vorab beschrieben, konnten durch die Zusammenführung von Means-End-Chain-Ansatz und Laddering-Technik 20 relevante Elemente identifiziert werden. Diese wurden dem Means-End-Chain-Modell folgend nach Attributen, Konsequenzen und Werthaltungsbegriffen aufgeteilt (Tab. 1). Der ersten Kategorie, der Attributebene (Objektebene), wurden jene Elemente zugeteilt, die den unterstützungswerten Eigenschaften der NPOs entsprechen. Die Ebene der Werthaltung (Subjektebene) entspricht den Grundwerten des jeweiligen Individuums. In dieser Kategorie sind zum Beispiel persönliche Weiterentwicklung, Selbstverwirklichung und Freude zu finden. In der Mitte befinden sich die Konsequenzen, die sogenannte Interaktionsebene. Hier sind die übergeordneten Begriffe Vorbildwirkung, organisatorische Verbundenheit und Wertschätzung zu finden. Diese stellen das wechselseitige Aufeinanderwirken der Objektebene und Subjektebene dar.

Code	Attribute	Code	Konsequenzen	Code	Wertehaltungen
2	Fortbildung	10	Vorbildwirkung	1	Persönliche Weiterentwicklung
4	Soziales Engagement	15	Wertschätzung	3	Visionen umsetzen
5	Enttabuisierung	16	Organisatorische Verbundenheit	7	Freiraum
6	Vielfältigkeit			11	Selbstverwirklichung
8	Herausforderung			13	Eigennutz
9	Soziale Verantwortung			14	Freude
12	Altruismus			17	Erfüllung
18	Professionalität			20	Zufriedenheit
19	Gemeinschaftlichkeit				

Tab. 1: Zuordnung der Elemente zu den Means-End-Chain-Kategorien

Zu den meistgenannten Elementen zählen organisatorische Verbundenheit (16) mit 70 Nennungen, persönliche Weiterentwicklung (1) mit 52, Enttabuisierung (5) mit 36, Freude (14) mit 47 und Altruismus (17) mit 42. Die im Rahmen der Implikationsmatrix (nicht abgebildet) errechneten Nennungen und Verbindungen werden in der Hierarchy Value Map zu standardisierten Means-End-Chains transformiert, welche die konsolidierten kognitiven Pfade der Stichprobe darstellen. Dadurch werden die Beziehungen zwischen den Elementen und Ladders über die Objekt-, Interaktions- und Subjektebene sichtbar (Abb. 2). Die Hierarchy Value Map stellt somit ein kognitives Abbild von Customer Value für Stakeholder in sozialen NPOs dar.

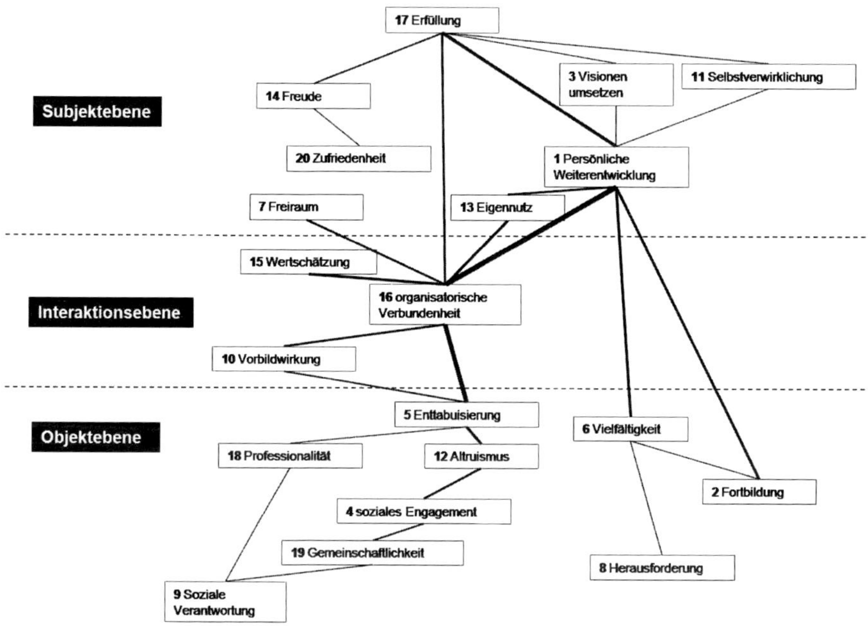

Abb. 2: Hierarchy Value Map zu Stakeholdern von NPOs

Den höchsten Wert weist die persönliche Weiterentwicklung (1) in Verbindung mit der organisatorischen Verbundenheit (16) auf. Weitere hohe Werte hat beispielsweise organisatorische Verbundenheit (18) mit den Elementen Enttabuisierung (5), Altruismus (12) und Eigennutz (13). Auch ist Erfüllung in Beziehung (17) zu Visionen umsetzen (3), Freude (14) und Selbstverwirklichung (11) eine wesentliche Ladder in dem semantischen Netz der befragen Stakeholder. Abgesehen davon werden Cluster von gedanklich eng verbundenen Elementen sichtbar. Zum Beispiel liegen soziale Verantwortung (9), Altruismus (12), Gemeinschaftlichkeit (19) und soziales Engagement (4) knapp beisammen, haben also ähnliche Eigenschaften. Die Strichstärke zwischen den Elementen ist ident mit den Häufigkeitswerten der Implikationsmatrix.

5 Diskussion

Die Interpretation der Daten erfolgt nach der jeweiligen Means-End-Chain-Ebene bzw. der jeweiligen Kategorie. Auf der Objektebene sind die Elemente soziales Engagement (4), Gemeinschaftlichkeit (19) und Enttabuisierung (5) vorzufinden. Dies stellt dar, welche Attribute soziale Organisationen ihren Stakeholdern bieten bzw. bieten sollten, um die Unterstützung der Anspruchsgruppen zu sichern. Für die Stakeholder-Gruppen Mitarbeiter, Unternehmen/Organisation und ehrenamtliche Mitarbeiter ist besonders die Enttabuisierung (5) von höchster Relevanz. Gerade in sozialen Organisationen, wie der Krebshilfe, Lebenshilfe, pro mente oder dem SOS-Kinderdorf, steht Enttabuisierung nicht nur für die NPOs im Vordergrund, sondern auch für ihre Stakeholder. Zum Beispiel ist es für die Stakeholder von pro mente wesentlich, sich an die Öffentlichkeit zu wenden und Bewusstsein zu schaffen, da psychisch kranke Menschen von der Gesellschaft oftmals stigmatisiert werden. Die Interaktionsebene, das Zentrum der Hierarchy Value Map, stellt die Verbindung zwischen Objektebene und Subjektebene dar. Der Fokus liegt hier auf dem Element Verbundenheit (16). Meistens ist eine persönliche Verbundenheit gegeben. Diese kann beispielsweise durch persönliche Hintergründe oder durch Vorbildwirkung (10) und Wertschätzung (15) entstehen, die die Stakeholder gegenüber der jeweiligen NPO empfinden. Eine starke Verbindung zur Subjektebene stellt auch Erfüllung (17) dar. Viele Stakeholder machen die Arbeit aus Spaß und sehen eine Erfüllung darin. Es ist ein Gefühl der Zufriedenheit (20), das sie dadurch erreichen können. In der Subjektebene sind alle Elemente zu finden, die Grundwerte darstellen, und beantwortet, warum eine Konsequenz wie Verbundenheit von den Stakeholdern angestrebt wird. Grundwerte wie Erfüllung (17), Selbstverwirklichung (11) und persönliche Weiterentwicklung (1) sind daher von Bedeutung. Diese Elemente stellen das höchste Abstraktionsniveau dar, welches durch die Anwendung der Laddering-Verfahren bei den Interviews erreicht wurde.

Eines der Forschungsziele war es herauszufinden, warum Stakeholder NPOs unterstützen. Aufgrund der Analyse der Daten kann festgestellt werden, dass für

Stakeholder auf der ersten Ebene der Means-End-Chain Gemeinschaftlichkeit, Professionalität und Enttabuisierung wichtig sind. In einem weiteren Schritt ist vor allem die persönliche als auch die organisatorische Verbundenheit ein wesentlicher Grund, warum sich Stakeholder für soziale Organisationen engagieren. Auf dem höchsten Abstraktionsniveau, der Subjektebene, findet man schlussendlich die Werte, die zeigen, aus welchen Gründen sich Anspruchsgruppen mit sozialen NPOs befassen. Vor allem die persönliche Weiterentwicklung und Erfüllung stehen hier im Vordergrund. Mit Erfüllung ist eine sinnvolle Beschäftigung in Verbindung zu bringen, also anderen Menschen zu helfen. Auch die Selbstverwirklichung fällt in diese Kategorie.

6 Conclusio

Ziel dieser Untersuchung war es, eine Erklärung dafür zu finden, wie sich Value für Stakeholder in sozialen NPOs generiert. Zu diesem Zweck integrierte diese Untersuchung das von Woodruff und Gardial (1996) entwickelte Customer Value-Modell, das traditionelle Means-End-Chain-Model (Gutman 1982; Reynolds/Gutman 1988) und den multiplen Stakeholder-Kontext des Nonprofit-Sektors. Die Ergebnisse zeigen, wie das semantische Netzwerk der Stakeholder in sozialen NPOs aussieht und wie sich daraus Wert entwickeln kann. Die anfangs gestellten Forschungsfragen konnten somit beantwortet werden. Auch scheinen sich Wünsche und Erwartungen der jeweiligen Stakeholder-Gruppen über die Ebenen der Means-End-Chain anzunähern. Die Studie und die daraus gewonnenen Erkenntnisse ermöglichen NPOs, gezielt Value für ihre Stakeholder zu generieren, strategische Entscheidung fundiert zu treffen und Marketingaktivitäten zu optimieren. Beispielsweise sollten NPOs versuchen, Elemente wie Professionalität, Enttabuisierung oder Gemeinschaftlichkeit in den Mittelpunkt ihrer Marketing- und Werbeaktivitäten zu stellen. Im Vergleich zu traditionellen Kundenzufriedenheitsbefragungen, die erst nach Verwendung bzw. Konsumation durchgeführt werden, befähigt dieses Wissen NPOs pro-aktiv auf die Vorstellungen der relevanten Anspruchsgruppen einzuwirken (Petkus 2000).

Literatur

Bachstein, Werner (2000): Nonprofit Organisationen im Bereich sozialer Dienste: Beschäftigung und sozialpolitische Implikationen. Diss. WU Wien.

Badelt, Christoph/Meyer, Michael/Simsa, Ruth (2007): Die Wiener Schule der NPO-Forschung. In: Handbuch der Nonprofit-Organisation, 4. Aufl., hrsg. v. Christoph Badelt, Michael Meyer und Ruth Simsa, Stuttgart, S. 3-16.

Belz, Christian/Bieger, Thomas (2006): Customer-Value. Kundenvorteile schaffen Unternehmensvorteile. Landsberg a. Lech.

Bruhn, Manfred (2005): Marketing für Non-Profit-Organisationen. Stuttgart.

Freeman, R. Edward (1984): Strategic Management: A Stakeholder Approach. Boston, MA.

Gale, Bradley T. (1994): Managing Customer Value: Creating Quality and Service that Customers Can See. New York.

Gipp, Narissa/Kalafatis, Stavros P./Ledden, Lesley (2008): Perceived Value of Corporate Donations: An Empirical Investigation. In: International Journal of Nonprofit & Voluntary Sector Marketing, 13 (4), S. 327-346.

Gomes, Roger/Knowles, Patricia (1997): The Customer Value/Mission (CV/M) Matrix and an Application Process for All Portfolio Planning. In: Journal of Marketing Management, 7 (2), S. 34-43.

Gutman, Jonathan (1982): A Means-End Chain Model Based on Consumer Categorization Processes. In: Journal of Marketing, 46 (2), S. 60-72.

Herrmann, Andreas (1996): Nachfrageorientierte Produktgestaltung. Ein Ansatz auf Basis der „means-end"-Theorie. Wiesbaden.

Jensen, Hans Rask (2001): Antecedents and Consequences of Consumer Value Assessments: Implications for Marketing Strategy and Future Research. In: Journal of Retailing and Consumer Services, 8 (6), S. 299-310.

Kahle, Lynn R. (1983): Social Values and Social Change: Adaption to Life in America. New York.

Koch, Jörg (2009): Marktforschung. Grundlagen und praktische Anwendung. München.

Kotler, Philip (1972): A Generic Concept of Marketing. In: Journal of Marketing, 36 (2), S. 46-54.

Laukkanen, Tommi (2007): Internet vs Mobile Banking: Comparing Customer Value Perceptions. In: Business Process Management Journal, 13 (6), S. 788-797.

Lechner, Karl/Egger, Anton/Schauer, Reinbert (2005): Einführung in die Allgemeine Betriebswirtschaftslehre. 22. Aufl., Wien.

Mayring, Philipp A. (2007): Qualitative Inhaltsanalyse. Grundlagen und Techniken. Weinheim, Basel.

Meyer, Michael (2009): Zivilgesellschaft in der Krise. Ein Blick von der Peripherie. In: Falter, 31 (16).

Petkus, Ed (2000): A Customer Value Perspective in the Nonprofit Marketing Context: Expanding the Means-End Chain for Multiple Stakeholders. In: Journal of Nonprofit & Public Sector Marketing, 8 (3), S. 25-37.

Reynolds, Thomas J./Gutman, Jonathan (1988): Laddering Theory, Method, Analysis, and Interpretation. In: Journal of Advertising Research, 28 (1), S. 11-31.

Schneider, Ulrike/Badelt, Christoph/Hagleitner, Joachim (2007): Der Nonprofit Sektor in Österreich. In: Handbuch der Nonprofit-Organisation, 4. Aufl., hrsg. v. Christoph Badelt, Michael Meyer und Ruth Simsa, Stuttgart, S. 55-80.

Sheth, Jagdish N./Newman, Bruce I./Gross, Barbara L. (1991): Why We Buy What We Buy: A Theory of Consumption Values. In: Journal of Business Research, 22 (2), S. 159-170.

Theuvsen, Ludwig (2001). Stakeholder-Management – Möglichkeiten des Umgangs mit Anspruchsgruppen. Münsteraner Diskussionspapiere zum Nonprofit Sektor. Münster.

Wagner, Tillmann (2007): Shopping Motivation Revised: A Means-End Chain Analytical Perspective. In: International Journal of Retail & Distribution Management, 35 (7), S. 569-582.

Warnaby, Gary/Finney, Jill (2005): Creating Customer Value in the Not-for-Profit Sector: A Case Study of the British Library. In: International Journal of Nonprofit & Voluntary Sector Marketing, 10 (3), S. 183-195.

Woodruff, Robert B. (1997): Customer Value: The Next Source for Competitive Advantage. In: Journal of the Academy of Marketing Science, 25 (2), S. 139-153.

Woodruff, Robert B./Gardial, Sarah F. (1996): Know Your Customer: New Approaches to Understanding Customer Value and Satisfaction. Cambridge, MA.

Yin, Robert K. (2003): Case Study Research: Design and Methods. 3. Aufl., Thousand Oaks, CA.

Zeithaml, Valarie A. (1988): Consumer Perceptions of Price, Quality, and Value: A Means-End Model and Synthesis of Evidence. In: Journal of Marketing, 52 (3), S. 2-22.

Der Kunde als König? Kundenorientierung im sozialen Bereich

Maria Laura Bono, Graz

1 Kundenorientierung als Herausforderung

Angesichts des zunehmenden Wettbewerbs, mit dem sich NPOs konfrontiert sehen, ist die Notwendigkeit, sich nach den Präferenzen der Nachfrage auszurichten, theoretisch kaum bestritten. Kundenorientierung impliziert, dass die Erwartungen und Ansprüche der verschiedenen Austauschpartner bekannt sind und in die Entwicklung sowie in die Umsetzung des Angebots einfließen.

In der NPO-Praxis jedoch stößt die Fokussierung auf den Kunden auf zwei Problembereiche. Zum einen ist es ein terminologisches Problem, das mit der Vielfalt der Akteure, die Abnehmer der NPO-Leistung sind, zu tun hat. Zum anderen ist es ein inhaltliches Problem, welches in der Auftragserteilung und Umsetzung einer sozialen Leistung wurzelt. Die Autorin beschreibt vier grundsätzliche Varianten der Kundenorientierung im Nonprofit-Bereich und plädiert für ein differenziertes Verständnis von Kunden. Durch die Unterscheidung zwischen Auftraggeber und Leistungsempfänger werden über die Kundenorientierung hinaus auch andere Marketingbegriffe für den NPO-Sektor schlüssig. Kundenbindung etwa ist für soziale Dienste ganz anders auszulegen als es auf kommerzielle Wirtschaftsbetriebe zutrifft. Während die Kundenbindung, wie von Homburg/Werner (1998) analysiert, für NPOs in der Gestaltung der Beziehung zum Finanzier relevant ist, setzt der Umgang mit dem Leistungsempfänger ein anderes Verständnis voraus: Im Gegensatz zur Bindung steht die Stärkung der Selbständigkeit des Leistungsempfängers im Vordergrund, die nicht zuletzt durch seine Integration in den Dienstleistungsprozess gefördert wird.

2 Kunde: Ein vielfältiger Begriff

Auf Begriffsebene erscheint die einheitliche Bezeichnung „Kunde" für die vielfältigen Nachfragenden nach einem physischen Produkt bzw. nach einer Dienstleistung einer NPO ungeeignet. Bei einer genaueren Betrachtung der Nachfrage erkennen wir nämlich, dass Auftraggeber und gleichzeitig Kostenträger meist nicht mit dem Leistungsempfänger übereinstimmt. Der Auftraggeber und Finanzier, zum Beispiel eine Gemeinde, welche die Kosten eines Treffpunkts für Wohnungslose übernimmt, ist noch dazu in einer ganz anderen Situation als der Leistungsempfänger. Letzterer ist von den Kosten bis auf einen etwaigen Selbstbehalt kaum betroffen, zur Gänze aber mit den Inhalten des Angebots konfrontiert. Nicht nur also, dass im sozialen Bereich die Nachfrageseite eine Unterscheidung zwischen Erteilung des Auftrags (meist identisch mit der Übernahme der Kosten) und Beanspruchung der Leistung impliziert; die Stellung sowie die Gestaltungsmöglichkeiten der unterschiedlichen Akteure sind kaum miteinander vergleichbar. Alle mit dem Begriff „Kunde" bezeichnen zu wollen, geht an der Realität vorbei. Im Folgenden soll von Auftraggeber auf der einen Seite und Leistungsempfänger auf der anderen gesprochen werden, im Wissen, dass es einige wenige Ausnahmen gibt, bei denen beide Begriffe auf ein und dieselbe Person zusammentreffen.

Diese Dreierkonstellation – NPO, Auftraggeber und Finanzier sowie Leistungsempfänger – erfordert von den Beteiligten einen kontinuierlichen Interessensausgleich (Schaarschuch/Schnurr 2004):

- *Die Nonprofit-Organisation:* Als Anbieterin sozialer Dienstleistungen strebt die NPO es an, ihre Macht sowohl in Hinblick auf die Definition der sozialen Probleme wie auch in Bezug auf ihre Marktstellung zu halten bzw. auszubauen. In der Erreichung ihrer Ziele hat sie auf gesellschaftspolitische Rahmenbedingungen Rücksicht zu nehmen und ist von der Kooperationsbereitschaft des Leistungsempfängers abhängig.
- *Der Auftraggeber und Finanzier:* Meist ist es die öffentliche Hand, die soziale Angebote beauftragt und finanziert in der Absicht, Lebensweisen entsprechend politisch wünschenswerten Normen zu regulieren. De jure in ihrem Handeln bestimmt durch die Prinzipien der Sparsamkeit und Wirtschaftlichkeit, sind die Entscheidungen der öffentlichen Hand in der Praxis oft die Ergebnisse politischer Kompromisse.

- *Der Leistungsempfänger:* In einer gesellschaftlich schwachen Position erhofft sich der unmittelbare Abnehmer sozialer Dienste eine Stabilisierung bzw. Verbesserung seines Lebensstandards. Er wirkt an der Erbringung sozialer Dienstleistungen mit und beeinflusst als so genannter „externer Faktor“ (Meffert/Bruhn 2003: 57) in entscheidender Weise das Ergebnis.

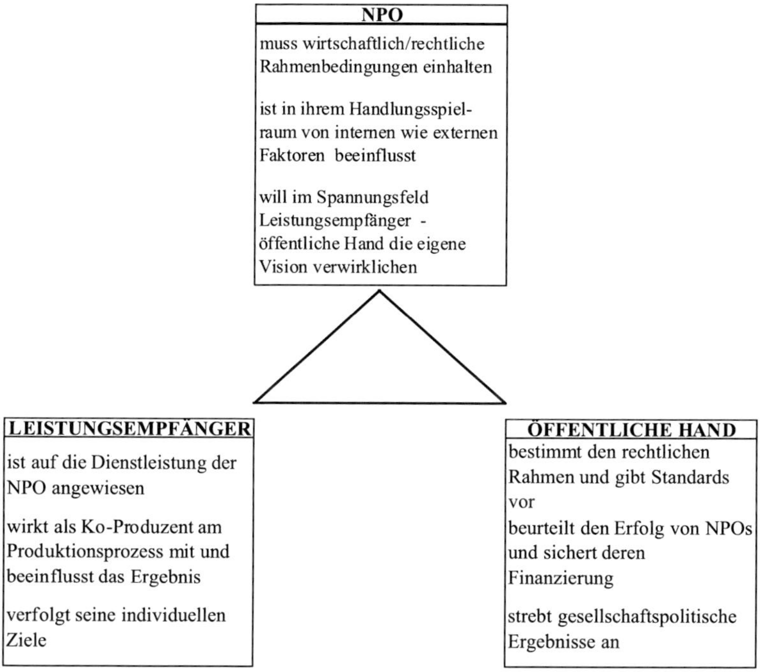

Abb. 1: Das Spannungsverhältnis zwischen NPO und ihren Kunden (Bono 2006: 36)

Abb. 1 verdeutlich das Spannungsverhältnis zwischen dem Auftraggeber einerseits und dem Leistungsempfänger andererseits, beide gewissermaßen „Kunden“ der NPO.

3 Von der Auftragserteilung zur Umsetzung

Kundenorientierung im sozialen Bereich ist aber nicht nur mit semantischen Problemen verbunden. Auch und gerade in Hinblick auf die inhaltliche Ausrichtung des Kundenfokus stoßen NPOs auf Schwierigkeiten. Diese sind im Wesentlichen auf folgende zwei Aspekte der Erbringung sozialer Angebote zurückzuführen: zum einen die Erteilung des Auftrags, zum anderen die Umsetzung desselben.

Während bei Forprofit-Unternehmen der Auftrag meist von Individuen bzw. von Institutionen erteilt wird, sind soziale Angebote typischerweise von demokratisch gewählten Kollektiven gewollt bzw. vor ihnen zu verantworten. Die Festlegung der Leistungsdetails wie auch die Abwicklung derselben und die Kontrolle gestalten sich bei solchen Kollektiven wesentlich aufwändiger. Besonders wenn die Gruppe, die den Auftrag erteilt, sehr groß bzw. heterogen ist, wird die Entscheidungsfindung ein langwieriger Prozess. Denken wir an Beratungsangebote für Flüchtlinge, welche durch die öffentliche Hand in Auftrag gegeben werden. Je nach politischer Konstellation werden die Dienste mehr oder weniger sparsam finanziert. Was gestern noch gewollt war, kann morgen schon ganz anders interpretiert werden, wenn etwa die öffentliche Meinung sich geändert hat oder Wahlen bevorstehen. Die NPOs, welche sich zur Umsetzung des Beratungsangebots verpflichtet haben, sehen sich mit einer permanenten Unsicherheit konfrontiert, was die längerfristige Ausrichtung des Auftraggebers betrifft. Entscheidungen über Umfang und Inhalt des gewünschten Angebots können sich aus politischem Kalkül hinausziehen bzw. überraschend ändern. Entsprechend schwer lässt sich Kundenorientierung im Sinne von Nähe zum Auftraggeber umsetzen.

Die Erstellung der sozialen Leistung ist ebenfalls durch Aspekte charakterisiert, welche eine Kundenorientierung im traditionellen betriebswirtschaftlichen Verständnis einschränken. Wie bereits im Zusammenhang mit der Dreierkonstellation Auftraggeber, NPO, Leistungsempfänger analysiert, kommt der Nonprofit-Organisation eine vermittelnde Stellung zwischen sehr unterschiedlichen Akteuren zu. Die Organisation hat mit einer Partei zu klären, was und mit welchen Mitteln bei der anderen Partei zu erreichen ist, wobei sich der Erfolg der Gesamtleistung weitgehend aus dem Ergebnis dieser zweiten Interaktion ableitet. Solche im Fachdiskurs als „nicht schlüssige“ Absatzleistung bezeichnete Konstellationen haben gravierende Folgen für die Steuerbarkeit des Angebots (Bumbacher 2003). Erstens können Ziele und Erwartungen von Auftraggeber einerseits und Leistungsempfänger andererseits in Konkurrenz zueinander stehen und die NPO in ein Dilemma führen: Soll sie sich eher mit dem Finanzier einigen, um sich die Mittel für die Umsetzung des Angebots zu sichern, oder dem unmittelbaren Betroffenen der Leistung Zugeständnisse machen, um dessen Kooperationsbereitschaft zu erreichen? Zweitens, auch wenn kein Zielkonflikt vorliegt, ist immer mit einer Zeitverzögerung zwischen Beschlussfassung, Umsetzung der Maßnahme und Rückmeldung an den Auftraggeber zu rechnen, wodurch Kommunikation, Kontrolle und eine etwaige Anpassung des Angebots erschwert werden. Drittens entfällt der Preis als unmittelbares Regulativ von Angebot und Nachfrage. Menge und Inhalte werden vorab bestimmt, und das braucht nicht mit dem aktuellen Bedarf übereinzustimmen. Konkretisiert sich die Erbringung der Leistung, um beim Empfänger derselben ein gewisses Verhalten zu festigen bzw. zu erreichen, in erster Linie über positive Anreize, ist mit einem Nachfrageüberschuss zu rechnen. Die NPO ist mit der Aufgabe konfrontiert, diesen Überschuss auf das vereinbarte Kontingent zu reduzieren. Werden dagegen negative Anreize angeboten, ist eine ablehnende Haltung des Leistungsempfängers wahrscheinlich, welche das Nonprofit-Unternehmen auf andere Weise kompensieren muss, will sie die mit dem Finanzier getroffene Vereinbarung erfüllen.

4 Chancen und Grenzen der Kundenorientierung

Durch die Zusammenführung beider Perspektiven, jene des Auftraggebers (Individuum versus Kollektiv) einerseits und jene des Leistungsempfängers (Auftraggeber versus Dritten) andererseits, gewinnt man einen Überblick über die vier grundsätzlichen Varianten der Kundenorientierung im Nonprofit-Bereich (Abb. 2):

		LEISTUNGSEMPFÄNGER	
		Auftraggeber und Finanzier keine Interessenskonflikte	**Dritte** Interessenskonflikte möglich
AUFTRAGGEBER UND FINANZIER	**Individuum bzw. Institution** Eindeutige Präferenzen	**UNBESCHRÄNKTE KUNDENORIENTIERUNG** Entscheidungsträger, Zahler und Nutznießer der Leistung stimmen überein wie typischerweise im Marketing angenommen: Kundenorientierung lässt sich gut umsetzen.	**DIFFERENZIERTES KUNDENVERSTÄNDNIS** Auftraggeber und Finanzier ist nicht der unmittelbare Nutznießer der Leistung sondern ein Dritter: Kundenorientierung erfordert ein Austarieren von Interessen
	Kollektiv Vielfältige Präferenzen	**BEDINGTE KUNDENORIENTIERUNG** Ein Kollektiv erschwert es i.d.R., sich über die Leistungsmerkmale zu einigen: Kundenorientierung ist unter der Bedingung, dass eindeutige Ansprechpersonen vorhanden sind, möglich.	**EINGESCHRÄNKTE KUNDENORIENTIERUNG** Das Kollektiv einerseits und die etwaigen Interessenskonflikte andererseits schränken die Möglichkeiten der NPO, kundenorientiert zu handeln, faktisch stark ein.

Abb. 2: Kundenorientierung im sozialen Bereich

- *Unbeschränkte Kundenorientierung* ist unter NPOs relativ selten möglich. Sie setzt voraus, dass der Auftraggeber und Kostenträger sowie der Nutznießer ein und dieselbe Person bzw. Institution ist, so wie es meist auf den erwerbswirtschaftlichen Sektor zutrifft. Interessenskonflikte sind keine zu befürchten und auch die Entscheidungsfindung in Hinblick auf die erwünschte Leistung gestaltet sich einfach. Unter diesen Voraussetzungen kann und soll die NPO nach den üblichen Marketingstrategien der Kundenorientierung und -bindung handeln, um ihre Position am Markt weiter auszubauen. Arbeitsprojekte sind ein gutes Beispiel dafür. In einer Tischlerei etwa, die als Sprungbrett zur beruflichen Integration von Langzeitarbeitslosen dient, werden Produkte und Dienstleistungen an Private bzw. an Institutionen verkauft, die sich in ihrem Kaufverhalten nicht anders verhalten als Kunden von Wirtschaftsbetrieben. Über Preis und Qualität profiliert sich der Betrieb; Kundenorientierung ist nicht nur möglich, sondern unbedingt notwendig, um im Wettbewerb mit konventionellen Tischlereien mithalten zu können.

- Lediglich *bedingte Kundenorientierung* ist möglich, wenn auf der Seite des Auftraggebers und Finanziers ein Kollektiv steht. Die Komplexität der Entscheidungsprozesse erschwert es, im Detail auf die Erwartungen des Kunden einzugehen bzw. auf Änderungswünsche rasch zu reagieren. Das Beispiel der Tischlerei ist auch in diesem Fall zutreffend; als Nachfragender tritt jedoch die Gemeinde auf, deren Konsumverhalten auch von politischen Überlegungen bestimmt ist. Unter solchen Rahmenbedingungen ist Kundenorientierung zwar weiterhin sehr wichtig, aber nicht ohne Weiteres umzusetzen, da sich die Entscheidungen des Kunden den üblichen Kaufmustern entziehen.

- Eine *differenzierte Kundenorientierung* ist gefragt, wenn der Auftraggeber und Finanzier einer Leistung nicht mit dem unmittelbaren Abnehmer derselben übereinstimmt. Die Differenzierung nimmt die unterschiedlichen Interessen der angebotserteilenden Stelle einerseits und des unmittelbaren Betroffenen andererseits wahr. Kundenorientierung bedeutet in diesem Fall nicht nur, sich auf die Erwartungen der unterschiedlichen Verhandlungspartner einzulassen. Sie äußert sich auch in der Bereitschaft, zwischen diesen Partnern zu vermitteln und sich für einen Ausgleich der Interessen einzusetzen. Man stelle sich ein Jugendzentrum vor: Die Eltern, welche die Kosten der kulturellen Aktivitäten tragen, erwarten, dass in der Einrichtung gewisse Spielregeln gelten, wie etwa ein beschränkter Zugang zum Internet. Die Jugendlichen dagegen wünschen sich Freiräume und Rückzugsmöglichkeit. Es liegt in der Verhandlungskunst und im fachlichen Fingerspitzengefühl der NPO, ein Angebot zu entwickeln, das den Erwartungen beider Seiten wenigstens zum Teil entspricht. Dann wird durch das Jugendzentrum eine virtuelle Brücke zwischen Eltern und Jugendlichen geschlagen und das gegenseitige Verständnis gefördert.

- Stark *eingeschränkt* ist die *Kundenorientierung*, wenn ein Kollektiv einen Auftrag zugunsten eines Drittens erteilt. Sich an den Erwartungen der jeweiligen Partei zu orientieren, ist faktisch nur eingeschränkt möglich. Die NPO steht nämlich vor einer zweifachen Herausforderung: Zum einen die Klärung der Präferenzen in Hinblick auf Ziele und Inhalte des gewünschten Angebots – ein Prozess, der je nach Organisationsgrad des Kollektivs sehr ressourcenintensiv sein kann. Zum anderen die Vermittlung zwischen Auftraggeber und Begünstigten, welche ebenfalls nicht immer leicht ist. Wird etwa das Jugendzentrum, um beim obigen Beispiel zu bleiben, von einer Pfarrgemeinde geführt, ist zunächst im Pfarrgemeinderat ein Konsens zu finden, was durch diese Einrichtung erreicht werden soll und welche Rahmenbedingungen gelten. In weiterer Folge ist dieses Konzept mit den Jugendlichen bzw. mit deren Leitern abzustimmen, damit das Jugendzentrum auch angenommen und von jungen Menschen gerne aufgesucht wird. Aus der Perspektive der NPO ist eine solche Konstellation in Hinblick auf Kundenorientierung besonders schwierig.

5 Kundenbindung versus Kundenintegration

Durch die Unterscheidung zwischen Auftraggeber und Leistungsempfänger, beide gewissermaßen „Kunden" der NPO, werden über die Kundenorientierung hinaus auch andere Marketingbegriffe für den sozialen Bereich schlüssig.

Kundenbindung als Strategie, die Nachfrage unabhängig vom Bedarf zum Konsum zu bewegen, ist für soziale Dienste ganz anders auszulegen als es auf kommerzielle Wirtschaftsbetriebe zutrifft. An die NPO zu binden ist nämlich nicht der Leistungsempfänger, wie es der Logik Gewinn orientierter Unternehmen entsprechen würde, sondern der Auftraggeber, der als langfristiger, stabiler Finanzpartner gewonnen werden soll. So gesehen ist das von Homburg und Werner (1998) entwickelte Verständnis von Kundenbindung auch für NPOs relevant. Genannte Autoren interpretieren Kundenbindung als ein Konstrukt bestehend aus zwei Dimensionen: bisheriges Verhalten (d.h. Kaufverhalten und Weiterempfehlungsverhalten) einerseits und zukunftsgerichtete Verhaltensabsicht (d.h. Wiederkaufsabsicht, Zusatzkaufabsicht und Weiterempfehlungsabsicht) andererseits. Diese Überlegungen treffen grundsätzlich auch auf die Beziehung zwischen NPO und Finanzier zu.

Ganz anders gestaltet sich der Umgang mit dem Leistungsempfänger. Im Gegensatz zur einer Strategie der Kundenbindung ist es meist das erklärte Ziel der NPO, den unmittelbaren Betroffenen eines Angebots in seiner Eigenständigkeit zu stärken, rasch weitervermitteln bzw. in die Selbständigkeit entlassen zu wollen. Dabei entdeckt der soziale Bereich zunehmend das Potential einer aktiven Kundenintegration mit der zweifachen Zielsetzung: Erstens zur Motivation der Leistungsempfänger und somit zur Sicherung des eigenen Erfolgs; zweitens als sinnvoller Zugang zur Einsparung von Ressourcen durch das Delegieren von Aufgaben von den Mitarbeitern an die Leistungsempfänger. Das Einbinden des Leistungsabnehmers, des so genannten externen Faktors (Meffert/Bruhn 2003), kann sowohl dazu dienen, strategische Fragen zu klären bzw. Evaluationskonzepte zu entwickeln wie auch Aspekte der Umsetzung der Dienstleistung zu präzisieren.

	Leistungsempfänger	Interessensvertretungen	Bürger
Strategische Planung und Konzeption	Partner in Planungs- und Entscheidungsgremien	Entwickeln Vorschläge; sind in Kommissionen auf lokaler/nationaler Ebene vertreten	Vertreten in Planungs- und Entscheidungs-gremien die Interessen der Bürger, der Nicht-Adressaten bzw. der ehemaligen Leistungsempfänger
Entwicklung und Evaluation von Angeboten	Bringen sich durch Befragungen und anderen Feedback-Verfahren ein; sind an Pilotprojekten beteiligt	Wirken in Arbeitsgruppen mit; pflegen die Kontakte zu anderen Verbänden; entwickeln Leitbilder und Standards	Sichern die Vielfalt der Gesichtspunkte und bringen die Interessen derjenigen ein, die (derzeit) kein Gebrauch vom Angebot machen
Tagtägliche Erbringung der Dienstleistung	Wirken an Hausversammlungen und ähnliches mit; werden als Ko-Produzenten eingebunden	Vertreten die Interessen des Einzelnen in der Einrichtung; vermitteln bei Konflikten zwischen Leistungsanbietern und Leistungsempfängern	Überprüfung der Qualität der Dienstleistung sowie der Einhaltung von Gleichheits- und Gerechtigkeitsgrundsätzen

Abb. 3: Formen der Kundenintegration im sozialen Bereich (Bono 2006: 57 nach Gaster 2004: 334)

Die Kooperation mit dem Leistungsempfänger kann bis zu einer gemeinsamen Wertschöpfung gehen, der so genannten „co-creation of value“ (Vargo/Lusch 2008; Abb. 3). In der Praxis sozialer Dienste erfolgt die Integration der Leistungsempfänger oft intuitiv, ohne einem klaren Konzept zu folgen. Im Vergleich zu erwerbswirtschaftlichen Unternehmen ist die Beziehung der Organisation zum Kunden eine sehr partnerschaftliche (Helmig/Michalski/Thaler 2009).

6 Zusammenfassung und Ausblick

Kundenorientierung im sozialen Bereich erfordert eine Differenzierung zwischen dem Finanzier und Auftraggeber einer Leistung einerseits und dem Leistungsempfänger andererseits. Beide sind zwar „Kunden“ der NPOs, ihre Erwartungen und Interessen unterscheiden sich jedoch so sehr, dass keine einheitliche Kundenorientierung möglich ist. Dazu kommt die Erschwernis, dass es oft Kollektive sind, die ein soziales Angebot in Auftrag geben, wodurch die Beziehung zur NPO als Anbieter der Leistung besonders komplex wird.

Die Unterscheidung zwischen Finanzier und Leistungsempfänger betrifft auch die Chancen und Grenzen der Kundenbindung im sozialen Bereich. Während in Hinblick auf den Finanzier eine Kundenbindung nach dem allgemeinen betriebswirtschaftlichen Verständnis sinnvoll ist, erfordert der Umgang mit dem Leistungsempfänger ein anderes, diametral entgegengesetztes Verständnis. Kundenintegration ist gefragt. Diese fördert nicht nur das Selbsthilfepotential der Leistungsempfänger, sondern kann auch zu einer finanziellen Entlastung der NPO führen. Durch das Prinzip „mit dem Kunden“ anstatt „für den Kunden“ sind in der Regel sowohl eine höhere Zufriedenheit der Betroffenen wie auch inhaltlich sinnvolle Sparmöglichkeiten zu erreichen.

Sowohl was die Kundenorientierung wie auch die Kundenbindung bzw. -integration im sozialen Bereich betrifft, mangelt es jedoch an empirischen Arbeiten (Helmig/Michalski 2008), um die Zusammenhänge zwischen NPO, Finanzier und Leistungsempfänger besser zu verstehen.

Literatur

Bono, Maria Laura (2006): NPO-Controlling. Stuttgart.

Bumbacher, Urs (2003): Problematik der Zielgruppenorientierung bei Absatzleistungen von Nonprofit-Organisationen. In: Die Betriebswirtschaft, 63 (4), S. 385-400.

Helmig, Bernd/Michalski, Silke (2008): Stellenwert und Schwerpunkte der Nonprofit-Forschung in der allgemeinen Betriebswirtschaftslehre: Ein Vergleich deutscher und US-amerikanischer Forschungsbeiträge. In: Zeitschrift für Betriebswirtschaft, 78, Ergänzungsheft 3, S. 23-55.

Helmig, Bernd/Michalski, Silke/Thaler, Julia (2009): Besonderheiten und Managementimplikationen der Kundenintegration in Nonprofit-Organisationen. In: Kundenintegration – Forum Dienstleistungsmanagement, hrsg. v. Manfred Bruhn und Bernd Stauss, Wiesbaden, S. 472-492.

Homburg, Christian/Werner, Harald (1998): Kundenorientierung mit System. Frankfurt, New York.

Gaster, Lucy (2004): Dienstleistungsqualität aus der Perspektive der BürgerInnen. In: Qualität in der Sozialen Arbeit, hrsg. v. Christof Beckmann, Hans-Uwe Otto, Martina Richter und Mark Schrödter, Wiesbaden, S. 324-340.

Meffert, Heribert/Bruhn, Manfred (2003): Dienstleistungsmarketing. Wiesbaden.

Schaarschuch, Andreas/Schnurr, Stefan (2004): Konflikte um Qualität – Konturen eines relationalen Qualitätsbegriffs. In: Qualität in der Sozialen Arbeit. Zwischen Kostenkontrolle und Nutzerinteresse, hrsg. v. Christof Beckmann, Hans-Uwe Otto, Martina Richter und Mark Schrödter, Wiesbaden, S. 309-323.

Vargo, Stephen L./Lusch, Robert F. (2008): Service-Dominant Logic: Continuing the Evolution. In: Journal of the Academy of Marketing Science, 36 (1), S. 1-10.

NGOs im Social Web – Eine inhaltsanalytische Untersuchung zum Einsatz und Potenzial von Social Media für die Öffentlichkeitsarbeit von gemeinnützigen Organisationen

Katrin Kiefer, Darmstadt

1 Die Kommunikationswelt im Wandel

Die Medienlandschaft erfährt mit der Etablierung verschiedener Social Web-Dienste, auch als Web 2.0, Social Software oder Social Media bekannt, eine grundlegende Veränderung (Pleil/Zerfaß 2007). Durch den Ausbau und die Stärkung partizipativer Möglichkeiten im Netz entwickeln sich passive Empfänger zu aktiven Sendern, die zunehmend die Produktion und Verteilung von Medieninhalten übernehmen. Die wachsende Popularität sozialer Netzwerke, Blogs, Mikroblogging-Dienste sowie Social Sharing-Plattformen verändern die öffentliche Meinungsbildung und prägen einen Strukturwandel der Öffentlichkeit (Zerfaß/Sandhu 2008). So entstehen neben den klassischen Medien Mikro-Gatekeeper, die über partizipativem Journalismus Einfluss auf die Agenda gesellschaftspolitischer Themen nehmen und Gegenöffentlichkeiten herausbilden (Engesser/Wimmer 2009). Deren „Selbststeuerung" (Zerfaß/Sandhu 2008: 294) stellt eine bedeutende Herausforderung für die Kommunikationsstrategien von Nonprofit-Organisationen dar. Sie erfordert ein Umdenken im Kommunikationsmanagement abseits der klassischen Öffentlichkeitsarbeit in Richtung eines Beziehungsmanagement mit den relevanten Stakeholdern.

Neben dem Kommunikations- und Medienwandel unterliegt der Dritte Sektor einem wachsenden Konkurrenzdruck um finanzielle Ressourcen, Mitglieder,

Kooperationspartner und öffentliche Aufmerksamkeit. Die veränderten Wettbewerbsbedingungen erfordern vor allem von traditionellen gemeinnützigen Organisationen eine Professionalisierung ihrer Fundraising- und Kommunikationsarbeit (Zimmer/Priller 2007). In der damit verbundenen Marktorientierung kommt der gesellschaftspolitischen Kommunikation von gemeinnützigen Organisationen eine tragende Rolle zu. Über den Dialog mit verschiedenen Stakeholdern mittels eigener Kommunikationskanäle können zivilgesellschaftliche Organisationen die Aufmerksamkeit auf sich lenken, ihre Existenz legitimieren, um Vertrauen werben und im Wettbewerb untereinander bestehen.

2 Potenziale von Social Media für Öffentlichkeitsarbeit und Stakeholder-Management

Organisationen des Dritten Sektors sind wesentlich von Kommunikation als Grundlage von Austauschprozessen abhängig (Purtschert 2005). Die hohe Relevanz der Kommunikation spiegelt sich auch in der zunehmenden Bedeutung der Öffentlichkeitsarbeit und Online-Kommunikation im Speziellen wider (Zerfaß/Piwinger 2007). Durch den Einsatz von Social Media ergeben sich für die verschiedenen Aufgaben der Öffentlichkeitsarbeit (Informationsvermittlung, Fundraising, E-campaigning usw.) zahlreiche Chancen. Vor allem jedoch für das Stakeholder-Management der komplexen Beziehungsgefüge, in denen sich gemeinnützige Organisationen bewegen (Bornholdt et al. 2006), lassen sich zahlreiche Potenziale aufzeigen. So kann der intensive Austausch und Dialog mit den Bezugsgruppen zur Aushandlung der mitunter divergenten Interessen über Social Web-Anwendungen einfacher, direkter und persönlicher gestaltet werden. Zentrale Grundlagen des netzbasierten Beziehungsmanagements sind die Interaktivität, das Zuhören und die Wahrnehmung der Bedürfnisse von Stakeholdern. Vor allem jedoch bilden die Beziehungen zu den Stakeholdern das soziale Kapital von gemeinnützigen Organisationen in Form von ehrenamtlichem Engagement, finanziellen Zuwendungen, Informationen, Ideen, Wissen und Know-how sowie politischer Unterstützung (Reiser 2009). Darüber hinaus können auf Fundraising angewiesene Nonprofit-Organisationen von den kostengünstigen Dialogmöglichkeiten profitieren und über Social Media sowohl engagierte Förderer ansprechen als auch neue Spender gewinnen.

Für den Austausch mit den verschiedenen Stakeholdern eignen sich zum Beispiel soziale Netzwerke wie Facebook, MySpace oder XING. Die Offenheit und flachen Hierarchien fördern einen leichten Zugang und Austausch miteinander. Die starke Vernetzung vergrößert für gemeinnützige Organisationen zudem die Möglichkeit, Interessierte und Unterstützer anzusprechen, die sie über klassische Wege nicht erreichen können. Über Mikroblogging-Systeme wie Twitter lässt sich mit Stakeholdern außerdem in sehr direkter und persönlicher Form in Echtzeit in Kontakt treten. Diese Art des Beziehungsmanagements und Stakeholder-Dialogs erfordert jedoch seitens gemeinnütziger Organisationen ein Umdenken der klassischen Kommunikation hin zu einer Öffnung und einem aktiven Dialog mit den Bezugsgruppen (Fine 2006; Reiser 2009).

3 Empirische Erhebung zum Social Media Einsatz von Nonprofit-Organisationen

Inwiefern gemeinnützige Organisationen in Deutschland Social Media für den Stakeholder-Dialog einsetzen, ist aufgrund fehlender Überblicksstudien unbekannt (Kokocinski 2008; Voss 2008). Aus diesem Grund wurden am Institut für Journalistik und Kommunikationsforschung Hannover einerseits die Social Media-Angebote des Dritten Sektors, andererseits die Potenziale und Möglichkeiten des Social Web für Öffentlichkeitsarbeit, Stakeholder-Management, Fundraising und E-campaigning von gemeinnützigen Organisationen untersucht (Kiefer 2009).

3.1 Methodik

Da für die systematische Beschreibung von Webinhalten, insbesondere Social Web-Anwendungen, sowohl theoretisch als auch methodisch noch keine wissenschaftlichen Standards entwickelt sind (Schenk et al. 2008), erwies sich für die Beschreibung und Klassifizierung von webbasierten Angeboten eine angebotszentrierte Inhaltsanalyse als am besten geeignet (Luzar 2004). Für die Untersuchung wurden die drei zentralen Themenwirkungsfelder „Umwelt-, Natur-

und Tierschutz", „Internationale Aktivitäten" (Entwicklungshilfe, Menschenrechte) und „Soziale Dienste" ausgewählt, deren Organisationen sich hinsichtlich verschiedener Merkmale (z. B. gesellschaftliche Funktion, Mitarbeiteranzahl, Finanzierung usw.) unterscheiden. Die Stichprobenauswahl erfolgte aufgrund fehlender zentraler Organisationsregister als bewusste Auswahl typischer Fälle nach festgelegten Kriterien. Aus allen Themenwirkungsfeldern wurden basierend auf branchenspezifischen Nachschlagewerken (Deutsches Zentralinstitut für soziale Fragen 2008; greenpeace magazin 2007) die jeweils 20 mitgliederstärksten Organisationen ausgewählt. Die Bandbreite der untersuchten Organisationen reichte von der Aktionsgemeinschaft Artenschutz (AGA) bis zum World Wide Fund For Nature (WWF), von action medeor bis World Vision sowie vom Arbeiter-Samariter-Bund (ASB) bis zur Zentralwohlfahrtsstelle der Juden. Hinsichtlich der betrachteten Applikationen im Social Web wurde zwischen zwei grundlegenden Social Web-Konzepten (RSS-Feed, Tag-Cloud) und sechs expliziten Social Media Anwendungen (Blog, Podcast, Twitter, Facebook, MySpace, YouTube) differenziert. In die Analyse wurden alle bis zum 31. März 2009 gestarteten Social Media-Angebote auf organisationeigenen und -fremden Internetauftritten berücksichtigt. Darüber hinaus wurden für eine detaillierte Stakeholder- und Themenanalyse alle im März 2009 veröffentlichten Blog-Posts, Podcast-Episoden und Twitter-Nachrichten analysiert. Die Zuverlässigkeit des Erhebungsinstrumentes wurde zwei Wochen nach der Datenerhebung mittels Messung der Intracoder-Reliabilität überprüft und ergab einen Wert von .98.

3.2 Einsatz von Social Media-Anwendungen im Allgemeinen

Im Ergebnis bieten nur 33 von 60 Nonprofit-Organisationen eigene Social Media-Angebote an, wobei sich ein Großteil der gemeinnützigen Organisationen auf die Umsetzung eines einzigen Social Media-Kanals beschränkt. Abb. 1 veranschaulicht, dass YouTube (37%), Twitter (23%), Blogs (22%) und soziale Netzwerke (18%) zu den beliebtesten Anwendungen zählen. Dabei wird YouTube am häufigsten eingesetzt. Über ein Drittel der Organisationen nimmt die Möglichkeit wahr, auf dem Online-Portal Videofilme zu veröffentlichen und Millionen von Internetnutzern weltweit zugänglich zu machen. Die Bereitstellung der produzierten Videos kann häufig mit geringem Betreuungsaufwand erfolgen. Auffallend ist auch die starke Nutzung des Mikroblogging-Dienstes Twitter, auf dem von knapp einem Viertel aller Organisationen ein Profil angeboten wird. Soziale Netzwerke werden nur halb so oft frequentiert wie das Videoportal. Darüber hinaus pflegen fünf Organisationen eine organisationseigene, mit Social Web-Elementen ergänzte Community, die in der Konzeption, Umsetzung und Betreuung sehr zeit- und kostenintensiv anzusehen ist.

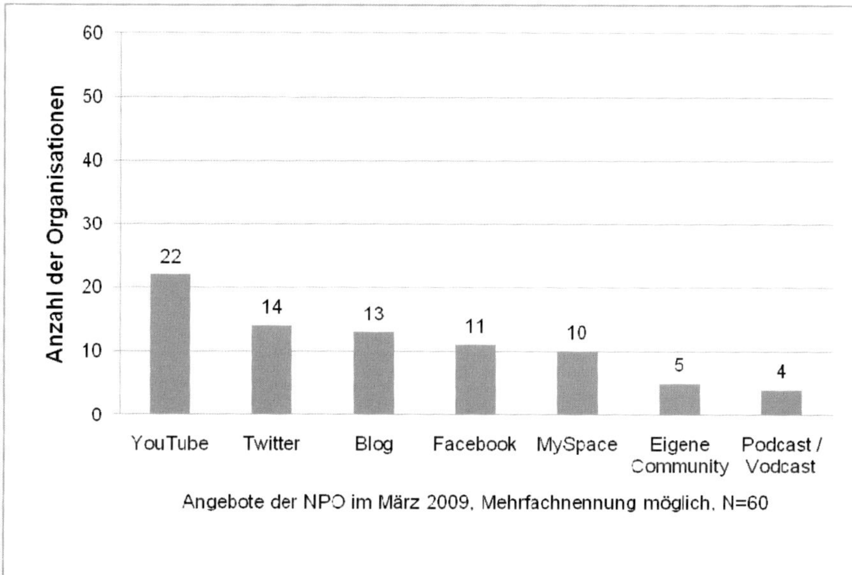

Abb. 1: Anzahl der Social Media-Angebote in absoluten Häufigkeiten

Insgesamt sind die Organisationen der internationalen Entwicklungshilfe und des Umwelt- bzw. Naturschutzes im Social Web besonders häufig vertreten, allen voran die Organisationen Greenpeace, Amnesty International und People for the Ethical Treatment of Animals (PETA). Der Einsatz von Social Media steigt zudem mit der Anzahl der hauptamtlichen Beschäftigten. Die Wohlfahrtsorganisationen hingegen sind trotz ihrer Größe, langjährigen Erfahrung und finanziellen Stärke kaum im Social Web aktiv und haben großen Nachholbedarf.

Im zweiten Halbjahr des Jahres 2009 ist die Zahl der Social Media-Profile deutlich angestiegen. Vor allem wurden zahlreiche neue Twitter- und Facebook-Profile sowie weitere hauseigene Communities wie das Klimaschutz-Portal

GreenAction, WWF Jugend oder Blutspender des Deutsche Roten Kreuzes (DRK) eingerichtet. Dennoch fehlen vielen Organisationen sowohl finanzielle und zeitliche Ressourcen als auch innerorganisatorische Voraussetzungen für ein größeres Social Media-Engagement, denn der Einstieg ins Social Web bedingt einen Wandel der Kommunikationspolitik, verbunden mit einem Kontrollverlust und der Auflösung traditioneller hierarchischer Strukturen.

3.3 Einsatz von Social Media für Stakeholder-Management

In einer detaillierten Betrachtung der verschiedenen Social Media-Angebote der Nonprofit-Organisationen lässt sich feststellen, dass die Potenziale häufig nicht erkannt bzw. ausgeschöpft werden. Insbesondere die Dialogmöglichkeiten der verschiedenen Social Media-Anwendungen werden selten umgesetzt:

- *Fehlende Darstellung der Autoren und Moderatoren:* Jedes Social Media-Angebot bietet die Möglichkeit, die Ansprechpartner der Social Media-Profile darzustellen. Allerdings geben nur drei von 14 twitternden Organisationen den Redakteur des Profils an. Auf Facebook macht keine Nonprofit-Organisation Angaben zur Moderation der Gruppe bzw. des Profils. Die fehlende Auflistung schränkt die Transparenz erheblich ein und erschwert es Interessierten, die gemeinnützige Organisation direkt anzusprechen. Vor allem bei Organisationen mit mehreren hundert Mitarbeitern ist unklar, wer für das Social Media-Profil verantwortlich ist. Demzufolge können die Glaubwürdigkeit und Authentizität des Profils verloren gehen.

- *Eingeschränkte Profilzugänge:* Soziale Netzwerke bieten die Möglichkeit, Fanseiten und Gruppen vor dem externen Zugriff zu schützen, so dass die Profile erst nach einer Registrierung des Nutzers auf der entsprechenden Plattform vollständig eingesehen werden können. Fünf Nonprofit-Organisationen machen (un-)bewusst davon Gebrauch, wodurch der Austausch und die Vernetzung eingeschränkt werden.

- *Unregelmäßiger Dialog:* Die Untersuchung der Social Media-Profile zeigte zudem, dass einerseits Blog- oder Podcast-Angebote aufgrund fehlender zeitlicher Ressourcen eingestellt, andererseits bestehende Dienste nur unregelmäßig bedient werden. Insbesondere auf Twitter sind viele Organisationen nur sporadisch aktiv, wodurch der Aufbau einer Community erschwert wird: Erstens fordern Twitter-Nutzer Regelmäßigkeit und einen schnellen Dialog, zweitens müssen Organisationen mit ihren Inhalten und Themen kontinuierlich präsent sein, um im Informationsfluss von Twitter wahrgenommen werden zu können.

- *Geringe Community-Größen:* Im Rahmen der Studie wurden zur Betrachtung der Stakeholder-Kommunikation auch die Community-Größen ausgewertet, die sich aus der durchschnittlichen Anzahl der Follower bei Twitter, der Freunde auf Facebook und MySpace sowie der Abonnenten bei YouTube ergeben.

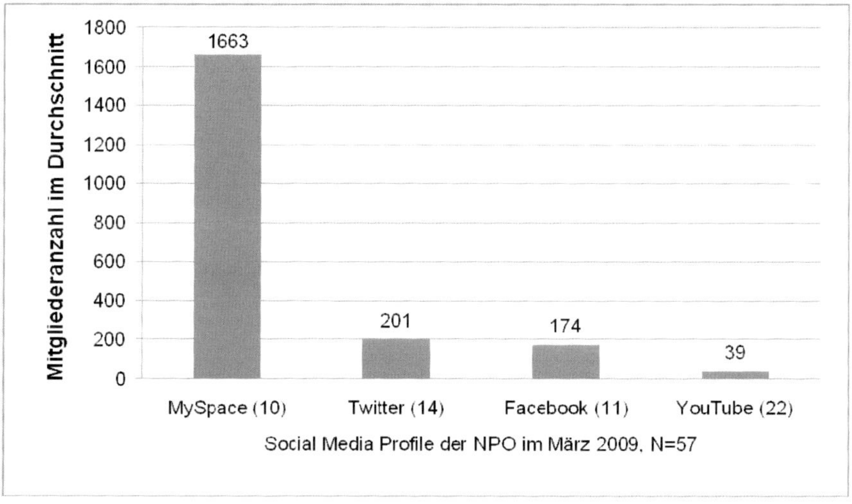

Abb. 2: Durchschnittliche Größe der Social Media Communities

Abb. 2 veranschaulicht, dass die Communities der gemeinnützigen Organisationen in dem sozialen Netzwerk MySpace mit deutlichem Abstand am größten sind. Die Anzahl der Follower bzw. Freunde auf Twitter und Facebook ist annähernd identisch. Innerhalb des Video-Portals YouTube wurden die kleinsten Communities gefunden. Insgesamt verfügen die Umweltschutzorganisationen PETA und Greenpeace über die stärksten Communities mit häufig über 1.000, mitunter auch 10.000 Mitgliedern. Der Großteil der NPOs erreicht lediglich Netzwerke bis zu 500 Freunde auf MySpace, 100 Freunde auf Facebook, 100 Follower auf Twitter und 50 Abonnenten auf YouTube. Zwar ist die Größe der Community kein Garant für mehr Beziehungen, Aufmerksamkeit oder Relevanz, allerdings fördert eine hohe Anzahl an Freunden oder Followern eine schnellere und größere Bekanntheit innerhalb des gesamten Netzwerkes. Ferner veranschaulichen die Community-Größen, dass das Netzwerkpotential deutlich erweiterbar ist. In den Vereinigten Staaten beispielsweise erreichen die Organisationen auf Facebook durchschnittlich weit über 5.000 Mitglieder (Nonprofit Technology Network 2009), was der 30fachen Größe im Vergleich zu den deutschen gemeinnützigen Communities entspricht.

- *Wenig Kommentare und Interaktionen:* Als weiteres Maß für den Dialog mit Stakeholdern wurden in der Studie auch die Anzahl der Dialoge in Form von Kommentaren, Trackbacks, Retweets und Replies untersucht. Trackbacks als Nachrichten in Form einer Verlinkung, wenn Inhalte eines Blogs in einem anderen Blog referenziert werden, wurden nicht gefunden. Daraus ist zu schließen, dass die Blogs der gemeinnützigen Organisationen entweder nicht in der Blogosphäre vernetzt sind oder die Funktion der Trackbacks auf administrativer Ebene der Blogs nicht unterstützt wird. Die meisten Kommentare finden sich auf MySpace, wobei sich die überwiegende Anzahl der Kommentare inhaltlich auf das Bedanken für das Hinzufügen in die Freundesliste der Organisation bezieht. In Tab. 1 wird auch ersichtlich, dass die Anzahl der Kommentare bei Blog-Posts und Podcast-Episoden gering ausfällt. So wurden beispielsweise bei 134 Blog-Beiträgen nur unter insgesamt 18 Beiträgen Kommentare hinterlassen. Eine Kommentarfunktion auf der Plattform Twitter ist nicht vorgesehen. Allerdings können Organisationen über ihr Twitter-Profil Nachrichten von anderen erneut veröffentlichen (Retweet) oder auf Nachrichten anderer Twitter-Nutzer antworten (Reply). Diese beiden Kommunikationsformen sind die zentralen Möglichkeiten, um auf Twitter Netzwerke aufzubauen, Dialoge zu führen und Diskussionen anzuregen. Allerdings macht nur ein Bruchteil der Organisationen davon Gebrauch, um mit ihren Stakeholdern eine intensive Beziehung als Grundlage für erfolgreiches und langfristiges Fundraising aufzubauen. Noch am intensivsten setzt WWF die Kommunikationsform der Retweets und Replies um.

Kommentare					Retweets	Replies
Blogs (n=134)	Podcast (n=5)	Facebook (n=11)	MySpace (n=10)	YouTube (n=22)	Twitter (n=491)	Twitter (n=491)
MW=0.2	MW=1.6	MW=3.6	MW=225.9	MW=0.7	MW=1.0	MW=0.7
SD=0.6	SD=2.6	SD=6.0	SD=437.7	SD=2.0	SD=3.5	SD=2.2
Die Analyse der Kommentare erfolgte bei Blogs, Podcasts und Twitter auf Ebene der einzelnen im Untersuchungszeitraum veröffentlichten Beiträge, bei den sozialen Netzwerken und YouTube auf Ebene der Profile.						

Tab. 1: Durchschnittliche Anzahl der Dialoge in den Social Media-Angeboten

4 NPO im Social Web – Entwicklungsstand und zukünftige Herausforderungen

Das unregelmäßige Senden von Beiträgen, die geringe Interaktion mit den Usern oder die fehlende Ansprache konkreter Stakeholder wie Spender oder Freiwilliger lässt einerseits die Frage offen, inwiefern die Social Media-Angebote überhaupt wahrgenommen und genutzt werden. Andererseits vermitteln diese Beobachtungen den Eindruck, dass gemeinnützige Organisationen sich (noch) nicht genügend für einen aktiven Dialog mit ihren Stakeholdern öffnen. Vielmehr setzt eine Vielzahl der betrachteten NPO Social Media für die einseitige Informationsvermittlung und klassische Öffentlichkeitsarbeit ein, obwohl diese zukünftig weiter an Bedeutung verlieren wird (Zerfaß/Sandhu 2008). Sie betreiben demnach „alte Kommunikation in neuen Kanälen" (Kiefer 2009: 85) und konzentrieren sich auf die Darstellung ihrer allgemeinen Projekttätigkeit. Zudem gleichen einzelne Twitter-Profile einem Pressekanal, der dem Dialogpotential des Mediums nicht gerecht wird. Insgesamt werden Elemente einer differenzierten Stakeholder-Kommunikation, der Vermittlung spezifischer Themen oder des E-campaigning und Fundraising selten ausgeschöpft. Dagegen liegt die Chance von Social Media genau darin, mit den Stakeholdern direkt in Kontakt zu treten, deren Feedback einzufordern, zuzuhören und in einen intensiven Dialog zu treten. Möglicherweise fehlen gemeinnützigen Organisationen konkrete Hilfestellungen für die Konzeptionierung ihrer Online-Strategien oder sie scheuen die Auflösung traditioneller hierarchischer Strukturen.

Mit Hinblick auf die wachsende Bedeutung der Online-Kommunikation stellen sich für den Dritten Sektor drei zentrale Herausforderungen:

- *Ausbau der Social Media-Angebote:* Zukünftig wird es für Nonprofit-Organisationen unerlässlich sein, zusätzliche finanzielle und personelle Ressourcen bereitzustellen, um das Social Media-Angebot auszubauen und die klassischen Fundraising-, Marketing- und Öffentlichkeitsmaßnahmen um entsprechende Onlineaktivitäten zu erweitern. Der von vielen Organisationen befürchtete Kontrollverlust findet dabei unabhängig davon statt, ob eine NPO im Social Web aktiv oder passiv ist. „You cannot ignore this trend. You cannot sit this one out. [...] You may go a little slower or a little faster, but you have to move forward" (Li/Bernoff 2008: 75).

- *Umsetzung der Dialog- und Vernetzungspotenziale:* Die Existenz eines Social Media-Profils allein reicht nicht aus, um die Potenziale auszuschöpfen. Es muss auch intensiv gepflegt, crossmedial kommuniziert und vernetzt werden. Social Media-Anwendungen stellen nur die technischen Hilfsmittel dar, den Willen zum Dialog und zur Vernetzung müssen gemeinnützige Organisationen selbst mitbringen (Reiser 2009).

- *Entwicklung einer Social Media-Strategie:* Schließlich ist für ein erfolgreiches Stakeholder-Management die Entwicklung einer Social Media-Strategie erforderlich. Bislang scheinen einzelne NPO verschiedene Angebote lediglich auszuprobieren, was sich in sporadischen Statusaktualisierungen, fehlenden Stakeholder-Dialogen und geringen Vernetzungen der Angebote untereinander niederschlägt. Für einen nachhaltigen Social Media-Einsatz ist die Bestimmung der für eine Organisation jeweils spezifischen Themen und Zielgruppen notwendig, um daran anknüpfend entsprechende Social Media-Kanäle auszuwählen und zu bedienen.

In Abhängigkeit von der öffentlichen Wahrnehmung, Informationen und finanziellen Ressourcen müssen zivilgesellschaftliche Organisationen fortan den professionellen Austausch mit den relevanten Stakeholdern suchen, um Legitimation für ihr Handeln zu erhalten und im allgemeinen Wettbewerbsdruck des Dritten Sektors erfolgreich zu bestehen. Die zukünftige Bedeutung von sozialen Netzwerken, Online-Videoportalen, Blogs und RSS-Feeds ist jedenfalls unter Kommunikationsexperten unbestritten (Zerfaß et al. 2009).

Literatur

Bornholdt, Martin/Noll, Christian/Ruckh, Mario (2006): Zur Weiterentwicklung des Sozialmarketings. Warum Marketing im Nonprofit-Bereich als das Management von Stakeholdern verstanden werden sollte. In: Sozialmarketing als Stakeholder-Management. Grundlagen und Perspektiven für ein beziehungsorientiertes Management von Nonprofit-Organisationen, hrsg. v. Mario Ruckh, Christian Noll und Martin Bornholdt, Bern, S. 21-37.

Deutsches Zentralinstitut für soziale Fragen (Hrsg.) (2008): DZI Spenden-Almanach 2007/8. Berlin.

Engesser, Sven/Wimmer, Jeffrey (2009): Gegenöffentlichkeit(en) und partizipativer Journalismus im Internet. In: Publizistik, 54 (1), S. 43-63.

greenpeace magazin (2007): Das NGO Handbuch. Hamburg.

Fine, Allison (2006): Momentum. Igniting Social Chance in the Connected Age. San Francisco.

Kiefer, Katrin (2009): NGOs im Social Web. Eine inhaltsanalytische Untersuchung zum Einsatz und Potenzial von Social Media für die Öffentlichkeitsarbeit von gemeinnützigen Organisationen. Masterarbeit Hochschule für Musik, Theater und Medien Hannover.

Kokocinski, Johanna (2008): Analyse des Internet-Marketings von Non-Profit-Organisationen Status quo und Entwicklungstrends. Masterarbeit FH Osnabrück.

Li, Charlene/Bernoff, Josh (2008): Groundswell. Winning in a World Transformed by Social Technologies. Boston.

Luzar, Katrin (2004): Inhaltsanalyse von webbasierten Informationsangeboten. Framework für die inhaltliche und strukturelle Analyse. Norderstedt.

Nonprofit Technology Network (2009): Nonprofit Social Network Report. URL: http://www.commonknow.com/html/white-papers/NonprofitSocialNetworkSurveyReport.pdf, 14.03.2010.

Pleil, Thomas/Zerfaß, Ansgar (2007): Internet und Social Software in der Unternehmenskommunikation. In: Handbuch Unternehmenskommunikation, hrsg. v. Manfred Piwinger und Ansgar Zerfaß, Wiesbaden, S. 511-532.

Purtschert, Robert (2005): Marketing für Verbände und weitere Nonprofit-Organisationen. 2. Aufl., Bern.

Reiser, Brigitte (2009): Social Media und die Bürgergesellschaft – wie können gemeinnützige Organisationen vom Mitmach-Internet profitieren. URL: http://www.b-b-e.de/fileadmin/inhalte/aktuelles/2009/03/nl02_reiser.pdf, 14.03.2010.

Schenk, Michael/Taddicken, Monika/Welker, Martin (2008): Web 2.0 als Chance für die Markt- und Sozialforschung. In: Kommunikation, Partizipation und Wirkungen im Social Web. Band 1: Grundlagen und Methoden: Von der Gesellschaft zum Individuum, hrsg. v. Ansgar Zerfaß, Martin Welker und Jan Schmidt, Köln, S. 243-266.

Voss, Kathrin (2008): Nichtregierungsorganisationen und das Social Web: Mittel der Zukunft oder Bedrohung? In: Kommunikation, Partizipation und Wirkungen im Social Web. Band 2: Strategien und Anwendungen: Perspektiven für Wirtschaft, Politik und Publizistik, hrsg. v. Ansgar Zerfaß, Martin Welker und Jan Schmidt, Köln, S. 231-247.

Zerfaß, Ansgar/Moreno, Angeles/Tench, Ralph/Verčič, Dejan/Verhoeven, Piet (2009): European Communication Monitor 2009. Trends in Communication Management and Public Relations – Results and Findings. URL: http://www.slideshare.net/Dianova/eacd-european-communication-monitor-2009, 14.03.2010.

Zerfaß, Ansgar/Piwinger, Manfred (2007): Kommunikation als Werttreiber und Erfolgsfaktor. In: Handbuch Unternehmenskommunikation, hrsg. v. Manfred Piwinger und Ansgar Zerfaß, Wiesbaden, S. 5-16.

Zerfaß, Ansgar/Sandhu, Swaran (2008): Interaktive Kommunikation, Social Web und Open Innovation: Herausforderungen und Wirkungen im Unternehmenskontext. In: Kommunikation, Partizipation und Wirkungen im Social Web. Band 2: Strategien und Anwendungen: Perspektiven für Wirtschaft, Politik und Publizistik, hsrg. v. Ansgar Zerfaß, Martin Welker und Jan Schmidt Köln, S. 283-310.

Zimmer, Annette/Priller, Eckhard (2007): Gemeinnützige Organisationen im Wandel. Ergebnisse der Dritte-Sektor-Forschung. Wiesbaden.

Zielgruppenorientiertes Nonprofit-Marketing: Mehr als ein ökonomisch motivierter Kompromiss?

Tina Jansen, Gütersloh

1 Einleitung

Viele Nonprofit-Organisationen (NPO) sehen sich heute bei der Leistungserbringung mit ähnlichen Herausforderungen konfrontiert wie Unternehmen: Sie müssen sich auf wettbewerbsintensiven Märkten wie Aufmerksamkeits-, Kommunikations- oder Meinungsmärkten gegen Konkurrenzangebote behaupten, die von ihren zunehmend heterogenen Adressaten als austauschbar wahrgenommen werden. Im kommerziellen Bereich gilt eine stärkere Zielgruppenorientierung häufig als „Schlüssel zum Markterfolg" (Tuschl 2009: 139). Doch welche Chancen bieten entsprechende Marktbearbeitungsstrategien NPO für die Verwirklichung ihrer Mission? Und wo liegen ihre Grenzen?

In der dem Beitrag zugrunde liegenden Arbeit (Jansen 2009) wurde das Anwendungspotenzial zielgruppenorientierten Nonprofit-Marketings vor dem Hintergrund des Wandels der ökonomischen und gesellschaftlichen Rahmenbedingungen von NPO analysiert: Reagieren NPO damit in erster Linie auf einen Druck zur Ökonomisierung, den viele immer deutlicher spüren? Oder bietet eine stärkere Zielgruppenorientierung ihnen Chancen, die darüber hinaus gehen? Untersucht wurde dies am Beispiel der Sinus-Milieustudie U27. Das katholische Hilfswerk MISEREOR und der Bund der Deutschen Katholischen Jugend (BDKJ) haben sie 2006 gemeinsam in Auftrag gegeben, um einen Einblick in die Lebenswelten jugendlicher Zielgruppen zu erhalten (Wippermann/Calmbach 2008).

2 Zielgruppenorientiertes Nonprofit-Marketing: Chancen und Grenzen

Wen sollen NPO bei ihren Marketingaktivitäten ins Visier nehmen: eine abstrakte Masse, Gruppen oder Individuen? Ausgangspunkt der Analyse der Chancen und Grenzen einer stärkeren Zielgruppenorientierung bilden die Marktbearbeitungsstrategien von Unternehmen.

2.1 Zielgruppenorientierte Marktbearbeitungsstrategien

Marktbearbeitungsstrategien lassen sich nach ihrem Standardisierungs- und Individualisierungsgrad voneinander abgrenzen. In der Marketingliteratur werden so i. d. R. fünf Strategien unterschieden (Abb. 1):

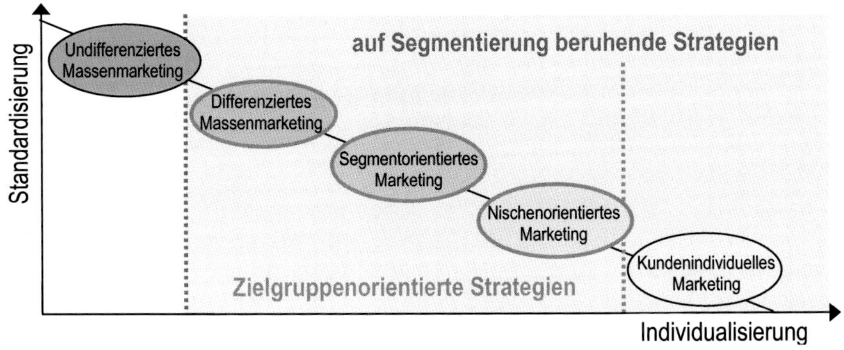

Abb. 1: Marktbearbeitungsstrategien (nach Freter 2008: 44)

Mit Ausnahme des undifferenzierten Massenmarketings tragen alle aufgeführten Strategien heterogenen Konsumentenbedürfnissen in unterschiedlichem Maße Rechnung. Zielgruppenorientierte Strategien zeichnen sich im Gegensatz zum Segment-of-One-Approach des kundenindividuellen Marketings dadurch aus, dass sie (potenzielle) Kunden mit homogenen Bedürfnissen zu Segmenten bzw. Teilmärkten zusammenfassen. Diese bilden dann die Grundlage für eine gezielte Marktbearbeitung, die je nach Strategie differenziert oder fokussiert erfolgen kann (Freter 2008).

2.2 Chancen zielgruppenorientierten Nonprofit-Marketings

NPO bewegen sich in einem permanenten Spannungsfeld, das auch den Rahmen für ihr Marketing vorgibt und es kennzeichnet: Bei dem Versuch, ihre Mission zu realisieren, müssen sie Qualitäts- und Wirtschaftlichkeitserwägungen gleichzeitig gerecht werden (Bruhn 2005). Wollen sie ihre Adressaten ohne große Streuverluste erreichen und die Wirkung ihrer Maßnahmen optimieren, müssen sie ihr vergleichsweise geringes Marketingbudget folglich sehr gezielt einsetzen (Freter 2008).

Ob es für sie dabei sinnvoll ist, sich auf Zielgruppen statt auf Einzelpersonen zu konzentrieren, hängt von ihren Leistungen ab. Bei vielen Leistungen wie etwa Beratung oder Betreuung handelt es sich um persönliche Vertrauensdienstleistungen mit geringem Standardisierungspotenzial (Bruhn 2005). Den NPO hingegen, die darauf abzielen, ihre Ideen und Werte an eine möglichst große Masse zu kommunizieren und/oder Anhänger dafür zu gewinnen, eröffnet eine gruppenspezifische Marktbearbeitungsstrategie große Chancen. Vielen gelingt es nicht mehr in erwünschtem Maße, ihre Adressaten zu erreichen, zu mobilisieren und langfristig an sich zu binden; ihr Identifikationspotenzial hat nachgelassen. Dies offenbart sich besonders am Beispiel kirchlicher und weltanschaulicher NPO (Bremer/Lange-Vester 2006). Als wesentliche Ursache hierfür lässt sich das individualisierte Bindungsverhalten und die Pluralisierung der Lebenswelten ausmachen (Burzan 2005). Die Zersplitterung der früheren Stammklientel erweist sich nicht nur als Zerreißprobe für die betroffenen NPO, sondern auch für die Gesellschaft als Ganze: „Die Reproduktionsfähigkeit der unsere Gesellschaft tragenden Institutionen, die Menschen integrieren oder zu ihrer Integration beitragen wollen, wird damit immer schwieriger.“ (Ebertz 2008b: 2).

Zielgruppenorientiertes Marketing wird häufig als Ressourcen schonende Alternative zum individuellen Marketing betrachtet, die es erlaubt, Zielpersonen „so individuell wie möglich und so standardisiert wie nötig“ anzusprechen (Koch 2006: 27f.). Die nach wie vor spürbare Sehnsucht der Menschen, sich Gruppen bzw. Gemeinschaften angehörig zu fühlen, deutet aber darauf hin, dass ein gruppenspezifischer Segmentierungsansatz mehr ist als eine ökonomisch bedingte Kompromisslösung. Ähnlich wie die Wahl eines Konsumgutes kann auch die Inanspruchnahme einer Nonprofit-Leistung oder die Mitgliedschaft in einer NPO als Ausdruck der Entscheidung gewertet werden, zu welcher Gruppe jemand gehören möchte und zu welcher nicht (Karmasin 2007). Ein Verständnis von Gruppenlogiken kann folglich dazu beitragen, Probleme bei der Adressatenansprache zu bewältigen. Insbesondere für die NPO, die es sich zur Aufgabe gemacht haben, als Intermediäre zwischen unterschiedlichen Gruppen in der Gesellschaft zu vermitteln, ist es essentiell, gezielt deren Bedürfnisse in den Blick zu nehmen. Die relevanten Gruppen müssen allerdings nicht zwangsläufig manifest und sozial existent sein. Häufig handelt es sich um imaginäre Gruppen, deren Gemeinsamkeit über einen bestimmten symbolischen Stil bzw. über kulturelle Vorlieben hergestellt wird (Karmasin 2007; Koch 2006).

2.3 Grenzen zielgruppenorientierten Nonprofit-Marketings

Die Besonderheiten des Dritten Sektors setzen der Anwendung zielgruppenorientierten Marketings in NPO gewisse Grenzen. Eine Grenze der Differenzierung ist etwa dann erreicht, wenn nicht mehr klar erkennbar ist, wofür die NPO eigentlich steht. Wichtig ist dementsprechend, dass eine NPO festlegt, inwieweit segmentspezifische Differenzierung für sie möglich, ohne dass die für sie zentralen Werte und Botschaften und damit ihre Identität angetastet werden. Ein besonders heikles Thema im gemeinnützigen Bereich ist zudem die systematische Auswahl von Zielgruppen (Targeting). Sie stößt auf missionsbedingte, rechtliche und ethische Grenzen (Jansen 2009). Der Spielraum für Zielgruppenorientierung wird beispielsweise eingeschränkt durch das Gemeinnützigkeitsrecht; schließlich ist die Anerkennung als gemeinnützige und damit steuerbegünstigte Körperschaft gemäß der Abgabenordnung (AO) an die Förderung der Allgemeinheit geknüpft (§§ 59, 52 AO). Sowohl aus rechtlicher als auch aus ethischer Perspektive ist eine Selektion bestimmter Zielgruppen allerdings in der Regel zu rechtfertigen, wenn sie sich systematisch am Zweck und am Gemeinwohl orientiert und nicht auf einer Negativdiskriminierung beruht.

Eine zukunftsweisende Lösung für das Segmentierungsdilemma kann auch darin bestehen, dass NPO mit ähnlichen Zielen und Werten sich zu Netzwerken zusammenschließen. Die Mitglieder können sich dann innerhalb eines Netzwerks im Sinne einer Arbeitsteilung jeweils auf unterschiedliche Zielgruppen konzentrieren, ohne dass dies den Ausschluss anderer Gruppen zur Folge hat (Spielberg 2006a).

3 Segmentierungsansätze für NPO

Die Wahl des Segmentierungsansatzes bildet eine wichtige Stellschraube, über die sich der Prozess der Segmentierung an die Spezifika der NPO anpassen lässt.

3.1 Anforderungen an die Segmentierung

In Unternehmen steht bei der Segmentierung die Frage im Mittelpunkt, welche Zielgruppen aus einer Kosten-Nutzen-Perspektive das größte Potenzial bieten (Freter 2008; Trommsdorff 2009). Lebensstile haben sich in zahlreichen Produktbereichen gesättigter Märkte als wichtige Indikatoren zur Verhaltensprognose und damit zur Zielgruppenabgrenzung und -charakterisierung herauskristallisiert. Sie sind deshalb so relevant für die Markt- und Meinungsforschung, weil sie eine Vielzahl an Variablen integrieren: soziodemografische, verhaltensbezogene und psychografische Merkmale, kulturelle Orientierungen sowie soziologische Einflüsse (Reeb 1998; Foscht/Swoboda 2007). Diese Multidimensionalität unterscheidet sie von herkömmlichen Zielgruppenansätzen: „Nur die ganzheitliche Betrachtung des Individuums führt also zu realistischen Beschreibungen der Alltagswirklichkeit, zu Zielgruppen, die es wirklich gibt." (Sinus Sociovision 2009: 4).

Tritt an die Stelle der Gewinnorientierung eine Sachziel- und Gemeinwohlorientierung, wie dies in NPO der Fall ist, dann ändern sich dadurch auch die Anforderungen an Segmentierungsansätze und -kriterien. Auf Grund der Vielfalt der NPO lassen sich diese nicht pauschal festlegen, sondern müssen je nach Mission, Leistung und Klientel variiert werden (Bruhn 2005). Dass die Lebensstilsegmentierung im gemeinnützigen Sektor ebenfalls an Relevanz gewonnen hat, lässt sich damit erklären, dass das Verhalten der Leistungsadressaten ebenso heterogen und komplex ist wie das von Konsumenten. Um es verstehen zu können, bedarf es eines ganzheitlichen Ansatzes, der Verhalten in einen Zusammenhang stellt mit tieferliegenden Einflussfaktoren und Kontextbedingungen. Insbesondere die Wertorientierungen ihrer Adressaten bilden für NPO eine wichtige Grundlage zur Sondierung von Anschlusschancen. Schließlich repräsentieren sie selbst über ihre spezifischen Interessen hinaus gemeinsame Werte.

3.2 Anwendungspotenzial des Sinus-Milieu-Ansatzes

Das im kommerziellen Sektor weit verbreitete Modell der Sinus-Milieus wird als vorbildlich für die Leistungsfähigkeit von Lebensstiltypologien erachtet (Otte 2008). Eignet es sich auch für die Anwendung in NPO?

3.2.1 Theoretische Anknüpfungs- und Kritikpunkte

Die Sinus-Milieus fassen Menschen zusammen, die in einer ähnlichen Lebenswelt verankert sind. Wertorientierungen bilden dabei eine zentrale Dimension. Sie werden von Sinus Sociovision als vielfach bedeutender für die Alltagswirklichkeit von Menschen angesehen als Unterschiede in den sozioökonomischen Bedingungen (Sinus Sociovision 2009). Für eine Anwendung im Nonprofit-Sektor scheinen die Sinus-Milieus daher auf den ersten Blick prädestiniert. Zudem besticht das Modell durch eine hohe Anwendungsorientierung (Otte 2008).

Kritische Stimmen bemängeln jedoch, die Milieulandschaften würden kein reales Interaktions- oder Gemeinschaftsgeschehens abbilden, sondern lediglich einen statistischen Zusammenhang „ohne Zusammenleben oder Zusammenschluss“ (Ebertz 2006: 261). Wäre dies tatsächlich der Fall, könnte das das Leistungspotenzial des Ansatzes insbesondere für gesellschaftsintegrativ ausgerichtete NPO schmälern. Das Sinus-Institut widerspricht dem allerdings, indem es die Milieus als „ein lebensechtes Abbild der Gesellschaft und kein statisches Konstrukt“ (Sinus Sociovision 2009: 10) charakterisiert.

Immer mehr NPO nutzen dieses „lebensechte Abbild“ für ihre Arbeit, darunter Bildungseinrichtungen, politische Parteien, Gewerkschaften, Einrichtungen der Kirche oder Verbände (Sinus Sociovision 2009). Wurden die Sinus-Milieus bisher vor allem in marktnahen Bereichen wie Spenderwerbung oder Kommunikation eingesetzt, etablieren sie sich allmählich auch als Instrument, um mehr über Leistungsadressaten zu erfahren. So offenbart die von MISEREOR und dem BDKJ beauftragte Sinus-Milieustudie U27 eine große Pluralität und zum Teil Dissonanz der Lebenswelten katholischer Jugendlicher und junger Erwachsener: „Jugendliche bilden auch untereinander unterschiedliche, ja gegensätzliche soziale Welten aus, die sich durch tiefe Gräben massiv voneinander abheben.“ (Ebertz 2008a: 10). Durch ihre differenzierte Betrachtung unterscheidet sich die Sinus-Jugendstudie von zahlreichen anderen Zielgruppenstudien zur „Jugend von heute“ (Schmidt 2009; Wippermann/Calmbach 2008). Im Rahmen der Arbeit wurde an ihrem Beispiel untersucht, welche Chancen der Sinus-Milieu-Ansatz den NPO eröffnen kann – wo aber auch seine Grenzen liegen.

3.2.2 Was leisten Sinus-Milieus in NPO und was nicht? – untersucht am Beispiel der Sinus-Milieustudie U27

Die Metapher der „analytischen Brille“ (Tänzler 2008a: 1) verweist auf eine der wichtigsten Funktionen der Sinus-Milieustudien: Als eine Art Sehhilfe ermöglichen sie einen „schärferen Blick“ auf die divergenten Lebenswelten der Zielgruppen: „Verstehen statt beschreiben – darum geht es letztlich.“ (Etscheid 2008: 4). Allerdings stellen die Studien kein einseitiges Analyseinstrument dar, das – wie viele Marktforschungsinstrumente – allein darauf ausgerichtet ist, Informationen *über* Adressaten bereitzustellen. Vielmehr reflektieren sie überdies zurück, wie die Adressaten die Organisation wahrnehmen, welches Image sie bei ihnen hat. In dieser „ungeschminkte[n] Darstellung aus Sicht der Fernstehenden“ (Hainz 2006: 4) liegt eine große Chance für NPO, die sich ansonsten häufig innerhalb der Grenzen ihres spezifischen Wertehorizonts bewegen (Schulz et al. 2009). Die eigene Milieulogik fungiert nach Ansicht Wankes (2006) oftmals wie ein Filter, der darüber bestimmt, was wahrgenommen und aufgegriffen und was abgewehrt bzw. ausgeblendet wird. Wie die Beispiele der untersuchten kirchlichen NPO unterstreichen, ist es allerdings wichtig, Studienergebnisse nicht unreflektiert zu übernehmen, sondern sie zunächst kritisch zu würdigen: „Ebenso unklug wie die Ignoranz der Resultate wäre ihre Verabsolutierung.“ (Spielberg 2006b: 3).

Der „große Schatz“ der Sinus-Studien besteht darin, dass sie den Auftrag gebenden NPO helfen, sich die richtigen Fragen zu stellen (Etscheid, in Jansen 2009). Diese berühren oftmals ihr Selbstverständnis und ihre Identität. Eine der Kernfragen ist dabei die Zielgruppenfrage, die sich in mehrere Teilfragen aufsplittet: „Wen erreichen wir derzeit? Wen wollen wir erreichen? Wen können wir erreichen?“ Wie in Kapitel 2.3 bereits problematisiert wurde, ist gerade die Zielgruppenselektion eine komplexe Herausforderung, bei der viele Argumente ins Gewicht fallen. Sie verlangt „eine scharfe Analyse, viel Mut und eine klare Entscheidung“ (Schmitz 2008: 12).

Die Beantwortung der Fragen können und wollen die Sinus-Milieustudien nicht übernehmen; dies übersteigt ihre Funktion eines objektiven Analyseinstruments

(Wippermann/Calmbach 2008). Insbesondere maßen sie sich keine Aussagen darüber an, zu welchen Milieus sich ein „Aufbruch lohnt" (Tänzler 2008b: 8). Die Sinus-Milieus stellen lediglich einen Bezugsrahmen bereit, der dabei hilft, eigene Antworten zu finden. So legt die U27-Studie nahe, die Kompatibilität der eigenen Ästhetik mit der bestimmter Jugendmilieus zu überprüfen (Ebertz 2008b; Wippermann/Calmbach 2008).

Auch für den Schritt der Positionierung liefern die Sinus-Milieus keinen Rezeptblock mit vorgefertigten Lösungen (Sinus Sociovision, in Jansen 2009). Spielberg (2006a) sieht genau darin ihren Vorteil, da nur so eine breite und kritische Auseinandersetzung innerhalb der Organisation initiiert werde. Dies bestätigt auch Etscheid vom BDKJ: „Eine Veränderung, die weit mehr als plumpe Anbiederung ist, muss von innen kommen." (Etscheid 2008: 6). Den Prozess der Strategieentwicklung unterstützen die Sinus-Milieus, indem sie „Eis brechen", Prozesse anstoßen, Impulse und Argumentationshilfe geben sowie Entscheidungen stützen. Bei MISEREOR hat die Jugendstudie Gulde (2008) zu Folge etwa wichtige Argumente geliefert, um den intern umstrittenen Freiwilligendienst und die nachhaltige Positionierung als Entsendeorganisation zu legitimieren. Durch die Berücksichtigung kultureller Orientierungen und ästhetischer Vorlieben erlauben die Sinus-Studien zudem Rückschlüsse auf die milieuspezifische Ausgestaltung der Marketinginstrumente.

Was die Sinus-Milieus nicht leisten können, ist die Umsetzung von Veränderungen. Diese obliegt den NPO selbst. Dabei geht es gemäß Etscheid (in Jansen 2009) nicht um eine komplette Neuorientierung, sondern vielfach um eine Anpassung und Optimierung, Nachbesserung und Weiterentwicklung der bisherigen Angebote in einzelnen Bereichen. Erfolgsfaktoren und Barrieren der Umsetzung sind mit denen anderer Veränderungsprozesse nahezu identisch: „Wie akzeptiert ist der Ansatz im Haus? Gelingt es, Mitarbeiter auf allen Ebenen einzubeziehen und sie dazu zu bringen, die Milieukenntnisse in ihre alltägliche Arbeit zu integrieren?" (Sinus Sociovision, in Jansen 2009: A55). Es brauche Zeit und Übung, den Umgang mit den Milieus zu lernen. In einigen Bereichen sei es leichter als in anderen (Gulde, in Jansen 2009). Komplexe Strukturen wie die eines Verbandes erschweren die Umsetzung (Schmitz 2008).

4 Fazit

Zielgruppen differenziert in den Blick zu nehmen und Kommunikationsmaßnahmen und Leistungen ihren Bedürfnissen entsprechend auszugestalten, ist nicht nur für Unternehmen ein möglicher „Schlüssel zum Markterfolg“ (Tuschl 2009: 139). Auch NPO können diese Strategie nutzen, um zu ihren Adressaten durchzudringen, sie zu überzeugen und an sich zu binden. Insbesondere auf wettbewerbsintensiven Märkten wie Meinungs-, Ideen- und Aufmerksamkeitsmärkten stellt dies heute eine immense Herausforderung dar. Bei den Leistungsadressaten handelt es sich keineswegs um eine homogene Masse, sondern um Individuen mit unterschiedlichen Verhaltensmustern, Vorlieben, Einstellungen und Werten. Eine Orientierung an Zielgruppen – etwa auf der Basis des Lebensweltansatzes der Sinus-Milieus – ermöglicht nicht nur eine effizientere Ressourcenallokation, sondern kann auch die Qualität der Leistungserbringung und die Wirkung der Maßnahmen steigern. Im Idealfall gibt sie zusätzlich den Anstoß für eine ideelle Weiterentwicklung. Denn sie bietet NPO die Chance, von einer einseitigen Adressatenbetrachtung innerhalb der Grenzen ihres eigenen Wertehorizonts zu einem lebendigen, interaktiven Austausch mit ihren Zielgruppen überzugehen (Etscheid, in Jansen 2009). Der Leistungsadressat wird aus seiner passiven Empfängerrolle herausgehoben und erhält eine Schlüsselstellung innerhalb eines kreativen Prozesses. Die Grundlage dafür ist jedoch, dass NPO ein Marketing- und Kundenverständnis für sich definieren, das der partizipativen Rolle des Leistungsadressaten stärker Rechnung trägt (Fresacher 2009). Auf gesellschaftlicher Ebene kann eine solche Öffnung für die Wertorientierungen „anders Tickender“ der Ausgangspunkt für einen Diskurs über Werte sein, der die Frage, was Gemeinwohl bedeutet, auf eine breitere Basis stellt.

Ob zielgruppenorientiertes Marketing auch zu einer Ausbreitung von Marktprinzipien im gemeinnützigen Sektor führt, liegt in den Händen der NPO-Verantwortlichen. Ihnen obliegt es, Lösungen und Instrumente zur Anpassung an den Wandel des Umfeldes zu wählen, die sich mit der spezifischen Logik, dem Selbstverständnis und der Mission der jeweiligen NPO vereinbaren lassen. Die Behauptung, dass „Marketingtools“ wie die Sinus-Milieus eine Marktlogik in den gemeinnützigen Bereich hineintragen, verkennt nicht nur die aktive Rolle der NPO im Segmentierungsprozess, sondern auch die Tatsache, dass Marktstrukturen auch im Dritten Sektor längst etabliert sind.

Literatur

BDKJ-Journal (2008): Ausgabe 03+04/2008. Schwerpunkt: Wie ticken Jugendliche? Die Sinus-Milieustudie U27. Informationsdienst der BDKJ-Bundesstelle.

Bremer, Helmut/Lange-Vester, Andrea (2006): Einleitung. Soziale Milieus und Wandel der Sozialstruktur. Die gesellschaftlichen Herausforderungen und die Strategien der sozialen Gruppen, hrsg. v. Helmut Bremer und Andrea Lange-Vester, Wiesbaden, S. 11-36.

Bruhn, Manfred (2005): Marketing für Nonprofit-Organisationen. Stuttgart.

Burzan, Nicole (2005): Soziale Ungleichheit. Eine Einführung in die zentralen Theorien. 2. Aufl., Wiesbaden.

Ebertz, Michael N. (2006): Was sind soziale Milieus? In: Lebendige Seelsorge, 4/2006, S. 258-264.

Ebertz, Michael N. (2008a): Eine gewichtige Kinder- und Jugendstudie. Aus dem Blickwinkel der Wissenschaft betrachtet. In: BDKJ-Journal, 03+04/2008, S. 10-11.

Ebertz, Michael N. (2008b): Resonanz und Distanz: Jugendliche und ihr Verhältnis zu Politik, Bildung, Freizeit und Religion. Einige Ergebnisse der neuen Sinus-Jugendstudie. Online verfügbar unter http://www.milieus-kirche.de/dokumente/U27-BDKJ-Milieus-Kurzfassung-Ebertz.pdf (Stand 19.9.2009).

Etscheid, Markus (2008): „Wie ticken Jugendliche?“ Die Sinus-Milieustudie U27. In: BDKJ-Journal, 03+04/2008, S. 4-7.

Foscht, Thomas/Swoboda, Bernhard (2007): Käuferverhalten. Grundlagen – Perspektiven – Anwendungen. 3. Aufl., Wiesbaden.

Fresacher, Bernhard (2009): Religion nach Geschmack? Die Sinus-Milieu-Studien für die katholische Kirche in Deutschland. Online verfügbar unter http://www.fresacher.net/uploads/media/Religion_nach_Geschmack_Fresacher.pdf (Stand: 7.9.2009).

Freter, Hermann (2008): Markt- und Kundensegmentierung. Kundenorientierte Markterfassung und -bearbeitung. 2. Aufl., Stuttgart.

Gulde, Franz (2008): Exklusive Erfahrungen ermöglichen. Die Relevanz der Ergebnisse der Sinus-Milieustudie U27 für kirchliche Entwicklungszusammenarbeit. In: BDKJ-Journal, 03+04/2008, S. 14.

Hainz, Michael SJ (2006): Milieuüberschreitende Evangelisierung. Sinus-Studie 2005. Erschienen in: Stimmen der Zeit 224/2006, S. 562-566. Online verfügbar unter http://www.milieus-kirche.de/dokumente/milieu-hainz.pdf.

Jansen, Tina (2009): Zielgruppenorientiertes Nonprofit-Marketing: Analyse des Anwendungspotenzials am Beispiel des Segmentierungsansatzes der Sinus-Milieus. Masterarbeit FH Osnabrück.

Karmasin, Helene (2007): Produkte als Botschaften. Konsumenten, Marken und Produktstrategien. 4. Aufl., Landsberg a. Lech.

Koch, Markus (2006): Akquisition neuer Zielgruppen. Integriertes Management von Akquisitions- und Spill-Over-Potentialen. Dissertation Universität Bamberg.

Otte, Gunnar (2008): Sozialstrukturanalysen mit Lebensstilen. Eine Studie zur theoretischen und methodischen Neuorientierung der Lebensstilforschung. 2. Aufl., Wiesbaden.

Reeb, Marianne (1998): Lebensstilanalysen in der strategischen Marktforschung. Wiesbaden.

Schmidt, Hans (2009): Zielgruppen-Studien. Die Jugend von heute. In: Innovation, Nr. 2/2009, S. 20-21.

Schmitz, Alexandra (2008): Milieus setzen Grenzen. Die Bedeutung der Sinus-Milieu-Studie für den Jugendverband. In: BDKJ-Journal, 03+04/2008, S. 12.

Schulz, Claudia/Hauschildt, Eberhard/Kohler, Eike (2009): Milieus praktisch. Analyse- und Planungshilfen für Kirche und Gemeinde. 2. Aufl., Göttingen.

Sinus Sociovision (2009): Informationen zu den Sinus-Milieus® 2009, Stand: 07/2009. Online verfügbar unter http://www.sociovision.de/uploads/tx_mpdownloadcenter/informationen_2009_01.pdf, (Stand 9.9.2009).

Spielberg, Bernhard (2006a): Gretchenfrage andersherum. Was bedeutet die „Sinus-Milieustudie“ für die Jugendkirchen-Arbeit? Online verfügbar unter http://www.milieus-kirche.de/dokumente/Gretchenfrage-andersherum.pdf (Stand 8.9.2009).

Spielberg, Bernhard (2006b): ... et nos mutamur in illis. Wenn die Analyse stimmt – was dann? In: Lebendige Seelsorge, 57 (4). Online verfügbar unter http://www.milieus-kirche.de/dokumente/et-nos-mutamur-in-illis.pdf (Stand 9.9.2009).

Tänzler, Dirk (2008a): Ein Schatz für Gesellschaft und Kirche. BDKJ-Kommentar zur Sinus-Jugend-Studie. Online verfügbar unter www.bdkj.de/fileadmin/user.../Sinus/ Kommentierung_BDKJ.pdf (Stand 9.9.2009).

Tänzler, Dirk (2008b): Die Zukunft mitgedacht. Die Sinus-Milieustudie U27 birgt überraschende Ergebnisse und große Chancen. In: BDKJ-Journal, 03+04/2008, S. 8-9.

Trommsdorff, Volker (2009): Konsumentenverhalten. 7. Aufl., Stuttgart.

Tuschl, Stefan (2009): Segmentierungsmöglichkeiten in der Marktforschung. In: Handbuch Zielgruppenmanagement, hrsg. v. Stephan Duttenhöfer, Bernhard Keller und Stephan Vomhoff, Frankfurt a. Main, S. 139-154.

Wanke, Joachim (2006): Was uns die Sinus-Milieu-Studie über die Kirche und ihre Pastoral sagen kann – und was nicht. In: Lebendige Seelsorge, 4/2006, S. 242-246. Online verfügbar unter http://www.milieus-kirche.de/Lebendige-Seelsorge/LS4-06-Praxis-Milieus-Kirche.pdf (Stand 9.9.2009).

Wippermann, Carsten/Calmbach, Marc (2008): Wie ticken Jugendliche? Sinus-Milieustudie U27 im Auftrag von BDKJ und MISEREOR. Aachen.

Die zivilgesellschaftliche Rolle von Stiftungen im europäischen Vergleich

Martin Blickenstorfer, Fribourg

1 Ausgangslage

Lange Zeit wurden Stiftungen in der Forschung als ein ausschliesslich amerikanisches Phänomen wahrgenommen, was durch die internationale Präsenz und das (ökonomische) Gewicht amerikanischer Förderstiftungen verstärkt wurde. Obschon das Interesse an Stiftungen als wichtige Akteure moderner Zivilgesellschaften in den letzten Jahren in der Schweiz und in Europa allgemein gewachsen ist und Versuche unternommen wurden, um die Stiftungssektoren in diversen Ländern statistisch zu erfassen, bleiben insbesondere ihre wirtschaftliche und zivilgesellschaftliche Rolle in Europa weitgehend undokumentiert. Pionierarbeit in dem Bereich wurde von Anheier (2001) mit dem Projekt „Visions and Roles of Foundations in Europe" geleistet, wobei das Projekt stark auf die Abgrenzung der Rolle von Staat und Stiftungen fokussiert. Abschnitt 3 des vorliegenden Beitrags befasst sich weitergehend mit diesen Rollen.

Ein wichtiger Grund, weshalb Stiftungen in jüngster Zeit vermehrte Aufmerksamkeit erhalten haben, ist zweifelsohne der Stiftungsboom, den die europäischen Staaten in den letzten Jahren erleben. Längere Zeitabschnitte politischer Stabilität, Demokratisierungsprozesse in zuvor autokratisch regierten Ländern sowie wirtschaftliches Wachstum haben zu sozialem Wohlstand in bisher noch nicht gekanntem Ausmass geführt, was wiederum die Entwicklung der europäischen Philanthropie positiv beeinflusst hat. Wenngleich dieser Wachstumstrend europaweit zu beobachten ist, zeigt die Stiftungslandschaft in Europa ein sehr heterogenes Bild (Hopt et al. 2009). Tatsächlich haben sich die Stiftungssektoren in Europa im Verlaufe der Geschichte ganz unterschiedlich entwickelt. Dies hat zu einer Vielfalt der Stiftungen in Bezug auf mögliche Rechtsform, Aufgabenspektrum, Vermögen, Rolle oder Beschränkung des Destinatärkreises usw. geführt, die eine präzise und vollständige Erfassung des Stiftungssektors in Europa bisher unmöglich gemacht hat. Für den vorliegenden Beitrag sollen die Entwicklungen exemplarisch für drei Stiftungslandschaften des deutschsprachigen Raums dargestellt werden, namentlich Österreich, Deutschland und die Schweiz.

2 Historische Entwicklung

2.1 Stiftungen in Europa

Stiftungen blicken auf eine lange Tradition als Akteure der Zivilgesellschaft zurück, denn sie gehören zu den ältesten heute noch existierenden sozialen Organisationsformen. Obschon sich ihre Vorreiter bis in die Antike zurückverfolgen lassen, kannte das klassische römische Privatrecht die selbstständige Stiftung nicht. Letztere ist das Ergebnis der nachklassischen Rechtsentwicklung, welche stark von der christlichen Kirche beeinflusst wurde. Erst im 6. Jahrhundert, unter Justinian, wurden die Stiftungen, die oft einen karitativen, frommen oder wohltätigen Zweck verfolgten, als eigene Rechtssubjekte anerkannt (Riemer 1981). Ihr Vermögen bestand häufig aus Gebäuden, Ländereien oder Wäldern. Moderne Stiftungen fanden ihren Ursprung in diesen Wohltätigkeitsstiftungen. Die Führung dieser Stiftungen lag in der Regel in den Händen der Adeligen und Geistlichen, deren Wohlstand das Stiften erst ermöglichte. Ab dem Hochmittelalter und mit zunehmender Industrialisierung lösten die bürgerliche Mittelschicht, Gewerbetreibende und Industrielle den Adel und die Geistlichkeit als wichtigste Geldgeber für Stiftungen ab, eine Tendenz die sich mit fortschreitender Industrialisierung verstärkte und eine deutliches Wachstum der Stiftungssektoren in weiten Teilen Europas zur Folge hatte (Anheier/Daly 2007). Vereinzelte Länder blieben von diesem Wachstum ausgeschlossen, weil sich der Staat durch die Tätigkeit der selbständigen Stiftungen konkurrenziert fühlte oder darin ein Instrument zur Steuerhinterziehung sah. So wurden in Frankreich bereits unter den absolutistischen Monarchen der späten Renaissance die Rechte bestehender Stiftungen stark eingeschränkt bzw. die Gründung neuer Stiftungen verboten und mit dem „Gesetz von Le Chapelier" 1791 das staatliche Monopol auf gemeinnützige Aktivitäten besiegelt (Archambault et al. 1999). In Italien, eine der Geburtsstätten europäischer Stiftungen, ist die Entwicklung eher zaghaft vonstatten gegangen. Als vorrangige Gründe sind die langjährige Dominanz des zentralistischen Nationalstaats und die Zurückhaltung der Politik gegenüber „Zwischenbehörden" im Sozialbereich zu nennen (Givone et al. 2007).

2.2 Österreich

Wie anderswo in Europa entstanden die ersten Stiftungen in Österreich vor dem Hintergrund der im christlichen Glauben verankerten Wohltätigkeit. Ab dem 15. Jahrhundert schwand der Einfluss der Kirche und die Stiftungen wurden verstaatlicht (u. a. universitäre Stiftungen im 18. und 19. Jahrhundert). Dadurch versuchte der Staat zwischen dem 17. und dem 19. Jahrhundert sich Stiftungsvermögen anzueignen, um Budgetdefizite zu kompensieren (Anheier/Daly 2007; Simsa 2007). Erst nach dem Wiener Kongress von 1815 stieg die Bedeutung der Stiftung wieder an, indem die soziale Rolle, die ihnen ursprünglich zugedacht worden war, neu entdeckt wurde. Unter der Herrschaft der Österreich-Ungarischen Monarchie erlebten die Stiftungen trotz der uneinheitlichen und strengen Regulierung einen Aufschwung. Der Zerfall der Doppelmonarchie nach dem Ersten Weltkrieg ging hingegen nicht spurlos am Stiftungssektor vorbei: Die Vermögenswerte zahlreicher Stiftungen mussten im Zuge des Vertrags von Saint-Germain als Reparationszahlung an die Entente-Mächte abgetreten werden. Während der Wirtschaftskrise der Zwischenkriegsjahre schrumpfte die Zahl österreichischer Stiftungen und deren Vermögen, bedingt durch Währungsreformen und hohe Inflation, weiter. Mit der Einverleibung Österreichs in das Dritte Reich wurden viele Stiftungen – insbesondere jüdische – aufgelöst und ihre Vermögen konfisziert (Bachstein/Badelt 2001).

Den föderalistischen Strukturen Österreichs entsprechend ist das Stiftungsrecht dezentral geregelt. Nach dem Bundes-Stiftungs- und Fondsgesetz (BStFG) von 1974 unterstehen Stiftungen, deren Tätigkeit sich auf ein bestimmtes Bundesland beschränkt, dem jeweiligen Landesstiftungsgesetz. National oder international tätige Stiftungen hingegen unterstehen dem Bundesgesetz. Das BStFG sieht ausschliesslich gemeinnützige Stiftungen vor, von denen aktuell 461 gezählt werden. Jährlich werden nur zwei bis fünf Neugründungen registriert, so dass die Zahl der gemeinnützigen Stiftungen in Österreich seit bald 20 Jahren stagniert (Die Stiftung 2009). Im Verlaufe der 1980er Jahre wurde immer mehr österreichisches Vermögen im Ausland investiert, in Stiftungen, die weniger starken Regulierungen unterliegen. Dieser Entwicklung versuchte Österreich 1993 mit der Verabschiedung des Privatstiftungsgesetzes (PSG) entgegenzutreten, indem nunmehr auch Stiftungen mit einem engeren Destinatärkreis in den Genuss von Steuervorteilen kamen. Mit seither nahezu jährlich 100 bis 200 Neugründungen hat das PSG einen regelrechten Stiftungsboom ausgelöst. Die Zahl der Privatstiftungen wird zurzeit mit 3.200 angegeben, wovon lediglich 205 als rein gemeinnützig eingestuft werden können. In dieser Entwicklung widerspiegelt sich auch die in Österreich schwach ausgeprägte gemeinnützige Stiftungskultur. Die bis in das 12. Jahrhundert zurückreichende Gemeinnützigkeitstradition scheint unter dem PSG gelitten zu haben: Es fehlt an Vorbildern, die andere zum Stiften animieren (Die Stiftung 2009).

2.3 Deutschland

Bis zur Renaissance verlief die Entwicklung des deutschen Stiftungssektors ähnlich wie in weiten Teilen des übrigen Europas mit einer starken kirchlichen Verankerung des Stiftungswesens. Erste Säkularisierungstendenzen wurden durch protestantische Kurfürsten im 17. Jahrhundert eingeleitet mit dem Ziel, die Macht in den Händen des Herrschers zu konzentrieren. Dabei offenbarte sich erstmals die Bedeutung des Zusammenspiels von Staat und Stiftungswesen als zentraler Aspekt für die Entwicklung von Stiftungen – eine Beziehung, die seither das Erscheinungsbild einer Stiftungslandschaft entscheidend mitprägt. Tatsächlich boten die napoleonischen Kriege eine willkommene Möglichkeit, um den Einfluss des Staates weiter zu zementieren. So entwickelte Friedrich Carl von Savigny eine Theorie der Stiftungen, die sich im 19. Jahrhundert in ganz Deutschland durchzusetzen vermochte. Diese lehnte sich an die Hegel'sche Philosophie des Staates an und sah einen gewissen Freiraum für Stiftungen vor, jedoch unter strenger staatlicher Aufsicht. Trotz dieser Einschnitte in ihre Autonomie erfreuten sich die Stiftungen einer beträchtlichen Beliebtheit und ihre Zahl wuchs im Verlaufe des 19. Jahrhunderts kontinuierlich an. Der Beginn des 20. Jahrhunderts markierte dann den Anfang einer schwierigen Phase für das deutsche Stiftungswesen: Im Vorfeld des Ersten Weltkrieges benötigte die Regierung flüssige Mittel, weshalb sie den Stiftungen (und anderen Organisationsformen) Staatsanleihen als Investitionen aufzwang. Das Portfolio vieler Stiftungen, die über keinerlei Grundbesitz verfügten, bestand somit ausschliesslich aus solchen Papieren, die im Zuge der Nachkriegs-Hyperinflation wertlos wurden (Strachwitz 2001). Die folgenden Jahre der Zwischenkriegszeit boten für Stiftungen ein ebenso ungünstiges Umfeld wie die nationalsozialistische Herrschaft. Diese stand jeglichen selbständigen vermögenden Organisationsformen kritisch gegenüber, insbesondere denjenigen mit einer konfessionellen Ausrichtung, da diese ihrer Ansicht nach nicht mit dem Gedanken der „Volksgemeinschaft" vereinbar waren (Campenhausen 2003). Mit Ausnahme der Stiftungen in jüdischer Trägerschaft, deren Vermögen systematisch konfisziert wurden, hatten jedoch erstaunlicherweise zahlreiche Stiftungen über das Dritte Reich hinaus Bestand. Nach Ende des Zweiten Weltkriegs herrschte im deutschen Osten weiterhin ein stiftungsfeindliches Klima: Der zentralen Regierung der DDR waren Stiftungen als private Organisationsformen ein Dorn im Auge und sie wurden grundsätzlich verboten – ausgenommen waren einige wenige kirchennahe Stiftungen (Strachwitz 2001). Währenddessen wurde das Stiften in der BRD ab 1950 wieder attraktiv und Zahlen des Bundesverbandes Deutscher Stiftungen zeigen, dass die Zahl der Stiftungen nach wie vor stetig und beträchtlich wächst. Seit 2006 wurden im Durchschnitt fast 1.000 neue Stiftungen pro Jahr errichtet (Bundesverband Deutscher Stiftungen 2010).

Die Grundlagen für das Stiftungsrecht in Deutschland sind in §§ 80ff. des Bürgerlichen Gesetzbuchs (BGB) festgehalten. Durch die föderalistische Struktur der Bundesrepublik unterliegen die Stiftungen je nach Rechtsform oder Tätigkeitsgebiet einer Reihe weiterer gesetzlicher Bestimmungen (z.B. Landesrecht, privates und öffentliches Recht, Steuerrecht etc.). Interessant ist, dass in Deutschland Organisationen als Stiftungen anerkannt werden, die von der Rechtsform her gar nicht als Stiftung konstituiert sind. Diese Sonderformen der Stiftung (z.B. Stiftungen in Vereinsform, Stiftungs-GmbH, unselbständige, nichtrechtsfähige Stiftungen u. a.) sind aber nicht primär Gegenstand des vorliegenden Beitrags. Die klar häufigste Erscheinungsform ist die rechtsfähige Stiftung bürgerlichen Rechts, wovon per Ende 2009 17.372 in Deutschland gezählt wurden (Bundesverband Deutscher Stiftungen 2010). Diese können von natürlichen oder juristischen Personen errichtet werden. Eine relativ neue Erscheinung sind die Bürgerstiftungen, die sich seit Mitte der 1990er Jahre durchgesetzt haben. Ihre Zahl beläuft sich per 2008 auf knapp 200 (Initiative Bürgerstiftungen

2010). Bislang fehlt eine klare juristische oder verwaltungswissenschaftliche Definition der Bürgerstiftung. Ein zentrales Element, welches sie vom klassischen Stiftungsbegriff abhebt, ist, dass sie von einer Vielzahl von Stiftern getragen wird. Dies zeigt sich auch darin, dass Bürgerstiftung oft über ein zusätzliches Organ verfügen: Die Stiftungsversammlung bietet den Stiftern die Möglichkeit, über ihre finanzielle Einlage hinaus am Stiftungsgeschäft teilzuhaben und verleiht der Bürgerstiftung vereinsähnliche Strukturen (Hinterhuber 2005).

2.4 Schweiz

Auch das Schweizer Stiftungswesen hat seinen Ursprung in der karitativen Tätigkeit kirchlicher oder kirchennaher Stiftungen. Ab dem Spätmittelalter entwickelten sich Stiftungen weltlichen Rechts, welche zur Grundlage für die heutigen klassischen Stiftungen wurden (Riemer 1981). Einige dieser klassischen Stiftungen existieren noch heute (z.B. das Inselspital in Bern). Ebenfalls in das späte Mittelalter werden die ersten Familienstiftungen datiert, welche im 17. Jahrhundert einen Aufschwung erlebten. Deutliches Indiz dafür, dass Stiftungen in der Schweizer Zivilgesellschaft schon seit Jahrhunderten eine Rolle spielen, ist die Tatsache, dass im Kanton Zürich das Stiftungsrecht bereits 1853 kodifiziert wurde, zu einem Zeitpunkt als das Privatrecht in der Schweiz noch nicht bundesrechtlich vereinheitlicht war. Es war dies die erste deutschsprachige Kodifikation des Stiftungsrechtes überhaupt (Riemer 2001). Die Zahl der klassischen, d.h. gemeinnützigen Stiftungen in der Schweiz wuchs bis Mitte des 20. Jahrhunderts relativ konstant, wenn auch nicht allzu stark. Wie Abb. 1 veranschaulicht, ist eine Zunahme des Wachstumstrends, ähnlich wie in der BRD, zwischen 1950 und 1960 zu erkennen. Für die Schweiz wird die Zahl gemeinnütziger Stiftungen per Ende 2008 mit 16.043 angegeben (von Schnurbein/Bethmann 2010). Hinzu kommen die Personalvorsorgestiftungen (PVS), deren Zahl per 2007 auf rund 7.000 geschätzt wurde (Lichtsteiner et al. 2008). Als für die schweizerische Stiftungslandschaft typische Erscheinung entstanden die ersten dieser PVS zur Zeit des Ersten Weltkriegs. Damals wie heute wurden sie besonders durch Steuerprivilegien gefördert, was ab den 1940er Jahren zu einer rasanten Zunahme der PVS führte, wie Abb. 1 zeigt.

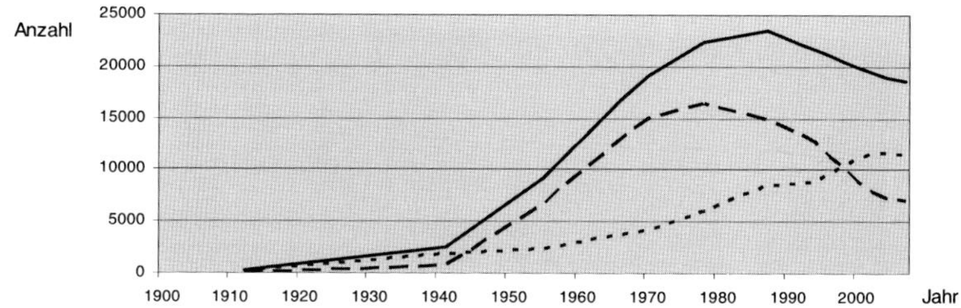

	1912	1941	1955	1966	1970	1978	1987	1992	1994	1996	1998	2000	2002	2004	2007
gemeinnützige Stiftungen	200	1868	2405	3790	4100	5973	8533	8667	8970	9725	10272	11107	11546	11732	11535
Personalvorsorgestiftungen	0	699	6715	12976	15004	16417	14912	13485	12634	11365	10216	8914	7968	7300	7000
Gesamtzahl der Stiftungen	200	2567	9120	16766	19104	22390	23445	22152	21604	21090	20488	20021	19514	19032	18535

Abb. 1: Entwicklung der Anzahl Stiftungen in der Schweiz (Lichtsteiner et al. 2008: 12)

Im Rahmen des schweizerischen Drei-Säulen-Modells zur Alters-, Invaliden- und Hinterlassenenvorsorge sind die PVS Träger der zweiten, beruflichen Säule. Der Destinatärkreis einer PVS beschränkt sich auf einen (bei Sammelstiftungen auf mehrere) Arbeitgeber, welche finanzielle Einlagen zur Erfüllung des Stiftungszwecks tätigen. Bei Eintreten des angedachten Zwecks wird den Arbeitnehmern ihr Geld wieder ausbezahlt (Lichtsteiner et al. 2008). 1985 wurde die berufliche Vorsorge in der Schweiz von Gesetzes wegen für obligatorisch erklärt, womit die Position der Stiftung als Trägerin der beruflichen Vorsorge wegen ihrer strukturellen Vorteile gegenüber anderen zulässigen Rechtformen der Trägerschaft zusätzlich gestärkt wurde. Aktuelle Trends zeigen eine Konsolidierung bei den PVS: Obschon das investierte Vermögen stark gewachsen ist bzw. nach wie vor zunimmt, sinkt die Anzahl der Akteure auf dem Markt. Diesen Trend verdankt der Schweizer Stiftungssektor u.a. der politischen und wirtschaftlichen Stabilität und Kontinuität der Schweiz (Riemer 2001).

Die stiftungsrechtlichen Grundlagen für die Schweiz sind in Artikel 80 bis 89 des Schweizerischen Zivilgesetzbuches (ZGB) festgehalten. Die Schweiz verfügt über ein liberales Stiftungsrecht in dem der Grundsatz der Stifterfreiheit verankert ist. Zur Errichtung einer Stiftung bedarf es weder eines behördlichen Schöpfungsakts noch einer Bewilligung, sondern nur der Widmung eines Vermögens für einen besonderen Zweck, der innerhalb der Rechtordnung frei gewählt werden kann (Lichtsteiner et al. 2008). Die Stiftungen unterstehen je nach

Stiftungszweck bzw. Tätigkeitsradius der kommunalen, kantonalen oder eidgenössischen Aufsichtsbehörde. Das Schweizer Stiftungsrecht blieb lange Zeit unverändert. Die Regelungen im ZGB, welches seit 1912 gilt, gehen auf die erste Kodifikation des Stiftungsrechts aus dem Jahr 1853 zurück und behielten bis Anfang des 21. Jahrhunderts ihre ursprüngliche Form. Die Reform, die 2006 in Kraft trat, zielte auf das Stiftungsrecht (im ZGB) sowie auf das steuerliche Gemeinnützigkeitsrecht ab und hatte zum Ziel, ein noch stiftungs- und spendenfreundlicheres Klima in der Schweiz zu schaffen. Weitere geplante bzw. beschlossene Gesetzesrevisionen, welche Stiftungen ebenfalls betreffen, erhöhen jedoch wiederum den administrativen Aufwand, weshalb sich erst zeigen wird, ob die Gesetzesreform den beabsichtigten Zweck erreichen kann (Degen 2008).

2.5 Zusammenfassung

Die historischen Abrisse aus Österreich, Deutschland und der Schweiz illustrieren, dass das Stiftungswesen im deutschsprachigen europäischen Raum dieselben Wurzeln besitzt. Aus dem Gedanken der christlichen Nächstenliebe entstanden, waren die ersten Stiftungen im Mittelalter eng an die Kirche gebunden und verfolgten karitative Zwecke. Da auf den Gebieten der heutigen Schweiz der Adel schon vergleichsweise früh zurückgedrängt wurde, hat sich das Schweizer Stiftungswesen unter dem Einfluss des Bürgertums und der Kirche, die weiterhin eine Rolle spielte, früher als anderswo in Europa frei entfalten können. Im Gegensatz dazu ist mit den Säkularisierungstendenzen in Österreich (ab dem 15. Jahrhundert) und Deutschland (ab dem 17. Jahrhundert) eine gegenteilige Entwicklung zu beobachten, indem sowohl der österreich-ungarische Staat respektive die protestantischen Kurfürsten im Heiligen Römischen Reich die Stiftungen unter den Einfluss des Staates stellten und somit die Rechte der bestehenden Stiftungen stark einschränkten. Trotz der strengen Regulierung blieb das Stiften sowohl in Deutschland als auch in Österreich bis zum Ersten Weltkrieg attraktiv. Der Krieg und insbesondere die Nachkriegsjahre mit den Entschädigungszahlungen, gefolgt von Jahren der Hyperinflation trafen die Stiftungssektoren der ehemaligen Achsenmächte empfindlich. Die Schweizer Stiftungen blieben hingegen grösstenteils von diesen negativen Entwicklungen verschont und mit den PVS bildete sich just zu jener Zeit eine Besonderheit des Stiftungsstandortes Schweiz heraus. Die Weltwirtschaftskrise von 1929 verlief für die Schweiz milder als bspw. für Deutschland, wovon auch der schweizerische Stiftungssektor profitierte. Während sich die nationalsozialistische Herrschaft für viele Stiftungen in Deutschland und Österreich als fatal erwies, erlebten die Stiftungen in der neutralen Schweiz einen regelrechten Schub: Wie Abb. 1 deutlich macht, steigt die Zahl der Stiftungen in der Schweiz, getrieben von den PVS, Anfang der 1940er Jahre rasant an. Während sich die BRD und mit ihr ihre Stiftungslandschaft nach dem Zweiten Weltkrieg im Zuge des Wirtschaftswunders verhältnismässig rasch erholte, herrschten für Stiftungen in der DDR bis zur Wende 1989 ungünstige Bedingungen. Nach wie vor werden in den Ländern der ehemaligen DDR deutlich weniger Stiftungen gegründet als in den westlichen Bundesländern.

3 Rollen von Stiftungen

Im Rahmen des Projektes „Visions and Roles of Foundations in Europe“ wurden die Rollen von europäischen Stiftungen ausführlich diskutiert. Anheier/Daly (2007) präsentieren dabei sieben Rollen: Komplementarität, Substitution, Bewahrung von Tradition und Kultur, Umverteilung, sozialer und politischer Wandel, Förderung des Pluralismus und Innovation. Tab. 1 visualisiert die Bedeutung der von Anheier/Daly (2007) definierten Rollen von Stiftungen in Europa für die Stiftungssektoren Österreichs, Deutschlands und der Schweiz. Je nachdem, wie die Beziehung zwischen Staat und Stiftungssektor in den einzelnen Ländern ausgestaltet ist, und je nachdem, welche Rolle(n) die Stiftungen primär erfüllen, werden die Länder mit einem bestimmten Modell assoziiert. Die hier verglichenen Länder werden von Anheier/Daly (2007) allesamt mit dem „korporativen Modell“ in Verbindung gebracht. Darunter werden Stiftungssektoren zusammengefasst, die einen festen Bestandteil der Zivilgesellschaft bilden und in einer subsidiären Beziehung zum Staat operieren. Aufgrund der historischen Entwicklung der Stiftungssektoren soll nun anhand des Rollenverständnisses dargestellt werden, welche Voraussetzungen erfüllt sein müssen, damit ein Stiftungssektor eine bestimmte Rolle innerhalb der Zivilgesellschaft übernimmt.

	Österreich	Deutschland	Schweiz
Grösse des Stiftungssektors	klein	mittelgross	gross
Bedeutung der Rollen:			
Komplementarität	++	++	++
Substitution	0	0	+
Bewahrung von Tradition und Kultur	+	+	++
Umverteilung	0	0	0
Sozialer und politischer Wandel	0	+	+
Förderung des Pluralismus	++	+	+
Innovation	+	++	++
Legende: ++ Rolle stark ausgeprägt, + Rolle mittelmässig ausgeprägt, 0 Rolle schwach bzw. gar nicht ausgeprägt			

Tab. 1: Bedeutung der Rollen für die Stiftungssektoren Österreichs, Deutschlands und der Schweiz (in Anlehnung an Anheier 2001: 21; Anheier/Daly 2007: 27ff.)

Beim Ländervergleich in Tab. 1 fällt zunächst auf, dass die Rolle der Komplementarität bei allen drei verglichenen Ländern erwartungsgemäss stark ausgeprägt ist. Diese ergänzende Rolle zum Staat, die für nahezu alle europäischen Stiftungssektoren typisch ist, lässt sich sehr gut mit dem Subsidiaritätsprinzip in Einklang bringen, welches in föderalen Staatsstrukturen, wie sie in den Vergleichsländern herrschen, gelebt wird. Gerade in der Schweiz, wo der Föderalismus im Dreiländervergleich wohl am stärksten ausgeprägt ist, sind Organisationen des Dritten Sektors allgemein häufig ergänzend zum Staat tätig.

Die Umverteilungsrolle spielt hingegen in allen drei Vergleichsländern eine untergeordnete Rolle. Fachleute sind sich einig, dass die Vermögensausstattung österreichischer Stiftungen zu knapp ist, um eine redistributive Rolle wirkungsvoll übernehmen zu können. Zudem fördert das Privatstiftungsgesetz eher eigennützige Zwecke (Simsa 2007). Stiftungsvertreter in der Schweiz legen grossen Wert auf ihre Unabhängigkeit und die Verwirklichung des Stiftungszwecks. Entsprechend stehen sie der Substitutionsrolle skeptisch gegenüber, da sie zunehmende Einflussnahme durch den Staat hin zu einer Abhängigkeitsbeziehung befürchten.

Die Rolle der Förderung des sozialen und politischen Wandels sieht vor, dass sich Stiftungen für strukturelle Veränderungen und eine gerechtere Gesellschaft einsetzen. Während mit der Umverteilung lediglich Symptombekämpfung betrieben wird, sollen mit sozialem und politischem Wandel die Ursachen der Ungerechtigkeit angegangen werden. Diese Rolle ist bei Stiftungen in Deutschland und der Schweiz stärker ausgeprägt als in Österreich (Anheier/Daly 2007). Tatsächlich scheint in Österreich das Bewusstsein von Privaten für die gesellschaftliche Verantwortung seit jeher weniger stark ausgeprägt zu sein, weshalb sich keine Stifterkultur entwickeln konnte. (Die Stiftung 2009; Lacina 2008). Die österreichische Geschichte ist geprägt von stiftungsfeindlichen Regimes, in denen der Staat oft eine so dominierende Rolle gespielt hat, dass philanthropische Aufgaben nach wie vor als Zuständigkeitsgebiet der öffentlichen Hand betrachtet werden. Weiter wurde die Entstehung einer philanthropischen Kultur zusätzlich mit gesetzlichen Lenkungsmassnahmen gehemmt: Mit dem Privatstiftungsgesetz von 1993 verfolgte der Gesetzgeber keine gemeinnützigen Ziele. Vielmehr ging es darum, österreichische Unternehmen in heimischem Besitz zu halten (Die Stiftung 2009). Ein weiterer Grund für die unterschiedliche Ausprägung der Förderung des sozialen Wandels findet sich im Steuerrecht: Während in der Schweiz und Deutschland reine Förderstiftung den Gemeinnützigkeitsstatus erlangen können, bleibt dieser in Österreich an eine operative Tätigkeit gekoppelt.

In Bezug auf die innovative Rolle von Stiftungen fällt auf, dass sie in Österreich weniger ausgeprägt ist als in Deutschland und der Schweiz. Gründe hierfür lassen sich in der Struktur des Stiftungssektors vermuten: Während in der Schweiz und insbesondere in Deutschland die gemeinnützigen Stiftungen zahlenmässig ganz klar dominieren (in Deutschland sind über 90 Prozent der Stiftungen gemeinnützig), sind in Österreich knapp deren 90 Prozent eigennützig (Die Stiftung 2009). Bei vielen dieser eigennützigen Privatstiftungen handelt es sich um Familienstiftungen, deren primäres Ziel es ist, von steuerlichen Vorteilen zu profitieren. Somit dürfte ihnen der Anreiz zur Innovation fehlen. Bei Stiftungen könnte aufgrund ihrer Rechtsform, welche keine Mitglieder vorsieht und unter der Führung eines Aufsichtsorgans steht, das sich oft selbst kooptiert, die Innovationskraft grundsätzlich in Frage gestellt werden. In Deutschland besteht die Möglichkeit, eine Stiftung auch als Aktiengesellschaft zu konstituieren, eine Rechtsform, die Innovationen zuträglicher ist (Adloff et al. 2007). Dagegen kann argumentiert werden, dass Stiftungen und Innovation nicht im Widerspruch zu einander stehen müssen, im Gegenteil: Stiftungen sind vollkommen unabhängig und können es sich erlauben, höhere Risiken als Publikumsgesellschaften oder der Staat (Purtschert et al. 2007). Viele Stiftungen in Deutschland und der Schweiz wurden von innovativen Industriellen errichtet mit dem Ziel, Innovation auch in Zukunft bzw. nach dem Tod des Gründers weiter zu fördern. Das Fehlen einer starken Tradition der Privatindustrie in Österreich mag ein weiterer Grund für die schwächere Wahrnehmung dieser Rolle bei Stiftungen in Österreich sein.

4 Fazit

Die Ausführungen im vorliegenden Beitrag zeigen, dass sich die Stiftungssektoren in Österreich, Deutschland und der Schweiz in unterschiedliche Richtungen entwickelt haben. Ausgehend von einem ähnlichen Ursprung der ersten Stiftungen haben sich im Verlaufe der Zeit ganz spezifische Stiftungslandschaften herausgebildet, in denen Stiftungen auch verschiedene Rollen in Abgrenzung zum Staat, aber auch zum übrigen Dritten Sektor wahrnehmen. Mögliche Gründe für die unterschiedliche Ausprägung der wichtigsten Rollen wurden in Abschnitt 3 aufgrund der historischen Entwicklung erarbeitet. Abschliessend sollen nun wichtige Faktoren festgehalten werden, welche die von einem Stiftungssektor erfüllte Rolle definieren bzw. entscheidend beeinflussen.

Eine der Voraussetzungen für einen erfolgreichen Stiftungssektor liegt auf der Hand: Ein Mindestmaß an *Wohlstand* muss gegeben sein. Letzterer geht meist einher mit längeren Zeitabschnitten wirtschaftlicher und politischer *Stabilität.* Deshalb erstaunt es nicht, dass Länder mit starkem Wirtschaftswachstum oft über grössere bzw. rascher wachsende Stiftungssektoren verfügen als andere. Zudem wirken sich die *demografische Entwicklung* sowie moderne *Bedürfnisse nach Selbstverwirklichung* bzw. der Wunsch, sich ein Denkmal zu setzen, positiv auf die Anzahl der Stiftungsgründungen aus. Weiter wird deutlich, dass *dezentrale Strukturen* förderlich für die Entwicklung eines Stiftungssektors sind. Sie bieten auch kleineren Organisationen die Möglichkeit, gezielt und geografisch beschränkt in einer ergänzenden Rolle zur öffentlichen Hand aktiv zu werden, dies unter der Aufsicht einer lokalen Behörde.

Der Vergleich von Österreich, Deutschland und der Schweiz zeigt einen Hauptunterschied in der Ausrichtung der Stiftungssektoren: Während in Deutschland und der Schweiz die Gemeinnützigkeit dominiert, wird der österreichische Stiftungssektor hauptsächlich von eigennützigen Stiftungen getragen, so dass der Stiftungssektor in der Zivilgesellschaft eine zu vernachlässigende Rolle spielt. Historisch betrachtet hat sich in Deutschland und der Schweiz relativ früh eine gemeinnützige Stifterkultur entwickelt, die in Österreich bis heute fehlt. Die Voraussetzungen für die Entwicklung einer solchen Stifterkultur sind zum Einen eine etablierte *Privatindustrie*, deren Exponenten eine Vorbildfunktion einnehmen können, und zum Anderen *gesetzliche Rahmenbedingungen*, welche die Gemeinnützigkeit fördern.

Literatur

Adloff, Frank/Schwertmann, Philipp/Sprengel, Rainer/Strachwitz, Rupert Graf (2007): Germany. In: The Politics of Foundations: A Comparative Analysis, hrsg. v. Helmut K. Anheier und Siobhan Daly, London, New York, S. 172-185.

Anheier, Helmut K. (2001): Foundations in Europe: A Comparative Perspective. Civil Society Working Paper 18. URL: http://www.lse.ac.uk/collections /CCS/pdf/CSWP/CSWP18-revised_july_2001.pdf, Abrufdatum: 24.09.2009.

Anheier, Helmut K./Daly, Siobhan (Hrsg.) (2007): The Politics of Foundations: A Comparative Analysis. London, New York.

Archambault, Edith/Boumendil, Judith/Tsyboula, Sylvie (1999): Foundations in France. In: Private Funds, Public Purpose: Philanthropic Foundations in International Perspective, hrsg. v. Helmut K. Anheier und Stefan Toepler, New York, S. 185-197.

Bachstein, Werner/Badelt, Christoph (2001): Austria. In: Foundations in Europe. Society Management and Law, hrsg. v. Andreas Schlüter, Volker Then und Peter Walkenhorst, London, S. 84-93.

Bundesverband Deutscher Stiftungen (2010): Stiftungen in Zahlen. URL: http://www.stiftungen.org/files/original/galerie_vom_10.10.2005_12.40.23/Jahresstatistik.pdf. Abrufdatum: 24.02.2010.

Campenhausen, Axel von (2003): Geschichte des Stiftungswesens. In: Handbuch Stiftungen. 2. Aufl., hrsg. v. Bertelsmann Stiftung, Wiesbaden, S. 19-42.

Degen, Christoph (2008): Schweizer Stiftungsrecht im Umbruch. In: Stiftung & Sponsoring, 4/2008, S. 14.

Die Stiftung (Hrsg.) (2009): Interview mit Meyer, M. „Es gibt Hoffnung, dass die Stiftungen an Stärke gewinnen“, 5/2009, S. 42-44.

Givone, Frederico/Canino, Paolo/Cima, Stefano (2007): Italy. In: The Politics of Foundations: A Comparative Analysis, hrsg. v. Helmut K. Anheier und Sioban Daly, London, New York, S. 224-238.

Hinterhuber, Eva Maria (2005): Die Bürgerstiftung – ein Sonderfall? In: Stiftungen in Theorie, Recht und Praxis, hrsg. v. Rupert Graf Strachwitz und Florian Mercker, Berlin, S. 337-342.

Hopt, Klaus J./von Hippel, Thomas/Anheier, Helmut K./ Then, Volker/ Ebke, W./Reimer, E./Vahlpahl, Tobias (2009): Feasibility Study on a European Foundation Statute: Final Report. http://ec.europa.eu/internal_market/company/docs/eufoundation/feasibilitystudy_en.pdf. Abrufdatum: 27.10.09.

Initiative Bürgerstiftungen (2010): Bürgerstiftungen: Im Trend der Zeit - und für die Ewigkeit. URL: http://www.die-deutschen-buergerstiftungen.de/index.php?strg=2&baseID=2&. Abrufdatum: 26.02.2010.

Lacina, Ferdinand (2008): Privatstiftungen – ein Erfolgsmodell? In: Stiftungsrecht Jahrbuch 2008, hrsg. v. Maximilian Eiselsberg, Wien, S. 29-32.

Lichtsteiner, Hans/Degen, Christoph/Bärlocher, Christoph (2008): Stiftungslandschaft Schweiz. In: Stiftung & Sponsoring, 4/2008, Rote Seiten.

Purtschert, Robert/von Schnurbein, Georg/Beccarelli, Claudio (2007): Switzerland. In: The Politics of Foundations: A Comparative Analysis, hrsg. v. Helmut K. Anheier und Siobhan Daly, London, New York, S. 307-323.

Riemer, Hans Michael (1981): Berner Kommentar – Kommentar zum schweizerischen Privatrecht. Bern.

Riemer, Hans Michael (2001): Stiftungen im schweizerischen Recht. In: Stiftungsrecht in Europa, hrsg. v. Klaus J. Hopt und Dieter Reuter, Köln u.a., S. 511-519.

Simsa, Ruth (2007): Austria. In: The Politics of Foundations: A Comparative Analysis, hrsg. v. Helmut K. Anheier und Siobhan Daly, London, New York, S. 75-84.

Strachwitz, Rupert Graf (2001): Germany. In: Foundations in Europe. Society Management and Law, hrsg. v. Andreas Schlüter, Volker Then und Peter Walkenhorst, London, S. 133-144.

von Schnurbein, Georg/Bethmann, Steffen (2010): Philanthropie in der Schweiz. Centre for Philanthropy Studies (CEPS), Universität Basel.

Die Integration von Stakeholdern in die Governance von Förderstiftungen

Georg von Schnurbein, Basel

1 Einleitung

Förderstiftungen stellen eine besondere Form von Nonprofit-Organisationen (NPO) dar (Schwarz 2005). Während die Mehrzahl der NPO zu ihrer Finanzierung, strukturellen Gestaltung und öffentlichen Anerkennung stark von den Einflüssen und der Mitwirkung verschiedener Stakeholder abhängen (Theuvsen 2009), werden Förderstiftungen im Allgemeinen als selbstreferenziell verstanden. Förderstiftungen verfügen über ein ausreichendes Finanzkapital und haben aus juristischer Sicht keine direkten Anspruchsgruppen. Eine Stiftung gehört sich selbst und ist sich selbst am nächsten. Diese Sichtweise beherrscht nach wie vor das Selbstverständnis zahlreicher Stiftungsvertreter, was jedoch unter den Gesichtspunkten eines professionellen Stiftungsmanagements nicht haltbar ist. Die finanzielle und strukturelle Unabhängigkeit von Förderstiftungen wird durchbrochen von der Tatsache, dass Förderstiftungen zur Umsetzung ihres Stiftungszwecks auf die Unterstützung bzw. Mitwirkung von Destinatären und Leistungsempfängern angewiesen sind.

Schließlich verfügen Förderstiftungen in aller Regel nicht über die Kompetenzen und Ressourcen, um ihren Stiftungszweck, z.B. die Organisation von Kunstausstellungen oder Betreuung von Behinderten, selbst verwirklichen zu können. In komplexen Themengebieten wie beispielsweise der Wissenschaft sind die Stiftungen zudem auf Fachexperten angewiesen, die eingehende Gesuche entsprechend beurteilen können.

Die Berücksichtigung der Anspruchsgruppen und ihrer Interessen sollte jedoch nicht auf das operative Fördermanagement beschränkt bleiben. Vielmehr wird vermehrt auch ein Einbezug der Stakeholder auf der strategischen und normativen Managementebene als wirtschaftlich sinnvoll und notwendig erachtet (Prewitt 2006). Ausgangspunkt dieser Forderungen sind die systemimmanenten Schwächen des Stiftungsrates. Grundsätzlich ist ein Stiftungsrat ein Freiwilligengremium mit den entsprechenden Vor- und Nachteilen (Purtschert/von Schnurbein 2005). Der kostengünstigen Arbeitskraft und hohen ideellen Einstellung stehen Zeitmangel und mangelhafte Verbindlichkeit gegenüber. Auch fehlt nach wie vor ein allgemeines Bewusstsein, über welche Qualifikationen ein Stiftungsratsmitglied verfügen muss. Bei den meisten Stiftungsräten kommt hinzu, dass sie aufgrund der fehlenden demokratischen Strukturen sich selbst ergänzen, d.h. kooptieren. Dadurch besteht eine Tendenz zu einer statischen und geschlossenen Fortentwicklung innerhalb einer bestimmten Personengruppe. Schließlich verspüren Stiftungsräte aufgrund der wirtschaftlichen und rechtlichen Unabhängigkeit wenig bis kaum Druck, um rigoros und streng zu handeln.

Die Einbindung von weiteren Stakeholdern in das Governance-System von Förderstiftungen kann helfen, diese strukturellen Schwächen teilweise auszugleichen oder zu mindern. Dieser Beitrag widmet sich daher in einer theoretischen Betrachtung der Frage, durch welche Vorgehensweisen Stakeholder in die Governance-Strukturen von Förderstiftungen eingebunden werden können und welche Effekte dadurch zu erwarten sind.

2 Stakeholder und Foundation Governance

2.1 Stakeholder-Ansatz für Governance

Unter Stakeholdern versteht man generell „any group or individual who can affect or is affected by the achievement of the organizations' objectives" (Freeman 1984: 52). Dahinter steht die Idee, dass jede Organisation – profitorientiert oder nicht – eine soziale Verantwortung der Gesellschaft gegenüber zu erfüllen hat und die Zielsetzung verfolgt, für alle Anspruchsgruppen der Organisation einen

Wert zu schaffen (Witt 2002). Statt nur die Interessen der Eigentümer (Shareholder) zu berücksichtigen (Gewinnmaximierung), soll ein Interessensausgleich unter den verschiedenen Anspruchsgruppen erzielt werden. Dabei wird davon ausgegangen, dass sich die einzelnen Stakeholder-Gruppen hierarchisch bzgl. ihrer Bedeutung für die Organisation ordnen lassen. Wichtigen Stakeholdern sollte anschließend im Governance-System mehr Einfluss zugewiesen werden als weniger relevanten Stakeholder-Gruppen. Dabei übernimmt der Vorstand (*board*) eine koordinierende Rolle zwischen den unterschiedlichen Ansprüchen der Stakeholder wahr (Hung 1998). "An inclusive board seeks information from multiple sources, demonstrates an awareness of the community and constituents that benefit from and contribute to the organization's services, and establishes policies and structures to foster stakeholder contributions." (Brown 2002: 369). Von dieser Definition durch Brown ist hervorzuheben, dass dem Vorstand eine integrative Rolle zuteil wird und die Zielsetzung der Stakeholder-Beteiligung eine Sicherung ihrer Beiträge ist.

2.2 Grundsätze der Foundation Governance

Die eingangs beschriebenen Besonderheiten von Förderstiftungen sowie die Limitationen bei der Gestaltung der Stiftungsratsarbeit haben frühzeitig zur Erkenntnis geführt, dass Stiftungen auch Governance-Richtlinien und -Instrumente benötigen (Hofstetter 2003). Als erster Governance Code für NPO in der Schweiz wurde daher 2005 der Swiss Foundation Code (SFC) vorgestellt, der gleichzeitig der erste Code für Förderstiftungen in Europa war. Erst 2006 wurde mit dem Swiss NPO-Code ein Governance-Instrument für andere NPO-Typen präsentiert. Als zentrale Grundsätze des SFC wurden die folgenden drei Forderungen an eine effiziente Governance formuliert (Sprecher et al. 2009):

- Wirksame Umsetzung des Stiftungszwecks

  Der Stiftungsrat ist dazu eingesetzt, den Stiftungszweck umzusetzen. Dies bedeutet, den Stifterwillen immer wieder neu zeitgemäß und entsprechend der Anforderungen zu interpretieren. Dazu muss der Stiftungsrat nicht nur seine eigene Leistung berücksichtigen, sondern die gesamte Stiftungstätigkeit überprüfen. Die Forderung nach einer wirksamen Umsetzung ergibt sich aus dem Wirtschaftlichkeitsprinzip, demzufolge mit den vorhandenen Ressourcen eine größtmögliche Leistung erzielt werden soll. Darunter fallen gleichermaßen der Umgang mit dem Stiftungsvermögen, die Fördertätigkeit als auch die Gestaltung der Stiftung als Organisation.

- *Checks and balances* (Machtausgleich)

  In aller Regel steht dem Stiftungsrat kein entsprechendes organisatorisches Gegengewicht gegenüber. Damit fehlen der Stiftung wichtige Voraussetzungen, um eine Gewaltentrennung zu etablieren, wie sie in Vereinen oder Aktiengesellschaften üblich ist. Der Stiftungsrat als oberstes Gremium ist gleichermaßen Führungs- und Aufsichtsorgan – nicht nur für andere Stiftungsorgane, sondern auch für sich selbst. Deshalb steht der Stiftungsrat in der Pflicht, geeignete Vorkehrungen von Kontrolle und Gegenkontrolle zu errichten.

- Transparenz

  Einerseits bezieht sich die Transparenz auf die interne Organisation der Stiftung. Entscheidungsprozesse sollten nachvollziehbar und standardisiert ablaufen. Andererseits betrifft die Transparenz auch das Verhältnis der Stiftung zu ihrer Umwelt. Denn trotz fehlender Ansprüche bewegt sich die Stiftung nicht völlig abgekoppelt von anderen Akteuren. Als Organisationen der Zivilgesellschaft sollten sich Stiftungen aktive Partner anderer Organisationen und Institutionen verstehen, die offen kommunizieren und der Öffentlichkeit geeignete Informationen zur Verfügung stellen.

Die nachfolgende Integration von Stakeholdern muss sich daher an der Frage orientieren, inwiefern diese Integration mindestens einen der drei Grundsätze fördert und dadurch zu einer besseren Foundation Governance führt.

3 Vorgehensweisen zur Integration von Stakeholdern

In diesem Kapitel werden unterschiedliche Vorgehensweisen und die dazugehörenden Instrumente vorgestellt, wie Stakeholder in das Governance-System einer Förderstiftung integriert werden können (Tab. 1). Dabei wird einerseits unterschieden, welche Anspruchsgruppen vornehmlich durch eine bestimmte Vorgehensweise integriert werden und wie stark der Integrationsgrad ist. Außerdem wird dargestellt, welche Governance-Grundsätze dadurch gefördert werden.

Vorgehensweise	Institutionalisierung	Äquivalenz	Emotionale Integration	Evaluation	Situative Integration
Wichtigstes Instrument	Einsitz in Gremien (Stiftungsrat, Kommissionen etc.)	Branchenverband	Alumni-Betreuung	Wirkungsmessungsmethoden	Projektbeiräte, Arbeitsgruppen
Wer wird integriert?	Wichtigste Stakeholder, variabel	Andere Förderstiftungen	Ehemalige Destinatäre	Destinatäre, Leistungsempfänger, Experten	Experten, Meinungsführer, Destinatäre
Integrationsgrad	Hoch	Niedrig	Niedrig	mittel bis hoch	punktuell hoch
Welcher Grundsatz wird gefördert?	Transparenz, Machtausgleich, Wirksamkeit	Transparenz	Transparenz, Machtausgleich	Wirksamkeit, Transparenz	Wirksamkeit, Machtausgleich

Tab. 1: Vorgehensweisen zur Stakeholder-Integration

3.1 Institutionalisierung

In aller Regel wird unter der Integration von Stakeholdern eine institutionalisierte Beteiligung verstanden. Vertreter von einzelnen Stakeholder-Gruppen werden in Organe der Stiftung berufen, gewählt oder *ex officio* aufgenommen. Grundsätzlich ist eine Stiftung bei der Besetzung des Stiftungsrates auf die Vorgaben in der Stiftungsurkunde oder den Statuten angewiesen. In den meisten Fällen wird die Kooptation als Ergänzungsmethode gewählt, d.h. der Stiftungsrat kann neue Mitglieder selbst bestimmen. In solchen Fällen kann bei der Zusammensetzung des Stiftungsrates darauf geachtet werden, Mitglieder zu benennen, die eine wichtige Stakeholder-Gruppe vertreten oder über enge Kontakte dazu verfügen. In anderen Fällen – insbesondere wenn staatliche Gelder in die Stiftung fließen oder eine staatliche Institution (z.B. Museum) unterstützt wird – wird in den Statuten festgehalten, dass *ex officio* Repräsentanten oder Vertreter im Stiftungsrat aufgenommen werden. Da der Stiftungsrat nicht beliebig ausgeweitet werden kann, ohne seine Funktionsfähigkeit zu verlieren, besteht zudem die Möglichkeit, Stakeholder in Ausschüssen oder Beiräten zu integrieren. Jedoch sind auch hier die Möglichkeiten begrenzt.

Durch Institutionalisierung lassen sich zahlreiche Interessengruppen integrieren. Neben den bereits erwähnten staatlichen Stellen können dies insbesondere auch wichtige Donatoren und Destinatäre sein. Auch Fachexperten, Meinungsführer oder Politiker lassen sich auf diese Weise einbinden. Die Zielsetzung für die Governance ist dabei, dass diese Stakeholder durch ihre externe Perspektive neue Ansichten, kritische Begutachtung und Vernetzungsimpulse in die Stiftungen einbringen. Gleichzeitig tragen sie die Arbeits- und Handlungsweise der Stiftung nach außen und verpflichten dadurch die Stiftung indirekt zu einer zielgerichteten und transparenten Ausrichtung. Insofern bietet die Institutionalisierung eine sehr starke Einbindung der Stakeholder und fördert alle drei Governance-Prinzipien.

3.2 Äquivalenz

Wie bereits erwähnt unterliegt auch die Anzahl der Stiftungsratsmitglieder dem Wirtschaftlichkeitsprinzip und der Stiftungsrat kann nicht beliebig erweitert werden, ohne dadurch an Effizienz zu verlieren. Daher sind auch andere Integrationsformen zu diskutieren. Gerade Förderstiftungen laufen stets Gefahr, selbstreferenziell zu werden, da von den Destinatären oder den im Gesuchsverfahren eingebundenen Fachleuten kaum Kritik an der geldsprechenden Organisation geäußert wird. Durch die Mitgliedschaft in einem Netzwerk oder einen Stiftungsverband versetzt sich die Stiftung in die Situation, ihre Aktivitäten mit denen anderer Stiftungen zu messen oder gar zu rechtfertigen. Dieser Gruppendruck schafft mehr Offenheit und Transparenz – mindestens innerhalb des gewählten Netzwerkes. Der Austausch unter seinesgleichen ist für Förderstiftungen eine wirksame Möglichkeit, Stakeholder zu integrieren und das eigene Verhalten zu überprüfen. Die Intensität hängt dabei von der Offenheit innerhalb des Verbandes ab und kann daher sehr unterschiedlich ausfallen.

3.3 Emotionale Integration

Eine weitere Möglichkeit zum Aufbau von bleibenden Beziehungen zu Stakeholdern ist, eine emotionale Verbindung zur Stiftung zu entwickeln und zu fördern. Insbesondere ehemalige Destinatäre sollten von der Stiftung aktiv als Stakeholder erhalten werden, da sie zum einen als potentielle Auskunftspartner und Referenzen in zukünftigen Antragsverfahren eingesetzt werden können und da sie zum anderen auch ein Resonanzkörper für die eigenen Aktivitäten sein können. Dazu bedarf es jedoch einer stabilen Verbindung, die während des gemeinsamen Projektes gewachsen ist und später von beiden Seiten gepflegt wird. Für die Governance der Stiftung bedeutet dies einen Gewinn an Transparenz, da die Stiftung den Alumni zur Beziehungspflege auch Informationen über laufende Projekte mitteilen muss. Außerdem trägt die emotionale Integration zu einem gewissen Teil auch zum Machtausgleich bei, nämlich dann, wenn die ehemaligen Partner der Stiftung nicht nur Feedback geben, sondern auch bewusst in die Entwicklung neuer Programm u.ä. einbezogen werden.

3.4 Evaluation

Eine ernst gemeinte Evaluation erfasst nicht nur den Leistungsausweis des Gesuchsstellers, sondern bezieht auch den Beitrag der Stiftung mit ein. Insofern kann das Governance-System einer Stiftung von Evaluationsprozessen profitieren, wenn sie die Ergebnisse zu eigenen Leistungsfähigkeit zum Anlass für eigene Verbesserungen nimmt. Die Rückmeldungen von Leistungsempfängern, Destinatären und Fachexperten geben der Stiftung ein vielfältiges Bild ihrer eigenen Wirkung und Umsetzungsfähigkeit. Durch den Einsatz standardisierter Verfahren ergibt sich zudem die Möglichkeit, die eigenen Evaluationsergebnisse mit anderen Stiftungen zu vergleichen. Diese Benchmarks können dann als Anhaltspunkt für die Weiterentwicklung der Stiftung dienen.

Der klassische Abschlussbericht ist für eine integrative Wirkung von Evaluationen jedoch nicht ausreichend. Vielmehr braucht es strukturierte und komplexe Verfahren. Im Ergebnis wirkt die so genannte Project Governance auf die eigene Organisation zurück und hilft, deren Governance-Strukturen zu überprüfen (Hilb/Renz 2009). Durch die regelmäßige Evaluation gewinnt die Stiftung gesamthaft an Wirksamkeit und Transparenz, da die Lehren aus früheren Projekten und Fördermaßnahmen nicht vergessen, sondern zurück in die Organisation getragen werden.

3.5 Situative Integration

Entsprechend der Kontingenztheorie unterliegen soziale Systeme, wie Stiftungen es sind, stetigen Veränderungen. Daher lassen sich auch keine allgemeingültigen Verfahren und Instrumente einführen, die in jedem Fall anwendbar sind. Es ist nachvollziehbar, dass eine Förderstiftung, die sowohl kulturelle wie soziale Projekte fördert, in beiden Bereichen unterschiedliche Maßstäbe der Gesuchsbeurteilung oder der Evaluation benötigt. Ebenso ist es auch wenig sinnvoll, zu jeder Zeit alle potenziellen Stakeholder in die Stiftungsaktivitäten zu integrieren. Dies würde zweifellos mehr Kosten als Nutzen nach sich ziehen. Über projektbezogene und zeitlich begrenzte Arbeitsgruppen und Beiräte können aber spezifische Stakeholder situativ in die Stiftungsarbeit einbezogen werden. Dabei erhält ein Beirat bei einem großen Projekt durchaus auch Einfluss auf das Governance-System der Stiftung, indem der Stiftungsrat sich bei Entscheiden bzgl. des Projektes mit dem Beirat abstimmen muss. Dies fördert den Machtausgleich innerhalb der Stiftung. Gerade wenn es außer dem Stiftungsrat kein anderes dauerhaftes Organ gibt, können befristete Arbeitsgruppen für ein gewisses Gegengewicht sorgen, was auch im Interesse des Stiftungsrates liegen sollte. Durch Rückfragen oder Anregungen aus den zusätzlichen Gremien wird der Stiftungsrat angeregt, die eigene Arbeit zu hinterfragen und verhindert damit, zu stark selbstreferenziell zu werden. Dadurch erhöht sich anschließend wiederum die Wirksamkeit der Stiftung.

4 Ausblick

Zielsetzung dieses Beitrags war eine Erweiterung der Integrationsmöglichkeiten von Stakeholdern in das Governance-System von Förderstiftungen. Dieser Organisationstyp zeichnet sich durch eine hohe Eigenständigkeit aus, was einer wirksamen Governance oftmals abträglich sein kann. Durch eine variable Integration weiterer Stakeholder, die über das klassische Instrument der Institutionalisierung hinausgeht, können Förderstiftungen ihre eigenen Governance-Strukturen stärken und der Gefahr der Selbstreferentialität entgehen. Die Umsetzung dieser Instrumente bedarf allerdings einer zusätzlichen Öffnung der Stiftungen und der Bereitschaft, auch kritische Bemerkungen zu akzeptieren und auf ihren Wahrheitsgehalt zu prüfen. Bisher sind Stiftungen jedoch gewöhnt, dass ihre externen Stakeholder, insbesondere die Destinatäre und Leistungsempfänger kaum kritische Äußerungen vorbringen.

Literatur

Brown, William A. (2002): Inclusive Governance Practices in Nonprofit Organizations and Implications for Practice. In: Nonprofit Leadership and Management, 12, S. 369-385.

Freeman, R. Edward (1984): Strategic Management – A Stakeholder Approach. London.

Hilb, Martin/Renz, Patrick (2009): Wirksame Führung und Aufsicht von Nonprofit-Organisationen. Bern u.a.

Hofstetter, Karl (2003): Corporate Governance – Herausforderung für Stiftungen. In: Stiftungsparadies Schweiz, Foundation Governance, Bd. 1, hrsg. v. Philipp Egger, Basel, S. 43-52.

Hung, Humphry (1998): A Typology of the Theories of the Roles of Governing Bodies. In: Corporate Governance: An International Review, 6 (2), S. 101-111.

Prewitt, Kenneth (2006): Foundations. In: The Nonprofit Sector – A Research Handbook, 2. Aufl., hrsg. v. Walter W. Powell und Richard Steinberg, New Haven, London, S. 355-377.

Purtschert, Robert/von Schnurbein, Georg (2005): Neue Herausforderungen für Förderstiftungen – fünf Hypothesen zu Tätigkeit und Struktur des Stiftungsrates. In: Verbands-Management, 3/2005, S. 20-31.

Schwarz, Peter (2005): Organisation in Nonprofit-Organisationen. Bern u.a.

Sprecher, Thomas/Egger, Philipp/Janssen, Martin (Hrsg.) (2009): Swiss Foundation Code 2009. Basel.

Theuvsen, Ludwig (2009): Transparenz von Nonprofit-Organisationen: Eine Analyse am Beispiel des Swiss NPO-Code. In: Betriebswirtschaftliche Forschung und Praxis, 61 (1), S. 22-40.

Witt, Peter (2002): Grundprobleme der Corporate Governance und international unterschiedliche Lösungsansätze. In: Grundprobleme der Corporate Governance – Herausforderungen und Lösungsansätze, hrsg. v. Michael Nippa, Kerstin Petzold und Wolfgang Kürsten, Heidelberg, S. 41-72.

Erfolgreiche Kooperationen als Teil des Stakeholder-Managements einer Stiftung

Annegret Saxe, Münster

1 Ausgangslage

Aufgrund struktureller Veränderungen nehmen individuelle Vorsorge und Absicherung in Form der Selbsthilfe, aber auch eine privat organisierte Fremdhilfe an Bedeutung zu. Stiftungen sind eine zentrale Form organisierter Fremdhilfe und ein wichtiger Teil des Dritten Sektors. Sie erfüllen eine bedeutende gesellschaftliche Rolle und werden zunehmend zahlreicher und wichtiger (Bundesverband Deutscher Stiftungen 2010, Schlüter/Stolte 2007, S. 26, Anheier/Leat 2006). Vor dem Hintergrund begrenzt zur Verfügung stehender Mittel geht damit ein zunehmender Stiftungswettbewerb einher. Daraus erwachsen neue Anforderungen an die optimale Erfüllung des Stiftungszwecks und der Stakeholder-Bedürfnisse. Um diesen Anforderungen im Rahmen der Erfüllung der Stiftungsleistung optimal zu begegnen, rücken zunehmend auch Netzwerke und Kooperationen von Stiftungen in den Fokus. In der Praxis wird bereits von einem „Trend zur Kooperation“ gesprochen.

Auch neuere wissenschaftliche Arbeiten erwähnen die große Bedeutung von Kooperationen für den Dritten Sektor im Allgemeinen und für Stiftungen im Besonderen (Lee 2008; Fritsch 2007; Lang/Schnieper 2006). Dennoch wurden Stiftungskooperationen bis jetzt keiner detaillierten Analyse unterzogen. Anders sieht es im Unternehmenssektor aus. Hier wird seit einigen Jahrzehnten eine Vielzahl an Kooperationsmodellen theoretisch erforscht und praktisch umgesetzt. Diese Entwicklung wird auch als „kooperative Ökonomie“ bezeichnet (Theurl/Schweinsberg 2004). Es liegt nahe, sich ihre Erkenntnisse bei der Suche nach effizienten Formen der Arbeitsteilung für Stiftungen zunutze zu machen. So wurden in einem Forschungsprojekt des Instituts für Genossenschaftswesen der Universität Münster Erkenntnisse der Kooperationsforschung mit der Nonprofit-Forschung verknüpft (Saxe 2009). Ziel war zum einen, die Übertragbarkeit der Kooperationsforschung auf den Nonprofit-Bereich zu überprüfen und zum anderen, aus den übertragbaren Erkenntnissen Determinanten für den Kooperationserfolg einer Nonprofit-Organisation am Beispiel der Stiftung abzuleiten. Zur Erlangung der Forschungsziele wurde ein theoretischer Bezugsrahmen für erfolgreiche Stiftungskooperationen hergeleitet, durch eine umfangreiche Primärerhebung unter deutschen Stiftungen überprüft und in ein praxeologisches Aussagensystem überführt. Dieses lieferte Handlungs- und Gestaltungsempfehlungen für ein erfolgreiches Kooperationsmanagement einer Stiftung. Denn erfolgreich gestaltet tragen Kooperationen zur Erreichung des Stiftungszwecks und zu einer zufriedenstellenden Berücksichtigung der Interessen der Stakeholder der Kooperation sowie der gesamten Stiftung bei. Ziel des Beitrags ist es daher, ausgehend von der Betrachtung der Stakeholder einer Stiftung bzw. einer Stiftungskooperation Ergebnisse des Forschungsprojekts vorzustellen und eine mögliche Erweiterung dieser um zusätzliche Stakeholder-Interessen zu diskutieren.

2 Stakeholder von Stiftungen und von Stiftungskooperationen

2.1 Stiftungen und ihre Stakeholder

Für die Isolierung der unterschiedlichen Stakeholder-Gruppen einer Stiftung ist es erforderlich, zunächst die relevante Leistungskette einer Stiftung vorzustellen (Saxe 2008). Abb. 1 verdeutlicht, dass – anders als bei Dienstleistungsunternehmen – der Leistungserstellungsprozess einer Stiftung a) nicht mit der Bereitstellung der potenziellen Faktoren beginnt und b) nicht mit der Bereitstellung des Outputs endet. Ausgehend von ihrem Zweck leitet die Stiftung Ziele ab, entwickelt sodann durch die Kombination von Potenzialen und Prozessen ein

(Förder)-Programm und führt dieses durch (Output). Der Leistungsprozess endet jedoch erst, wenn durch den Output eine bestimmte Wirkung (Outcome) erzielt wurde, die dem Stiftungszweck entspricht.

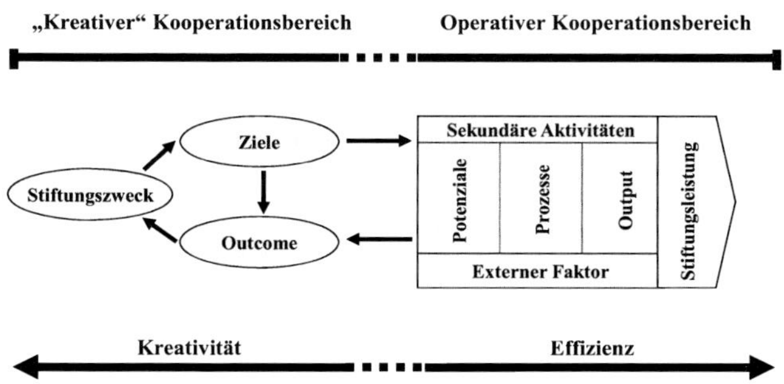

Abb. 1: Stiftungsspezifische Leistungskette

Durch die im Vergleich zu Organisationen des privatwirtschaftlichen Sektors „längere" Leistungskette umgibt Stiftungen ein vielschichtigeres Beziehungsgeflecht (Bruhn 2005). Folgt man der Auffassung, dass Anspruchsgruppen alle Akteure sind, die ein Interesse an der Organisation haben, lassen sich für Stiftungen auf Basis der Leistungskette sechs verschiedene Gruppen von Akteuren zusammenfassen (Abb. 2, in Anlehnung an Backer et al. 2005; Moore 2005; Koss 2005).

Die Gruppen Eins und Zwei beschreiben die Kunden der Stiftung, die in Output-Kunden und Outcome-Kunden unterteilt werden. Erstgenannte sind die Leistungsempfänger bzw. Destinatäre der Stiftung. Obwohl dem Empfang der Leistung durch den Destinatär keine monetäre Gegenleistung gegenübersteht, erscheint die Bezeichnung Kunde gerechtfertigt. Im Sinne des Wirkungsmodells stellt er analog zu Kunden der Privatwirtschaft das Ende des tatsächlichen Produktionsprozesses dar, indem sich an ihn die Outputleistung der Stiftung richtet.

Da eine Stiftung in der Regel aber (als indirekte Gegenleistung) monetäre Leistungen von Dritten erhält, kann von einer zweiten Kundengruppe gesprochen werden, den Outcome-Kunden. Hierunter lassen sich vor allem die verschiedenen Arten von Spendern sowie der Staat subsumieren. Ein Interesse dieser

Gruppe ist natürlich die Versorgung der nachgelagerten Kunden mit Output-Leistungen. Doch ihr Hauptinteresse besteht an der Outcome-Leistung der Stiftung, für die sie nach eigenem Ermessen zu zahlen bereit ist. Kostenträger und Nutzenempfänger fallen somit auseinander. Bei der Unterteilung in Output- und Outcome-Kunden ist zu beachten, dass eine gegenseitige Wechselwirkung zwischen beiden Gruppen besteht. Bei einer optimalen Versorgung der Output-Kunden im Sinne der definierten Stiftungsmission tragen sie somit (unbewusst) zur Erreichung des Outcomes bei und bestärken so das Interesse potentieller Outcome-Kunden an der Stiftung. Aus diesem Grund ist aus umgekehrter Sicht das optimale Erreichen der Output-Kunden ein großes Anliegen der Outcome-Kunden.

Abb. 2: Anspruchsgruppen einer Stiftung

Öffentlich-/staatliche Institutionen werden in Gruppe Drei zusammengefasst und beinhalten neben Bund, Länder und Kommunen auch die Stiftungsaufsichten und Verbände. Erstgenannte beinhalten die steuerlichen Aspekte sowie die Outcome-Orientierung, so dass hier eine Überschneidung zu Gruppe Zwei auftreten kann. Anspruchsorientierung der Stiftungsaufsicht ist, dass die Stiftung nach Maßgabe der Gesetze und der Satzung ordnungsgemäß verwaltet und der Stiftungszweck erfüllt wird.

Gruppe Vier beinhaltet die internen Anspruchsorgane einer Stiftung, wobei sich zwischen den einzelnen Untergruppen starke Unterschiede bezüglich der Anspruchsorientierung ergeben können, die es zu berücksichtigen gilt. So können beispielsweise für die Nachkommen eines verstorbenen Stifters andere Interessen im Vordergrund stehen als für den amtierenden Vorstand der Stiftung.

Gruppe Fünf stellt das Konkurrenzumfeld der Stiftung dar. Konkurrenz kann einmal bei gleicher oder ähnlicher Outcome-Orientierung zwischen zwei oder mehr Stiftungen bzw. anderen Einheiten (kommunalen Gruppen, Vereinen etc.) auftreten. Ebenfalls konkurrieren aber alle Nonprofit-Organisationen um die begrenzten finanziellen Mittel potentieller Spender. Zur Akquise potentieller Spender sowie für eine positive Außendarstellung ist Gruppe Sechs mit den Untergruppen Unternehmen, Mäzene und allgemeine Öffentlichkeit von großer Bedeutung.

Die hohe Zahl an verschiedenen Anspruchsgruppen, die eine Stiftung zu berücksichtigen hat, verdeutlicht die Komplexität, die es innerhalb einer Stiftung, aber auch zwischen kooperierenden Stiftungen unbedingt zu bewältigen gilt. Andernfalls ist eine effiziente und effektive Stiftungsarbeit nicht durchführbar.

2.2 Stiftungskooperationen und ihre Stakeholder

Eine Stiftungskooperation ist eine projektbezogene oder längerfristige, freiwillige Zusammenarbeit einer Stiftung mit einer weiteren Stiftung oder einer anderen Organisation in einem bestimmten Bereich, während in anderen Bereichen unabhängig voneinander weitergearbeitet wird (Theurl/Saxe 2009). Sie kann beendet werden und basiert auf mündlichen oder schriftlichen Vereinbarungen.

Zu beachten ist, dass es bei der Kooperationsentscheidung einer Stiftung nicht um die Frage geht, die Erreichung des Stiftungszwecks erst möglich zu machen. Vielmehr gilt es zu untersuchen, ob der Stiftungszweck durch eine Kooperation besser erreicht werden kann als in alternativen Organisationsentscheidungen (Theurl 2008a). Die Ziele einer Stiftungskooperation müssen somit mit den allgemeinen Stiftungszielen identisch bzw. Unterziele dieser sein. Die in 2008 durchgeführte Vollerhebung unter deutschen Stiftungen (Theurl/Saxe 2009) verdeutlicht dies: Die zwei wichtigsten Kooperationsziele von Stiftungen sind die Erzielung einer größeren Stiftungswirkung (Outcome) sowie die Erhöhung des Wahrnehmungsgrads. Kooperationen stellen folglich ein Instrument zur wirksamen Erfüllung der Stiftungsziele dar.

Daraus folgt, dass die Anspruchsgruppen einer Stiftung auch zu den Stakeholdern der Stiftungskooperation werden. Zu diesen kommen jedoch noch die gesamten Stakeholder des Kooperationspartners sowie die Kooperationspartner selbst als Anspruchsgruppe hinzu. Die Entscheidung zu kooperieren steigert somit weiter das komplexe Gefüge von unterschiedlichen Stakeholdern der Stiftung. Daher ist es die Aufgabe eines Kooperationsmanagements, die Zusammenarbeit mit dem Kooperationspartner erfolgreich zu gestalten und so komplexitätsreduzierend zu wirken. Auf diese Weise werden die Bedürfnisse der Stakeholder-Gruppe „Kooperationsbeteiligte“ ebenso erfüllt wie die der oben skizzierten weiteren Stakeholder-Gruppen einer Stiftung.

3 Effizientes Management von Stiftungskooperationen

3.1 Theoretische Herleitung eines Bezugsrahmens

Innerhalb der klassischen Kooperationsökonomie lassen sich viele unterschiedliche Theorieansätze zur Untersuchung von Unternehmenskooperationen sowie deren Wirkungen und Einflussfaktoren identifizieren (Swoboda 2005). Eine in sich geschlossene Kooperationstheorie existiert nicht. Innerhalb des Forschungsprojekts wurden jene Elemente der ökonomischen Kooperationstheorie identifiziert, die zur Erklärung von Stiftungskooperationen Hinweise lieferten: Ausgehend vom Transaktionskostenansatz (Williamson 1975, 1985; Coase 1937) wurde mithilfe des Prinzipal-Agenten-Ansatzes (Jensen/Meckling 1976; Richter/Furubotn 2003) die im Fokus stehende hybride Organisationsform in ihrem Innenverhältnis näher analysiert und mithilfe des Vertrauensansatzes (Luhmann 2000; Ripperger 2003; Riemer 2005) um eine relational-soziale Perspektive erweitert. Der Ressourcenansatz (Penrose 1959; Wernerfelt 1984; Barney 2001) lieferte darüber hinaus Ausgangspunkte für die Beschreibung von wichtigen Ressourcenmerkmalen einer Stiftungskooperation. Da alle Ansätze gewinnorientierte Unternehmen in den Fokus setzen, wurden ihre zugrundeliegenden Annahmen auf ihre Übertragbarkeit auf den NPO-Bereich überprüft und gegebenenfalls adaptiert. Die sich aus den theoretischen Ansätzen ergebenden Schlussfolgerungen in Form von Basishypothesen stellten Elemente des herzuleitenden Bezugsrahmens dar. Um die Suche weiter zu strukturieren, wurden ein situativer Ansatz (Fritz 1992) gewählt und auf Grundlage der Basishypothesen Kontext- und Gestaltungsvariablen abgeleitet. Dies geschah für die Kontextvariablen mithilfe eines aufgestellten, stiftungsspezifischen Mehr-Ebenen-Modells, aus welchem die Spaltenköpfe der Abb. 3 extrahiert wurden. Für die Suche nach adäquat-relevanten Gestaltungsvariablen wurde das phasenbezogene Kooperationsmanagementmodell nach Theurl (2008a, 2008b) herangezogen.

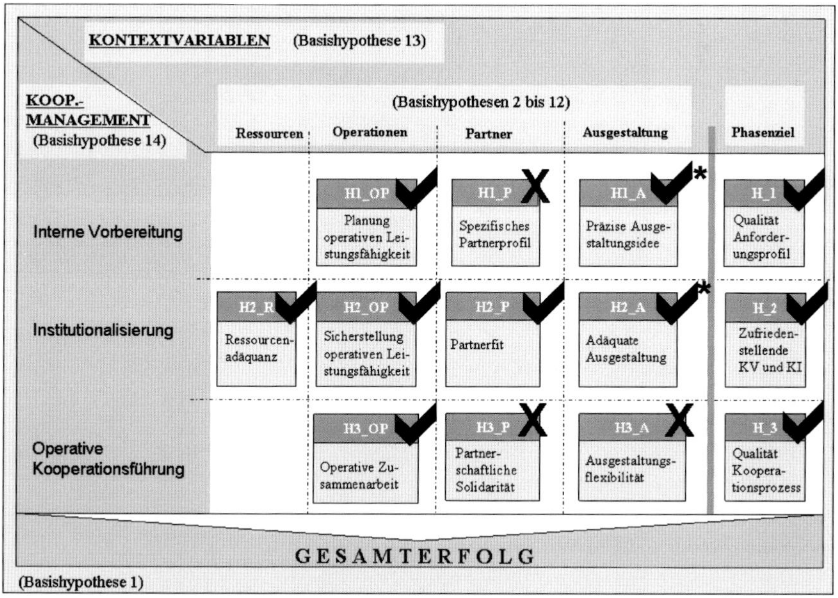

✔ = Erfolgsfaktor der Phase für Gesamterfolg bestätigt; **X** = Erfolgsfaktor der Phase für Gesamterfolg nicht bestätigt, ✔ * = Erfolgsfaktor für Gesamterfolg phasenunabhängig bestätigt, KV = Kooperationsvereinbarung, KI = Kooperationsimplementierung

Abb. 3: Matrixförmiger Bezugsrahmen der Untersuchung

Dessen Phasen der internen Vorbereitung, der Institutionalisierung sowie der operativen Durchführung der Kooperation ergaben die Zeilen der Abb. 3. Neben der dargestellten übergeordneten Erfolgsebene (unterste Zeile in Abb. 3) wurde jeweils noch eine phasenabhängige Erfolgsebene eingeführt, um die phasenspezifischen Anforderungen an eine erfolgreiche Kooperation zum Ausdruck zu bringen (rechte Spalte in Abb. 3).

Der so entwickelte Bezugsrahmen stellt ein allgemein anwendbares Instrument zur strukturierten Suche nach potenziellen Faktoren für den Kooperationserfolg einer Organisation dar. In Abhängigkeit der gewählten Kontextvariablen erhält er seinen untersuchungsspezifischen Bezug; hier den stiftungsspezifischen Fokus: Jedes Feld stellt ein Suchfeld für Ausgestaltungshinweise bzw. Erfolgsfaktoren von Stiftungskooperationen dar. Für ihre Aufdeckung wurde pro Phase jede theoretische Perspektive der Kontextvariablen betrachtet und auf ihre potenzielle Erfolgsrelevanz hin untersucht.

3.2 Empirisch bestätigte Erfolgsfaktoren

Für die empirische Überprüfung der postulierten Wirkungszusammenhänge wurde jedes als erfolgskritisch angesehene Feld des theoretischen Bezugsrahmens operationalisiert. Hierbei wurde bevorzugt eine formative Operationalisierung vorgenommen, um nicht nur auf der Konstruktebene Wirkungszusammenhänge beschreiben zu können, sondern auch auf Indikatorebene konkrete Handlungsempfehlungen für die erfolgreiche Gestaltung von Stiftungskooperationen ableiten zu können. Zwischenergebnis der Operationalisierung war ein fünfseitiger Fragebogen, der an 349 Stiftungen verschickt wurde, wovon 83 auswertbare Fragebögen zurückgesandt wurden.

Mit Hilfe des varianzbasierten PLS-Ansatzes (Ringle et al. 2005) wurden die postulierten Wirkungszusammenhänge überprüft. Die abschließende Bewertung des Hypothesensystems ergab, dass insgesamt 71 Prozent des Erfolgs einer Stiftungskooperation durch das Modell und den dahinter stehenden theoretischen Bezugsrahmen erklärt werden konnten. Wichtige Einflussfaktoren auf den Erfolg werden folglich durch das theoretische Modell erfasst und im Folgenden vorgestellt.

Die für den Erfolg einer Stiftungskooperation wichtigste Phase stellt die der Institutionalisierung der Kooperation dar. Sowohl die Art des Kooperationsvertrags als auch dessen Implementierung üben einen sehr hohen Einfluss auf den Erfolg der Kooperation aus. Um hier zufrieden stellende Ergebnisse zu erhalten, sind vier Faktoren von Bedeutung: Zum einen ist a) die Definition relevanter Aufgabenbereiche, die Implementierung klarer Informations- und Kommunikationskanäle und die Unterstützung von Seiten des Stiftungsmanagement erforderlich, um die operative Leistungsfähigkeit der Kooperation sicherzustellen. Zum anderen ist b) auf die Merkmale der Partnerressourcen zu achten, die als Kernkompetenzen wertvoll und spezifisch sein sollten, um die eigenen Ressourcen entsprechend ergänzen und/oder verstärken zu können. Darüber hinaus ist c) auf einen kooperationsprojektspezifischen, individuellen Fit mit dem Partner zu achten. Insbesondere sollten hier hinsichtlich des Rollenverständnisses innerhalb der Gesellschaft und der Einschätzung der Kooperation Übereinstimmungen vorliegen. Und schließlich wirkt sich d) das Definieren und Festhalten von den Kooperationszielen sowie der für beide Seiten zugeordneten Rechte und Pflichten positiv auf die gesamte Kooperation aus.

Die operative Durchführung der Kooperation stellt die zweitwichtigste Phase für den Erfolg einer Stiftungskooperation dar. Hier ist eine hohe Qualität des Kooperationsablaufs zu erreichen. Verbindliche Governance-Strukturen sind festzulegen, welche insbesondere durch eine professionelle Koordination der Zusammenarbeit, eine gerechte Lastenverteilung und eine hohe Kooperationsvereinbarungstreue sichergestellt werden. Diese ermöglichen eine fortwährende Überprüfung der Kooperationsziele. Erreichte Ziele sind zu kommunizieren, um die Kooperationsvorteile zu verdeutlichen. Nicht erreichten Zielen ist durch Anpassungen und Re-Fokussierungen zu begegnen. Ein Abdriften der Kooperation kann so vermieden bzw. behoben werden.

Die Phase der internen Vorbereitung hat im Vergleich der drei Phasen die niedrigste Bedeutung für den Erfolg der Kooperation. Ein wichtiger Schritt innerhalb der Planung ist die Definition der Kooperationsziele aus Sicht der eigenen Stiftung. Die zunächst einzunehmende (bzw. beizubehaltende) Perspektive ist folglich nicht die der Kooperation, sondern die der eigenen Stiftung. Eine professionelle und managementorientierte Ausrichtung der Stiftung sind hier maßgeblich. Sind die individuellen Ziele definiert, lassen sich die insgesamt für das Projekt benötigten Ressourcen bestimmen. Aus der Gesamtplanung aller benötigten Ressourcen lassen sich in einem weiteren Schritt die Ressourcen, die der potenzielle Partner in die Kooperation einbringen soll, ableiten. Ebenso können die Eigenschaften des potenziellen Partners beschrieben werden. Beides beeinflusst die Qualität des Anforderungsprofils positiv.

Besonders ist darauf hinzuweisen, dass ebenso eine präzise Ausgestaltungsidee der Kooperation zu ihrem erfolgreichen Gelingen beiträgt. Die Untersuchung ergab einen signifikanten Gesamteffekt von der Ausgestaltungsidee auf den Kooperationserfolg, jedoch nicht auf das davor stehende Anforderungsprofil. Daraus lässt sich schließen, dass die Relevanz der Ausgestaltungsidee in dieser Phase von den Stiftungsvertretern noch unterschätzt wird. Da der Wirkungszusammenhang auf den Gesamterfolg jedoch positiv ist, ist für einen hohen Erfolg der Kooperation ihre Ausgestaltung bereits im Rahmen der internen Vorbereitung zu bedenken. Als wichtige Facetten erweisen sich hier neben der angesprochenen Planung der insgesamt für das Projekt benötigten Ressourcen die Kenntnis über verschiedene mögliche Ausgestaltungsformen von Kooperationen von Stiftungen sowie eine vom Stiftungsvorstand ausreichend gewährte Vorbereitungszeit des Kooperationsprojekts.

Als nichtbestätigte Erfolgsfaktoren stellten sich vor allem zwei weiche Governance-Mechanismen heraus. 1) Die als positiv auf den Kooperationserfolg wirkende angenommene Determinante „Partnerschaftliche Solidarität" zeigte sich überaschender Weise als negativ signifikant. Sie wurde unter anderem über Fairness, Kompromissbereitschaft und hohe Identifikation mit den Bedürfnissen des Partners operationalisiert. Folglich ist ein höherer Kooperationserfolg wahrscheinlich, wenn sich beide Seiten auf ihren Bereich konzentrieren und sich die Belange des Kooperationspartners nicht übermäßig zu eigen machen. Bei Stiftungskooperationen ist daher ein gewisser Grad an Eigenzentriertheit unerlässlich. 2) Ebenso wurde das als Erfolgsfaktor angenommene Konstrukt „Ausgestaltungsflexibilität" nicht bestätigt. Der klassische Kooperations-Trade-off zwischen Flexibilität und Stabilität fällt bei Stiftungskooperationen somit klar zugunsten der Stabilität aus.

3.3 Erweiterung des Bezugsrahmens

Der Entwicklung eines theoretischen Bezugsrahmens für eine analytische Untersuchung sind Grenzen gesetzt. Aus forschungspragmatischen Gründen ist die

Komplexität zu begrenzen, da sonst die Darstellbarkeit und die Möglichkeit der empirischen Überprüfung gefährdet werden. Losgelöst von den analytischen Anforderungen kann der dargestellte Bezugsrahmen jedoch als praxisorientierte Planungsmatrix einer Stiftungskooperation verwendet werden. Dies eröffnet Erweiterungspotenziale: Neben den Ansprüchen der Kooperationsbeteiligten können auch andere Stakeholder der Organisation in der Planungsmatrix berücksichtigt werden. Für jede Phase kann auf diese Weise überlegt werden, ob die jeweilige Anspruchsgruppe bestimmte Anforderungen an die einzelne Phase stellt, die es mit Blick auf das jeweilige Phasenziel und des Gesamtziels der Organisation zu berücksichtigen gilt. Für zwei Stakeholder-Gruppen sei dies exemplarisch aufgezeigt:

Anspruchsgruppe 3: Staatlich/rechtliche Instanzen

Als ein Anspruch der Stakeholdergruppe 3 sei hier die von ihr (bzw. einer Untergruppe dieser) geforderte rechtliche Legitimität einer Stiftungskooperation betrachtet. Fügt man das Merkmal der Legitimität als weitere Spalte in die Planungsmatrix, kann für jede Phase der Kooperation überlegt werden, welche Anforderungen von ihr ausgehen. Auf diese Weise zeigt sich schnell, dass bereits in der internen Vorbereitung der Kooperation eine intensive Auseinandersetzung mit den rechtlichen Bedingungen an eine Stiftungskooperation wichtig ist (hier und im Folgenden Wörle-Himmel 2007; Schick 2003). Eine unverbindliche Kooperation, z.B. in Form eines Informationsaustausches, hat in der Regel keine steuerlichen oder rechtlichen Folgen. Anders sieht es aus, wenn eine Stiftung mit einer anderen kooperiert, damit letztere ein geplantes Projekt durchführt. Hier ist zu unterscheiden, ob es sich um ein Projekt mit Förderantrag und Zuwendungsbescheid oder um eine Projektdurchführung im Rahmen eines Geschäftsbesorgungsverhältnisses handelt. Je nach Ausgestaltungsform sind jeweils andere gemeinnützigkeitsrechtliche Folgen zu beachten. Dies erfordert, dass ein etwaiger Kooperationsvertrag im Rahmen der Implementierung der Kooperation unter Berücksichtigung sowohl der eigenen Statuten als auch der Abgabenordnung aufgesetzt wird. Durch vertragskonformes Handeln während der Kooperationsdurchführung können umsatzsteuerliche Probleme und/oder Einsprüche von Seiten der Finanzverwaltung vermieden werden. Beide Kooperationspartner können folglich durch die Berücksichtigung der Legitimitätsansprüche in allen Phasen der Kooperation zu ihrem erfolgreichen Gelingen beitragen.

Anspruchsgruppe 2: Outcome-Kunden

Für die Gruppe der (potenziellen) Spender einer Stiftung sei hier ihr Anspruch nach optimaler Erreichung der Leistungsempfänger betrachtet. Je besser deren Bedürfnisse durch die Stiftung erfüllt werden, umso höher wird die Bereitschaft von Spendern sein, Mittel zur Verfügung zu stellen. Fügt man folglich die potenziellen Spender einer Stiftung als weitere Gruppe in die Planungsmatrix ein, ergibt sich Folgendes: In den Phasen der internen Vorbereitung sowie der Implementierung der Kooperation erscheint eine explizite Berücksichtigung der Stakeholder-Gruppe „Spender" nicht erforderlich. Beiden Phasen vorgeschaltet ist die strategische Positionierung der Stiftung (Theurl 2008a). Sie liefert die Antwort auf die Frage, wie die Stiftungsleistung optimal erbracht werden kann. Vor der Kooperationsentscheidung steht folglich die Abwägung unterschiedlicher Strategien zur Erreichung des Stiftungszwecks im Fokus. Hier ist eine explizite Berücksichtigung aller Stakeholder und somit auch der (potenziellen) Spender äußerst wichtig. Steht am Ende der Phase als beste Form der Arbeitsteilung die Kooperation für einzelne oder mehrere Schritte der Stiftungsleistungskette fest, beginnt die Phase ihrer internen Planung. Hier steht wie dargestellt die operative Leistungsfähigkeit der Kooperation im Vordergrund, Ansprüche der Spender können zunächst außen vor bleiben. Wichtig werden diese aber wieder im Rahmen der Durchführung der Kooperation. Hier tritt die Stiftung mit ihren Leistungsempfängern direkt in Kontakt, die wie beschrieben auch im Fokus der Spender stehen. Eine intensive Kommunikation über die Erfüllung der Bedürfnisse der Leistungsempfänger nach außen ist für die Gewinnung neuer Spender und das Halten bekannter Spender somit äußerst wichtig. Demnach sind erreichte Ziele der Kooperation nicht nur den Kooperationsbeteiligten zu vermitteln, sondern auch in die Öffentlichkeit zu transportieren.

Beide Beispiele zeigen, dass im Rahmen einer Stiftungskooperation eine kooperationsphasenabhängige Betrachtung der Ansprüche aller Stakeholder-Gruppen verdeutlicht, wann welche Stakeholder-Bedürfnisse in den Vordergrund bzw. Hintergrund treten sollten. Ihre systematische Betrachtung kann zum Erfolg der Kooperation und somit zur erfolgreichen Erfüllung der Stiftungsleistung beitragen.

4 Fazit

Der Beitrag hatte zwei Ziele. Zum einen wurde der Untersuchungsgegenstand der Stiftungskooperation einer wissenschaftlichen Betrachtung zugeführt. Ein theoretischer Erklärungsrahmen für Erfolgsfaktoren von Stiftungskooperationen wurde aufgezeigt und daraus abgeleitete praxisorientierte Empfehlungen skizziert. Zum anderen wurden die Anspruchsgruppen einer Stiftung beschrieben und Überlegungen angestellt, wie diese im Rahmen eines effizienten Kooperationsmanagement einer Stiftung berücksichtigt werden können. Während die Erfolgsfaktoren bereits empirisch bestätigt werden konnten, steht solches für die Stakeholder-Berücksichtigung im Rahmen des Kooperationsmanagements noch aus und ist Inhalt weiterer Forschungsarbeit.

Literatur

Anheier, Helmut K./Leat, Diana (2006): Creative Philanthropy. Towards a New Philanthropy for the Twenty-First Century. New York.

Backer, Thomas E./Smith, Ralph/Barbell, Ira (2005): Who Comes to the Table? Stakeholder Interactions in Philanthropy. In: Rethinking Philanthropic Effectiveness. Lessons from an International Network of Foundation Experts, hrsg. v. Dirk Eilinghoff, Gütersloh, S. 111-127.

Barney, Jay B. (2001): Resource-Based Theories of Competitive Advantages: A Ten-Year Retroperspective on the Resource-Based View. In: Journal of Management, 27 (6), S. 643-650.

Bruhn, Manfred (2005): Marketing für Nonprofit-Organisationen. Grundlagen, Konzepte, Instrumente. Stuttgart.

Bundesverband Deutscher Stiftungen (2010): Stiftungswachstum weiterhin auf hohem Niveau. URL: http://www.stiftungen.org/index.php?baseID =78 & strg=61_78&dataID=202&year=2010, Zugriff: 01.03.2010.

Coase, Ronald (1937): The Nature of the Firm. In: Economica, 4, S. 386-405.

Fritsch, Nina (2007): Erfolgsfaktoren im Stiftungsmanagement. Erfolgsfaktorenforschung im Nonprofit-Sektor. Wiesbaden.

Fritz, Wolfgang (1992): Marktorientierte Unternehmensführung und Unternehmenserfolg. Grundlagen und Ergebnisse einer empirischen Untersuchung. Stuttgart.

Jensen, Michael C./Meckling, William H. (1976): Theory of the Firm: Managerial Behavior, Agency Costs and Ownership Structure. In: Journal of Finance Economics, 3 (3), S. 303-360.

Koss, Claus (2005): Stiftungen in Vereinsform. In: Stiftungen in Theorie, Recht und Praxis. Handbuch für ein modernes Stiftungswesen, hrsg. v. Rupert Graf Strachwitz und Florian Mercker, Berlin, S. 251-256.

Lang, Niklas/Schnieper, Peppi (2006): Professionelles Management von Stiftungen. St. Gallen.

Lee, Young-Joo (2008): Book Review: Nonprofit Organizations: Challenges and Collaborations by Alfred Vernis et al. (2006). In: Nonprofit and Voluntary Sector Quarterly, 37, S. 565.

Luhmann, Niklas (2000): Vertrauen. Ein Mechanismus der Reduktion sozialer Komplexität. 4. Aufl., Stuttgart.

Penrose, Edith Tilton (1959): The Theory of the Growth of the Firm. New York.

Richter, Rudolf/Furubotn, Eiric G. (2003): Neue Institutionenökonomik. 3. Aufl., Tübingen.

Riemer, Kai (2005): Sozialkapital und Kooperation. Tübingen.

Ringle, Christian M. et al. (2005): SmartPLS, 2.0 (beta), Hamburg. URL: http://www.smartpls.de; Stand: 03.03.2010.

Ripperger, Tanja (2003): Ökonomik des Vertrauens. 2. Aufl., Tübingen.

Saxe, Annegret (2008): Erfolgsfaktoren von Stiftungskooperationen – ein Problemaufriss. Arbeitspapiere des Instituts für Genossenschaftswesen der Westfälischen Wilhelms-Universität Münster, Nr. 73.

Saxe, Annegret (2009): Erfolgsfaktoren von Stiftungskooperationen – eine theoretische und empirische Analyse. Aachen.

Schick, Stefan (2003): Kooperationen von Stiftungen. Formen, Ausgestaltung und steuerliche Fallstricke. In: Stiftung & Sponsoring, 4/2003, S. 15-17.

Schlüter, Andrea/Stolte, Stefan (2007): Stiftungsrecht. Formen und Errichtung, Stiftungsaufsicht, Verwaltung, Besteuerung, Internationales Stiftungsrecht. München.

Swoboda, Bernhard (2005): Kooperation: Erklärungsperspektiven grundlegender Theorien, Ansätze und Konzepte im Überblick. In: Kooperation, Allianzen und Netzwerke. Grundlagen – Ansätze – Perspektiven, hrsg. v. Joachim Zentes, Bernhard Swoboda und Dirk Morschett, Wiesbaden, 35-64.

Theurl, Theresia (2008a): Kooperationspotenziale von Stiftungen. In: Regionale Stiftungskooperation. Netzwerke und Stiftungsverbünde in Theorie und Praxis, hrsg. v. Niels Lange, Janina Ueschner und Michael Vilain (2008): Ibbenbüren, S. 6-20.

Theurl, Theresia (2008b): Controlling als Instrument des Allianzmanagements. In: Einfachheit in Wirtschaftsinformatik und Controlling. Festschrift für Heinz Lothar Grob, hrsg. v. Jan vom Brocke und Jörg Becker, München, S. 321-335.

Theurl, Theresia/Saxe, Annegret (2009): Stiftungskooperationen in Deutschland. Eine Kurzstudie, hrsg. v. Bundesverband Deutscher Stiftungen. Berlin.

Theurl, Theresia/Schweinsberg, Andrea (2004): Neue kooperative Ökonomie. Tübingen.

Wernerfelt, Birger (1984): A Resource-Based View of the Firm. In: Strategic Management Journal, 5, S. 171-180.

Williamson, Oliver E. (1975): Markets and Hierarchies: Analysis and Antitrust Implications. New York.

Williamson, Oliver E. (1985): The Economic Institutions of Capitalism. Firms, Markets, Relational Contracting. New York.

Wörle-Himmel, Christof (2007): Gemeinnützige Stiftungen als Kooperationspartner. In: Stiftung & Sponsoring, 2/2007, Rote Seiten.

Stakeholder-Zufriedenheit in Stiftungen und praktische Ausgestaltung von Best Practice-Elementen im Vorstandsmanagement

Nina Christiane Lück, Dresden

1 Problemstellung: Stakeholder-Management als Teil des Governance-Bedürfnisses von Stiftungen

Das Stiftungswesen in Deutschland verzeichnet trotz der Wirtschafts- und Finanzkrise einen Boom an Neugründungen. Während in anderen Ländern, wie beispielsweise in den USA, die Krise empfindliche Auswirkungen auf das Stiftungsvermögen zur Folge hatte, ist es den Stiftungen in Deutschland größtenteils gelungen, den Realwert ihres Grundstocks zu erhalten und darüber hinaus durch eine vernünftige risikodiversifizierte Anlagepolitik die Erträge zu sichern. In den USA mussten viele Eliteuniversitäten, die stiftungsrechtlich organisiert sind, unter ihnen Yale, Stanford und Harvard, eine exorbitante Schmälerung ihrer Stiftungsvermögen bekanntgeben. So verlor die Stiftung der Harvard-Universität im Jahr 2008 8 Milliarden (!) Dollar, was 22 % ihres Vermögens entspricht. Rund 200 Investment-Profis wurden daraufhin entlassen. Das Vermögen beträgt nun 28 Milliarden Dollar. Stiftungen der amerikanischen Universitäten verloren in der 2. Jahreshälfte 2008 im Schnitt 23 % ihres Kapitals an den Märkten. Die bundesdeutsche stifterfreundliche Gesetzgebung trägt ihren Teil dazu bei, dass der Trend zu Stiftungsneugründungen ungebrochen ist. So brachte das im Herbst 2007 verabschiedete Gesetz zur weiteren Stärkung des bürgerschaftlichen Engagements („Hilfe für Helfer"; http://www.bgblportal.de/BGBL/bgbl1f/bgbl107s2332.pdf) attraktive Neuerungen für Stifter. Aus diesem Gesetz ergibt sich, neben anderen stifter- und stiftungsfreundlichen Regelungen, nicht nur eine Vereinheitlichung und Anhebung des Spendenabzugs auf 20 % (die Rechtslage davor sah eine Abzugsmöglichkeit von 5 % oder 10 % vor bei Differenzierung nach Zwecken), sondern auch die Anhebung des Höchstbetrages für die Ausstattung von Stiftungen mit Kapital von 307.000 € auf 1.000.000 €. Das bedeutet, dass Zuwendungen in das Grundstockvermögen bis zu 1.000.000 € über einen Zeitraum von zehn Jahren verteilt abgesetzt werden können.

Nicht nur Privatpersonen nutzen die Stiftung als Instrument, sich nachhaltig für das Gemeinwohl einzusetzen, so dass von einem „Aufschwung des Mäzenatentums“ (Andrick/Suerbaum 2002: 2905) und einer „Ringen um die Kultur des Gebens“ (Dietlein/Thiel 2001: 72) gesprochen wird. Auch eine stetig wachsende Anzahl von Firmen gründet Stiftungen unter dem Schlagwort „Corporate Social Responsibility“ und trägt zur Verwirklichung gemeinnütziger Zwecke bei. Der Bundesverband Deutscher Stiftungen konnte im Jahr 2009 fast 1.000 Neugründungen verzeichnen, so Dr. Wilhelm Krull (2010), Vorsitzender des Vorstands des Bundesverbandes Deutscher Stiftungen und Generalsekretär der Volkswagenstiftung in einer Erklärung anlässlich einer Pressekonferenz zum Thema „Das Stiftungswesen 2009 – Bilanz eines Krisenjahres“.

Ein Ende des „Stiftungsbooms“ ist damit vorerst nicht zu befürchten. Parallel dazu ist die Diskussion um gutes und verantwortungsvolles Handeln der Leitungsorgane in Nonprofit-Organisationen noch nicht abgeschlossen. Während sich sogar vier (!) juristische Habilitationen jüngeren Datums (Burgard 2006; von Hippel 2007; Jakob 2006; Schlüter 2004) mit dieser Thematik eingehend befassen (das Stiftungsrecht genoss lange Zeit ein Nischendasein), mehren sich auch Stiftungsdienstleister und auf das Stiftungsrecht spezialisierte Anwälte, Steuerberater und Wirtschaftsprüfer. Die Debatte um Best Practice-Elemente bei der Stiftung ist en vogue (vgl. nur zuletzt ausführlich Timmer 2009). Dabei wird zum Teil der Deutsche Corporate Governance Kodex (DCGK) zur Rate gezogen, der Verhaltensanforderungen an börsennotierte Gesellschaften formuliert und deren Anwendung ausdrücklich für nicht börsennotierte Gesellschaften im Wege der „Ausstrahlungswirkung“ empfohlen wird. Da sowohl die börsennotierte Gesellschaft als auch die Stiftung den Vorstand als Leitungsorgan („Agent“) haben, liegt die Untersuchung nahe, welche DCGK Empfehlungen sich auf den Stiftungsvorstand übertragen lassen. Parallel zu der Übertragung von Corporate Governance-Empfehlungen gibt es eigens für die Stiftung entwickelte Empfehlungen wie die „Grundsätze guter Stiftungspraxis“ (http://www.stiftungen.org/files/original/galerie_vom_23.10.2006_13.46.50/Grundsaetze_Stiftungspraxis_StiftungsPosition_03_2006.pdf), die vom Bundesverband Deutscher Stiftungen während der Mitgliederversammlung des Bundesverbandes am 11.05.2006 in Dresden verabschiedet wurden und die seitdem von zahlreichen

Stiftungen aufgegriffen und modifiziert wurden. Im Folgenden werden diese als „Grundsätze" bezeichnet. Der vorliegende Beitrag konzentriert sich auf die Elemente des Deutschen Corporate Governance Kodex und der Grundsätze, die sich mit der Beziehung zwischen dem Vorstand und den Stakeholdern befassen, und erläutert an einigen Empfehlungen und Grundsätzen exemplarisch, warum transparente Leitungsstrukturen und verantwortungsvolles Handeln des Vorstands ein unverzichtbares Element gelungenen Stakeholder-Managements in der Stiftung sind.

2 Elemente guten Stakeholder-Managements durch den Vorstand

Um eine Bestandsaufnahme der Bedürfnisse der Stakeholder einerseits und der Pflichten und Möglichkeiten des Vorstands andererseits durchführen zu können, ist zunächst der Stakeholder-Begriff im Stiftungsrecht zu definieren.

2.1 Stiftungs-Stakeholder

Es ist umstritten, welches die bezugsrelevanten (Anspruchs-)Gruppen bei der Stiftung sind. Einerseits wird darauf abgestellt, dass es sich dabei um Personen oder Personengruppen handelt, die so eng mit der Stiftung verbunden sind, dass sie für die Existenz der Stiftung eine *conditio sine qua non* bedeuten. Dieser engen Definition steht eine weite Definition gegenüber, die die Stakeholder der Stiftung als die Personen oder Personengruppen definiert, die Einfluss auf das Erreichen der Organisationsziele einer NPO nehmen können oder deren Interessen durch das Erreichen der Organisationsziele betroffen sind (Theuvsen 2001). Im Folgenden wird der weiten Definition gefolgt, weil nur sie der stiftungsspezifischen Struktur gerecht wird. So existiert beispielsweise eine operativ agierende selbständige gemeinnützige Stiftung des Privatrechts, die Stipendienprogramme durchführt und dafür Selbstbewerbungen zulässt, „auf Ewigkeit" und unabhängig davon, ob sie in einem Geschäftsjahr geeignete Stipendiaten findet. Neben den

- Begünstigten der Stiftung, den Destinatären, haben Stiftungen
- ehrenamtlich oder hauptamtlich tätige Mitarbeiter,
- in der Satzung vorgesehene Kontroll-, Aufsichts- oder Beratungsgremien,
- Partner wie Rechtsanwälte, Wirtschaftsprüfer, Steuerberater oder
- Stiftungsdienstleiter, die die Verwaltung der Stiftung oder die Durchführung der operativen Programme übernehmen, oder
- Treuhänder im Falle der unselbständigen Stiftung,
- die Stiftungsaufsicht,
- das Finanzamt,
- ferner Vermieter, Lieferanten,
- andere Stiftungen,
- Zustifter und Spender und nicht zuletzt
- den Stifter als zentrale „Figur", der das Stiftungsvermögen zwar aus den Händen gegeben hat, aber durch die Formulierung des Stiftungszwecks der Stiftung ihre Individualität und Einzigartigkeit verleiht.

Die Verschiedenartigkeit der Stakeholder und ihre unterschiedlichen Interessen haben zur Folge, dass die Stiftungsleitung durch den Vorstand eine komplexe und oft auch brisante Herausforderung ist, der mit Konsequenz und Transparenz nachzukommen ist.

2.2 Entscheidungsfindung

Gem. § 86, Satz 1 BGB finden die Vorschriften der §§ 26 und 27 III und der §§ 28 bis 31a sowie § 42 BGB auf Stiftungen entsprechende Anwendung. Die relevanten Vorschriften des Vereinsrechts und insbesondere § 26 II 2 BGB beinhalten keine Vorgaben über die Art der Geschäftsführung. Auch die Verweisung auf die Auftragsvorschriften in § 27 III BGB hilft nur bedingt weiter, da es eben um „vertrags"typische Pflichten beim Auftrag geht, die gerade nicht sehr aussagekräftig für die Stakeholder-Behandlung durch den Stiftungsvorstand sind. Die Entscheidungsfindung ist eng mit den Anforderungen verbunden, die an die Mitglieder eines Stiftungsvorstands zu stellen sind. Diese Personen müssen nicht nur fachlich kompetent in den Bereichen Vermögensanlage und -verwaltung, Buchführung, Gemeinnützigkeitsrecht, Öffentlichkeitsarbeit, Fundraising und Projektarbeit sein, sondern auch unabhängig und integer sowie loyal gegenüber dem Stiftungszweck. Bei ihrer Entscheidungsfindung müssen sie sich stets vom Stiftungszweck leiten lassen, er ist Handlungsmaxime für den Vorstand (Fischer/Ihle 2008). Die Grundsätze formulieren in II 1, 2. und 3. Grundsatz: „Sie (die Stiftungsorgane, Anm. der Verf.) verstehen sich als Treuhänder des im Stiftungsgeschäft und in der Satzung formulierten Stifterwillens. Sie sind der Satzung verpflichtet und verwirklichen den Stiftungszweck nach bestem Wissen und Gewissen". Der Deutsche Corporate Governance Kodex weist in Standard 4.1 DCGK einige Elemente auf, die für die Stiftung von Bedeutung sind und über die Grundsätze hinausgehen. In 4.1.3 DCGK heißt es beispielsweise: „Der Vorstand hat für die Einhaltung der gesetzlichen Bestimmungen und der unternehmensinternen Richtlinien zu sorgen und wirkt auf deren Beachtung durch die Konzernunternehmen hin (Compliance)." Standard 4.1.4 DCGK lautet: „Der Vorstand sorgt für ein angemessenes Risikomanagement und Risikocontrolling im Unternehmen."

Für den Stiftungsvorstand lassen sich diese beiden Standards in Bezug auf die Stakeholder insoweit übertragen, als der Vorstand den Stakeholdern gegenüber verpflichtet ist, nicht nur die gesetzlichen Bestimmungen einzuhalten, sondern insbesondere die Stiftungsverfassung – die Satzung – zu befolgen. Die Einhaltung der Satzung durch den Stiftungsvorstand ist eine vertrauensbildende Maßnahme gegenüber den Stakeholdern. Unter diesem Aspekt muss auch die Befolgung der Bewilligungsgrundsätze erwähnt werden. Die Bewilligungsgrundsätze sind als Ausdruck gelungenen Stakeholder-Managements schriftlich festzuhalten und zugänglich zu machen. Der Vorstand darf von diesen nicht abweichen, seine Entscheidungen müssen stets im Einklang mit den Fördergrundsätzen und somit nachvollziehbar und transparent sein. Gerade bei größeren Stiftungen ist es daher sinnvoll, einen Compliance-Beauftragten zu bestimmen, der vorzugsweise nicht Vorstandsmitglied sein sollte. Der Vorstand ist nach Standard 4.1.4 DCGK zu angemessenem Risikomanagement verpflichtet, was auch für den Stiftungsvorstand gelten muss (Kreutz 2007). Nicht nur die aktuellen und zukünftigen Destinatäre haben ein Interesse daran, dass die Stiftung auf Dauer existenzfähig ist, auch der Stifter, die Mitarbeiter der Stiftung, die Stiftungsaufsicht und nicht zuletzt der Steuerzahler und die Öffentlichkeit sind daran interessiert, dass die Stiftung ihren Gemeinnützigkeitsstatus nicht verliert. Der Stiftungsvorstand muss nicht nur die Grundsätze der Vermögenserhaltung, der zeitnahen Mittelverwendung und sparsamem Verwaltungsausgaben berücksichtigen, die in den Grundsätzen in II 1., 3. Grundsatz und in den Landesstiftungsgesetzen verankert sind (z.B. § 6 I, IV Nds. StiftungsG), sondern auch in wirtschaftlich schwierigen Zeiten eine Anlagepolitik wählen, die den Erhalt des Grundstocks sichert. Bei der Entscheidung für die eine oder andere Anlageform muss der Vorstand auf Risikodiversifizierung achten (Fischer/Ihle 2008).

2.3 Zusammenwirken der Leitungsorgane

Ein ergänzender wichtiger Punkt gelungenen Stakeholder-Managements betrifft die Ausgestaltung der Zusammenarbeit der Stiftungsorgane untereinander. Der Vorstand ist gem. § 81 I Satz 3 Nr. 5 BGB das einzig gesetzlich vorgeschriebene Pflichtorgan der Stiftung. Im Zuge der Good Foundation Governance-Diskussion taucht vermehrt die Frage auf, ob dies unter dem Gesichtspunkt der „checks and balances“ angemessen ist (von Holt/Koch 2009). Von der fakultativen Einrichtung eines Kontrollorgans haben in etwa die Hälfte der Stiftungen in Deutschland Gebrauch gemacht (Bundesverband Deutscher Stiftungen 2008). Dabei ist festzustellen, dass die unterschiedliche Bezeichnung des Gremiums, das dem Vorstand zur Seite oder „über ihn“ gestellt wird, nicht nur sehr facettenreich ist, sondern auch lediglich Nomenklatur. Über die Befugnisse und Aufgaben des Kontroll- oder Beratungsgremiums und über die Ausgestaltung der Rechte und Pflichten gegenüber dem Vorstand sagt die Bezeichnung „Kuratorium“, „Verwaltungsrat“, „Aufsichtsrat“ oder – der von der Verfasserin bevorzugte Begriff – „Stiftungsrat“ wenig aus. Die Aufgaben und Befugnisse sind in der Satzung zu regeln.

Dass der Vorstand nicht nur gegenüber der Stiftungsaufsicht, die unumstritten reine Rechtsaufsicht ist (Palandt 2009), rechenschaftspflichtig ist, führt zweifelsohne zu einer Verbesserung des Stakeholder-Managements, da dadurch die Fachaufsicht über Vorstandsentscheidungen ausgeübt wird. In den Grundsätzen, die inzidenter die Einrichtung eines solchen Gremiums empfehlen, da sie stets von „den Stiftungsorganen“ sprechen, heißt es dazu in II 1. 5 Grundsatz: „Mitglieder von Kontroll- und Beratungsgremien sind grundsätzlich unabhängig von den für die operative Tätigkeit verantwortlichen Organen und werden von diesen umfassend und wahrheitsgemäß informiert.“ Im DCGK geht der 3. Standard ausführlich auf das Zusammenwirken zwischen Vorstand und Aufsichtsrat ein. Aus diesem Standard des DGCK kann für die Stiftung abgeleitet werden, dass jede Stiftung ein funktionierendes und ausdifferenziertes Berichts- und Auskunftssystem haben muss, um den Informationsaustausch zwischen Vorstand und Stiftungsrat zu gewährleisten (zur Notwendigkeit eines solchen Systems vgl. Kreutz 2007). Die Satzung kann für die nähere Ausgestaltung des Informationssystems und des Zusammenwirkens der Organe bestimmen, dass die Rechte und Pflichten des Vorstands gegenüber dem Stiftungsrat und vice versa in der Geschäftsordnung geregelt werden. Ein funktionierendes und transparentes Berichtswesen bedeutet für Stakeholder, hier insbesondere die Mitarbeiter der Stiftung, die Destinatäre und – sofern der Stifter nicht im Vorstand der Stiftung ist – auch für den Stifter, für die Rechtsaufsicht und für die Öffentlichkeit Sicherheit, Vertrauen und Planbarkeit.

2.4 Kontrolle und Legitimität

Verbunden mit der Einsicht in die Notwendigkeit eines Stiftungsrats ist der Aspekt der Kontrolle und Legitimität im engeren Sinne, der sich auf die Buchführungs- und Rechnungslegungspflichten der Stiftung bezieht. Hier besteht kein einheitliches System (Koschmieder/Pauls/Seidemann 2010), die Landesstiftungsgesetze enthalten recht unterschiedliche Vorgaben von einer Jahresabrechnung mit Vermögensübersicht (z.B. § 11 III Nds. StiftungsG) bis zu einer nach den Grundsätzen ordnungsgemäßer Buchführung (GoB) erstellten Jahresabrechnung (§ 4 II Nr. 2 StiftungsG MV). Die Uneinheitlichkeit und Unübersichtlichkeit der Rechnungslegungsvorschriften führte in den letzten Jahren teilweise zu einem Stiftungs“hopping“, was die Stiftung insgesamt – zu Unrecht – allzu schnell in die Nähe zwielichtiger Vermögensgestaltungen im Ausland gebracht hat. Hier bietet sich als Ausdruck gelungenen Stakeholder-Managements eine Vereinheitlichung an. Dabei ist zu berücksichtigen, dass Stiftungen, die unter § 1 Publizitätsgesetz fallen, die für sie vorgesehene Rechnungslegung durch einen Abschlussprüfer nicht unterlaufen dürfen. Der DCGK, dessen 7. Standard auf die Rechnungslegung und Abschlussprüfung der börsennotierten Gesellschaft eingeht, kann für Stiftungen nicht nutzbar gemacht werden. Die Grundsätze sind in diesem Bereich wenig konkret, so dass die gewünschte Einheitlichkeit über sie nicht hergestellt werden kann. Grundsatz II 1, 3, Satz 2 sagt lediglich: „Das Rechnungswesen bildet die wirtschaftliche Lage der Stiftung zeitnah, vollständig und sachlich richtig ab.“ Die Art der Rechnungslegung können die Grundsätze wegen der unterschiedlichen Vorgaben der Landesstiftungsgesetze nicht präziser formulieren. Es ist aber denkbar, die variierenden landesgesetzlichen Regelungen anzupassen zugunsten einheitlicher Rechnungslegungsstandards, wie sie beispielsweise das Institut der Wirtschaftsprüfer in Deutschland e.V. (IDW) auf Anregung des Bundesverbandes Deutscher Stiftungen in einem Rechnungslegungsstandard (IDW PS 740) erarbeitet hat. Dabei ist zu berücksichtigen, dass IDW-Standards keine Gesetzesqualität haben. Es müsste also in den Landesgesetzen ein entsprechender Verweis erfolgen, dass die Rechnungslegung nach den IDW-Standards durchzuführen ist. Die so gewonnene Vereinheitlichung wäre wiederum eine vertrauensbildende Maßnahme gegenüber den Stakeholdern der Stiftung.

2.5 Kommunikation und Transparenz

Kommunikation mit den Stakeholdern und Transparenz der Entscheidungen der Stiftungsorgane sind Maximen, die alle Handlungsbereiche betreffen und zu allen Zeiten vorliegen müssen. Die Anforderungen an gute Kommunikation sind teilweise schon unter 2.2 genannt worden. Zum gelungenen Marketing der Stiftung, das eine oft unterschätzte Bedeutung hat, gehört neben der Außendarstellung der Stiftung auch ihre Vernetzung und der Austausch mit anderen Stiftungen. Die europäische Dimension des Stiftungswesens ist von zunehmender Wichtigkeit und bietet einen willkommenen Anlass für Stiftungen, sich grenzüberschreitend zu gleichen Stiftungszwecken auszutauschen. Entscheidungen des Vorstands bei der Umsetzung des Stiftungsprogramms müssen stets nachvollziehbar und im Einklang mit den Förder- und Bewilligungsgrundsätzen sein, die ihrerseits den Anforderungen der Transparenz genügen müssen. Die Darstellung der Stiftung nach außen, insbesondere ihre Internetpräsenz, ist ein zunehmend wichtiger Aspekt. Wenn die Stiftung ihre Homepage so gestaltet, dass mögliche Zustifter, Destinatäre, Mitarbeiter und Lieferanten, um nur einige zu nennen, sich schnell über die Eckdaten der Stiftung informieren können, führt dies zur Stakeholder-Zufriedenheit. So muss beispielsweise für einen Studierenden auf den ersten Blick erkennbar sein, ob eine Eigenbewerbung für ein Stipendium zulässig ist oder nicht. Gerade weil Stiftungen im Gegensatz zu (börsennotierten) Aktiengesellschaften keine interne Revision und kein Überwachungs- und Frühwarnsystem haben, wie es § 92 II AktG vorsieht, ist die Evaluation nicht nur im Rahmen der Buchführung ein geeignetes Mittel zum Qualitäts- und Innovationsmanagement einer Stiftung (Koschmieder/Pauls/Seidemann 2010). Die Evaluation kann zur stetigen Verbesserung des Stakeholder-Managements beitragen.

3 Thesenartige Zusammenfassung der Ergebnisse

Die Stiftungs-Stakeholder haben ein begründetes Interesse an der Einführung spezifischer Verhaltensregeln für das Leitungsorgan der Stiftung, den Vorstand. Das für deutsche Verhältnisse unüblich wenig normierte Stiftungsrecht der §§ 80-88 BGB, der – zum Teil stark voneinander abweichenden – Landesstiftungsgesetze und der §§ 51-68 AO lässt eine Regelungslücke erkennen, die über die Einführung spezifischer Verhaltensregelungen in Form eines Kodex geschlossen werden kann. Dabei ist zu berücksichtigen:

- Die Grundsätze guter Stiftungspraxis bilden ein Gerüst für gutes Stakeholder-Management durch den Stiftungsvorstand. Sie dienen zahlreichen Stiftungen als Vorlage, um sich daraus eigene, für ihre Stiftung passende Grundsätze zu geben.

- Auch der Deutsche Corporate Governance Kodex beinhaltet verschiedene Empfehlungen, die für das Stakeholder-Management in der Stiftung fruchtbar sind. Wegen der grundsätzlich anders gelagerten Prinzipal-Agent-Struktur von Stiftung und Aktiengesellschaft lassen sich viele Empfehlungen des DCGK jedoch nicht unverändert übernehmen. Gerade in dem Bereich der Transparenz gegenüber den Stakeholdern sind die Grundsätze nur gering ausgestaltet. Die Transparenz der Stiftungsleitung durch den Vorstand ist jedoch gerade wegen der privilegierten Situation der gemeinnützigen Stiftung im steuerrechtlichen Bereich ein Gebot, das vor dem Hintergrund des zu Unrecht pauschal in Kritik geratenen Modells der Stiftung unbedingt zu befolgen ist. Hier bietet der DCGK eine Vielzahl von Ideen, die vom Stiftungsvorstand aufgegriffen werden sollten.

- Gelungenes Stakeholder-Management beginnt mit einer fachkundig ausgearbeiteten Satzung und einem sorgfältig formulierten Stiftungszweck. Wenn die Satzung Regelungslücken enthält oder der Zweck unzureichend bestimmt ist, wird gelungenes Stakeholder-Management zu einer unlösbaren Aufgabe. Umgekehrt bieten eine optimale Satzungsgestaltung und Zweckformulierung eine Gewähr für gutes und verantwortungsvolles Handeln der Stiftungsorgane.

- Die Einrichtung eines Stiftungsrates ist zur Gewährleistung von Legitimität und Kontrolle der fachlichen Entscheidungen des Vorstands *(„checks and balances")* durch die Satzung vorzusehen und bedeutet eine vertrauensbildende Maßnahme gegenüber den Stakeholdern.

- Das Zusammenwirken der Stiftungsorgane muss sich zum Wohle der Stiftung an ihrem Zweck ausrichten, der Handlungsmaxime für die Organe ist. Die Organe haben untereinander und nach außen ein funktionierendes Berichtssystem zu installieren und tragen somit zur Stakeholder-Zufriedenheit bei.

- Persönliche Anforderungen an Mitglieder der Stiftungsorgane beinhalten Loyalität gegenüber der Stiftung, ausreichend Fachkunde sowie Zeit und Sorgfalt, sich den Stiftungsaufgaben zu widmen. Auf öffentlichkeitswirksame Persönlichkeiten, die diese Vorraussetzungen nicht mitbringen, ist zum Wohle der Stiftung zu verzichten. Eine Begrenzung der Anzahl von Stiftungsratsmandaten, wie es Standard 5.4.5, Satz 2 DCGK für Aufsichtsratsmandate vorsieht, ist zu begrüßen. Wenn Mitglieder des Vorstands und Stiftungsrates nach diesen Kriterien ausgesucht werden, dann ist ein zufriedenstellendes Stakeholder-Management und somit die Stakeholder-Zufriedenheit zu erreichen.

Literatur

Andrick, Bernd/Suerbaum, Joachim (2002): Das Gesetz zur Modernisierung des Stiftungsrechts. In: Neue Juristische Wochenschrift, 22, S. 2905-2910.

Bundesverband Deutscher Stiftungen (Hrsg.) (2008): Verzeichnis Deutscher Stiftungen 2008, Band 1, Zahlen, Daten, Fakten zum deutschen Stiftungswesen.

Burgard, Ulrich (2006): Gestaltungsfreiheit im Stiftungsrecht. Zur Einführung korporativer Strukturen bei der Stiftung. Köln.

Dietlein, Johannes/Thiel, Markus (2001): „Ringen um eine Kultur des Gebens" – Renaissance des Stiftungswesens? In: Zeitschrift für Rechtspolitik, 02/2001, S. 72-77.

Fischer, Daniel J./ Ihle, Jörg (2008): Satzungsgestaltung bei gemeinnützigen Stiftungen. In: Deutsches Steuerrecht, 35/2008, S. 1692-1698.

Hippel, Thomas von (2007): Grundprobleme der Nonprofit-Organisationen. Eine zivilrechtsdogmatische, steuerrechtliche und rechtsvergleichende Untersuchung über Strukturen, Pflichten und Kontrollen und wirtschaftliche Tätigkeit von Vereinen und Stiftungen. Tübingen.

Holt, Thomas von/Koch, Christian (2009): Nonprofit Governance in der Wohlfahrtspflege – zeitgemäße Strukturen am Beispiel der gemeinnützigen GmbH. In: Deutsches Steuerrecht, 48/2009, S. 2492-2495.

Jakob, Dominique (2006): Schutz der Stiftung. Die Stiftung und ihre Rechtsverhältnisse im Widerstreit der Interessen. Tübingen 2006.

Koschmieder, Kurt-Dieter/Pauls, Alexandra/Seidemann, Kay (2010): Unternehmen Stiftung. Ein Überblick über betriebswirtschaftliche Problemfelder der Stiftungsarbeit. In: Zeitschrift für Stiftungs- und Vereinswesen, 1/2010, S. 1-6.

Kreutz, Marcus (2007): Verhaltenskodices als wesentliches Element von Corporate-Governance-Systemen in gemeinnützigen Körperschaften. In: Zeitschrift für Rechtspolitik, 2/2007. S. 50-54.

Krull, Wilhelm (2010): Statement Pressekonferenz „Das Stiftungswesen 2009 – Bilanz eines Krisenjahres", 3. Februar 2010, http://www.stiftungen.org/files/original/galerie_vom_10.10.2005_12.40.23/Statement_JahresPK_Krull.pdf (Abrufdatum: 25.02.2010).

Palandt, Otto (Begr.) (2009): Bürgerliches Gesetzbuch. 68. Aufl., München.

Schlüter, Andreas (2004): Stiftungsrecht zwischen Privatautonomie und Gemeinwohlbindung. Ein Rechtsvergleich Deutschland, Frankreich, Italien, England, USA. München.

Theuvsen, Ludwig (2001): Stakeholder-Management – Möglichkeiten des Umgangs mit Anspruchsgruppen. Münsteraner Diskussionspapiere zum Nonprofit-Sektor – Nr. 16, Institut für Politikwissenschaft, Universität Münster.

Timmer, Karsten (2009): Gremienmanagement und Vorstandsarbeit. Die Arbeit von Stiftungsgremien effizient und effektiv gestalten. In: Stiftung und Sponsoring, 2/2009. Beilage Rote Seiten, S. 1-19.

Maßstäbe einer erfolgreichen Führung von Genossenschaften

Johannes Blome-Drees, Köln

1 Einleitung

Der vorliegende Beitrag thematisiert Maßstäbe einer erfolgreichen Führung von Genossenschaften. Diskutiert wird die grundsätzliche Frage, wem Genossenschaften dienen sollen. Damit sind zugleich Aspekte einer Gemeinwohlorientierung von Genossenschaften angesprochen. Im Mittelpunkt stehen zwei Ansätze: das evolutionstheoretische Konzept von Werner Kirsch und der widmungstypologische Ansatz von Werner Wilhelm Engelhardt. Werner Kirsch unterscheidet drei paradigmatische Sinnmodelle, die er in ihrer hierarchischen Reihenfolge als Ziel-, Überlebens- bzw. Stakeholder- sowie Fortschrittsmodell bezeichnet. Diese Sinnmodelle werden in Anlehnung an Werner Wilhelm Engelhardt auf unterschiedliche Entwicklungsrichtungen von Genossenschaften übertragen. Differenziert wird zwischen der förderungswirtschaftlichen, erwerbswirtschaftlichen und gemeinwirtschaftlichen Entwicklungsrichtung. Hier werden der förderungs- und erwerbswirtschaftliche Widmungstyp der Ebene des genossenschaftlichen Ziel- bzw. Überlebensmodells und der gemeinwirtschaftliche dem genossenschaftlichen Fortschrittsmodell zugerechnet.

2 Stufen der Genossenschaftsentwicklung

2.1 Sinnmodelle und die Entfaltung von Basisfähigkeiten

Nach Werner Kirsch bilden Sinnmodelle den Kern der Tiefenstruktur von Regeln, nach denen sich das Handeln der Akteure in Unternehmen legitimiert und reproduziert. Sie stellen unternehmenspolitische Orientierungen dar, die in der

Kultur eines Unternehmens verankert sind und zum Ausdruck bringen, was der Sinn und Zweck eines Unternehmens ist. Sinnmodelle konstituieren letztlich jene grundlegende Sichtweise, auf deren Basis Probleme definiert, Situationen beschrieben und Lösungen gesucht werden (Kirsch 1997a). Werner Kirsch unterscheidet drei paradigmatische Sinnmodelle hinter deren Reihenfolge seiner Meinung nach eine Abfolge tatsächlicher oder möglicher Entwicklungsniveaus vermutet werden kann: das Ziel- bzw. Instrumentalmodell, das Überlebens- bzw. Stakeholdermodell und das Fortschrittsmodell (Kirsch 1997b). Das Konzept der Sinnmodelle ist also mit der Vorstellung verbunden, dass sich Unternehmen auf unterschiedlichen Entwicklungsniveaus bewegen können. Als Stufen der Entwicklung stellen Sinnmodelle Rekonstruktionen struktureller Möglichkeiten dar, die ein Unternehmen im Zuge seiner Entwicklung erreichen kann. Ob diese Entwicklungsmöglichkeiten in einem Unternehmen realisiert werden, ist eine empirische Frage.

Die Entwicklung von Unternehmen knüpft Werner Kirsch an die Entfaltung gewisser Basisfähigkeiten, die auf jedem Entwicklungsniveau unterschiedlich ausgeprägt sind. Basisfähigkeiten bringen das Vermögen eines Unternehmens zum Ausdruck, diejenigen Fähigkeiten aufzubauen, die es zur Zielerreichung, Bestandserhaltung und zur Erlangung eines Fortschrittes in der Bedürfnisbefriedigung der Betroffenen braucht. Die Handlungsfähigkeit als erste Basisfähigkeit bringt zum Ausdruck, dass ein Unternehmen in der Lage ist, anstehende Probleme wahrzunehmen, handlungsrelevante Entscheidungen zu treffen und entsprechende Lösungen umzusetzen. Mit der Lernfähigkeit als weiterer Basisfähigkeit wird das Vermögen angesprochen, das eigene Wissen so anzureichern, dass Probleme besser als vorher gehandhabt oder gar gelöst werden können. Um einen Fortschritt in der Bedürfnisbefriedigung der Betroffenen zu erzielen, muss sich ein Unternehmen als empfänglich erweisen. Empfänglichkeit als weitere Basisfähigkeit bedeutet nicht nur die Fähigkeit, die Bedürfnisse der Betroffenen zu erkennen und aufzunehmen, sondern auch die Umstände zu berücksichtigen, unter denen die Bedürfnisse artikuliert werden. Bedürfnisse können nur berücksichtigt werden, wenn sich ein Unternehmen sensibel gegenüber den verschiedenen Lebens-, Sprach- und Wissensformen zeigt, in deren Kontext diese Bedürfnisse jeweils artikuliert werden (Kirsch 1997a).

2.2 Drei genossenschaftliche Sinnmodelle

2.2.1 Das genossenschaftliche Ziel- bzw. Instrumentalmodell

Auf der untersten Stufe steht bei Werner Kirsch das Ziel- bzw. Instrumentalmodell, das den Sinn und Zweck eines Unternehmens in der Erfüllung gleichsam vorgegebener, nicht zu hinterfragender Ziele und Aufgaben sieht. Notwendige Voraussetzung zur Bestimmung des unternehmerischen Erfolges im Rahmen des Zielansatzes ist das Vorhandensein ausdrücklich genannter und weitgehend operational formulierter Unternehmensziele. Ein Unternehmen ist demzufolge erfolgreich, wenn es die vorgegebenen und operational definierten Ziele erreicht, wobei die Unternehmen zuvorderst als Instrumente zur Durchsetzung von Ansprüchen der Eigenkapitalgeber bzw. Shareholder gesehen werden. Als Referenzpunkt einer erfolgreichen Unternehmensführung wird in erster Linie die Gewinn- und Renditemaximierung angesehen (Kirsch 2001).

Auf der Basis dieses Sinnmodells sind Genossenschaften Instrumente zur Förderung ihrer Mitglieder. Sie erfahren ihre Sinnfestlegung durch den geltenden § 1 Absatz 1 Genossenschaftsgesetz, der nach herrschendem Verständnis die ausschließliche Vorgabe zur Förderung der Mitglieder enthält. Spekuliert man auf der Ebene des genossenschaftlichen Zielmodells über die Ausprägungen der oben angesprochenen Basisfähigkeiten, so wird sich die Handlungsfähigkeit einer Genossenschaft zunächst darauf beschränken, die notwendigen Ressourcen für den Erhalt ihres mitgliederbezogenen Förderungspotenzials zur Verfügung zu stellen. Auch die Lernprozesse werden weitgehend auf eine Optimierung der Ressourcenallokation zur Fördermaximierung gerichtet sein. Genossenschaften, die sich auf der Ebene dieses Sinnmodells bewegen, werden sich folgerichtig nur gegenüber den Bedürfnissen ihrer Mitglieder empfänglich zeigen.

Allerdings ist mit dem Verweis auf das Genossenschaftsgesetz ein zentrales Problem des Zielansatzes nicht gelöst: § 1 Absatz 1 Genossenschaftsgesetz sagt weder etwas über die Operationalisierung der Mitgliederziele noch über die zur Förderung zu verfolgenden Strategien aus. Unabhängig von der genannten Problematik der Operationalisierung besteht ein weiteres Problem darin, dass Genossenschaften als komplexe Unternehmen regelmäßig nicht nur ein Ziel, sondern mehrere, unter Umständen konfliktäre Ziele verfolgen. Genossenschaften als Koalitionen verschiedener Bezugsgruppen machen es erforderlich, dass die

Zielvorstellungen mehrerer, unter Umständen ganz unterschiedlich ausgerichteter Individuen und Gruppen in einem politischen Verhandlungsprozess unter einen Hut gebracht werden müssen. Die Reduktion des genossenschaftlichen Zielsystems auf den aus dem § 1 Absatz 1 Genossenschaftsgesetz abgeleiteten genossenschaftlichen Förderungsauftrag ist daher eine realitätsfremde Annahme. Um das genossenschaftliche Zielsystem mit realistischem Inhalt zu füllen, ist zu klären, an welchen Zielen die genossenschaftliche Unternehmenspolitik tatsächlich ausgerichtet ist (Dülfer 1995).

2.2.2 Das genossenschaftliche Überlebens- bzw. Stakeholder-Modell

Diese Multidiskursivität wird von Werner Kirsch im Überlebens- bzw. Stakeholder-Modell aufgegriffen. Das wirtschaftliche und gesellschaftliche Umfeld von Unternehmen ist dadurch gekennzeichnet, dass sich in und um die Unternehmen herum eine Vielzahl von Stakeholdern konstituiert, die durch unterschiedliche Interessen gekennzeichnet sind. Diese Stakeholder stellen unterschiedliche Ansprüche an Unternehmen und üben Einfluss auf die Führung von Unternehmen aus. Umgekehrt richten Unternehmen Ansprüche an ihre Stakeholder und versuchen diese zu beeinflussen. Mithin haben Unternehmen eine Vielzahl unterschiedlicher Stakeholder, mit denen sie ihre Austauschbeziehungen so zu regeln haben, dass das System überlebt, wobei Werner Kirsch (1997a) ausdrücklich nicht ausschließt, dass einzelne Stakeholder besonders herausgestellt werden. In der Genossenschaftswissenschaft wird mit einer solchen Betrachtungsweise zunächst der Tatbestand zum Ausdruck gebracht, dass es neben den Mitgliedern als den Shareholdern noch andere Bezugsgruppen einer Genossenschaft gibt, deren Einsatz (Stake) durch das Handeln der Genossenschaft auf dem Spiel steht bzw. zumindest dadurch berührt wird. Darüber hinaus können auch jene Bezugsgruppen zu Stakeholdern gezählt werden, deren „Stakes“ nicht unmittelbar durch das Handeln der Genossenschaft berührt werden. Umgekehrt zählen zu den Stakeholdern auch jene Bezugsgruppen, deren Handeln auf die Entwicklung einer Genossenschaft einwirkt (Zerche/Schmale/Blome-Drees 1998).

Im Rahmen der genossenschaftlichen Unternehmenspolitik kommt daher einer systematischen Einbeziehung der Stakeholder und ihrer Ansprüche eine wichtige Bedeutung zu. Die genossenschaftliche Führung hat zu entscheiden, welchen Ansprüchen welcher Stakeholder in welcher Höhe entsprochen werden soll. Insgesamt betrachtet geht es im Rahmen des Stakeholder-Ansatzes in erster Linie um einen angemessenen Umgang mit jenen vom Handeln der Genossenschaft (vermeintlich) Betroffenen, die aus der Sicht der Genossenschaft auf die Handlungsmöglichkeiten positiv und/oder negativ einwirken können. Im Hinblick auf die Ausdifferenzierung der Basisfähigkeiten werden auf der Ebene des Überlebensmodells an die Empfänglichkeit insofern höhere Ansprüche gestellt, als dass die Genossenschaft nicht nur die Ansprüche ihrer Mitglieder, sondern auch anderer Stakeholder berücksichtigen muss. Dabei geraten vor allem solche Ansprüche in das Blickfeld der Genossenschaft, hinter denen Forderungen besonders wirkungsmächtiger Stakeholder stehen. Die Handlungsfähigkeit einer Genossenschaft hängt wesentlich von der funktionalen Angemessenheit ihrer Handlungen gegenüber diesen Stakeholdern ab. Funktional angemessen sind die Handlungen, wenn sie ihr die Unterstützung bzw. Neutralität der wichtigsten Stakeholder sichern und dadurch auch für die Zukunft Handlungsmöglichkeiten schaffen. Die Führung von Genossenschaften hat daher zwischen den verschiedenen Stakeholdern und deren Ansprüchen zu vermitteln. Anders als im genossenschaftlichen Zielmodell bleibt diese Vermittlung nicht auf die Bündelung unterschiedlicher Ansprüche der heterogenen Mitgliedergruppe beschränkt. Die Führung muss vielmehr die Ansprüche ihrer Mitglieder und der übrigen Stakeholder wechselseitig vermitteln. Um dies sicherzustellen, müssen sich Lernprozesse ausdifferenzieren, die Übersetzungsprozesse zwischen den unterschiedlichen Ansprüchen der Stakeholder gewährleisten.

Der Erfolgsmaßstab der Führung bemisst sich dabei jedoch weniger an der Erfassung tatsächlich Betroffener und der authentischen Berücksichtigung ihrer Ansprüche, sondern vielmehr an jenem notwendigen Grad der Unterstützung durch die Stakeholder, der die zum Überleben der Genossenschaft notwendigen Handlungsspielräume sicherstellt. Im Überleben der Genossenschaft verkörpert sich damit aus der Perspektive des Stakeholder-Ansatzes gleichsam die Referenzgröße des genossenschaftlichen Erfolges bzw. der eigentliche Sinn und Zweck ihres Handelns. Genossenschaften werden als Unternehmen angesehen, deren Stakeholder trotz etwaiger Unterschiede ein gemeinsames Interesse am Überleben der Genossenschaft haben. Nur bei oberflächlicher Betrachtung darf man hieraus jedoch den Schluss ziehen, dass hier wirklich ein völlig gleichgerichtetes Interesse vorliegt. Es ist durchaus anzunehmen, dass jeder Stakeholder aus der Sicht seines eigenen Kontextes unter dem Überleben der Genossenschaft etwas anderes versteht. Jeder Stakeholder möchte zwar, dass die Genossenschaft überlebt. Er möchte aber, dass die Genossenschaft so überlebt, wie sie sich in seinem Kontext darstellt. Bei genauerer Betrachtung wird man dann auch feststellen, dass der betreffende Stakeholder eher möchte, dass bestimmte Merkmale, von deren Existenz er sich im Lichte seiner Interessen besonders günstige Anreiz-Beitrags-Verhältnisse verspricht, überleben, d.h. fortbestehen sollen. Wenn man auf der Suche nach einem gemeinsamen Interesse aller Stakeholder ist, so sollte man also nach jenen Merkmalen der Genossenschaft forschen, deren Beibehaltung alle Stakeholder wünschen. Dann könnte man auch sagen, alle Stakeholder wünschen das Überleben der Genossenschaft mit einer Menge bestimmter Merkmale, unbeschadet der Tatsache, dass sich andere Merkmale verändern können. Es ist allerdings zu befürchten, dass es unmöglich ist, derartige Merkmale einer Genossenschaft zu finden, deren Änderung nicht mindestens ein Stakeholder wünscht. Wir müssen also davon ausgehen, dass zwar viele Stakeholder im Überleben der Genossenschaft einen Wert erblicken, dass aber jeder Stakeholder mit „Überleben" etwas anderes meint. Von einem Überleben der Genossenschaft auszugehen ist daher nur sinnvoll, wenn die Frage geklärt ist, was dieses Überleben überhaupt mit sich bringen soll. Nicht ein Überleben an sich ist sinnvoll, sondern ein Überleben zu bestimmten Zwecken und nur auf bestimmten Voraussetzungen aufbauend (Kappler 1989).

Es stellt sich also die grundsätzliche Frage nach dem sinnvollen Überleben einer Genossenschaft. Nach herrschender Auffassung wird die Genossenschaft als ein besonderer Unternehmenstyp verstanden, dessen Sinn aus den Ansprüchen seiner Mitglieder abzuleiten ist. Es wird davon ausgegangen, dass Genossenschaften nur so lange sinnvoll überleben werden, wie sie die von den Mitgliedern geforderten materiellen und immateriellen Ansprüche erfüllen. Die Förderung der Mitglieder ist die Schlüsselgröße für die Legitimation einer Genossenschaft, denn ohne eine Förderung der Mitglieder gibt es keinen Sinn genossenschaftlicher Tätigkeit. Damit wird nicht ausgeschlossen, dass auch die Ansprüche anderer Stakeholder Berücksichtigung finden. Diese sollten aber die grundlegende Ausrichtung der Unternehmenspolitik auf die Mitglieder und deren Ansprüche nicht überlagern (Zerche/Schmale/Blome-Drees 1998).

2.2.3 Das genossenschaftliche Fortschrittsmodell

Auf der obersten Entwicklungsstufe steht bei Werner Kirsch das Fortschrittsmodell. Im Rahmen dieses Modells wird der Sinn des unternehmerischen Handelns darin gesehen, einen Fortschritt in der Befriedigung der Ansprüche der direkt und indirekt vom Handeln eines Unternehmens Betroffenen zu erzielen (Kirsch 2001). In das Blickfeld der Genossenschaft geraten demnach nicht nur jene

Stakeholder, von denen das Überleben einer Genossenschaft abhängt, sondern grundsätzlich alle vom Handeln einer Genossenschaft Betroffenen. Während auf der Ebene des genossenschaftlichen Überlebens- bzw. Stakeholder-Modells die Berücksichtigung der Ansprüche der Stakeholder nur ein Mittel darstellt, um das Überleben einer Genossenschaft gewährleisten zu können, ist es auf der Ebene des genossenschaftlichen Fortschrittsmodells genau umgekehrt. Hier sind die Sicherung des genossenschaftlichen Geschäftsbetriebes und die Steigerung seiner Leistungsfähigkeit lediglich Voraussetzungen und Mittel zur Berücksichtigung und Befriedigung der Ansprüche der direkt und indirekt Betroffenen.

Eine fortschrittsfähige Genossenschaft zeichnet sich dadurch aus, dass sie es vermag, die an sie herangetragenen Erfolgsmaßstäbe möglichst vieler Betroffener in angemessener Weise zu thematisieren und – wenn möglich – in die eigene Erfolgsdefinition aufzunehmen. Der genossenschaftliche Erfolg ergibt sich folgerichtig aus der ständigen Auseinandersetzung mit den durch das Handeln der Genossenschaft berührten Ansprüchen. Hierauf hat Gerhard Weisser im Anschluss an Untersuchungen über die wirtschaftlichen und außerwirtschaftlichen Vorteile von Genossenschaften in seinen Überlegungen zu einem kulturellen Optimum der Genossenschaften bereits in den 1950er Jahren hingewiesen. Ihm zufolge ist das kulturelle Optimum „das Optimum, das sich ergibt, wenn bei der Bewertung der Leistung eines Unternehmens alle in beachtlichem Umfang negativ oder positiv berührten … Interessen ins Auge gefasst werden“ (Weisser 1954: 570). Dabei geht es nicht mehr um eine bloß zweckgerichtete Berücksichtigung der Ansprüche vermeintlich relevanter Stakeholder, sondern um eine authentische Erfassung und Befriedigung der Ansprüche tatsächlich Betroffener. Die Lernfähigkeit einer Genossenschaft zeigt sich darin, dass sie durch die Institutionalisierung reflexiver Strukturen fähig wird, die Ansprüche Betroffener aufzunehmen und im eigenen Handeln zu berücksichtigen. Die Empfänglichkeit der Genossenschaft muss sich auf diesem Entwicklungsniveau daran messen lassen, inwieweit es ihr gelingt, sich den Bedürfnissen der Betroffenen in verstehender Weise zu nähern. Ein solch verstehender Zugang erfordert ein prinzipielles Öffnen der genossenschaftlichen Führung gegenüber fremden Lebens-, Sprach- und Wissensformen. Das zentrale Element der genossenschaftlichen Unternehmenspolitik ist der Aspekt der Verantwortung gegenüber den Betroffenen, wobei keine A-priori-Festlegungen erfolgen. Mit dem weiten Begriff des Betroffenseins wird die Genossenschaft also nicht nur als eine Einrichtung ihrer Mitglieder angesehen, sondern als ein Unternehmen, das einer Vielzahl von Stakeholdern gegenübersteht, deren Ansprüche sie in ihr Kalkül einzubeziehen hat, wobei Fortschritt nicht bedeutet, dass man sich in bestimmten Situationen für alles und für jeden verantwortlich fühlen muss. Dies wäre eine von außen herangetragene Festlegung, über die jedoch in der Genossenschaft selbst zu argumentieren und entscheiden ist (Kirsch/Seidl/van Aaken 2007). Auf der Ebene des Fortschrittmodells kann Genossenschaften damit auch ein aktiver Beitrag zur Erzielung von Gemeinwohlpotenzialen zugewiesen werden. Durch eine zunehmende Offenheit der Führung mögen in die genossenschaftlichen Strategieformierungsprozesse nämlich nicht nur die Ansprüche der Stakeholder, sondern nachhaltig auch übergeordnete Gemeinwohlbezüge eingehen. Dies setzt nach Peter Schwarz allerdings „eine strategische, sprich zukunftsgerichtete Grundsatzentscheidung des Managements voraus, die Genossenschaft in ihrer gesellschaftlichen Multifunktionalität anzuerkennen und einen über die unmittelbaren Stakeholder (Mitglieder/Kunden, Mitarbeiter, Lieferanten) hinaus wirkenden Beitrag zur Lebensqualität schlechthin zu leisten“ (Schwarz 2006).

3 Entwicklungsperspektiven unterschiedlicher genossenschaftlicher Widmungstypen

Zahlreiche Genossenschaften können auf einen mehr als hundertjährigen Entwicklungsprozess zurückblicken. Wer ihre Geschichte betrachtet, erkennt, dass sie sich im Laufe der Zeit erheblich gewandelt und in verschiedene Richtungen entwickelt haben. In Anlehnung an Werner Wilhelm Engelhardt lassen sich unter Anwendung von Sinn- und Widmungskriterien – die im Einzelnen auf subjektiven Sinn, objektiv festgelegten Sinn, tatsächliches Verhalten und Verhaltensauswirkungen rekurrieren – sechs verschiedene genossenschaftliche Widmungstypen bzw. Entwicklungsrichtungen unterscheiden und empirisch-theoretisch aufarbeiten: der erwerbswirtschaftliche, förderungswirtschaftliche, gruppenwirtschaftliche, stiftungswirtschaftliche, gemeinwirtschaftliche und verwaltungswirtschaftliche Widmungstyp. Reale Genossenschaften sind immer „Mischwirtschaften“ (Engelhardt 1955: 139), bei denen sich die einzelnen Widmungen überlagern bzw. gleichzeitig vorhanden sind, so dass einzelne Typenbezeichnungen nur dann verwendet werden können, wenn sie in einer bestimmten (festzulegenden) Intensität vorhanden sind und die anderen Widmungen überlagern (Engelhardt 1981a).

3.1 Von der Förderorientierung zur Erwerbsorientierung

Förderungswirtschaftliche Genossenschaften waren und sind im eng interpretierten Wortlaut des Genossenschaftsgesetzes institutionell und tatsächlich nur ihren Mitgliedern verpflichtet. Sie fördern ihre Mitglieder auf der Basis realer Leistungsbeziehungen. Dagegen dienen erwerbswirtschaftliche Genossenschaften entgegen dem vordergründig unverrückbaren und genau festgelegten institutionellen Sinn – ihrem Förderungsauftrag – ausschließlich oder doch dominant den Interessen der Manager, was zudem regelmäßig mit einer rein finanzwirtschaftlichen Förderung der Mitglieder einhergeht. Idealtypisch betrachtet ist dies jedoch nicht das primäre Ziel von Genossenschaften, sondern lediglich Ausfluss der Tatsache, dass die Mitglieder Kapital und Haftung zur Verfügung stellen. Das genossenschaftliche Kapital hat nur unterstützende Funktion. Es dient durch die Errichtung und Aufrechterhaltung des Geschäftsbetriebes der langfristigen Förderung der Mitglieder. Werden die Mitglieder dagegen primär als Anteilseigner (Shareholder) gefördert, rücken Genossenschaften an die Seite erwerbswirtschaftlicher Unternehmen, in der die Anteilseigner Profite durch auf Märkten erzielte Gewinne und als Folge hohe Dividenden erstreben. Als Bestandteil des ideellen Kerns der Genossenschaften kann die Förderung der Mitglieder als Anteilseigner daher nicht gelten (Engelhardt 1995).

Allerdings bestehen innerhalb kapitalistischer Wirtschaftsordnungen, in denen die Mehrzahl der Unternehmen erwerbswirtschaftlich orientiert ist, bei vielen Genossenschaften deutliche Tendenzen, sich an erwerbswirtschaftliche Unternehmen anzugleichen. Im Laufe solcher Angleichungsprozesse verschwinden genossenschaftsspezifische Charakteristika oder verschwimmen zumindest. Mit dieser Strategie haben die Genossenschaften in den vergangenen Jahrzehnten beachtliche wirtschaftliche Erfolge erzielt, gleichzeitig jedoch als eigenständige Wirtschafts- und Rechtsform an Profil verloren. Zahlreiche Genossenschaften müssen entscheiden, ob sie sich weiter an die erwerbswirtschaftlichen Unternehmen angleichen oder doch lieber ihr Profil als eigenständiger Unternehmenstyp stärken. Wenn sie als eigenständiger Unternehmenstyp überleben wollen, sollten sie nicht länger versuchen, die Konkurrenz mit ihren eigenen Waffen zu schlagen. Vielmehr sollten sie ihr zukünftiges Handeln wieder mehr an ihrer ursprünglichen Sinnstruktur – der gemeinsamen Selbsthilfe – ausrichten (Engelhardt 1981b).

Aus meiner Sicht wird sich eine strategische Neuausrichtung der erwerbswirtschaftlichen Genossenschaften jedoch als schwierig erweisen. Die mangelnde genossenschaftliche Profilierung ihrer Unternehmensstrategien ist nämlich darauf zurückzuführen, dass die den Strategiebildungsprozess maßgeblich beeinflussenden Führungskräfte nur über ein geringes Genossenschaftsbewusstsein verfügen und ihre Genossenschaften nicht als besonderen Unternehmenstyp ansehen. Genossenschaftliche Strukturmerkmale bilden jedenfalls keine Orientierungspunkte, von denen man ernsthaft annimmt, sich im Wettbewerb profilieren zu können. In dieser Situation ist keine Veränderung der genossenschaftlichen Entwicklungsstrategie zu erwarten, da die genossenschaftlichen Führungskräfte in der fehlenden Genossenschaftsidentität keine besondere Gefahr für die Handlungsfähigkeit ihrer Unternehmen sehen. Auch künftig sind daher weitere Anpassungsprozesse an erwerbswirtschaftliche Unternehmen wahrscheinlich. Begünstigt wird diese Entwicklung sowohl durch eine vor allem auf Wachstum und Gewinn ausgerichtete Führung als auch durch besonders am finanziellen Erfolg orientierte Mitglieder.

3.2 Gemeinwirtschaftlichkeit als Leitidee?

Bei der gemeinwirtschaftlichen Entwicklungsrichtung handelt es sich um Genossenschaften, die überwiegend gemeinwirtschaftliche Zielsetzungen verfolgen. Zur Verwirklichung gemeinwirtschaftlicher Zielsetzungen können Genossenschaften sowohl durch öffentliche Bindungen als auch durch freiwillig gewählte Selbstbindungen (Freigemeinschaftwirtschaften) veranlasst werden (Engelhardt 1998a), wobei im Anschluss an Gerhard Weisser zentral ist „dass ein Erfolg angestrebt wird, der objektiv das Gemeinwohl fördert und dass dieser Erfolg unmittelbar um seiner selbst willen verwirklicht wird“ (Weisser 1949: 77). Es geht mithin um bewusste gemeinwohlorientierte Strategieentscheide der genossenschaftlichen Führungskräfte, die sich jedoch nicht gegen den ausdrücklichen Mitgliederwillen richten dürfen. Gemeinwirtschaftliche Genossenschaften sind nach Werner Wilhelm Engelhardt „nicht nur den jeweiligen Mitgliedern oder Mitgliedergruppen, sondern institutionell und tatsächlich der Gesamtheit, dem Ganzen, verpflichtet“ (Engelhardt 1988: 13). Da es jedoch unmöglich ist, gemeinwirtschaftliche Zielvorstellungen allgemeingültig zu bestimmen, ist mit dem Verweis auf die Gesamtheit oder das Ganze noch nichts über deren Inhalt ausgesagt. Um gemeinwirtschaftliche Ziele von Genossenschaften keine Leerformeln werden zu lassen, ist es nach Theo Thiemeyer (1973) daher sinnvoll und notwendig, ihren Inhalt fallweise praxisnah zu konkretisieren. Man sollte versuchen, für eine bestimmte Genossenschaft oder eine Gruppe gleichartiger Genossenschaften inhaltlich konkret zu bestimmen, was für diese Genossenschaft unter den gegebenen historischen Umständen als gemeinwirtschaftlich gelten soll, wobei gemeinwirtschaftliche Orientierungen durchaus auch nur periodisch verfolgt werden können.

In der genossenschaftswissenschaftlichen Literatur wird die Frage der Gemeinwirtschaftlichkeit seit langem kontrovers diskutiert. Selbst wenn man in dieser Frage die Meinung vertritt, dass Genossenschaften grundsätzlich (frei-)gemeinwirtschaftliche Ziele verfolgen können, bleibt im Hinblick auf die empirische Relevanz zunächst festzustellen, dass von den derzeit existierenden Genossenschaften – wenn überhaupt – nur ein sehr kleiner Teil überwiegend gemeinwirtschaftliche Ziele verfolgt. Es ist daher davon auszugehen, dass Vorstellungen hinsichtlich einer Ausrichtung der Genossenschaften auf das Gemeinwohl derzeit eher kontrafaktischer Natur sind. Meine Überlegungen zu den unterschiedlichen genossenschaftlichen Sinnmodellen lassen es als realistischer erscheinen, dass sich Genossenschaften heute wohl eher auf den Ebenen des Ziel- oder Überlebensmodells bewegen. Als solche nehmen Genossenschaften nur insofern auf das Gemeinwohl Bezug, als dies zur Erreichung der Mitglieder- bzw. Manager- und Stakeholder-Ansprüche erforderlich ist. Gleichwohl gibt es Anhaltspunkte für die Behauptung, dass die Relevanz des gemeinwirtschaftlichen Widmungstyps in Zukunft zunehmen wird. Begründen lässt sich dies mit dem Hinweis darauf, dass soziale und gesellschaftliche Orientierungen eine wachsende Bedeutung für Unternehmen erlangen und dementsprechend auch für Genossenschaften (frei-)gemeinwirtschaftliche Selbstbindungen möglicherweise zunehmen werden. Peter Schwarz (2005) vermutet, dass gerade von größeren Genossenschaften als quasi öffentlichen Unternehmen eine aktivere Orientierung am Gemeinwohl erwartet werden kann. Ob Genossenschaften jedoch tatsächlich für öffentliche Belange und Interessen empfänglich werden, hängt – wie bereits angedeutet – von den Einstellungen der Führungskräfte ab. Ein Wandel in der strategischen Ausrichtung der Genossenschaften muss in ihren Köpfen beginnen, bevor er auf andere Bezugsgruppen ausstrahlen kann. Ein strategischer Wandel kann nur gelingen, wenn er von problembewussten Führungskräften nachhaltig unterstützt wird. Genossenschaftlichen Führungskräften stellt sich daher zunächst die Aufgabe, darüber nachzudenken, wie Gemeinwohlorientierung nicht – wie bisher – als Gegensatz, sondern als Weg zum unternehmerischen Erfolg gesehen werden kann (Engelhardt 1998b). Der bekannte

St. Gallener Wirtschaftsethiker Peter Ulrich und seine Mitarbeiter York Lunau und Stefan Streiff sind der Überzeugung, „dass sich Genossenschaften glaubwürdig zu ihrem konkreten Gemeinwohlbeitrag äußern können, dass sich Genossenschaften über die Selbstbindung an einen spezifischen Auftrag profilieren können und dass Genossenschaften auf das Interesse ihrer Mitglieder an gesellschaftsverträglicher Unternehmensführung zählen können“ (Ulrich/Lunau/Streiff 2002: 19).

Literatur

Dülfer, Eberhard (1995): Betriebswirtschaftslehre der Genossenschaften und vergleichbarer Kooperative. 2. Aufl., Göttingen.

Engelhardt, Werner Wilhelm (1955): Die Genossenschaften in der Lehre von der Unternehmensmorphologie. In: Gemeinnütziges Wohnungswesen, 8, S. 137-140.

Engelhardt, Werner Wilhelm (1981a): Gemeinwirtschaftliche Genossenschaften als typologisches wirtschafts-, sozial- und rechtswissenschaftliches Problem. In: Zeitschrift für das gesamte Genossenschaftswesen, 31, S. 179-196.

Engelhardt, Werner Wilhelm (1981b): Die Genossenschaften im Wettbewerb der Unternehmenstypen. In: Aspekte genossenschaftlicher Forschung und Praxis, hrsg. v. Jürgen Zerche, Düsseldorf, S. 45-62.

Engelhardt, Werner Wilhelm (1988): Zu einer morphologischen Theorie des Wandels der Genossenschaften. In: Zeitschrift für öffentliche und gemeinwirtschaftliche Unternehmen, Beiheft 11, S. 11-25.

Engelhardt, Werner Wilhelm (1995): Zur Vergangenheit, Gegenwart und Zukunft gemeinwirtschaftlicher Unternehmen und anderer gemeinwohlorientierter Organisationen (Teil A). In: Verbands-Management, 1, S. 6-14.

Engelhardt, Werner Wilhelm (1998a): Die Vorreiterrolle Gerhard Weissers bei der Analyse von Nonprofit Organisationen. In: Zeitschrift für öffentliche und gemeinwirtschaftliche Unternehmen, 21, S. 41-57.

Engelhardt, Werner Wilhelm (1998b): Bemerkungen zum „Dritten“ bzw. „Nonprofit-Sektor“, zu dessen Binnendynamik und zur Kommunitarismus-Debatte. In: Gestaltungsoptionen in modernen Gesellschaften, hrsg. v. Werner Schönig und Ingrid Schmale, Regensburg, S. 275-305.

Kappler, Ekkehard (1989): Unverzichtbare Elemente zukunftsfähiger Organisationen aus Sicht der modernen Organisationstheorie. In: Aktualität und Modernität der Genossenschaftskonzeption von F. W. Raiffeisen, hrsg. v. Mario Patera, Wien, S. 13-26.

Kirsch, Werner (1997a): Strategisches Management: Die geplante Evolution von Unternehmen. München.

Kirsch, Werner (1997b): Kommunikatives Handeln, Autopoiese, Rationalität. Kritische Aneignungen im Hinblick auf eine evolutionäre Organisationstheorie. 2. Aufl., München.

Kirsch, Werner (2001): Die Führung von Unternehmen. München.

Kirsch, Werner/Seidl, David/van Aaken, Dominik (2007): Betriebswirtschaftliche Forschung. Wissenschaftstheoretische Grundlagen und Anwendungsorientierung. Stuttgart.

Schwarz, Peter (2005): Genossenschaftsmanagement im Dilemma zwischen Profit-, Nonprofit- und Gemeinwohlorientierung. In: Das Genossenschaftswesen in der Schweiz, hrsg. v. Robert Purtschert, Bern u.a., S. 193-217.

Schwarz, Peter (2006): Großgenossenschaften: Vom Förderauftrag zur Corporate Citizenship? In: Zeitschrift für das gesamte Genossenschaftswesen, 56, S. 59-74.

Thiemeyer, Theo (1973): Grundsätze einer Theorie der Gemeinwirtschaft. Frankfurt a. Main.

Ulrich, Peter/Lunau, York/Streiff, Stefan (2002): Die Genossenschaft als zukunftsweisende Unternehmensform? CIVIS-Studie. St. Gallen.

Weisser, Gerhard (1949): Form und Wesen der Einzelwirtschaften. Theorie und Politik der Stile, Band 1. Göttingen.

Weisser, Gerhard (1954): Genossenschaft und Gemeinschaft: Bemerkungen zum „Kulturellen Optimum“ der Genossenschaftsgröße. In: Gemeinnütziges Wohnungswesen, 12, S. 565-572.

Zerche, Jürgen/Schmale, Ingrid/Blome-Drees, Johannes (1998): Einführung in die Genossenschaftslehre: Genossenschaftstheorie und Genossenschaftsmanagement. München, Wien.

Mitgliederorientierte Corporate Governance in Kreditgenossenschaften durch Anwendung der Gesamtleistungstheorie?

Daniel Fischer, Hohenheim

1 Kreditgenossenschaften und Corporate Governance

Kreditgenossenschaften zeichnen sich, wie alle Genossenschaften, durch eine „Doppelnatur" (Draheim 1952: 16) aus. Sie sind „einerseits Personenvereinigungen im Sinne von Gemeinschaften, andererseits Geschäftsbetriebe" (Zerche/ Schmale/Blome-Drees 1998: 114). Aus dieser Doppelnatur entstehen besondere Anforderungen an die Corporate Governance als „zielgerechte Organisation der Unternehmensleitung und -kontrolle" (Zieger 2007: 13). Eine „Cooperative Governance" (Hofinger 2004: 42) muss demzufolge die speziellen Gegebenheiten des Zusammenwirkens in der genossenschaftlichen Organisationsform berücksichtigen. Ansatz- und Ausgangspunkt bildet dabei die Mitgliederförderung als genossenschaftlicher Grundauftrag. „Ohne intensives Streben nach Mitgliederförderung macht genossenschaftliche Tätigkeit – menschlich, ökonomisch und gesetzlich – keinen Sinn" (Ringle 2006: 217). Allerdings bestehen gerade für die Kreditgenossenschaften seit geraumer Zeit erhebliche Zweifel an der Qualität ihrer Governance, insbesondere was die Wahrung der Interessen ihrer Mitglieder betrifft.

Der vorliegende Beitrag befasst sich als „Work in Progress" mit der beschriebenen Problematik sowohl auf der theoretischen, als auch auf der empirischen Ebene. Im ersten Schritt wird der Frage nachgegangen, ob es Governanceprobleme in Kreditgenossenschaften gibt. Dazu wird zunächst die idealtypische Governancestruktur von Kreditgenossenschaften dargestellt, bevor in Kapitel 3 anhand einer empirischen Untersuchung mögliche Schwachstellen in der Governancestruktur identifiziert werden. Im zweiten Schritt wird mit der Gesamtleistungstheorie ein möglicher Ansatz zur Verbesserung der mitgliederorientierten

Governance vorgestellt (Kapitel 4). Dieser beschäftigt sich mit einem zentralen Governanceaspekt, nämlich der Frage, was den Erfolg einer Genossenschaft ausmacht und wie er sichtbar gemacht werden kann. Bei allen Fragestellungen werden Überlegungen der Neuen Institutionenökonomik einbezogen.

2 Governancestruktur von Kreditgenossenschaften

Das Genossenschaftsgesetz bildet den Rahmen des Überwachungs- und Durchsetzungssystems von Kreditgenossenschaften. Ihre Governancestruktur ist deswegen von den Prinzipien der Selbstverantwortung und Selbstverwaltung geprägt und auf das Förderungsprinzip als absolutes Wesensmerkmal und gesetzlicher Unternehmenszweck ausgerichtet. Die zentrale Position im Organisationsgefüge nehmen folgerichtig die *Mitglieder* ein, die mehrere Möglichkeiten haben, ihre Interessen geltend zu machen (Weidmann 1996):

- Über die Eigenkapitalbeziehung durch (vollständige/teilweise) Kündigung von Geschäftsanteilen bzw. Widerspruch gegen die Gewinnverwendung,

- über die Leistungsbeziehung (Kundenbeziehung/Geschäftsbeziehung) durch (vollständige/teilweise) Abwanderung zu Konkurrenzbanken sowie

- über die Trägerschaftsbeziehung durch direkte Einflussnahme in den genossenschaftlichen Gremien (General- bzw. Vertreterversammlung, Aufsichtsrat sowie eventuelle Fakultativorgane).

Idealtypische Kreditgenossenschaften sind also als „user driven organizations" (Grosskopf/Münkner/Ringle 1998: 2) zu verstehen. Die Geschäftsführung (in Form des Vorstands) und die Mitarbeiter der Kreditgenossenschaft fungieren als Ausführungsorgan des basisdemokratisch gefassten Mitgliederwillens.

Der genossenschaftliche Oberbau von *Verbund* und *Verbänden* wirkt komplementär auf diese Ausrichtung, wobei insbesondere die Prüfungsverbände den Schutz der Mitgliederinteressen gewährleisten sollen. Während der Bundesverband der Deutschen Volksbanken und Raiffeisenbanken (BVR) und genossenschaftlicher FinanzVerbund nur informell über die Leistungsbeziehungen zur

Kreditgenossenschaft Einfluss nehmen können, haben Prüfungsverbände zusätzlich noch das Instrument der Pflichtprüfung als Möglichkeit der direkten Einflussnahme. Als Ausdruck des Selbsthilfegedankens auf der Ebene der Kontrollinstanz soll sie den Interessenausgleich zwischen Vorständen, Mitgliedern und Verbänden sichern. Werden, wie es für deutsche Kreditgenossenschaften typisch ist, auch Geschäftsbeziehungen zu *Nicht-Mitgliedern* („Nur-Kunden") unterhalten, so können auch diese einen (im Vergleich zu den Mitgliedern) relativ geringen Einfluss auf die Geschäftspolitik ausüben, da ihnen lediglich die Sanktion der Abwanderung auf der Ebene der Leistungsbeziehung zur Verfügung steht. Analog dazu wirkt der „Marktdruck auf die Governancestruktur" (Zieger 2007: 76) durch die *Wettbewerber* der Kreditgenossenschaften. Wie der Markt sind *weitere Anspruchsgruppen* dann nicht mehr genossenschaftsspezifisch. Bemerkenswert sind in diesem Zusammenhang vor allem das zwar strenge, jedoch alle Bankengruppen betreffende Regime der Bankenaufsicht oder die allgemeinen Ansprüche der Gesellschaft.

3 Schwachstellen in der Governancestruktur?

3.1 Untersuchungsdesign und Stichprobeneigenschaften

Der oben dargelegte Idealzustand wird empirisch überprüft, um mögliche Schwachstellen in der Governancestruktur (vor allem bzgl. der Mitgliederorientierung) offenzulegen. Dazu wurde ein standardisierter Fragebogen als Erhebungsinstrument entwickelt, der im Herbst 2009 in Zusammenarbeit mit dem Baden-Württembergischen Genossenschaftsverband an die Vorstände der Kreditgenossenschaften des Verbandsgebietes verschickt wurde. Insgesamt wurden von den 235 verschickten Fragebögen 99 auswertbare Exemplare zurückgesendet. Das entspricht einer Rücklaufquote von 42 %. Tab. 1 zeigt die wesentlichen Eigenschaften der Stichprobe.

Unternehmensgröße (Bilanzsumme)	Stichprobe		Baden-W.	Deutschland
	Anzahl	Anteil in %	Anteil in %	Anteil in %
weniger als 50 Mio. €	3	3,1	8,7	7,4
50 bis unter 100 Mio. €	11	11,1	15,3	12,8
100 bis unter 250 Mio. €	23	23,2	24,4	28,1
250 bis unter 500 Mio. €	21	21,2	19,8	24,1
500 Mio. bis unter 1 Mrd. €	23	23,2	16,5	17,2
1 Mrd. € und mehr	18	18,2	15,3	10,4
Summe	99	100,0	100,0	100,0

Tab. 1: Stichprobeneigenschaften (Grundgesamtheit vgl. BVR 2009)

Zur Überprüfung der Repräsentativität der Stichprobe wurden χ^2-Anpassungstests durchgeführt. Beim Vergleich der Stichprobe mit der Grundgesamtheit für Deutschland wurde ein χ^2-Wert von 12,13 berechnet, der (bei α=0,05) signifikante Unterschiede zwischen Stichprobe und Grundgesamtheit belegt, die nicht mehr als zufällig angesehen werden können. Der Vergleich der Stichprobe mit der Gesamtheit der baden-württembergischen Kreditgenossenschaften bringt mit 8,93 hingegen einen χ^2-Wert hervor, der (bei α=0,05) keine signifikanten Unterschiede belegt. Die Stichprobe kann so zumindest für Baden-Württemberg als repräsentativ angenommen werden. Zudem wurden die Fragebögen überwiegend von Mitgliedern des Vorstands (72,7 %) ausgefüllt, so dass die erhaltenen Antworten für die jeweiligen Banken wohl repräsentativ sind.

3.2 Ausgewählte empirische Ergebnisse

3.2.1 Einflussnahme durch die Stakeholder

Zuerst wurde die Einschätzung des Einflusses der Anspruchsgruppen auf die Geschäftspolitik der Kreditgenossenschaft abgefragt (Abb. 1). Dabei fällt sofort die herausragende Position der Vorstände ins Auge, deren Einflussnahme durchschnittlich als sehr groß eingeschätzt wird (Mittelwert 1,13 auf einer Skala von 1 bis 5, wobei 1 für einen sehr großen Einfluss und 5 für keinen Einfluss steht). An zweiter Stelle folgt bereits mit deutlichem Abstand der Aufsichtsrat (1,81). Mit einem Mittelwert von 2,61 schneiden die Mitglieder (bzw. deren Vertreter) im Verhältnis bemerkenswert schlecht ab (Rang 7). Gleiches gilt auch für die regionalen Prüfungsverbände. Beider Einfluss wird im Durchschnitt geringer eingeschätzt als der der nicht organisationsformspezifischen Stakeholder Mitarbeiter, Wettbewerber und staatliche Institutionen (insb. Bankenaufsicht). Die weiteren Elemente des genossenschaftlichen Oberbaus Verbundorganisation (2,54) und BVR (2,78) liegen in der Einschätzung der Vorstände knapp vor bzw. hinter den Mitgliedern und Prüfungsverbänden. Von nachrangiger Bedeutung ist der Einfluss von „Nur-Kunden" (Nicht-Mitglieder) und der Gesellschaft. Die Analyse der Standardabweichungen ergibt eine große Einigkeit bzgl. des Einflusses der Vorstände, wohingegen die Einschätzungen hinsichtlich der anderen Anspruchsgruppen deutlich mehr streuen.

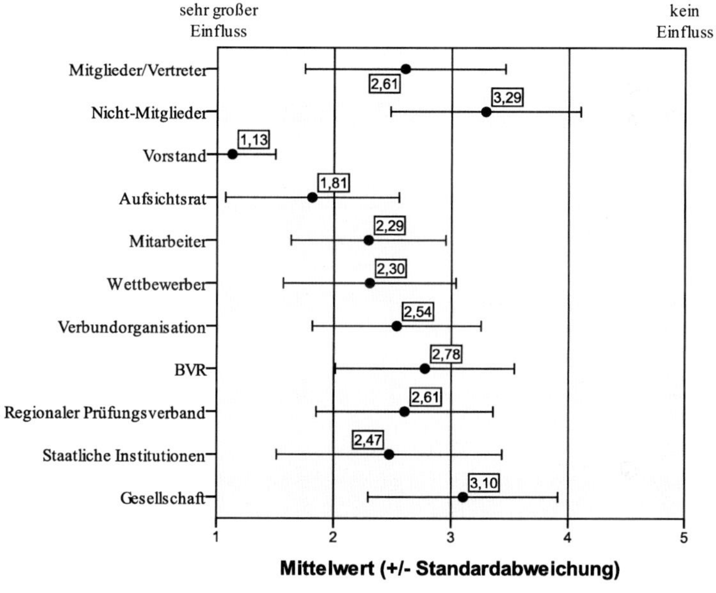

Abb.1: Einfluss der verschiedenen Anspruchsgruppen auf die Geschäftspolitik

3.2.2 Möglichkeiten der Mitgliedereinflussnahme

Als nächstes wurde explizit die Wirksamkeit der verschiedenen Einflussnahmemöglichkeiten der Mitglieder abgefragt (Abb. 2).

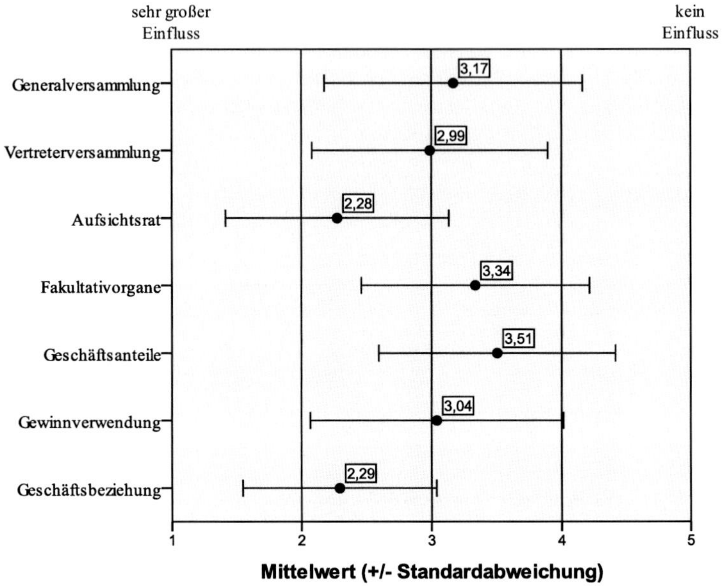

Abb. 2: Wirksamkeit der Möglichkeiten der Mitgliedereinflussnahme

Der direkten Einflussnahme der Mitglieder über die Gremien Generalversammlung (Mittelwert 3,17), Vertreterversammlung (2,99) sowie über eventuell vorhandene Fakultativorgane (3,34), wie z.B. Ausschüsse, Beiräte, Regionalversammlungen, wird im Durchschnitt lediglich mittlere bis eher geringe Wirksamkeit zugesprochen. Deutlich effektiver wird die Wahrnehmung der Mitgliederinteressen über den Aufsichtsrat (2,28) eingeschätzt. Auf nahezu gleichem Niveau (2,29) bewegt sich die Einflussnahmemöglichkeit (Teil-)Abwanderung zu Konkurrenzbanken bzw. Ausbau der Geschäftsbeziehung. Der Einfluss der Mitglieder über die Eigenkapitalbeziehung, d.h. durch (Teil-)Kündigung bzw. Erwerb von Geschäftsanteilen (3,51) oder durch Widerspruch gegen bzw. Zustimmung zur Gewinnverwendung (3,04), kommt in der Beurteilung der Vorstände nicht über eine mittlere Wirksamkeit hinaus. Auch hier streuen die Antworten für die einzelnen Möglichkeiten relativ stark. Am geringsten ist die Standardabweichung noch bei der Beurteilung des Einflusses über die Geschäftsbeziehung.

3.2.3 Unternehmensziele von Kreditgenossenschaften

Der institutionelle Rahmen (Governancestruktur) soll sicherstellen, dass das individuelle Handeln der in der Kreditgenossenschaft tätigen Personen an der Zielsetzung der Kreditgenossenschaft ausgerichtet ist. Deshalb wurde auch die Bedeutung verschiedener (banktypischer) übergeordneter Unternehmensziele für die Bankpraxis abgeprüft (Abb. 3).

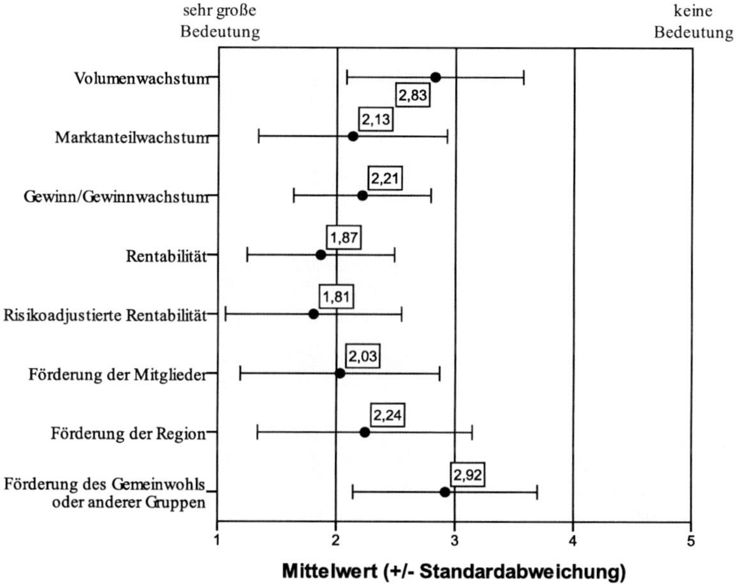

Abb. 3: Bedeutung übergeordneter Unternehmensziele

Bei der Betrachtung der Einschätzungen dieser Ziele fällt auf, dass die befragten Vorstände vielen Zielen eine hohe Relevanz zumessen. Die durchschnittlich größte Bedeutung wird den typisch bankwirtschaftlichen Zielen Rentabilität (1,87) und Rentabilität im Bezug zum eingegangenen Risiko (Risikoadjustierte Rentabilität: 1,81) zugesprochen. Mitgliederförderung als genossenschaftlicher Unternehmenszweck folgt mit wenig Abstand auf Platz 3 (2,03) und damit vor der Förderung der Region (2,24). Im gleichen Bereich rangieren die weiteren bankwirtschaftlichen Ziele Marktanteilwachstum (2,13) und Gewinn bzw. Gewinnwachstum (2,21). Als von lediglich mittlerer Bedeutung werden Volumenwachstumsziele und Gemeinwohlförderung eingeschätzt. Die geringste Streuung weisen die Antworten zu Gewinn und Rentabilität auf.

3.3 Fazit: Von der Mitgliederdominanz zur Managerdominanz?

Die empirischen Ergebnisse lassen darauf schließen, dass die Mitglieder in der kreditgenossenschaftlichen Realität an Einfluss verloren haben. Vor allem die in eigener Verantwortung handelnden Vorstände haben durch ihre Positionierung im Organisationsgefüge die Chance zur Durchsetzung ihrer eigenen Interessen und prägen so das Zielsystem der Kreditgenossenschaft mit. Weil die Wirksamkeit der Mitgliedereinflussnahme skeptisch gesehen werden muss, können die Vorstände als Agenten immer mehr die Rolle des Prinzipals wahrnehmen. Am ehesten kann noch der Aufsichtsrat als Kommunikationsmedium den Ausgleich zwischen Manager- und Mitgliederinteressen bewirken. Allerdings sind auch hier Prinzipal-Agenten-Beziehungen zwischen Aufsichtsrat und Vorstand zu berücksichtigen, die eine effektive Überwachung erschweren. Mit Ausnahme der Abwanderung auf der Kundenbeziehung, die die Mitglieder jedoch zu „Nur-Kunden“ degradiert, scheinen alle anderen Möglichkeiten der Mitgliedereinflussnahme nur eingeschränkt wirksam. Auch die Pflichtprüfung ist wohl (auch wegen Problemen bei der Prüfung der Förderleistung) nur begrenzt in der Lage, den Interessenausgleich zwischen Mitgliedern und Vorständen herbeizuführen.

Aufgrund dieser auch in der Literatur häufig konstatierten Managerdominanz erscheint fraglich, ob die Ziele der Mitglieder noch ausreichende Berücksichtigung finden. Zwar liefern die empirischen Ergebnisse zur Bedeutung der Unternehmensziele keinen Beweis für die Dominanz von Marktzielen gegenüber Förderzielen, aber „Konflikte zwischen dem institutionell festgelegten Sinn der Genossenschaft und dem subjektiv gemeinten Sinn der Bezugsgruppen sind zumindest nicht auszuschließen“ (Zerche/Schmale/Blome-Drees 1998: 151). Der Blick auf die von der kreditgenossenschaftlichen Praxis erbrachten Förderleistungen scheint auch eher einen Beleg für solche Konflikte zu liefern. Mitgliederförderung findet offensichtlich weniger im Kernbereich genossenschaftlicher Kooperation, nämlich über die Kundenbeziehung des Mitglieds zu seiner Kreditgenossenschaft, statt. Vielmehr dominieren förderzweckfernere Förderleistungen, wie die ausschließlich an der Kapitalbeziehung ansetzende Dividende oder Aktivitäten, die eine Förderung der Allgemeinheit oder der Region zum Zweck haben (Beuthien/Hanrath/Weber 2008).

4 Verbesserung der mitgliederorientierten Governance durch Anwendung der Gesamtleistungstheorie?

Die theoretische Basis der Gesamtleistungstheorie nach Grosskopf (1990) bildet die Neue Institutionenökonomik, insbesondere der Transaktionskostenansatz. Die Gesamtleistungstheorie entwickelt ein Modell zur Konkretisierung der genossenschaftlichen Zielsetzung, das die Organisationsform Kreditgenossenschaft aus Mitgliedersicht und unter Einbeziehung von Transaktionskosten analysiert. Im Zentrum steht die Annahme, dass das Ziel der Kreditgenossenschaft die Maximierung des Nutzens für die Mitgliedergesamtheit ist. Dieser Nutzen konkretisiert sich in den von der Kreditgenossenschaft an die Mitglieder abgegebenen Leistungen. Die Zielsetzung der Kreditgenossenschaft wird also von den Mitgliederzielen abgeleitet, Ziele anderer Gruppen kommen nur in den Nebenbedingungen der Zielfunktion zum Tragen. Dabei darf jedoch nicht vergessen werden, dass es sich bei der Mitgliederförderung um ein langfristiges Ziel handelt. Die kurzfristige Förderung wird also durch die Sicherung der Überlebensfähigkeit der Genossenschaft als strenge Nebenbedingung begrenzt.

Zur Ermittlung der Gesamtleistung einer Kreditgenossenschaft in einer Betrachtungsperiode sind alle für das Mitglied erbrachten Leistungen zu berücksichtigen. Dabei ist die gesamte Geschäftsbeziehung des Mitglieds (im Normalfall mehrere Transaktionen) einzubeziehen. Die Zusammensetzung der Gesamtleistung einer Kreditgenossenschaft verdeutlicht Abb. 4.

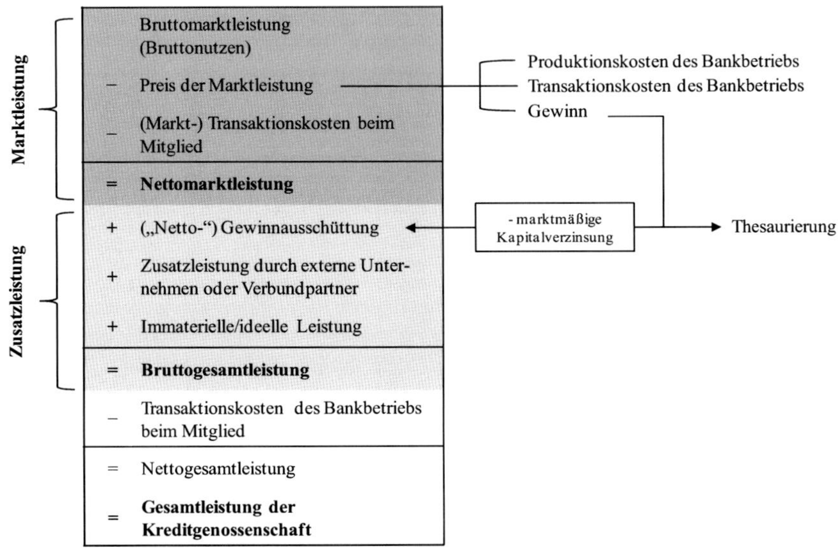

Abb. 4: Gesamtleistung einer Kreditgenossenschaft aus Mitgliedersicht (in Anlehnung an Weidmann 1996: 86)

Die *Marktleistung* umfasst sämtliche Leistungsbeziehungen des Mitglieds (als Kunde) zur Kreditgenossenschaft. Für ein Mitglied entsteht ein Nutzen, wenn es Bankleistungen der Genossenschaft in Anspruch nimmt. Maßgeblich für die Höhe des Nutzens ist die Qualität der Leistung. Der Nutzen wird jedoch gemindert durch den Preis der Bankleistung (z.B. in Form von Zinsen, Provisionen, Gebühren), der die Kosten des Bankbetriebs decken und einen Gewinnbeitrag liefern muss. Zusätzlich fallen bei jeder Transaktion noch weitere Kosten für das Mitglied an: Transaktionskosten. Diese „Kosten der Nutzung der Institution Markt" (Weidmann 1996: 22) haben ihren Ursprung darin, dass Märkte nicht vollkommen, sondern von unvollständiger Information und der Möglichkeit opportunistischen Verhaltens gekennzeichnet sind. Sie spielen gerade bei Finanztransaktionen eine wichtige Rolle und sind in erster Linie Informations- und Absicherungskosten. Der Nettonutzen aus der Marktbeziehung für das Mitglied (Nettomarktleistung) ergibt sich dann also erst nach Abzug der Kosten für die Marktleistungen und der dabei entstehenden Transaktionskosten.

Neben der Marktleistung erbringt die Kreditgenossenschaft *Zusatzleistungen* für die Mitglieder, die deren Nutzen ebenfalls erhöhen und somit positiv auf die Gesamtleistung wirken. In erster Linie sind hier die ausgeschütteten Gewinne in Form der Dividende oder einer genossenschaftlichen Rückvergütung zu nennen. Dabei ist jedoch nur der Teil der Ausschüttung heranzuziehen, der eine marktmäßige Kapitalverzinsung übersteigt. Eine weitere Nutzenkomponente bilden Leistungen, die nicht direkt, sondern durch regionale Partner der Bank oder Verbundpartner erbracht werden. Letztlich sind auch Komponenten zu beachten, die dem Mitglied durch immaterielle/ideelle Leistungen der Kreditgenossenschaft (z.B. Allgemein-/Regionalförderung, Veranstaltungen, Mitbestimmung) zu Gute kommen. Auch aus diesen kann ein ökonomischer Bezug abgeleitet werden, wenn die Leistungserstellung explizit im Interesse des Mitglieds liegt.

Aus der Addition von Marktleistung und Zusatzleistung ergibt sich die Bruttogesamtleistung. Von dieser sind noch die Kosten abzuziehen, die beim Mitglied in der betrachteten Periode für die Steuerung und Kontrolle der Kreditgenossenschaft anfallen (vor allem Zeitkosten bei Gremienmitgliedern). Die Bruttogesamtleistung abzüglich dieser Transaktionskosten des Bankbetriebs beim Mitglied ergibt dann die (Netto-)*Gesamtleistung der Kreditgenossenschaft*.

Eine *Anwendung der Gesamtleistungstheorie* hat aus Sicht des Autors zumindest das Potenzial, die Governance von Kreditgenossenschaften im Hinblick auf die Mitgliederinteressen zu verbessern. Eine Erfassung der Förderleistung als Ergänzung der vorhandenen rendite- und risikoorientierten Bankmanagementansätze würde eine bessere Ausrichtung unternehmerischer Entscheidungen an der genossenschaftlichen Zielsetzung und damit an den Mitgliederinteressen ermöglichen. Daneben würde es dem Vorstand vereinfacht, seinen Pflichten im Bereich der Rechenschaftslegung nachzukommen. Ein zentraler Vorteil des Konzepts ist außerdem, dass es die Einbeziehung der Transaktionskostenvorteile von Genossenschaften ermöglicht. Insbesondere das durch die enge Beziehung zwischen Mitglied und Kreditgenossenschaft entstehende Vertrauen wirkt sich transaktionskostensenkend (und damit gesamtleistungserhöhend) aus. Die Bedeutung des Vertrauens wird am Beispiel der Marktleistung offensichtlich: Selbst wenn die Kreditgenossenschaft eine im Vergleich zum Wettbewerb und zum Nicht-Mitgliedergeschäft qualitativ und preislich „nur" gleichwertige Bankleistung bereitstellen würde, wäre das Mitglied im Vorteil, wenn es seine Transaktionskostenvorteile ausschöpfen kann. Dieser Vorteil erhöht sich noch, wenn mit der Mitgliedschaft weitere Zusatzleistungen einhergehen.

Zwar ist das vorgestellte Gesamtleistungsmodell prinzipiell bereits als Heuristik nutzbar, allerdings besteht noch Forschungsbedarf bei der Nutzen- und Transaktionskostenmessung, bei der Aggregation und Verrechnung der einzelnen Komponenten, bei der Berücksichtigung heterogener Mitgliederinteressen und bei der Dynamisierung der Gesamtleistung.

Literatur

Beuthien, Volker/Hanrath, Stephanie/Weber, Heinz-Otto (2008): Mitglieder-Fördermanagement in Genossenschaftsbanken. Göttingen.

BVR (2009): Stabilität schafft Vertrauen. Jahresbericht 2008 der Deutschen Volksbanken und Raiffeisenbanken. Berlin.

Draheim, Georg (1952): Die Genossenschaft als Unternehmenstyp. Göttingen.

Grosskopf, Werner (1990): Mitgliederbindung. In: Herkunft und Zukunft – Genossenschaftswissenschaft und Genossenschaftspraxis an der Wende eines Jahrzehnts, hrsg. v. Werner Grosskopf, Wiesbaden, S. 32-48.

Grosskopf, Werner/Münkner, Hans-H./Ringle, Günther (1998): Zukunftssicherung der Genossenschaften. Hamburg.

Hofinger, Hans (2004): Besonderheiten guter Cooperative Governance für Kreditgenossenschaften. In: Cooperative Governance, hrsg. v. Hans Hofinger und Andrea Karner, Wien, S. 39-60.

Ringle, Günther (2006): „Erfolg" aus genossenschaftsspezifischer Sicht. In: Zeitschrift für das gesamte Genossenschaftswesen, 56, S. 207-220.

Weidmann, Otto (1996): Genossenschaften aus Mitgliedersicht unter besonderer Berücksichtigung von Transaktionskosten. Stuttgart.

Zerche, Jürgen/Schmale, Ingrid/Blome-Drees, Johannes (1998): Einführung in die Genossenschaftslehre. München.

Zieger, Thomas (2007): Risikomanagement genossenschaftlicher Managementrisiken. (Cooperative Risk Governance). Stuttgart.

Das Rechnungswesen der Nonprofit-Organisationen: eine Fallstudie über eine norwegische Wohnungsgenossenschaft

Norvald Monsen, Bergen

1 Einführung

Norwegische Wohnungsgenossenschaften wurden gegründet, um Wohnungen für ihre Mitglieder zu errichten und instand zu halten. Ihr Zweck besteht deshalb nicht darin, das Kapital ihrer Mitglieder auf diejenige Weise erwerbswirtschaftlich zu verwalten, dass sie jede erwerbswirtschaftliche Aktivität durchführen können (z.B. den Kauf und den Verkauf von Autos). Dies bedeutet, dass norwegische Wohnungsgenossenschaften der Gruppe der Organisationen angehören, die als Nonprofit-Organisationen (NPOs; nichterwerbswirtschaftliche Organisationen) bezeichnet werden, im Gegensatz zur Gruppe der Organisationen, die als Profit-Organisationen (POs; erwerbswirtschaftliche Organisationen; wie erwerbswirtschaftliche Betriebe) bezeichnet werden können.

Der Zweck dieses Forschungsbeitrags besteht darin, Erfahrungen aus einer Fallstudie über das Rechnungswesen einer norwegischen Wohnungsgenossenschaft zu präsentieren. Insbesondere werden die neuentwickelten Rechnungsaufstellungen für diese Genossenschaft den Lesern unterbreitet, damit sie diese Aufstellungen als eine Ausgangslage für die Erarbeitung ähnlicher Rechnungsaufstellungen für andere NPOs benutzen können.

2 Der Skramsvei

Der *Skramsvei* ist eine norwegische Wohnungsgenossenschaft. In diesem Forschungsbeitrag liegt der Fokus auf den Jahren 2005 bis 2007, um die Rechnungen sowohl vor als auch nach dem Inkrafttreten der heutigen Rechnungsvorschrift studieren zu können.

2.1 Erwerbswirtschaftliche Rechnung

Eine erwerbswirtschaftliche Rechnung fokussiert auf die erwerbswirtschaftliche Wirkung der Einnahmen und der Ausgaben in Form von Ertragseinnahmen bzw. Aufwandsausgaben (auch als Aufwendungen zu bezeichnen); das Rechnungslegungsgesetz in Norwegen fordert die Erarbeitung einer solchen Rechnung. Die heutige Vorschrift (2005) für die Erarbeitung von Wohnungsgenossenschaftsrechnungen basiert auf diesem Rechnungsgesetz. Obwohl die doppelte Buchführungsmethode dieser Vorschrift nicht identisch mit der kaufmännischen doppelten Buchführungsmethode des Rechnungslegungsgesetzes ist, sondern eher eine Variante dieser Methode, müssen die Wohnungsgenossenschaften erwerbswirtschaftliche Rechnungen erarbeiten (siehe Monsen 2010 für weitere Einzelheiten). Die erwerbswirtschaftliche Rechnung des *Skramsvei* für 2007 wird in Anlage 1 präsentiert.

Eine nähere Betrachtung dieser Rechnung deckt mehrere Probleme auf. Einige der Probleme sind auf den erwerbswirtschaftlichen Fokus des Rechnungswesens zurückzuführen, während der Haushaltsplan einen finanzwirtschaftlichen Fokus besitzt. Darüber hinaus können weitere Probleme entstehen, wenn Eintragungen in die Rechnung ohne entsprechende Eintragungen in den Haushaltsplan durchgeführt werden. Zum Beispiel gibt es in der Rechnung für 2007 des *Skramsvei* eine Vorstandshonorarrücklage von 78.500 Kronen und eine zusätzliche Vorstandshonoraraufwendung von 78.500 Kronen, was mit einer erwerbswirtschaftlichen Periodisierung der Vorstandshonorarausgabe begründet worden ist. Eine entsprechende Rücklageeintragung ist aber in dem Haushaltsplan nicht unternommen worden, was mit einer finanzwirtschaftlichen Periodisierung der Vorstandshonorarausgabe begründet worden ist.

Um die Vergleichsprobleme einer erwerbswirtschaftlichen Rechnung mit einem finanzwirtschaftlichen Haushaltsplan zu illustrieren, können wir die folgenden Fragen stellen: (1) Was erzählt eine Differenz zwischen einer Vorstandshonoraraufwendung (78.500 Kronen; vgl. ein grüner Apfel) in der Rechnung und einer Vorstandshonorarausgabe (78.500 Kronen; vgl. eine grüne Birne) im Haushaltsplan? (2) Was erzählt eine Differenz zwischen einer Vorstandshonoraraufwendung einschließlich einer Rücklage (78.500 Kronen + 78.500 Kronen = 157.000 Kronen, vgl. zwei grüne Äpfel) in der Rechnung und einer Vorstandshonorarausgabe (78.500 Kronen; vgl. eine grüne Birne) im Haushaltsplan? Sowohl die Rechnungsbeträge als auch die Haushaltsbeträge sind zwar in Kronen ausgedrückt (vgl. grün). Es ist aber sinnlos, eine Differenz zwischen erwerbswirtschaftlichen Beträgen (in Form von Ertragseinnahmen und Aufwendungen; vgl. grüne Äpfel) und finanzwirtschaftlichen Beträgen (in Form von Einnahmen und Ausgaben; vgl. grüne Birnen) zu ermitteln, obwohl die beiden Beträge in Kronen (vgl. grün) ausgedrückt sind.

2.2 Finanzwirtschaftliche Rechnung

Eine finanzwirtschaftliche Rechnung fokussiert auf die Geldwirkung der Einnahmen und der Ausgaben in Form von unmittelbaren und späteren Einzahlungen bzw. Auszahlungen. Als eine Alternative zur erwerbswirtschaftlichen Rechnung nach der Rechnungsvorschrift (siehe Anlage 1) ist eine finanzwirtschaftliche Rechnung (oder mit anderen Worten eine Geldrechnung) und eine zusätzliche Rechnung erarbeitet worden (siehe Anlage 2). Und mit diesen zwei Rechnungen sind eine Statusrechnung und eine Einnahmen- und Ausgabenrechnung erarbeitet worden.

2.2.1 Statusrechnung

Die Statusrechnung ermittelt die folgenden Posten am Jahresende: liquide Mittel (d.h. Kassen- und Bankbestand) und Forderungen, kurzfristige Schulden und Geldbestand (siehe unten). Der Geldbestand ist die Differenz zwischen den liquiden Mitteln/den Forderungen und den kurzfristigen Schulden. Dies bedeutet, dass die Statusrechnung die folgenden Auskünfte ermittelt: (1) Geld, das für eine unmittelbare Anwendung zugänglich ist (in Form von liquiden Mitteln), (2) Geld, das für eine spätere Anwendung zugänglich wird (in Form von Forderungen) und (3) Geld, das später an die Lieferanten zu bezahlen ist (in Form von Lieferantenschuld). Als eine Ergänzung der Statusrechnung gibt es einige Auskünfte über Gebäude, Hypothekenkredit, *borettsinnskudd* (Wohnungseinlage) und *andelskapital* (Anteilskapital), die von Interesse für die Wohnungsgenossenschaft sind.

Statusrechnung

(norwegische Kronen)

	2005	**2006**	**2007**
LIQUIDE MITTEL UND FORDERUNGEN			
Liquide Mittel	1.845.503	328.769	302.342
Forderungen	5.357	0	3.796
Summe (A)	**1.850.860**	**328.769**	**306.138**
KURZFRISTIGE SCHULDEN			
Vorschussgezahlte Wohnungseinnah.	0	12.383	16.343
Lieferantenschuld	16.705	27.530	7.235
Gebäudekreditoren	273.671	0	0
Summe (B)	**290.376**	**39.913**	**23.578**
GELDBESTAND			
Netto Geldbestand am 01.01 (A-B)		1.560.484	288.856
Nettoeinnahme		-1.271.628	-6.296
Netto Geldbestand am 31.12		288.856	282.560
ZUSÄTZLICHE AUSKÜNFTE:			
Gebäude	4.771.933	4.784.576	4.784.576
Hypothekenkredit	852.363	1.134.445	1.053.882
Wohnungseinlage	315.428	315.428	315.428
Anteilskapital	3.600	3.600	3.600

Die Statusrechnung ist mit Ausgangspunkt in der finanzwirtschaftlichen Rechnung und der zusätzlichen Rechnung erarbeitet worden (siehe Tab. 1 und 2 in Anlage 2). Das folgende Verfahren ist benutzt worden: Die Beträge für die liquiden Mittel, die Forderungen und die kurzfristigen Schulden sind aus den Restespalten in der Tab. 1 ausgetragen worden. Ein entsprechendes Verfahren ist für 2005 und 2006 benutzt worden. Auf ähnliche Weise sind die zusätzlichen Auskünfte aus den Restespalten in der Tab. 2 für 2007 ausgetragen worden (und aus entsprechenden Spalten für 2005 und 2006).

2.2.2 Einnahmen- und Ausgabenrechnung

Die Einnahmen- und Ausgabenrechnung ermittelt die Entwicklung der Einnahmen und der Ausgaben während der letzten dreijährigen Periode (2005-2007). Die Haushaltseinnahmen und die Haushaltsausgaben für das letzte Jahr (2007) sowie die Fehlbeträge zwischen den Haushaltseinnahmen/Haushaltsausgaben und den Rechnungseinnahmen/Rechnungsausgaben für das letzte Jahr (2007) werden auch hier ermittelt (siehe unten).

Einnahmen repräsentieren Forderungen auf Einzahlungen, während Ausgaben Verpflichtungen zu Auszahlungen repräsentieren. Diese Einzahlungsforderungen und Auszahlungsverpflichtungen werden sich nicht ändern, obwohl neue Rechnungsregelungen innerhalb einer erwerbswirtschaftlichen Rechnung eingeführt werden. Daher werden keine Probleme entstehen, weder in Bezug auf den Vergleich von Rechnungseinnahmen und Rechnungsausgaben für unterschiedliche Jahre noch in Bezug auf den Vergleich von Rechnungseinnahmen/Rechnungsausgaben und Haushaltseinnahmen/Haushaltsausgaben für dasselbe Jahr (2007).

Einnahmen- und Ausgabenrechnung

(norwegische Kronen)

Rechnung 2005	2006	2007		Haushalts-plan 2007	Fehl betrag 2007
			Geschäftstätigkeit		
			Einnahmen:		
569.116	614.066	673.510	Wohnungseinnahmen	673.970	-460
10.410	9.620	8.876	Andere Einnahmen	5.000	3.876
17.657	18.771	9.285	Zinseneinnahmen	5.000	4.285
			Ausgaben:		
-91.723	-97.570	-105.114	Betriebsausgaben	-89.000	-16.114
-40.852	-35.536	-40 239	Löhne	-39.745	-494
-65.000	-68.250	-78.500	Vorstandshonorar	-78.500	0
-14.232	-14.958	-17.711	Arbeitgebersteuer	-16.673	-1.038
-51.601	-57.004	-54.363	Geschäftsführerhonorar	-54.482	119
-3.039	-3.250	-3.875	Revisionshonorar	-3.640	-235
0	-1.800	-7.550	Ausgaben für Gemein.arbeit	-2.000	-5.550
-45.016	-48.191	-34.043	Elektrischer Strom	-50.477	16.434
-171.478	-175.786	-170.127	Grundsteuer/Gemeindesteuer	-181.625	11.498
-30.000	-30.000	-21.223	Unterhalt	-30.000	8.777
-5.200	-5.200	-5.200	Grundstücksmietzins	-5.200	0
-18.983	-24.423	-25.367	Versicherungen	-26.666	1.299
-49.365	-31.619	-54.092	Zinsenausgaben	-53.841	-251
10.694	**48.870**	**74.267**	**A. Netto Geschäftstätigkeit**	**52.121**	**22.146**
			Investitionstätigkeit		
4.819.390	0	0	Einnahmen von neuen Wohungen	0	0
-3.610.626	-1.612.580	0	Ausgaben für neue Wohnungen	0	0
1.208.764	**-1.612.580**	**0**	**B. Netto Investitionstätigkeit**	**0**	**0**
			Finanzierungstätigkeit		
3.500.000	450.000	0	Neue Anleihen	0	0
-3.649.739	-157.918	-80.563	Tilgungen der Anleihen	-80.999	436
-149.739	**292.082**	**-80.563**	**C. Netto Finanzierungstät.**	**-80.999**	**436**
1.069.719	**-1.271.628**	**-6.296**	**Nettoeinnahme (A+B+C)**	**-28.878**	**22.582**
			Änderung der liquiden Mittel		
1.069.719	-1.271.628	-6.296	Nettoeinnahme		
-1.759	12.383	3.960	Änderung der vorschussgez. Wohnungseinnah.		
-5.357	5.357	-3.796	Änderung der Forderungen auf Wohnungseinnah.		
8.073	10.825	-20.295	Änderung der Lieferantenschuld		
270.671	-273.671	0	Änderung der Gebäudekreditoren		
1.341.347	**-1.516.734**	**-26.427**	**Änderung der liquiden Mittel**		

Die Einnahmen- und Ausgabenrechnung ist mit Ausgangspunkt in der finanzwirtschaftlichen Rechnung erarbeitet worden (siehe Tab. 1 in Anlage 2). Das folgende Verfahren ist benutzt worden: Die Beträge für die Einnahmen (in Form von angeordneten Einnahmen) und Ausgaben (in Form von angeordneten Ausgaben) sind aus den Sollspalten in der Tab. 1 ausgetragen worden. Die angeordneten Einnahmen für 2007 sind aus der Sollspalte auf der Einnahmenseite ausgetragen worden, während die angeordneten Ausgaben aus der Sollspalte auf der Ausgabenseite ausgetragen worden sind. Ein ähnliches Verfahren ist für 2005 und 2006 benutzt worden. Die Haushaltseinnahmen und die Haushaltsausgaben sind aber aus dem Haushaltsplan ausgetragen worden (siehe Anlage 1), einschließlich der Haushaltstilgungsausgabe (mit der Tilgungsauszahlung identisch), obwohl sie nicht in der Spalte für den Haushaltsplan 2007 in der Anlage 1 ermittelt worden ist. Die einzelnen Posten, die die Änderung der liquiden Mittel ausweisen (siehe den untersten Teil der Einnahmen- und Ausgabenrechnung), sind aus der Statusrechnung ausgetragen worden (vgl. die Änderung vom Anfang bis zum Ende des Jahres in der Statusrechnung).

Die Einnahmen- und Ausgabenrechnung ermittelt u.a. die Gesamtdifferenz zwischen den Einnahmen und den Ausgaben, die im Laufe des Jahres für Einzahlung bzw. Auszahlung angeordnet worden sind. Diese Differenz wird als "Nettoeinnahme" bezeichnet (-6.296 Kronen für 2007). Diese Nettoeinnahme wird auch in der Statusrechnung ermittelt, und weist die Änderung des Geldbestands (in Form von liquiden Mitteln plus Forderungen minus kurzfristigen Schulden) im Laufe des Jahres aus (-6.296 Kronen für 2007).

3 Schlussfolgerung

Die Erarbeitung einer Statusrechnung und einer Einnahmen- und Ausgabenrechnung für den *Skramsvei* ermöglicht es dem Rechnungsempfänger, sich eine Übersicht über die Entwicklung der Einnahmen und der Ausgaben der Wohnungsgenossenschaft zu verschaffen. Darüber hinaus kann diese Entwicklung (in Form von Rechnungseinnahmen und Rechnungsausgaben) mit der entsprechenden Haushaltsentwicklung (in Form von Haushaltseinnahmen und Haushaltsausgaben) verglichen werden. Wenn die Rechnungsempfänger Haushaltsdefizite (in Form von Fehlbeträge zwischen den Haushalts- und Rechnungsbeträgen) finden, können sie diese Defizite untersuchen. Darüber hinaus kann eine Analyse der Einnahmen- und Ausgabenrechnung eine gute Grundlage für die Erarbeitung des Haushaltsplans für das nächste Jahr bilden, darunter auch eine Grundlage für den Beschluss über die Wohnungseinnahmen von den Genossenschaftsmitgliedern, damit sie die Haushaltsausgaben finanzieren werden.

Die Schlussfolgerung, dass eine Statusrechnung und eine Einnahmen- und Ausgabenrechnung für den *Skramsvei* zu erarbeiten sind, kann allerdings nicht auf andere Organisationen statistisch verallgemeinert werden. Trotzdem können andere NPOs die Statusrechnung und die Einnahmen- und Ausgabenrechnung des *Skramsvei* samt der weiterentwickelten Variante der verwaltungskameralistischen Buchführung, worauf diese zwei Rechnungen basieren, zum Ausgangspunkt nehmen, wenn sie versuchen wollen, ihre eigenen Rechnungen zu verbessern.

Anlage 1
Der Skramsvei
Erwerbswirtschaftliche Rechnung

Ergebnis
(norwegische Kronen)

	Rechnung 2007	Rechnung 2006	Haushaltsplan 2007	Haushaltsplan 2008
Betriebseinnahmen:				
Eingeforderte gem. Auwend.	673 510	614 066	673 970	690 277
Andere Einnahmen	8 876	9 620	5 000	5 000
Summe Betriebseinnahmen	**682 386**	**623 686**	**678 970**	**695 277**
Betriebsaufwendungen:				
Löhne	39 141	36 945	39 745	37 332
Ausgaben für Gemein.arbeit	7 550	1 800	2 000	2 000
Vorstandshonorar	157 000	68 250	78 500	78 500
Arbeitgebersteuer	28 625	15 501	16 673	16 332
Geschäftsführerhonorar	54 363	57 004	54 482	56 500
Revisionshonorar	3 875	3 250	3 640	5 500
Elektrischer Strom	34 043	48 191	50 477	50 477
Grundsteuer/Gemeindesteuer	170 127	175 786	181 625	181 625
Grundstücksmietzins	5 200	5 200	5 200	5 200
Versicherungen	25 367	24 423	26 666	27 650
Betrieb	105 114	97 571	89 000	97 000
Unterhalt	10 000	857 538	30 000	50 000
Sanierung	11 223	772 400	0	0
Summe Betriebsaufwend.	**651 628**	**2 163 858**	**578 007**	**608 116**
Betriebsergebnis	**30 758**	**-1 540 172**	**100 963**	**87 162**
Finanzielle Einnahmen und Aufwendungen:				
Zinseneinnahmen gem. Mittel	8 935	18 140	5 000	5 000
Andere Zinseneinnahmen	350	631	0	0
Summe finanzielle Einnahmen	9 285	18 771	5 000	5 000
Zinsen Banken/Kreditinst.	-54 092	-31 619	-53 841	-37 000
Zinsenrücklage	- 2 440	0	0	0
Summe finanzielle Aufwend.	56 532	31 619	53 841	37 000
Erfolg fin. Einnah./Aufwend.	**-47 246**	**-12 848**	**-48 841**	**-32 000**
Ergebnis	**-16 488**	**- 1 553 019**	**52 122**	**55 162**
Übertragung an/von Fonds	-16 488	- 1 553 019	0	0

Bilanz
(norwegische Kronen)

	2007	2006
VERMÖGENSGEGENSTÄNDE		
ANLAGEVERMÖGEN		
Sachanlagen		
Gebäude	4 784 576	4 784 576
Summe Anlagevermögen	**4 784 576**	**4 784 576**
UMLAUFVERMÖGEN		
Forderungen		
Debitoren	3 796	0
Bankeinlage, Kasse		
Guthaben gemeinsamer Mittel	297 343	323 769
Gebäudekasse	5 000	5 000
Summe Umlaufvermögen	**306 139**	**328 769**
SUMME VERMÖGENSGEGENSTÄNDE	**5 090 715**	**5 113 345**
EIGENKAPITAL UND SCHULDEN		
Eingelegtes Eigenkapital		
Anteilskapital	3 600	3 600
Zurückgehaltenes Eigenkapital		
Anderes Eigenkapital	3 595 075	3 611 564
Summe für Zurückgehaltenes Eigenkapital	**3 595 075**	**3 611 564**
Summe Eigenkapital	**3 598 675**	**3 615 164**
SCHULDEN		
Langfristige Schulden		
Hypothekenkredit	1 053 882	1 134 445
Wohnungseinlage	315 428	315 428
Summe für langfristige Schulden	**1 369 310**	**1 449 873**
Kurzfristige Schulden		
Vorausgezahlte gemeinsame Aufwendungen	16 343	12 383
Lieferantenschuld	7 235	27 530
Rücklage für Vorstandshonorar mit Arbeitgebersteuer	89 569	0
Arbeitgebersteuer	388	543
Rücklage für Urlaubsentgelt	2 754	3 852
Zinsaufwendungen	6 440	4 000
Summe für kurzfristige Schulden	**122 729**	**48 308**
Summe Schulden	**1 492 040**	**1 498 181**
SUMME EIGENKAPITAL UND SCHULDEN	**5 090 715**	**5 113 345**

Anlage 2

Der Skramsvei

Finanzwirtschaftliche Rechnung

Die kameralistische einfache Buchführung wird auf dem kameralistischen Konto durchgeführt, das aus einer Einnahmenseite und einer Ausgabenseite besteht (z.B. Walb 1926; Johns 1951; Wysocki 1965; Mülhaupt 1987). Einnahmen werden auf der Einnahmenseite eingetragen, während Ausgaben auf der Ausgabenseite eingetragen werden. Auf jeder Seite gibt es vier Spalten: Reste aus Vorperioden (RVp), Soll (S), Ist (I) und Rest (R). Innerhalb der Verwaltungskameralistik (VKAM) werden Einnahmen, die für Einzahlung angeordnet sind, in die Sollspalte auf der Einnahmenseite eingetragen. Ausgaben, die für Auszahlung angeordnet sind, werden in die Sollspalte auf der Ausgabenseite eingetragen. Wenn eine angeordnete Einnahme eingezahlt wird, wird die Einzahlung in die Istspalte auf der Einnahmenseite eingetragen. Die Auszahlung einer angeordneten Ausgabe wird in die Istspalte auf der Ausgabenseite eingetragen. Auf diese Weise wird die erste kameralistische Buchführungsregel befolgt, die besagt, dass eine Istbuchung nicht ohne eine frühere oder gleichseitige Sollbuchung durchgeführt werden kann. Die zweite kameralistische Buchführungsregel besagt, dass sich der Restbetrag für die Übertragung in die nachfolgende Periode auf diese Weise ergibt: R=RVp+S-I. Diese zwei Regeln gelten separat auf der Einnahmenseite und der Ausgabenseite des kameralistischen Kontos. Nach Mülhaupt (1987) sind das kameralistische Konto mit unterschiedlichen Spalten für Zahlungsanordnungen und ausgeführte Zahlungen sowie die zwei kameralistischen Buchführungsregeln besonders dafür entwickelt worden, die Zahlungskontrolle als einen integrierten Teil der Buchführung innerhalb der VKAM zu haben.

In dieser Anlage wird *eine weiterentwickelte Variante der verwaltungskameralistischen einfachen Buchführungsmethode* benutzt, um eine *finanzwirtschaftliche Rechnung* zu erarbeiten (siehe Tab. 1 unten). Die Weiterentwicklung besteht aus der Ergänzung der VKAM durch eine Abschlussabteilung (siehe den untersten Teil der Tab. 1). Hier wird die Nettoeinnahme der Periode ermittelt. Darüber hinaus werden der Bestand der liquiden Mittel (d.h. der Kassen- und Bankbestand) sowohl am Anfang als auch am Ende der Periode und die Nettoänderung dieses Bestands im Laufe der Periode in der Abschlussabteilung ermittelt. Diese weiterentwickelte Variante der VKAM (Tab. 1) ist durch die Betriebskameralistik (BKAM; Tab. 2) ergänzt, die Zusatzauskünfte über Gebäude, Hypothekenkredit, Wohnungseinlage und Anteilskapital ermittelt (siehe Monsen 2010 für weitere Einzelheiten).

Obwohl die zwei kameralistischen Buchführungsregeln (d.h. keine Istbuchung ohne eine frühere oder gleichseitige Sollbuchung; R=RVp+S-I) *buchführungsmäßig* innerhalb der VKAM und der BKAM identisch sind, ist die Interpretation der Regeln unterschiedlich. Dies ist darauf zurückzuführen, dass die VKAM auf die finanzwirtschaftliche Wirkung (d.h. die Geldwirkung) der Einnahmen und der Ausgaben in den Sollspalten fokussiert, während die BKAM auf die erwerbswirtschaftliche Wirkung der Einnahmen und der Ausgaben in den Sollspalten fokussiert. Infolge dieses Unterschieds kann die *Zusatzrechnung* (Tab. 2), die die *Betriebskameralistik* repräsentiert, in die *finanzwirtschaftliche Rechnung* (Tab. 1), die *eine weiterentwickelte Variante der Verwaltungskameralistik* repräsentiert, nicht aufgenommen werden.

	Einnahmen				Ausgaben			
	RVp	S	I	R	RVp	S	I	R
FORDERUNGEN								
Wohnungsein. (1)		677.470	673.674	3.796	12.383	3.960		16.343
Andere Einnah.		8.876	8.876					
Zinseneinnahmenn		9.285	9.285					
Summe A	0	695.631	691.835	3.796	12.383	3.960	0	16.343
KURZFR. SCHULDEN								
Betriebsausgaben					27.530	105.114	125.409	7.235
Löhne						40.239	40.239	
Vorstandshonorar						78.500	78.500	
Arbeitgebersteuer						17.711	17.711	
Gesch.führerhon.						54.363	54.363	
Revisionshonorar						3.875	3.875	
Ausg. Gem.arbeit						7.550	7.550	
Elektrischer Strom						34.043	34.043	
Grund-/Gemeindesteuer						170.127	170.127	
Unterhalt						21.223	21.223	
Grundst.Mietzins						5.200	5.200	
Versicherungen						25.367	25.367	
Zinsausgaben						54.092	54.092	
Tilgung						80.563	80.563	
Summe B					27.530	697.967	718.262	7.235
ABSCHLUSS								
Summe A und B	0	695.631	691.835	3.796	39.913	701.927	718.262	23.578
Nettoeinnahme		6.296		6.296				
Liquide Mittel	328.769		26.427	302.342				
	328.769	701.927	718.262	312.434	39.913	701.927	718.262	23.578

(1) Netto-Wohnungseinnahme (Soll): 677.470 – 3.960 = 673.510

Tab. 1: Finanzwirtschaftliche Rechnung für den *Skramsvei* im Jahr 2007

	Einnahmen				Ausgaben			
	RVp	S	I	R	RVp	S	I	R
Gebäude	4.784.576			4.784.576				
Hypothekenkredit					1.134.445		80.563	1.053.882
Wohnungseinlage					315.428			315.428
Anteilskapital					3.600			3.600

Tab. 2: Zusatzrechnung für den *Skramsvei* im Jahr 2007

Literatur

Johns, Rudolf (1951): Kameralistik. Grundlagen einer erwerbswirtschaftlichen Rechnung im Kameralstil. Wiesbaden.

Monsen, Norvald (2010): Regnskap for boligbyggelag og borettslag. Norwegische Handelshochschule, Rapport, 2. Aufl., Bergen.

Mülhaupt, Ludwig (1987): Theorie und Praxis des öffentlichen Rechnungswesens in der Bundesrepublik Deutschland. Baden-Baden.

Walb, Ernst (1926): Die Erfolgsrechnung privater und öffentlicher Betriebe. Eine Grundlegung. Berlin.

Wysocki, Klaus (1965): Kameralistisches Rechnungswesen. Stuttgart.

Moderatoren, Referenten und Co-Autoren

Dipl.Päd. Isabelle ABRAM
Wissenschaftliche Mitarbeiterin im Fachbereich Betriebs- und Sozialwirtschaft, RheinAhrCampus Remagen

ao.Univ.Prof. Mag. Dr. René Clemens ANDESSNER
Universitätsdozent am Institut für Betriebswirtschaftslehre der gemeinwirtschaftlichen Unternehmen, Johannes Kepler Universität Linz; Professor an der FH OÖ, Campus Linz, Studiengang Sozial- und Verwaltungsmanagement

Christoph BÄRLOCHER, lic./M. A. in Management
Wissenschaftlicher Mitarbeiter am Institut für Verbands-, Stiftungs- und Genossenschaftsmanagement (VMI), Universität Fribourg

Martin BLICKENSTORFER, lic./M. A. in Management
Wissenschaftlicher Mitarbeiter am Institut für Verbands-, Stiftungs- und Genossenschaftsmanagement (VMI), Universität Fribourg

Dr. Johannes BLOME-DREES
Lecturer am Seminar für Genossenschaftswesen, Universität zu Köln

Mag. Maria Laura BONO
Geschäftsführerin „socialimpact research & consulting", Graz

Prof. Dr. Dr. Alexander BRINK
Wirtschafts- und Unternehmensethik, Universität Bayreuth

Dr. Susanne BRÖTZ
Leiterin Arbeitsmarktprojekte, AWO Arbeit gGmbH, Neuwied

Dipl.-Kfm. Patrick DA-CRUZ
Projektleiter, Oberender & Partner, externer Doktorand an der Universität Bayreuth

Prof. Dr. Claus-Heinrich DAUB
Leiter des Kompetenzschwerpunktes Nachhaltiges Management, Institut für Unternehmensführung, Fachhochschule Nordwestschweiz, Windisch

Dr. Pascal DEY
Kompetenzschwerpunkt Nachhaltiges Management, Institut für Unternehmensführung, Fachhochschule Nordwestschweiz, Windisch

PD Dr. Adelheid Susanne ESSLINGER
Wissenschaftliche Assistentin am Lehrstuhl für Unternehmensführung, Universität Erlangen-Nürnberg (nunmehr Professorin an der Hochschule Aalen)

Dipl.Vw. Daniel FISCHER
Wissenschaftlicher Mitarbeiter an der Forschungsstelle für Genossenschaftswesen, Universität Hohenheim

Walburga FRÖHLICH, M. A.
Obfrau des Vereins atempo, zur Gleichstellung von Menschen, Graz

Univ.Prof. Dr. Markus GMÜR
Direktor Forschung, Institut für Verbands-, Stiftungs- und Genossenschaftsmanagement (VMI), Universität Fribourg

Univ.Prof. Dr. Dorothea GREILING
Vorstand des Instituts für Management Accounting, Johannes Kepler Universität Linz

Jun.-Prof. Dr. Dennis HILGERS
Juniorprofessur für Public Management, Universität Hamburg

Tina JANSEN
Absolventin des Masterstudienganges „Management in Nonprofit-Organisationen“ der Fachhochschule Osnabrück

Prof. Dr. Rüdiger H. JUNG
Professor für Betriebswirtschaftslehre, insbes. Management/Führung und Organisationsentwicklung, Fachbereich Betriebs- und Sozialwirtschaft des RheinAhrCampus Remagen

MMag. Dr. Katharina Anna KALTENBRUNNER
Universitätsassistentin, Fachbereich Sozial- und Wirtschaftswissenschaften, Paris Lodron Universität Salzburg

Ren L. KELLEM (FH-Prof. Mag. Dr. Rainer LOIDL)
Studiengang Sozialarbeit und Sozialmanagement, Fachhochschule JOANNEUM Graz

Katrin KIEFER, M. A.
Selbständige Kommunikationsberaterin, Darmstadt

Dipl.-Kffr. Daria-Maria KONOPKA
Gesellschaft für Konsumforschung GfK SE, Nürnberg

Mag. Sanja KORAC
Universitätsassistentin an der Abteilung für Öffentliche Betriebswirtschaftslehre (ÖBWL), Alpen-Adria Universität Klagenfurt

Prof. PD Dr. Gerhard V. KRÖNES
Professor für Betriebswirtschaftslehre, insbes. Personalmanagement, Public & Nonprofit Management und Studiengangsleiter Betriebswirtschaft/Management, Hochschule Ravensburg-Weingarten; Privatdozent an der Universität Rostock

Prof. Dr. Andreas LANGER
Diakoniewissenschaftliches Institut der Universität Heidelberg und Hochschule für angewandte Wissenschaften (HAW) Hamburg

Dr. Hans LICHTSTEINER
Direktor Weiterbildung des Instituts für Verbands-, Stiftungs- und Genossenschaftsmanagement (VMI), Universität Fribourg

Dr. Nina Christiane LÜCK
Technische Universität Dresden

PD Dr. Arne MANZESCHKE
Arbeitsstelle für Theologische Ethik und Anthropologie, Universität Bayreuth

Alina McCANDLESS, M. A.
Wissenschaftliche Mitarbeiterin am Institut für Personal und Arbeit, Leibniz Universität Hannover

Prof. Dr. Christoph MINNIG
Professor in Organizational Behavior, Fachhochschule Nordwestschweiz, Hochschule für Wirtschaft, Institut für Personalmanagement und Organisation, Olten

Prof. Dr. Norvald MONSEN
Professor für Betriebswirtschaftslehre, Norwegische Wirtschaftsuniversität – Norges Handelshøyskole (NHH) Bergen

Dr. Sven NEUMANN
Abteilungsleiter für Personalentwicklung und Training in einem Großhandelsunternehmen, Dozent in der Erwachsenenbildung für Nonprofit-Organisationen in den Bereichen Personalmanagement und Unternehmensführung

Univ.Prof. Dr. Dr. h.c. Peter OBERENDER
Direktor der Forschungsstelle für Sozialrecht und Gesundheitsökonomie, Universität Bayreuth

Mag. Gerlinde PALMETSHOFER
Interne Revision, Raiffeisenlandesbank Oberösterreich AG, Linz

Dipl.-Verw.wiss. Dr. Brigitte REISER
Beratung für Nonprofits, Stuttgart

Univ.Prof. Mag. Dr. Paolo RONDO-BROVETTO
Leiter der Abteilung für Öffentliche Betriebswirtschaftslehre (ÖBWL), Alpen-Adria Universität Klagenfurt

Ass.Prof. Mag. Dr. Iris SALITERER
Stv. Leiterin der Abteilung für Öffentliche Betriebswirtschaftslehre (ÖBWL), Alpen-Adria Universität Klagenfurt

Dipl.-Vw. Dr. Annegret SAXE
Wissenschaftliche Mitarbeiterin am Institut für Genossenschaftswesen, Westfälische Wilhelms-Universität Münster

o.Univ.Prof. Dkfm. Dr. Reinbert SCHAUER
Vorstand des Instituts für Betriebswirtschaftslehre der gemeinwirtschaftlichen Unternehmen, Johannes Kepler Universität Linz

Yvonne M. SCHERRER
Kompetenzschwerpunkt Nachhaltiges Management, Institut für Unternehmensführung, Fachhochschule Nordwestschweiz, Windisch

Dr. Ingrid SCHMALE
Lecturer am Seminar für Genossenschaftswesen, Universität zu Köln

Prof. Dr. Jürg SCHNEIDER
Professor in Strategic Management und Nonprofit Management, Fachhochschule Nordwestschweiz, Hochschule für Wirtschaft, Institut für Nonprofit- und Public Management, Olten

Prof. Dr. Georg von SCHNURBEIN
Leiter des Centre for Philantropy Studies (CEPS), Universität Basel

Prof. Dr. Jonas SCHREYÖGG
Professor für Health Services Management, Ludwig-Maximilians-Universität München (nunmehr Professor an der Universität Hamburg)

Dipl.-Betriebswirt (FH) Philipp SCHWEGEL
Seniorberater, Oberender & Partner, externer Doktorand an der Universität Bayreuth

ao.Univ.Prof. Mag. Dr. Ruth SIMSA
Leiterin des Instituts für interdisziplinäre Nonprofit-Forschung der Wirtschaftsuniversität Wien

Dr. Wolf STIKKLAS
Geschäftsleitung, ECONT – Institut für Weiterbildung und Beratung, München

Dr. Hilmar STURM
Mitglied des Vorstandes des Instituts für Verbandsforschung und –beratung SVV eG, München

Delia THESENVITZ
Diplomsoziologin, Ludwig-Maximilians-Universität München

Prof. Dr. Ludwig THEUVSEN
Department für Agrarökonomie und Rurale Entwicklung, Georg-August-Universität Göttingen

Prof. Dr. Christoph TIEBEL
Leiter des Studienganges Betriebswirtschaft und Sozialmanagement, Reinhold-Würth-Hochschule Künzelsau

Dr. Oliver TIEMANN
Habilitand am Fachgebiet Health Services Management, Ludwig-Maximilians-Universität München, und wissenschaftlicher Mitarbeiter am Institut für Gesundheitsökonomie und Management im Gesundheitswesen am Helmholtz Zentrum München

Dr. Ariane WESTPHAL
Wissenschaftliche Mitarbeiterin am Institut für Verbands-, Stiftungs- und Genossenschaftsmanagement (VMI), Universität Fribourg

Mag. Alexander ZAUNER, M. A.
Universitätsassistent (prae-doc) am Department für Marketing, Institut für Marketing-Management, Wirtschaftsuniversität Wien

Prof. Dr. Annette ZIMMER
Direktorin des Instituts für Politikwissenschaft, Westfälische Wilhelms-Universität Münster

Dokumentationen der bisherigen NPO-Forschungscolloquien

1. Colloquium Fribourg 1994:
SCHAUER Reinbert – ANHEIER Helmut K. – BLÜMLE Ernst-Bernd (Hrsg.)
Nonprofit-Organisationen (NPO) – dritte Kraft zwischen Markt und Staat? Ergebnisse einer Bestandsaufnahme über den Stand der NPO-Forschung im deutschsprachigen Raum, Linz: Universitätsverlag Rudolf Trauner, 1995; ISBN 3-85320-716-2

2. Colloquium Linz 1996:
SCHAUER Reinbert – ANHEIER Helmut K. – BLÜMLE Ernst-Bernd (Hrsg.)
Der Nonprofit Sektor im Aufwind – zur wachsenden Bedeutung von Nonprofit-Organisationen auf nationaler und internationaler Ebene, Linz: Universitätsverlag Rudolf Trauner, 1997; ISBN 3-85320-832-0

3. Colloquium Freising-Weihenstephan 1998:
WITT Dieter – BLÜMLE Ernst-Bernd – SCHAUER Reinbert – ANHEIER Helmut K. (Hrsg.)
Ehrenamt und Modernisierungsdruck in Nonprofit-Organisationen, Wiesbaden: Deutscher Universitäts-Verlag, 1999; ISBN 3-8244-6937-5

4. Colloquium Fribourg 2000:
SCHAUER Reinbert – BLÜMLE Ernst-Bernd – WITT Dieter – ANHEIER Helmut K. (Hrsg.)
Nonprofit-Organisationen im Wandel – Herausforderungen, gesellschaftliche Verantwortung, Linz: Universitätsverlag Rudolf Trauner, 2000; ISBN 3-85487-148-1

5. Colloquium Linz 2002:
SCHAUER Reinbert – PURTSCHERT Robert – WITT Dieter (Hrsg.)
Nonprofit-Organisationen und gesellschaftliche Entwicklung – Spannungsfeld zwischen Mission und Ökonomie, Linz: Universitätsverlag Rudolf Trauner, 1997; ISBN 3-85487-435-9

6. Colloquium München 2004:
WITT Dieter – PURTSCHERT Robert – SCHAUER Reinbert (Hrsg.)
Funktionen und Leistungen von Nonprofit-Organisationen, Wiesbaden: Deutscher Universitäts-Verlag, 2004; ISBN 3-8244-8268-1

7. Colloquium Fribourg 2006:
HELMIG Bernd – PURTSCHERT Robert – SCHAUER Reinbert – WITT Dieter (Hrsg.)
Nonprofit-Organisationen und Märkte, Wiesbaden: Deutscher Universitäts-Verlag, 2006;ISBN 978-3-8350-0551-8

8. Colloquium Linz 2008:
SCHAUER Reinbert – HELMIG Bernd – PURTSCHERT Robert – WITT Dieter (Hrsg.)
Steuerung und Kontrolle in Nonprofit-Organisationen, Linz: Universitätsverlag Rudolf Trauner, 2008; ISBN 978-3-85499-447-3

9. Colloquium Göttingen 2010:
THEUVSEN Ludwig – SCHAUER Reinbert – GMÜR Markus (Hrsg.)
Stakeholder-Management in Nonprofit-Organisationen – Theoretische Grundlagen, empirische Ergebnisse und praktische Ausgestaltungen, Linz: Universitätsverlag Rudolf Trauner, 2010; ISBN 978-3-85499-744-3